大学物理（第3版）

主编：朱　峰
编委：朱　峰　肖胜利　郑好望
任文辉　齐利华　周安省

清华大学出版社
北京

内容简介

本书涵盖了教育部新制定的《非物理类理工学科大学物理课程教学基本要求》中的核心内容，以“精品化、立体化、实用化”为目标，在修订过程中继承了第 1 版和第 2 版的特色，采取压缩经典、简化近代、突出重点的方法精选和组织内容.

全书共 13 章，涉及力学、热学、电磁学、振动和波、波动光学、狭义相对论和量子物理基础. 每章包括引入、基本内容、知识拓展、阅读材料、复习与小结和练习题. 内容深浅适当，讲解正确清晰，例题指导详尽，全书联系实际，特别是注意介绍物理知识和物理思想在实际中的应用. 本书有电子教案和学习辅导书等配套资料.

本书可作为高等院校非物理类专业本科少学时的大学物理教材和教学参考书，也可用作高等职业教育各专业的物理教材，还可以供其他有关专业选用和广大读者阅读.

图书在版编目（CIP）数据

大学物理/朱峰主编. --3 版. --北京：清华大学出版社，2014（2018.12重印）
ISBN 978-7-302-38164-8

Ⅰ. ①大…　Ⅱ. ①朱…　Ⅲ. ①物理学－高等学校－教材　Ⅳ. ①O4

中国版本图书馆 CIP 数据核字(2014)第 227816 号

责任编辑：朱红莲
封面设计：傅瑞学
责任校对：赵丽敏
责任印制：杨　艳

出版发行：清华大学出版社
网　　址：http://www.tup.com.cn，http://www.wqbook.com
地　　址：北京清华大学学研大厦 A 座　　邮　　编：100084
社 总 机：010-62770175　　邮　　购：010-62786544
投稿与读者服务：010-62776969，c-service@tup.tsinghua.edu.cn
质量反馈：010-62772015，zhiliang@tup.tsinghua.edu.cn
印 装 者：三河市君旺印务有限公司
经　　销：全国新华书店
开　　本：185mm×260mm　　印　　张：24　　字　　数：578 千字
版　　次：2004 年 7 月第 1 版　　2014 年 11 月第 3 版　　印　　次：2018 年12月第9次印刷
定　　价：48.00 元

产品编号：056397-03

第3版前言

《大学物理(第3版)》立体化教材包括主教材、学习辅导书和电子教案,均由清华大学出版社出版.主教材紧紧围绕教育部新制定的《非物理类理工学科大学物理课程教学基本要求》,介绍了大学物理的相关知识,突出物理知识在实际中的应用,内容简练,深广度适当,概念清晰,每章包括引入、基本内容、知识拓展、科学家简介、复习与小结、练习题.

学习辅导书和电子教案是为了配合主教材而编写.学习辅导书共分13章,每章分为教学目标、知识框架、本章提要、检测点解答、思考题、典型例题、练习题精解等七个模块,书中还包括六套阶段自我检测题和两套综合自我检测题,书后附有教学大纲、教学日历和自我检测题答案,可作为教师辅导学生学习时的参考,也可帮助学生更好地掌握基础知识,提高分析问题和解决问题的能力.电子教案与主教材同步配套,利用 PowerPoint 平台,分为课堂教学、例题讲解、本节小结、动画演示和影视资料等五部分,使大学物理中抽象的、难以理解的内容变得生动、直观,操作简单,播放流畅,易于掌握,便于教师授课和读者自学.

根据使用本教材的教师和读者的建议,在保留原书总体结构和风格的基础上,对原书作了如下的补充和删减.

(1) 全书每个知识点增加了"检测点";

(2) 每章增加了"引入"和"知识拓展",介绍重要知识点的原理和应用;

(3) 练习题增加了"填空题和选择题";

(4) 部分章节和内容适当调整,以"精品化和实用化"为原则;

(5) 修订第2版教材中的疏漏和错误.

本次修订由肖胜利负责第1、2、3、13章;郑好望负责第4、5章;朱峰负责第6、7、8、12章及附录;齐利华负责第9、10章;任文辉负责第11章;西安空军飞行学院周安省负责补充内容的审定;最后由朱峰完成统稿工作.

本教材适用于高等学校非物理专业70～90学时的大学物理课程,是高等学校少学时本科、专科及成人高等院校的大学物理教材.本教材中加"*"号部分为选讲内容,教师可根据本校物理课程的教学要求自行选取.

编者衷心感谢西安通信学院对本书编写和出版给予的大力支持和帮助，感谢广大教师和读者在使用本教材过程中提出的宝贵意见.

由于编者水平有限，书中难免有不恰当之处，请读者不吝指正.

编　者

2014年9月

第2版前言

《大学物理(第1版)》立体化教材包括主教材、电子教案、学习辅导，均由清华大学出版社2004年出版.由于主教材紧紧围绕教育部制定的《非物理类理工学科大学物理课程教学基本要求》，内容简练，重点突出，深广度适当，物理概念清晰，因而受到许多高等学校的欢迎，不仅本科少学时大学物理课程广为选用，而且专科物理课程也较多选用. 为了更好地满足广大读者的需要，我们对原书作了修订.

根据使用本教材的教师和读者的建议，在保留原书总体结构和风格的基础上，对原书作了如下的补充和删减.

(1) 增添了开普勒定律、热力学第零定律和激光简介等内容，特别是注意介绍物理知识和物理思想在实际中的应用，补充编写了一些读者感兴趣的知识点.

(2) 在近几年的教学实践中，再次比较了某些章节的不同讲法，我们认为有必要对原书作适当的改动，改动较大的部分为第12章狭义相对论.

(3) 删去了较少应用和理论复杂的内容，如第0章绪论、第4章的玻耳兹曼分布率和第11章的光波叠加的电磁场理论等.

本书共13章，涉及力学、热学、电磁学、振动和波、波动光学、狭义相对论和量子物理基础. 每章除了包括基本内容外，还包含阅读材料、复习与小结和练习题.涵盖了《非物理类理工学科大学物理课程教学基本要求》中的核心内容，并精选了相当数量的拓展内容.

本教材适用于高等学校非物理专业70～90学时的大学物理课程，是高等学校少学时本科、专科及成人高等院校的大学物理教材.本书中加"*"部分为选讲内容，教师可根据本校物理课程的教学要求自行选取.本书有电子教案和学习辅导书等配套资料.

本次修订由肖胜利负责第1、2、3、13章，郑好望负责第4、5章，朱峰负责第6、7、8、12章及附录，路铁牛负责第9、10章，任文辉负责第11章，最后由朱峰完成统稿工作.

编者衷心感谢西安通信学院对本书编写和出版给予的大力支持和帮助，感谢广大教师和读者在使用本教材过程中提出的宝贵意见.

由于编者水平有限，书中难免有不恰当之处，请读者不吝指正.

编　者

2008年9月

第1版前言

本教材是依据国家教育部《高等学校非物理专业物理课程教学基本要求》而编写的专科物理教材，也可作为本科物理教材(少学时). 本教材配有电子教案光盘一张，《大学物理学习辅导》一书同步配合使用，便于教学.

本教材共13章，涉及力学、热学、电磁学、振动和波、波动光学、狭义相对论和量子物理基础，内容深广度适当，物理概念清晰. 每章包括基本内容、阅读材料、本章提要和练习题、相关著名物理学家简介. 电子教案利用 Office 办公软件——PowerPoint 为平台，分为课堂教学、例题讲解、3D 动画演示和影视资料三部分，使物理中抽象的、难以理解的内容变得生动、直观. 该软件操作简单，播放流畅，易于掌握，便于教师授课和学生自学.《大学物理学习辅导》分为基本要求、基本内容、典型例题、习题精解、综合自我检测题五部分，题型丰富多样，内容全面新颖，便于学生更好地掌握所学知识点.

本教材在编写中力求使读者掌握物理学的基本概念和规律，建立较完整的物理思想，同时渗透人文社会科学知识，让读者活用所学知识，加强应用能力，实现知识、能力与素质协调发展. 此外还有少量的选学内容以拓展知识面，选学内容标以"*"号. 全书讲授约100学时.

本教材绪论和第1～3章由肖胜利执笔，路铁牛审阅；第4、5章由郑好望执笔，朱峰审阅；第6～8章和附录由朱峰执笔，任文辉审阅；第9、10章由路铁牛执笔，肖胜利审阅；第11章由任文辉执笔，郑好望审阅；第12章由房鸿执笔，朱峰、路铁牛审阅；第13章由肖胜利执笔，翟学军审阅. 全书由朱峰统稿. 特别感谢清华大学出版社、西安通信学院、西安工程科技学院、西安工业学院和西安通信学院物理教研室全体同志对本书编写和出版给予的大力支持和帮助.

由于编者水平有限，书中难免有不恰当之处，请读者不吝指正.

编　者

2004年5月

目录

大学物理(第3版)

第1章 质点运动学

全球定位系统又称“全球卫星定位系统”，它可以为地球表面绝大部分地区(98%)提供准确的定位、测速和高精度的时间标准．目前，全球共有四大卫星导航系统，那么它们的工作原理如何呢？通过本章的学习，将会更加明了清楚．如下图所示为美国的全球定位系统．

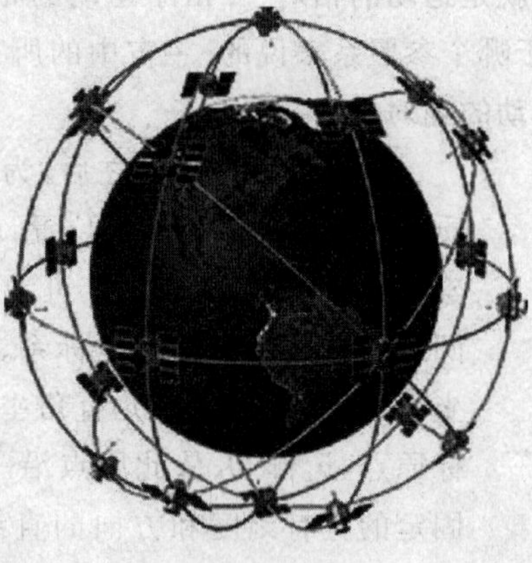

GPS全球定位系统

物体之间或同一物体各部分之间相对位置的变动称为**机械运动**(简称为**运动**)．机械运动是自然界中最简单、最普遍的一种运动形式，物理学中把研究机械运动的规律及其应用的学科称为**力学**．

质点是力学中的理想模型之一，是为了研究问题的方便，突出主要矛盾，忽视次要矛盾而抽象出来的理想模型，它是有质量而无线度的物体．任何物体都有一定的大小，但当其线度对所讨论的问题影响很小，且物体内部运动状态差别可忽略时，可把物体看作质点．描述质点运动状态变化的物理量有：位置矢量、位移、速度和加速度等．本章主要研究这4个物理量之间的相互关系及如何用它们来描述物体的机械运动．研究物体位置随时间的变化或运动轨道问题而不涉及物体发生运动变化原因的学科称为**运动学**．

1.1 位置矢量和位移

1.1.1 参照系与坐标系

物体的机械运动是指它的位置随时间的改变. 位置总是相对的，这就是说任何物体的位置总是相对于其他物体或物体系来确定的. 这个其他的物体或物体系就叫做确定运动物体位置的参照系，简而言之：被选做参照的物体或物体系称为**参照系**.

例如：确定交通车辆的位置时，我们用固定在地面上的一些物体，如房子或路牌作参照系，这样的参照系通常称为**地面参照系**. 在物理实验中，确定某一物体的位置时，我们就用固定在实验室内的物体，如周围的墙壁或固定的实验桌作参照系，这样的参照系就称为**实验室参照系**.

经验告诉我们，相对于不同的参照系，同一物体的同一运动会表现为不同的运动形式. 例如，一自由落体的运动，在地面参照系中观察时，它是竖直向下的直线运动，如果在近旁驶过的车厢内观察，即以一行进的车厢为参照系，则物体将作曲线运动. 物体的运动形式随参照系的不同而不同，这个事实就是**运动的相对性**. 由于运动的相对性，当我们确定一个物体的运动时就必须指明是相对于哪个参照系来说的. 宇宙中的所有物体都处于永不停止的运动中，这就是与之相对应的**运动的绝对性**.

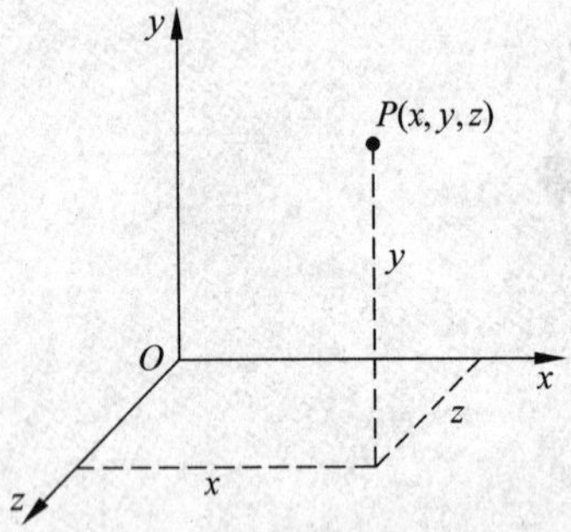

图 1-1 质点的位置表示

当确定了参照系之后，为了确切地、定量地说明一个质点相对于此参照系的位置，就得在此参照系上固结一个**坐标系**. 最常见的是笛卡儿直角坐标系，但有时为了研究问题的方便还选用极坐标系、球坐标系、柱坐标系和自然坐标系等. 对于笛卡儿直角坐标系而言，称一固结点为坐标原点，记作 O，从此原点沿三个相互垂直的方向引三条固定的且有刻度和方向的直线作为坐标轴，通常记作 x，y，z 轴，如图 1-1 所示. 于是在这样的坐标系中，一个质点在任意时刻的位置将会准确给出，如 P 点就可以用坐标 (x,y,z)来表示.

检测点 1：描述物体运动为何要选择参照系？

1.1.2 位置矢量（运动方程）

由于运动是与时间有关的，在不同的时刻，质点的位置不同，也就是说位置是随时间而变化的，用数学函数的形式来表示，即

$$\left.\begin{aligned} x &= x(t) \\ y &= y(t) \\ z &= z(t) \end{aligned}\right\} \tag{1-1}$$

这样的一组函数称为**质点的运动函数**（**或运动方程**）. 将质点的运动方程消去时间参数 t，得到坐标相关的方程称为质点的轨道方程，在坐标系中可画出相应的轨道曲线.

为了确定质点在空间的位置，我们可以使用位置矢量这一更简洁、更清楚的概念. 图 1-2 中质点 P 的位置，可以用笛卡儿坐标系中的三个坐标 x,y,z 确定，如果从原点 O 向 P 作有向线段 $\boldsymbol{r}$，显然，有向线段 $\boldsymbol{r}$ 与 P 点的位置(x,y,z)有一一对应的关系，因此可以借用从参考点 O 到 P 的有向线段 $\boldsymbol{r}$ 来表示 P 点的位置，我们称 $\boldsymbol{r}$ 为 P 点的**位置矢量**. 若以 $\boldsymbol{i},\boldsymbol{j},\boldsymbol{k}$ 分别表示沿 x,y,z 轴的单位矢量，则在笛卡儿坐标系中，P 点的位置矢量为

$$\boldsymbol{r}=x(t)\boldsymbol{i}+y(t)\boldsymbol{j}+z(t)\boldsymbol{k} \tag{1-2}$$

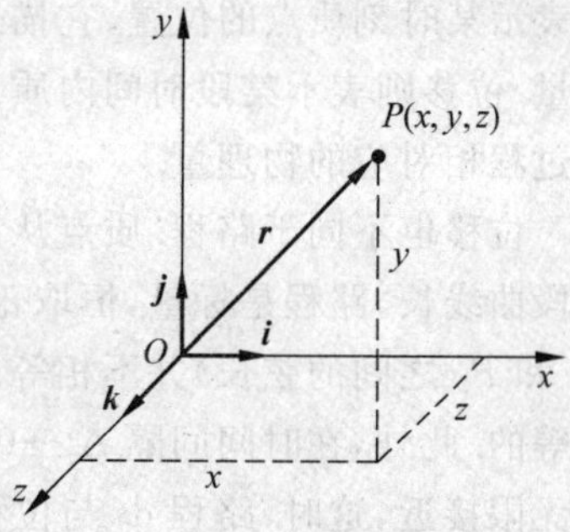

图 1-2　位置矢量

式(1-1)中各函数表示质点位置的各坐标值随时间的变化情况，可以看作是质点沿各个坐标轴的分运动表示式. 质点的实际运动是由式(1-1)中的三个函数的总体式(1-2)表示. 同时式(1-2)也表明：质点的实际运动是各分运动的矢量和，这个由空间的几何性质所决定的各分运动和实际运动的关系称为**运动叠加原理**.

在国际单位制(SI)中，位置矢量的量纲单位为 m，大小和方向分别用其模和方向余弦来表示，即

$$r=|\boldsymbol{r}|=\sqrt{x^2+y^2+z^2}$$

$$\cos(\boldsymbol{r},\boldsymbol{i})=\frac{x}{\sqrt{x^2+y^2+z^2}},\quad \cos(\boldsymbol{r},\boldsymbol{j})=\frac{y}{\sqrt{x^2+y^2+z^2}},$$

$$\cos(\boldsymbol{r},\boldsymbol{k})=\frac{z}{\sqrt{x^2+y^2+z^2}}$$

例如，若质点 P 的位置为(2,3,4)，则质点 P 的位置矢量为 $\boldsymbol{r}=2\boldsymbol{i}+3\boldsymbol{j}+4\boldsymbol{k}$，质点 P 的位置矢量的大小为

$$r=|\boldsymbol{r}|=\sqrt{2^2+3^2+4^2}=\sqrt{29}\ \text{m}$$

质点 P 的位置矢量的方向余弦为

$$\cos(\boldsymbol{r},\boldsymbol{i})=\frac{2}{\sqrt{29}},\quad \cos(\boldsymbol{r},\boldsymbol{j})=\frac{3}{\sqrt{29}},\quad \cos(\boldsymbol{r},\boldsymbol{k})=\frac{4}{\sqrt{29}}$$

检测点 2：运动方程与轨道方程的关系如何？

1.1.3　位移矢量

从运动质点初始时刻所在位置指向运动质点任意时刻所在位置的有向线段称为在对应时间内的**位移矢量**(简称**位移**). 如图 1-3 所示，质点 P 沿图中曲线运动，t 时刻位于 P_1 点，$t+\Delta t$ 时刻位于 P_2 点. P_1,P_2 两点的位置矢量分别为 $\boldsymbol{r}(t)$和 $\boldsymbol{r}(t+\Delta t)$，在时间 Δt 内质点的空间位置变化可用矢量 $\Delta\boldsymbol{r}$ 来表示，其关系式为

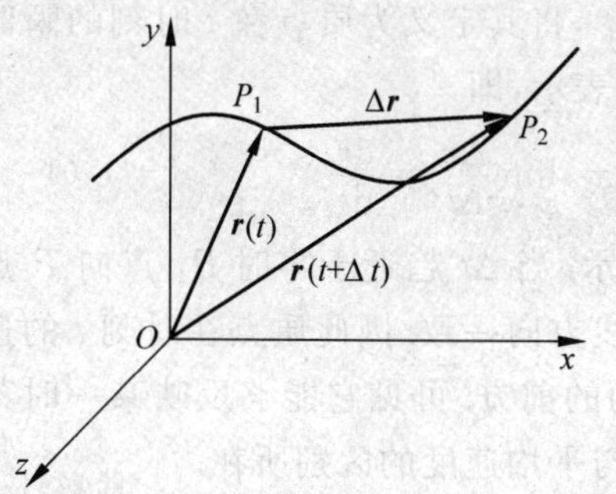

图 1-3　位移矢量

$$\boldsymbol{r}(t+\Delta t)-\boldsymbol{r}(t)=\Delta\boldsymbol{r} \tag{1-3}$$

$\Delta\boldsymbol{r}$ 是描述质点空间位置变化的物理量，它同时也表示了质点位置变化的距离和方向.

位移不同于位置矢量. 在质点运动过程中，位置矢

量表示某时刻质点的位置，它描述该时刻质点相对于坐标原点的位置状态，是描述**状态**的物理量. 位移则表示**某段时间**内质点位置的变化，它描述该段时间内质点状态的变化，是与运动**过程**相对应的物理量.

位移也不同于路程. 质点从 P_1 运动到 P_2 所经历的路程 Δs 是图 1-3 中从 P_1 到 P_2 的一段曲线长，路程是标量，恒取正值. 在一般情况下，路程 Δs 与位移的大小 $|\Delta \boldsymbol{r}|$（图 1-3 中 P_1 和 P_2 之间的弦长）并不相等. 只有当质点作单向的直线运动时，路程和位移的大小才是相等的. 此外，在时间间隔 $\Delta t \to 0$ 的极限情况下，P_2 无限靠近 P_1，弦 P_1P_2 与曲线 P_1P_2 的长度无限接近，这时，路程 $\mathrm{d}s$ 与位移的大小 $|\mathrm{d}\boldsymbol{r}|$ 才相等，即

$$\mathrm{d}s = |\mathrm{d}\boldsymbol{r}|$$

在笛卡儿坐标系中，位移 $\Delta \boldsymbol{r}$ 的表达式为

$$\begin{aligned}\Delta \boldsymbol{r} &= \boldsymbol{r}_2 - \boldsymbol{r}_1 = (x_2\boldsymbol{i} + y_2\boldsymbol{j} + z_2\boldsymbol{k}) - (x_1\boldsymbol{i} + y_1\boldsymbol{j} + z_1\boldsymbol{k}) \\ &= (x_2 - x_1)\boldsymbol{i} + (y_2 - y_1)\boldsymbol{j} + (z_2 - z_1)\boldsymbol{k} \\ &= \Delta x\boldsymbol{i} + \Delta y\boldsymbol{j} + \Delta z\boldsymbol{k}\end{aligned}$$

例如，若 P_1 点的位置矢量为 $\boldsymbol{r}_1 = \boldsymbol{i} + 3\boldsymbol{j} + 5\boldsymbol{k}$，$P_2$ 点的位置矢量为 $\boldsymbol{r}_2 = 2\boldsymbol{i} + 4\boldsymbol{j} + 6\boldsymbol{k}$，则 P_1 与 P_2 间的位移为 $\Delta \boldsymbol{r} = \boldsymbol{r}_2 - \boldsymbol{r}_1 = \boldsymbol{i} + \boldsymbol{j} + \boldsymbol{k}$.

检测点 3：位移矢量与参照系的选择有关吗？

1.2 速度和加速度

1.2.1 速度

质点的位置随着时间变化，产生了位移，而位移一般也是随时间变化的，那么位移 $\Delta \boldsymbol{r}$ 和产生这段位移所用的时间 Δt 之间有怎样的关系呢？$\Delta \boldsymbol{r}/\Delta t$ 是一个怎样的物理量呢？

从物理意义上来看，它描述的是质点位置变化的快慢和位置变化的方向. 由于它对应的是时间间隔而不是某一时刻或位置，所以我们称其为在 Δt 时间内的**平均速度**，以 $\bar{\boldsymbol{v}}$ 表示，即

$$\bar{\boldsymbol{v}} = \frac{\Delta \boldsymbol{r}}{\Delta t} \tag{1-4}$$

平均速度是矢量，它的方向就是相应位移的方向，如图 1-4 所示.

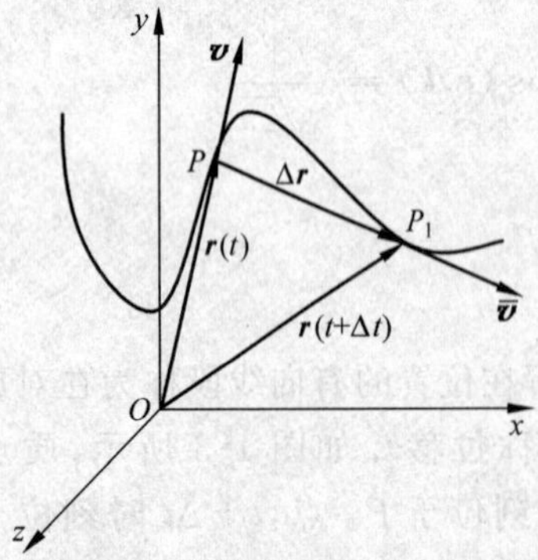

图 1-4 平均速度与速度

实际上当 Δt 趋近于零时，式(1-4)的极限就是质点位置矢量对时间的变化率，将其定义为质点在 t 时刻的**瞬时速度**（简称**速度**），以 $\boldsymbol{v}$ 表示，即

$$\boldsymbol{v} = \lim_{\Delta t \to 0} \frac{\Delta \boldsymbol{r}}{\Delta t} = \frac{\mathrm{d}\boldsymbol{r}}{\mathrm{d}t} \tag{1-5}$$

速度的方向就是 Δt 趋近于零时 $\Delta \boldsymbol{r}$ 的方向，如图 1-4 所示. 当 Δt 趋近于零时 P_1 点向 P 点趋近，而 $\Delta \boldsymbol{r}$ 的方向最后将与质点运动轨道在 P 点的切线方向一致. 因此质点在时刻 t 的速度方向沿着该时刻质点所在处运动轨道的切线指向运动的前方. 可见它能够反映某一时刻或某一位置时质点的运动快慢和运动方向. 这就是速度与平均速度的区别所在.

速度的大小定义为速率，以 v 表示，即

$$v=|\boldsymbol{v}|=\left|\frac{\mathrm{d}\boldsymbol{r}}{\mathrm{d}t}\right|=\lim_{\Delta t\to 0}\frac{|\Delta \boldsymbol{r}|}{\Delta t} \tag{1-5a}$$

以 Δs 表示在 Δt 时间内质点沿轨道所经历的路程. 当 Δt 趋近于零时,由于 $|\Delta \boldsymbol{r}|$ 和 Δs 将趋于相同,因此可以得到

$$v=\lim_{\Delta t\to 0}\frac{|\Delta \boldsymbol{r}|}{\Delta t}=\lim_{\Delta t\to 0}\frac{\Delta s}{\Delta t}=\frac{\mathrm{d}s}{\mathrm{d}t} \tag{1-5b}$$

这就是说速度的大小又等于质点所走过的路程对时间的变化率(即速率). 因此以后对速率与速度的大小不再区别.

注意:位移的大小 $|\Delta \boldsymbol{r}|$ 与 Δr 是有区别的,一般来讲

$$v=\left|\frac{\mathrm{d}\boldsymbol{r}}{\mathrm{d}t}\right|\neq\frac{\mathrm{d}r}{\mathrm{d}t}$$

若将式(1-2)代入式(1-5),由于三个坐标轴上的单位矢量都不随时间变化,所以有

$$\boldsymbol{v}=\frac{\mathrm{d}x}{\mathrm{d}t}\boldsymbol{i}+\frac{\mathrm{d}y}{\mathrm{d}t}\boldsymbol{j}+\frac{\mathrm{d}z}{\mathrm{d}t}\boldsymbol{k}=v_x\boldsymbol{i}+v_y\boldsymbol{j}+v_z\boldsymbol{k} \tag{1-5c}$$

从式(1-5c)可以看出:质点的速度 $\boldsymbol{v}$ 是各分速度的矢量和,这一关系式是式(1-2)的直接结果,也是由空间几何性质所决定,这一关系式称为**速度叠加原理**(一般来讲,各分速度不一定相互垂直).

由式(1-5c)知各分速度相互垂直,所以 $\boldsymbol{v}$ 的大小和方向由下式决定:

$$v=\sqrt{v_x^2+v_y^2+v_z^2}$$

$$\cos(\boldsymbol{v},\boldsymbol{i})=\frac{v_x}{\sqrt{v_x^2+v_y^2+v_z^2}},\quad \cos(\boldsymbol{v},\boldsymbol{j})=\frac{v_y}{\sqrt{v_x^2+v_y^2+v_z^2}},$$

$$\cos(\boldsymbol{v},\boldsymbol{k})=\frac{v_z}{\sqrt{v_x^2+v_y^2+v_z^2}}$$

在国际单位制(SI)中速度的单位为 $\mathrm{m\cdot s^{-1}}$.

检测点 4:速度叠加时各分速度要求必须垂直吗?

1.2.2 加速度

当质点的运动速度随时间改变时,常常要搞清速度的变化情况,速度的变化情况常以另一个物理量加速度来表示. 若以 $\boldsymbol{v}(t)$ 和 $\boldsymbol{v}(t+\Delta t)$ 分别表示质点在 t 时刻和 $t+\Delta t$ 时刻的速度(如图 1-5 所示),则在 Δt 时间内的**平均加速度** $\bar{\boldsymbol{a}}$ 由下式来定义:

$$\bar{\boldsymbol{a}}=\frac{\boldsymbol{v}(t+\Delta t)-\boldsymbol{v}(t)}{\Delta t}=\frac{\Delta \boldsymbol{v}}{\Delta t} \tag{1-6}$$

当 Δt 趋近于零时,此平均加速度的极限,即速度对时间的变化率,称为质点在 t 时刻的**瞬时加速度**(简称**加速度**). 以 $\boldsymbol{a}$ 表示,即

$$\boldsymbol{a}=\lim_{\Delta t\to 0}\frac{\Delta \boldsymbol{v}}{\Delta t}=\frac{\mathrm{d}\boldsymbol{v}}{\mathrm{d}t} \tag{1-7}$$

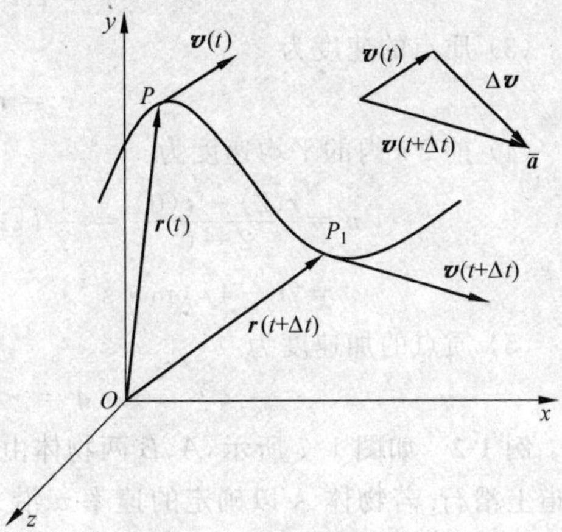

图 1-5 平均加速度矢量

加速度也是矢量,由于它是速度对时间的

变化率，所以不管是速度的大小发生变化，还是速度的方向发生变化，都有不为零的加速度存在. 利用式(1-5)，则

$$\boldsymbol{a}=\frac{\mathrm{d}^2\boldsymbol{r}}{\mathrm{d}t^2} \tag{1-7a}$$

将式(1-5c)代入式(1-7a)可得加速度的分量表示式如下：

$$\boldsymbol{a}=\frac{\mathrm{d}v_x}{\mathrm{d}t}\boldsymbol{i}+\frac{\mathrm{d}v_y}{\mathrm{d}t}\boldsymbol{j}+\frac{\mathrm{d}v_z}{\mathrm{d}t}\boldsymbol{k}=a_x\boldsymbol{i}+a_y\boldsymbol{j}+a_z\boldsymbol{k} \tag{1-7b}$$

加速度的大小和方向分别为

$$a=\sqrt{a_x^2+a_y^2+a_z^2}$$

$$\cos(\boldsymbol{a},\boldsymbol{i})=\frac{a_x}{\sqrt{a_x^2+a_y^2+a_z^2}},\quad \cos(\boldsymbol{a},\boldsymbol{j})=\frac{a_y}{\sqrt{a_x^2+a_y^2+a_z^2}}$$

$$\cos(\boldsymbol{a},\boldsymbol{k})=\frac{a_z}{\sqrt{a_x^2+a_y^2+a_z^2}}$$

在国际单位制(SI)中加速度的单位为 $\mathrm{m\cdot s^{-2}}$.

在定义速度和加速度时，都用到了求极限的方法. 这种做法，在物理学各部分经常出现. 求极限是人类对物质和运动作定量描述时在准确程度上的一次重大飞跃. 实际上极限概念是牛顿在17世纪对物体的运动作定量研究时提出的，可见微积分学的创立是与对物体运动的定量研究分不开的. 微积分学是数学的一个重要分支，也是研究物理学不可缺少的重要工具.

检测点5：牛顿提出极限概念的背景是什么？

例1-1 已知一质点的运动方程为 $x=2t$，$y=18-2t^2$，其中 x,y 以m计，t 以s计. 求：(1)质点的轨道方程并画出其轨道曲线；(2)质点的位置矢量；(3)质点的速度；(4)前2 s内的平均速度；(5)质点的加速度.

解 (1) 将质点的运动方程消去时间参数 t，得质点轨道方程为 $y=18-\dfrac{x^2}{2}$，质点的轨道曲线如图1-6所示.

(2) 质点的位置矢量为

$$\boldsymbol{r}=2t\boldsymbol{i}+(18-2t^2)\boldsymbol{j}$$

(3) 质点的速度为

$$\boldsymbol{v}=\boldsymbol{r}=2\boldsymbol{i}-4t\boldsymbol{j}$$

(4) 前2 s内的平均速度为

$$\bar{\boldsymbol{v}}=\frac{\boldsymbol{r}(2)-\boldsymbol{r}(0)}{2-0}=\frac{1}{2}\{[2\times 2\boldsymbol{i}+(18-2\times 2^2)\boldsymbol{j}]-18\boldsymbol{j}\}$$

$$=2\boldsymbol{i}-4\boldsymbol{j}\ (\mathrm{m\cdot s^{-1}})$$

(5) 质点的加速度为

$$\boldsymbol{a}=-4\boldsymbol{j}\ (\mathrm{m\cdot s^{-2}})$$

例1-2 如图1-7所示，A，B 两物体由一长为 l 的刚性细杆相连，A，B 两物体可在光滑轨道上滑行. 若物体 A 以确定的速率 v 沿 x 轴正向滑行，α 为杆与 y 轴的夹角，当 $\alpha=\pi/6$ 时，物体 B 沿 y 轴滑行的速度是多少？

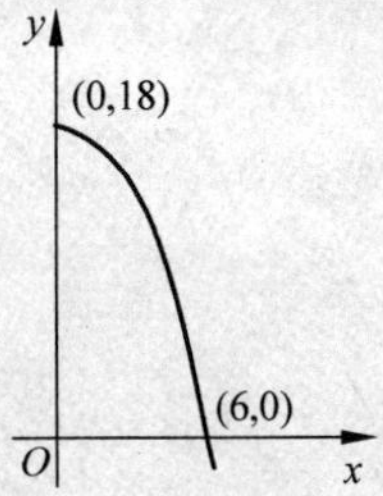

图 1-6　例 1-1 用图

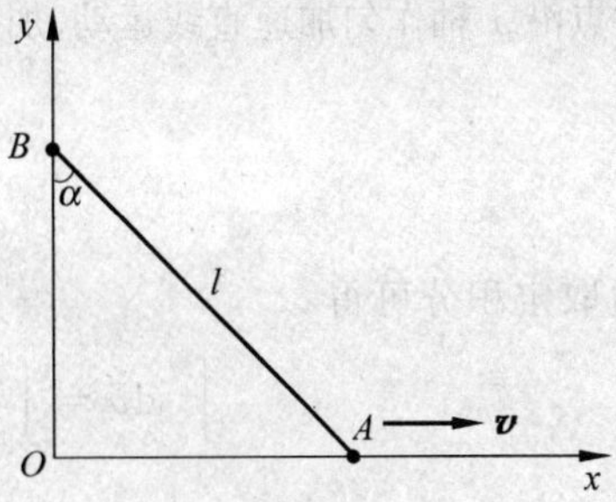

图 1-7　例 1-2 用图

解　根据题意，得

$$\boldsymbol{v}_A = \frac{\mathrm{d}x}{\mathrm{d}t}\boldsymbol{i} = v\boldsymbol{i}$$

$$\boldsymbol{v}_B = \frac{\mathrm{d}y}{\mathrm{d}t}\boldsymbol{j}$$

因为
$$x^2(t) + y^2(t) = l^2$$

所以
$$2x\frac{\mathrm{d}x}{\mathrm{d}t} + 2y\frac{\mathrm{d}y}{\mathrm{d}t} = 0$$

故
$$\boldsymbol{v}_B = \frac{\mathrm{d}y}{\mathrm{d}t}\boldsymbol{j} = -\frac{x}{y}\frac{\mathrm{d}x}{\mathrm{d}t}\boldsymbol{j} = -v\tan\alpha\boldsymbol{j}$$

当 $\alpha = \pi/6$ 时，
$$\boldsymbol{v}_B = -v\tan\frac{\pi}{6}\boldsymbol{j} = -\frac{\sqrt{3}}{3}v\boldsymbol{j}$$

1.3　运动的相对性

1.3.1　直线运动

质点在一条确定的直线上的运动称为**直线运动**. 作直线运动的质点，其位置以坐标 x 来表示，如图 1-8 所示. 因为研究质点的直线运动，总是以该直线作为坐标轴来讨论，于是可得

图 1-8　直线运动

质点 P 的位置矢量为　$\boldsymbol{r}=x\boldsymbol{i}$

质点 P 的位移为　$\Delta\boldsymbol{r}=\Delta x\boldsymbol{i}$

质点 P 的速度为　$\boldsymbol{v}=\dfrac{\mathrm{d}x}{\mathrm{d}t}\boldsymbol{i}$

质点 P 的加速度为　$\boldsymbol{a}=\dfrac{\mathrm{d}^2x}{\mathrm{d}t^2}\boldsymbol{i}$

由于质点在 Ox 直线上运动，上述矢量中的每一个矢量只能取两个方向：或者与 x 轴的正向相同，或者与 x 轴的负向相同. 例如，当质点速度的方向与 Ox 轴的正向相同时，$v=\dfrac{\mathrm{d}x}{\mathrm{d}t}>0$，相反时 $v=\dfrac{\mathrm{d}x}{\mathrm{d}t}<0$；当加速度的方向与 Ox 轴的正向相同时，$a=\dfrac{\mathrm{d}^2x}{\mathrm{d}t^2}>0$，相反时 $a=\dfrac{\mathrm{d}^2x}{\mathrm{d}t^2}<0$. 由此可见，沿一直线运动时的矢量 $\boldsymbol{r}$，$\Delta\boldsymbol{r}$，$\boldsymbol{v}$ 和 $\boldsymbol{a}$ 的方向，可以用相应的代数量 x，Δx，v 和 a 的正负符号来表示. 即，这些代数量的绝对值表示其大小，正负号表示其方向. 如果 v 与 a 同号，则质点作加速直线运动；如果 v 与 a 异号，则质点作减速直线运动.

假定质点沿 x 轴作匀加速直线运动，加速度 a 不随时间变化，初位置为 x_0，初速度为 v_0，则

$$a=\frac{\mathrm{d}v}{\mathrm{d}t}$$

所以

$$\mathrm{d}v=a\mathrm{d}t$$

对上式两边取定积分可得

$$\int_{v_0}^{v}\mathrm{d}v=\int_0^t a\mathrm{d}t,\quad v=v_0+at \tag{1-8}$$

又因为

$$\frac{\mathrm{d}x}{\mathrm{d}t}=v_0+at$$

所以

$$\mathrm{d}x=(v_0+at)\mathrm{d}t$$

对上式两边再取定积分可得

$$\int_{x_0}^{x}\mathrm{d}x=\int_0^t (v_0+at)\mathrm{d}t,\quad x=x_0+v_0t+\frac{1}{2}at^2 \tag{1-9}$$

式(1-8)和式(1-9)消去时间参数可得

$$v^2-v_0^2=2a(x-x_0) \tag{1-10}$$

式(1-8)、式(1-9)和式(1-10)正是中学学过的匀变速直线运动公式.

可见：如果知道了质点的运动方程，我们就可以根据速度和加速度的定义用求导数的方法求出质点在任何时刻(或任何位置)时的速度和加速度.然而在许多实际问题中，往往先知道质点的加速度，而且要求在此基础上求出质点在各时刻的速度和位置.求解此类问题可采用积分法.

检测点 6：对于直线运动而言，加速与减速的关系如何？

例 1-3 一质点沿 x 轴正向运动，其加速度为 $a=kt$，若采用国际单位制(SI)，则式中常数 k 的单位是什么？当 $t=0$ 时，$v=v_0$，$x=x_0$，试求质点的速度和质点的运动方程.

解 因为 $a=kt$，所以 $k=\frac{a}{t}$.故 k 的单位为 $\frac{\mathrm{m}\cdot\mathrm{s}^{-2}}{\mathrm{s}}=\mathrm{m}\cdot\mathrm{s}^{-3}$.又因为 $a=\frac{\mathrm{d}v}{\mathrm{d}t}=kt$，所以有 $\mathrm{d}v=kt\mathrm{d}t$，做定积分有

$$\int_{v_0}^{v}\mathrm{d}v=\int_0^t kt\,\mathrm{d}t,\ v=v_0+\frac{1}{2}kt^2$$

而

$$v=\frac{\mathrm{d}x}{\mathrm{d}t}=v_0+\frac{1}{2}kt^2$$

所以

$$\mathrm{d}x=\left(v_0+\frac{1}{2}kt^2\right)\mathrm{d}t$$

再做定积分有

$$\int_{x_0}^{x}\mathrm{d}x=\int_0^t\left(v_0+\frac{1}{2}kt^2\right)\mathrm{d}t$$

得

$$x=x_0+v_0t+\frac{1}{6}kt^3$$

1.3.2 相对运动

同一运动质点在不同的参照系中的位置矢量不同，速度不同，加速度也不同，这是由运

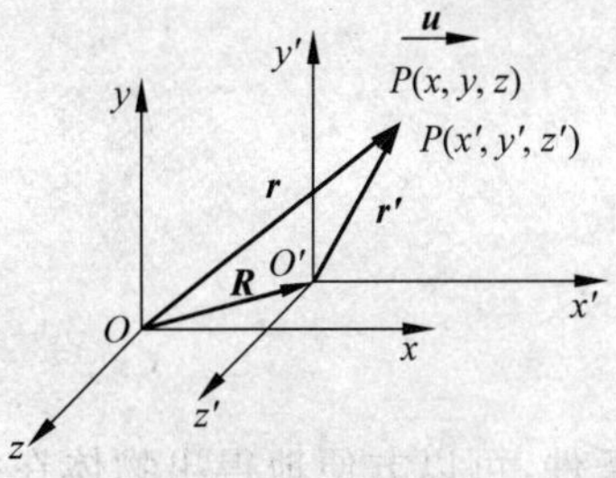

图 1-9　相对运动

动的相对性决定的.下面来讨论相对运动中这三个物理量之间的定量关系.

如图 1-9 所示,设参考系 $O'x'y'z'$ 相对于参考系 $Oxyz$ 以速度 $\boldsymbol{u}$ 沿 x 轴正向运动,此时质点 P 在空间运动,$P(x,y,z)$ 相对于 $Oxyz$ 系的位置矢量为 $\boldsymbol{r}$,$P(x',y',z')$ 相对于 $O'x'y'z'$ 系的位置矢量为 $\boldsymbol{r}'$,O' 相对于 O 的位置矢量为 $\boldsymbol{R}$,则

$$\boldsymbol{r} = \boldsymbol{r}' + \boldsymbol{R} \tag{1-11}$$

式(1-11)为相对运动位置矢量之间的关系,两端对时间求导,有

$$\frac{\mathrm{d}\boldsymbol{r}}{\mathrm{d}t} = \frac{\mathrm{d}\boldsymbol{r}'}{\mathrm{d}t} + \frac{\mathrm{d}\boldsymbol{R}}{\mathrm{d}t}$$

于是上式可写为

$$\boldsymbol{v} = \boldsymbol{v}' + \boldsymbol{u} \tag{1-12}$$

式(1-12)为相对运动速度之间的关系,两端对时间求导,有

$$\frac{\mathrm{d}\boldsymbol{v}}{\mathrm{d}t} = \frac{\mathrm{d}\boldsymbol{v}'}{\mathrm{d}t} + \frac{\mathrm{d}\boldsymbol{u}}{\mathrm{d}t}$$

于是上式可写为

$$\boldsymbol{a} = \boldsymbol{a}' + \frac{\mathrm{d}\boldsymbol{u}}{\mathrm{d}t} \tag{1-13}$$

式(1-13)为相对运动加速度之间的关系.

若参考系 $O'x'y'z'$ 相对于参考系 $Oxyz$ 作匀速直线运动,即 $\boldsymbol{u}$ 为常矢量,则 $\frac{\mathrm{d}\boldsymbol{u}}{\mathrm{d}t}=0$.于是式(1-13)变为 $\boldsymbol{a}=\boldsymbol{a}'$,即在彼此作匀速直线运动的参照系中,质点 P 的加速度相同.

检测点 7:若在不同参照系中质点的加速度相同,则这些参照系之间有什么关系?

1.4　平面曲线运动

质点在确定的平面内作曲线运动,称为**平面曲线运动**.常见的实例有抛体运动和圆周运动.

1.4.1　抛体运动

从地面上某点向空中抛出一物体,它在空中的运动称为**抛体运动**.物体被抛出之后,若忽略风力及空气阻力的影响,它的运动轨迹总是被限制在通过抛射点的抛出方向和竖直方向所确定的平面内,因此描述这种运动,就可以把抛出点作为坐标原点,把水平方向和竖直方向分别作为 x 轴和 y 轴,如图 1-10 所示.若从抛出时刻开始计时,则 $t=0$ 时,物体的初位置在原点即(0,0),以 $\boldsymbol{v}_0$ 表示物体的初速度,以 θ 角表示抛射角,即初速度与 x 轴的夹角,则 $\boldsymbol{v}_0$ 沿

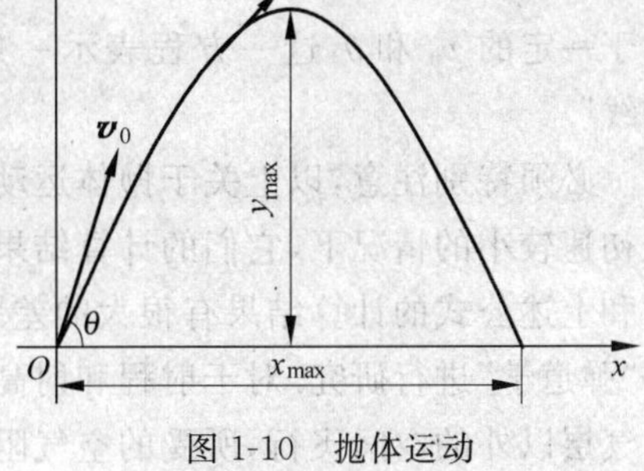

图 1-10　抛体运动

x 轴和 y 轴的分量分别为

$$\begin{cases} v_{0x} = v_0 \cos\theta \\ v_{0y} = v_0 \sin\theta \end{cases}$$

物体在空中的加速度分别为

$$\begin{cases} a_x = 0 \\ a_y = -g \end{cases}$$

其中负号表示加速度的方向与 y 轴的方向相反.利用这些条件,可以方便地得出物体在空中任意时刻的速度为

$$\left.\begin{aligned} v_x &= v_0 \cos\theta \\ v_y &= v_0 \sin\theta - gt \end{aligned}\right\} \tag{1-14}$$

也可以得出物体在空中任意时刻的位置坐标为

$$\left.\begin{aligned} x &= (v_0 \cos\theta)t \\ y &= (v_0 \sin\theta)t - \frac{1}{2}gt^2 \end{aligned}\right\} \tag{1-15}$$

式(1-14)和式(1-15)就是在中学已熟知的抛体运动的有关公式.由这两式也可以求出物体在空中飞行回落到抛出点高度时所用的时间为

$$T = \frac{2v_0 \sin\theta}{g}$$

飞行中的最大高度(即高出抛射点的最大距离)为

$$y_{\max} = \frac{v_0^2 \sin^2\theta}{2g}$$

飞行的射程(即回落到与抛出点的高度相同时所经过的水平距离)为

$$x_{\max} = \frac{v_0^2 \sin 2\theta}{g}$$

由上面的公式可以看出:

若 $\theta=0$,则 $y_{\max}=0$,此时为平抛运动;

若 $\theta=\frac{\pi}{4}$,则 $x_{\max}=\frac{v_0^2}{g}$,此时射程最大;

若 $\theta=\frac{\pi}{2}$,则 $x_{\max}=0$,此时为竖直上抛运动.

消去式(1-15)中的时间参数后可以得到抛体运动的轨迹方程为

$$y = x\tan\theta - \frac{1}{2}\frac{gx^2}{v_0^2 \cos^2\theta}$$

对于一定的 v_0 和 θ,这一方程表示一条通过原点的二次曲线.这一曲线就是数学上的"抛物线".

必须特别注意,以上关于抛体运动的公式,都是在忽略空气阻力的情况下得出的.只有在初速较小的情况下,它们的计算结果才比较符合实际.实际中子弹和炮弹在空中飞行的规律和上述公式的计算结果有很大的差别.子弹和炮弹的飞行规律,在军事技术中由专门的学科"弹道学"进行研究.对于射程和射高极大的抛射体,如洲际导弹,弹头大部分时间内都在大气层以外的空间飞行,所受的空气阻力是很小的.但是由于在这样大的范围内飞行,重力

加速度的大小和方向都有明显的变化，因而以上公式也不能适用.

检测点 8：对于抛体运动而言，在一个小范围内什么恒定不变？

1.4.2　圆周运动

在确定的平面上质点的运动轨迹为圆周的运动称为**圆周运动**. 下面从加速度的定义出发，进一步分析讨论研究质点作圆周运动时的加速度.

如图 1-11 所示，设 t 时刻质点位于 P 点，其速度为 $\boldsymbol{v}_P$；$t+\Delta t$ 时刻质点位于 Q 点，其速度为 $\boldsymbol{v}_Q$. 则在 Δt 这一段时间内，速度的增量为 $\Delta\boldsymbol{v}=\boldsymbol{v}_Q-\boldsymbol{v}_P$. 于是在由矢量 $\boldsymbol{v}_P$，$\boldsymbol{v}_Q$ 和 $\Delta\boldsymbol{v}$ 组成的三角形 CPQ 中取 CP' 的长度等于 CP 的长度，那么速度增量 $\Delta\boldsymbol{v}$ 就可分解为两个矢量 $\Delta\boldsymbol{v}_n$ 和 $\Delta\boldsymbol{v}_\tau$ 之和，即 $\Delta\boldsymbol{v}=\Delta\boldsymbol{v}_n+\Delta\boldsymbol{v}_\tau$. 所以加速度

$$\boldsymbol{a}=\lim_{\Delta t\to 0}\frac{\Delta\boldsymbol{v}}{\Delta t}=\lim_{\Delta t\to 0}\frac{\Delta\boldsymbol{v}_n}{\Delta t}+\lim_{\Delta t\to 0}\frac{\Delta\boldsymbol{v}_\tau}{\Delta t}$$

令 $\boldsymbol{a}_n=\lim\limits_{\Delta t\to 0}\frac{\Delta\boldsymbol{v}_n}{\Delta t}$，$\boldsymbol{a}_\tau=\lim\limits_{\Delta t\to 0}\frac{\Delta\boldsymbol{v}_\tau}{\Delta t}$，则 $\boldsymbol{a}=\boldsymbol{a}_n+\boldsymbol{a}_\tau$.

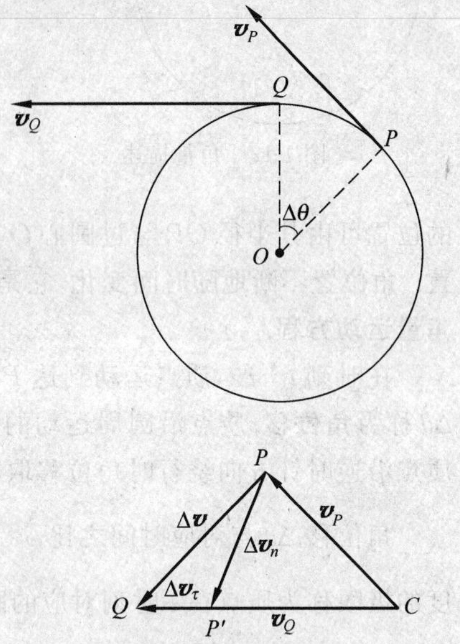

图 1-11　圆周运动

下面我们再来分析 $\boldsymbol{a}_n$ 和 $\boldsymbol{a}_\tau$ 的大小、方向和物理意义.

当 $\Delta t\to 0$ 时，Q 点无限趋近于 P 点，OQ 与 OP 之间的夹角 $\Delta\theta\to 0$. $\Delta\boldsymbol{v}_\tau$ 的极限方向与 $\boldsymbol{v}_P$ 相同，是 P 点处圆周的切线方向；$\Delta\boldsymbol{v}_n$ 的极限方向与 $\boldsymbol{v}_P$ 垂直，沿半径指向圆心. 可见质点在 P 点处的加速度 $\boldsymbol{a}$ 的两个分量 $\boldsymbol{a}_n$ 和 $\boldsymbol{a}_\tau$ 恰好分别指向圆周上 P 点处的法向和切向这两个特殊方向. 顾名思义，我们将 P 点处的 $\boldsymbol{a}_n$ 称为该点处的**法向加速度**（对于圆周运动即为向心加速度），将 P 点处的 $\boldsymbol{a}_\tau$ 称为该点处的**切向加速度**.

平移 $\boldsymbol{v}_P$ 和 $\boldsymbol{v}_Q$ 矢量于 C 点，由图 1-11 可以看出，$|\Delta\boldsymbol{v}_\tau|$ 是速度大小的增量（即速率的增量 Δv），于是切向加速度 $\boldsymbol{a}_\tau$ 的大小为

$$a_\tau=\lim_{\Delta t\to 0}\frac{|\Delta\boldsymbol{v}_\tau|}{\Delta t}=\lim_{\Delta t\to 0}\frac{\Delta v}{\Delta t}=\frac{\mathrm{d}v}{\mathrm{d}t}$$

又因为 $\triangle OPQ\backsim\triangle CPP'$，所以

$$\frac{|\Delta\boldsymbol{v}_n|}{v_P}=\frac{\overline{PQ}}{R}$$

故法向加速度 $\boldsymbol{a}_n$ 的大小为

$$a_n=\lim_{\Delta t\to 0}\frac{|\Delta\boldsymbol{v}_n|}{\Delta t}=\frac{v_P}{R}\lim_{\Delta t\to 0}\frac{\overline{PQ}}{\Delta t}=\frac{v_P^2}{R}$$

由于 P 点是圆周上的任意一点，所以质点在圆周上的法向加速度 $\boldsymbol{a}_n$ 的大小为

$$a_n=\frac{v^2}{R}$$

其中，v 为对应点的速度大小（即速率）.

通过上面的分析和研究，我们发现：**切向加速度 $\boldsymbol{a}_\tau$ 与质点运动的速率改变相联系，法**

向加速度 a_n 与质点运动的方向改变相联系. 于是将其归纳为

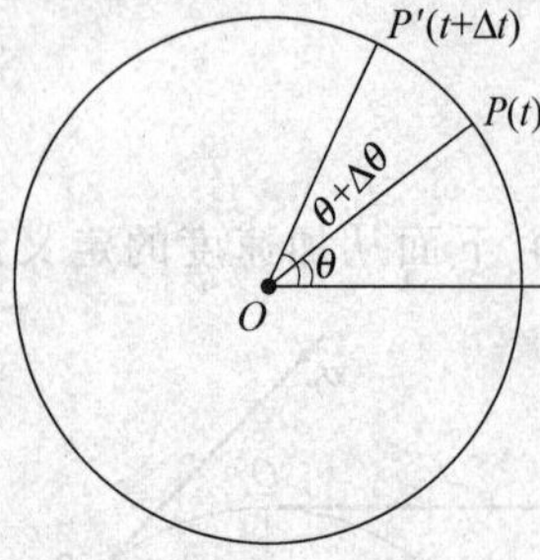

图 1-12　角量描述

$$\left.\begin{aligned} &\boldsymbol{a} = \boldsymbol{a}_n + \boldsymbol{a}_\tau \\ &a_n = \frac{v^2}{R},\quad a_\tau = \frac{\mathrm{d}v}{\mathrm{d}t} \\ &a = |\boldsymbol{a}| = \sqrt{a_n^2 + a_\tau^2} \\ &\tan(\boldsymbol{a},\boldsymbol{v}) = \frac{a_n}{a_\tau} \end{aligned}\right\} \tag{1-16}$$

质点作圆周运动，还通常用角量来描述，如图 1-12 所示.

质点作圆周运动时，在某一时刻 t 位于 P 点，质点的位置可由其半径 OP 与过圆心 O 的参考线 Ox 的夹角 θ 唯一地确定，θ 角称为质点的**角位置**. 角位置不断地随时间变化，它是时间的函数，即 $\theta=\theta(t)$. 它被称为质点作圆周运动时的**角量运动方程**.

在时刻 $t+\Delta t$，质点运动到达 P' 点时其角位置为 $\theta+\Delta\theta$，在 Δt 时间内，质点转过的角度 $\Delta\theta$ 称为**角位移**. 质点沿圆周运动的绕行方向不同，角位移的转向也不同. 一般情况下，规定质点沿逆时针方向绕行时角位移取正值，质点沿顺时针方向绕行时角位移取负值.

角位移 $\Delta\theta$ 与对应时间之比 $\bar{\omega}=\dfrac{\Delta\theta}{\Delta t}$ 称为 Δt 时间内的**平均角速度**. 当 $\Delta t\to 0$ 时，平均角速度的极限称为质点在 t 时刻对应的**瞬时角速度**（简称**角速度**），即

$$\omega = \lim_{\Delta t\to 0}\frac{\Delta\theta}{\Delta t} = \frac{\mathrm{d}\theta}{\mathrm{d}t} \tag{1-17}$$

同样的道理，质点的**角加速度**为

$$\beta = \lim_{\Delta t\to 0}\frac{\Delta\omega}{\Delta t} = \frac{\mathrm{d}\omega}{\mathrm{d}t} = \frac{\mathrm{d}^2\theta}{\mathrm{d}t^2} \tag{1-18}$$

在国际单位制(SI)中，角位置、角位移的单位为 rad，角速度的单位为 $\mathrm{rad\cdot s^{-1}}$，角加速度的单位为 $\mathrm{rad\cdot s^{-2}}$，目前工程上还在继续使用 $\mathrm{r\cdot min^{-1}}$ 来表示转速，

$$1\ \mathrm{r\cdot min^{-1}} = \frac{\pi}{30}\mathrm{rad\cdot s^{-1}}$$

质点作圆周运动时，如果角速度 ω 不随时间变化，即角加速度 β 为零，则质点作匀速圆周运动；如果角加速度 β 不随时间变化且不等于零，则质点作匀加速圆周运动. 对于匀加速圆周运动而言，可以用与研究匀变速直线运动一样的办法得到

$$\begin{cases} \omega = \omega_0 + \beta t \\ \theta = \theta_0 + \omega_0 t + \dfrac{1}{2}\beta t^2 \\ \omega^2 - \omega_0^2 = 2\beta(\theta-\theta_0) \end{cases}$$

如图 1-12 所示，因为质点在圆周上所经历的路程即弧长为 $\Delta s=R\Delta\theta$，两边同除以质点运动所经历的时间 Δt，得

$$\frac{\Delta s}{\Delta t} = R\frac{\Delta\theta}{\Delta t}$$

令 $\Delta t\to 0$，两边取极限，得

$$\frac{\mathrm{d}s}{\mathrm{d}t}=R\frac{\mathrm{d}\theta}{\mathrm{d}t}\quad 即\quad v=R\omega$$

所以将等式 $v=R\omega$ 两边对时间求一阶导数，得

$$\frac{\mathrm{d}v}{\mathrm{d}t}=R\frac{\mathrm{d}\omega}{\mathrm{d}t}\quad 即\quad a_\tau=R\beta$$

对于法向加速度，有

$$a_n=\frac{v^2}{R}=R\omega^2$$

综上所述，对于圆周运动其线量和角量之间的关系为

$$\left.\begin{aligned}v&=R\omega\\a_\tau&=R\beta\\a_n&=R\omega^2\end{aligned}\right\}\tag{1-19}$$

检测点 9：匀速圆周运动的加速度是否存在？

例 1-4　一人乘摩托车跳越一个大矿坑，他以与水平成 22.5°夹角的初速度 65 $\mathrm{m\cdot s^{-1}}$ 从西边起跳，准确地落在坑的东边. 已知东边比西边低 70 m，忽略空气阻力，且取 $g=10\ \mathrm{m\cdot s^{-2}}$，问：(1)矿坑有多宽，他飞越的时间有多长？(2)他在东边落地时的速度多大？速度与水平面的夹角多大？

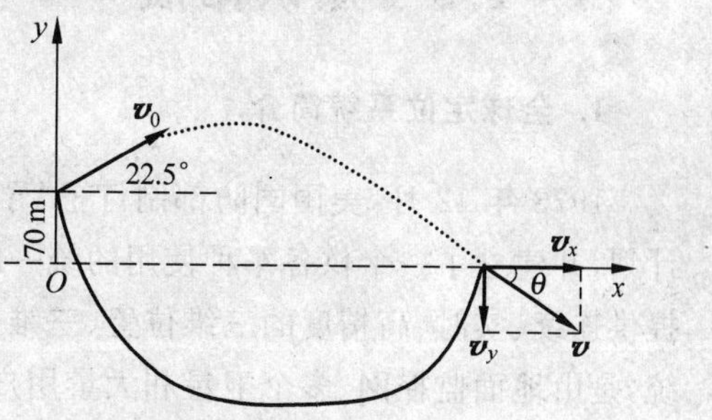

图 1-13　例 1-4 用图

解　根据题意建立坐标系，如图 1-13 所示.

(1) 若以摩托车和人作为一质点，则其运动方程为

$$\begin{cases}x=(v_0\cos\theta_0)t\\y=y_0+(v_0\sin\theta_0)t-\dfrac{1}{2}gt^2\end{cases}$$

运动速度为

$$\begin{cases}v_x=v_0\cos\theta_0\\v_y=v_0\sin\theta_0-gt\end{cases}$$

当到达东边落地时 $y=0$ 有 $y_0+(v_0\sin\theta_0)t-\frac{1}{2}gt^2=0$，将 $y_0=70\ \mathrm{m}$，$g=10\ \mathrm{m\cdot s^{-2}}$，$v_0=65\ \mathrm{m\cdot s^{-1}}$，$\theta_0=22.5°$代入解之，得到飞越矿坑的时间为 $t=7.0\ \mathrm{s}$(另一根舍去)，矿坑的宽度为 $x=420\ \mathrm{m}$.

(2) 在东边落地时 $t=7.0\ \mathrm{s}$，其速度为

$$\begin{cases}v_x=v_0\cos\theta_0=60.1(\mathrm{m\cdot s^{-1}})\\v_y=v_0\sin\theta_0-gt=-44.9(\mathrm{m\cdot s^{-1}})\end{cases}$$

于是落地点速度的量值为

$$v=\sqrt{v_x^2+v_y^2}=75.0(\mathrm{m\cdot s^{-1}})$$

此时落地点速度与水平面的夹角为

$$\theta=\arctan\frac{v_y}{v_x}=37°$$

例 1-5　一质点沿半径为 R 的圆周运动，其角位置与时间的函数关系式(即角量运动方程)为 $\theta=\pi t+\pi t^2$，取 SI 制，则质点的角速度、角加速度、切向加速度和法向加速度各是

什么?

解 因为

$$\theta=\pi t+\pi t^2$$

所以质点的角速度

$$\omega=\frac{d\theta}{dt}=\pi+2\pi t$$

质点的角加速度为

$$\beta=\frac{d\omega}{dt}=2\pi$$

质点的切向加速度为

$$a_\tau=R\beta=2\pi R$$

质点的法向加速度为

$$a_n=\omega^2R=(\pi+2\pi t)^2R$$

*1.5 知识拓展——全球定位系统和质点运动学

1. 全球定位系统简介

1973年12月,美国国防部制订了“导弹星”全球定位系统(简称GPS)的国防导弹卫星计划,并建立了一个供各军种使用的统一的全球军用导弹卫星系统.该系统能够向全球用户提供连续、实时、高精度的三维位置、三维速度和时间信息.它是一种高精度卫星定位导航系统,是由地面监控网、多个卫星和大量用户接收机组成的.

全球定位系统在地面上空的空间部分由24颗卫星组成导航卫星星座,21颗卫星为工作卫星,3颗卫星为备份卫星,卫星在6条轨道上运转,轨道面倾角为55°,每条轨道上布设有3颗卫星,彼此相距120°,各轨道的升交点沿赤道等间隔配置,且相邻升交点之间的角距离为60°.从一个轨道面的卫星到下一个轨道面的卫星之间错开40°,另外每隔一个轨道平面的轨道上布置有1颗预热备份卫星,每个卫星是在距地面2.02×10^7 m高度的轨道上运转,或者说轨道半径为2.65×10^7 m,运转一周为12 h.每颗卫星都装有非常精确的原子钟,这样的卫星系统基本上保证了地球上任何位置的用户接收机能同时接收到4~8颗卫星发来的信号.如图1-14所示.

现代战争具有大规模大纵深非线性的作战特点,这就要求分布在广大地域的地面部队、坦克、火炮、飞机、水面和水下的舰艇具有协同一致的作战行动,同时也要求他们具有高度精确且一致的时间基准,并且在任何时候都能确定自身的位置和速度.全球定位系统是卫星无线电导航、定位和授时系统,其主要任务就是为分布在全球各地的各军兵种部队及武器装备、低轨道军用卫星提供全天候的精确实时的导航、定位和授时服务.

2. 全球定位系统的物理基础

由于全球定位系统能同时保证全球任何地点或近地空间的用户最低限度连续收看到4颗卫星,如图1-15所示.每颗卫星又都能连续不断地向用户接收机发射导航信号,所以用户到卫星的距离等于电磁波的传播速度乘以电磁波传播所用的时间.

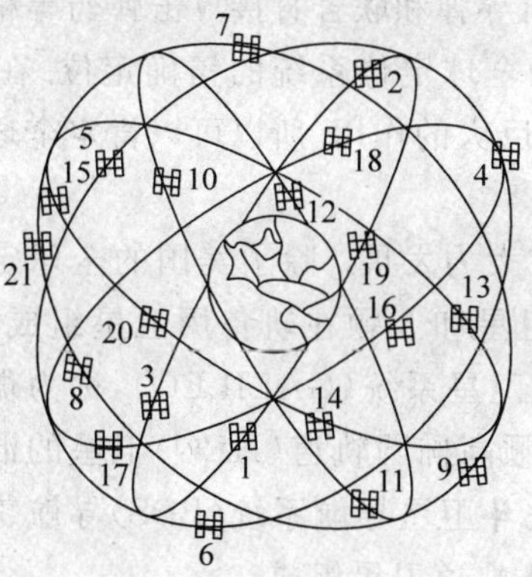

图 1-14　GPS 卫星星座

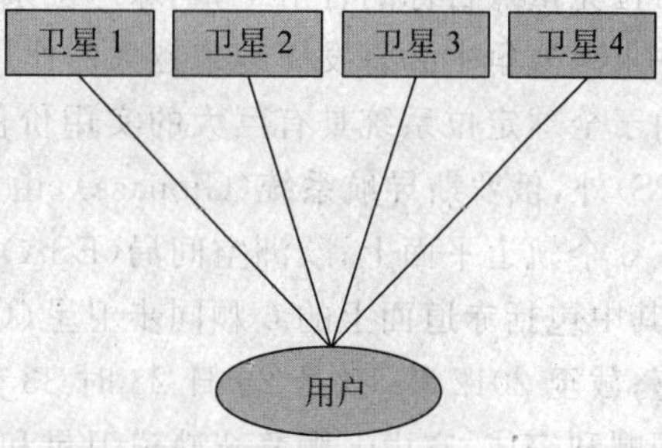

图 1-15　GPS 的定位原理

假设用户同时接收到 4 颗卫星信号，且 4 颗卫星发射信号时的精确位置和时间分别为：(x_1,y_1,z_1,t_1)，(x_2,y_2,z_2,t_2)，(x_3,y_3,z_3,t_3)，(x_4,y_4,z_4,t_4)，电磁波的传播速度为 u，用户此时所在的位置为 (x,y,z,t)，则有

$$\begin{cases}\sqrt{(x-x_1)^2+(y-y_1)^2+(z-z_1)^2}=u(t-t_1)\\\sqrt{(x-x_2)^2+(y-y_2)^2+(z-z_2)^2}=u(t-t_2)\\\sqrt{(x-x_3)^2+(y-y_3)^2+(z-z_3)^2}=u(t-t_3)\\\sqrt{(x-x_4)^2+(y-y_4)^2+(z-z_4)^2}=u(t-t_4)\end{cases}$$

解此方程组可求得 x,y,z,t 的值，即用户此时所在的位置.

如果连续不断地定位，则可求出三维速度 (v_x,v_y,v_z). 设 t 时刻用户的位置为 (x,y,z)，设 t' 时刻用户的位置为 (x',y',z')，则用户的速度为

$$v_x=\frac{x-x'}{t-t'},\quad v_y=\frac{y-y'}{t-t'},\quad v_z=\frac{z-z'}{t-t'}$$

全球定位系统测量精度高. 据国内外 10 多年的众多实验和研究表明：该系统相对定位，若方法合适，软件精良，则短距离(15 千米以内)精度可达到厘米的数量级或更好；中长距离(几十千米到几千千米)相对精度可达到 $10^{-7}\sim10^{-8}$，其精度是相当惊人的.

3. 全球定位系统的军事应用

全球定位系统可为地面车辆、人员以及航空、航海、航天等领域的飞机、舰艇、潜艇、卫星、航天飞机等进行导航和定位；可用于洲际导弹的中段制导，作为惯性制导系统的补充，提高导弹的精度；还可用于照相制图和大地测量、空中交会和加油、空投和空运、航空交通控制和指挥、火炮的定位和发射、靶场测试、反潜战、布雷、扫雷、船只的保持和营救工作等. 全球定位系统首次成功地广泛用于军事行动始于海湾战争，且备受欢迎. 以美国为首的多国部队给海陆空三军装备了 1.7 万台全球定位系统接收机，为多国部队产生了难以估量的军事和经济效益.

例如，在实施"沙漠风暴"的第一天晚上，美军出动了 7 架 B—52G 战略轰炸机向伊拉克发射了 35 枚 AGM—80C 巡航导弹，这些导弹上都装有全球定位系统复合制导装置，能从区域目标转为定点目标命中，准确集中预定战略目标，使伊军通信、防空和供电系统陷于瘫痪

状态.北约对南联盟的行动中，更加广泛地使用远程巡航导弹和联合直接攻击弹药等精确打击武器，对南联盟军、民用目标进行精确打击，也是借助全球定位系统的精确定位.在2003年对伊拉克重点目标的打击中，全球定位系统又起到了巨大的作用.所以可以肯定全球定位系统在未来战争中必将发挥越来越大的作用.

由于全球定位系统具有巨大的实用价值，各国都在大力发展.除了美国的全球定位系统(GPS)外，俄罗斯导航系统(Gionass)，由21颗工作卫星和3颗在轨备用卫星组成，均匀分布在3个轨道平面上；欧洲空间局(ESA)筹建的导航卫星系统(GALILEO)，称为伽利略计划，其中包括赤道面上的6颗同步卫星(GEO)和12颗高椭圆轨道(HEO)卫星的混合卫星星座；截至2012年10月25日23时33分，我国的北斗卫星导航系统(BDS)导航工程区域组网顺利完成，它由5颗静止轨道卫星和30颗非静止轨道卫星组成.

阅读材料1 伽利略

伽利略(Galileo Galilei，1564—1642)是意大利文艺复兴时期的天文学家、物理学家、力学家和哲学家，被称为近代科学之父.

伽利略为哥白尼的日心说提供了科学的支持，因名著《星际使者》的出版，被后人称为天空中的哥伦布；他在培根的基础上发展了科学的实验方法，把自然科学从单纯的思索与思辨过渡到了由实验检验了的科学理论；他总结了落体运动、抛体运动的规律，并给予了理论上的论证，著名的比萨斜塔实验彻底推翻了亚里士多德的物质观；他的斜面实验实现了不靠外力来维持的惯性运动，为惯性定律的诞生奠定了基础；他发现了摆的等时性，后被惠更斯利用制成了“伽利略钟”；他对液体与热学深有研究并发明了温度计；他对力学相对性原理思考后得出的结论，在物理学中留下了伽利略变换这一宝贵遗产.

伽利略的名著《关于两门新科学的对话与数学证明对话集》总结了他最成熟的科学思想及他在物理学与天文学方面的研究成果.他是勤奋的科学家，深信科学家的任务是探索并利用自然规律.虽然晚年被剥夺了人身自由，但他开创新科学的意志并不动摇，他追求科学真理的精神和成果永远为人们所景仰.

伽利略的科学观是观察——假设——推理——实验——总结规律.研究的特点是理想实验与科学推理紧密结合.

复习与小结

1. 描写质点运动的 4 个物理量

位置矢量：描述质点在空间的位置情况.

$$\boldsymbol{r}=x\boldsymbol{i}+y\boldsymbol{j}+z\boldsymbol{k}$$

位移：描述质点位置的改变情况.

$$\Delta\boldsymbol{r}=\boldsymbol{r}(t+\Delta t)-\boldsymbol{r}=\Delta x\boldsymbol{i}+\Delta y\boldsymbol{j}+\Delta z\boldsymbol{k}$$

速度：描述质点位置变动的快慢和方向.

$$\boldsymbol{v}=\lim_{\Delta t\to 0}\frac{\Delta\boldsymbol{r}}{\Delta t}=\frac{\mathrm{d}\boldsymbol{r}}{\mathrm{d}t}=\frac{\mathrm{d}x}{\mathrm{d}t}\boldsymbol{i}+\frac{\mathrm{d}y}{\mathrm{d}t}\boldsymbol{j}+\frac{\mathrm{d}z}{\mathrm{d}t}\boldsymbol{k}$$

加速度：描述质点速度的变化情况.

$$\boldsymbol{a}=\lim_{\Delta t\to 0}\frac{\Delta\boldsymbol{v}}{\Delta t}=\frac{\mathrm{d}\boldsymbol{v}}{\mathrm{d}t}=\frac{\mathrm{d}^2\boldsymbol{r}}{\mathrm{d}t^2}=\frac{\mathrm{d}^2x}{\mathrm{d}t^2}\boldsymbol{i}+\frac{\mathrm{d}^2y}{\mathrm{d}t^2}\boldsymbol{j}+\frac{\mathrm{d}^2z}{\mathrm{d}t^2}\boldsymbol{k}$$

上述 4 个物理量均具有矢量性、瞬时性和相对性.

2. 圆周运动的速度和加速度

(1) 线量描述

线速度 $\boldsymbol{v}$：方向沿切向，大小为其运动的速率 $v=\frac{\mathrm{d}s}{\mathrm{d}t}$.

切向加速度 $\boldsymbol{a}_\tau$：方向沿切向($a_\tau>0$，$\boldsymbol{a}_\tau$ 与 $\boldsymbol{v}$ 同向，加速；$a_\tau<0$，$\boldsymbol{a}_\tau$ 与 $\boldsymbol{v}$ 反向，减速)，大小为 $a_\tau=\frac{\mathrm{d}v}{\mathrm{d}t}$.

法向加速度 $\boldsymbol{a}_n$：方向指向圆心，大小为 $a_n=\frac{v^2}{R}$.

线加速度 $\boldsymbol{a}$：方向指向轨迹凹的一侧.

$$\boldsymbol{a}=\boldsymbol{a}_\tau+\boldsymbol{a}_n,\quad a=\sqrt{a_\tau^2+a_n^2},\quad \tan(\boldsymbol{a},\boldsymbol{v})=\frac{a_n}{a_\tau}$$

(2) 角量描述

角位置：$\theta(t)$

角速度：$\omega=\frac{\mathrm{d}\theta}{\mathrm{d}t}$

角加速度：$\beta=\frac{\mathrm{d}\omega}{\mathrm{d}t}=\frac{\mathrm{d}^2\theta}{\mathrm{d}t^2}$

(3) 线量与角量的关系：$s=R\theta, v=R\omega, a_\tau=R\beta, a_n=R\omega^2$

3. 相对运动

相对运动位置矢量之间的关系：$\boldsymbol{r}=\boldsymbol{r}'+\boldsymbol{R}$

相对运动速度之间的关系：$\boldsymbol{v}=\boldsymbol{v}'+\boldsymbol{u}$

相对运动加速度之间的关系：$\boldsymbol{a}=\boldsymbol{a}'+\frac{\mathrm{d}\boldsymbol{u}}{\mathrm{d}t}$

若$\frac{d\boldsymbol{u}}{dt}=0$，则$\boldsymbol{a}=\boldsymbol{a}'$，即在彼此作匀速直线运动的参照系中，质点的加速度相同.

练 习 题

1-1 速度与加速度的方向之间成________时，质点的运动为加速运动；速度与加速度的方向之间成________时，质点的运动为减速运动.

1-2 已知质点运动的位置矢量，即运动方程，求其速度与加速度，则采用________；已知质点运动的加速度，求其速度与位置矢量，则采用________.

1-3 若甲物体的运动速度为$\boldsymbol{v}_{甲}$，乙物体的运动速度为$\boldsymbol{v}_{乙}$，则甲物体相对于乙物体运动速度为________.

1-4 质点作抛体运动的过程中：________速度和________是固定不变的；________速度是时刻变化的.

1-5 质点作匀速率圆周运动的过程中，________加速度始终为零；质点作加速圆周运动的过程中，________加速度的方向始终与速度的方向相同.

1-6 下列关于质点运动的表述中，不可能出现的情况是（　　）.

A. 一质点向前的加速度减小了，其向前的速度也随之减小

B. 一质点具有恒定速率，却有变化的速度

C. 一质点加速度值恒定，而其速度方向不断改变

D. 一质点具有零速度，同时具有不为零的加速度

1-7 下列关于加速度的表述中，正确的是（　　）.

A. 质点作圆周运动时，加速度的方向总是指向圆心

B. 质点沿x轴运动，若加速度$a<0$，则质点作减速运动

C. 若质点的加速度为恒矢量，则运动轨迹必为直线

D. 质点作抛物线运动时，其法向加速度a_n和切线加速度a_τ是不断变化的，因此其加速度$a=\sqrt{a_n+a_\tau}$也是不断变化的

1-8 某质点沿着y轴运动，其运动方程为$y=2t^2-3t^3$，取国际单位. 若$t=1$ s，则质点正在（　　）.

A. 加速　　B. 减速　　C. 匀速　　D. 静止

1-9 某人骑自行车以速率u向西行驶，今有风以相同的速率u从北偏东30°方向吹来，则人感觉风是从哪个方向吹来的？（　　）

A. 北偏东30°　　B. 北偏西30°　　C. 西偏南30°　　D. 南偏东30°

1-10 球Ⅰ系于长为l的轻绳下，球Ⅱ固定于长为l的轻杆的一端，二者都垂直悬挂于平衡位置. 分别撞击两小球，使其都以水平初速开始运动，并使它们恰好完成圆周运动. 设两球的初速率分别为$u_{\rm I}$和$u_{\rm II}$，则有（　　）.

A. $u_{\rm I}<u_{\rm II}$　　B. $u_{\rm I}=u_{\rm II}$　　C. $u_{\rm I}>u_{\rm II}$　　D. 不能确定

1-11 某质点的速度为$\boldsymbol{v}=2\boldsymbol{i}-8t\boldsymbol{j}$，已知$t=0$时它过点$(3,-7)$，求该质点的运动方程.

1-12 某质点在平面上作曲线运动，t_1时刻位置矢量为$\boldsymbol{r}_1=-2\boldsymbol{i}+6\boldsymbol{j}$，$t_2$时刻的位置矢

量为 $\boldsymbol{r}_2=2\boldsymbol{i}+4\boldsymbol{j}$，求：(1)在 $\Delta t=t_2-t_1$ 时间内质点的位移矢量式；(2)该段时间内位移的大小和方向；(3)在坐标图上画出 $\boldsymbol{r}_1$，$\boldsymbol{r}_2$ 及 $\Delta\boldsymbol{r}$(题中 r 以 m 计，t 以 s 计).

1-13　某质点作直线运动，其运动方程为 $x=1+4t-t^2$，其中 x 以 m 计，t 以 s 计. 求：(1)第 3 s 末质点的位置；(2)头 3 s 内的位移大小；(3)头 3 s 内经过的路程.

1-14　已知某质点的运动方程为 $x=2t$，$y=2-t^2$，式中 t 以 s 计，x 和 y 以 m 计. (1)计算并图示质点的运动轨迹；(2)求出 $t=1$ s 到 $t=2$ s 这段时间内质点的平均速度；(3)计算 1 s 末和 2 s 末质点的速度；(4)计算 1 s 末和 2 s 末质点的加速度.

1-15　湖中有一小船，岸边有人用绳子跨过离河面高 H 的滑轮拉船靠岸，如题 1-15 图所示. 设绳子的原长为 l_0，人以匀速 $\boldsymbol{v}_0$ 拉绳，试描述小船的运动轨迹并求其速度和加速度.

1-16　大马哈鱼总是逆流而上，游到乌苏里江上游去产卵，游程中有时要跃上瀑布. 这种鱼跃出水面的垂直的速率可达 32 km·h^{-1}. 它最高可跃上多高的瀑布？和人的跳高记录相比如何？

1-17　一人站在山坡上，山坡与水平面成 α 角，他扔出一个初速为 v_0 的小石子，v_0 与水平面成 θ 角(向上)如题 1-17 图所示. (1)若忽略空气阻力，试证小石子落到了山坡上距离抛出点为 S 处，有 $S=\dfrac{2v_0^2\sin(\theta+\alpha)\cos\theta}{g\cos^2\alpha}$. (2)由此证明对于给定的 v_0 和 α 值，S 在 $\theta=\dfrac{\pi}{4}-\dfrac{\alpha}{2}$时有最大值 $S_{\max}=\dfrac{v_0^2(\sin\alpha+1)}{g\cos^2\alpha}$.

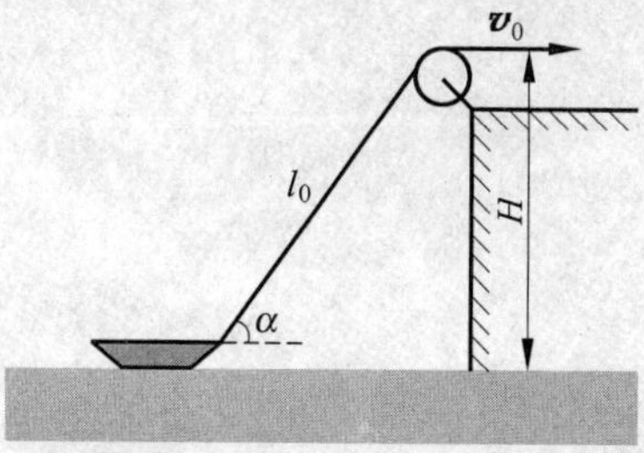

题 1-15 图

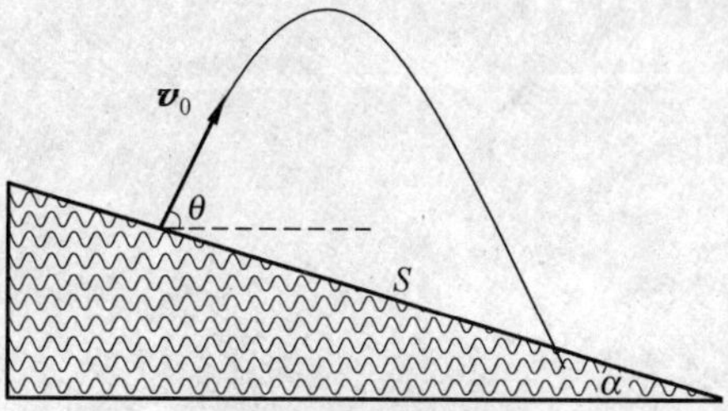

题 1-17 图

1-18　一人扔石子的最大出手速率为 $v=25$ m·s^{-1}. 他能击中一个与他的手水平距离为 $L=50$ m，高为 $h=13$ m 处的一目标吗？在这个距离上他能击中的最大高度是多少？

1-19　如果把两个物体 A 和 B 分别以初速度 $\boldsymbol{v}_{0A}$ 和 $\boldsymbol{v}_{0B}$ 抛出去. $\boldsymbol{v}_{0A}$ 与水平面的夹角为 α，$\boldsymbol{v}_{0B}$ 与水平面的夹角为 β，试证明在任意时刻物体 B 相对于物体 A 的速度为常矢量.

1-20　如果已测得上抛物体两次从两个方向经过两个给定点的时间，即可测出该处的重力加速度. 若物体沿两个方向经过水平线 A 的时间间隔为 Δt_A，而沿两个方向经过水平线 A 上方 h 处的另一水平线 B 的时间间隔为 Δt_B，设在物体运动的范围内重力加速度为常量，试求该重力加速度的大小.

1-21　以初速 v_0 将一物体斜向上抛，抛射角为 θ，不计空气阻力，试求物体在轨道最高点处的曲率半径.

1-22　某质点从静止出发沿半径为 $R=1$ m 的圆周运动，其角加速度随时间的变化规律是 $\beta=12t^2-6t$，试求质点的角速度及切向加速度的大小.

1-23　某质点作圆周运动的方程为 $\theta=2t-4t^2$(θ 以 rad 计，t 以 s 计). 在 $t=0$ 时开始逆

时针旋转，试求：(1)$t=0.5$ s时，质点以什么方向转动；(2)质点转动方向改变的瞬间，它的角位置θ等于多大？

1-24　质点从静止出发沿半径$R=3$ m的圆周作匀变速运动，切向加速度$a_t=3\ \mathrm{m\cdot s^{-2}}$. 试求：(1)经过多少时间后质点的总加速度恰好与半径成45°角？(2)在上述时间内，质点所经历的角位移和路程各为多少？

1-25　汽车在半径为$R=400$ m的圆弧弯道上减速行驶. 设某一时刻，汽车的速率为$v=10\ \mathrm{m\cdot s^{-1}}$，切向加速度的大小为$a_\tau=0.2\ \mathrm{m\cdot s^{-2}}$. 求汽车的法向加速度和总加速度的大小和方向.

第2章 质点动力学

如图是神舟十号着陆所用的降落伞，其面积设计多大才能使回落舱损害最小呢？通过本章的学习，可以解决实际生活中的许多问题．如降落伞面积到底做多大物体下落才最安全，飞机跑道设计为多长飞机起飞才有可靠的保证，航母为了达到一定的目的舰面规格如何设计等．

神舟十号着陆所用的降落伞

第1章我们学习了质点运动学，已经清楚地知道，物体在作什么样的运动以及所作运动是如何描述的．那么它为什么作那样的运动而不作别的运动呢？本章正是来解释这一问题的，也就是说本章将要进一步研究物体为什么作这样或那样的运动．力学中将这一部分称为**动力学**．所谓动力学就是以牛顿运动定律为基础，研究物体运动状态发生改变时所遵守的规律的学科．

2.1 牛顿运动定律

2.1.1 牛顿运动定律的内容

牛顿在伽利略的基础上，通过深入的分析和研究，于1687年出版了名著《自然哲学的数学原理》，其中提出了三条定律，且把它作为动力学的基础，后人为了纪念牛顿的研究成果，将这三条定律称为牛顿运动定律.以牛顿运动定律为基础建立起来的力学理论称为牛顿力学（又称为经典力学）.现将牛顿运动定律的内容叙述如下：

牛顿第一运动定律 任何物体都保持静止或匀速直线运动状态，直至其他物体对它作用的力迫使它改变这种运动状态为止.牛顿第一定律也称为**惯性定律**.

牛顿第二运动定律 物体受到外力作用时，它所获得的加速度 $\boldsymbol{a}$ 的大小与合外力 $\boldsymbol{F}$ 的大小成正比，与物体的质量 m 成反比，加速度 $\boldsymbol{a}$ 的方向与合外力 $\boldsymbol{F}$ 的方向一致.

$$\boldsymbol{F}=m\boldsymbol{a} \tag{2-1}$$

在国际单位制（SI）中，力 $\boldsymbol{F}$ 的单位为 N，质量 m 的单位为 kg，加速度 $\boldsymbol{a}$ 的单位为 $\mathrm{m\cdot s^{-2}}$.

牛顿第二定律也称为**加速度定律**.

牛顿第三运动定律 当物体甲以力 $\boldsymbol{F}$ 作用于物体乙时，物体乙同时以力 $\boldsymbol{F}'$ 作用于物体甲，$\boldsymbol{F}$ 与 $\boldsymbol{F}'$ 在一条直线上，等大反向.

$$\boldsymbol{F}=-\boldsymbol{F}' \tag{2-2}$$

牛顿第三定律也称为**作用与反作用定律**.

检测点1：分析"因牛顿第一运动定律包含于牛顿第二运动定律之中，所以牛顿的三个运动定律可以简化为两个运动定律"的正误.

2.1.2 牛顿运动定律所涉及的基本概念和物理量

上述三条定律是一个有机的整体，无论是理解其内容，还是应用它来分析解决实际问题，都应该把三者结合起来考虑，绝不能将其分割.这三条定律所涉及的基本概念和物理量如下：

（1）**惯性参照系** 由于运动具有相对性，对于不同的参照系而言，对物体的同一运动的描述将有不同的结果，所以牛顿第一运动定律也定义了一种参照系.在这种参照系中来观察，一个不受外力作用的物体将保持静止或匀速直线运动状态不变，这样的参照系称为**惯性参照系**（简称**惯性系**）.并非任何参照系都是惯性系.实验指出，对于一般的力学现象来说，地面参照系是一个足够精确的惯性系.

（2）**惯性与惯性质量** 牛顿第一运动定律指出的任何物体都保持静止或匀速直线运动的这一特性称为物体的**惯性**.惯性是物体本身所具有的属性.经典力学认为，惯性与物体是否受力、是否运动无关，当然也与物体的运动速度无关.从牛顿第二定律可以看出，物体的质量是描述物体惯性大小的量，所以牛顿第二定律中所涉及的质量是惯性质量.

（3）**相互作用和力** 力是量度物体间相互作用的物理量，牛顿描述运动的三条定律都涉及到了力.第一定律和第二定律是以受力物体为研究对象来讨论力的作用效果的；第三定律指出物体间的作用力必定是相互的，同时存在两个力，相互作用的两个物体都是受力者，同时也都是施力者. 力是矢量，作用在同一物体上的力符合平行四边形法则.

(4) ma **不是力，它是力的作用效果**　牛顿第二运动定律深刻地揭示了 $\boldsymbol{F}$，m，$\boldsymbol{a}$ 三个物理量之间的联系. $\boldsymbol{F}=m\boldsymbol{a}$，等式左边是物体所受的合外力，等式右边是 $m\boldsymbol{a}$，不管是在数值上，还是在量纲上都相同，所以才给它们之间冠以等号，但绝对不能因为它们相等，就认为 $m\boldsymbol{a}$ 是力. 同样 $m\boldsymbol{g}$ 也不是重力，而是重力的作用效果.

(5) **牛顿运动定律具有瞬时性**　以第二运动定律 $\boldsymbol{F}=m\boldsymbol{a}$ 为例，某时刻物体受力 $\boldsymbol{F}$ 作用，则该时刻物体就具有加速度. 力的大小和方向发生变化，则加速度的大小和方向也将发生同样的变化，外力一旦消失，加速度立即为零. 由此可见，如果力是随时间变化的函数，则加速度也将是随时间变化的函数，它们之间的变化关系仍为 $\boldsymbol{F}(t)=m\boldsymbol{a}(t)$.

(6) **牛顿运动三定律适用的范围**　牛顿运动三定律是牛顿在讨论物体平动时总结出来的，所以它只适用于作平动的物体或可视为质点的物体的运动. 例如，研究某物体的转动时，该物体的整体不能简化为一个质点，就不能对它直接应用牛顿运动定律，而只能将其整体看成是由许多个(甚至是无穷多个)小部分组成，其中每一个小部分均可视为一个质点，分别对每一个质点应用牛顿运动定律，然后再把各部分综合起来. 还必须指出：牛顿运动三定律是牛顿在经典的范围内总结出来的，所以它只适用于相对于惯性参考系作低速($v\ll c$)运动的宏观质点(参看第 12 章).

检测点 2：物体之间作用的程度用什么物理量来衡量？

2.1.3　常见的几种力

应用牛顿运动定律解决问题的关键是要能正确地分析研究对象的受力情况，在日常生活和工程技术中经常遇到的力有重力、弹力、摩擦力等. 这些力产生的原因和特征，大家在学习中学物理时早已经熟悉，下面仅对其做简要的分析.

1. 重力

重力是由地球对物体的万有引力而引起的. 在忽略地球自转的情况下，地球表面或表面附近的物体，所受地球对它的吸引力称为**重力**. 在考虑地球自转的情况下，重力是地球对物体吸引力的一个分力，指向偏离地心，如图 2-1 所示. 同一物体在地球上不同的地点，所受的重力稍有不同，在赤道地区最小，在两极地区最大.

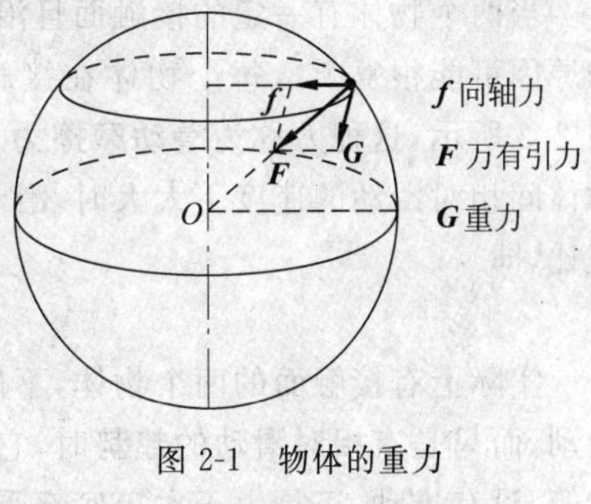

图 2-1　物体的重力

从广义上讲，任何天体对其表面上的或表面附近的物体的吸引力，也称其为重力. 如月球重力、金星重力、火星重力等.

就一般情况而言，在重力作用下，任何物体产生的加速度都以重力加速度 $\boldsymbol{g}$ 来表示. 以 m 表示物体的质量，$\boldsymbol{G}$ 表示物体的重力，则由牛顿第二运动定律，得

$$\boldsymbol{G}=m\boldsymbol{g} \tag{2-3}$$

通常取 $g=9.8\ \mathrm{m\cdot s^{-2}}$.

2. 弹力

发生形变的物体，由于要恢复形变，对与它接触的物体会产生力的作用，这种力称为**弹力**. 弹力的表现形式很多，下面只讨论三种常见的表现形式.

正压力(或支持力)：两个相互接触的物体，因压挤而产生了形变(这种形变通常十分微小以致难以观察到)，为了恢复所产生的形变，便产生了**正压力**(或**支持力**). 它的大小取决于相互压紧的程度，它的方向总是垂直于接触面指向对方.

拉力(或牵引力)：绳索或线对物体的拉力. 这种拉力的产生是由于绳子发生了形变(通常也十分微小以至于难以观察到)而产生. 它的大小取决于绳被拉紧的程度，它的方向总是沿着绳而指向绳收缩的方向，绳子产生拉力时，绳子的内部各段之间也有相互作用的弹力存在. 这种弹力称为**拉力**.

弹性力：在力学中还有一种常见的弹力就是弹簧的**弹性力**. 当弹簧被拉伸或压缩时它就会对联结体产生弹性力的作用，如图 2-2 所示，这种弹性力总是要使弹簧恢复原长. 这种弹性力通过实验得知遵守**胡克定律**：在弹性限度内，弹性力的大小和形变的大小成正比. 以 f 表示弹性力，以 x 表示形变(即弹簧的长度相对于原长的变化)，则根据胡克定律有

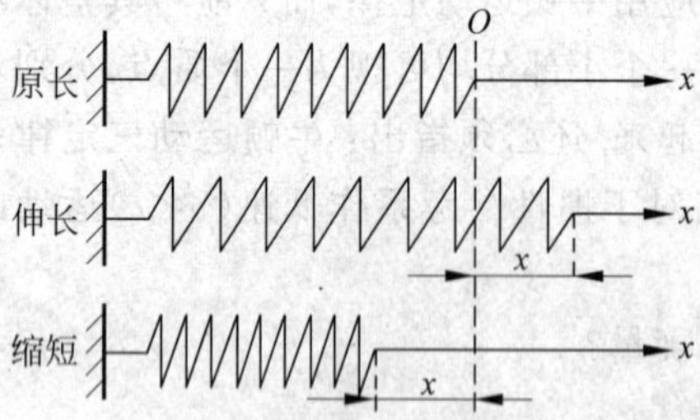

图 2-2　弹簧的弹性力

$$f=-kx \tag{2-4}$$

其中，k 为弹簧的劲度系数，取决于弹簧本身的结构；负号表示弹性力的方向与形变的方向相反. 当 x 为正值时，弹簧拉伸，f 为负(即弹性力的方向与拉伸方向相反)；当 x 为负值时，弹簧压缩，f 为正(即弹性力的方向与压缩方向相反). 总之，弹簧的弹性力总是指向恢复它原长的方向.

3. 摩擦力

当两个物体有一定的接触面且沿着接触面有**相对滑动**时，一般由于接触面较粗糙(粗糙的原因可能很复杂)，每个物体在接触面上都受到对方作用的一个阻碍相对滑动的力，如图 2-3 所示，这种力称为**滑动摩擦力**，它的方向总是与相对滑动的方向相反. 实验证明，当物体间相对滑动的速度不太大时，滑动摩擦力 f_k 的大小和滑动速度无关，而和正压力 N 成正比，即

$$f_k=\mu_k N \tag{2-5}$$

实际上有接触面的两个物体，不但在相对滑动时相互间有摩擦力的作用，即使没有相对滑动，而只是有**相对滑动的趋势**时，它们之间也有摩擦力的存在. 如用力推停在地板上的重木箱，没有推动，正是由于木箱底部受到了地板的摩擦力的阻碍作用，如图 2-4 所示.

当有接触面的两个物体相对静止但有相对滑动趋势时，它们之间产生的摩擦力称为**静摩擦力**. 从图 2-4 可以看出，一个物体受到另一个物体的静摩擦力 f_s 的方向，是和它相对于后者可能的运动方向相反的. 所谓可能的方向是指如果没有摩擦力存在时它将要运动的方向. 如在图 2-4 中，如果没有摩擦力，木箱将向右运动，这就是它可能的运动方向.

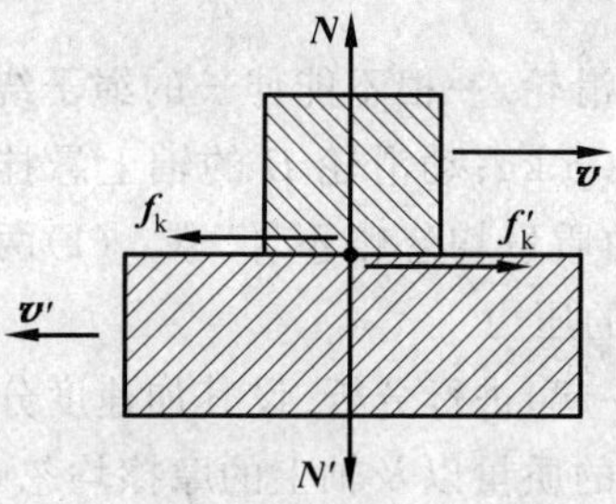

图 2-3　滑动摩擦力($v \neq v'$)

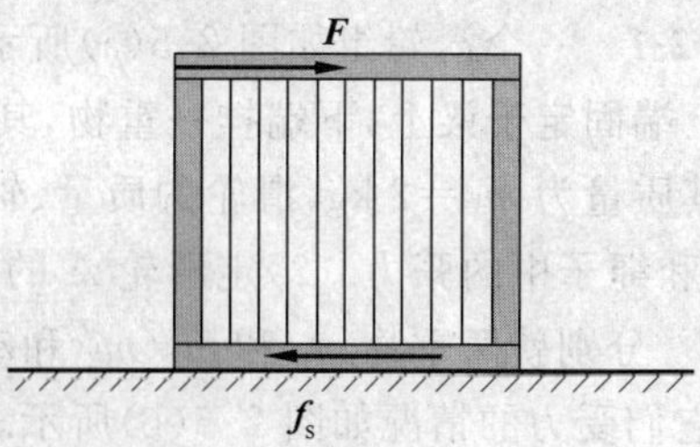

图 2-4　静摩擦力($F = f_s$)

图 2-4 也可以理解为静摩擦力的大小是可以改变的. 在人推木箱的例子中，由于木箱是静止的，所以静摩擦力 f_s 的大小一定等于人的推力 $\boldsymbol{F}$ 的大小，因而静摩擦力随着人的推力的变化而变化. 当然，静摩擦力的大小是有个限度的，因为事实上当人的推力达到一定的程度时，木箱就要被推动了，这个最大的静摩擦力称为**最大静摩擦力**. 实验得知，最大静摩擦力 $f_{s\max}$ 与两个物体间的正压力 N 成正比，其大小为

$$f_{s\max} = \mu_s N \tag{2-6}$$

式中比例系数 μ_s 称为**静摩擦系数**，它取决于接触面的材料与表面状况. 对同样的两个接触面，静摩擦系数 μ_s 总是大于滑动摩擦系数 μ_k. 各种接触面间的静摩擦系数也可以从技术手册中查到.

关于滚动摩擦的情况这里略去.

注意：这里需要强调的是**重力属于万有引力，弹力和摩擦力均属于电磁力**，其解释超出了本书的学习范围，读者可参看相关书籍.

检测点 3：引力是根据力的作用效果而命名的，它属于自然界中的哪种力?

2.1.4　牛顿运动定律的应用

利用牛顿运动定律求解实际问题时，根据经验按照下面的步骤进行最为有效.

(1) 认物体. 在有关问题中选定一个物体作为研究对象，该物体可看成是质点. 若问题中涉及多个物体，则可采用隔离法，逐个地作为研究对象进行分析，并确定每个所认物体的质量.

(2) 看运动. 分析确定所认定物体的运动状态，包括它的运动轨迹、速度和加速度. 问题涉及多个物体时，还要找出它们之间的运动学关系，即它们的速度和加速度之间的关系.

(3) 查受力. 找出被认定的物体所受的实际的力(必须知道施力体). 这些力可能是重力、弹力、摩擦力等. 画出简单的示意图以表示物体受力情况与运动情况.

(4) 列方程、求解、讨论. 把上面分析所得的质量、加速度和力运用牛顿运动定律联系起来列出方程式，在方程足够的情况下就可求解，得出结果后，还必须根据实际讨论该结果是否具有物理意义.

动力学问题一般也分为两类，一类是已知一个物体受到几个力的作用，或者若干个物体之间的相互作用的力，欲求物体的加速度和运动状态. 另一类是已知物体的运动状态和加速度，欲求物体之间的相互作用的力. 这两类问题的分析方法都相同，均可按照上述步骤进行，只是所求的未知量不同而已. 下面通过实例加以说明.

检测点 4：牛顿的决定论是怎么回事？

例 2-1　一个滑轮组如图 2-5(a)所示，其中 A 为定滑轮．一根不能伸长的绳子绕过两个滑轮，上端固定于梁上，下端挂一重物，其质量为 $m_1=1.5\ \mathrm{kg}$；动滑轮 B 的轴上悬挂着另一重物，其质量为 $m_2=2\ \mathrm{kg}$，滑轮的质量、轴的摩擦及绳的质量均忽略不计．求：(1)两重物的加速度和绳子中的张力．(2)定滑轮 A 的固定轴上受到的压力．

解　分别就两重物 m_1 和 m_2（m_2 和动滑轮连接在一起）进行分析．设其加速度分别为 $\boldsymbol{a}_1$ 和 $\boldsymbol{a}_2$，它们受力的情况如图 2-5(b)所示．由于滑轮和绳的质量以及轴上的摩擦均忽略不计，所以绳子中各处的张力相等，设其为 $\boldsymbol{T}$．

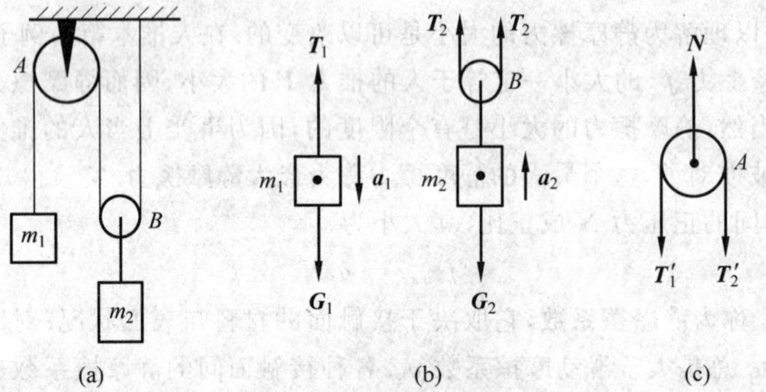

图 2-5　例 2-1 用图

(1) 分别对 m_1 和 m_2 应用牛顿第二运动定律，得竖直方向的分量表达式为

$$\begin{cases}\text{对 } m_1:\ m_1g-T_1=m_1a_1\\ \text{对 } m_2:\ 2T_2-m_2g=m_2a_2\end{cases}$$

在绳子不伸长的条件下，因为绳长变化 $s_1=2s_2$，所以 $\frac{\mathrm{d}^2s_1}{\mathrm{d}t^2}=2\frac{\mathrm{d}^2s_2}{\mathrm{d}t^2}$，两重物的加速度应有下列关系：

$$a_1=2a_2$$

而张力的关系式为

$$T_1=T_2=T$$

联立以上 4 个方程可以得出

$$a_1=2\frac{2m_1-m_2}{4m_1+m_2}g=2.45(\mathrm{m\cdot s^{-2}}),\quad a_2=\frac{2m_1-m_2}{4m_1+m_2}g=1.23(\mathrm{m\cdot s^{-2}})$$

$$T=\frac{3m_1m_2}{4m_1+m_2}g=11.0(\mathrm{N})$$

(2) 滑轮 A 的受力情况如图 2-5(c)所示，其中 $\boldsymbol{N}$ 为固定轴对滑轮的作用力．由于滑轮的质量忽略不计，所以对它应用牛顿第二运动定律，得

$$T_1'+T_2'-N=0$$

而

$$T_1'=T_2'=T$$

因此得

$$N=2T=\frac{6m_1m_2}{4m_1+m_2}g=22.1(\mathrm{N})$$

再根据牛顿第三运动定律可得轴所受的压力为

$$N' = N = 22.1(\text{N})$$

其方向向下.

例 2-2　一个可以水平运动的斜面，倾角为 α. 斜面上放一物体，质量为 m，物体与斜面间的静摩擦系数为 μ_s，斜面与水平面之间无摩擦. 如果要使物体在斜面上保持静止，斜面的水平加速度如何？

解　认定斜面上的物体 m 为研究对象，由于它在斜面上保持静止，因而具有和斜面相同的加速度 $\boldsymbol{a}$. 可以直观地看出，如果斜面的加速度太小，则物体将向下滑；如果斜面的加速度太大，则物体将向上滑.

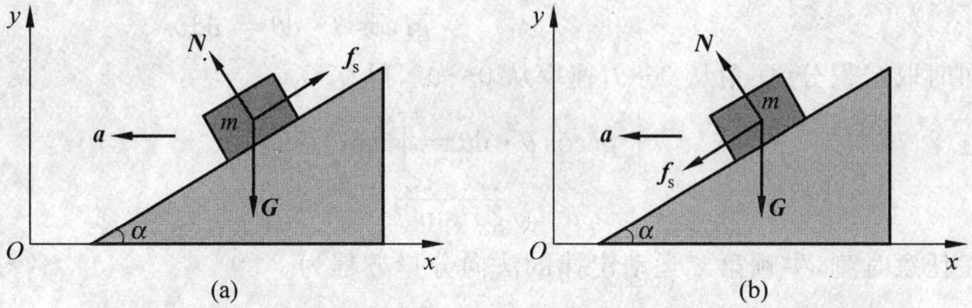

图 2-6　例 2-2 用图

先假定物体在斜面上，但有向下滑的趋势，它的受力情况如图 2-6(a)所示，静摩擦力 $\boldsymbol{f}_s$ 沿斜面向上. 选直角坐标系如图 2-6(a)所示，则对物体 m 由牛顿第二运动定律，得

$$\begin{cases} x：f_s\cos\alpha - N\sin\alpha = m(-a) \\ y：f_s\sin\alpha + N\cos\alpha - mg = 0 \end{cases}$$

因为

$$f_s \leqslant \mu_s N$$

联立以上三个方程，解得

$$a \geqslant \frac{\sin\alpha - \mu_s\cos\alpha}{\cos\alpha + \mu_s\sin\alpha}g$$

再假定物体在斜面上有向上滑的趋势，它的受力情况如图 2-6(b)所示，静摩擦力 $\boldsymbol{f}_s$ 沿斜面向下. 选直角坐标系如图 2-6(b)所示，则对物体 m 由牛顿第二运动定律，得

$$\begin{cases} x：-f_s\cos\alpha - N\sin\alpha = m(-a) \\ y：-f_s\sin\alpha + N\cos\alpha - mg = 0 \end{cases}$$

又因为

$$f_s \leqslant \mu_s N$$

联立以上 3 个方程，解得

$$a \leqslant \frac{\sin\alpha + \mu_s\cos\alpha}{\cos\alpha - \mu_s\sin\alpha}g$$

把以上两个解联立起来可得出：要使物体在斜面上静止，斜面的水平加速度应满足

$$\frac{\sin\alpha - \mu_s\cos\alpha}{\cos\alpha + \mu_s\sin\alpha}g \leqslant a \leqslant \frac{\sin\alpha + \mu_s\cos\alpha}{\cos\alpha - \mu_s\sin\alpha}g$$

例 2-3　一个质量为 m 的珠子系在线的一端，线的另一端系在墙上的钉子上，线长为 l，先拉动珠子使线保持水平静止，然后松手使珠子下落. 求线摆下 θ 角度时这个珠子的速率和绳子的张力.

解　这是一个变加速问题，求解要用到微积分. 但物理概念并没有什么特殊之处. 如

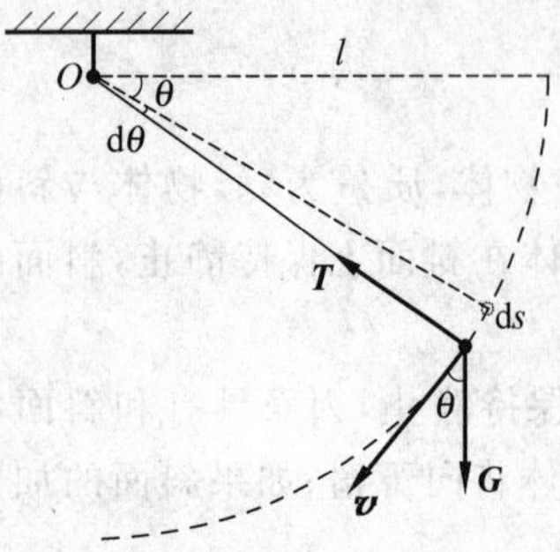

图 2-7 例 2-3 用图

图 2-7 所示.珠子受的力有线对它的拉力 $\boldsymbol{T}$ 和重力 $\boldsymbol{G}$,由于珠子沿圆周运动,所以我们按切向和法向来列牛顿第二运动定律的分量式方程.

珠子在任意时刻,牛顿第二运动定律的切向分量方程为

$$mg\cos\theta = m\frac{\mathrm{d}v}{\mathrm{d}t}$$

$$mg\cos\theta\cdot\mathrm{d}s = m\frac{\mathrm{d}s}{\mathrm{d}t}\mathrm{d}v$$

$$gl\cos\theta\cdot\mathrm{d}\theta = v\mathrm{d}v$$

两侧同时取定积分(摆角从 $0\to\theta$,速率从 $0\to v$),得

$$\int_0^\theta gl\cos\theta\cdot\mathrm{d}\theta = \int_0^v v\mathrm{d}v$$

解之,得

$$v=\sqrt{2gl\sin\theta}$$

珠子在任意时刻,牛顿第二运动定律的法向分量方程为

$$T-mg\sin\theta = m\frac{v^2}{l}$$

因此 $T=3mg\sin\theta$,这就是线中的张力.

例 2-4 一质量为 m,速度为 v_0 的摩托车,在关闭发动机后沿直线滑行,它所受到的阻力为 $f=-kv$,其中 k 为大于零的常数.试求:(1)关闭发动机后 t 时刻的速度;(2)关闭发动机后 t 时间内摩托车所走的路程.

解 (1) 关闭发动机后,由牛顿第二运动定律可得摩托车的动力学方程为

$$f=-kv = m\frac{\mathrm{d}v}{\mathrm{d}t}$$

$$\frac{\mathrm{d}v}{v}=-\frac{k}{m}\mathrm{d}t$$

$$\int_{v_0}^{v}\frac{\mathrm{d}v}{v}=\quad\frac{k}{m}\int_0^t\mathrm{d}t$$

$$\ln\frac{v}{v_0}=-\frac{k}{m}t$$

$$v = v_0\mathrm{e}^{-\frac{k}{m}t}$$

(2) 因为 $v=\frac{\mathrm{d}s}{\mathrm{d}t}$,所以 $\frac{\mathrm{d}s}{\mathrm{d}t}=v_0\mathrm{e}^{-\frac{k}{m}t}$

$$\mathrm{d}s = v_0\mathrm{e}^{-\frac{k}{m}t}\mathrm{d}t$$

$$\int_0^s\mathrm{d}s = \int_0^t v_0\mathrm{e}^{-\frac{k}{m}t}\mathrm{d}t = -\frac{mv_0}{k}\int_0^t\mathrm{e}^{-\frac{k}{m}t}\mathrm{d}\left(-\frac{k}{m}t\right)$$

因此关闭发动机后 t 时间内,摩托车所走的路程为

$$s=\frac{mv_0}{k}(1-\mathrm{e}^{-\frac{k}{m}t})$$

2.2　动量　动量守恒定律

通过研究力对物体运动状态的影响，我们发现力不仅具有瞬时性而且也具有持续性，2.1节中，牛顿运动定律研究的是力的瞬时性；力的持续性可以表现为对时间的持续，也可以表现为对空间的持续，动量定理研究的是力对时间的持续性，动能定理研究的是力对空间的持续性. 本节我们来研究动量定理及动量守恒定律，2.3节我们再来研究动能定理.

2.2.1　质点的动量及动量定理

力作用到给定点上时，可以使质点的运动速度发生变化. 牛顿第二运动定律给出了力和它的作用效果之间的定量关系，这一关系是力的瞬时作用效果，即

$$\boldsymbol{F}=m\boldsymbol{a}=m\frac{\mathrm{d}\boldsymbol{v}}{\mathrm{d}t}=\frac{\mathrm{d}}{\mathrm{d}t}(m\boldsymbol{v})$$

令

$$\boldsymbol{p}=m\boldsymbol{v} \tag{2-7}$$

则

$$\boldsymbol{F}\mathrm{d}t=\mathrm{d}\boldsymbol{p} \tag{2-8}$$

式(2-7)表示了机械运动不仅与物体的质量有关，而且还与物体的运动速度有关的这一情况. 它是一个新的物理量，将其称为质点的**动量**. 在国际单位制(SI)中，动量的单位为kg·m/s.

式(2-8)表示了在 $\mathrm{d}t$ 时间内质点动量的改变量 $\mathrm{d}\boldsymbol{p}$ 等于 $\boldsymbol{F}$ 与 $\mathrm{d}t$ 的乘积，将这一关系式称为**动量定理的微分形式**. 如果力 $\boldsymbol{F}$ 持续地从 t_0 时刻作用到 t 时刻，设 t_0 时刻的动量为 $\boldsymbol{p}_0$，t 时刻的动量为 $\boldsymbol{p}$，则对上式积分可求出这段时间内力的持续作用效果.

$$\int_{t_0}^{t}\boldsymbol{F}\mathrm{d}t=\int_{\boldsymbol{p}_0}^{\boldsymbol{p}}\mathrm{d}\boldsymbol{p}=\boldsymbol{p}-\boldsymbol{p}_0$$

令

$$\boldsymbol{I}=\int_{t_0}^{t}\boldsymbol{F}\mathrm{d}t \tag{2-9}$$

则

$$\boldsymbol{I}=\boldsymbol{p}-\boldsymbol{p}_0 \tag{2-10}$$

式(2-9)表示了力对时间的持续作用效果，将其称为**冲量**. 在国际单位制(SI)中，冲量的单位为N·s. 式(2-10)表示了作用于质点上的合外力的冲量等于质点动量的增量，将其称为**动量定理的积分形式**.

质点从一个状态变化到另一个状态，中间必然要经历某种过程. 有一类物理量是用以描述过程的，称其为**过程量**；另一类物理量是用以描述系统状态的，称其为**状态量**. 显然，位移、冲量是过程量，位置矢量、速度、动量是状态量. 动量定理表明了力的持续作用效果，它给出了过程量(冲量 $\boldsymbol{I}$)和该过程初、末两个状态的状态量(动量 $\boldsymbol{p}_0$ 和 $\boldsymbol{p}$)之间的定量关系.

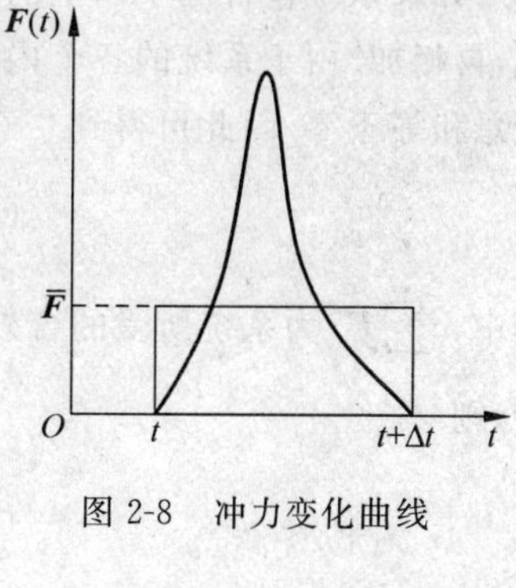

图2-8　冲力变化曲线

在诸如打桩、爆破和锻打一类问题中，冲力的作用时间短促，力的变化规律 $\boldsymbol{F}(t)$ 很难确定，如图2-8所示，常常只计算这段时间内的平均冲力 $\overline{\boldsymbol{F}}$，用平均冲力的冲量代替变力的冲量，有

$$\bar{\boldsymbol{F}}\Delta t = \int_t^{t+\Delta t}\boldsymbol{F}(t)\,\mathrm{d}t = \boldsymbol{p}(t+\Delta t) - \boldsymbol{p}(t)$$

所以

$$\bar{\boldsymbol{F}} = \frac{1}{\Delta t}\int_t^{t+\Delta t}\boldsymbol{F}(t)\,\mathrm{d}t = \frac{1}{\Delta t}[\boldsymbol{p}(t+\Delta t) - \boldsymbol{p}(t)]$$

检测点 5：质点的运动状态用什么物理量描述合理？

2.2.2 质点组的动量定理

由具有相互作用的若干个质点构成的系统，称为**质点组**．系统内各质点之间的相互作用力称为**内力**；系统外其他物体对系统内任意一质点的作用力称为**外力**．例如，将地球和月球看成一个系统，则它们之间的相互作用力称为内力，而系统外的物体如太阳以及其他行星对地球或月球的引力都是外力．

将质点的牛顿运动定律（或质点的动量定理）应用于质点组内每一个质点，就可以得到用于整个质点组的牛顿运动定律（或质点组的动量定理）．

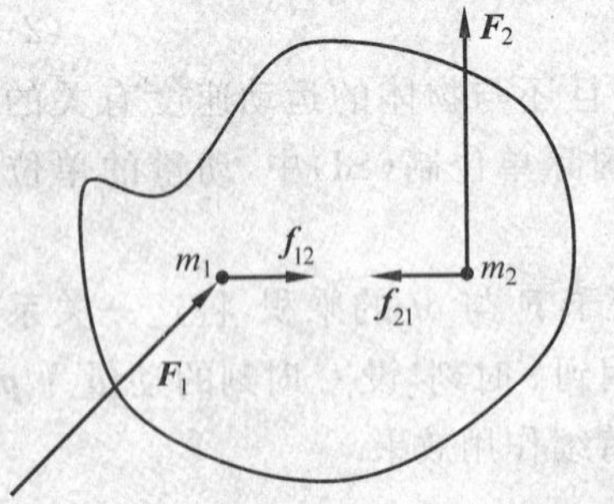

图 2-9　两质点构成的质点组

为简单起见，我们首先讨论由两个质点组成的质点组．设两个质点的质量分别为 m_1 和 m_2，它们除分别受到相互作用力（即内力）$\boldsymbol{f}_{12}$ 和 $\boldsymbol{f}_{21}$ 外，还受到系统外其他物体的作用力（即外力）$\boldsymbol{F}_1$ 和 $\boldsymbol{F}_2$（如图 2-9 所示），分别对两个质点应用牛顿运动定律，得

$$\boldsymbol{F}_1 + \boldsymbol{f}_{12} = \frac{\mathrm{d}\boldsymbol{p}_1}{\mathrm{d}t}$$

$$\boldsymbol{F}_2 + \boldsymbol{f}_{21} = \frac{\mathrm{d}\boldsymbol{p}_2}{\mathrm{d}t}$$

将此二式相加，得

$$(\boldsymbol{F}_1 + \boldsymbol{F}_2) + (\boldsymbol{f}_{12} + \boldsymbol{f}_{21}) = \frac{\mathrm{d}\boldsymbol{p}_1}{\mathrm{d}t} + \frac{\mathrm{d}\boldsymbol{p}_2}{\mathrm{d}t}$$

由于系统内力是一对作用力与反作用力，由牛顿第三运动定律得知

$$\boldsymbol{f}_{12} + \boldsymbol{f}_{21} = 0$$

因此有

$$\boldsymbol{F}_1 + \boldsymbol{F}_2 = \frac{\mathrm{d}\boldsymbol{p}_1}{\mathrm{d}t} + \frac{\mathrm{d}\boldsymbol{p}_2}{\mathrm{d}t}$$

如果系统包含两个以上的质点，可按照上述步骤对各个质点写出牛顿运动定律的表达式，再相加．由于系统的各个内力总是以作用力和反作用力的形式成对出现，所以它们的矢量总和等于零．因此可得到

$$\sum_i \boldsymbol{F}_i = \frac{\mathrm{d}}{\mathrm{d}t}\left(\sum_i \boldsymbol{p}_i\right)$$

其中，$\sum_i \boldsymbol{F}_i$ 为系统所受的合外力，$\sum_i \boldsymbol{p}_i$ 为系统的总动量．若以 $\boldsymbol{F}$ 表示合外力，$\boldsymbol{p}$ 表示总动量，则

$$\boldsymbol{F} = \frac{\mathrm{d}\boldsymbol{p}}{\mathrm{d}t} \tag{2-11}$$

式(2-11)是用于质点组的牛顿第二运动定律的表达式. 它表明：**系统的总动量随时间的变化率等于该系统所受的合外力,内力使系统内各个质点的动量发生变化,但它们对系统的总动量却没有影响.**

把式(2-11)写成

$$\boldsymbol{F}\mathrm{d}t = \mathrm{d}\boldsymbol{p} \tag{2-12}$$

式(2-12)是**质点组的动量定理的微分形式**,它表明：**系统所受的合外力的冲量等于系统总动量的增量.**

将式(2-12)两端取定积分可得**质点组动量定理的积分形式**

$$\int_{t_0}^{t} \boldsymbol{F}\mathrm{d}t = \boldsymbol{p} - \boldsymbol{p}_0 \tag{2-13}$$

在日常生活中,经常利用动量定理处理一些具体问题. 例如,贵重或易碎物品的包装,采用海绵、纸屑、绒布等垫衬,用来防止振动和撞跌对物品造成损坏. 物品装卸过程中,经常被提起、放下或受到碰撞而使它的动量发生变化. 当动量发生变化时,包装壳则施以冲量于物品. 采用松软包装能延长包装壳对物品的作用时间,从而减小对物品的冲力作用. 在体育运动中,人从高处落到沙坑或海绵垫上,由于沙坑或海绵垫的缓冲而不致挫伤;打篮球中迎接队友传来的球时,总是有一向后拉的动作也是这个道理.

检测点 6：分析“因为系统内力的合力为零,所以内力在系统内对动量不起作用”的正误.

2.2.3　动量守恒定律及其意义

对于质点组而言,由式(2-13)可看出,若

$$\boldsymbol{F} = \sum_i \boldsymbol{F}_i = 0$$

则

$$\boldsymbol{p} = \sum_i \boldsymbol{p}_i = \text{常矢量} \tag{2-14}$$

就是说,当一个质点组所受的合外力为零时,质点组的总动量就保持不变. 这一结论称为**动量守恒定律.**

应用动量守恒定律分析解决实际问题时,应注意以下几点：

(1) 系统动量守恒的条件是合外力为零,即 $\boldsymbol{F}=0$. 但在外力比内力小得多的情况下,外力对质点组的总动量变化影响很小,这时可以认为近似满足动量守恒的条件,也就是说可以近似地应用动量守恒定律. 如两个物体的碰撞过程,由于相互撞击的内力往往很大,所以此时即使有摩擦力和重力等外力的影响,也常常忽略它们,而认为系统的总动量守恒. 爆炸过程也属于内力远大于外力的过程,也可以认为在此过程中系统的总动量守恒.

(2) 动量守恒定律的表达式(2-14)是矢量关系式. 在实际问题中常应用沿其坐标的分量表达式,即

当 $F_x = 0$ 时,$\sum_i m_i \boldsymbol{v}_{ix} = p_x = \text{Const.}$

当 $F_y = 0$ 时,$\sum_i m_i \boldsymbol{v}_{iy} = p_y = \text{Const.}$

当 $F_z = 0$ 时,$\sum_i m_i \boldsymbol{v}_{iz} = p_z = \text{Const.}$

由此可见，如果质点组沿某个方向所受合外力为零，则沿此方向的总动量的分量守恒．如一个物体在空中爆炸后裂成几块，在忽略空气阻力的情况下，这些碎块受到的外力只有竖直向下的重力，因此它们的总动量在水平方向的分量是守恒的．

(3) 动量守恒定律只适用于惯性参照系，但在使用动量守恒定律解决实际问题时，式中各速度必须是对同一惯性参考系而言的，这一点要特别注意．

无论是宏观系统，还是微观系统，系统内的质点之间一般都存在相互作用的内力．依靠这种作用，动量从一个质点传递给另外的质点，但是只要没有外力的作用，系统内所有质点的总动量一定保持原来的大小和方向不变，动量守恒定律在宏观领域和微观领域都适用；在前面学习的过程中，我们似乎认为动量守恒定律是由牛顿运动定律而推得，但它比牛顿运动定律适用的范围更广泛，它的正确性是依靠实验来检验的，因为它是靠实验事实而建立的．动量守恒定律既可适用于低速运动的物体，又可适用于高速运动的物体．动量守恒定律是自然界最重要的基本规律之一，是一条实验定律，在相对论中可以用它推出质量-速率的关系式，在量子论中，可以用它解释康普顿效应，证实光子的存在．凡是表面上违反动量守恒定律的过程将意味着某种新东西的诞生(如中微子的发现)．

检测点 7：动量守恒定律的正确性是靠什么来检验的？凡是定律是否都是如此？

例 2-5 如图 2-10 所示，一个质量为 $m=2.5\times10^{-4}$ kg 的小球，当它以初速度 $v_1=20\ \text{m}\cdot\text{s}^{-1}$ 射向桌面，撞击桌面后以速度 $v_2=18\ \text{m}\cdot\text{s}^{-1}$ 弹开．$\boldsymbol{v}_1$ 和 $\boldsymbol{v}_2$ 与桌面法线方向之间的夹角分别为 $\alpha_1=45°$，$\alpha_2=30°$．(1)求小球所受到的冲量；(2)如果撞击的时间为 0.001 s，试求桌面施于小球的平均冲击力．

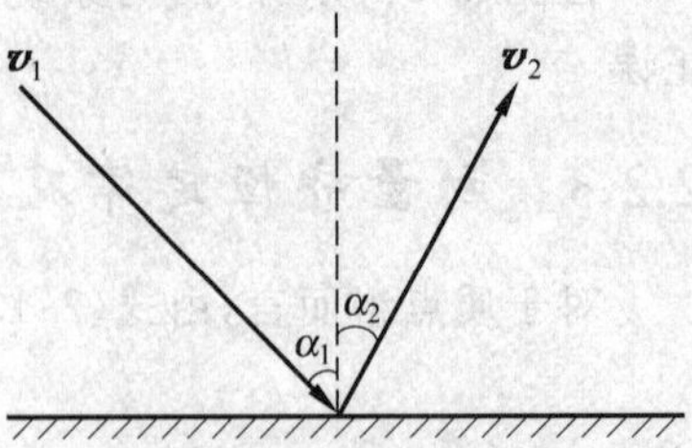

图 2-10 例 2-5 用图

解 因为
$$\begin{aligned}\boldsymbol{I}&=\boldsymbol{p}_2-\boldsymbol{p}_1=m\boldsymbol{v}_2-m\boldsymbol{v}_1\\&=m[(v_2\sin\alpha_2\boldsymbol{i}+v_2\cos\alpha_2\boldsymbol{j})\\&\quad-(v_1\sin\alpha_1\boldsymbol{i}-v_1\cos\alpha_1\boldsymbol{j})]\end{aligned}$$

所以代入数据可得小球所受到的冲量为

$$\begin{aligned}\boldsymbol{I}&=\frac{1}{4}[(9-10\sqrt{2})\boldsymbol{i}+(9\sqrt{3}+10\sqrt{2})\boldsymbol{j}]\times10^{-3}\ \text{N}\cdot\text{s}\\&=(-1.54\boldsymbol{i}+7.00\boldsymbol{j})\times10^{-3}\ \text{N}\cdot\text{s}\end{aligned}$$

桌面施于小球的平均冲击力为

$$\begin{aligned}\bar{\boldsymbol{F}}&=\frac{\boldsymbol{I}}{\Delta t}=\frac{1}{4}[(9-10\sqrt{2})\boldsymbol{i}+(9\sqrt{3}+10\sqrt{2})\boldsymbol{j}]\\&=(-1.54\boldsymbol{i}+7.00\boldsymbol{j})\text{N}\end{aligned}$$

例 2-6 如图 2-11 所示，在光滑的平面上，质量为 m 的质点以角速度 ω 沿半径为 R 的圆周匀速运动．试分别用积分法和动量定理，求出 θ 从 0 到 $\pi/2$ 的过程中合外力的冲量．

解 (1) 用积分法求解如下：

$$\begin{aligned}\boldsymbol{I}&=\int_{t_1}^{t_2}\boldsymbol{F}\mathrm{d}t=\int_{t_1}^{t_2}mR\omega^2(-\cos\theta\boldsymbol{i}-\sin\theta\boldsymbol{j})\mathrm{d}t\\&=\int_{t_1}^{t_2}mR\omega\frac{\mathrm{d}\theta}{\mathrm{d}t}(-\cos\theta\boldsymbol{i}-\sin\theta\boldsymbol{j})\mathrm{d}t\\&=\int_0^{\pi/2}mR\omega(-\cos\theta\boldsymbol{i}-\sin\theta\boldsymbol{j})\mathrm{d}\theta\end{aligned}$$

$$=mR\omega(-\boldsymbol{i}-\boldsymbol{j})$$

(2) 用动量定理求解如下：

$$\boldsymbol{I}=\boldsymbol{p}_2-\boldsymbol{p}_1=m\boldsymbol{v}_2-m\boldsymbol{v}_1=-mv\boldsymbol{i}-mv\boldsymbol{j}=mR\omega(-\boldsymbol{i}-\boldsymbol{j})$$

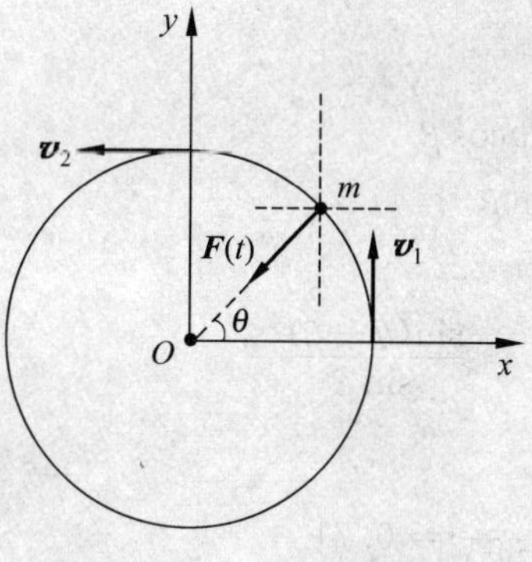

图 2-11　例 2-6 用图

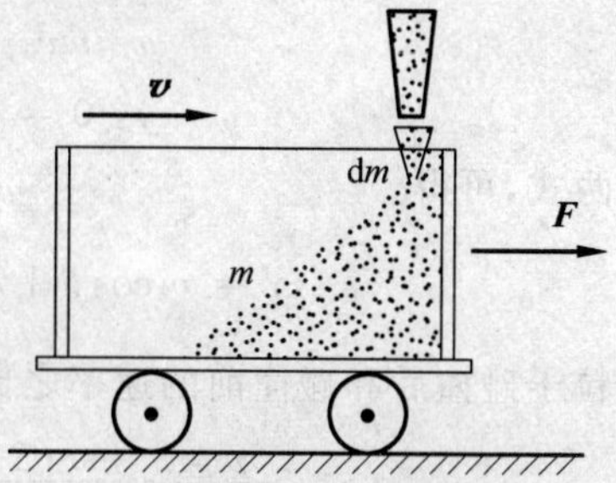

图 2-12　例 2-7 用图

例 2-7　一辆装煤车以 $v=3\ \mathrm{m}\cdot\mathrm{s}^{-1}$ 的速率从煤斗下面通过，如图 2-12 所示. 每秒钟落入车厢的煤为 $\frac{dm}{dt}=500\ \mathrm{kg}\cdot\mathrm{s}^{-1}$，如果使车厢的速率保持不变，应加多大的牵引力拉车厢？(车厢与钢轨间的摩擦忽略不计.)

解　以 m 表示在 t 时刻煤车和已落入煤车的煤的总质量. 在此后 $\mathrm{d}t$ 时间内又有质量为 $\mathrm{d}m$ 的煤落入车厢. 取 m 和 $\mathrm{d}m$ 为研究对象，则对这一系统在时刻 t 的水平方向总动量为

$$mv+\mathrm{d}m\cdot 0=mv$$

在时刻 $t+\mathrm{d}t$ 的水平方向总动量为

$$mv+\mathrm{d}m\cdot v=(m+\mathrm{d}m)v$$

在 $\mathrm{d}t$ 时间内水平方向总动量的增量为

$$\mathrm{d}p=(m+\mathrm{d}m)v-mv=v\mathrm{d}m$$

此系统所受的水平牵引力 F，由动量定理，得

$$F\mathrm{d}t=v\mathrm{d}m$$

由此可得

$$F=v\cdot\frac{\mathrm{d}m}{\mathrm{d}t}=3\times 500=1.5\times 10^3\,(\mathrm{N})$$

例 2-8　α 粒子散射. 在一次 α 粒子散射过程中，α 粒子和静止的氧原子核发生“碰撞”，如图 2-13 所示. 实验测得碰撞后 α 粒子沿与入射方向成 $\theta=72°$ 的方向运动，而氧原子核沿与 α 粒子入射的方向成 $\beta=41°$ 的方向“反冲”，求 α 粒子碰撞后和碰撞前的速率之比.

解　粒子的这种“碰撞”过程，实际上是它们在运动过程中相互接近，继而由于相互斥力的作用又相互分离的过程. 考虑由 α 粒子和氧原子核组成的系统，由于整个过程中仅有内力作用，所以动

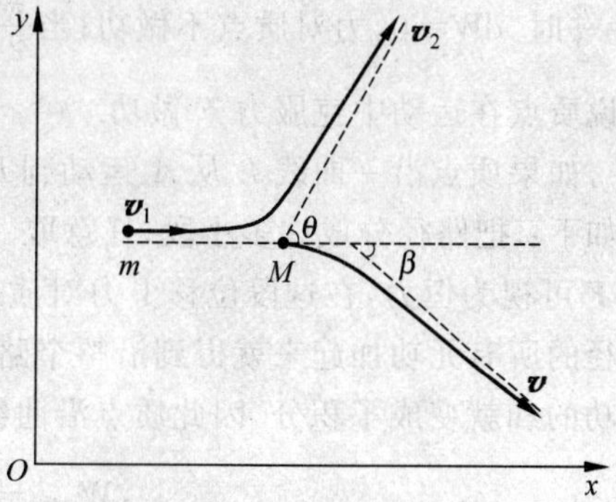

图 2-13　α 粒子散射

量守恒. 设 α 粒子的质量为 m，碰撞前后速度分别为 $\boldsymbol{v}_1$ 和 $\boldsymbol{v}_2$，氧原子核的质量为 M，碰撞后速度为 $\boldsymbol{v}$，选如图 2-13 所示的坐标系，令 x 轴平行于 α 粒子的入射方向. 根据动量守恒定律得

$$m\boldsymbol{v}_1 = m\boldsymbol{v}_2 + M\boldsymbol{v}$$

即

$$x: mv_1 = mv_2\cos\theta + Mv\cos\beta$$
$$y: 0 = mv_2\sin\theta - Mv\sin\beta$$

联立上两式，可得

$$v_1 = v_2\cos\theta + \frac{v_2\sin\theta}{\sin\beta}\cdot\cos\beta = v_2\frac{\sin(\theta+\beta)}{\sin\beta}$$

所以 α 粒子碰撞后和碰撞前的速率之比为

$$\frac{v_2}{v_1} = \frac{\sin\beta}{\sin(\theta+\beta)} = \frac{\sin 41^\circ}{\sin(41^\circ+72^\circ)} = 0.71$$

即碰撞后的速率约为碰撞前速率的 71%.

2.3 动能 动能定理

2.2 节我们研究了力对时间的积累效应，本节我们来研究力对空间的积累效应，为了表示力对空间的积累效应及学习的系统性，这里首先引入功的概念.

2.3.1 功

如图 2-14 所示，一质点在力 $\boldsymbol{F}$ 的作用下，发生一无限小的位移 $\mathrm{d}\boldsymbol{r}$ 时，此力对它做的功定义为力在位移方向上的分量与该位移大小的乘积. 以 $\mathrm{d}W$ 示之，则

$$\mathrm{d}W = F_r\,|\,\mathrm{d}\boldsymbol{r}\,| = F\cos\varphi\,|\,\mathrm{d}\boldsymbol{r}\,|$$

式中，F_r 为力 $\boldsymbol{F}$ 沿 $\mathrm{d}\boldsymbol{r}$ 方向的分量，φ 为力 $\boldsymbol{F}$ 与位移 $\mathrm{d}\boldsymbol{r}$ 之间的夹角，按矢量标量积的定义，上式可写为

$$\mathrm{d}W = \boldsymbol{F}\cdot\mathrm{d}\boldsymbol{r} \tag{2-15}$$

这就是说：**功等于质点受的力和它的位移的标量积.**

需要指出的是，功是标量，但它有正负. 当 $0\leqslant\varphi<\frac{\pi}{2}$ 时，$\mathrm{d}W>0$，力对质点做正功；当 $\varphi=\frac{\pi}{2}$ 时，$\mathrm{d}W=0$，力对质点不做功；当 $\frac{\pi}{2}<\varphi\leqslant\pi$ 时，$\mathrm{d}W<0$，力对质点做负功. 这一种情况常常说质点在运动中克服力 $\boldsymbol{F}$ 做功.

如果质点沿一曲线 L 从 A 运动到 B，如图 2-15 所示，沿这一路径力对质点做的功可计算如下：把路径分成许多小段，任意取一小段位移，以 $\mathrm{d}\boldsymbol{r}$ 示之. 则在这段位移上质点所受的力 $\boldsymbol{F}$ 可视为恒力，在这段位移上力对质点做的**元功**可以利用式(2-15)求出. 然后把沿整个路径的所有元功加起来就得到沿整个路径力对质点做的功. 当 $\mathrm{d}\boldsymbol{r}$ 的大小趋近于零时，所有元功的和就变成了积分. 因此质点沿曲线路径 L 从 A 运动到 B，力 $\boldsymbol{F}$ 对它做的功就是

$$W_{AB} = \int_L \mathrm{d}W = \int_A^B \boldsymbol{F}\cdot\mathrm{d}\boldsymbol{r} \tag{2-16}$$

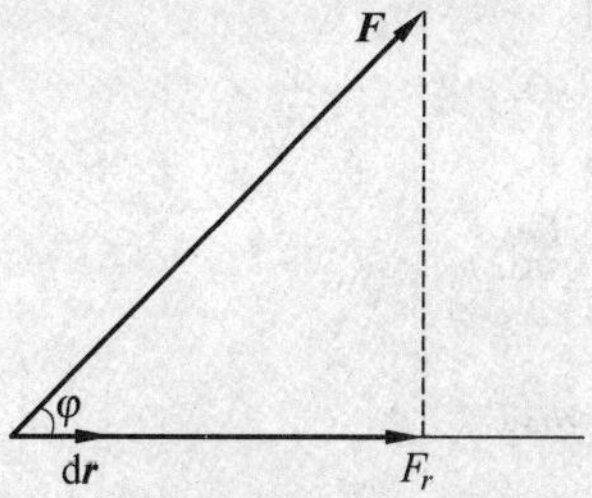

图 2-14　功的定义

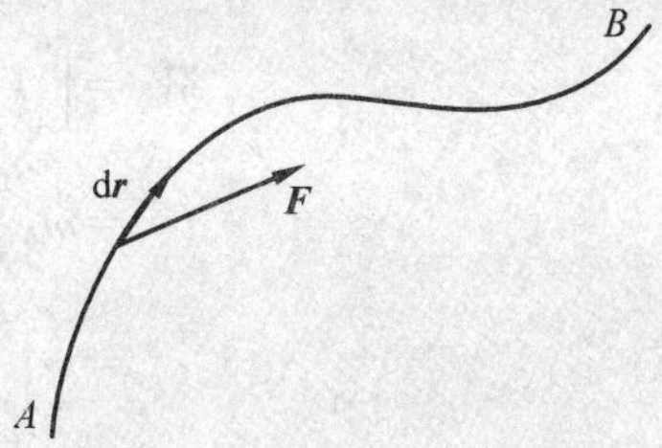

图 2-15　力沿曲线 L 做的功

这一积分在数学上叫做力 $\boldsymbol{F}$ 沿路径从 A 到 B 的线积分.

式(2-16)中的力 $\boldsymbol{F}$ 一般为位置的函数,在最简单的情况下 $\boldsymbol{F}$ 为恒力时,则其做的功就是恒力功,关于恒力功在中学是一个学习重点,这里从略. 从式(2-16)也可以看出,功是一过程量.

在国际单位制(SI)中,功的单位为 J. 其他常用的单位还有 kW·h 和 eV, 1 kW·h$=3.6\times10^6$ J, 1 eV$=1.6\times10^{-19}$ J.

功是一过程量,那么功在物理过程中起着怎样的作用呢？随着对物理学学习的不断深入,大家将会逐渐加深对这个问题的认识,在此不妨作一简单的说明,以便引起大家的重视和注意. **功是能量转换的量度**. 不管力的性质和种类如何,凡是有力做功的地方,一定伴随着能量的转换;某力做功的多少一定等于相应的能量转换的大小.

检测点 8：功是标量,为何有正负之分？

2.3.2　功率

为了描述做功的快慢,物理学中引入了功率这一概念. 若在 Δt 时间间隔内,力对物体所做的功为 ΔW,则力在 Δt 时间内的平均功率为

$$\overline{N}=\frac{\Delta W}{\Delta t}$$

通常将 $\Delta t\to0$ 时的平均功率的极限定义为**瞬时功率**(简称为**功率**),有

$$N=\lim_{\Delta t\to0}\frac{\Delta W}{\Delta t}=\frac{\mathrm{d}W}{\mathrm{d}t}\tag{2-17}$$

若将式(2-15)代入式(2-17),则

$$N=\boldsymbol{F}\cdot\boldsymbol{v}\tag{2-18}$$

因为功是能量转换的量度,所以功率的大小也描述了能量从一种形式转换为另一种形式的快慢. 在国际单位制(SI)中,功率的单位为 W, 1 W=1 J·s^{-1}.

检测点 9：功率能否说明能量转化的快慢？

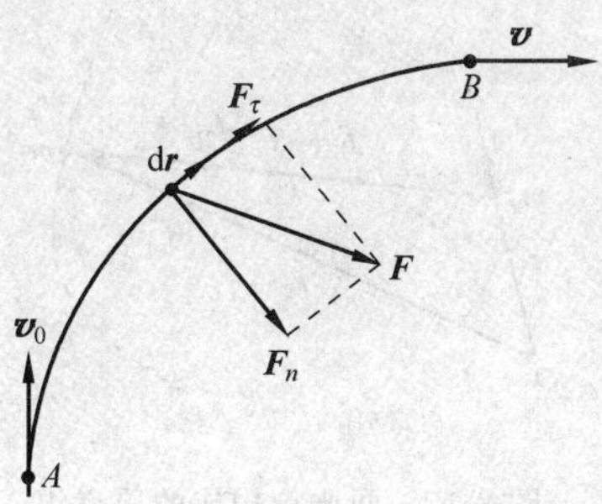

图 2-16　质点的动能定理

2.3.3　质点的动能定理

力对空间有了积累效应,我们就说力对质点做了功. 那么被做功的物体将有什么样的结果呢？如图 2-16 所示,设质量为 m 的质点,在合外力 $\boldsymbol{F}$ 的持续作用下,沿曲

线从 A 点运动到了 B 点,同时它的速度从 $\boldsymbol{v}_0$ 变为了 $\boldsymbol{v}$,则

$$\begin{aligned} W &= \int_A^B \boldsymbol{F} \cdot \mathrm{d}\boldsymbol{r} = \int_A^B F_\tau \mid \mathrm{d}\boldsymbol{r} \mid \\ &= m\int_A^B a_\tau \mid \mathrm{d}\boldsymbol{r} \mid = m\int_A^B \frac{\mathrm{d}v}{\mathrm{d}t}(v\mathrm{d}t) \\ &= m\int_{v_0}^{v} v\mathrm{d}v = \frac{1}{2}mv^2 - \frac{1}{2}mv_0^2 \end{aligned}$$

$$W = \frac{1}{2}mv^2 - \frac{1}{2}mv_0^2 \tag{2-19}$$

式(2-19)说明:力对质点所做的功使质点的运动状态发生了改变,功是能量改变的量度,在数量上和功相应的是$\frac{1}{2}mv^2$,这个量是由各时刻质点的运动状态(以速率表征)决定的. 我们将这个量定义为质点的动能,以 E_k 表示,即

$$E_k = \frac{1}{2}mv^2 \tag{2-20}$$

E_k 是质点由于运动而具有的能量,质点在某时刻的动能与其本身的质量成正比,并与该时刻速率的平方成正比. 只要质点的运动状态确定,它的动能就唯一地确定下来,所以动能是描述质点运动状态的物理量. 于是式(2-19)也可以表示为

$$W = \frac{1}{2}mv^2 - \frac{1}{2}mv_0^2 = E_k - E_0 = \Delta E_k$$

上式第 2 个等号的左方是质点从 A 运动到 B 的过程中合外力所做的功,右方是描述状态的动能,这样描述过程的功与描述状态的动能之间建立起了定量关系,即**作用在质点上的合外力所做的功等于该质点动能的增量**. 同时也表明:如果外力做功(即 $W>0$),则其他形式的能量传给了质点,使质点的动能增加;如果质点对外做功(即 $W<0$),则质点的部分动能以某种形式传给了其他质点,使质点的动能减少. 此式称为**质点的动能定理**.

检测点 10:动量和能量有何本质的区别?

2.3.4 质点组的动能定理

通过 2.3.3 节的学习,我们知道了对质点组而言,内力是成对出现的,由牛顿第三运动定律可知内力的矢量和为零,所以内力不改变质点组的动量. 但我们又知道,有力做功的地方必然伴随着能量的转换,对于质点组而言,内力的矢量和为零,内力的功却不一定为零,当内力功不为零时,它一定对质点组动能的改变起作用. 下面首先来看内力的功.

这里以最简单的两质点构成的质点组为例,如图 2-17 所示. 设 m_1 和 m_2 分别是两个有相互作用 $\boldsymbol{f}_{12}$ 和 $\boldsymbol{f}_{21}$ 的质点的质量,它们相对于某一坐标系的位置矢量分别为 $\boldsymbol{r}_1$ 和 $\boldsymbol{r}_2$,通过一段时间之后,它们产生的位移分别为 $\mathrm{d}\boldsymbol{r}_1$ 和 $\mathrm{d}\boldsymbol{r}_2$,则在这一段时间内,这一对内力的功之和为

$$\mathrm{d}W = \boldsymbol{f}_{12} \cdot \mathrm{d}\boldsymbol{r}_1 + \boldsymbol{f}_{21} \cdot \mathrm{d}\boldsymbol{r}_2$$

由牛顿第三运动定律可知

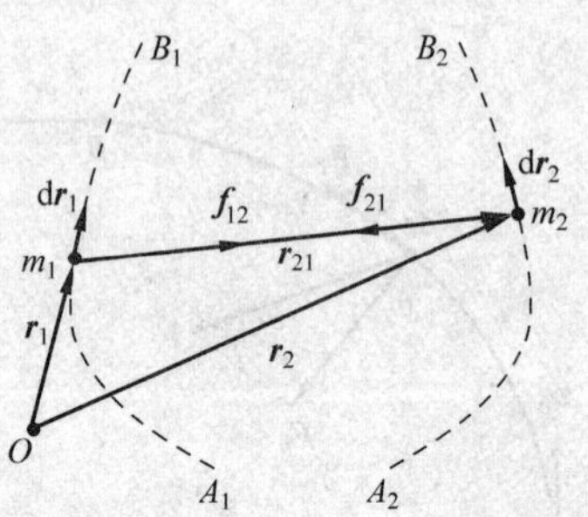

图 2-17 两质点构成的质点组内力功示意

$$\boldsymbol{f}_{21} = -\boldsymbol{f}_{12}$$

所以有

$$\begin{aligned} dW &= -\boldsymbol{f}_{21} \cdot d\boldsymbol{r}_1 + \boldsymbol{f}_{21} \cdot d\boldsymbol{r}_2 \\ &= \boldsymbol{f}_{21} \cdot d(\boldsymbol{r}_2 - \boldsymbol{r}_1) = \boldsymbol{f}_{21} \cdot d\boldsymbol{r}_{21} \end{aligned}$$

其中,$d\boldsymbol{r}_{21}$ 为 m_2 相对于 m_1 的位移元. 这一结果说明了两个质点之间的相互作用力所做的元功之和,等于其中一个质点所受的力和此质点相对于另一质点的位移元的点积.

若将初始状态记作位置 A,此时 m_1 在 A_1,m_2 在 A_2,将经过一段时间之后所处的状态记作位置 B,此时 m_1 在 B_1,m_2 在 B_2,则它们从位置 A 运动到位置 B 时,它们之间相互作用力所做的总功为

$$W_{AB} = \int_A^B \boldsymbol{f}_{21} \cdot d\boldsymbol{r}_{21} \tag{2-21}$$

式(2-21)说明：对于两质点构成的质点组而言,一对内力所做的功仅取决于两个质点的相对位移,而与确定两质点的位置时所选取的参考系无关. 这也是一对作用力与反作用力所做功之和的重要特点.

从式(2-21)也可以看出：质点组内的质点之间没有相对位移时,内力不做功(如在第 3 章我们要讲的刚体);质点组内的质点之间有相对位移时,内力做功(如人体就是一个内力做功的质点组,不管是举手,还是抬足,还是休息时的胃肠蠕动等都存在着质点之间的相对位移).

对于图 2-9 由两质点构成的质点组而言,两质点的质量分别为 m_1 和 m_2,两质点之间的相互作用的内力分别为 $\boldsymbol{f}_{12}$ 和 $\boldsymbol{f}_{21}$,$\boldsymbol{F}_1$ 和 $\boldsymbol{F}_2$ 分别为作用于两质点上的合外力,当然对于每一个质点而言是不存在内力的. 所以对于两个质点可以分别写出动能定理,即有

$$\int_{l_1} \boldsymbol{F}_1 \cdot d\boldsymbol{r} + \int_{l_1} \boldsymbol{f}_{12} \cdot d\boldsymbol{r} = \frac{1}{2} m_1 v_1^2 - \frac{1}{2} m_1 v_{10}^2$$

$$\int_{l_2} \boldsymbol{F}_2 \cdot d\boldsymbol{r} + \int_{l_2} \boldsymbol{f}_{21} \cdot d\boldsymbol{r} = \frac{1}{2} m_2 v_2^2 - \frac{1}{2} m_2 v_{20}^2$$

其中,积分号下的 l_1 和 l_2 分别表示两个质点在运动过程中所走过的路径. 把上面两式相加,并令质点组中外力所做的功为

$$W_{外力} = \int_{l_1} \boldsymbol{F}_1 \cdot d\boldsymbol{r} + \int_{l_2} \boldsymbol{F}_2 \cdot d\boldsymbol{r}$$

质点组中内力所做的功为

$$W_{内力} = \int_{l_1} \boldsymbol{f}_{12} \cdot d\boldsymbol{r} + \int_{l_2} \boldsymbol{f}_{21} \cdot d\boldsymbol{r}$$

质点组末态的动能为

$$E_k = \frac{1}{2} m_1 v_1^2 + \frac{1}{2} m_2 v_2^2$$

质点组初态的动能为

$$E_{k0} = \frac{1}{2} m_1 v_{10}^2 + \frac{1}{2} m_2 v_{20}^2$$

则相加后,得

$$W_{外力} + W_{内力} = E_k - E_{k0} \text{ 或 } W_{外力} + W_{内力} = \Delta E_k \tag{2-22}$$

式(2-22)虽然是从两个质点构成的质点组推得的,但是若把它推广到由 N 个质点构成的质点组,则该式仍然成立,其意义为：**一切外力所做的功与一切内力所做的功的代数和等**

于质点组动能的增量. 我们将式(2-22)称为**质点组的动能定理**.

对于由 N 个质点构成的质点组而言，质点组的动能是所有质点动能之和，即

$$E_k = \sum_{i=1}^{N} \frac{1}{2} m_i v_i^2 \tag{2-23}$$

功是能量变化的量度，动能定理告诉我们，可以利用过程量功的计算来代替计算状态量动能的改变；反之也可以利用状态量的改变的计算来代替过程量的计算.

检测点 11：内力可以改变系统的能量吗？

例 2-9 从 10 m 深的井中，把 10 kg 的水匀速上提，若每升高 1 m 漏去 $\lambda=0.2$ kg 水. (1)画出示意图，设置坐标轴后，写出外力所做元功 $\mathrm{d}W$ 的表示式；(2)计算把水从水面提高到井口外力所做的功.

解 以井中水面为坐标原点，竖直向上为 y 轴正向，画出的示意图如图 2-18 所示. 由于水是匀速上提的，所以

$$F = mg - \lambda y g$$

因此外力所做的元功为

$$\mathrm{d}W = \boldsymbol{F} \cdot \mathrm{d}y\boldsymbol{j} = (m - \lambda y) g \mathrm{d}y$$

把水从水面提高到井口外力所做的功为

$$W = \int_0^{10} (m - \lambda y) g \mathrm{d}y = 882(\mathrm{J})$$

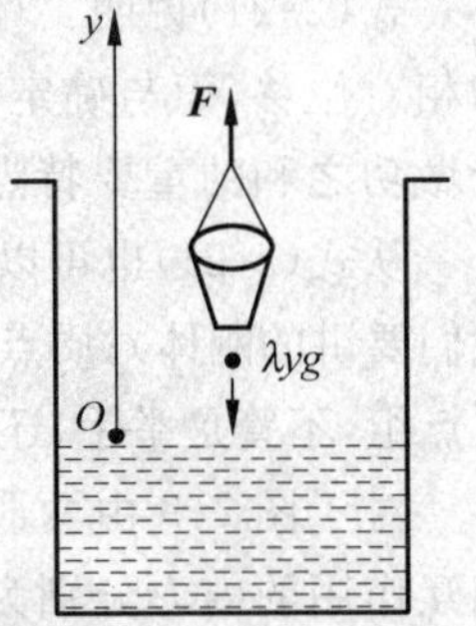

图 2-18 漏桶提水

例 2-10 一质量为 10 kg 的质点，沿 x 轴无摩擦的运动. 设 $t=0$ 时，质点位于原点，速度为零(即初始条件为：$x_0=0, v_0=0$). 问：(1)设质点在 $F=3+4t$ 牛顿力的作用下运动了 3 s(t 以 s 计)，它的速度和加速度增为多大？(2)设质点在 $F=3+4x$ 牛顿力的作用下移动了 3 m(x 以 m 计)，它的速度和加速度增为多大？

解 (1) 设 t 时刻质点速度为 v，则由动量定理，得

$$mv - mv_0 = \int_0^t F\mathrm{d}t = \int_0^t (3+4t)\mathrm{d}t = 3t + 2t^2$$

由此得

$$v = \frac{3t + 2t^2}{m}$$

得

$$a = \frac{\mathrm{d}v}{\mathrm{d}t} = \frac{3+4t}{m}$$

代入数据 $t=3$ s，$m=10$ kg 可得速度和加速度分别为 $v=2.7\ \mathrm{m \cdot s^{-1}}$，$a=1.5\ \mathrm{m \cdot s^{-2}}$.

(2) 设移动到 x 位置时质点速度为 v，则由动能定理，得

$$\frac{1}{2}mv^2 - \frac{1}{2}mv_0^2 = \int_0^x F\mathrm{d}x = \int_0^x (3+4x)\mathrm{d}x = 3x + 2x^2$$

由此

$$v = \sqrt{\frac{6x + 4x^2}{m}}$$

得

$$a=\frac{F}{m}=\frac{3+4x}{m}$$

代入数据 $x=3\text{ m}$，$m=10\text{ kg}$ 可得速度和加速度分别为 $v=2.3\text{ m}\cdot\text{s}^{-1}$，$a=1.5\text{ m}\cdot\text{s}^{-2}$.

例 2-11　如图 2-19 所示，质量为 M 的小平板车停靠在小平台旁，有质量为 m 的物块以 $\boldsymbol{v}_0$ 进入平板车内. 设车与地面间的摩擦可以忽略不计，物块与车厢间的摩擦系数为 μ，车厢长为 d，物块进入小车后带动小车开始运动. 当车行驶 l 距离时，物块刚好滑到一端的挡板处. 然后物块与小平板车以同一速度 $\boldsymbol{v}$ 运动. 试分析在上述过程中，(1)物块与平板车组成的质点组动量守恒否？(2)质点组的动能守恒否？(3)动量和动能有何不同？

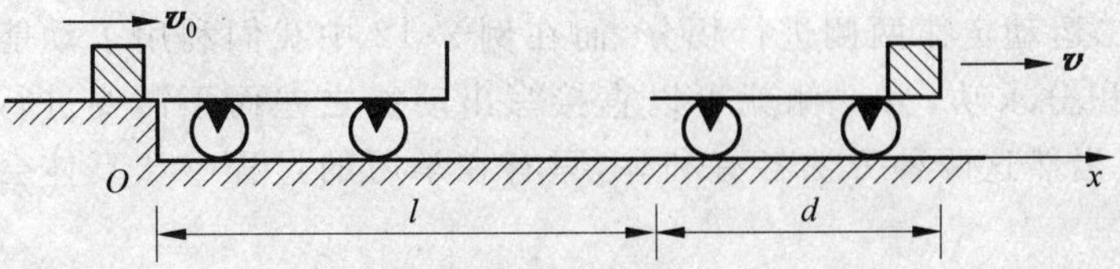

图 2-19　例 2-11 用图

解　(1) 若把物块与车选为一个质点组，则该质点组在水平方向无外力作用，所以动量守恒，在上述所描述的过程中，初末态的动量相等，有

$$mv_0=(M+m)v$$

考虑过程中间的某一状态时，物块和小车的速度不同，此时也有动量守恒的关系

$$mv_0=Mv_{车}+mv_{块}$$

(2) 在上述所描述的过程中，对于物块和小车构成的质点组，虽然没有外力做功，但有一对摩擦内力存在，这一对内力所做的功分别为：物块受与运动方向相反的摩擦力，大小为 μmg，位移为 $l+d$，因为力与位移方向相反，所以此摩擦力对物块做的功为 $-\mu mg(l+d)$；小车受摩擦力的作用大小为 μmg，位移为 l，力与位移方向相同，所以此时摩擦力对小车做的功为 μmgl. 质点组的这一对内力做的功的代数和为 $-\mu mg(l+d)+\mu mgl=-\mu mgd$，内力做了负功. 据质点组的动能定理，质点组的动能将减小同样的数值，所以质点组的动能不守恒.

(3) 动量和动能的相同点是：两者都是描述质点运动的状态量. 动量和动能的不同点是：动量是矢量，动能是标量；动量变化取决于力对时间的积累(冲量)，动能变化取决于力对空间的积累(功)；质点组动量的改变仅与外力的冲量有关，质点组动能的改变不仅与外力有关而且还与内力有关；质点间机械运动的传递用动量来描述，机械运动与其他形式运动的传递用动能来描述.

例 2-12　利用动能定理重解例 2-3. 求线摆下 θ 角度时珠子的速度.

解　如图 2-20 所示，珠子在从 A 摆到 B 的过程中，合外力对珠子所做的功为

$$\begin{aligned}W_{AB}&=\int_A^B(\boldsymbol{T}+\boldsymbol{G})\cdot\mathrm{d}\boldsymbol{r}\\&=\int_A^B\boldsymbol{G}\cdot\mathrm{d}\boldsymbol{r}\\&=\int_A^B mg\cos\theta\,|\,\mathrm{d}\boldsymbol{r}\,|\\&=\int_0^\theta mgl\cos\theta\mathrm{d}\theta\end{aligned}$$

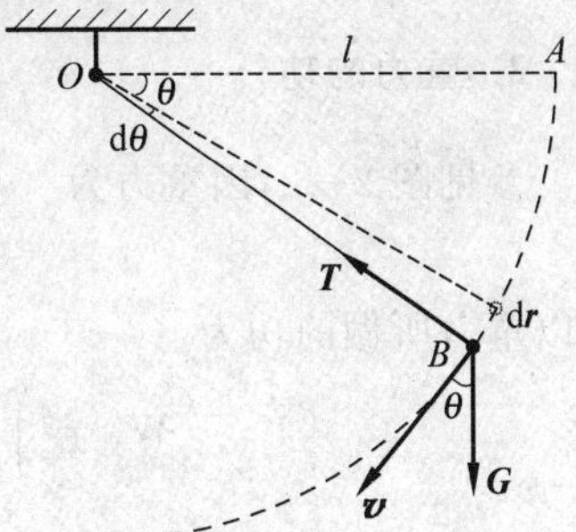

图 2-20　例 2-12 用图

$$=mgl\sin\theta$$

对于珠子利用动能定理，得

$$mgl\sin\theta=\frac{1}{2}mv_B^2-\frac{1}{2}mv_A^2$$

而 $v_A=0, v_B=v$，所以

$$v=\sqrt{2gl\sin\theta}$$

这和例 2-3 所得到的结果相同. 在例 2-3 的解题过程中，我们利用牛顿第二运动定律进行了单纯的数学运算，例 2-12 我们利用了两个新的概念即功和动能；在例 2-3 中我们对牛顿第二运动定律两侧进行积分，而在例 2-12 中我们利用了动能定理，只需对力的一侧进行积分求功，另一侧就可以直接写出动能之差而不需要进行积分，这就简化了解题过程. 当然这两种方法各有利弊，只有在学习的过程中认真体会，才能深刻理解其精神实质.

2.4 势能 机械能转化及守恒定律

2.4.1 保守力及保守力的功

我们知道，功是过程量，但我们也发现有些力所做的功却与过程无关，如万有引力、重力、弹性力等.

1. 万有引力的功

参见图 2-21，因万有引力为

$$\boldsymbol{F}=-G\frac{Mm}{r^3}\boldsymbol{r}$$

所以万有引力的功为

$$\begin{aligned}W_{引}&=\int_{r_1}^{r_2}\boldsymbol{F}\cdot\mathrm{d}\boldsymbol{l}=\int_{r_1}^{r_2}-G\frac{Mm}{r^3}\boldsymbol{r}\cdot\mathrm{d}\boldsymbol{l}\\&=\int_{r_1}^{r_2}-G\frac{Mm}{r^2}\cos\alpha\mathrm{d}l=\int_{r_1}^{r_2}-G\frac{Mm}{r^2}\mathrm{d}r\\&=-\left[\left(-G\frac{Mm}{r_2}\right)-\left(-G\frac{Mm}{r_1}\right)\right]\end{aligned}$$

可见万有引力做的功仅与质点的起末位置有关，而与其经过的路径无关.

2. 重力的功

参见图 2-22，因重力为

$$\boldsymbol{G}=m\boldsymbol{g}$$

所以重力所做的功为

$$\begin{aligned}W_{重}&=\int_{y_1}^{y_2}\boldsymbol{G}\cdot\mathrm{d}\boldsymbol{r}=\int_{y_1}^{y_2}m\boldsymbol{g}\cdot\mathrm{d}\boldsymbol{r}=\int_{y_1}^{y_2}mg\cos\alpha\mathrm{d}r\\&=\int_{y_1}^{y_2}-mg\,\mathrm{d}y=-(mgy_2-mgy_1)\end{aligned}$$

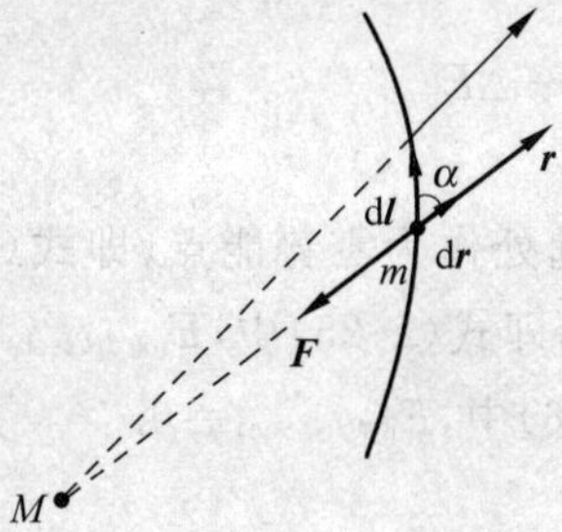

图 2-21　万有引力的功

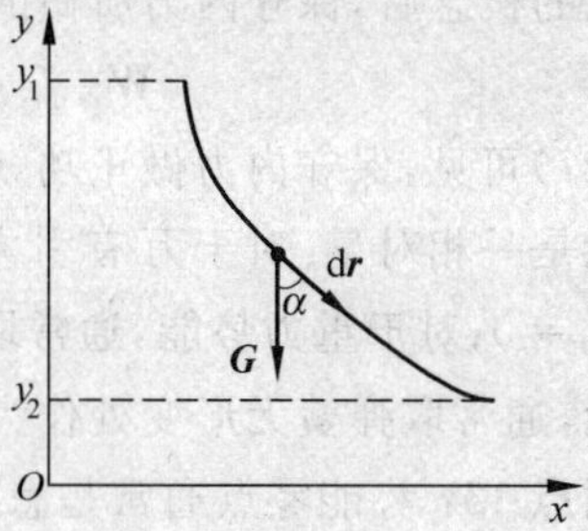

图 2-22　重力的功

可见重力做的功仅与质点的起末位置有关，而与其经过的路径无关.

3. 弹性力的功

参见图 2-23，因弹力为

$$\boldsymbol{F}=-kx\boldsymbol{i}$$

所以弹性力所做的功为

$$W_{弹}=\int_{x_1}^{x_2}\boldsymbol{F}\cdot \mathrm{d}x\boldsymbol{i}=\int_{x_1}^{x_2}-kx\boldsymbol{i}\cdot \mathrm{d}x\boldsymbol{i}=-\left(\frac{1}{2}kx_2^2-\frac{1}{2}kx_1^2\right)$$

可见弹性力做的功仅与质点的起末位置有关，而与其经过的路径无关.

图 2-23　弹性力的功

根据做功的特点我们可以把保守力与非保守力定义为：**若某种力做功仅与起末位置有关而与路径无关，则这种力称为保守力；把不具有这种特性的力称为非保守力. 把保守力存在的空间称为保守力场；保守力和非保守力都属于系统(质点组)的内力.**

检测点 12：保守力属于系统的内力还是外力？

2.4.2　势能

功是能量改变的量度，把保守力做功所改变的能量称为**势能**(这种能量仅与位置有关，所以也称位能). 于是对于质点和地球组成的系统而言，它们之间的万有引力是保守内力；对于弹簧和物块组成的系统而言，它们之间的弹性力也是保守内力. 因此我们定义万有引力势能为

$$E_{p引力}=-G\frac{Mm}{r} \tag{2-24}$$

重力势能为

$$E_{p重力}=mgy \tag{2-25}$$

弹性势能为

$$E_{p弹力}=\frac{1}{2}kx^2 \tag{2-26}$$

有了势能的概念后,保守内力所做的功就可写为

$$W_{保守内力}=-(E_{p2}-E_{p1})=-\Delta E_p \tag{2-27}$$

由式(2-27)可见,保守内力做正功,势能减小.

势能是一相对量.对于万有引力势能,通常取无穷远处作为零势能点,即式(2-24)中,$E_{p引力(r=\infty)}=0$;对于重力势能,通常取地面作为零势能点,即式(2-25)中,$E_{p重力(y=0)}=0$;对于弹性势能,通常取弹簧无形变处作为零势能点,即式(2-26)中,$E_{p弹力(x=0)}=0$.

检测点 13:势能零点通常是怎么规定的?

2.4.3 功能原理

对于一个力学系统(质点组),可能既具有动能同时还具有势能,通常把系统所具有的动能与势能之和称为**机械能**,以 E_m 表示,则

$$\left.\begin{aligned}E_m&=E_k+E_p\\ \Delta E_m&=\Delta E_k+\Delta E_p\end{aligned}\right\} \tag{2-28}$$

力学系统(质点组)的内力一般分为保守内力和非保守内力,相应的内力功也分为保守内力功和非保守内力功,于是有

$$W_{内力}=W_{保守内力}+W_{非保守内力}$$

这样一来质点组的动能定理式(2-22)可写为

$$W_{外力}+W_{保守内力}+W_{非保守内力}=\Delta E_k$$

所以

$$W_{外力}-\Delta E_p+W_{非保守内力}=\Delta E_k$$

因此有

$$W_{外力}+W_{非保守内力}=\Delta E_k+\Delta E_p=\Delta E_m \tag{2-29a}$$

或者

$$W_{外力}+W_{非保守内力}=(E_k+E_p)-(E_{k0}+E_{p0}) \tag{2-29b}$$

式(2-29)称为**功能原理**.其意义为:所有外力功与所有非保守内力功的代数和等于质点组机械能的增量.

在推导功能原理的过程中,我们不难发现,功能原理与质点组的动能定理本质是相同的,只是功能原理中用势能代替了保守内力的功,而质点组的动能定理中强调保守内力做的功会引起质点组动能的变化.

检测点 14:功能原理中既然有非保守内力的功存在,那么也就应该有保守内力的功存在,而实际不然,为什么?

2.4.4 机械能转化和机械能守恒定律

从式(2-29)可以看出,若

$$W_{外力}+W_{非保守内力}=0$$

则

$$E_m=E_{m0}\quad 或\quad E_k+E_p=E_{k0}+E_{p0} \tag{2-30}$$

其中 E_k 是质点组的总内能,E_p 是质点组的总势能,即

$$E_{\mathrm{k}} = \sum_{i=1}^{N} E_{\mathrm{k}i}$$

$$E_{\mathrm{p}} = \sum_{i=1}^{N} E_{\mathrm{p}i}$$

式(2-30)意义为：若外力和非保守内力均不做功，或质点组在只有保守内力作用的条件下，质点组内部的机械能相互转化，但总的机械能守恒. 式(2-30)称为**机械能转化和机械能守恒定律**.

检测点 15：机械能包括人体运动产生的热量吗？

2.4.5　能量转化和能量守恒定律

对于一个力学系统(质点组)而言，从式(2-29)可看出：若 $W_{外力}+W_{非保守内力}\neq 0$，则系统的机械能将不守恒，这意味着系统的机械能的增加量来自于其他形式的能量，或机械能将变化为其他形式的能量. 这其他形式的能量可能是热能、电磁能、原子能或这些能量的综合等. 在总结各种自然过程中，人们也发现，如果一个系统是孤立的，与外界没有能量交换，则系统内部各种形式的能量可以相互转化，或由系统内一个物体传递给另一个物体，但这些能量的总和保持不变. 这就是说：**能量既不能消灭，也不能产生；它只能从一个物体传递给另一个物体，或从物体的一部分传递给另一部分，由一种形式转化为另一种形式. 这称为能量转化和能量守恒定律**.

能量转化和能量守恒定律与动量守恒定律以及在第 3 章将要学习的角动量守恒定律，都是自然界普遍遵守的基本规律，它们均反映了自然界的秩序或规律性，机械能转化和机械能守恒定律只不过是能量转化和能量守恒定律在力学中的特例.

检测点 16：分析人体进食后能量的转化情况.

例 2-13　如图 2-24(a)所示，用一弹簧把质量分别为 m_1 和 m_2 的两块木板连接在一起，放在地面上，弹簧的质量可忽略不计，且 $m_2>m_1$. 问：(1)对上面的木板必须施加多大的正压力 $\boldsymbol{F}$，以便在力 $\boldsymbol{F}$ 突然撤去而上面的木板跳起来时，恰好使下面的木板提离地面？(2)如果 m_1 和 m_2 交换位置，结果如何？

解　设弹簧的弹性系数为 k，上面的木板处于最低状态时的位置为重力势能零点，如图 2-24(a)所示；弹簧处于自然长度时的位置为弹性势能零点，如图 2-24(b)所示. 则 m_1 上跳使弹簧必须伸长 $\Delta x_1=\dfrac{m_2 g}{k}$，才能使下面的木板恰能提起，如图 2-24(c)所示.

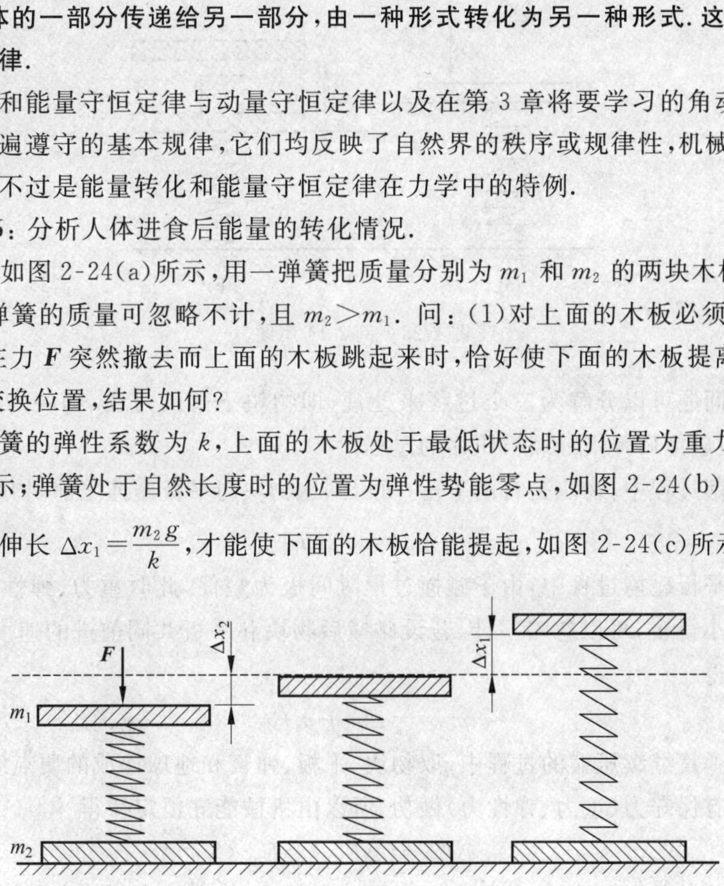

图 2-24　例 2-13 用图

正压力 $\boldsymbol{F}$ 压上面的木板时，弹簧压缩量为 $\Delta x_2=\dfrac{F+m_1 g}{k}$，突然撤去外力 $\boldsymbol{F}$ 后，上面的木板由这一位置从静止开始向上运动，因为系统（两块木板、弹簧、地球）只有重力、弹性力做功，所以系统遵守机械能守恒定律.

若上面的木板运动到最高点时，弹簧恰能伸长 Δx_1，则以上各量必须满足

$$\frac{1}{2}k(\Delta x_2)^2=\frac{1}{2}k(\Delta x_1)^2+m_1 g(\Delta x_1+\Delta x_2)$$

把 Δx_1 和 Δx_2 代入上式，化简可得

$$F^2=(m_1 g+m_2 g)^2$$

所以

$$F=(m_1+m_2)g$$

注意：因为 $F=-(m_1+m_2)g$ 不是压力，故舍去. 所得结果具有对称性，因此 m_1 和 m_2 交换位置结果是不会改变的.

例 2-14 如图 2-25(a)所示，质量为 m 的物块从离平板高为 h 的位置下落，落在质量为 m 的平板上. 已知轻质弹簧的弹性系数为 k，物块与平板的碰撞为完全非弹性碰撞，求碰撞后弹簧的最大压缩量.

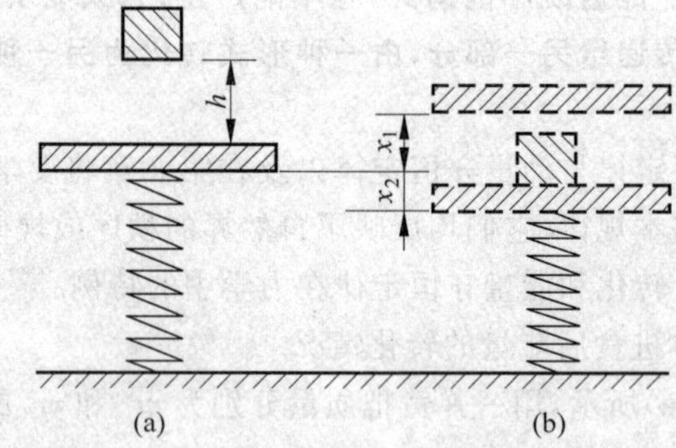

图 2-25 例 2-14 用图

解 这个问题可以分解为三个过程来处理，即物块下落的过程、物块与平板碰撞的过程、物块与平板碰撞后弹簧继续被压缩的过程.

在物块下落过程中，物块是自由下落，所以到达物块与平板碰撞之前，物块的速度为

$$v_1=\sqrt{2gh} \tag{2-31}$$

在物块与平板碰撞过程中，由于碰撞过程时间极为短促，此时重力、弹性力比碰撞时相互作用的冲力小得多，可以忽略不计. 若设碰撞后物块和平板共同前进的速度为 v_2，则由动量守恒定律可得

$$mv_1=(m+m)v_2 \tag{2-32}$$

在碰撞后弹簧继续压缩的过程中，取物块、平板、弹簧和地球构成的质点组为研究对象，由于质点组仅有保守力（重力、弹性力）做功，所以由机械能守恒定律得

$$\Delta E_{\mathrm{m}}=\Delta E_{\mathrm{k}}+\Delta E_{\mathrm{p}}$$

由于弹簧处于最大压缩时，物块和平板的速度等于零，所以达到最大压缩时质点组的动能变化为

$$\Delta E_k = 0 - \frac{1}{2}(m+m)v_2^2$$

由于质点组中有重力势能和弹性势能参与变化，所以我们取重力零势能点为物块和平板碰撞后处于最大压缩的位置，弹簧处于原长时为弹性势能零点. 图 2-25 中 x_1 为平板对弹簧的压缩量，x_2 为物块和平板碰撞后对弹簧的最大压缩量，因此物块和平板碰撞的瞬时质点组的势能为 $(m+m)gx_2+\frac{1}{2}kx_1^2$，当弹簧处于最大压缩时质点组的势能为 $\frac{1}{2}k(x_1+x_2)^2$. 所以质点组的势能变化为

$$\Delta E_p = \frac{1}{2}k(x_1+x_2)^2 - (m+m)gx_2 - \frac{1}{2}kx_1^2$$

将 ΔE_k 和 ΔE_p 代入 $\Delta E_m = \Delta E_k + \Delta E_p = 0$ 中，可得

$$\left[-\frac{1}{2}(m+m)v_2^2\right] + \left[\frac{1}{2}k(x_1+x_2)^2 - (m+m)gx_2 - \frac{1}{2}kx_1^2\right] = 0 \qquad (2\text{-}33)$$

在未碰撞前，弹簧已经被压缩了 x_1，所以

$$mg = kx_1 \qquad (2\text{-}34)$$

联立式(2-31)～式(2-34)，并整理可得

$$x_2^2 - \frac{2mg}{k}x_2 - \frac{mgh}{k} = 0$$

解之可得

$$x_2 = \frac{mg}{k} \pm \sqrt{\left(\frac{mg}{k}\right)^2 + \frac{mg}{k}h}$$

因为要求 $x_2>0$，所以舍去负根，则碰撞后弹簧的最大压缩量为

$$x_{max} = x_1 + x_2 = \frac{2mg}{k} + \sqrt{\left(\frac{mg}{k}\right)^2 + \frac{mg}{k}h}$$

例 2-15　如图 2-26 是打桩的示意图. 设锤和桩的质量分别为 m_1 和 m_2，锤的下落高度为 h，假定地基的阻力恒定不变，落锤一次，木桩打进土中的深度为 d，求地基的阻力 f 等于多大？

解　以锤为研究对象，由于锤打击桩前做自由落体运动，所以有

$$v_1 = \sqrt{2gh} \qquad (2\text{-}35)$$

以锤和桩为研究对象，重力和地基的阻力和锤与桩碰撞时的相互作用力相比较是很小的，可忽略不计，所以锤与桩构成的质点组动量守恒. 设锤打击桩后不回跳，锤与桩以共同的速度 v 开始进入土中，则

$$m_1v_1 = (m_1+m_2)v \qquad (2\text{-}36)$$

以锤、桩和地球构成的质点组为研究对象，锤和桩前进距离 d 后速度变为零. 在此过程中没有外力做功，即 $W_{外力}=0$；地基和桩之间的相互作用力属于非保守内力，内力功的代数和为地基对桩的阻力 f 乘以地基与桩之间的相对位移 d，由于阻力 f 的方向与桩前进

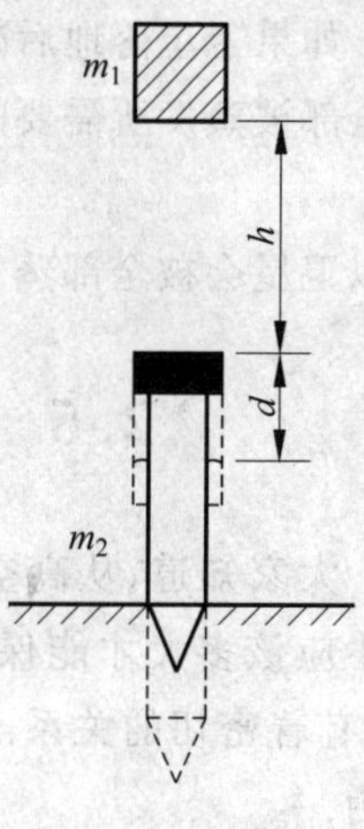

图 2-26　例 2-15 用图

的方向相反，所以 $W_{非保守内力} = -fd$. 因此由功能原理可得

$$-fd = -(m_1 + m_2)gd - \frac{1}{2}(m_1 + m_2)v^2 \tag{2-37}$$

联立式(2-35)～式(2-37)，并求解可得

$$f = (m_1 + m_2)g + \frac{m_1^2 gh}{(m_1 + m_2)d}$$

例 2-16 一质量为 $m=3500$ kg 铝制人造地球卫星绕地球作圆周运动，轨道高度为 $h=100$ km，关闭发动机后，由于空气阻力，它将逐渐减速，最后撞回到地面.(1)求卫星在正常轨道时的总能量和落回到地面后的总能量.(2)如果卫星落地后减少的能量全部以热量的形式被卫星所吸收，它能被全部熔化吗？它能被全部蒸发吗？(已知铝的熔化热是 $C=3.98\times10^5\ \mathrm{J\cdot kg^{-1}}$，铝的蒸发热为 $C'=1.05\times10^7\ \mathrm{J\cdot kg^{-1}}$.)

解 (1) 卫星作圆周运动时，地球对卫星的引力提供卫星作圆周运动的向心力，所以

$$G\frac{mM_e}{(h+R_e)^2} = m\frac{v^2}{h+R_e}$$

因此卫星作圆周运动时的总能量为

$$\begin{aligned} E_m &= E_k + E_p \\ &= \frac{1}{2}mv^2 - G\frac{mM_e}{h+R_e} = G\frac{mM_e}{2(h+R_e)} - G\frac{mM_e}{h+R_e} \\ &= -G\frac{mM_e}{2(h+R_e)} = -1.1\times10^{11}(\mathrm{J}) \end{aligned}$$

卫星落回到地面($v=0, h=0$)时的总能量为

$$E'_m = -G\frac{mM_e}{R_e} = -2.2\times10^{11}(\mathrm{J})$$

(2) 卫星由轨道上落回到地面后，能量的减少为

$$\Delta E_m = E_m - E'_m = 1.1\times10^{11}(\mathrm{J})$$

卫星全部熔化所需要的热量为

$$Q = mC = 1.4\times10^9\ \mathrm{J} < \Delta E_m$$

如果卫星落地后减少的能量全部以热量的形式被卫星所吸收，则卫星将被全部熔化.卫星全部被蒸发所需要的热量为

$$Q' = mC' = 3.7\times10^{10}\ \mathrm{J} < \Delta E_m - Q$$

所以卫星会被全部蒸发.

*2.5 知识拓展——降落伞大小的合理设计

大家知道，从高空中落下必须使用降落伞，这样才能安全着陆，降落伞的大小(面积)至少应该多大才能保证跳伞员万无一失呢？这与其所处的周围环境(主要是空气的阻力)有着密切的关系.这里用一简化的理想模型来加以分析，来说明空气对运动物体的阻力.

为研究问题方便起见，我们将降落伞简化为一个底面积为 A 的圆柱体，它在空气中以

速度 $\boldsymbol{u}$ 向下运动，于是在 Δt 时间内，圆柱体下方就有体积为 $Au\Delta t$ 的空气被排开，如图 2-27 所示. 设空气的密度为 ρ，排开气体的质量为 Δm，则排开气体的动能为

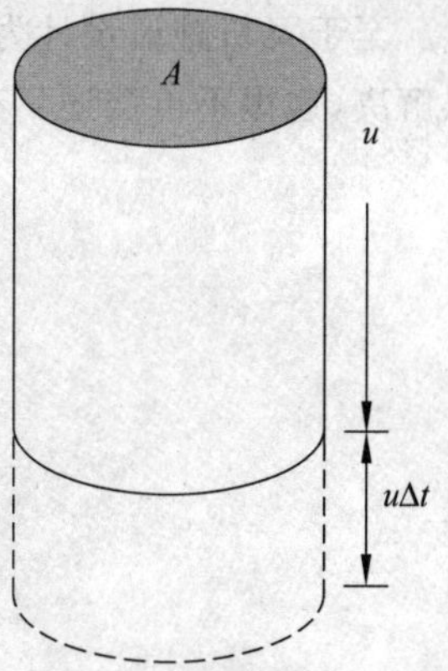

图 2-27　降落伞简化模型

$$\Delta E = \frac{1}{2}(\Delta m)u^2 = \frac{1}{2}(\rho A u \Delta t)u^2$$

由动能定理可知，被排开气体的动能来源于圆柱体施于气体的力对气体做的功，即

$$\Delta E = \Delta W = Fu\Delta t$$

于是，有

$$F = \frac{1}{2}\rho A u^2$$

而由牛顿运动第三定律可知，气体对圆柱体的反作用力就是圆柱体(即降落伞)在运动过程中所受的阻力 R，因此

$$R = \frac{1}{2}\rho A u^2$$

实际上，阻力 R 的大小与圆柱体的形状及表面的构造有关，流体力学中通常把阻力公式写为

$$R = ku^2 = c\rho A u^2$$

其中，c 称为阻力系数，它可由科学实验来确定.

为简化计算，将圆柱体(既降落伞)看成质量为 M 的理想质点，则有牛顿运动第二定律，得

$$Mg - ku^2 = M\frac{\mathrm{d}u}{\mathrm{d}t}$$

即

$$\frac{\mathrm{d}u}{\mathrm{d}t} = g - \frac{k}{M}u^2$$

由此式可见，降落伞的加速度 $\frac{\mathrm{d}u}{\mathrm{d}t}$ 随着速度 u 的增加而减小，当加速度 $\frac{\mathrm{d}u}{\mathrm{d}t}=0$ 时，降落伞的速度达到最大，此时的最大速度称为终极速度 $u_{终}$，则

$$u_{终} = \sqrt{\frac{Mg}{k}} = \sqrt{\frac{Mg}{c\rho A}}$$

对于一般的人而言，从 1.5 m 的高度落下是没有危险的. 如果空气的阻力忽略，则人体作的就是自由落体运动，其着地速度大小为

$$u = \sqrt{2gh} = \sqrt{2\times 9.8\times 1.5}\ \mathrm{m\cdot s^{-1}} = 5.4\ \mathrm{m\cdot s^{-1}}$$

若假定 $u_{终}=5.4\ \mathrm{m\cdot s^{-1}}$，降落伞与航天员的总质量为 $M=100$ kg，在标准状况下空气的密度为 $\rho=1.293\ \mathrm{kg\cdot m^{-3}}$，一般情况下空气的阻力系数为 $c=0.45$，则所用降落伞的最小面积为

$$A_{最小} = \frac{Mg}{c\rho u_{终}} = \frac{100\times 9.8}{0.45\times 1.293\times (5.4)^2} = 57.8\ \mathrm{m^2}$$

估算基本符合实际.

当然了，对于神舟十号所用降落伞而言，其面积相当大，实际如同三个足球场的大小.

至于飞机跑道设计为多长,航母规格尺寸如何等问题均可利用我们已有的物理知识给以解决,这里不再赘述!有兴趣的读者可以自己加以尝试,以提高解决实际问题的能力.

阅读材料2 牛顿

牛顿(Sir Isaac Newton,1642—1727)是英格兰物理学家、数学家、天文学家和自然哲学家.

牛顿一生为近代自然科学奠定了四大基础,他对自然科学的巨大贡献是多方面的,成为近代自然科学的开山鼻祖.他最伟大的贡献主要是在力学方面,被称为经典力学之父.他创建的微积分为近代数学奠定了基础,成为数学史上最伟大的成就之一,给自然科学开辟了宽广的道路;他提出的光的微粒说及他进行的光谱分析实验,为光学及近代化学奠定了基础,成为人们认识自然改造自然的有力武器;他提出的运动三定律,为经典力学奠定了基础,成为向人们灌输力学现象中普遍存在决定论的典范;他发现的万有引力定律,成功地解释了天体的运行,为航天及近代天文学奠定了基础,深刻地揭示了宇宙万物之间所遵循的引力规律,打破了以前人们头脑中认为天体运动与地上物体运动有着天壤之别的鸿沟,把天上和人间和谐地统一了起来.牛顿的不朽巨著《自然哲学的数学原理》和《光学》及他的卓越贡献给人类留下了宝贵的财富.

牛顿的科学观是因果决定论,他的物理框架的核心是力和力所决定的因果关系.他善于从观察到的运动现象出发去探寻力的作用规律,然后进一步运用这些规律来解释自然的奥秘.他更善于简化、敢于简化以致构思出神奇的理想实验,建立出理想的物理模型,以突现科学的简单性原则.

牛顿长于归纳和演绎,形成了简洁性、统一性及真理性于一体的推理法则.

复习与小结

1. 牛顿运动定律

(1) **牛顿第一运动定律(惯性定律)** 任何物体都保持静止或匀速直线运动状态,直至其他物体对它作用的力迫使它改变这种运动状态为止.

$$\boldsymbol{v} = \text{Const}$$

(2) **牛顿第二运动定律(加速度定律)**　物体受到外力作用时,它所获得的加速度 $\boldsymbol{a}$ 的大小与合外力 $\boldsymbol{F}$ 的大小成正比,与物体的质量 m 成反比,加速度 $\boldsymbol{a}$ 的方向与合外力 $\boldsymbol{F}$ 的方向一致.

$$\boldsymbol{F} = m\boldsymbol{a}$$

(3) **牛顿第三运动定律(作用与反作用定律)**　当物体甲以力 $\boldsymbol{F}$ 作用于物体乙上时,物体乙同时以力 $\boldsymbol{F}'$ 作用于物体甲上,$\boldsymbol{F}$ 与 $\boldsymbol{F}'$ 在一条直线上,等大反向.

$$\boldsymbol{F} = -\boldsymbol{F}'$$

(4) **常见的几种力**

重力:$\boldsymbol{G}=m\boldsymbol{g}$;弹性力:$f=-kx$;滑动摩擦力:$f_k=\mu_k N$;静摩擦力:$f_{s\max}=\mu_s N$

(5) **应用牛顿运动定律解题的基本步骤**

认物体、看运动、查受力、列方程求解讨论.

2. 动量　动量守恒定律

动量:$\boldsymbol{P}=m\boldsymbol{v}$

冲量:$\boldsymbol{I}=\int_{t_1}^{t_2}\boldsymbol{F}\mathrm{d}t$

动量定理:$\int_{t_1}^{t_2}\boldsymbol{F}\mathrm{d}t=\boldsymbol{p}-\boldsymbol{p}_0$

动量守恒定律:$\begin{cases}\text{若 } \boldsymbol{F}=\sum\limits_i \boldsymbol{F}_i=0 & \text{(动量守恒的条件)}\\ \text{则 } \boldsymbol{p}=\sum\limits_i \boldsymbol{p}_i=\text{常矢量} & \text{(动量守恒的内容)}\end{cases}$

3. 动能　动能定理

功:$W_{AB}=\int_L \mathrm{d}W=\int_A^B \boldsymbol{F}\cdot\mathrm{d}\boldsymbol{r}$

功率:$N=\lim\limits_{\Delta t\to 0}\dfrac{\Delta W}{\Delta t}=\dfrac{\mathrm{d}W}{\mathrm{d}t}$

动能:$E_k=\dfrac{1}{2}mv^2$

动能定理:$W_{外力}+W_{内力}=E_k-E_{k0}$　或　$W_{外力}+W_{内力}=\Delta E_k$

4. 势能　机械能转化及守恒定律

保守力:做功与路径无关的力

引力势能:$E_{p引力}=-G\dfrac{Mm}{r}$

重力势能:$E_{p重力}=mgy$

弹性势能:$E_{p弹力}=\dfrac{1}{2}kx^2$

保守内力的功:$W_{保守内力}=-(E_{p2}-E_{p1})=-\Delta E_p$

功能原理:$W_{外力}+W_{非保守内力}=\Delta E_k+\Delta E_p=\Delta E_m$

或者 $W_{外力}+W_{非保守内力}=(E_k+E_p)-(E_{k0}+E_{p0})$

机械能守恒定律:

若

$$W_{外力}+W_{非保守内力}=0 \quad (机械能守恒的条件)$$

则

$$E_m=E_{m0} \quad 或 \quad E_k+E_p=E_{k0}+E_{p0} \quad (机械能守恒的内容)$$

练 习 题

2-1 质量为0.25 kg的质点,受力 $\boldsymbol{F}=t\boldsymbol{i}$ (SI)的作用,式中 t 为时间. $t=0$ 时,该质点以 $\boldsymbol{v}=2\boldsymbol{j}\ \mathrm{m\cdot s^{-1}}$ 的速度通过坐标原点,则该质点任意时刻的位置矢量是________.

2-2 一质量为10 kg的物体在力 $\boldsymbol{f}=(120t+40)\boldsymbol{i}$ (SI)作用下,沿 x 轴运动. $t=0$ 时,其速度 $\boldsymbol{v}_0=6\boldsymbol{i}\ \mathrm{m\cdot s^{-1}}$,则 $t=3$ s时,其速度为________.

2-3 一物体质量为10 kg,受到方向不变的力 $F=30+40t$ (SI)的作用,在开始的2 s内,此力的冲量大小等于________;若物体的初速度大小为10 $\mathrm{m\cdot s^{-1}}$,方向与 $\boldsymbol{F}$ 同向,则在2 s末物体速度的大小等于________.

2-4 一长为 l、质量均匀的链条,放在光滑的水平桌面上.若使其长度的1/2悬于桌边下,由静止释放,任其自由滑动,则刚好链条全部离开桌面时的速率为________.

2-5 一弹簧原长为0.5 m,弹性系数为 k,上端固定在天花板上,当下端悬挂一盘子时,其长度为0.6 m,然后在盘中放一物体,弹簧长度变为0.8 m,则盘中放入物体后,在弹簧伸长过程中弹性力做的功为________.

2-6 质量为 m 的质点沿 x 轴运动,其运动方程为 $x=A\cos\omega t$,式中 A,ω 均为正的常量,t 为时间变量,则该质点所受的合外力为( ).

A. $F=\omega^2 x$ B. $F=m\omega^2 x$ C. $F=-m\omega^2 x$ D. $F=-m\omega x$

2-7 下列关于动量的表述中,不正确的是( ).

A. 动量守恒是指运动全过程中动量时时处处都相等

B. 系统的内力无论为多大,只要合外力为零,系统的动量必守恒

C. 内力不影响系统的总动量,但要影响其总能量

D. 质点始末位置的动量相等,表明其动量一定守恒

2-8 今用水平力 $\boldsymbol{f}$ 把木块紧压在竖直墙壁上并保持静止. 当 $\boldsymbol{f}$ 逐渐增大时,木块所受的摩擦力( ).

A. 不为零但保持不变

B. 恒为零

C. 随 f 正比地增大

D. 开始时随 f 增大,达到某一最大之后,就保持不变

2-9 某质点受力的大小为 $f=f_0\mathrm{e}^{-kx}$,若质点在 $x=0$ 处的速度为零,则此质点所能达到的最大动能为( ).

A. $\dfrac{f_0}{\mathrm{e}^k}$ B. $\dfrac{f_0}{k}$ C. kf_0 D. $kf_0\mathrm{e}^{-k}$

2-10　设地球的质量为 M_e，质量为 m 的宇宙飞船返回地球时，将发动机关闭，可以认为它仅在地球引力场中运动. 当它从与地球中心距离为 R_1 下降至距离为 R_2 时，其动能增量为(　　).

A. $GM_e m\dfrac{R_1-R_2}{R_1^2}$　　B. $GM_e m\dfrac{R_1-R_2}{R_2^2}$

C. $GM_e m\dfrac{R_1-R_2}{R_1R_2}$　　D. $GM_e m\dfrac{R_1-R_2}{R_1^2-R_2^2}$

2-11　A,B,C 三个物体，质量分别为 $m_A=m_B=0.1\,\text{kg}$，$m_C=0.8\,\text{kg}$，当如题 2-11(a)图放置时，物体系正好匀速运动. (1)求物体 C 与水平桌面间的摩擦系数；(2)如果将物体 A 移到物体 B 上面，如题 2-11(b)图所示，求系统的加速度及绳的张力(滑轮与绳的质量忽略不计).

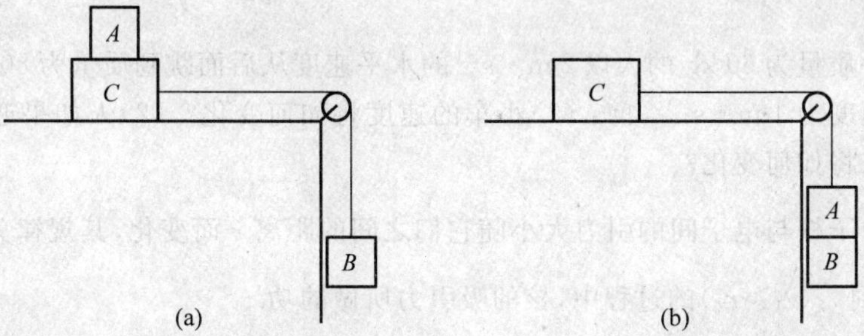

题 2-11 图

2-12　已知条件如题 2-12 图所示，求物体系的加速度和 A,B 两绳中的张力. 绳与滑轮的质量及所有摩擦均忽略不计.

2-13　长为 l 的轻绳，一端固定，另一端系一质量为 m 的小球，使小球从悬挂着的铅直位置以水平初速度 $\boldsymbol{v}_0$ 开始运动. 如题 2-13 图所示，用牛顿运动定律求小球沿逆时针转过 θ 角时的角速度和绳中的张力.

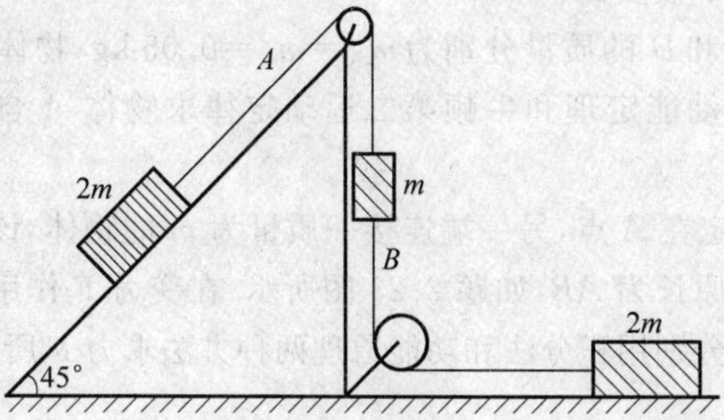

题 2-12 图

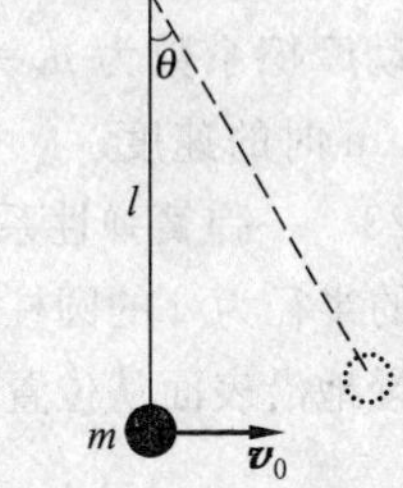

题 2-13 图

2-14　质量均为 M 的三条小船(包括船上的人和物)以相同的速率沿一直线同向航行，从中间的小船向前后两船同时以速率 u(相对于该船)抛出质量同为 m 的小包. 从小包被抛出至落入前、后船的过程中，试分别对中船、前船、后船建立动量守恒方程.

2-15　一质量为 0.25 kg 的小球以 20 m · s^{-1} 的速率和 45°的仰角投向竖直放置的木板，如题 2-15 图所示. 设小球与木板碰撞时间为 0.05 s，反弹角度与入射角相等，小球速度的大小不变，求木板对小球的冲力.

2-16　一质量为 m 的滑块，沿题 2-16 图所示的轨道以初速 $v_0=2\sqrt{Rg}$ 无摩擦的滑动，求滑块由 A 运动到 B 的过程中所受的冲量，并用图表示之（OB 与地面平行）.

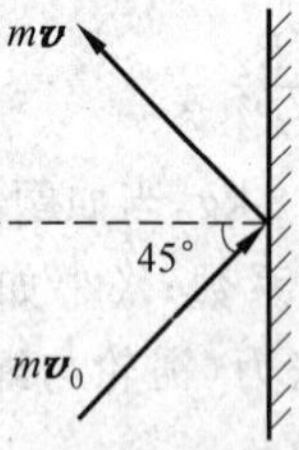

题 2-15 图

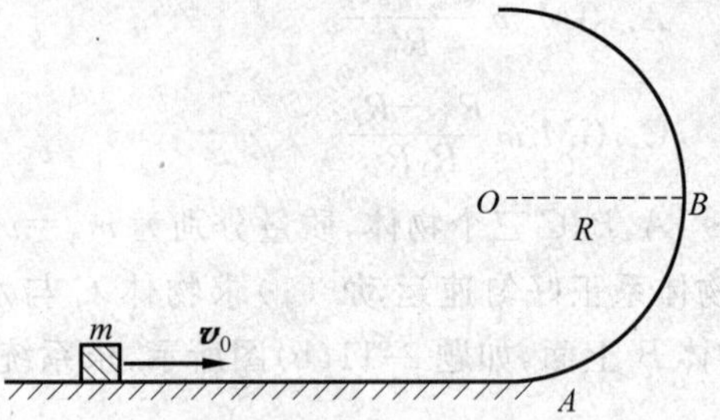

题 2-16 图

2-17　一质量为 60 kg 的人以 $2\,\mathrm{m\cdot s^{-1}}$ 的水平速度从后面跳到质量为 80 kg 的小车上，小车原来的速度为 $1\,\mathrm{m\cdot s^{-1}}$. 问：(1)小车的速度将如何变化？(2)人如果迎面跳上小车，小车的速度又将如何变化？

2-18　原子核与电子间的引力大小随它们之间的距离 r 而变化，其规律为 $f=\dfrac{k}{r^2}$，求电子从 r_1 运动到 $r_2(r_1>r_2)$ 的过程中，核的吸引力所做的功.

2-19　质量为 $m=2\times10^{-3}\,\mathrm{kg}$ 的子弹，在枪筒中前进时受到的合力为 $F=400-\dfrac{8000}{9}x$，F 的单位为 N，x 的单位为 m. 子弹射出枪口时的速度为 $300\,\mathrm{m\cdot s^{-1}}$，试计算枪筒的长度.

2-20　从轻弹簧的原长开始第一次拉伸长度 L，在此基础上，第二次使弹簧再伸长 L，继而第三次又伸长 L. 求第三次拉伸和第二次拉伸弹簧过程做功的比值.

2-21　用铁锤将一铁钉击入木板，设木板对钉的阻力与钉进木板的深度成正比. 在第一次锤击后，钉被击入木板 1 cm. 假定每次锤击铁钉前速度相等，且锤与铁钉的碰撞为完全非弹性碰撞. 问第二次锤击后，钉被击入木板多深？

2-22　如题 2-22 图所示，两物体 A 和 B 的质量分别为 $m_A=m_B=0.05\,\mathrm{kg}$，物体 B 与桌面的滑动摩擦系数为 $\mu_k=0.1$. 试分别用动能定理和牛顿第二运动定律求物体 A 自静止落下 $h=1\,\mathrm{m}$ 时的速度.

2-23　一弹簧弹性系数为 k，一端固定在 A 点，另一端连接一质量为 m 的物体，该物体靠在光滑的半径为 a 的圆柱体表面上，弹簧原长为 AB，如题 2-23 图所示. 在变力 $\boldsymbol{F}$ 作用下物体极其缓慢地沿表面从位置 B 移到了 C，试分别用积分法和功能原理两种方法求力 $\boldsymbol{F}$ 所做的功.

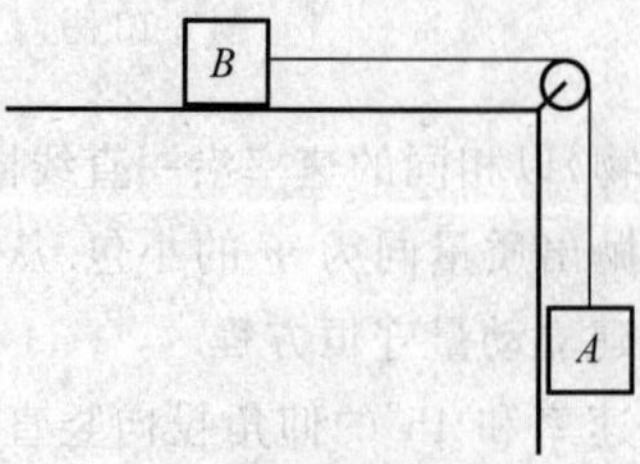

题 2-22 图

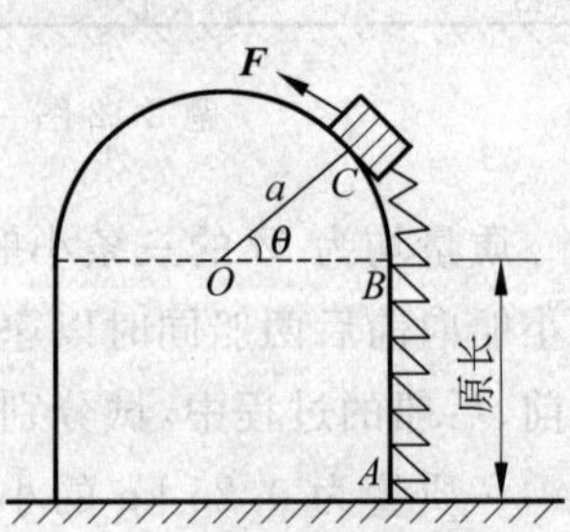

题 2-23 图

2-24　如题 2-24 图所示，已知子弹的质量为 $m=0.02\ \mathrm{kg}$，木块的质量为 $M=8.98\ \mathrm{kg}$，弹簧的弹性系数为 $k=100\ \mathrm{N\cdot m^{-1}}$，子弹以初速 $\boldsymbol{v}_0$ 射入木块后，弹簧被压缩了 $l=10\ \mathrm{cm}$. 设木块与平面间的滑动摩擦系数为 $\mu_k=0.2$，不计空气阻力，试求 $\boldsymbol{v}_0$ 的大小.

2-25　质量为 M 的物体静止地置于光滑的水平面上，并连接有一轻弹簧如题 2-25 图所示，另一质量为 M 的物体以速度 $\boldsymbol{v}_0$ 与弹簧相撞，问当弹簧压缩最甚时有百分之几的动能转化为势能.

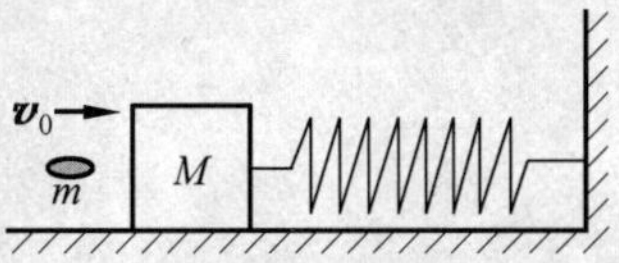

题 2-24 图

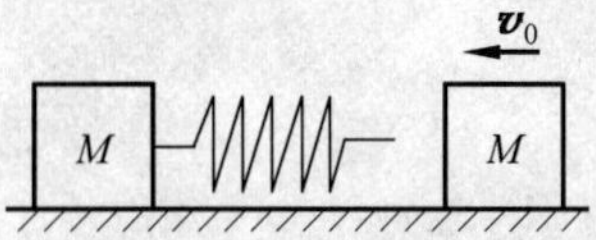

题 2-25 图

2-26　如题 2-26 图所示，一木块 M 静止于光滑的水平面上，一子弹 m 沿水平方向以速度 $\boldsymbol{v}_0$ 射入木块内一段距离 S' 而停止于木块内. (1) 试求在这一过程中子弹和木块的动能变化是多少？子弹和木块之间的摩擦力对子弹和木块各做了多少功？(2) 证明子弹和木块的总机械能的增量等于一对摩擦力之一沿相对位移 S' 做的功.

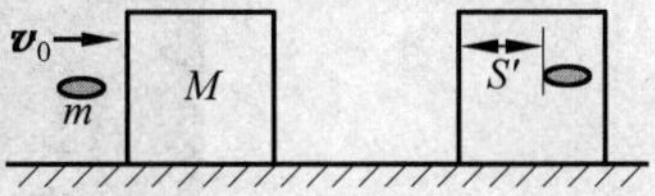

题 2-26 图

2-27　证明：在光滑的台面上，一个光滑的小球撞击（撞击可认为是完全弹性碰撞）另一个静止的光滑小球后，两者总沿着互成直角的方向离开（除正碰外）. 设光滑小球质量相等.

第3章 刚体的定轴转动

门吸俗称门碰，它是一种门面体（即门扇）打开后被吸住定位的装置，以防止风吹或碰触门扇后而晃动或关闭. 门吸按安装部位分为地吸和墙吸，如图所示. 试用本章所学知识分析门吸的合理安装.

墙吸

地吸

门吸部分实物图

研究了质点的运动之后，之所以还要研究转动，是因为转动也是物质机械运动的一种普遍形式. 大至遥远的星体，小至构成物质的原子、电子等微观粒子，均在永不停息地转动着. 当然转动问题也是工程学中经常遇到的普遍问题，如仪表上的指针在旋转，车轮绕轴的转动随处可见，我们生活的地球也在不停地绕着地轴周期地转动.

在研究复杂的实际问题时，由于物体的形状和大小对运动有着重要的影响，以至不能再把物体视为质点，而不得不考虑其形状和大小. 当然在许多实际问题中绝大部分物体在运动时，它的形状和大小的变化极其微小，可以忽略不计，同样为了抓主要矛盾，以简化研究程序，物理学中又引入了刚体这一理想模型. **刚体就是有一定的形状和大小，但形状和大小永远保持不变的物体**.

刚体可以看成是由许多质点构成，每一个质点称为刚体的一个质元. 可见刚体是一个特殊的质点组，其特殊性在于在外力作用下各质元之间的相对位置保持不变. 既然刚体是一个特殊的质点组，那么前面讲过的质点组的基本规律当然都可以对刚体加以应用. 鉴于刚体的一般运动较为复杂，本教材只讨论其中一种运动形式，即刚体的定轴转动.

3.1　刚体定轴转动的运动学

刚体转动中最基本、最常见、最重要、最简单的转动形式是刚体的定轴转动. 在这种转动中刚体上各质元均作圆周运动，而且各圆的圆心都在一条相对于某一惯性参照系(例如地面)固定不动的直线上. 这条固定不动的直线称为**固定轴**，这样的转动称为**刚体的定轴转动**. 如机床上各种齿轮、飞轮通常都是绕固定轴在转动着.

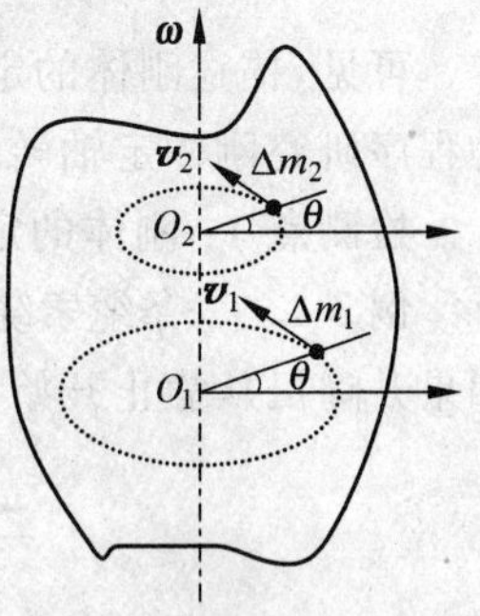

图 3-1　刚体的定轴转动

由于刚体上各质元的形状和大小不变，转轴又是固定的，那么刚体上任意一质元的位置一旦确定，刚体上各质元的位置也都确定，如图 3-1 所示.

为研究方便，我们将垂直于固定轴的平面称为**转动平面**，如图 3-2 所示的 xOy 面. 若以 Ox 为参考方向，则刚体上任意一质元的位置可以用它转动平面内的角位置唯一地确定，可见刚体的角位置也就是刚体的运动方程，

$$\theta = \theta(t) \tag{3-1}$$

如果以 $\mathrm{d}\theta$ 表示刚体在 $\mathrm{d}t$ 时间内转过的角位移，则刚体的角速度为

$$\omega = \frac{\mathrm{d}\theta}{\mathrm{d}t} \tag{3-2}$$

角速度是矢量，其方向规定为沿 z 轴的方向，其指向满足右手螺旋法则，如图 3-3 所示.

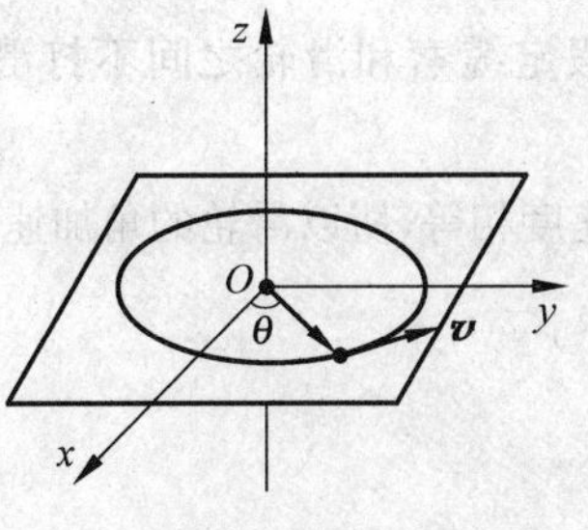

图 3-2　转动平面

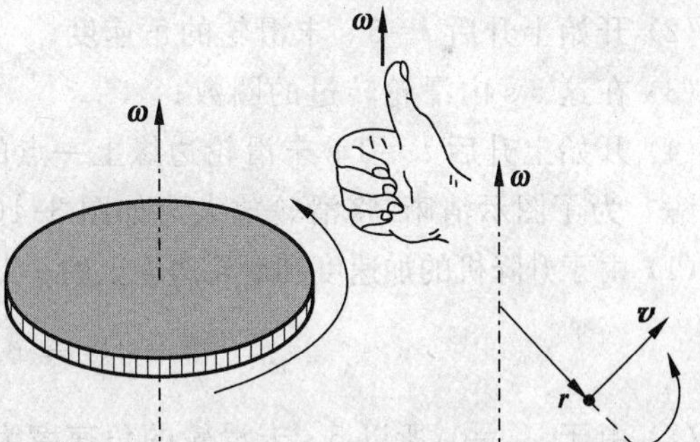

图 3-3　角速度矢量

刚体的角加速度为

$$\beta = \frac{\mathrm{d}\omega}{\mathrm{d}t} = \frac{\mathrm{d}^2\theta}{\mathrm{d}t^2} \tag{3-3}$$

离转轴的距离为 r_i 处质元的线速度和线加速度与刚体的角速度和角加速度的关系为

$$\left.\begin{aligned} v_i &= r_i\omega \\ a_\tau &= r_i\beta \\ a_n &= r_i\omega^2 \end{aligned}\right\} \tag{3-4}$$

定轴转动中的一种简单情况是匀加速转动. 在这一转动过程中，刚体的角加速度 β 保持不变. 若以 ω_0 表示刚体在 $t=0$ 时刻的角速度，以 ω 表示在 t 时刻的角速度，以 θ 表示它在 0

到 t 这一段时间内的角位移,则可以导出匀加速定轴转动的相应公式如下:

$$\left.\begin{aligned} \omega &= \omega_0 + \beta t \\ \theta &= \theta_0 + \omega_0 t + \frac{1}{2}\beta t^2 \\ \omega^2 &= \omega_0^2 + 2\beta\theta \end{aligned}\right\} \tag{3-5}$$

可见,描述刚体的定轴转动只需要一个坐标变量 θ,有了角位置 θ,我们就可以按照上面的程序研究刚体定轴转动时的角速度、角加速度及任意点的线速度和线加速度.

检测点 1:刚体的定轴转动为何是一维运动?

例 3-1 一条缆索绕过一个定滑轮拉动升降机,如图 3-4(a)所示.滑轮的半径为 $r=0.5$ m,如果升降机从静止开始以加速度 $a=0.4\ \text{m}\cdot\text{s}^{-2}$ 匀加速上升,求:

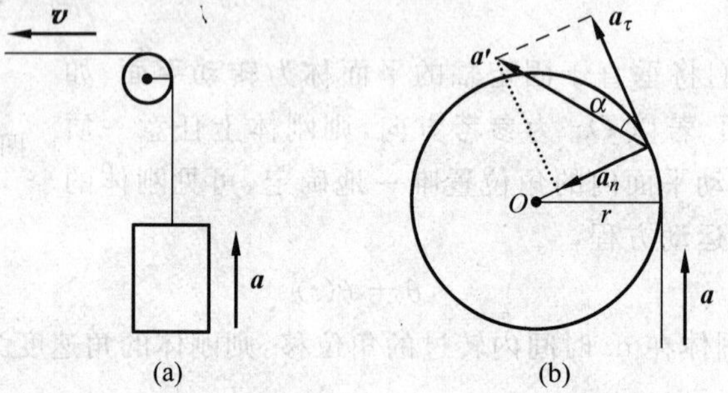

图 3-4 例 3-1 用图

(1) 滑轮的角加速度;

(2) 开始上升后 $t=5$ s 末滑轮的角速度;

(3) 在这 5 s 内滑轮转过的圈数;

(4) 开始上升后 $t'=1$ s 末滑轮边缘上一点的加速度(假定缆索和滑轮之间不打滑).

解 为了图示清晰,将滑轮放大为如图 3-4(b)所示.

(1) 由于升降机的加速度和滑轮边缘上的一点的切向加速度相等,所以滑轮的角加速度为

$$\beta = \frac{a_\tau}{r} = \frac{a}{r} = 0.8(\text{rad}\cdot\text{s}^{-2})$$

(2) 由于 $\omega_0=0$,所以 5 s 末滑轮的角速度为

$$\omega = \beta t = 4.0(\text{rad}\cdot\text{s}^{-1})$$

(3) 在这 5 s 内滑轮转过的角度为

$$\theta = \frac{1}{2}\beta t^2 = 10(\text{rad})$$

所以在这 5 s 内滑轮转过的圈数为

$$N = \frac{10}{2\pi} = 1.6(\text{圈})$$

(4) 结合题意,由图 3-4(b)可以看出

$$a_\tau = a = 0.4(\text{m}\cdot\text{s}^{-2})$$

$$a_n = r\omega^2 = r\beta^2 t^2 = 0.32(\text{m}\cdot\text{s}^{-2})$$

由此可得滑轮边缘上一点在升降机开始上升后 $t'=1$ s时的加速度为

$$a' = \sqrt{a_n^2 + a_\tau^2} = 0.51(\mathrm{m \cdot s^{-2}})$$

这个加速度的方向与滑轮边缘的切线方向的夹角为

$$\alpha = \arctan\left(\frac{a_n}{a_\tau}\right) = \arctan\left(\frac{0.32}{0.4}\right) = 38.7°$$

3.2　刚体定轴转动的动力学

3.1 节我们只讨论了如何描述刚体的定轴转动，即刚体定轴转动的运动学问题，这一节我们将讨论刚体定轴转动的动力学问题，即刚体作定轴转动时获得角加速度的原因以及所遵守的规律.

3.2.1　刚体定轴转动的转动定律

1. 力矩

关于力矩的概念中学已做过介绍，这里在中学的基础上将给出力矩的一般概念，进而给出刚体定轴转动的力矩.

对于定点转动而言，设质量为 m 的质点，在力 $\boldsymbol{F}$ 的作用下绕定点 O 运动，力 $\boldsymbol{F}$ 某时刻的作用线到定点 O 的距离为 d，位置矢量为 $\boldsymbol{r}$，力 $\boldsymbol{F}$ 与 $\boldsymbol{r}$ 的夹角为 α，如图 3-5 所示，则力 $\boldsymbol{F}$ 对定点 O 的力矩 M 为

$$M = Fd = Fr\sin\alpha$$

由于力矩是既有大小又有方向的矢量，不管是力矩的大小不同，还是力矩的方向不同，力矩作用效果都不同，结合矢量叉积的概念有

$$\boldsymbol{M} = \boldsymbol{r} \times \boldsymbol{F} \tag{3-6}$$

力矩的方向满足右手螺旋法则，在国际单位制(SI)中力矩的单位为 N·m.

对于刚体的定轴转动而言，取如图 3-6 所示的转动平面，并使转轴通过 O 点，作用在刚体上 P 点的力为 $\boldsymbol{F}$，P 点在转动平面内的位置矢量为 $\boldsymbol{r}$，力 $\boldsymbol{F}$ 平行于转轴的分量 $\boldsymbol{F}_{/\!/}$ 只能使刚体沿轴平移，不能使刚体绕轴转动，使刚体绕轴转动的力只能是力 $\boldsymbol{F}$ 垂直于转轴的分量 $\boldsymbol{F}_{\perp}$（在转动平面内），所以使刚体绕轴转动的力矩为

$$\boldsymbol{M} = \boldsymbol{r} \times \boldsymbol{F}_{\perp} \tag{3-6a}$$

使刚体绕定轴转动的力矩的方向只能沿轴的方向，一般规定，使刚体逆时针绕定轴转动时 $M>0$；使刚体顺时针绕定轴转动时 $M<0$.

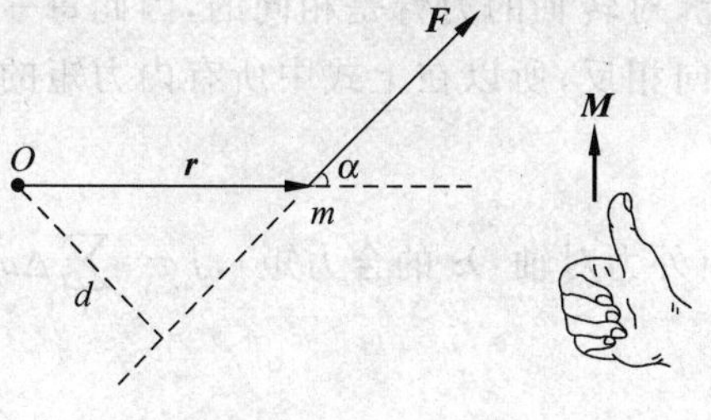

图 3-5　力矩的定义

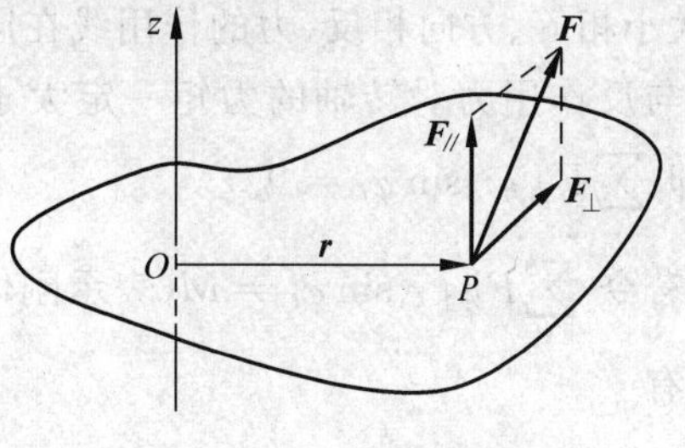

图 3-6　绕定轴转动的力矩

2. 刚体定轴转动的转动定律

当刚体绕定轴转动时，刚体内的每个质元都在转动平面内绕转轴作圆周运动，如图3-7所示. 虽然这些质元对各自的转动中心的位置矢量不同，但是却具有大小和方向都相同的角速度$\boldsymbol{\omega}$和角加速度$\boldsymbol{\beta}$，这个角速度$\boldsymbol{\omega}$和角加速度$\boldsymbol{\beta}$也正是刚体的角速度和角加速度. 角速度$\boldsymbol{\omega}$的方向沿转轴，其指向与质元沿圆周的绕行方向遵守右手螺旋法则；$\boldsymbol{\beta}$的方向也沿转轴，其指向由$\boldsymbol{\omega}$的增加和减小而定.

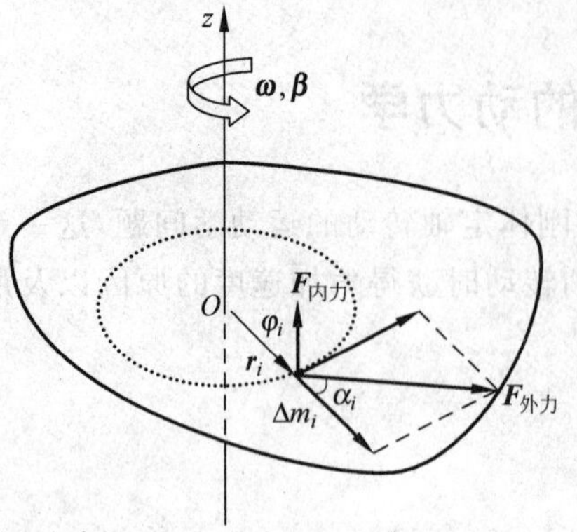

图 3-7 转动定律的推导

图3-7表示了一个绕固定轴Oz以角速度$\boldsymbol{\omega}$，角加速度$\boldsymbol{\beta}$转动的刚体，其中任意一质元Δm_i在转动平面内的位置矢量为$\boldsymbol{r}_i$，所受的外力为$\boldsymbol{F}_{外力}$，内力为$\boldsymbol{F}_{内力}$（表示刚体内其他质元对Δm_i作用力的合力）. 为简化讨论，这里假定外力$\boldsymbol{F}_{外力}$和内力$\boldsymbol{F}_{内力}$的作用线均位于质元所在的转动平面内，且与位置矢量$\boldsymbol{r}_i$的夹角分别为α_i和φ_i. 对质元Δm_i，由牛顿第二运动定律得

$$\boldsymbol{F}_{外力} + \boldsymbol{F}_{内力} = \Delta m_i \boldsymbol{a}_i$$

其中，$\boldsymbol{a}_i$是质元Δm_i绕轴作圆周运动的加速度，写为分量式如下：

$$\begin{cases} -F_{外力}\cos\alpha_i + F_{内力}\cos\varphi_i = \Delta m_i a_{in} \\ F_{外力}\sin\alpha_i + F_{内力}\sin\varphi_i = \Delta m_i a_{i\tau} \end{cases}$$

其中，$\boldsymbol{a}_{in}$和$\boldsymbol{a}_{i\tau}$是质元Δm_i绕轴作圆周运动的法向加速度和切向加速度，所以

$$\begin{cases} -F_{外力}\cos\alpha_i + F_{内力}\cos\varphi_i = \Delta m_i r_i \omega^2 & (法向) \\ F_{外力}\sin\alpha_i + F_{内力}\sin\varphi_i = \Delta m_i r_i \beta & (切向) \end{cases}$$

由于法向力的作用线通过了转轴，其力矩为零，对刚体的转动不起作用，不必讨论，切向力对刚体的转动有作用，为了以力矩的形式表示，这里给其两边同乘以r_i，则有

$$F_{外力} r_i \sin\alpha_i + F_{内力} r_i \sin\varphi_i = \Delta m_i r_i^2 \beta$$

对于刚体上所有质元，利用牛顿第二运动定律都可以写出与上式相应的式子，把它们全部加起来有

$$\sum_i F_{外力} r_i \sin\alpha_i + \sum_i F_{内力} r_i \sin\varphi_i = \left(\sum_i \Delta m_i r_i^2\right)\beta$$

因为内力总是成对出现的，且每一对内力属于作用力与反作用力，它们是同一性质的力，大小相等、方向相反、力的作用线在同一直线上，对转轴的力臂是相同的，因此每一对作用力与反作用力对转轴的力矩一定大小相等、方向相反；所以在上式中所有内力矩的和为零，即$\sum_i F_{内力} r_i \sin\varphi_i = 0$.

若令$\sum_i F_{外力} r_i \sin\varphi_i = M$（表示刚体受的所有外力对轴$Oz$的合力矩），$J = \sum_i \Delta m_i r_i^2$，于是有

$$M = J\beta \tag{3-7}$$

式(3-7)表明：**刚体绕固定轴转动时，刚体的角加速度与刚体所受的合外力矩成正比，**

与刚体的转动惯量成反比，此式称为**刚体定轴转动的转动定律**（简称**转动定律**）. 如同牛顿第二运动定律是解决质点运动问题的基本定律一样，刚体定轴转动的转动定律是解决刚体定轴转动问题的基本定律.

3. 转动惯量

从式(3-7)可以看出，以相同的力矩分别作用于两个绕定轴转动的不同刚体时，这两个刚体所获得的角加速度是不一样的，转动惯量大的物体所获得的角加速度小，转动惯量小的物体所获得的角加速度大，因此转动惯量是刚体作转动时惯性的量度，转动惯量这一名词也正是由此而得.

$$J = \sum_i \Delta m_i r_i^2 \tag{3-8a}$$

刚体的质量是离散分布时转动惯量用式(3-8a)计算，刚体的质量一般是连续分布的，则只需将式(3-8a)中的求和号改为积分即可.

$$J = \int_m r^2 \mathrm{d}m \tag{3-8b}$$

在国际单位制(SI)中，转动惯量的单位为 $\mathrm{kg \cdot m^2}$.

从式(3-8a)及式(3-8b)可以看出，刚体转动惯量的大小与下列因素有关：(1)形状大小分别相同的刚体，质量大的转动惯量大；(2)总质量相同的刚体，质量分布离轴越远转动惯量越大；(3)对同一刚体而言，转轴不同，质量对轴的分布就不同，转动惯量的大小就不同.

常见的几种几何形状简单的均匀刚体对特定轴的转动惯量如图 3-8 所示.

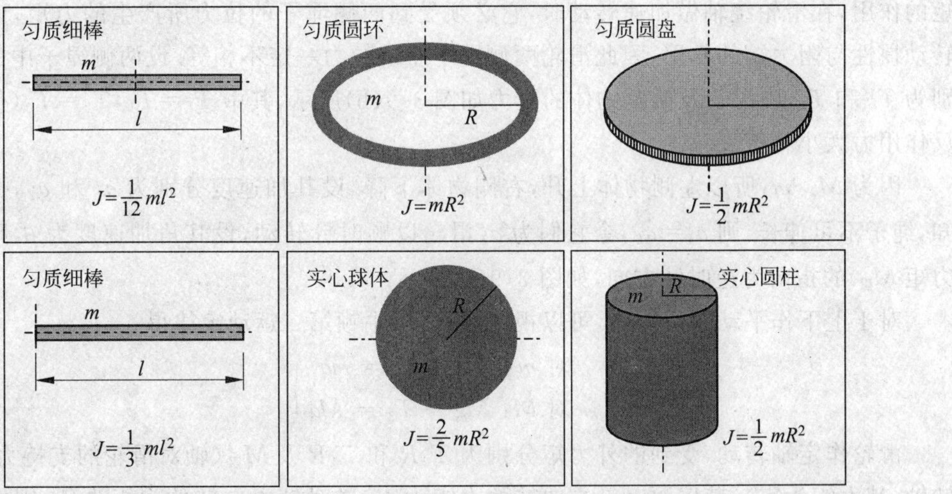

图 3-8　常见刚体对特定轴的转动惯量

若把转动定律同牛顿第二运动定律相比较，则使质点平动的力 F 与使刚体定轴转动的力矩 M 相对应，质点的线加速度 a 与刚体的角加速度 β 相对应，描述质点平动惯性的质量 m 与描述刚体转动惯性的转动惯量 J 相对应. 在实际应用中，对一个力学系统而言，有的物体作平动，有的物体作定轴转动，处理此类问题仍然可采用隔离法. 但应分清哪些物体作平动，哪些物体作定轴转动，对于平动物体利用牛顿第二运动定律列出动力学方程，对于定轴转动的物体利用定轴转动的转动定律列出动力学方程，对于连结处列出牵连方程，然后对这些方程综合求解即可.下面通过例题加以说明.

检测点2:阿特伍德机与理想滑轮是什么关系?

例3-2 一绳跨过定滑轮,两端分别系有质量分别为 m 和 M 的物体,且 $M>m$.滑轮可看作是质量均匀分布的圆盘,其质量为 m',半径为 R,转轴垂直于盘面通过盘心,如图3-9(a)所示.由于轴上有摩擦,滑轮转动时受到摩擦阻力矩 $M_{阻}$ 的作用.设绳不可伸长且与滑轮间无相对滑动.求物体的加速度及绳中的张力.

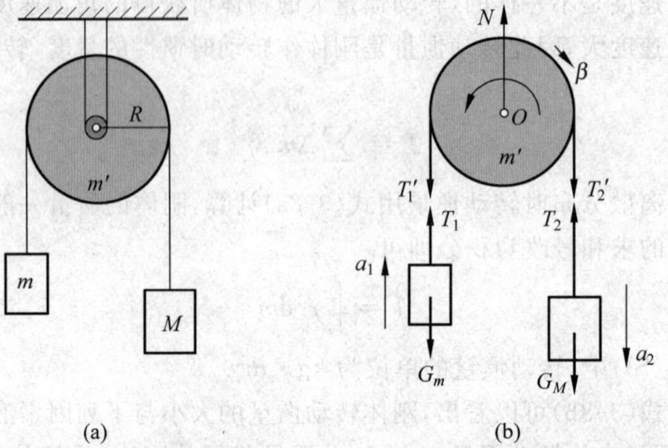

图3-9 例3-2用图

解 由于滑轮有质量,所以不得不考虑滑轮的转动惯性;在转动过程中滑轮还受到阻力矩的作用,在滑轮绕轴做加速转动时,它必须受到两侧绳子的拉力所产生的力矩,以便克服转动惯性与阻力矩的作用,因此滑轮两侧绳子中的拉力一定不相等.设两侧绳子中的拉力分别为 T_1 和 T_2,则滑轮及两侧物体的受力如图3-9(b)所示,其中 $T_1=T_1'$,$T_2=T_2'$(作用力与反作用力大小相等).

因为 $M>m$,所以左侧物体上升,右侧物体下降.设其加速度分别为 a_1 和 a_2,据题意可知,绳子不可伸长,则 $a_1=a_2$,令它们为 a.滑轮以顺时针转动,设其角加速度为 β,则摩擦阻力矩 $M_{阻}$ 的指向为逆时针方向,如图3-9(b)所示.

对于上下作平动的两物体,可以视为质点,由牛顿第二运动定律得

$$\left.\begin{aligned}&对\ m:\ T_1-mg=ma\\&对\ M:\ Mg-T_2=Ma\end{aligned}\right\}\tag{3-9}$$

滑轮作定轴转动,受到的外力矩分别为 $T_2'R$ 和 $T_1'R$ 及 $M_{阻}$(轴对滑轮的支持力 N 通过转轴,其力矩为零).若以顺时针方向转的力矩为正,逆时针方向转的力矩为负,则由刚体定轴转动的转动定律得

$$T_2R-T_1R-M_{阻}=J\beta=\left(\frac{1}{2}m'R^2\right)\beta\tag{3-10}$$

根据题意可知,绳与滑轮间无相对滑动,所以滑轮边缘上一点的切向加速度和物体的加速度相等,即

$$a=a_\tau=R\beta\tag{3-11}$$

联立(3-9)~式(3-11)三个方程,得

$$a=\frac{(M-m)g-\dfrac{M_{阻}}{R}}{M+m+\dfrac{m'}{2}}$$

$$T_1=m(g+a)=\frac{\left(2M+\dfrac{m'}{2}\right)mg-\dfrac{mM_{阻}}{R}}{M+m+\dfrac{m'}{2}}$$

$$T_2=M(g-a)=\frac{\left(2m+\dfrac{m'}{2}\right)Mg+\dfrac{MM_{阻}}{R}}{M+m+\dfrac{m'}{2}}$$

注意：当不计滑轮的质量和摩擦阻力矩时，$m=0$，$M_{阻}=0$，此时有 $a=\frac{(M-m)g}{M+m}$，$T_1=T_2=\frac{2mM}{M+m}g$，物理学中称这样的滑轮为“理想滑轮”，称这样的装置为阿特伍德机.

例 3-3　求长为 L，质量为 m 的均匀细棒 AB 的转动惯量.（1）对于通过棒的一端与棒垂直的轴；（2）对于通过棒的中点与棒垂直的轴.

解　（1）如图 3-10(a)所示，以过 A 端垂直于棒的 OO' 为轴，沿棒长方向为 x 轴，原点在轴上，在棒上取一长度元 $\mathrm{d}x$，则这一长度元的质量为 $\mathrm{d}m=\frac{m}{L}\mathrm{d}x$. 由式(3-8b)得

$$J_{端点}=\int_m x^2\mathrm{d}m=\int_0^L x^2\left(\frac{m}{L}\mathrm{d}x\right)=\frac{1}{3}mL^2$$

（2）同理，如图 3-10(b)所示，以过中点垂直于棒的 OO' 为轴，沿棒长方向为 x 轴，原点在轴上，在棒上取一长度元 $\mathrm{d}x$，由式(3-8b)得

$$J_{中点}=\int_m x^2\mathrm{d}m=\int_{-\frac{L}{2}}^{\frac{L}{2}} x^2\left(\frac{m}{L}\mathrm{d}x\right)=\frac{1}{12}mL^2$$

由此可见，对于同一均匀细棒，转轴的位置不同，棒的转动惯量不同.

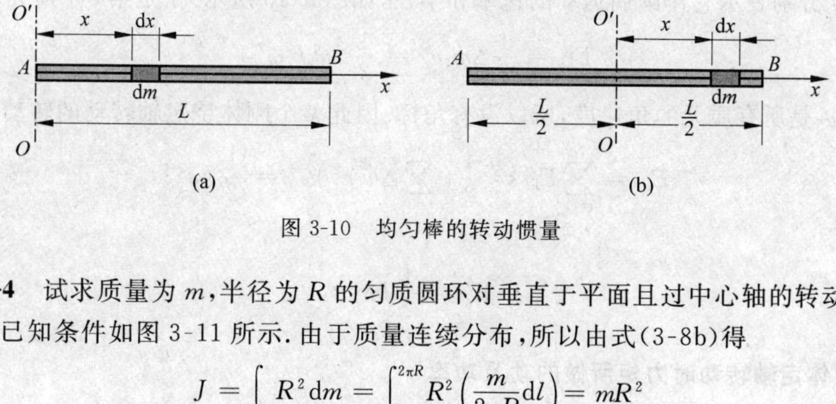

图 3-10　均匀棒的转动惯量

例 3-4　试求质量为 m，半径为 R 的匀质圆环对垂直于平面且过中心轴的转动惯量.

解　已知条件如图 3-11 所示. 由于质量连续分布，所以由式(3-8b)得

$$J=\int_m R^2\mathrm{d}m=\int_0^{2\pi R}R^2\left(\frac{m}{2\pi R}\mathrm{d}l\right)=mR^2$$

例 3-5　试求质量为 m，半径为 R 的匀质圆盘对垂直于平面且过中心轴的转动惯量.

解　已知条件如图 3-12 所示. 由于质量连续分布，设圆盘的厚度为 l，则圆盘的质量密度为 $\rho=\frac{m}{\pi R^2 l}$. 因圆盘可以看成是许多有厚度的圆环组成，所以由式(3-8b)得

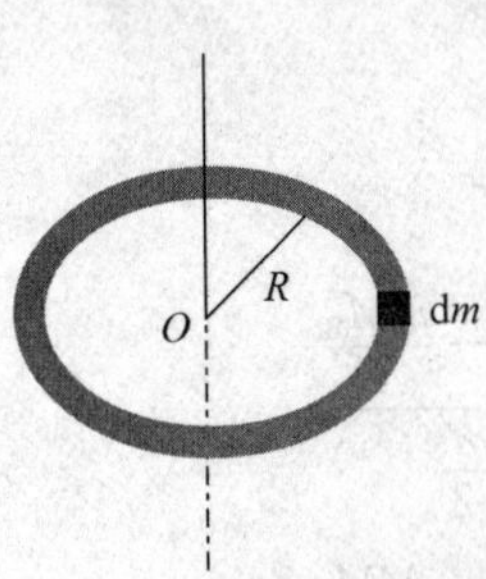

图 3-11　圆环的转动惯量

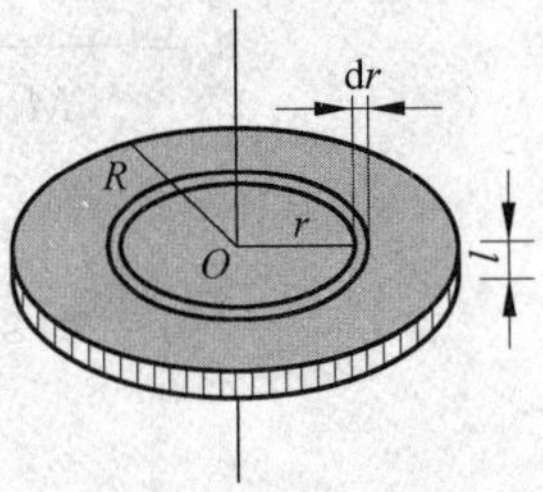

图 3-12　圆盘的转动惯量

$$J = \int_m r^2 \mathrm{d}m = \int_0^R r^2 (\rho \cdot 2\pi r \cdot l\mathrm{d}r) = \frac{1}{2}\pi R^4 l\rho$$

将圆盘的质量密度代入，得

$$J = \frac{1}{2}mR^2$$

由于例3-5中对圆盘的厚度 l 没有限制，所以质量为 m，半径为 R 的匀质实心圆柱对其轴的转动惯量也为 $J=\frac{1}{2}mR^2$.

用同样的办法我们也可以求出质量为 m，半径为 R 的匀质球体对过球心轴的转动惯量 $J=\frac{2}{5}mR^2$，此时球体可看成是由许多半径不同的薄圆盘组成.

3.2.2　刚体定轴转动的动能定理

1. 刚体定轴转动的动能（转动动能）

设某刚体绕 OO' 轴以角速度 ω 转动，则刚体中的每一个质元都将在各自的转动平面内以角速度 ω 作圆周运动. 若把刚体划分成 N 块（即 N 个质元），以 Δm_i 表示第 i 个质元的质量，v_i 和 r_i 分别表示它作圆周运动的速率和半径，如图3-13所示. 于是第 i 个质元的动能为

$$E_{\mathrm{k}i} = \frac{1}{2}\Delta m_i v_i^2 = \frac{1}{2}\Delta m_i r_i^2 \omega^2$$

式中由于 ω 是所有质元的角速度，所以没有角标. 因此整个刚体绕定轴转动的转动动能为

$$E_{\mathrm{k}} = \sum_{i=1}^{N} E_{\mathrm{k}i} = \frac{1}{2}\Big(\sum_{i=1}^{N} \Delta m_i r_i^2\Big)\omega^2 = \frac{1}{2}J\omega^2$$

所以

$$E_{\mathrm{k}} = \frac{1}{2}J\omega^2 \tag{3-12}$$

2. 刚体定轴转动时力矩所做的功及功率

图3-14表示了某刚体作定轴转动时的一个转动平面. 设外力 $\boldsymbol{F}$ 的作用线在转动平面内，并作用于 P 点. 若刚体绕轴转过一微小角位移 $\mathrm{d}\theta$ 时，P 点的位移为 $\mathrm{d}\boldsymbol{r}$，则力 $\boldsymbol{F}$ 所做的元功为

$$\mathrm{d}W = \boldsymbol{F} \cdot \mathrm{d}\boldsymbol{r} = (F\cos\varphi)\mathrm{d}S$$

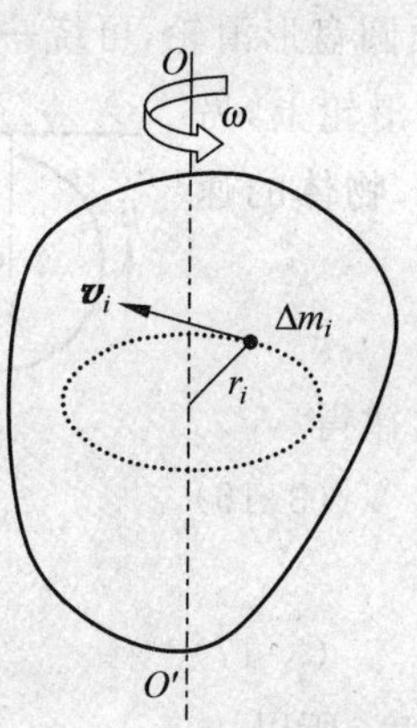

图 3-13　刚体定轴转动的动能

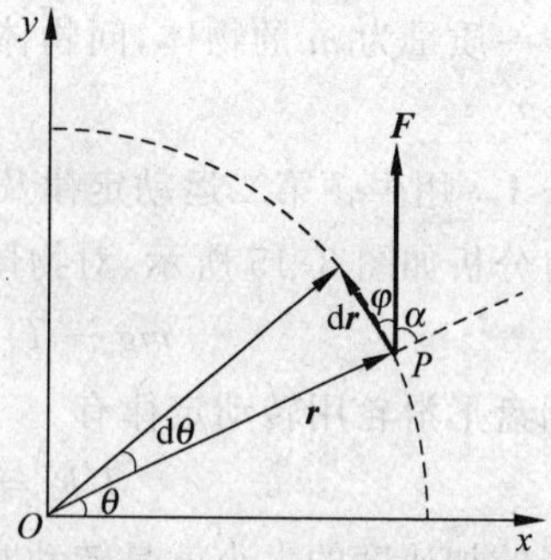

图 3-14　定轴转动时力矩的功

其中，φ 为力 $\boldsymbol{F}$ 与位移 $\mathrm{d}\boldsymbol{r}$ 之间的夹角. 若用 α 表示力 $\boldsymbol{F}$ 与 P 点位置矢量 $\boldsymbol{r}$ 之间的夹角，则 $\alpha+\varphi=90^\circ$，$\cos\varphi=\sin\alpha$，$|\mathrm{d}\boldsymbol{r}|=\mathrm{d}S=r\mathrm{d}\theta$，于是力矩的元功为

$$\mathrm{d}W=(Fr\sin\alpha)\mathrm{d}\theta=M\mathrm{d}\theta$$

当刚体在力矩 M 的持续作用下，从初始角位置 θ_0 转到末角位置 θ 时，力矩 M 所做的总功为

$$W=\int_{\theta_0}^{\theta}M\mathrm{d}\theta \tag{3-13}$$

力矩 M 的功率为

$$N=\frac{\mathrm{d}W}{\mathrm{d}t}=M\frac{\mathrm{d}\theta}{\mathrm{d}t}=M\omega \tag{3-14}$$

它描述了力矩做功的快慢. 当功率一定时，角速度越小，力矩越大；角速度越大，力矩越小.

3. 刚体定轴转动的动能定理

由于刚体内部各质元之间没有相对位移，所以刚体的内力功为零，即 $W_{内力}=0$. 于是对于刚体这个特殊的质点组，质点组的动能定理可写为

$$W_{外力}+W_{内力}=\Delta E_{\mathrm{k}}=E_{\mathrm{k}}-E_{\mathrm{k0}}$$

其中 $W_{外力}=\int_{\theta_0}^{\theta}M\mathrm{d}\theta$. 若设初始角位置 θ_0 处的角速度为 ω_0，转到末角位置 θ 处的角速度为 ω，则 $E_{\mathrm{k0}}=\frac{1}{2}J\omega_0^2$，$E_{\mathrm{k}}=\frac{1}{2}J\omega^2$. 于是刚体定轴转动的动能定理为

$$\left.\begin{aligned}&\text{微分形式：}\quad M\mathrm{d}\theta=\mathrm{d}\left(\frac{1}{2}J\omega^2\right)\\&\text{积分形式：}\quad \int_{\theta_0}^{\theta}M\mathrm{d}\theta=\frac{1}{2}J\omega^2-\frac{1}{2}J\omega_0^2\end{aligned}\right\} \tag{3-15}$$

当然式(3-15)也可由刚体定轴转动的转动定律推出，这里不再赘述，请参看别的教材. 式(3-15)表明：**合外力矩对绕定轴转动的刚体所做的功等于刚体绕定轴转动的转动动能的增量**，这就是**刚体定轴转动的动能定理**.

检测点 3：一般的质点组与刚体的本质区别是什么？

例 3-6 如图 3-15 所示，一质量为 M，半径为 R 的匀质圆盘形滑轮，可绕一无摩擦的水平轴转动．圆盘上绕有质量可不计的绳子，绳子一端固定在滑轮上，另一端悬挂一质量为 m 的物体，问物体由静止落下 h 高度时，物体的速率为多少？

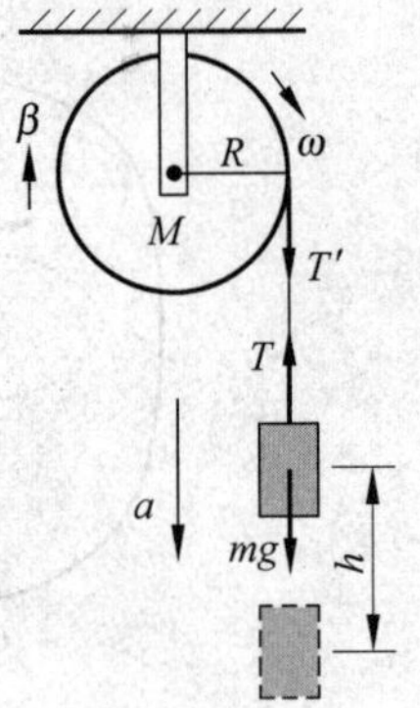

图 3-15 例 3-6 用图

解法 1 用牛顿第二运动定律及转动定律求解．

受力分析如图 3-15 所示，对物体 m 用牛顿第二运动定律得

$$mg - T = ma \tag{3-16}$$

对匀质圆盘形滑轮用转动定律有

$$T'R = J\beta \tag{3-17}$$

物体下降的加速度的大小就是转动时滑轮边缘上切向加速度，所以

$$a = R\beta \tag{3-18}$$

又由牛顿第三运动定律得

$$T = T' \tag{3-19}$$

物体 m 落下 h 高度时的速率为

$$v = \sqrt{2ah} \tag{3-20}$$

因为 $J=\frac{1}{2}MR^2$，所以联立式(3-16)～式(3-20)，可得物体 m 落下 h 高度时的速率为

$$v = 2\sqrt{\frac{mgh}{M+2m}}$$

显然 v 小于物体自由下落的速率 $\sqrt{2gh}$．

注意：若联立式(3-16)～式(3-19)，可得 $J=\left(\frac{g}{a}-1\right)mR^2$，而 $a=\frac{2h}{t^2}$，所以滑轮的转动惯量为 $J=\left(\frac{gt^2}{2h}-1\right)mR^2$．可见，只要通过实验测得物体的质量 m、落下的高度 h、所用的时间 t 与滑轮的半径 R，就可利用实验测滑轮的转动惯量 J．

解法 2 利用动能定理求解．

如图 3-15 所示，对于物体 m 利用质点的动能定理有

$$mgh - Th = \frac{1}{2}mv^2 - \frac{1}{2}mv_0^2 \tag{3-21}$$

其中，v_0 和 v 是物体的初速度和末速度．对于滑轮利用刚体定轴转动的转动定理有

$$TR\Delta\theta = \frac{1}{2}J\omega^2 - \frac{1}{2}J\omega_0^2 \tag{3-22}$$

其中，$\Delta\theta$ 是在拉力矩 TR 的作用下滑轮转过的角度，ω_0 和 ω 是滑轮的初角速度和末角速度．由于滑轮和绳子间无相对滑动，所以物体落下的距离应等于滑轮边缘上任意一点所经过的弧长，即 $h=R\Delta\theta$．又因为 $v_0=0$，$\omega_0=0$，$v=\omega R$，$J=\frac{1}{2}MR^2$，所以联立式(3-21)和式(3-22)，可得物体 m 落下 h 高度时的速率为

$$v = 2\sqrt{\frac{mgh}{M+2m}}$$

解法 3　利用机械能守恒定律求解.

若把滑轮、物体和地球看成一个系统，则在物体落下、滑轮转动的过程中，绳子的拉力 T 对物体做负功($-Th$)，T' 对滑轮做正功(Th)，即内力做功的代数和为零，所以系统的机械能守恒.

若把系统开始运动而还没有运动时的状态作为初始状态，系统在物体落下高度 h 时的状态作为末状态，则

$$\frac{1}{2}\left(\frac{1}{2}MR^2\right)\cdot\left(\frac{v}{R}\right)^2+\frac{1}{2}mv^2-mgh=0$$

所以物体 m 落下 h 高度时的速率为

$$v=2\sqrt{\frac{mgh}{M+2m}}$$

以上用三种不同的方法对例 3-6 加以求解，侧重点各不相同，望读者仔细体会，认真总结.

3.2.3　刚体定轴转动的角动量守恒定律

1. 角动量(动量矩)

角动量概念的引入与物体的转动有着密切的关系. 在自然界中经常会遇到物体围绕某一中心转动的情形. 如行星围绕太阳的公转，电子围绕原子核的旋转，门绕着门轴的转动等，若继续用动量来描述它们的状态情况，将会受到一定的限制，为此引入一个新的物理量——角动量(以 $\boldsymbol{L}$ 表示).

设某质点的质量为 m，当它以速度 $\boldsymbol{v}$ 围绕参考点 O 转动时，若质点在任意时刻的位置矢量为 $\boldsymbol{r}$，$\boldsymbol{v}$ 与 $\boldsymbol{r}$ 的夹角为 α，与定义力矩的方法相同，如图 3-16 所示，则

$$\boldsymbol{L}=\boldsymbol{r}\times\boldsymbol{P}=\boldsymbol{r}\times m\boldsymbol{v} \tag{3-23}$$

其大小为 $L=rP\sin\alpha=rmv\sin\alpha$，方向满足右手螺旋法则.

在国际单位制(SI)中，角动量的单位为 $\mathrm{kg\cdot m^2\cdot s^{-1}}$.

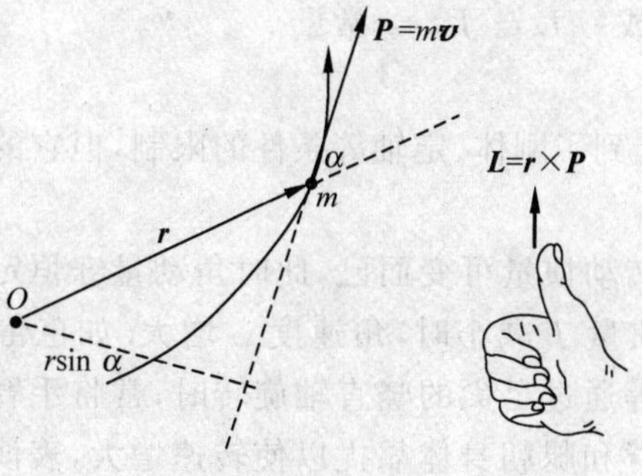

图 3-16　质点的角动量

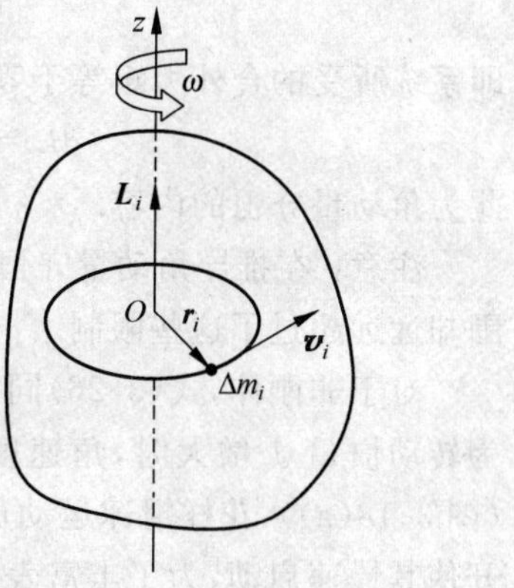

图 3-17　刚体中质元的角动量

对于刚体绕固定轴 Oz 的转动而言，由于它的所有质元都将在各自的转动平面内绕固定轴以相同的角速度 ω 作圆周运动，且 $v=r\omega$，如图 3-17 所示，所以

$$\boldsymbol{L}_i=\boldsymbol{r}_i\times\Delta m_i\boldsymbol{v}_i=\Delta m_i r_i^2\omega\boldsymbol{k}$$

可见，绕固定轴转动的质元其角动量是垂直于转动平面的矢量，角动量的方向沿轴的正

向或负向，所以可以用其代数量 $L_i=\Delta m_i r_i^2\omega$ 来表示.

因此，整个刚体绕定轴转动时其角动量为

$$L=\Big(\sum_i^N \Delta m_i r_i^2\Big)\omega=J\omega \tag{3-24}$$

注意：角动量和力矩均是对参考点或参考轴而言的.

2. 角动量定理（动量矩定理）

当刚体绕固定轴作定轴转动时，由于它的转动惯量是一个常量，所以由刚体定轴转动的转动定律可得

$$M=J\frac{\mathrm{d}\omega}{\mathrm{d}t}=\frac{\mathrm{d}(J\omega)}{\mathrm{d}t}=\frac{\mathrm{d}L}{\mathrm{d}t}$$

即刚体所受的外力矩等于刚体的角动量对时间的变化率. 将上式变形可得刚体定轴转动的**角动量定理（动量矩定理）**为

$$\left.\begin{aligned}&\text{微分形式：}\quad M\mathrm{d}t=\mathrm{d}(J\omega)=\mathrm{d}L\\&\text{积分形式：}\quad \int_{t_0}^{t}M\mathrm{d}t=J\omega-J\omega_0\quad\text{或}\quad\int_{t_0}^{t}M\mathrm{d}t=L-L_0\end{aligned}\right\}\tag{3-25}$$

式(3-25)中 $\int_{t_0}^{t}M\mathrm{d}t$ 表示刚体上所受的合外力矩 M 在 t_0 到 t 这段时间内对时间的积累效应，称为**冲量矩**. 式(3-25)说明，对于作定轴转动的刚体而言，作用于其上的冲量矩等于刚体角动量的增量. 式(3-25)把一个过程量（冲量矩）和状态量（角动量）联系了起来. 在推导角动量定理时，我们只讨论了一个刚体绕定轴转动的情况，如果是若干个刚体构成的系统绕同一定轴转动，则式(3-25)中的 L 就表示刚体系统的角动量.

3. 角动量守恒定律

从式(3-25)可看出：若

$$M=0$$

即系统所受的合外力矩等于零，此为角动量守恒的条件，则

$$\mathrm{d}L=\mathrm{d}(J\omega)=0\quad\text{或}\quad L=J\omega=\text{常量}\tag{3-26}$$

此为角动量守恒的内容.

注意：在推导角动量守恒定律的过程中受到了刚体、定轴等条件的限制，但它的适用范围却远远超过了这些限制.

对于非刚体，式(3-26)同样成立，只是其转动惯量可变而已，此时角动量守恒定律表现为转动惯量 J 增大时，角速度 ω 减小；转动惯量 J 减小时，角速度 ω 增大. 如芭蕾舞演员（图 3-18(a)）、花样滑冰运动员（图 3-18(b)）等通过足尖的竖直轴旋转时，常将手臂和腿伸开使其慢速启动，为了丰富表演内容，就将手臂和腿朝身体靠拢以使转速增大，表演结束时过程正好相反. 又如跳水运动员（图 3-18(c)），跳在空中翻筋斗时，尽量将手臂和腿蜷曲起来以减小转动惯量，获得较大的角速度，在空中迅速翻转、改变造型；当接近水面时再伸开手臂和腿以增大转动惯量，减小角速度，以便于竖直地进入水中而压住水花.

除了日常生活中有许多现象可用角动量守恒定律来解释外，无数事实已经证明，在宏观领域利用角动量守恒可以来研究天体的演化；在微观领域利用角动量守恒研究微观粒子的

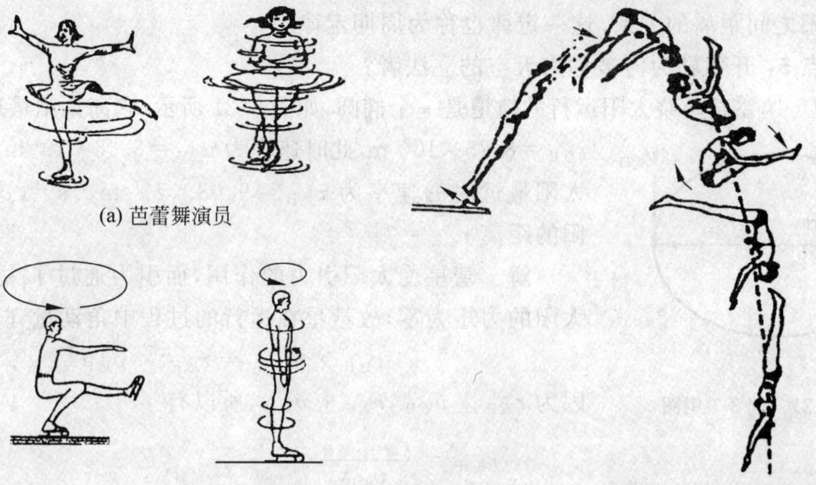

(a) 芭蕾舞演员

(b) 花样滑冰

(c) 跳水

图 3-18　角动量守恒

运动特征和基本属性. 因此,角动量守恒定律与动量守恒定律及能量守恒定律一样,它们都是自然界普遍遵守的规律.

检测点 4: 动量是对参照系而言的,角动量是对什么而言?

3.2.4　开普勒定律

德国天文学家开普勒在前人观测与总结实验数据的基础上,提出了行星运动的三条定律,后人称为开普勒定律. 其内容如下.

1. 开普勒第一定律　每一行星绕太阳作椭圆轨道运动,太阳是椭圆轨道的一个焦点.

这一定律实际上是哥白尼日心说的高度概括,如图 3-19 示意. 这一定律也可以由万有引力定律、机械能守恒定律和角动量守恒定律从理论上得以证明. 这一定律也称为轨道定律.

2. 开普勒第二定律　行星运动过程中,行星相对于太阳的位置矢量在相等的时间内扫过的面积相等.

这一定律说明了行星在太阳系中运动时遵守角动量守恒定律,也就是说由角动量守恒定律出发,从理论上可推出开普勒第二定律. 本定律也称为面积定律,如图 3-20 所示.

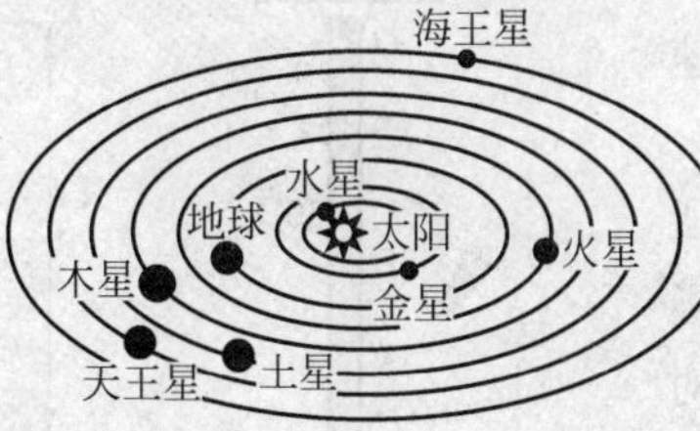

图 3-19　开普勒对日心说的总结

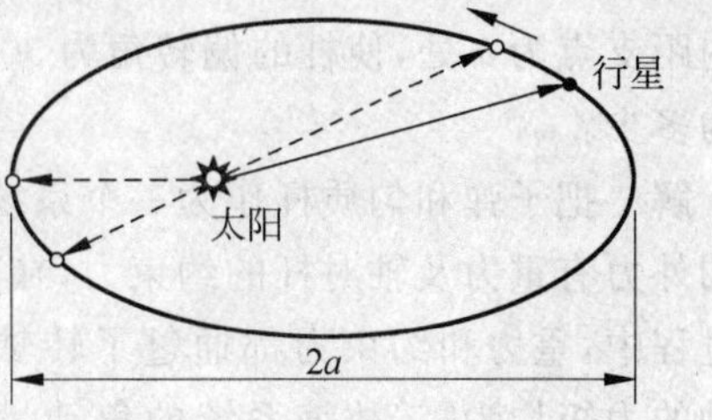

图 3-20　开普勒第二定律

3. 开普勒第三定律　行星绕太阳公转时,椭圆轨道半长轴的立方与公转周期的平方成正比,即$\frac{a^3}{T^2}=K$. 其中 $K=G\frac{M_s}{4\pi^2}$称为开普勒常数.

这一定律实际上是对第一和第二两条定律的补充,它给出了行星绕太阳运动的周期与行星和太阳之间距离的关系. 这一定律也称为周期定律.

检测点 5: 开普勒为何被称为天空的立法者?

例 3-7 哈雷彗星绕太阳运行的轨道是一个椭圆,如图 3-21 所示. 它离太阳最近的距离是 $r_{近日}=8.75\times10^{10}$ m,此时速率为 $v_{近日}=5.46\times10^{4}\ \mathrm{m\cdot s^{-1}}$;它离太阳最远时的速率为 $v_{远日}=9.08\times10^{2}\ \mathrm{m\cdot s^{-1}}$,这时它离太阳的距离 $r_{远日}=$?

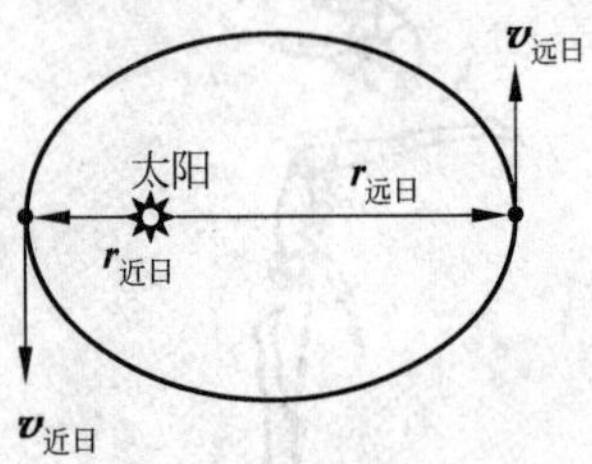

图 3-21 例 3-7 用图

解 彗星受太阳引力的作用,而引力通过了太阳,所以对太阳的力矩为零,故彗星在运行的过程中角动量守恒. 于是有

$$\boldsymbol{r}_{近日}\times\boldsymbol{v}_{近日}=\boldsymbol{r}_{远日}\times\boldsymbol{v}_{远日}$$

因为 $\boldsymbol{r}_{近日}\perp\boldsymbol{v}_{近日}$,$\boldsymbol{r}_{远日}\perp\boldsymbol{v}_{远日}$,所以有

$$r_{远日}=\frac{r_{近日}v_{近日}}{v_{远日}}$$

代入数据,得

$$r_{远日}=5.26\times10^{12}(\mathrm{m})$$

例 3-8 已知银河系中有一天体是均匀球体,现在半径为 R,绕对称轴的自转周期为 T,由于引力凝聚,它的体积不断收缩但质量 M 不变. 假定一万年后它的半径缩小为 r,试问一万年后它的自转周期比现在大还是比现在小?

解 天体为均匀球体,就对称轴而言其角动量守恒,则

$$J_{前}\omega_{前}=J_{后}\omega_{后}$$

$J_{前}$ 和 $\omega_{前}$ 分别是目前的转动惯量和角速度,$J_{后}$ 和 $\omega_{后}$ 分别是一万年以后的转动惯量和角速度. 因为

$$J=\frac{2}{5}MR^{2},\quad \omega=\frac{2\pi}{T}$$

所以

$$T_{后}=\left(\frac{r}{R}\right)^{2}T_{前}$$

而 $r<R$,因此 $T_{后}<T_{前}$. 故一万年后它的自转周期小于目前的自转周期.

例 3-9 如图 3-22 所示,一个长为 l,质量为 M 的匀质杆可绕支点 O 自由转动. 一质量为 m,速率为 v 的子弹以与水平方向成 60°的方向射入杆内距支点为 a 处,使杆的偏转角为 30°. 问子弹的初速率为多少?

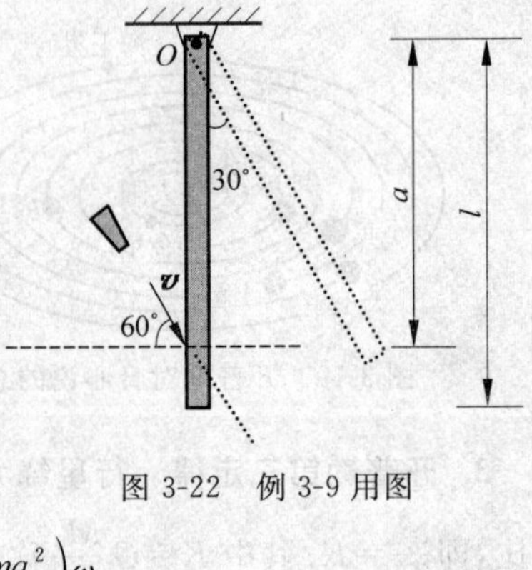

图 3-22 例 3-9 用图

解 把子弹和匀质杆作为一个系统,由于该系统所受的外力有重力及轴对杆的约束力,在子弹射入杆的极短过程中,重力和约束力都通过了转轴 O,因此它们对转轴的力矩均为零,故该系统的角动量守恒. 设子弹射入杆后与杆一同前进的角速度为 ω,则碰撞前的角动量等于碰撞后的角动量,即

$$m(v\cos 60^{\circ})a=\left(\frac{1}{3}Ml^{2}+ma^{2}\right)\omega$$

子弹在射入杆后与杆一起摆动的过程中只有重力做功,所以由子弹、杆和地球组成的系

统机械能守恒,因此有

$$\frac{1}{2}\left(\frac{1}{3}Ml^2+ma^2\right)\omega^2=mga(1-\cos 30°)+Mg\cdot\frac{l}{2}(1-\cos 30°)$$

联立上述这两个方程得子弹的初速率为

$$v=\frac{2}{ma}\sqrt{\frac{2-\sqrt{3}}{6}g(Ml+2ma)(Ml^2+3ma^2)}$$

例 3-10　如图 3-23 所示,一根质量为 M,长为 $2l$ 的均匀细棒,可以在竖直平面内绕通过其中心的光滑水平轴转动,开始时细棒静止于水平位置. 今有一质量为 m 的小球,以速度 $\boldsymbol{u}$ 垂直向下落到了棒的端点,设小球与棒的碰撞为完全弹性碰撞. 试求碰撞后小球的回跳速度 $\boldsymbol{v}$ 及棒绕轴转动的角速度 ω.

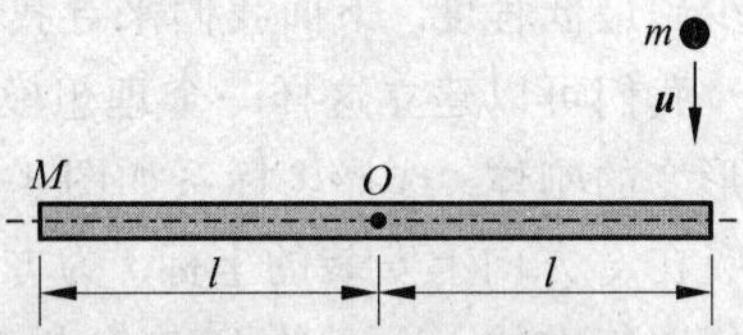

图 3-23　例 3-10 用图

解　以棒和小球组成的系统为研究对象,则该系统所受的外力有小球的重力、棒的重力和轴给予棒的支持力,后两者的作用线都通过了转轴,对轴的力矩为零. 由于碰撞时间极短,碰撞的冲力矩远大于小球所受的重力矩,所以小球对轴的力矩可忽略不计. 分析可知所取系统的角动量守恒.

由于碰撞前棒处于静止状态,所以碰撞前系统的角动量就是小球的角动量 lmu.

由于碰撞后小球以速度 v 回跳,其角动量为 lmv;棒获得的角速度为 ω,棒的角动量为 $\left[\frac{1}{12}M(2l)^2\right]\omega=\frac{1}{3}Ml^2\omega$. 所以碰撞后系统的角动量为 $lmv+\frac{1}{3}Ml^2\omega$.

由角动量守恒定律得

$$lmu=lmv+\frac{1}{3}Ml^2\omega \tag{3-27}$$

注意:上式中 u,v 这两个速度是以其代数量来表示. 以碰撞前小球运动的方向为正,即 $u>0$;碰撞后小球回跳,u 与 v 的方向必然相反,应该有 $v<0$.

由题意知,碰撞是完全弹性碰撞,所以碰撞前后系统的动能守恒,即

$$\frac{1}{2}mu^2=\frac{1}{2}mv^2+\frac{1}{2}\left(\frac{1}{3}Ml^2\right)\omega^2 \tag{3-28}$$

联立式(3-27)和式(3-28),可得小球的速度为

$$v=\frac{3m-M}{3m+M}u$$

棒的角速度为

$$\omega=\frac{6m}{3m+M}\cdot\frac{u}{l}$$

由于碰撞后小球回跳,所以 v 与 u 的方向不同,而 $u>0$,则 $v<0$. 从结果可以看出,要保证 $v<0$,则必须保证 $M>3m$. 否则,若 $m\geqslant\frac{1}{3}M$,无论如何,碰撞后小球也不能回跳,杂技运动员特别注意这一点.

*3.3 知识拓展——门吸的合理安装

大家知道,为避免门扇和墙壁的直接撞击,通常在门扇和墙壁之间装上门吸,实际上门吸一般安装在靠近地面可动门角处,如引图门吸部分实物图所示. 在开关门的过程中,门与门吸发生碰撞,从而使门受到撞击力的作用,随着时间的积累,可使铰链松动,门框毁坏. 但是,如果门吸的安装位置选择合适,使这种撞击力减小到最低程度,就会使门与墙壁的损坏减少到最低程度. 下面我们来寻找门吸安装的最佳位置.

我们可以建立这样一个理想模型,认为门的质量分布均匀,是一个没有厚度的、不可发生形变的刚体. 选择坐标系如图 3-24(a)所示,门扇平面为 Oxz 平面. 首先我们来分析讨论门吸在 x 方向上安装的坐标. 为方便起见,我们把门看成是由许多平行于 x 轴的窄条构成. 现任取其中的一个窄条 P,来分析其撞击的情况.

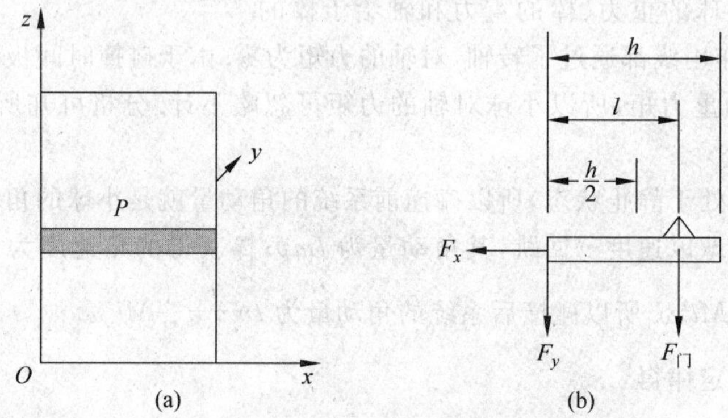

图 3-24 门吸安装最佳位置分析

沿 z 轴正向下看,如图 3-24(b)所示. 若门吸离门轴的距离为 l,窄条 P 的质量为 m,门的宽度为 h,其质心与门轴的距离为 $\frac{h}{2}$. 在门与门吸撞击时,窄条 P 受到门吸的作用力为 $F_{门}$,门轴的作用力为 F_x和 F_y. 其中 F_x是向轴力,它的作用线通过了门轴,提供了窄条 P 绕门轴转动的向心力; $F_{门}$和 F_y是撞击力,正是这两个力使门制动. 显然要减小门框所受的冲击力,就应尽量减小 F_y.

为便于讨论,设窄条是绕定轴(门轴)转动的刚性直棒,它与门吸撞击时,直棒受到来自于门吸的外力矩为 M,根据角动量定理,在 0 到 t 的撞击时间内,角动量的增量为

$$L - L_0 = \int_0^t M\mathrm{d}t$$

若 J 为窄条 P 绕轴的转动惯量,ω 为窄条 P 转动的角速度,则 $L_0 = J\omega_0$ 为撞击开始的角动量,$L = J\omega$ 为撞击终止时的角动量,显然 $L=0$;从图 3-24 中也可以得到 $M = -l \cdot F_{门}$,于是上式变为 $0 - J\omega_0 = \int_0^t (-l \cdot F_{门})\mathrm{d}t$, 即

$$J\omega_0 = \int_0^t (l \cdot F_{门})\mathrm{d}t$$

窄条 P 的运动还遵守动量定理,在 y 方向上有

$$p-p_0=\int_0^t -(F_{门}+F_y)\mathrm{d}t$$

其中，$p_0=mu_y=m\frac{h}{2}\omega_0$ 为初始动量，p 为碰撞后的动量，$p=0$.

故联立上述两式，可得

$$\int_0^t F_y\mathrm{d}t=\left(m\frac{h}{2}-\frac{J}{l}\right)\omega_0$$

令 $F_y=0$，而 $J=\frac{1}{3}ml^2$，则有

$$l=\frac{2}{3}h$$

综上所述：对于任一窄条而言，在离轴 $\frac{2}{3}h$ 处安装门吸，可使门轴受到的冲击力最小. 这一结论对于所有窄条都成立. 所以如果门扇的上下对称且质量分布均匀，门吸就应装在上下对称线上$\left(\text{即 } z=\frac{1}{2}\text{门高处}\right)$，离轴 $\frac{2}{3}h$ 处$\left(\text{即 } x=\frac{2}{3}h\right)$，这样铰链及门轴不易损坏. 当然实际情况一般是将门锁及门的拉手装在 $z=\frac{1}{2}$ 门高处，而将门吸装在离门轴 $\frac{2}{3}h$，稍离地处，虽然这样安装不符合理论要求，但美观大方，使用方便，这就是理论与实际的统一.

阅读材料 3　开普勒

开普勒(Johannes Kepler，1571—1630)是德国数学家、天文学家和物理学家，后人称其为天文学泰斗，近代天文学之父.

开普勒根据他的老师第谷和布拉赫既丰富又准确的天文观测资料而创立了行星运动三定律，使其成为指导天体力学的基本定律，被人们认为是“天空的立法者”. 他与伽利略一起彻底否定了托勒密的“地心说”，给哥白尼的“日心说”以有力的支持，为牛顿发现万有引力定律奠定了坚实的基础，成为经典力学大厦的基本组成部分；他对光学很有研究，也有一定的贡献，提出了近代望远镜理论，开辟了天文学观测与研究的新天地；他还发现了大气折射定律，用简单的方法计算了大气的折射.

开普勒一生著有《光学》、《新天文学》、《宇宙和谐论》、《哥白尼天文学概要》、《彗星论》、《鲁道夫星表》和《稀奇的 1631 年天象》等，对天文学做出的贡献尤为卓越. 然而，他的一生却

是在极端艰难贫困的条件下度过的.1630年他有几个月得不到薪俸，经济困难，不得不亲自前往雷根斯堡索取，到那里后他突然发烧，几天后就在贫病交困中去世.

开普勒倾向于从理论上思考问题.他的科学观是尊重客观事实，物理定律数学化，透过运动现象探寻运动的本质.他的研究特点是透过现象看本质.

复习与小结

将刚体的定轴转动规律与质点力学的运动规律加以比较，我们发现研究步骤非常类似，研究方法基本相同.首先讨论了如何描述刚体的定轴转动，即刚体定轴转动运动学；其次讨论了力矩的瞬时作用规律，即刚体定轴转动的转动定律；再次讨论了力矩对空间的积累效应，即刚体定轴转动的动能定理；最后讨论了力矩对时间的积累效应，即刚体定轴转动的角动量定理.

1. 刚体定轴转动运动学

角位置：θ

角位移：$\Delta\theta$

角速度：$\omega=\dfrac{d\theta}{dt}$

角加速度：$\beta=\dfrac{d\omega}{dt}=\dfrac{d^2\theta}{dt^2}$

线量与角量之间的关系：$v=r\omega$，$a_n=r\omega^2$，$a_\tau=r\beta$

2. 刚体定轴转动动力学

(1) **刚体定轴转动的转动定律——力矩的瞬时作用规律**

力矩：$\boldsymbol{M}=\boldsymbol{r}\times\boldsymbol{F}$

转动惯量：$J=\sum\Delta m_i r_i^2$，$J=\int_m r^2\,dm$

刚体定轴转动的转动定律：$M=J\beta$

(2) **刚体定轴转动的动能定理——力矩对空间的积累效应**

力矩的功：$W=\int_{\theta_0}^{\theta}M\,d\theta$

力矩的功率：$N=\dfrac{dW}{dt}=M\omega$

定轴转动的转动动能：$E_k=\dfrac{1}{2}J\omega^2$

定轴转动的动能定理：$W_{外力}=E_k-E_{k0}$　或　$\int_{\theta_0}^{\theta}M\,d\theta=\dfrac{1}{2}J\omega^2-\dfrac{1}{2}J\omega_0^2$

机械能守恒定律：

若

$$W_{外力}+W_{非保守内力}=0$$

则

$$E_m = E_{m0} \quad 或 \quad E_k + E_p = E_{k0} + E_{p0}$$

此时动能中既包含平动动能还包含转动动能.

(3) **刚体定轴转动的角动量定理——力矩对时间的积累效应**

质点的角动量(动量矩)：$\boldsymbol{L}=\boldsymbol{r}\times\boldsymbol{P}=\boldsymbol{r}\times m\boldsymbol{v}$

刚体定轴转动的角动量(动量矩)：$L=J\omega$

刚体定轴转动的角动量(动量矩)定理：$\int_{t_1}^{t_2} M\mathrm{d}t = L - L_0$

角动量(动量矩)守恒定律：

若

$$M = \sum_i M_i = 0$$

则

$$L = \sum_i L_i = 常量$$

(4) **天体的运行规律——开普勒定律**

开普勒第一定律(轨道定律)：每一行星绕太阳作椭圆轨道运动，太阳是椭圆轨道的一个焦点.

开普勒第二定律(面积定律)：行星运动过程中，行星相对于太阳的位置矢量在相等的时间内扫过的面积相等.

开普勒第三定律(周期定律)：行星绕太阳公转时，椭圆轨道半长轴的立方与公转周期的平方成正比，即$\frac{a^3}{T^2}=K$. 其中 $K=G\frac{M_s}{4\pi^2}$称为开普勒常数.

练　习　题

3-1　某刚体绕定轴作匀变速转动，对刚体上距转轴为 r 处的任一质元的法向加速度 a_n 的大小和切向加速度 a_τ 的大小来说，________.

3-2　一飞轮以 300 rad · min^{-1} 的角速度转动，转动惯量为 5 kg · m^2，现施加一恒定的制动力矩，使飞轮在 2 s 内停止转动，则该恒定制动力矩的大小为________.

3-3　刚体的转动惯量取决于________、________和________三个因素.

3-4　如题 3-4 图所示. 质量为 m、长为 l 的均匀细杆，可绕通过其一端 O 的水平轴转动，杆的另一端与一质量为 m 的小球固接在一起. 当该系统从水平位置由静止转过 θ 角时，系统的角速度 ω=________，动能 E_k=________，此过程中力矩所做的功 W=________.

3-5　如题 3-5 图所示. 有一半径为 R、质量为 M 的匀质圆盘水平放置，可绕通过盘心的铅直轴作定轴转动，圆盘对轴的转动惯量 $J=\frac{1}{2}MR^2$. 当圆盘以角速度 ω_0 转动时，有一质量为 m 的橡皮泥(可视为质点)铅直落在圆盘上，并粘在距转轴$\frac{1}{2}R$ 处. 那么橡皮泥和盘的共同角速度 ω=________.

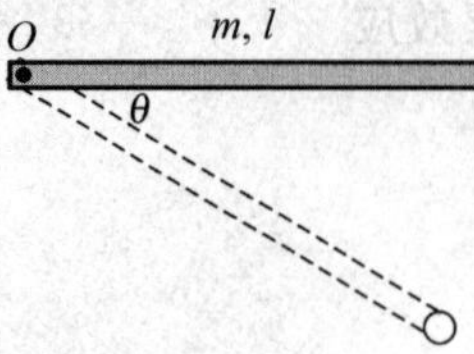

题 3-4 图

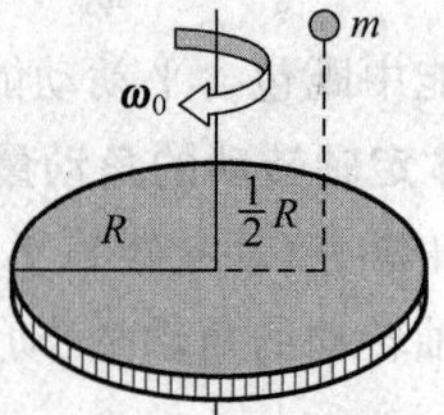

题 3-5 图

3-6 下列关于刚体的表述中，不正确的是(　　).

A. 刚体作定轴转动时，其上各点的角速度相同，但线速度不同

B. 刚体作定轴转动时的转动定律 $M=J\beta$，式中 M，J 和 β 均是对同一固定轴而言的，否则该式不成立

C. 刚体的转动动能等于刚体上所有各质元的动能之和

D. 对于给定的刚体而言，它的质量和形状是一定的，则其转动惯量也是唯一确定的

3-7 下列关于刚体定轴转动的转动定律的表述中，正确的是(　　).

A. 两个质量相等的刚体，在相同力矩的作用下，运动状态的变化情况一定相同

B. 作用在定轴转动刚体上的力越大，刚体转动的角加速度就越大

C. 角速度的方向一定与外力矩的方向相同

D. 对作定轴转动的刚体而言，内力矩不会改变刚体的角加速度

3-8 一均匀木棒可绕于其一端垂直的水平光滑轴自由转动，今使棒从水平位置下落，在棒摆到水平位置的过程中，说法正确的是(　　).

A. 角速度从小到大，角加速度从大到小

B. 角速度从小到大，角加速度也是从小到大

C. 角速度从大到小，角加速度从小到大

D. 角速度从大到小，角加速度也是从大到小

3-9 3个完全相同的轮子可绕一公共轴转动，角速度的大小都相等，但其中一个轮子的转动方向与另外两个相反. 若现在使3个轮子靠近啮合在一起，则系统的动能与原来3个轮子的总动能之比为(　　).

A. 减少 $\frac{1}{3}$　　B. 减少 $\frac{1}{9}$　　C. 增大3倍　　D. 增大9倍

3-10 一花样滑冰运动员，开始自转时其动能为 $E_0=\frac{1}{2}J_0\omega_0^2$. 然后他将手臂收回，转动惯量减少为原来的三分之一，即 $J=\frac{1}{3}J_0$，则此时他的角速度变为 ω、动能变为 E. 于是有(　　).

A. $\omega=\sqrt{3}\omega_0$，$E=E_0$　　B. $\omega=3\omega_0$，$E=E_0$

C. $\omega=3\omega_0$，$E=3E_0$　　D. $\omega=\frac{1}{3}\omega_0$，$E=3E_0$

3-11 一飞轮半径 $r=1$ m，以转速 $n=1500\ \text{r}\cdot\text{min}^{-1}$ 转动，受制动均匀减速，经 $t=50$ s

后静止. 试求：(1)角加速度 β 和从制动开始到静止这段时间飞轮转过的转数 N；(2)制动开始后 $t=25$ s 时飞轮的角速度 ω；(3)在 $t=25$ s 时飞轮边缘上一点的速度和加速度.

3-12　如题 3-12 图所示. 细棒的长为 l，设转轴通过棒上离中心距离为 d 的一点并与棒垂直. 求棒对此轴的转动惯量 $J_{O'}$. 试说明这一转动惯量 $J_{O'}$ 与棒对过棒中心并与此轴平行的转轴的转动惯量 J_O 之间的关系(此为平行轴定理).

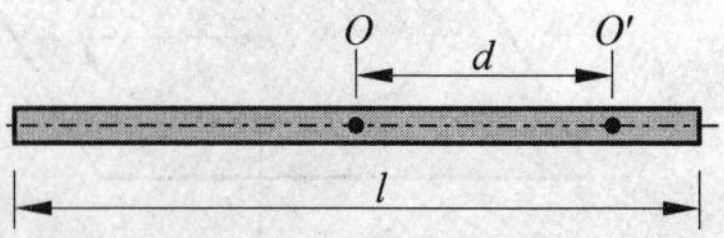

题 3-12 图

3-13　一轻绳绕在具有水平转轴的定滑轮上，绳下端挂一物体，物体的质量为 m，此时滑轮的角加速度为 β，若将物体取下，而用大小等于 mg，方向向下的力拉绳子，则滑轮的角加速度将如何改变?

3-14　力矩、功和能量的单位量纲相同，它们的物理意义有什么不同?

3-15　如题 3-15 图所示. 两物体的质量分别为 m_1 和 m_2，滑轮的转动惯量为 J，半径为 r. 若 m_2 与桌面的摩擦系数为 μ，设绳子与滑轮间无相对滑动，试求系统的加速度 a 及绳子中的张力 T_1 和 T_2.

3-16　如题 3-16 图所示. 两个半径不同的同轴滑轮固定在一起，两滑轮的半径分别为 r_1 和 r_2，两个滑轮的转动惯量分别为 J_1 和 J_2，绳子的两端分别悬挂着两个质量分别为 m_1 和 m_2 的物体. 设滑轮与轴之间摩擦力忽略不计，滑轮与绳子之间无相对滑动，绳子的质量也忽略不计，且绳子不可伸长. 试求两物体的加速度和绳子的张力.

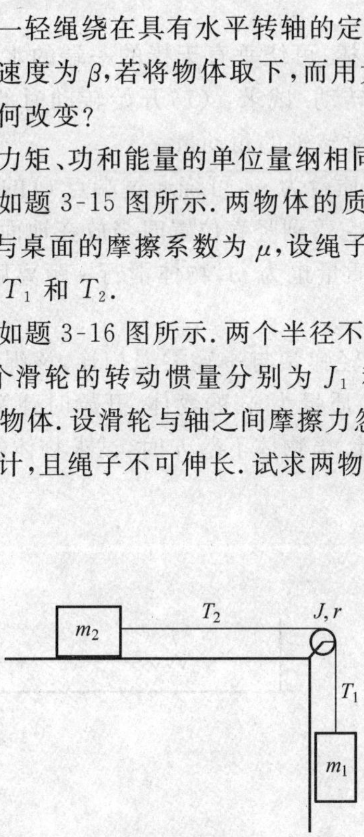

题 3-15 图

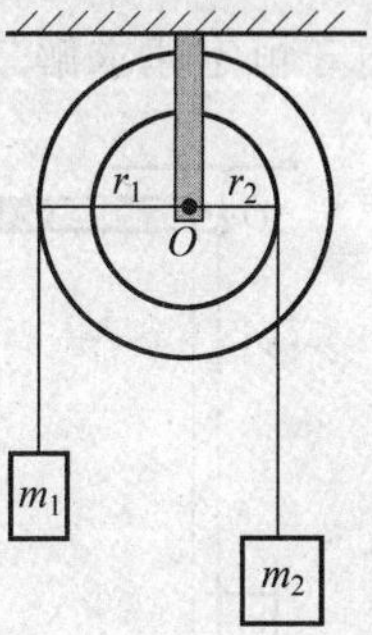

题 3-16 图

3-17　一人张开双臂手握哑铃坐在转椅上，让转椅转动起来，若此后无外力矩作用，则当此人收回双臂时，人和转椅这一系统的转速、转动动能和角动量如何变化?

3-18　如题 3-18 图所示. 一质量为 m 的小球由一绳子系着，以角速度 ω_0 在无摩擦的水平面上，绕圆心 O 作半径为 r_0 的圆周运动. 若在通过圆心 O 的绳子端作用一竖直向下的拉力 $\boldsymbol{F}$，小球则作半径为 $\frac{r_0}{2}$ 的圆周运动. 试求：(1)小球新的角速度 ω；(2)拉力 $\boldsymbol{F}$ 所做的功.

3-19　如题 3-19 图所示. A 与 B 两个飞轮的轴杆可由摩擦啮合器使之连接，A 轮的转动惯量为 $J_A=10.0\ \text{kg}\cdot\text{m}^2$，开始时 B 轮静止，A 轮以 $n_A=600\ \text{r}\cdot\text{min}^{-1}$ 的转速转动，然后使 A 与 B 连接，因而 B 轮得到加速而 A 轮减速，直到两轮的转速都等于 $n_{AB}=200\ \text{r}\cdot\text{min}^{-1}$ 为止. 求：(1)B 轮的转动惯量 J_B；(2)在啮合过程中损失的机械能.

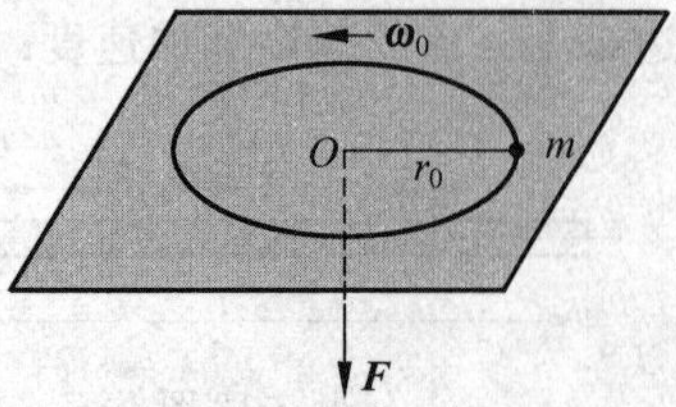

题 3-18 图

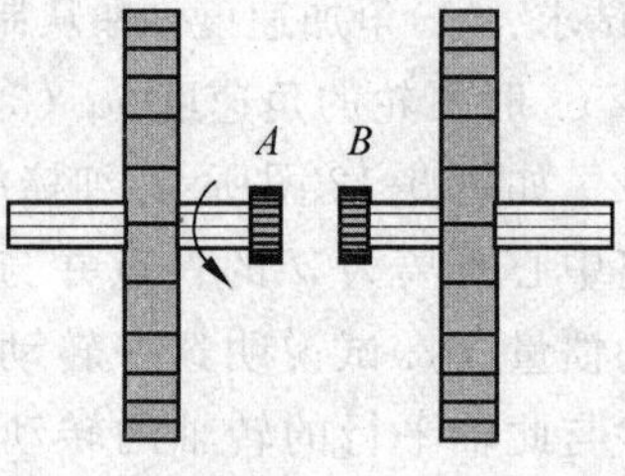

题 3-19 图

3-20　质量为0.06 kg，长为0.2 m的均匀细棒，可绕垂直于棒的一端的水平轴无摩擦地转动. 若将此棒放在水平位置，然后任其开始转动. 试求：(1)开始转动时的角加速度；(2)落到竖直位置时的动能；(3)落至竖直位置时对转轴的角动量.

3-21　如题3-21图所示. 一均匀细棒长为l，质量为m，可绕通过端点O的水平轴在竖直平面内无摩擦地转动. 棒在水平位置时释放，当它落到竖直位置时与放在地面上一静止的物体碰撞. 该物体与地面之间的摩擦系数为μ，其质量也为m，物体滑行s距离后停止. 求碰撞后杆的转动动能.

3-22　如题3-22图所示，一劲度系数为k的轻弹簧与一轻柔绳相连，该绳跨过一半径为R，转动惯量为J的定滑轮，绳的另一端悬挂一质量为m的物体. 开始时弹簧无伸长，物体由静止释放. 滑轮与轴之间的摩擦可以忽略不计. 当物体下落h时，试求物体的速度v.

(1) 用牛顿定律和转动定律求解；

(2) 用守恒定律求解.

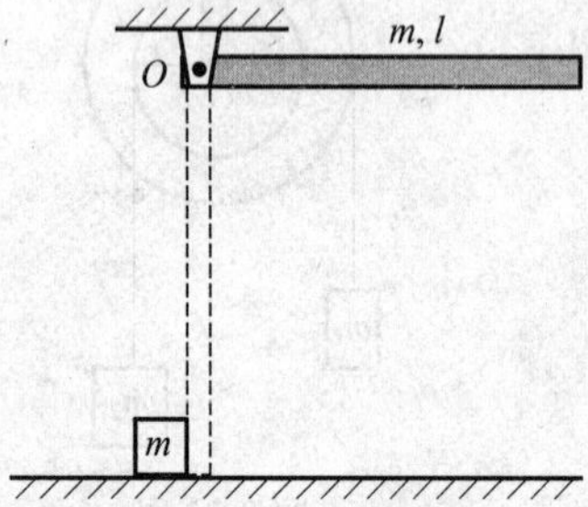

题 3-21 图

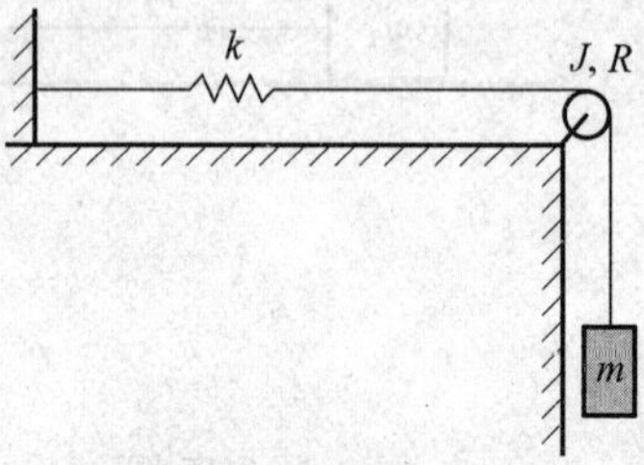

题 3-22 图

第 4 章 气体动理论

汽车爆胎

据统计，高速公路上 46%的交通事故是轮胎故障引起的，其中爆胎占轮胎事故总量的 70%以上. 汽车以 140 km·h^{-1}的速率行驶时，发生爆胎事故的死亡率接近 90%，车速超过 160 km·h^{-1}发生爆胎事故，其死亡率接近 100%，可见，爆胎是高速公路交通意外事故的“头号杀手”. 然而，令人意想不到的是，爆胎的主要原因并非人们想象中的轮胎充气过多，恰恰相反，轮胎充气不足才是高速爆胎的主要原因，这是为什么呢？

自然界的任何物体都是由大量的分子或原子组成的. 分子和原子总是永不停息地作无规则的运动. 物体的温度越高，这种运动就越剧烈，所以我们把这种运动称为分子的**热运动**. 分子的热运动是物体各种热现象的本质.

分子、原子这些组成物质的基本粒子称为微观粒子. 表示个别分子、原子性质的物理量，例如分子的质量、速度、能量等称为**微观量**. 通过实验测出来的量，例如气体的体积、温度、压强等称为**宏观量**. 尽管每个分子的运动是杂乱无章的，但是，就大量分子的集体表现来看，却存在着一定的统计规律. 气体动理论就是以气体为研究对象，从气体分子热运动的观点出发，运用统计的方法来研究大量气体分子热运动的规律，从而找出宏观量和微观量之间的关系.

4.1 理想气体的压强和温度

4.1.1 状态参量 平衡态

在力学中，我们用位置和速度来表征一个质点的运动状态. 而在热学中，我们所研究的对象是一些由大量原子分子构成的、能为我们的感官所察觉的物体（或物体系），这些物体（或物体系）称为**热力学系统**，简称**系统**（也称为体系或工作物质），而在系统以外与系统密切相关、影响所及的部分称为**外界**（也称为环境）. 一定的热力学系统，在一定的时间、空间，从宏观的角度来看，总是处于一定的状态. 我们把用来描述系统状态的这些物理量称为**状态参量**. 对于气体来说，这些状态参量是体积 V，压强 p，温度 T. 系统状态变化时，状态参量也随之改变；系统状态一定时，状态参量有确定的数值.

在容器中装入一定质量的气体，如果气体系统与外界没有能量交换，系统内部也没有任何形式的能量交换（如由化学变化或原子核反应等引起的能量转换），经过足够长的时间后，容器中气体的密度、温度、压强必将处处相同，不再随时间而改变. 系统的这种状态称为**平衡状态**. 反之，则称为**非平衡状态**. 本章只讨论平衡状态的情况.

检测点 1：什么是状态参量？描述热运动状态的参量有哪些？气体在平衡状态时有何特征？这时气体中有分子热运动吗？热力学中的平衡与力学中的平衡有何不同？

4.1.2 理想气体模型

所谓理想气体，就是在任何情况下都严格遵守三条实验定律①的气体，从微观的角度来看，理想气体满足以下三个条件：

(1) 气体分子的大小比分子之间的平均距离小得多，因而可视为质点. 它们的运动遵守牛顿运动定律；

(2) 除碰撞的瞬间外，分子之间以及分子与容器器壁之间都没有相互作用；

(3) 分子之间以及分子与器壁之间的碰撞是完全弹性碰撞.

在标准状态下，气体的密度大约是凝结成液体时密度的千分之一，而液体的分子可以看作是紧密排列着，亦即分子本身线度与两相邻分子中心之间的距离相等. 由此可知气体分子中心之间的平均距离大约是分子本身线度的十倍. 所以在压强不太大（与大气压比较），温度不太低（与室温比较）的情况下，实际气体可近似看成理想气体.

检测点 2：试解释气体为什么容易压缩，却又不能无限地压缩.

4.1.3 理想气体状态方程

在中学物理中我们已经学过有关气体的三条实验定律，由三条实验定律又可以推得理想气体的状态方程为

$$pV = \frac{M}{\mu}RT \tag{4-1}$$

① 玻意耳-马略特（Boyie-Mariotte）定律、盖-吕萨克（Gay-Lussac）定律、查理（Charles）定律.

式中，M 为气体的质量，μ 为 1 mol(摩尔)[①]气体的质量，M/μ 为气体的物质的量，R 是**普适气体恒量**，也称摩尔气体常数.

在国际单位制(SI)中压强的单位为 Pa(帕斯卡)[②]，$1\ \mathrm{Pa}=1\ \mathrm{N\cdot m^{-2}}$. 通常，人们把 45°纬度海平面处测得的 0℃时大气压值 1.013×10^5 Pa 称为 1 标准大气压；体积的单位为 $\mathrm{m^3}$；热力学温度 T 的单位为 K(开尔文)，T 与摄氏温度 t 的关系为 $T=273.15+t$. R 的量值为

$$R=\frac{p_0V_0}{T_0}=\frac{1.013\times10^5\ \mathrm{N\cdot m^{-2}}\times22.4\times10^{-3}\ \mathrm{m^3\cdot mol^{-1}}}{273.15\ \mathrm{K}}$$
$$=8.31\ \mathrm{J/(mol\cdot K)}$$

检测点 3：对汽车轮胎打气，使达到所需要的压强. 问在夏天与冬天，打入轮胎内的空气质量是否相同？为什么？

4.1.4　统计假设

扔一枚硬币到空中，落地时国徽这面可能朝上，也可能朝下，但如果我们扔几千枚、几万枚或者更多硬币，则落地时国徽这面朝上和朝下的硬币数目将越来越接近，从统计的观点来看，国徽朝上和朝下的概率是相等的. 同样的道理，气体处于平衡状态时，在没有外力场的条件下，分子向每一个方向运动的可能性是相同的，容器中任一位置处单位体积内的分子数目相同.

由上述统计假设可以得出以下结论：

(1) 沿空间各方向运动的分子数目是相等的；

(2) 一个体积元中飞向上、下、左、右、前、后的分子数各为 $\frac{1}{6}$；

(3) 分子速度在各个方向上的分量的各种平均值相等，例如

$$\bar{v}_x=\bar{v}_y=\bar{v}_z=0,\quad \overline{v_x^2}=\overline{v_y^2}=\overline{v_z^2}=\frac{1}{3}v^2$$

当然，这种统计的论断，只有在大量分子平均的意义上才是正确的.

检测点 4：理想气体分子运动的统计假设是什么？

4.1.5　理想气体的压强

容器内的气体分子处于永不停息的杂乱运动中，不断地碰撞器壁. 每一个分子与器壁碰撞时，都给器壁一定的冲量，使器壁受到冲力的作用，就个别分子来说，这个冲力的大小是随机的，然而对大量分子而言，任何时刻都有很多分子与器壁碰撞. 从平均效果看，器壁受到一个均匀的、连续的压力作用. 正如密集的雨点打到伞上，使我们感受到一个均匀的压力一样. 下面对理想气体的压强公式做定量推导.

设在边长为 l 的正方形容器中，有 N 个气体分子，每个分子的质量是 m. 因为气体处于平衡状态，容器内各处压强相同，故我们只需计算容器的某一器壁(如图 4-1 所示的与 x 轴

① 摩尔(mol)是国际单位制的基本单位之一，是一系统物质的量，该系统所包含的基本单元数与 0.012 kg 碳-12 的原子数目相等.

② 帕斯卡(B. Pascal，1623—1662)，法国数学家、物理学家，物理学方面的成就主要在流体静力学，他提出大气压随高度的增加而减小的思想，不久得到证实，为纪念他，国际单位制中压强的单位用“帕斯卡”命名.

垂直的 A_1 面)受到的压强,就可以得到容器内各点处气体的压强.设第 i 个分子的速度为 $\boldsymbol{v}_i$,它在直角坐标系中的分量为 v_{ix}, v_{iy}, v_{iz},并且有 $v_i^2 = v_{ix}^2 + v_{iy}^2 + v_{iz}^2$.

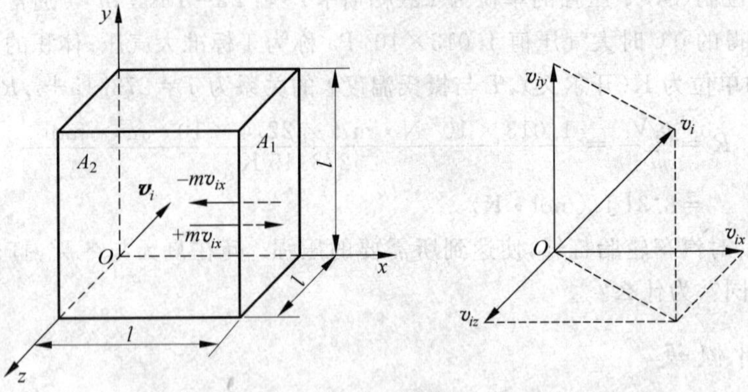

图 4-1 气体压强公式的推导

根据理想气体分子模型,碰撞是完全弹性的,所以,碰撞后第 i 个分子被 A_1 面弹回的速度分量为 $-v_{ix}, v_{iy}, v_{iz}$. 因为后两个速度分量 v_{iy} 和 v_{iz} 没有发生变化,所以,该分子的动量增量为

$$-mv_{ix} - mv_{ix} = -2mv_{ix}$$

根据动量定理,这一动量的增量等于此次碰撞中 A_1 面施于分子的冲量,其方向指向 x 轴的负方向. 根据牛顿第三定律,该分子在此次碰撞中施于 A_1 面的冲量为 $2mv_{ix}$,方向指向 x 轴的正向.

为了简化问题,我们忽略了分子间的相互碰撞. 这样,该分子与 A_1 面碰撞后,将以 $-v_{ix}$ 飞向 A_2 面,由于 x 轴方向速度分量的数值不变(因为是完全弹性碰撞),分子与 A_2 面碰撞后又以 v_{ix} 飞向 A_1 面,再次与 A_1 面碰撞. 由图 4-1 可知,分子与 A_1 面发生两次连续碰撞所需时间是 $2l/v_{ix}$,单位时间内该分子与 A_1 面碰撞的次数是 $v_{ix}/2l$. 这样,在单位时间内,第 i 个分子作用于 A_1 面的总冲量为 $\frac{v_{ix}}{2l} \times 2mv_{ix} = \frac{mv_{ix}^2}{l}$,它等于该时间段内第 i 个分子作用于 A_1 面的平均冲力,即 $F_i = \frac{mv_{ix}^2}{l}$. 一个(或少量)分子施于 A_1 面的冲力是间歇的. 但容器内有大量分子不断地与 A_1 面碰撞,因而使 A_1 面受到一个持续的作用力. 现在,把容器中 N 个分子对器壁的作用都考虑进去,则 A_1 面受到各分子平均冲力之和是

$$F = \sum_{i=1}^{N} F_i = \sum_{i=1}^{N} \frac{mv_{ix}^2}{l} = \frac{m}{l} \sum_{i=1}^{N} v_{ix}^2$$

将上式变换一下,得

$$F = \frac{Nm}{l} \sum_{i=1}^{N} \frac{v_{ix}^2}{N} = \frac{Nm}{l} \overline{v_x^2}$$

式中,$\overline{v_x^2} = \sum_{i=1}^{N} \frac{v_{ix}^2}{N}$ 表示容器中 N 个分子在 x 轴方向的速度分量平方的平均值(简称方均值),是统计平均量. A_1 面受到的压强

$$p = \frac{F}{S} = \frac{1}{l^2} \frac{Nm}{l} \overline{v_x^2} = nm \overline{v_x^2}$$

式中，$n=\frac{N}{l^3}$表示单位体积内的分子数(称为分子数密度)，它也是统计平均量. 由于分子速率的平方可表示为 $v_i^2=v_{ix}^2+v_{iy}^2+v_{iz}^2$，所以，$N$ 个分子的速率均方值为

$$\overline{v^2}=\frac{\sum_{i=1}^{N}v_i^2}{N}=\frac{\sum_{i=1}^{N}v_{ix}^2}{N}+\frac{\sum_{i=1}^{N}v_{iy}^2}{N}+\frac{\sum_{i=1}^{N}v_{iz}^2}{N}=\overline{v_x^2}+\overline{v_y^2}+\overline{v_z^2}$$

根据统计假定有$\overline{v_x^2}=\overline{v_y^2}=\overline{v_z^2}$，所以$\overline{v_x^2}=\frac{1}{3}\overline{v^2}$，应用这一关系，从前面的压强 p 的关系式得到理想气体的压强公式

$$p=\frac{1}{3}nm\overline{v^2}\tag{4-2a}$$

或

$$p=\frac{2}{3}n\left(\frac{1}{2}m\overline{v^2}\right)$$

若定义$\bar{\varepsilon}_t=\frac{1}{2}m\overline{v^2}$为分子运动的平均平动动能，则

$$p=\frac{2}{3}n\bar{\varepsilon}_t\tag{4-2b}$$

式(4-2b)称为**理想气体的压强公式**.

式(4-2b)表明，气体作用于器壁的压强正比于分子数密度 n 和分子的平均平动动能 $\bar{\varepsilon}_t$. n越大，每秒钟内与器壁碰撞的分子数越多，而$\bar{\varepsilon}_t$ 越大，则分子无规则运动越剧烈. 这样一方面增加碰撞次数，另一方面增加每一次碰撞所施加给器壁的冲量，故使压强增大. 从前面的讨论可知，压强 p 是系统中所有分子对器壁作用的平均效果，它具有统计意义. 离开了大量分子，气体压强的概念就失去了意义.

上面推导压强公式时，忽略了气体分子的相互碰撞. 实际上气体分子之间是有碰撞的，但由于碰撞是完全弹性的，而所有分子的质量又相等，假设第 i 个分子的速度 $\boldsymbol{v}_i$ 因碰撞而改变，则肯定有另一个分子因碰撞而使速度等于 $\boldsymbol{v}_i$，所以结果仍是相同的. 式(4-2a)、式(4-2b)是气体分子运动论的一个重要结论，虽然不能直接用实验来验证，但从这个公式出发，可以很好地解释和推证许多实验事实.

检测点 5：影响理想气体压强的微观因素有哪些？

4.1.6　理想气体的温度

从理想气体状态方程可得压强

$$p=\frac{M}{V\mu}RT$$

设每个分子的质量为 m，气体分子的总个数为 N，1 mol 气体分子的个数为 N_0(N_0 是阿伏伽德罗常数)①. 代入上式得

① 阿伏伽德罗(Amdeo Avogadro)，意大利物理学家. 他在 1811 年提出，在同样的温度和压强下，相同体积的气体含有相同数量的分子. 其值为 $N_0=6.0221367(36)\times10^{23}$.

$$p = \frac{Nm}{VN_0 m}RT = nkT$$

式中，$k=\dfrac{R}{N_0}$，称为玻耳兹曼①常数，$k=1.38\times10^{-23}\ \mathrm{J\cdot K^{-1}}$. 将上式与式(4-2b)比较，得理想气体分子的平均平动动能

$$\bar{\varepsilon}_t = \frac{1}{2}m\overline{v^2} = \frac{3}{2}kT \tag{4-3}$$

理想气体的温度

$$T = \frac{2\bar{\varepsilon}_t}{3k} \tag{4-4}$$

式(4-4)表明，理想气体的热力学温度 T 与气体分子的平均平动动能 $\bar{\varepsilon}_t$ 成正比，当温度相同时，不同种类的气体分子的平均平动动能相等. 式中 T 是宏观量. $\bar{\varepsilon}_t$ 是微观量的统计平均值. $\bar{\varepsilon}_t$ 的大小表示分子热运动的剧烈程度，因而，宏观量 T 是标志分子热运动剧烈程度的物理量，分子无规则运动越剧烈，气体的温度就越高. 显然温度也具有统计意义，和压强一样，对个别分子来说温度没有意义.

把式(4-3)变形可得气体分子的方均根速率

$$\sqrt{\overline{v^2}} = \sqrt{\frac{3kT}{m}} = \sqrt{\frac{3RT}{\mu}} \tag{4-5}$$

上式说明，在同一温度下，质量大的分子其方均根速率小.

表 4-1 列出了由式(4-5)算出的一些气体的方均根速率. 这些速率之高是令人惊讶的. 氢分子在室温下(300 K)的方均根速率为 1920 $\mathrm{m\cdot s^{-1}}$，比一颗子弹还快！在太阳表面，温度为 2×10^6 K，氢分子的方均根速率比其在室温下的方均根速率大 82 倍. 要记住方均根速率只是一种平均速率，许多分子运动比这一速率快得多，有些又比这一速率慢得多.

表 4-1　在室温下一些分子的速率（T=300 K）

气　体	摩尔质量 /($\mathrm{kg\cdot mol^{-1}}$)	$\sqrt{\overline{v^2}}$ /($\mathrm{m\cdot s^{-1}}$)	气　体	摩尔质量 /($\mathrm{kg\cdot mol^{-1}}$)	$\sqrt{\overline{v^2}}$ /($\mathrm{m\cdot s^{-1}}$)
氢(H_2)	2.02	1920	氧(O_2)	32.0	483
氦(He)	4.0	1370	二氧化碳(CO_2)	44.0	412
水蒸气(H_2O)	18.0	645	二氧化硫(SO_2)	64.1	342
氮(N_2)	28.0	517			

也许有人会提出这样的问题：分子运动得如此之快，为什么当别人打开一个香水瓶后，要过一会你才能在房子的另一边闻到香味？答案是每一个香水分子从瓶口向远处运动得很慢，因为它将与其他分子反复碰撞，阻碍了它从瓶口直接越过房间到达你所在的位置，我们将在 4.4 节中详细讨论.

---

① 玻耳兹曼(Ludwig Boltzmann，1844—1906)奥地利物理学家，统计物理学的奠基人之一. 1866 年获维也纳大学博士学位. 历任格拉茨大学、维也纳大学、慕尼黑大学和莱比锡大学教授. 他把物理体系的熵和概率联系起来，阐明了热力学第二定律的统计性质，并引申出能量均分理论（麦克斯韦-玻耳兹曼定律）；他最先将热力学原理应用于辐射，导出热辐射定律，称斯特藩-玻耳兹曼定律. 著有《物质的动理论》等.

检测点 6：温度概念的适用条件是什么？温度的微观本质是什么？在同一温度下，不同气体分子的平均平动动能相等，因氧分子的质量比氢分子的大，则氢分子的速率是否一定大于氧分子的速率呢？

例 4-1　求 0℃时氢气分子和氧气分子的平均平动动能和方均根速率.

解　已知 $T=273.15$ K，$\mu_{H_2}=2.02\times10^{-3}$ kg/mol，$\mu_{O_2}=32.00\times10^{-3}$ kg/mol. H_2 与 O_2 分子的平均平动动能相等，均为

$$\bar{\varepsilon}_t=\frac{3}{2}kT=\frac{3}{2}\times1.38\times10^{-23}\times273.15=5.65\times10^{-21}(\mathrm{J})$$

H_2 的方根速率

$$\sqrt{\overline{v^2}}_{H_2}=\sqrt{\frac{3RT}{\mu}}=\sqrt{\frac{3\times8.31\times273.15}{2.02\times10^{-3}}}=1.84\times10^3(\mathrm{m\cdot s^{-1}})$$

O_2 的方根速率

$$\sqrt{\overline{v^2}}_{O_2}=\sqrt{\frac{3RT}{\mu}}=\sqrt{\frac{3\times8.31\times273.15}{32.00\times10^{-3}}}=461(\mathrm{m\cdot s^{-1}})$$

可见，在常温下气体分子的速率与声波在空气中的传播速率数量级相同.

例 4-2　储于体积为 10^{-3} $\mathrm{m^3}$ 容器中的某种气体，分子总数 $N=10^{23}$，每个分子的质量为 5×10^{-26} kg，分子的方均根速率为 400 $\mathrm{m\cdot s^{-1}}$. 求气体的压强和气体分子的总平动动能以及气体的温度.

解　由式(4-2a)得

$$p=\frac{2}{3}n\left(\frac{1}{2}m\overline{v^2}\right)=\frac{2}{3}\frac{N}{V}\left(\frac{1}{2}m\overline{v^2}\right)$$

则气体的压强为

$$p=\frac{2\times10^{23}\times5\times10^{-26}\times400^2}{3\times10^{-3}\times2}=2.67\times10^5(\mathrm{Pa})$$

气体分子的总平动动能

$$E_k=N\bar{\varepsilon}_t=\frac{N}{2}mv^2=\frac{10^{23}\times5\times10^{-26}\times400^2}{2}=400(\mathrm{J})$$

由 $p=nkT$ 得气体的温度

$$T=\frac{p}{nk}=\frac{pV}{Nk}=\frac{2.67\times10^5\times10^{-3}}{10^{23}\times1.38\times10^{-23}}=193(\mathrm{K})$$

4.2　能均分定理　理想气体的热力学能

在 4.1 节的讨论中，我们把分子视为质点，即只考虑了分子的平动. 事实上多原子分子具有复杂的结构，除了平动之外，还有转动和分子内各原子的振动. 为了计算分子各种运动的能量，还需要引入自由度的概念.

4.2.1　自由度

确定一个物体在空间的位置时，需要引入的独立坐标的数目叫该物体的**自由度**. 对于

单原子分子气体（如 He、Ne、Ar 等），可以把它们的分子看成质点，只要 3 个独立坐标（x,y,z）便可决定分子的位置．因此，单原子分子有 3 个平动自由度，如图 4-2(a)所示．对双原子分子气体（如 H_2、O_2、N_2 等），分子中的两个原子由一根键连接起来．故双原子分子可看成两端各有一个质点的线段，分子的运动可看成是质心 c 的平动和绕质心的转动．确定质心的位置需要 3 个独立坐标（x,y,z）．分子转动时，两原子连线的方位发生变化，而一条线段的方位可用坐标 α,β 和 γ 来确定，如图 4-2(b)所示，但因为它们满足方程 $\cos^2\alpha+\cos^2\beta+\cos^2\gamma=1$，实际上只有两个坐标是独立的．所以，双原子分子有 5 个自由度（其中 3 个平动自由度，2 个转动自由度）．对于三原子以上的气体分子，确定质心 c 的位置需要 3 个独立坐标，确定过 c 点的某一线段的方位需要 2 个独立坐标，还需要一个独立坐标 φ 以确定分子绕该直线转动的角度，如图 4-2(c)所示，所以三原子以上的分子有 6 个自由度（其中 3 个平动自由度，3 个转动自由度）．

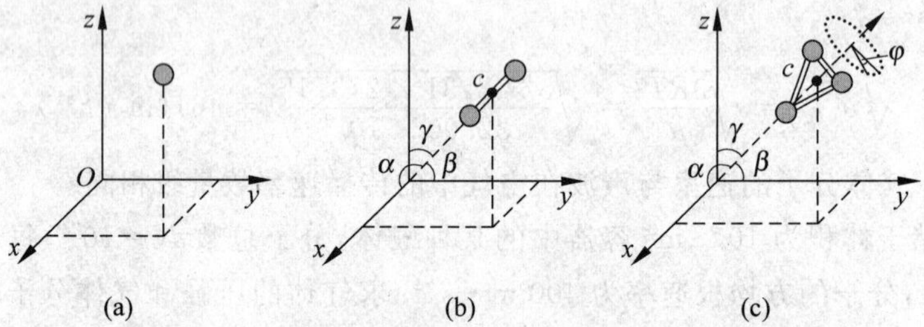

图 4-2　分子运动的自由度

严格地说，双原子以上气体分子中的原子还有振动，故还有相应的振动自由度，但在经典理论中，作为统计概念的初步介绍一般不考虑振动自由度．

检测点 7：什么是自由度？单原子分子与双原子分子各有几个自由度？

4.2.2　能量按自由度均分定理

理想气体分子的平均平动动能是

$$\bar{\varepsilon}_t=\frac{1}{2}m\overline{v^2}=\frac{3}{2}kT$$

式中 $\overline{v^2}=\overline{v_x^2}+\overline{v_y^2}+\overline{v_z^2}$．根据理想气体的统计假定，在平衡态下

$$\overline{v_x^2}=\overline{v_y^2}=\overline{v_z^2}=\frac{1}{3}\overline{v^2}$$

由此得到

$$\frac{1}{2}m\overline{v_x^2}=\frac{1}{2}m\overline{v_y^2}=\frac{1}{2}m\overline{v_z^2}=\frac{1}{3}\left(\frac{1}{2}m\overline{v^2}\right)=\frac{1}{2}kT \tag{4-6}$$

式(4-6)表明分子的每一个平动自由度的平均动能都相等，而且等于 $\frac{1}{2}kT$．这是一条统计规律，只适用于大量分子的集体．各平动自由度的平动动能相等，是气体分子在无规则运动中不断发生碰撞的结果．由于碰撞是无规则的，所以在碰撞过程中动能不但在分子之间进行交换，而且还可以从一个平动自由度转移到另一个平动自由度上去．由于在各个平动自由度中并没有哪一个具有特别的优势，因而平均来讲，各平动自由度就具有相等的平动动能．

这种能量的分配也可以推广到多原子分子的转动自由度上. 也就是说,在分子的碰撞过程中,平动和转动之间以及各转动自由度之间也可以交换能量,而且就能量来说,这些自由度中也没有哪个是特殊的. 由此得到**能均分定理**: 在温度为 T 的平衡态下,气体分子每个自由度的平均动能都相等,且等于 $\frac{1}{2}kT$. 这一定理在经典统计理论中可以严格地证明.

由能量均分定理,我们可以很方便地求得各种分子的平均总动能. 对自由度为 i 的分子,其平均总动能为 $\bar{\varepsilon}_k=\frac{i}{2}kT$. 如以 t 和 r 分别表示分子能量中属于平动和转动的自由度,则分子的平均总动能一般表示为

$$\bar{\varepsilon}_k=\bar{\varepsilon}_t+\bar{\varepsilon}_r=\frac{(t+r)}{2}kT \tag{4-7}$$

式中 $(t+r)=i$, $\bar{\varepsilon}_t$ 和 $\bar{\varepsilon}_r$ 分别表示平均平动动能和平均转动动能. 显然

单原子分子　　$t=3$, $r=0$, $i=3$, $\bar{\varepsilon}_k=\frac{3}{2}kT$;

刚性双原子分子　　$t=3$, $r=2$, $i=5$, $\bar{\varepsilon}_k=\frac{5}{2}kT$;

刚性多原子分子　　$t=3$, $r=3$, $i=6$, $\bar{\varepsilon}_k=\frac{6}{2}kT=3kT$.

检测点 8: 根据能量按自由度均分原理,设气体分子为刚性分子,分子自由度数为 i,则当温度为 T 时,1 个分子的平均动能是多少? 1 mol 氧气分子的转动动能总和是多少?

4.2.3　理想气体的热力学能

气体的热力学能是指它所包含的所有分子的动能和分子间因相互作用而具有的势能的总和. 对于理想气体,由于分子之间无相互作用力,所以分子之间无势能,因而理想气体的热力学能就是它的所有分子的动能之和.

设某种理想气体的分子自由度数为 i,一个分子的平均动能为 $\frac{i}{2}kT$, 1 mol 的气体含有 N_0 个分子,故 1 mol 理想气体的热力学能为

$$E_0=\frac{i}{2}kTN_0=\frac{i}{2}RT$$

质量为 M,摩尔质量为 μ 的理想气体的热力学能是

$$E=\frac{M}{\mu}\frac{i}{2}RT \tag{4-8}$$

由式(4-8)可知,一定量的某种理想气体的热力学能完全取决于气体的热力学温度 T,与气体的压强和体积无关. 一定质量的某种理想气体在不同的状态变化过程中,只要温度的变化量相等,那么它的热力学能的变化量也相同,而与过程无关.

应该注意,热力学能与力学中的机械能有着明显的区别. 物体的机械能的大小与参照系的选择以及势能零点的选择有关,它可以等于零,但物体内部的分子却永远处于运动中,其热力学能永远不等于零.

检测点 9: 分子热运动自由度为 i 的一定量刚性分子理想气体,当其体积为 V、压强为 p 时,其热力学能 E 是多少?

例 4-3 计算 1 mol 的氧气分子在 27℃时所具有的分子平动动能、分子转动动能和氧气的热力学能.

解 氧气分子 O_2 $i=5$ 包括 3 个平动自由度,2 个转动自由度.所以

$$E_t=\frac{3}{2}RT=\frac{3}{2}\times 8.31\times(27+273)=3.74\times 10^3(\mathrm{J})$$

$$E_r=\frac{2}{2}RT=\frac{2}{2}\times 8.31\times(27+273)=2.49\times 10^3(\mathrm{J})$$

$$E_{O_2}=\frac{5}{2}RT=E_t+E_r=6.23\times 10^3(\mathrm{J})$$

4.3 麦克斯韦速率分布律 三种统计速率

4.3.1 麦克斯韦速率分布律

气体系统包含了为数众多的分子,它们在容器内作高速的无秩序运动,不难想象,这些巨大数目的作热运动的分子之间必然要产生极其频繁的碰撞,由于这种碰撞使得气体分子的速度大小和方向时刻不停地发生变化.对某一分子而言,其他分子对它的碰撞纯属偶然,因而它的速度变化也是偶然的,它的速率可以是从零到无限大①区间内的任意实数值.但是,在给定的温度下,处于平衡状态的气体,个别分子的速率虽然具有偶然性,而大量分子速率的分布却有确定的规律.早在 1859 年,麦克斯韦就从理论上导出了气体分子速率分布规律,称为**麦克斯韦速率分布律**,后来玻耳兹曼用统计力学的方法也得到了相同的公式,从而加强了麦克斯韦公式的理论基础,1920 年斯特恩从实验中验证了这条定律.

研究气体分子速率的分布情况,与研究一般的分布问题相似,需要把速率分成若干相等的区间.例如可以把速率以 $10\ \mathrm{m\cdot s^{-1}}$ 的间隔划分为 0~10,10~20,20~30,…$(\mathrm{m\cdot s^{-1}})$的区间,然后求出各区间的分子数是多少.一般地讲,速率分布就是要指出速率在 v 到 $v+\mathrm{d}v$ 区间的分子数 $\mathrm{d}N$ 是多少,或者 $\mathrm{d}N$ 占分子总数 N 的百分比,即 $\mathrm{d}N/N$ 是多少.这一百分比应是速率 v 的函数,且与 $\mathrm{d}v$ 的大小有关.这就像统计某班学生的考试成绩一样,假设成绩采取百分制,在一般情况下,0~(0+10)分区间的学生人数与 60~(60+10)分区间的学生人数不相同,即在成绩间隔大小一样的情况下,各区间人数与该区间所对应的成绩有关系,各区间人数与总人数的百分比是成绩的函数.很显然,60~(60+15)分区间的人数比 60~(60+10)分区间的人数多,即该百分比还与所取的成绩间隔大小有关.

在速率区间 $\mathrm{d}v$ 足够小的情况下

$$\frac{\mathrm{d}N}{N}=f(v)\mathrm{d}v \quad 或 \quad f(v)=\frac{\mathrm{d}N}{N\mathrm{d}v} \tag{4-9}$$

式中,函数 $f(v)$称为**速率分布函数**,其物理意义是:速率在 v 附近的单位速率区间的分子数占分子总数的百分比.

1859 年麦克斯韦首先从理论上导出在平衡态时,气体分子的速率分布函数的数学表达式为

① 这里所说的分子速率无限大是表示在数学上所研究的分子速率范围是涵盖着所有可能的速率.

$$f(v)=4\pi\left(\frac{m}{2\pi kT}\right)^{\frac{3}{2}}\mathrm{e}^{-\frac{mv^2}{2kT}}v^2 \tag{4-10}$$

式中，k 是玻耳兹曼常数，m 是分子的质量，T 为气体的热力学温度. 以 v 为横坐标，$f(v)$为纵坐标画出的曲线，叫做**气体分子速率分布曲线**，如图 4-3 所示. 它能形象地表示出气体分子按速率分布的情况. 曲线从原点出发，开始时，$f(v)$随 v 的增大而增加，经过一个极大值之后，随着 v 的继续增大，$f(v)$减小并逐渐趋于零. 这说明速率很大和速率很小的分子数很少，大部分分子具有中等速率.

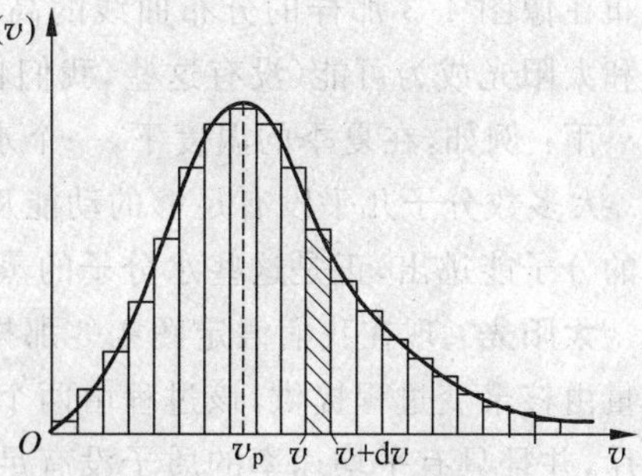

图 4-3　麦克斯韦速率分布曲线

速率在 $v_1 \sim v_2$ 区间的分子数 ΔN 占分子总数的百分比为

$$\frac{\Delta N}{N}=\int_{v_1}^{v_2} f(v)\,\mathrm{d}v$$

它对应于曲线下阴影部分的面积. 显然，曲线下的总面积应该等于

$$\int_0^{\infty} f(v)\,\mathrm{d}v=1 \tag{4-11}$$

这个式子称为速率分布函数的**归一化**.

检测点 10：速率分布函数的物理意义是什么？气体中一个分子的速率在间隔 $v\sim v+\mathrm{d}v$ 内的概率是多少？

4.3.2　最概然速率、平均速率和方均根速率

从速率分布曲线可以看出，气体分子的速率可以取自零到无限大之间的任一数值，但速率很大和很小的分子，其相对分子数或概率都很小，而具有中等速率的分子，其相对分子数或概率却很大. 下面讨论三种具有代表性的分子速率，它们是分子速率的三种统计值.

1. 最概然速率

在速率分布曲线上，与速率分布函数 $f(v)$的极大值对应的速率叫做**最概然速率**，用 v_p 表示. v_p 的物理意义是：如把气体分子的速率分成许多相等速率间隔，则气体在一定温度下分布在最概然速率 v_p 附近单位速率间隔内的相对分子数最多. 也就是说，分子分布在 v_p 附近的概率最大. v_p 可由极值条件求得. 由数学知

$$\left.\frac{\mathrm{d}f(v)}{\mathrm{d}v}\right|_{v=v_\mathrm{p}}=4\pi\left(\frac{m}{2\pi kT}\right)^{\frac{3}{2}}\left[2v\mathrm{e}^{-\frac{mv^2}{2kT}}-\frac{m}{2kT}(2v)v^2\mathrm{e}^{-\frac{mv^2}{2kT}}\right]\Bigg|_{v=v_\mathrm{p}}$$

$$=4\pi\left(\frac{m}{2\pi kT}\right)^{\frac{3}{2}}2v\mathrm{e}^{-\frac{mv^2}{2kT}}\left[1-\frac{mv^2}{2kT}\right]\Bigg|_{v=v_\mathrm{p}}=0$$

所以

$$1-\frac{mv_\mathrm{p}^2}{2kT}=0$$

即

$$v_\mathrm{p}=\sqrt{\frac{2kT}{m}}$$

由于气体的摩尔质量 $\mu=mN_0$，摩尔气体常量 $R=N_0k$，故上式亦可写为

$$v_p = \sqrt{\frac{2kT}{m}} = \sqrt{\frac{2RT}{\mu}} \approx 1.41\sqrt{\frac{RT}{\mu}} \tag{4-12}$$

通常，一个分子更可能具有最概然速率，但有些分子能具有数倍于 v_p 的速率，这些分子分布在像图 4-3 那样的分布曲线的高速尾巴中. 正是由于有了这些少而高速的分子，才使雨和太阳光成为可能(没有这些，我们将不能生存). 下面我们来看这是为什么.

雨：例如，在夏季的温度下，一个水池中水分子的速率分布可由图 4-3 中相似的曲线表示. 大多数分子几乎没有足够的动能从水面逃出，然而，少数远在曲线尾巴中的具有很高速率的分子能逃出，正是这些水分子的蒸发，才使得云和雨成为可能.

太阳光：现在我们假定图 4-3 那样的分布曲线是对在太阳核心处的质子说的. 太阳的能量由核聚变过程提供，该过程由两个质子的结合开始. 然而，由于质子的电荷相同而相互排斥，并且具有平均速率的质子没有足够的动能克服排斥这种外力，于是质子间不能靠得足够近而结合. 但是，在分布曲线的尾巴内的那些非常快的质子能做到这一点，而且，就是因为这个原因太阳才能够发光.

2. 平均速率

若一定量气体的分子数为 N，则所有气体分子速率的算术平均值叫做气体分子的**平均速率**，用 $\bar{v}$ 表示，

$$\bar{v} = \sqrt{\frac{8kT}{\pi m}} = \sqrt{\frac{8RT}{\pi\mu}} \approx 1.60\sqrt{\frac{RT}{\mu}} \tag{4-13}$$

3. 方均根速率

气体分子速率平方的平均值的平方根叫做气体分子的**方均根速率**. 用 $\sqrt{\overline{v^2}}$ 表示，

$$\sqrt{\overline{v^2}} = \sqrt{\frac{3kT}{m}} = \sqrt{\frac{3RT}{\mu}} \approx 1.73\sqrt{\frac{RT}{\mu}} \tag{4-14}$$

这与由平均平动动能与温度关系式所得结果式(4-5)相同.

由上面的结果可以看出，气体的三种速率都与 $\sqrt{T}$ 成正比，与 $\sqrt{m}$ 或 $\sqrt{\mu}$ 成反比. 在数值上以方均根速率为最大，平均速率次之，最概然速率最小. 在室温下大部分气体分子的三种速率都达每秒几百米.

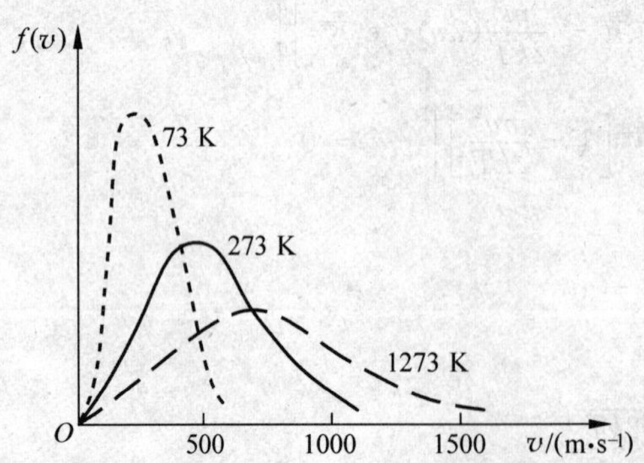

图 4-4 不同温度下的速率分布曲线

以上三种速率都具有统计平均意义，都反映了大量分子作热运动的统计规律. 三种速率在不同的问题中有不同的应用. 对于一定的气体，当温度升高时，气体分子的速率普遍增大，速率分布曲线上的最大值也向量值增大的方向上移动，亦即最概然速率增大了. 但因曲线下的总面积恒为 1，因此分布曲线高度降低，曲线变得较为平坦，如图 4-4 所示.

检测点 11：气体分子的最概然速率、平均速率以及方均根速率是怎样定义的？它们的

大小由哪些因素决定？各有什么用处？一个分子具有最概然速率的概率是多少？

*4.4　气体分子碰撞和平均自由程

4.4.1　分子的平均自由程和碰撞频率

前面我们讨论了分子对给定平面的碰撞，得出了气体分子的压强公式. 除了分子对给定平面的碰撞外，分子间的碰撞也是气体动理论的重要内容之一. 气体分子间通过碰撞来实现动量、能量的交换，而气体由非平衡态达到平衡态的过程，就是通过分子间的碰撞来实现的.

碰撞过程实质上是在分子间力的作用下分子之间的散射过程. 当分子相距极近时(10^{-10} m 左右)，分子间出现一种斥力. 并且这种斥力随着分子间距离的减小而迅速增大. 所以，当两个分子在热运动下相互靠拢到某一定距离后，分子间的相互斥力变得很大，以至使它们改变各自的运动状态. 因此我们可以近似地认为分子是具有一定体积的球，把分子相互作用过程看作是弹性碰撞过程，而把两个分子质心之间的最小距离认为是弹性球的直径 d，d 称为分子的有效直径，$\sigma=\frac{1}{4}\pi d^2$ 称为分子的有效截面.

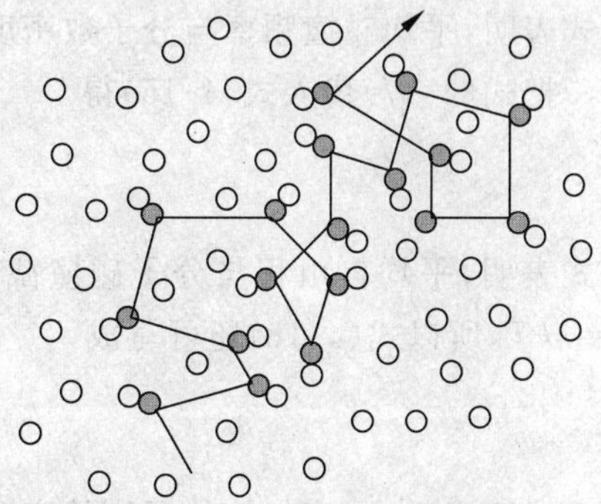

图 4-5　气体相互碰撞与自由程

虽然在运动中，气体分子由于不断碰撞而改变原来的运动方向，但在连续两次碰撞之间，气体分子所经过的路径却是直线，这段直线路径称为气体分子的**自由程**，用 λ 表示. 由于分子运动的无规则性，自由程也是在不断地无规则地改变着(如图 4-5 所示)，其平均值叫做**平均自由程**，用 $\bar{\lambda}$ 表示. 一个分子在单位时间内与其他分子碰撞的平均次数叫做**平均碰撞频率**，用 $\bar{Z}$ 表示.

检测点 12：一定量的理想气体，在温度不变的情况下，当压强降低时，分子的平均碰撞频率 $\bar{Z}$ 和平均自由程 $\bar{\lambda}$ 是如何变化的？

4.4.2　平均自由程和平均碰撞频率的关系

对于一个以平均速率 $\bar{v}$ 运动的分子，在 Δt 时间内，分子所经过的平均距离就是 $\bar{v}\Delta t$，而所受到的平均碰撞次数是 $\bar{Z}\Delta t$，由于每一次碰撞将结束一段自由程，所以平均自由程应为

$$\bar{\lambda}=\frac{\bar{v}\Delta t}{\bar{Z}\Delta t}=\frac{\bar{v}}{\bar{Z}} \tag{4-15}$$

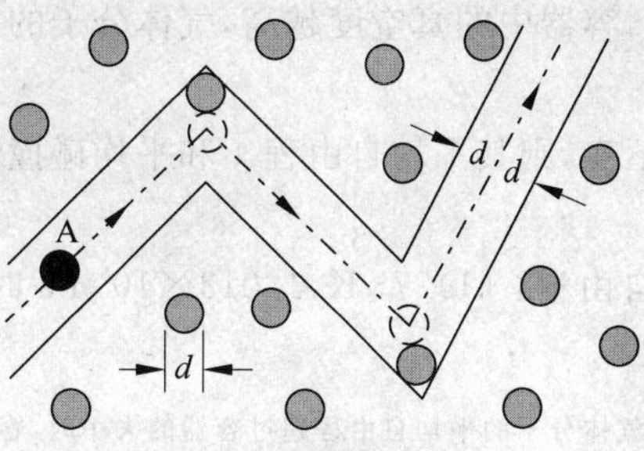

图 4-6　分子碰撞次数计算

上式表明，分子间的碰撞越频繁，即 $\bar{Z}$ 越大，平均自由程 $\bar{\lambda}$ 越小.

为了使问题简化，在讨论分子的碰撞时，先假设分子中只有一个分子 A(图 4-6 中的实心小球)以平均速率 $\bar{v}$ 运动，其余分子都静止不动. 这样，在 A 分子运动的路径上，凡是中心与 A 的中心的距离

小于或等于有效直径 d 的分子,都要与A相碰.为了计算分子的平均碰撞频率,我们可以以A的中心的运动轨迹为轴线,以分子的有效直径为半径作一个曲折的圆柱体,那么,凡中心在此圆柱体内的分子都要与A相碰.设A的平均速率为 $\bar{v}$,则A在单位时间内走过的长度为 $\bar{v}$,圆柱体的体积为 $\pi d^2\bar{v}$,以 n 表示单位体积内的分子数,则圆柱体内的分子数为 $\pi d^2\bar{v}n$,由于单位时间内所有这些分子都要和A相碰,故平均碰撞频率为

$$\bar{Z}=\pi d^2\bar{v}\,n \tag{4-16}$$

显然,这就是分子A在1 s内和其他分子碰撞的次数.

实际上,所有分子都在不停地运动着,而且各个分子运动的速率均不相同,且遵守麦克斯韦速率分布定律.考虑到以上因素,必须对式(4-16)进行修改,即以平均相对速度来代替式中的平均速度.理论上可以证明,平均相对速度等于平均速度的$\sqrt{2}$倍,也就是说,修改后,分子的平均碰撞次数增大到式(4-16)所给数值的$\sqrt{2}$倍,即

$$\bar{Z}=\sqrt{2}\pi d^2\bar{v}\,n \tag{4-17}$$

上式表明,平均碰撞频率与分子数密度、分子平均速率以及分子有效直径的平方成正比.

把式(4-17)代入式(4-15)得

$$\bar{\lambda}=\frac{1}{\sqrt{2}\pi d^2 n} \tag{4-18}$$

上式表明,平均自由程与分子碰撞截面、分子数密度成反比,而与分子平均速率无关.因为 $p=nkT$,所以式(4-18)还可写成

$$\bar{\lambda}=\frac{kT}{\sqrt{2}\pi d^2 p} \tag{4-19}$$

从上式可以看出,当气体的温度给定时,气体的压强越大(即气体越密集),分子的平均自由程越短;反之,若气体压强越小(即气体越稀薄),分子的平均自由程越长.表4-2列出了0℃时空气分子的平均自由程随压力变化的实验数据.

表4-2 在0℃时,不同压强下空气分子的平均自由程

p/Pa	1.01×10^5	1.33×10^2	1.33	1.33×10^{-2}	1.33×10^{-4}
$\bar{\lambda}$/m	6.9×10^{-8}	5.2×10^{-5}	5.2×10^{-3}	5.2×10^{-1}	52

由表4-2可见,在0℃,1.33×10^{-2} Pa时,空气分子的平均自由程为0.52 m.这个值大于日常生活中的容器(如杜瓦瓶)的线度,如把空气装在这个容器中,空气分子彼此间碰撞就很少了,分子只与容器壁发生碰撞.我们就说该容器内腔已处于"真空"①状态.虽然这时容器中仍有大量分子存在,但分子数密度已经很小.可见,容器中的真空度越高,气体分子的平均自由程越长.

检测点13:一定量的某种理想气体,若体积保持不变,则其平均自由程 $\bar{\lambda}$ 和平均碰撞频率 $\bar{Z}$ 与温度有何关系?

例4-4 试估计下列两种情况下空气分子的平均自由程:(1)273 K,1.013×10^5 Pa时;

① "真空"通常是指气压低于 1.0×10^5 Pa的气压状态,当容器中气体分子的平均自由程超过容器的大小时,容器内部就达到了物理上所指的真空.

(2)273 K,1.33×10^{-3} Pa 时.

解　空气中气体的主要成分是氧气和氮气,它们的有效直径 d 均在 3.1×10^{-10} m 附近,把已知数据代入式(4-19)可得

(1) $T=273$ K,$p=1.013\times10^5$ Pa$=1.013\times10^5$ N·m^{-2}时,

$$\bar{\lambda}=\frac{kT}{\sqrt{2}\pi d^2 p}=\frac{1.38\times10^{-23}\times273}{\sqrt{2}\pi\times(3.1\times10^{-10})^2\times1.013\times10^5}=8.71\times10^{-8}(\text{m})$$

(2) $T=273$ K,$p=1.33\times10^{-3}$ Pa$=1.33\times10^{-3}$ N·m^{-2}时,

$$\bar{\lambda}=\frac{kT}{\sqrt{2}\pi d^2 p}=\frac{1.38\times10^{-23}\times273}{\sqrt{2}\pi\times(3.1\times10^{-10})^2\times1.33\times10^{-3}}=6.62(\text{m})$$

$\bar{\lambda}=6.62$ m,这个值是很大的.所以在通常的容器中,在高度真空($p=1.33\times10^{-3}$ Pa)的情况下,分子间发生碰撞的概率是很小的.

4.4.3 "真空"泵及其工作原理

"真空"通常是指低于 1.0×10^5 Pa 的气压状态.在物理学中,当容器中的气体被抽到足够稀薄的程度,使气体分子的平均自由程超过容器的大小时,容器内部就达到了物理上所指的真空.

真空度是对气体稀薄程度的一种客观量度.由于历史的原因,真空度的高低通常用压强来表示,单位为 Pa,气体压强越低,表示其真空度越高,反之,压强越高,真空度越低.按真空度的大小,可分为低真空($10^5\sim10^2$ Pa),中真空($10^2\sim10^{-1}$ Pa),高真空($10^{-1}\sim10^{-5}$ Pa)、超高真空($10^{-5}\sim10^{-10}$ Pa)和极高真空(低于 10^{-10} Pa).真空计量在航空航天工程、核物理研究、微电子技术、表面物理研究以及机械工业、石油工业、食品工业和医疗卫生等都有广泛的应用.

在地球上通常是对特定的封闭空间抽气来获得真空,用来抽气的设备称为**真空泵**.用任何一种真空泵都不能达到 $10^5\sim10^{-11}$ Pa 这样宽的压力范围的真空,只有用几台不同种类、性能良好的真空泵联合抽气才能达到.有些泵不能从大气开始工作,需要有其他的泵抽到一定真空度后才能工作,这样使用的泵叫**次级泵**,而用于抽预备真空的泵叫**前级泵**.

真空泵按其工作原理可分为两大类:

(1) 压缩型真空泵:其原理是将气体由泵的入口端压缩到出口端.例如:①利用膨胀-压缩作用的旋转式机械真空泵;②利用气体黏滞牵引作用的蒸气流扩散泵;③利用高速表面牵引分子作用的盖德型分子泵、利用涡轮风扇排除气体的涡轮分子泵等.

(2) 吸附型真空泵:其原理是利用各种吸气作用将气体吸掉.例如:①利用电离吸气作用的离子泵;②利用物理或化学吸附作用的吸附泵、低温泵等.在这类泵中气体分子并不排出泵外,而是被暂时或永久地储存于泵内.

下面简要介绍几种真空泵的工作原理.

1. 旋转机械真空泵

用机械的方法周期性地改变泵内吸气空腔的容积,使被抽容器中气体不断膨胀从而被

抽走的泵，称为**机械真空泵**．改变空腔容积的方式有活塞往复式、定片式和旋片式等，这里仅以旋片式为例说明之．

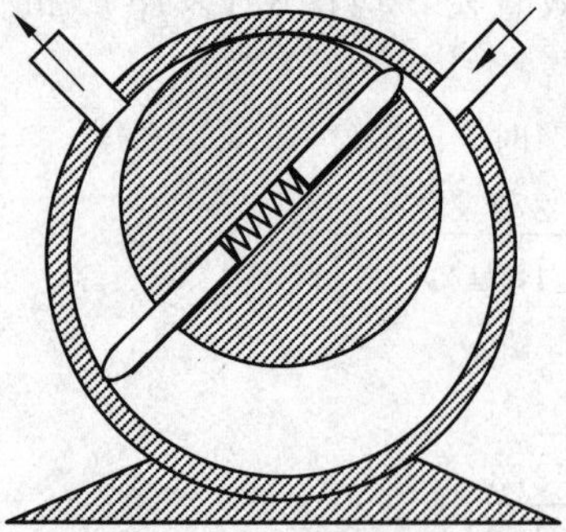

图 4-7　旋片式机械真空泵

旋片式真空泵的结构如图 4-7 所示，圆柱形空腔上装着进气管道和出气阀门，空腔内有一偏心安装的圆柱形转子，转子的顶端保持与空腔壁相接触，转子上开有二个槽，槽内安放二旋片，旋片间有一弹簧，当转子旋转时，两叶片的顶端始终沿着空腔的内壁滑动．整个空腔放在油箱内，旋片旋转时的几个典型工作位置如图 4-8 所示．在旋转过程中，旋片始终将由空腔和转子间构成的弯月形体积划分为两部分（有时是三部分），一部分是连通出口阀门的排气空腔，一部分是连通进气管道的吸气空腔．图(a)表示正在吸气，同时把上一工作周期内吸入的气体逐步压缩．图(b)表示吸气截止（这时吸气空腔为最大），将开始压缩．图(c)表示吸气空腔另一次吸气，排气空腔继续压缩．图(d)表示排气空腔内的气体，已被压缩到压力大于一个大气压，因此它能将排气阀门打开而逸出到大气中，吸气空腔开始不断吸气．

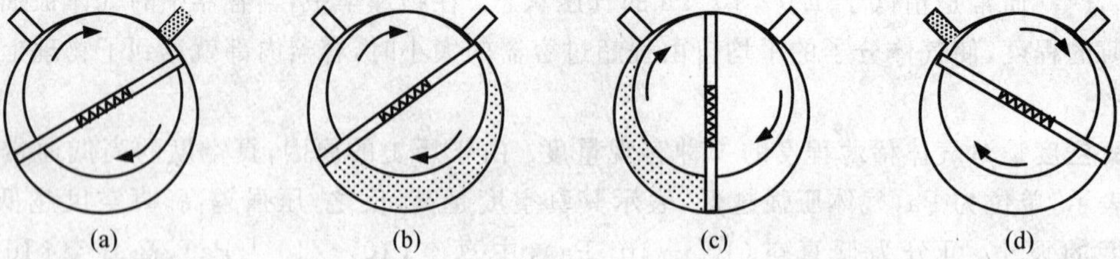

图 4-8　旋片式真空泵的几个典型工作位置

在工作时，转子带着旋片不断旋转，就有气体不断排出完成抽气作用．转子转速越快，抽速越大，但在高转速下保证密封极为困难．为保证排气和吸气时空腔间不漏气，除了提高加工精度，保证紧密接触之外，还采用蒸气压较低而又有一定黏度的机械泵油作密封填隙．油的另外两个作用是润滑和帮助在气体压强较低时打开阀门．

上述单级泵一般所能获得的最低压强，或极限真空度为 $10^{-1}\sim10^{-2}$ Pa，这主要受制于密封间的漏气．如将两个这样的泵串联起来，降低次级泵（进气口处的）压强，可使极限真空度提高 1～2 个数量级．

2. 蒸气流扩散泵

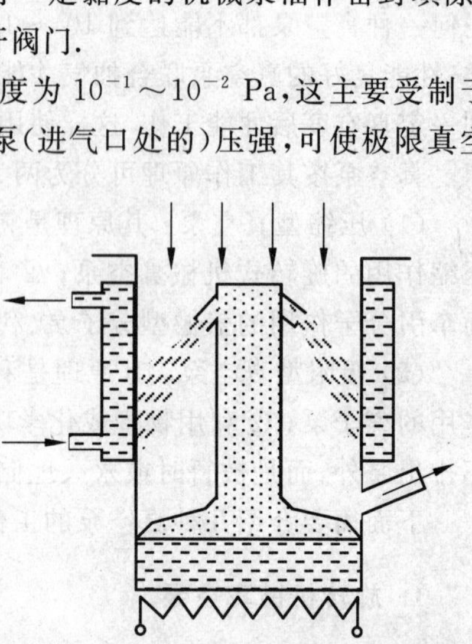

图 4-9　蒸气流扩散泵结构原理图

蒸气流扩散泵是利用气体扩散现象来抽气的．泵中有一股高速度运动的蒸气流，气体扩散入蒸气流便被带往前方，达到抽气目的．蒸气流是由工作液体加热转化而来的，工作液体有汞和扩散泵油两种．其结构原理如图 4-9 所示．底部为蒸发器，内储有扩散泵油．上部为进气口，右侧旁管为出气口，在工作时出气口处由机械泵提供前置真空．当油被电炉加热时，产生的油蒸气沿着导流管经伞形喷嘴向下喷出．因喷嘴外面有机械泵提供的真空($10^{-1} \sim 10^{-2}$ Pa)，故油蒸气流可喷出一长段距离，构成一个向出气口方向运动的射流. 由于射流具有很高的速度(约 200 $m \cdot s^{-1}$)，因而气流内部的压强很低，喷嘴附近的待抽气体的分子就会扩散进入蒸气流而被带到下面. 当蒸气流碰上有冷却水冷却的器壁时，便会凝结为液体，流回蒸发器重新使用. 油的这种循环就使抽气过程继续进行，待抽容器逐渐被抽成高真空.

一个喷嘴所能建立的压缩比较有限，故通常都用 3～4 个喷嘴相串联，以获得高的压缩比，这样的泵称为三(四)级泵. 由于扩散泵油在工作过程中会逐渐分解为蒸气压高的轻馏分和蒸气压低的重馏分(有的油本身就是多种成分的混合物)，轻馏分的高蒸气压最后决定泵的极限真空度. 鉴于对极限压强起决定性影响的是第一级(最上的一级)喷嘴处的油蒸气压，故采用分馏原理，将重馏分用于第一级喷嘴，就能取得降低极限真空度的效果，基于这个原理的泵就是分馏泵. 为了获得更高的真空度，还可在泵的进气口处加冷冻剂(如：干冰、液氮等)，以降低油的饱和蒸气压，改善后扩散泵的极限真空度可达到 10^{-6} Pa.

3. 吸附泵和低温泵

吸附泵是利用分子筛的物理吸附作用进行抽气的. 实验证明，活性炭、硅胶、活性氧化铝、沸石等在充分除气后，再用液氮冷却，就可以吸附大量气体分子而代替机械泵得到无油的低真空. 如果预先抽空到 $1 \sim 10^{-1}$ Pa，然后再用吸附泵，则可获得较高的抽气速率(约为每秒几千升)，但对氢、氦、氖等气体无效.

利用气体分子在低温表面冻结的现象制成的真空泵叫**低温泵**. 低温泵可以有很高的极限真空度和巨大的抽气速率. 因为在低温如 2 K 时，所有气体(除氦外)的饱和蒸气压都小于 10^{-13} Pa，所以利用这种真空泵可以获得超高真空.

4. 钛升华泵

钛升华泵(也叫钛泵)是根据活性金属钛对气体有强烈的化学吸附作用而制成的. 泵壳由不锈钢制成，小型的可由玻璃制成. 泵的核心部分是安装在中间的钛蒸发器(钛升华器)，它蒸发出来的钛沉积在泵壳内表面上，构成吸气薄膜，能大量吸附气体. 为了使钛达到它的升华温度，常用的加热方法有：①缠绕纯钛丝或钛钼合金丝的直接通电加热；②薄壳状钛料的辐射加热(用通电的钨丝作高温源，通过热辐射使壳状钛料达到蒸发的温度)；③柱体状钛料的电子轰击加热(在泵内设置一电子源，把柱状钛料作为阳极，由电子轰击使钛阳极达到升华的温度). 通常用这种方法在封闭的电子器件内去气.

用来吸附气体的金属称为吸气剂，常用的吸附剂除钛外还有镁、钙、钡、铝和稀土金属镧、铈等，用于吸附惰性气体的吸附剂主要是钛、钽和锆. 用升华泵可将真空度提高约两个数量级，其缺点是一些活性金属对惰性气体的吸附作用不大.

除此之外，还有热阴极吸气离子泵、溅射离子泵、涡轮分子泵等多种真空泵，在此不一一介绍.

总之，在实际应用中应根据对真空度的具体要求，选用一个泵或泵组，也可将各种真空泵、真空规(测量真空度的仪器)和管道、阀门等组成一个真空系统，以达到所需的真空度.

*4.5 知识拓展——如何预防汽车高速公路爆胎

爆胎是指轮胎在极短时间内破裂而引起的胎内气体(如空气、氮气等)的大量外泄.爆胎后,轮胎瞬间失去支撑力,车辆重心立刻发生变化,极易造成重大交通事故.据统计,高速公路上46%的交通事故是轮胎故障引起的,其中爆胎占轮胎事故总量的70%以上.研究表明汽车以140 $km\cdot h^{-1}$的速率行驶时,发生爆胎事故的死亡率接近90%,车速超过160 $km\cdot h^{-1}$发生爆胎事故,其死亡率接近100%,可见,爆胎是高速公路交通意外事故的"头号杀手".然而,令人意想不到的是,爆胎的主要原因并非人们想象中的轮胎充气过多,恰恰相反,轮胎气压不足才是高速爆胎的主要原因.

现在轮胎的制作技术与材料的运用都有了极大的提高,绝大多数情况下爆胎的原因不是充气过多导致的气压过高,而是由于轮胎中所充气体压力过低,车胎径向形变增大,胎面与地面摩擦成倍增加,从而导致轮胎温度急剧升高,车速越高,情况越甚,有的甚至因轮胎温度过高而自燃.由理想气体的状态方程 $pV=\frac{M}{\mu}RT$ 知,气体质量和体积一定时,温度越高,气体压力越大.另外,当温度升高时,胎体的弹性相应减小.当轮胎内部气体施于胎体的压力大于轮胎耐受极限时,就会使轮胎瞬间破裂,内部气体外漏,发生爆胎事故.

为了预防汽车高速公路爆胎而引起恶性事故,每一个驾驶员都要注意轮胎的选用及日常保养.

1. 选择合适的轮胎类型

子午线轮胎(俗称为"钢丝轮胎")胎体较软,带束层采用了强度较高、拉伸变形很小的织物帘布或钢丝帘布,因此这种轮胎抗冲击能力强,滚动阻力小,消耗能量少,最适于高速公路上行车.

无内胎轮胎质量小,气密性好,滚动阻力小,在轮胎穿孔的情况下,胎压不会急剧下降,完全能继续行驶.由于这种轮胎可以直接通过轮辋散热,所以工作温度低,轮胎橡胶老化速度慢,寿命比较长.

2. 注重速度级别和承载能力

每种轮胎由于橡胶和结构不同,都有不同的速度、承载限制.在选用轮胎时,驾驶员要看清轮胎上的速度级别标志和承载能力标志,选用高于车辆最高行驶速度和最大承载量的轮胎,以保证行车安全.

3. 保持轮胎标准气压

轮胎的寿命与气压有很密切的关系.胎压过高、过低都会引发轮胎过度的磨损,造成爆胎.如果驾驶员发现由于气压过高造成轮胎过热,绝对不允许采用放气、向轮胎上浇冷水的方法来降低温度,这样做会加快轮胎的老化速度,大大降低轮胎的使用寿命.遇到这种情况只能停车自然冷却降温、降压.对于胎压过低,驾驶员要及时充气,并检查轮胎是否有慢撒气现象，以便更换气密性好的轮胎．这一点对于无内胎轮胎极为重要．

4．严禁超速、超载行驶

驾驶员要根据汽车的型号来控制装载量和车速，经常性的超载不但加大了爆胎的可能性，而且可能引发悬架变形和车身损坏．

阅读材料 4　克劳修斯

克劳修斯(Rudolph Clausius，1822—1888)德国物理学家，是气体动理论和热力学的主要奠基人之一．

1822 年 1 月 2 日生于普鲁士的克斯林(今波兰科沙林)．曾就学于柏林大学，1847 年在哈雷大学主修数学和物理学的哲学博士学位．从 1850 年起，曾先后任柏林炮兵工程学院、苏黎世工业大学、维尔茨堡大学、波恩大学物理学教授．他曾被法国科学院、英国皇家学会和彼得堡科学院选为院士或会员．

克劳修斯是气体动理论和热力学的主要奠基人之一，是历史上第一个精确表示热力学定律的科学家．1850 年发表《论热的动力以及由此推出的关于热学本身的诸定律》的论文．论文首先从焦耳确立的热功当量出发，将热力学过程遵守的能量守恒定律归结为热力学第一定律，并第一次引入热力学的一个新函数 U；论文的第二部分在卡诺定理的基础上提出了热力学第二定律的最著名的表述形式：热不能自发地从较冷的物体传到较热的物体．1854 年发表《力学的热理论的第二定律的另一种形式》，1865 年发表《力学的热理论的主要方程之便于应用的形式》的论文，引入了一个新的热力学函数并定名为熵，同时提出克劳修斯不等式和"熵增原理"．1857 年发表《论热运动形式》的论文，第一次推导出著名的理想气体压强公式．1858 年发表《关于气体分子的平均自由程》论文，开辟了研究气体的输运过程的道路．1851 年从热力学理论论证了克拉珀龙方程．

克劳修斯生前曾得到过许多的荣誉，也获得过无数的奖赏，还被不少科学团体选为名誉成员．1879 年，他荣获了著名的英国皇家学会科普利奖章．克劳修斯的一生成就斐然，在人类科学史上功绩卓著，但是，科学家的所有研究并非都是正确的，克劳修斯提出的"热寂说"就被证明是错误的．

1888 年 8 月 24 日克劳修斯在波恩逝世．

复习与小结

1. 理想气体的状态方程

平衡状态下：$pV=\frac{M}{\mu}RT$　或　$p=nkT$

$R=8.31\ \mathrm{J\cdot mol^{-1}\cdot K^{-1}}$

$k=1.38\times10^{-23}\ \mathrm{J\cdot K^{-1}}$

2. 理想气体的压强公式：$p=\frac{2}{3}n\left(\frac{1}{2}m\overline{v^2}\right)=\frac{2}{3}n\bar{\varepsilon}_{\mathrm{t}}$

3. 理想气体的温度公式：$T=\frac{2\bar{\varepsilon}_{\mathrm{t}}}{3k}$

4. 能均分定理、理想气体的热力学能

(1) 自由度：决定一个物体在空间的位置所需要的独立坐标的数目，称为该物体的自由度.

(2) 几种气体分子的自由度：

单原子：$i=3$

刚性双原子：$i=5$

刚性多原子：$i=6$

(3) 能均分定理：在温度为 T 的平衡态下，物质分子的每一个自由度都具有相同的平均动能，其大小都等于$\frac{1}{2}kT$.

(4) 每个分子的平均总动能：$\bar{\varepsilon}_{\mathrm{k}}=\frac{i}{2}kT$

(5) 1 mol 理想气体的热力学能：$E_0=N_0\left(\frac{i}{2}kT\right)=\frac{i}{2}RT$

(6) 质量为 M 的理想气体的热力学能：$E=\frac{M}{\mu}\frac{i}{2}RT$

5. 麦克斯韦速率分布律

(1) 速率分布函数：$f(v)=\frac{\mathrm{d}N}{N\mathrm{d}v}=4\pi\left(\frac{m}{2\pi kT}\right)^{\frac{3}{2}}\mathrm{e}^{-\frac{mv^2}{2kT}}v^2$

(2) 速率分布律：$\frac{\mathrm{d}N}{N}=f(v)\mathrm{d}v$

(3) 三种统计速率

最概然速率：$v_{\mathrm{p}}=\sqrt{\frac{2kT}{m}}=\sqrt{\frac{2RT}{\mu}}\approx1.41\sqrt{\frac{RT}{\mu}}$

平均速率：$\bar{v}=\sqrt{\frac{8kT}{\pi m}}=\sqrt{\frac{8RT}{\pi\mu}}\approx1.60\sqrt{\frac{RT}{\mu}}$

方均根速率：$\sqrt{\overline{v^2}}=\sqrt{\frac{3kT}{m}}=\sqrt{\frac{3RT}{\mu}}\approx 1.73\sqrt{\frac{RT}{\mu}}$

6. 分子平均碰撞频率

$$\bar{Z}=\sqrt{2}\pi d^2\ \bar{v}n$$

分子平均自由程：$\bar{\lambda}=\frac{\bar{v}}{\bar{Z}}=\frac{1}{\sqrt{2}\pi d^2 n}$

练　习　题

4-1　质量为 M、摩尔质量为 μ、分子数密度为 n 的理想气体，处于平衡态，状态方程为________，状态方程的另一种形式为________，其中，k 称为玻耳兹曼常数，其量值为________.

4-2　某种理想气体在温度为 T_2 时的最概然速率与它在温度为 T_1 时的方均根速率相等，则 $\frac{T_1}{T_2}=$________.

4-3　在温度为 127 ℃时，1 mol 氧气(其分子可视为刚性分子)的热力学能为________J，其中分子转动的总动能为________J.（普适气体常量 $R=8.31\ \mathrm{J\cdot mol^{-1}\cdot K^{-1}}$.）

4-4　麦克斯韦速率分布函数物理意义是________.

4-5　最概然速率、平均速率和方均根速率的表达式是________、________和________；其数值大小排列的顺序是________.

4-6　在一封闭的容器中装有某种理想气体，试问哪些情况是可能发生的？(　　).

A. 使气体的温度升高，同时体积减小

B. 使气体的温度升高，同时压强增大

C. 使气体的温度保持不变，但压强和体积同时增大

D. 使气体的压强保持不变，而温度升高，体积减小

4-7　两种理想气体的温度相等，则它们的(　　)相等.

A. 热力学能　　B. 分子的平均动能

C. 分子的平均平动动能　　D. 分子的平均转动动能

4-8　温度、压强相同的氦气和氧气，其分子的平均动能 $\overline{\varepsilon_k}$ 和平均平动动能 $\overline{\varepsilon_t}$ 有何关系？(　　).

A. $\overline{\varepsilon_k}$ 和 $\overline{\varepsilon_t}$ 都相等　　B. $\overline{\varepsilon_k}$ 相等，而 $\overline{\varepsilon_t}$ 不相等

C. $\overline{\varepsilon_t}$ 相等，而 $\overline{\varepsilon_k}$ 不相等　　D. $\overline{\varepsilon_k}$ 和 $\overline{\varepsilon_t}$ 都不相等

4-9　两种不同的理想气体，若它们的最概然速率相等，则它们的(　　).

A. 平均速率相等，方均根速率相等

B. 平均速率相等，方均根速率不相等

C. 平均速率不相等，方均根速率相等

D. 平均速率不相等，方均根速率不相等

4-10　汽缸内盛有一定量的氢气（可视作理想气体)，当温度不变而压强增大一倍时，

氢气分子的平均碰撞频率 $\bar{Z}$ 和平均自由程 $\bar{\lambda}$ 的变化情况是：(　　)

A. $\bar{Z}$ 和 $\bar{\lambda}$ 都增大一倍

B. $\bar{Z}$ 和 $\bar{\lambda}$ 都减为原来的一半

C. $\bar{Z}$ 增大一倍而 $\bar{\lambda}$ 减为原来的一半

D. $\bar{Z}$ 减为原来的一半而 $\bar{\lambda}$ 增大一倍

4-11　如题4-11图所示，设想每秒有 10^{23} 个氧气分子(O_2)，以 $500\ \mathrm{m\cdot s^{-1}}$ 的速率沿着与器壁法线成 45°的方向撞在面积为 $2\times10^{-4}\ \mathrm{m^2}$ 的器壁上，求这群分子作用在器壁上的压强.

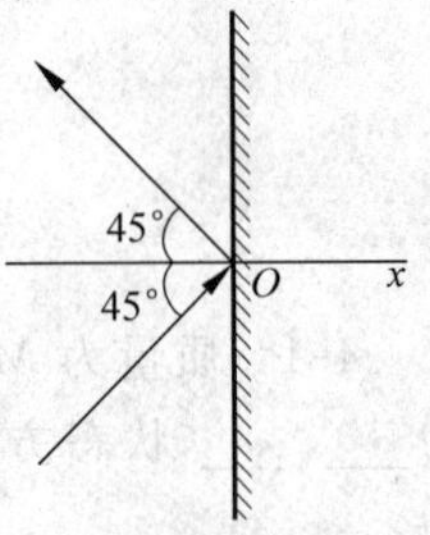

题4-11图

4-12　质量为 2×10^{-3} kg 的氢气储于体积为 $2\times10^{-3}\ \mathrm{m^3}$ 的容器中. 当容器内气体的压强为 4.0×10^4 Pa 时，氢气分子的平均平动动能是多少？总平动动能是多少？

4-13　体积为 $1\times10^{-3}\ \mathrm{m^3}$ 的容器中含有 1.03×10^{23} 个氢分子，如果其中的压强为 1.013×10^5 Pa，求气体的温度和分子的方均根速率.

4-14　在 300 K 时，1 mol 氢气(H_2)分子的总平动动能、总转动动能和气体的热力学能各是多少？

4-15　问：(1)当氧气压强为 2.026×10^5 Pa，体积为 $3\times10^{-3}\ \mathrm{m^3}$ 时，所有氧气分子的热力学能是多少？(2)当温度为 300 K 时，4×10^{-3} kg 的氧气的热力学能是多少？

4-16　储有氧气的容器以速度 $v=100\ \mathrm{m\cdot s^{-1}}$ 运动. 假设该容器突然停止，全部定向运动的动能都变为气体分子热运动的动能，问容器中氧气的温度将会上升多少？

4-17　2×10^{-2} kg 的气体放在容积为 $3\times10^{-2}\ \mathrm{m^3}$ 的容器中，容器内气体的压强为 0.506×10^5 Pa，求气体分子的最概然速率.

4-18　温度为 273 K，压强为 1.013×10^3 Pa 时，某种气体的密度为 $1.25\times10^{-2}\ \mathrm{kg\cdot m^{-3}}$. 求：(1)气体的摩尔质量，并指出是哪一种气体；(2)气体分子的方均根速率.

4-19　证明气体分子的最概然速率为 $v_p=\sqrt{\dfrac{2RT}{\mu}}$.

4-20　质量为 6.2×10^{-14} kg 的粒子悬浮于 27℃的液体中，观测到它的方均根速率为 $1.40\times10^{-2}\ \mathrm{m\cdot s^{-1}}$. (1)计算阿佛伽德罗常数；(2)设粒子遵守麦克斯韦速率分布率，求该粒子的平均速率.

4-21　在压强为 1.01×10^5 Pa 下，氮气分子的平均自由程为 6.0×10^{-8} m，当温度不变时，在多大压强下，其平均自由程为 1.0×10^{-3} m.

4-22　目前实验室获得的极限真空约为 1.33×10^{-11} Pa，这与距地球表面 1.0×10^4 km 处的压强大致相等. 试求在 27℃时单位体积中的分子数及分子的平均自由程(设气体分子的有效直径 $d=3.0\times10^{-8}$ cm).

4-23　若氖气分子的有效直径为 $d=2.59\times10^{-10}$ m，问在温度为 500 K，压强为 1.0×10^2 Pa 时，氖分子 1 s 内的平均碰撞次数为多少？

第5章 热力学基础

当打开一个装有香槟、啤酒、苏打饮料或其他碳酸饮料的容器时，在开口周围会形成一层细雾，并且会有一些液体喷溅出来，伴有“嘭”的一声.（在照片中，雾是环绕在塞子周围的白云，喷溅出的水在云里形成线条.）这是为什么呢？

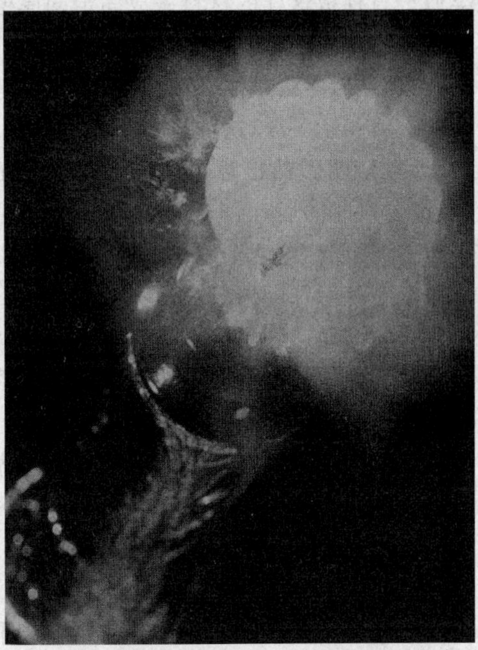

香槟打开时酒瓶口的雾

热力学与气体动理论一样，主要研究物质的热现象、热运动的规律性以及热运动和其他运动形式的转化. 但热力学并不考虑物质的微观结构和过程，而以观察和实验事实为依据，主要从能量的观点出发，分析、研究在物态变化过程中有关热功转换的关系和条件. 热力学是宏观理论，气体动理论是微观理论，二者相辅相成，相互促进. 气体动理论为热力学提供了微观基础，热力学为气体动理论提供了大量实验数据. 热力学与气体动理论的巧妙结合，大大丰富了人们对热现象及其运动规律的认识.

热力学的完整理论体系是由几个基本定律以及相应的基本状态函数构成的. 由**热力学第零定律**即热平衡定律可以引入一个状态函数——**温度**，温度是判定一个系统是否与其他系统互为热平衡的标志. **热力学第一定律**是能量守恒定律在一切涉及热现象的宏观过程中的具体表现，描述系统热运动能量的状态函数是**热力学能**. **热力学第二定律**指出一切涉及热现象的宏观过程是不可逆的，阐明了在这些过程中能量转换或传递的方向、条件和限度，相应的态函数是**熵**. **热力学第三定律**指出绝对零度是不可能达到的. 热力学的研究方法就是从这些基本定律出发，应用这些状态函数，经过数学推演得到系统平衡态的各种特性的相互联系.

热力学是热工学和低温技术的基础，在生产技术中有广泛的应用，在化学、化工和冶金工业等方面都有重要应用.

5.1 热力学第零定律 温度

5.1.1 热力学第零定律

在日常生活中,人们通常用温度来表征物体的冷热程度,热的物体温度高,冷的物体温度低,这一点大家似乎都明白.然而,事实上我们的“温度感觉”并不总是可信的.例如,在寒冷的冬天,接触一段铁轨似乎要比接触一个木栏感觉要冷得多,可两者的温度是一样的.造成这种知觉错误的原因是因为铁从我们手指移走能量要比木头快.在热力学中,对于温度概念的引入和定量测定,是以**热力学第零定律**为基础的.

假设有两个热力学系统原来各处在一定的平衡态.在没有电磁作用的情况下,如果用一块类似于石棉板这样的材料做成固定的厚壁将它们隔开,则它们的状态参量将彼此不发生影响,可以各自独立地变化.具有这种性质的界壁叫做**绝热壁**.如果这固定的器壁由金属材料等做成,这时尽管被隔开的两个系统之间仍不发生物质的交换和力的相互作用,但它们的状态参量将相互关联,这种界壁叫做**导热壁**.现在,让这两个系统通过固定的导热壁互相接触,这种接触叫做**热接触**.实验证明,一般而言,通过热接触后两个系统的状态都将发生变化;经过一段时间后,两个系统的状态便不再随时间变化,这表明它们已经达到了一个共同的平衡态,我们称这两个系统达到了**热平衡**.

还有一种特殊的情况,就是热接触后两个系统的状态都不发生变化,这说明两个系统在刚接触时就已经达到了热平衡.根据这个事实,还可以把热平衡的要领用于两个相互间不发生热接触的系统.这时是指,如果使这两个系统热接触,则它们在原来的状态都不发生变化的情况下就可以达到热平衡.

现在,用三个热力学系统 A,B 和 C 来做实验,如图 5-1 所示.先用绝热壁将 B,C 隔开,同时使它们分别与 A 发生热接触.待 A 与 B 和 A 与 C 都达到热平衡时,再使 B 与 C 发生热接触.这时 B 和 C 的状态都不再发生变化,这表明 B 和 C 也是处于热平衡的.由此得出结论,如果两个热力学系统中的每一个都与第三个热力学系统处于热平衡,则它们彼此也必定处于热平衡.这一结论称为**热力学第零定律**或**热平衡定律**.值得指出的是,这个结论看似理所当然,但却不能运用逻辑推理推证出来,其真实性是由大量实验所确证的.

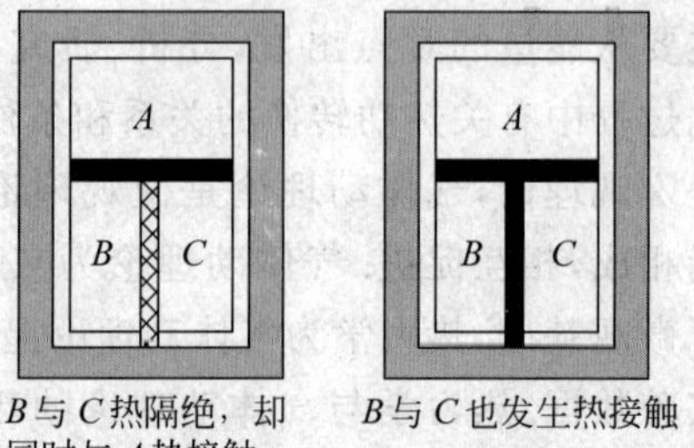

图 5-1 热力学第零定律示意图

热力学第零定律是 20 世纪 30 年代才提出来的,远远晚于热力学第一定律和第二定律被提出的时间.之所以称为第零定律是出于逻辑上的反思.因为温度的概念是前两个定律的基础,而将温度作为明确概念提出的定律应当享有最低的序列号,故称之为第零定律.

检测点 1:将金属棒的一端插入冰水混合的容器中,另一端与沸水接触,经过一段时间后,棒上各处的温度不随时间变化,这时金属棒是否处于平衡态?为什么?

5.1.2　温度和温标

热力学第零定律为温度概念的科学定义和温度的测量提供了实验基础. 该定律表明,处在同一平衡态的所有热力学系统都具有一个共同的宏观性质,我们定义这个决定系统热平衡的宏观性质为**温度**. 也就是说,温度是决定一个系统是否与其他系统处于热平衡的物理量,其基本特征在于一切互为平衡的系统都具有相同的温度值. 这个关于温度的定义,与我们日常对温度的理解(温度表示物体的冷热程度)是一致的. 需要说明的是,温度是个不可加量,两个物体的温度不能相加,说某一温度为其他两个温度之和是没有意义的,两个温度之间只有相等或不相等这种关系.

一切互为热平衡的物体都具有相同的温度,这是用温度计测量温度的依据. 我们可以选择适当的系统为标准,用作温度计. 测量时使温度计与待测系统接触,只要经过一段时间达到热平衡后,温度计的温度就等于待测系统的温度. 而温度计的温度可通过某一个状态参量标志出来. 例如,用液体(水银或酒精)温度计测量室温时,温度计指示的是它与室内空气热平衡时自身的温度,而这个温度是由液体的体积来标志,并通过液面的位置显示出来的.

一般而言,任一物质的任一物理性质,只要随温度的改变而显著地单调变化,都可以用来标志温度. 例如,水银温度计的水银体积、铂电阻温度计的铂丝电阻和各种温差电偶温度计的温差电动势等.

为了定量地进行温度的测量,我们还必须确定温度的数值表示法. 温度的数值表示,包括测温性质和温度间函数关系的选择以及温度计的分度法,称为**温标**. 每一种温度计都是根据某一种温标制造的. 我们结合常用的液体温度计简要说明如何建立温标.

液体温度计是利用液体的体积随温度改变的性质制成的,即用液体的体积来标志温度. 这种温度计一般采用摄氏温标①. 历史上摄氏温标是取纯水在 1.013×10^5 Pa 的冰点为 0℃,水沸腾的温度即沸点(也称汽点)为 100℃,中间划分为 100 等分,每等分代表 1℃. 可见,建立一种温标需要三个要素: ①选择某种物质(称为测温物质)的某一随温度变化属性(称为测温属性)来标志温度; ②选定易复现的标准温度点并规定其数值; ③规定测温属性随温度的变化关系.

然而,由于不同测温物质的各种属性随温度变化的规律不尽相同,如果假定了某一种测温性质和温度呈线性关系后,另一种测温性质和温度就不一定能呈线性关系. 也就是说,用不同的测温物质或测温属性制成的温度计,在测量同一系统的温度时,会得出不同的温度值. 因此,建立一个与测温物质和测温属性无关的温标对于热力学的理论和实验都极为重要.

检测点 2: 处于热平衡的两个系统的温度值相同,反之,两个系统的温度值相等,它们彼此必定处于热平衡. 这种说法对吗?

---

① 摄修斯(A. Celsius,1701—1744),瑞典天文学家和物理学家,1742 年提出摄氏温标.

5.1.3 热力学温标

热力学温标也称开尔文[①]温标或绝对温标,是建立在热力学第二定律基础上的与测温物质和测温属性都无关的温标.出于各种技术原因选择了水的三相点[②]为标准温度点.根据国际协议,指定水的三相点值273.16 K作为温度计定标的标准固定点温度,即

$$T_3 = 273.16\ \text{K} \quad (\text{三相点温度})$$

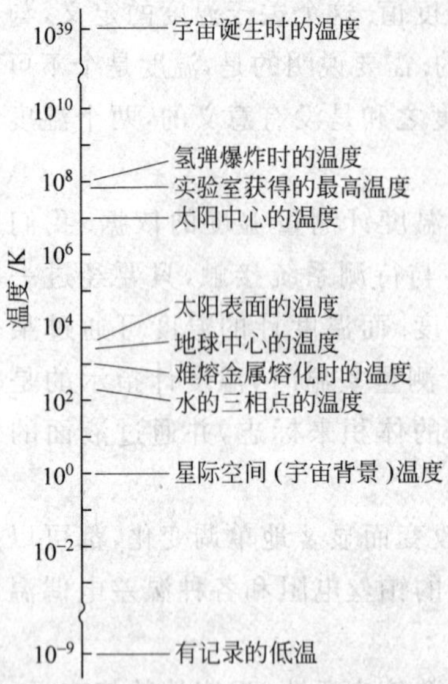

图5-2 热力学温标的某些温度

其中下标3意为三相点.这个指定也规定了1 K是水的三相点温度T_3和0 K之差的1/273.16.由于水的三相点在摄氏温标上为0.01℃,所以0℃=273.15 K.

热力学温度是国际计量大会决定采用的国际单位制(SI)中的七个基本单位之一,是一个理论温标,热力学温度T的单位是K.虽然一个物体的温度明显地没有上限,但却有下限,这个极限低温被选为热力学温标的零点.室温大约在290 K,图5-2列出了一个很宽的温度区域,既有测量出来的,也有推测出来的.

在100亿~200亿年前,当宇宙诞生时,温度大约是10^{39} K.随着宇宙的膨胀而逐渐冷却,现在宇宙的平均温度大约为3 K.我们所在的地球要比这暖和些,因为我们碰巧生活在一个恒星的附近.如果没有太阳,我们这里的温度也将约是3 K(那样,我们就不可能生存).

检测点3:为什么说热力学温标是最理想的温标?

5.1.4 摄氏温标和华氏温标

在世界上大部分国家,摄氏温标都被选作民用、商用以及许多科学上常用的温标.为了统一摄氏温标和热力学温标,国际计量大会在1960年对摄氏温标作了新的定义,规定它由热力学温度导出.摄氏温标所确定的温度用t表示,定义为

$$t = T - 273.15 \tag{5-1}$$

这就是说,规定热力学温度273.15 K为摄氏温标的零点($t=0$),摄氏温度的单位仍叫摄氏度,写成℃,用摄氏度表示的温度差也可以用K表示.值得注意的是,在新的定义下,摄氏温标的零点与水的冰点并不严格相等,但根据目前的实验结果,两者在万分之一度内是一致的.沸点也不严格等于100℃[③],但差别不超过百分之一.

---

① 开尔文(Lord Kelvin,1824—1907),英国著名物理学家、发明家,原名W.汤姆孙(William Thomson).热力学的主要奠基人之一,1851年表述了热力学第二定律.他在热力学、电磁学、波动和涡流等方面卓有贡献.英国政府于1866年封他为爵士,并于1892年晋升为开尔文勋爵(详见本章后面的科学家介绍).

② 水的三相点是指液态的水、固态的冰和气态的水(水蒸气)在热平衡中共存的温度,这个状态只有在一定压强(6.1×10^2 Pa)和一定温度下才能实现,因而这个状态是唯一的.

③ 严格地讲,用摄氏温标,水的沸点是99.975℃,凝固点是0.00℃,因此,二者之差比100℃稍小.

另外有些国家在商业及日常生活中，除摄氏温标外，还沿用另一种温标——华氏温标①，华氏温标的单位叫做华氏度，写作℉. 华氏温度 t_F 与摄氏温度 t 的换算关系为

$$t_F = \frac{9}{5}t + 32 \tag{5-2}$$

根据这个关系可以看出 1℉等于 5/9℃. 0℃(水的冰点)相当于 32℉，而 100℃(水的沸点)相当于 212℉. 图 5-3 所示为热力学温标、摄氏温标和华氏温标的对应关系.

检测点 4：检 5-4 图为水的凝固点和沸点的三种温标的表示.

(1) 按照这些温标上 1 度的大小从大到小排序.

(2) 将下列温度从高到低排序：50°X，50°W 和 50°Y.

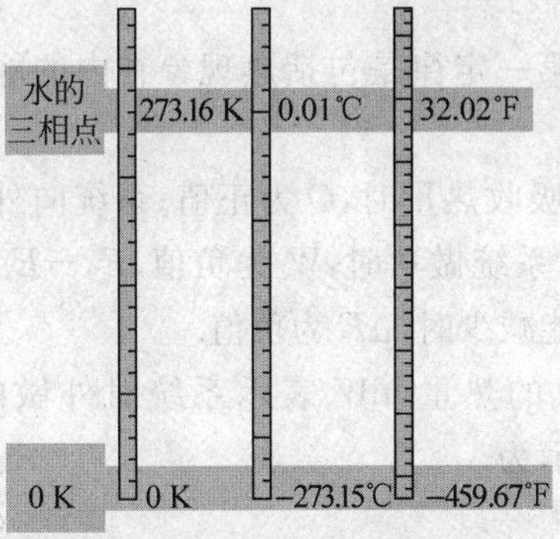

图 5-3　热力学温标、摄氏温标和华氏温标比较

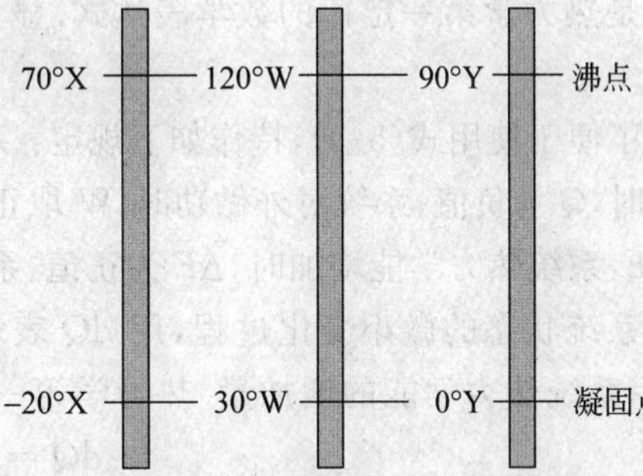

检 5-4 图

5.2　热力学第一定律及其应用

5.2.1　热量、功和热力学能

热力学系统状态的变化，总是通过外界对系统做功或向系统传递热量或两者并用来完成的. 例如，汽缸中的气体可因吸热而升温；也可因外力推动活塞做功，压缩气体而升温. 两者方式虽然不同，但是导致相同的状态变化. 我们把系统与外界之间由于温度不同而传递的能量叫做**热量**，用符号 Q 表示；把除了以热量形式传递以外的其他各种被传递的能量都叫做**功**(如体积功)，用符号 W 表示. 在国际单位制中，功和热量的单位都是 J. 实验证明，系统状态发生变化时，只要始、末状态给定，则不论所经历的过程有何不同，外界对系统所做的功和向系统所传递的热量的总和总是恒定不变的. 我们知道，对一个系统做功将使系统的能量有所增加，根据热功的等效性可知，对系统传递热量也将增加系统的能量. 由此看来，热力学系统在一定状态下，应具有一定的能量，我们把这个表征热力学系统状态的物理量称为**热力学能**，用符号 E 表示. 热力学能是体系内部能量的总和，包括分子的平动能、转动能、振动能、电子能和原子核的能量以及系统内分子间的相互作用能等. 系统热力学能的改变量只取

① 华氏温标. 1714 年，华伦海脱(Daniel Gabriel Fahrenheit)制定了华氏温标. 最初，华氏温标选用 NH_4Cl(氯化铵)和水的混合物的温度为 0°，而以人(他妻子)的体温为 96°. 此后，改为冰水混合物的温度为 32°(即冰点)，而以水沸点的温度为 212°，中间分为 180 等分，每一等份代表 1 度.

决于始、末两个状态,而与所经历的过程无关. 换句话说,**热力学能是系统状态的单值函数.**

检测点5:怎样区别热力学能与热量? 下面哪种说法是正确的?

(1) 物体的温度越高,含有热量越多;

(2) 物体的温度越高,则热力学能越大.

5.2.2 热力学第一定律

实验证明,热力学系统在状态变化的过程中,若从外界吸收热量 Q,热力学能从初状态的值 E_1 变化到末状态的值 E_2,同时对外做功 W. 则系统所吸收的热量 Q 在数值上一部分使系统的热力学能增加,另一部分用于系统对外做功,即

$$Q = E_2 - E_1 + W \tag{5-3}$$

上式就是热力学第一定律的数学表达式. 显然,热力学第一定律是包括热现象在内的能量守恒定律.

为了便于使用式(5-3),特作如下规定:系统从外界吸收热量时,Q 为正值;系统向外界放出热量时,Q 为负值;系统对外做功时,W 取正值,外界对系统做功时,W 为负值;$E_2 - E_1$ 可以写成 ΔE,系统热力学能增加时,ΔE 为正值,系统热力学能减少时,ΔE 为负值.

对系统状态的微小变化过程,用 $\mathrm{d}Q$ 表示系统吸收的热量,$\mathrm{d}W$ 表示系统对外做的功,$\mathrm{d}E$ 表示系统热力学能的增加量. 热力学第一定律可表示为

$$\mathrm{d}Q = \mathrm{d}E + \mathrm{d}W \tag{5-4}$$

应该指出,在系统的状态变化过程中,功和热之间的转换不可能是直接的,向系统传递热量的直接结果是增加系统的热力学能,再通过热力学能的减少,使系统对外做功;或者外力对系统做功,直接增加系统的热力学能,再通过热力学能的减少,使系统向外界传递热量. 为简便起见,今后我们仍将沿用热转为功或功转为热两句通俗用语.

热力学第一定律是在19世纪50年代,确定了热功当量以后才建立起来的. 在这以前,有人企图设计一种机器,使系统状态经过变化后,又回到原始状态$(E_2 - E_1) = 0$,同时在这过程中无须外界任何能量的供给而能不断地对外做功. 人们把这种假想的机器称为**第一类永动机**. 它违反热力学第一定律,不可能实现. 因此,热力学第一定律也可表述为:"第一类永动机是不可能造成的."

检测点6:说明在下列过程中热量、功与热力学能变化的正负:(1)用气筒打气;(2)水沸腾变成水蒸气.

5.2.3 准静态过程

在4.1节我们讲过平衡状态,当系统与外界交换能量时,它的状态就要发生变化. 气体从一个状态不断地变化到另一个状态,其间所经历的过程称为状态变化过程. 在过程进行中的任一时刻,系统的状态当然不是平衡态. 例如推进活塞压缩汽缸内的气体,气体的体积、密度、温度或压强都将发生变化(如图5-4所示). 在这一过程中的任一时刻,气体各部分的密度、压强、温度并不完全相同. 靠近活塞表面的气体密度要大些,压强也要大些,温度也要高些. 在热力学中,为了能利用系统

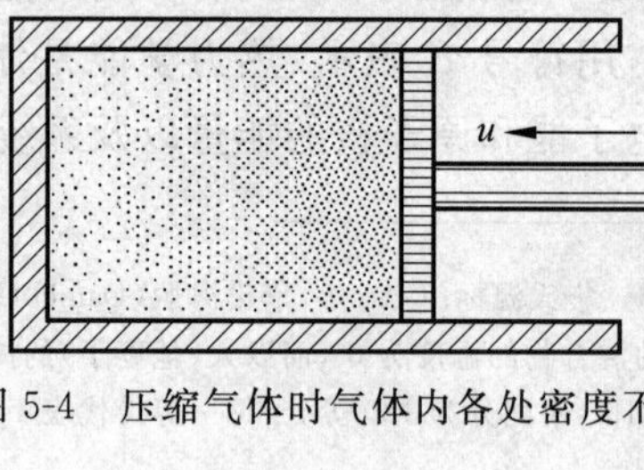

图5-4 压缩气体时气体内各处密度不同

处于平衡态时的性质来研究过程的规律，引入**准静态过程**的概念. 所谓准静态过程是指在过程中任意时刻，系统都无限地接近平衡态，因而任何时刻系统的状态都可以当作平衡态处理. 准静态过程是一种理想过程，实际上是办不到的，因为一个过程必定引起状态的改变，而状态的改变一定破坏平衡. 但当一个过程进行得非常非常缓慢，速度趋于零时，这个过程就趋于准静态过程. 在热力学中主要研究各种准静态过程的能量转换关系.

对于一定量的气体，假定在过程的开始和结束，系统都处在平衡态，在 p-V 图上对应于 Ⅰ，Ⅱ 两个确定的点(图 5-5)，p-V 图上任何一条连接这两点的曲线都代表一个准静态过程. 现在我们计算准静态过程中系统对外界所做的功.

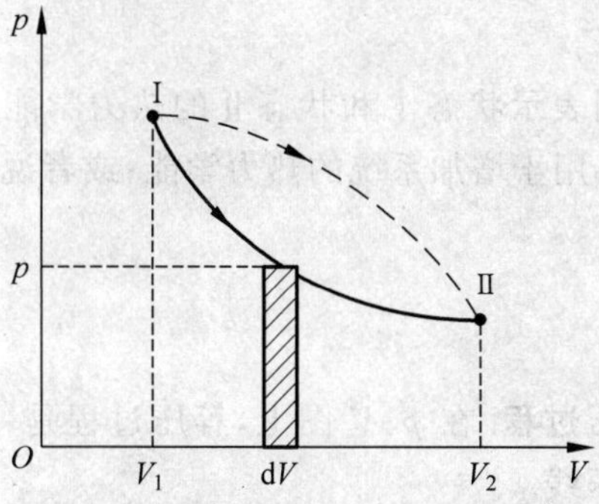

图 5-5 准静态过程

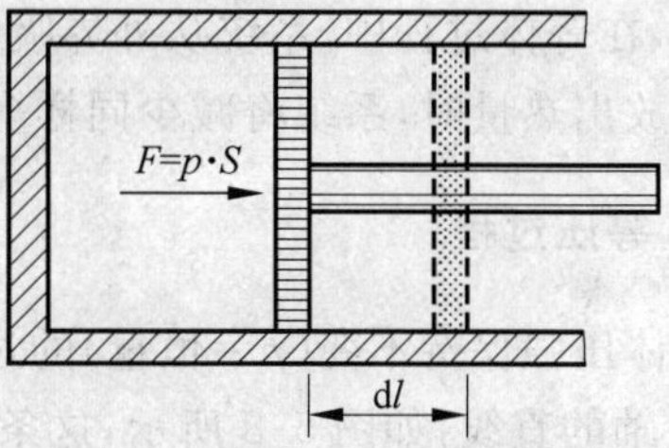

图 5-6 气体膨胀做功

设有如图 5-6 所示的汽缸，其中气体压强为 p，活塞的截面积为 S，如果气体从图 5-5 中的状态 Ⅰ 沿实线所表示的过程膨胀到状态 Ⅱ，压强 p 不是常数，气体对活塞的压力 $F=pS$ 是变力. 计算变力做功，应先写出元功的表达式. 当活塞移动微小距离 $\mathrm{d}l$ 时，气体对外所做的元功

$$\mathrm{d}W = F\mathrm{d}l = pS\mathrm{d}l = p\mathrm{d}V$$

即

$$\mathrm{d}W = p\mathrm{d}V \tag{5-5}$$

从状态 Ⅰ(p_1,V_1,T_1)变化到状态 Ⅱ(p_2,V_2,T_2)，气体对外所做的总功为

$$W = \int_{V_1}^{V_2} p\mathrm{d}V \tag{5-6}$$

它等于图 5-5 上从 Ⅰ 到 Ⅱ 的那段实线与横坐标之间的曲边梯形的面积. 式(5-5)和式(5-6)是用活塞为例讨论得到的，但是，这个结论对任何形状的气体系统都适用. 需要着重指出，只给定初态和末态，并不能确定功的数值，功的数值与过程有关，即从 Ⅰ 态经不同过程(p-V 图上不同曲线，如图中虚线)到达 Ⅱ 态，功的数值不同.

有了功的表达式，则气体系统热力学第一定律的表达式可以写成

$$\mathrm{d}Q = \mathrm{d}E + p\mathrm{d}V \tag{5-7}$$

或

$$Q = E_2 - E_1 + \int_{V_1}^{V_2} p\mathrm{d}V$$

检测点 7：什么是准静态过程，准静态过程中系统对外界所做的功如何计算？

5.2.4 理想气体的等体、等压和等温过程

1. 等体过程

气体体积保持不变(V=恒量)的状态变化过程叫做**等体过程**. 在 p-V 图上,等体过程是一条平行于 p 轴的直线,这条直线叫做等体线,如图 5-7 所示. 在等体过程中,由于 $\mathrm{d}V=0$,所以 $\mathrm{d}W=0$,气体对外不做功. 热力学第一定律变成

$$\mathrm{d}Q_V = \mathrm{d}E$$

或

$$Q_V = E_2 - E_1 \tag{5-8}$$

Q_V 表示等体过程中系统吸收的热量,E_1 和 E_2 分别表示状态Ⅰ和状态Ⅱ的热力学能. 由上式可见,在等体过程中,系统从外界吸收的热量全部用于增加系统的热力学能;或者说,系统向外界放出热量时,系统将减少同样多的热力学能.

2. 等压过程

气体压强保持不变(p=恒量)的过程,叫做**等压过程**. 在 p-V 图上,等压过程是一条平行于 V 轴的直线,如图 5-8 所示,这条直线叫做等压线.

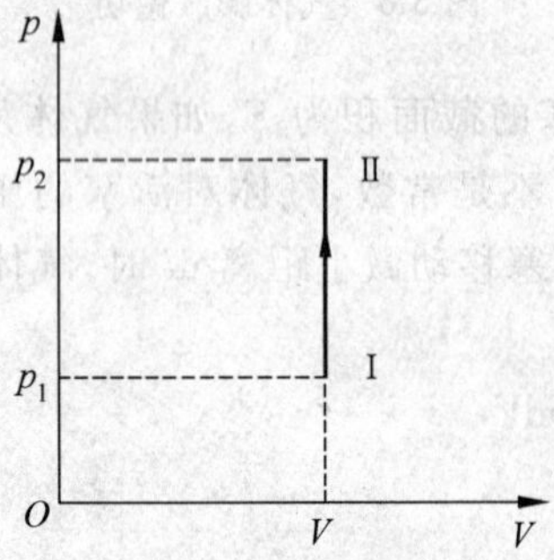

图 5-7 等体过程

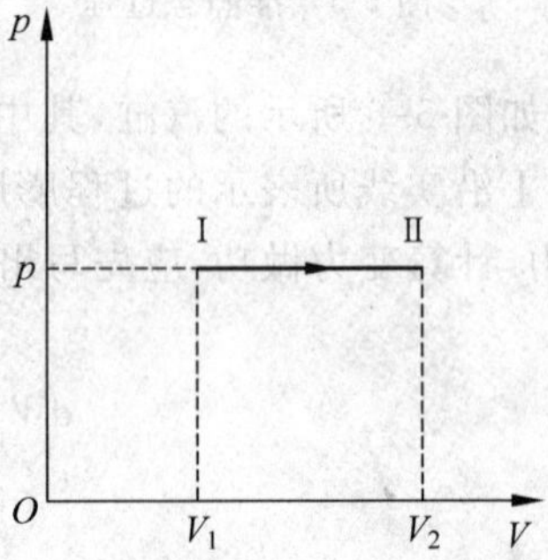

图 5-8 等压过程

等压过程中,热力学第一定律的表示式为

$$\mathrm{d}Q_p = \mathrm{d}E + p\mathrm{d}V$$

因为气体从状态Ⅰ到状态Ⅱ的过程中压强恒为 p,所以系统对外所做的功

$$W = \int_{V_1}^{V_2} p\mathrm{d}V = p(V_2 - V_1)$$

则

$$Q_p = E_2 - E_1 + p(V_2 - V_1) \tag{5-9}$$

把理想气体的状态方程 $pV=\frac{M}{\mu}RT$ 代入上式得

$$Q_p = E_2 - E_1 + \frac{M}{\mu}R(T_2 - T_1)$$

上式表明,气体在等压过程中所吸收的热量,一部分转换为热力学能的增量 E_2-E_1,一部分转换为对外所做的功$\frac{M}{\mu}R(T_2-T_1)$.

3. 等温过程

系统温度保持不变(T=恒量)的过程叫做**等温过程**.理想气体的等温线是 p-V 图上的一条双曲线,如图 5-9 所示.

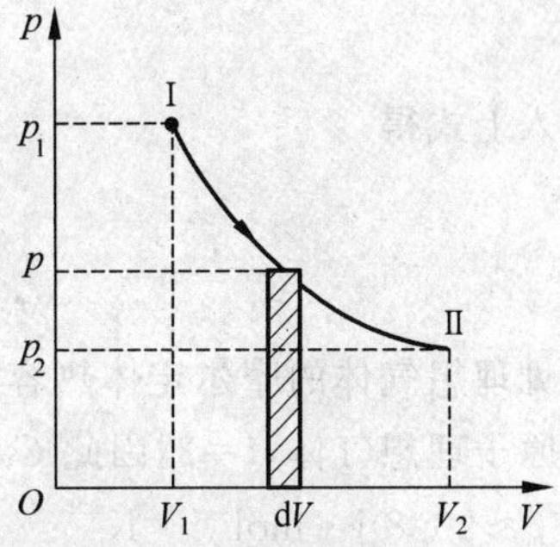

图 5-9　等温过程

等温过程中,温度不变,$dT=0$.由于理想气体的热力学能只取决于温度,因此,在等温过程中,理想气体的热力学能也保持不变,亦即 $dE=0$,此时,热力学第一定律变成

$$dQ_T = pdV$$

由理想气体的状态方程得

$$p = \frac{M}{\mu}RT\,\frac{1}{V}$$

对 pdV 积分得

$$W = \int_{V_1}^{V_2} pdV = \int_{V_1}^{V_2} \frac{M}{\mu}RT\,\frac{dV}{V} = \frac{M}{\mu}RT\ln\frac{V_2}{V_1}$$
$$= p_1V_1\ln\frac{V_2}{V_1}$$

所以,等温过程中气体吸收(或放出)的热量是

$$Q_T = W = p_1V_1\ln\frac{V_2}{V_1} \tag{5-10}$$

可见,在等温膨胀过程中,理想气体所吸收的热量全部转换为对外所做的功.

检测点 8:将热力学第一定律应用于某一等值过程,有 $dQ>0$,$dE>0$,$dW>0$,则此等值过程一定是什么过程?

5.2.5　气体的摩尔热容

我们知道,向一物体传递热量,热量 Q 的量值用下式计算:

$$Q = Mc(T_2 - T_1)$$

式中,M 是物体的质量,c 是比热容,T_2 及 T_1 为传热前后物体的温度,Mc 叫做这物体的**热容**.如果取物质的量为 1 mol,即取 $M=\mu$,相应的热容就是 μc,称为**摩尔热容**,用 C_m 表示.按定义,摩尔热容是 1 mol 的物质温度升高(或降低)1 K 时所吸收(或放出)的热量.

同一种气体,在不同过程中有不同量值的热容.最常用的是等体过程和等压过程中的两种热容.在等体过程中,气体吸收的热量全部用来增加自己的热力学能;在等压过程中,除一部分用来增加气体的热力学能外,还需另一部分转换为气体反抗外力所做的功.

在气体动理论中,气体摩尔热容的实测数据是研究气体的热力学能、气体分子的运动以及分子内部运动规律的重要依据.

设有 1 mol 气体,在等体过程中,吸取热量 $dQ_{V,m}$,温度升高 dT.气体的摩尔定体热容为

$$C_{V,m} = \frac{dQ_{V,m}}{dT}$$

由于等体过程中 $dQ_{V,m}=dE$,所以

$$C_{V,m} = \frac{dQ_{V,m}}{dT} = \frac{dE}{dT}$$

如果气体是理想气体,1 mol 气体的热力学能为 $E = \frac{i}{2}RT$,其中 i 是分子的自由度. 所以当温度增加 dT 时,热力学能的增量为

$$dE = \frac{i}{2}R dT$$

代入上式得

$$C_{V,m} = \frac{dE}{dT} = \frac{\frac{i}{2}R dT}{dT} = \frac{i}{2}R \tag{5-11}$$

可见理想气体的摩尔定体热容是一个只与分子的自由度有关的量,与气体的温度无关. 对于单原子理想气体,$i = 3$,因此 $C_{V,m} \approx 12.5$ J·mol^{-1}·K^{-1};对于双原子理想气体,$i = 5$,因此 $C_{V,m} \approx 20.8$ J·mol^{-1}·K^{-1}.

理想气体的热力学能只与温度有关,所以 1 mol 的理想气体,在不同的状态变化过程中,如果温度的增量 dT 相同,那么气体吸收的热量和所做的功虽然随过程不同而异,但是气体的热力学能的增量却是相同的,与所经历的过程无关,都可用 $dE = C_{V,m}dT$ 来计算. 任意质量理想气体的热力学能增量为

$$dE = \frac{M}{\mu}C_{V,m}dT$$

设 1 mol 的理想气体,在等压过程中吸收热量 $dQ_{p,m}$,温度升高 dT. 气体的摩尔定压热容为

$$C_{p,m} = \frac{dQ_{p,m}}{dT}$$

因为

$$dQ_{p,m} = dE + p dV$$

所以

$$C_{p,m} = \frac{dE + p dV}{dT} = \frac{dE}{dT} + p\frac{dV}{dT}$$

对于 1 mol 理想气体,$dE = C_{V,m}dT$,在等压过程中,由理想气体状态方程得 $p dV = R dT$,则

$$C_{p,m} - C_{V,m} + R - \frac{2+i}{2}R \tag{5-12}$$

上式说明理想气体的摩尔定压热容 $C_{p,m}$ 较摩尔定体热容 $C_{V,m}$ 大一恒量 $R = 8.31$ J·mol^{-1}·K^{-1}. 也就是说,在等压过程中,温度升高 1 K 时,1 mol 的理想气体要多吸收8.31 J 的热量,用来转换为膨胀时对外所做的功.

摩尔定压热容 $C_{p,m}$ 与摩尔定体热容 $C_{V,m}$ 的比值,常用 γ 表示,称为**比热容比**,可写成

$$\gamma = \frac{C_{p,m}}{C_{V,m}} = \frac{2+i}{i} \tag{5-13}$$

检测点 9:为什么气体摩尔热容的数值可以有无穷多个? 什么情况下气体的摩尔热容是零? 什么情况下气体的摩尔热容是无穷大? 什么情况下是正值? 什么情况下是负值?

例 5-1 8×10^{-3} kg 氧气温度由 20℃升高到 100℃,问在等体过程中和等压过程中各吸收多少热量?

解 对氧气有 $\mu = 32 \times 10^{-3}$ kg·mol^{-1},$i = 5$,则

$$C_{V,m} = \frac{i}{2}R = \frac{5}{2} \times 8.31 = 20.8(\text{J·mol}^{-1} \cdot \text{K}^{-1})$$

$$C_{p,\mathrm{m}} = \left(\frac{i}{2}+1\right)R = \frac{7}{2}\times 8.31 = 29.1(\mathrm{J\cdot mol^{-1}\cdot K^{-1}})$$

等体过程：$Q_{V,\mathrm{m}} = \frac{M}{\mu}C_{V,\mathrm{m}}(T_2 - T_1) = \frac{1}{4}\times 20.8\times 80 = 416.0(\mathrm{J})$

等压过程：$Q_{p,\mathrm{m}} = \frac{M}{\mu}C_{p,\mathrm{m}}(T_2 - T_1) = \frac{1}{4}\times 29.1\times 80 = 582.0(\mathrm{J})$

5.2.6　理想气体的绝热过程

系统与外界没有热量交换($\mathrm{d}Q=0$)的过程叫做**绝热过程**. 用绝热壁把系统和外界隔开就可以实现这种过程. 实际上没有理想的绝热壁,因此只能实现近似的绝热过程. 例如在热水瓶里的气体的变化过程可以近似看作绝热过程. 如果过程进行得很快,以致在过程中系统来不及和外界进行显著的热交换,这种过程也近似于绝热过程. 例如在内燃机里,气体在汽缸中被迅速压缩的过程或者在爆炸后急速膨胀的过程,以及声波在空气中传播时所引起的空气压缩和膨胀的过程等,都可以近似看成是绝热过程.

在 p-V 图上,与绝热过程对应的曲线叫绝热线,如图 5-10 所示,可见绝热线比等温线陡一些.

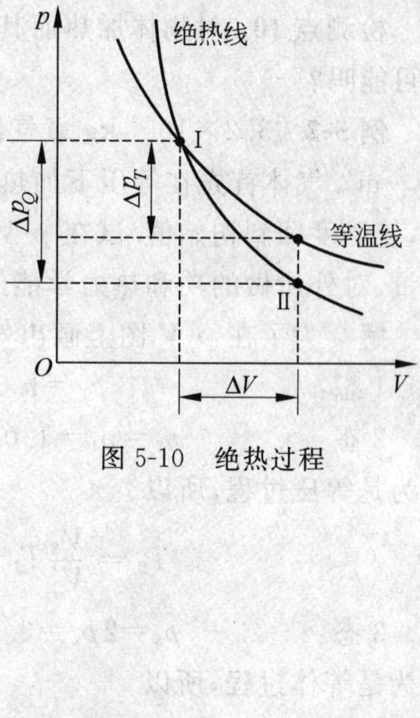

图 5-10　绝热过程

在绝热过程中,$\mathrm{d}Q=0$,所以热力学第一定律为 $\mathrm{d}W=-\mathrm{d}E$,气体从状态 I 经绝热过程变化到状态 II 时,

$$W = -\int_{E_1}^{E_2}\mathrm{d}E = -(E_2 - E_1)$$

可见,在绝热过程中,系统对外做功 W,完全依靠自身热力学能的减少 $-(E_2-E_1)$.

由热力学能公式

$$E_2 - E_1 = \frac{M}{\mu}C_{V,\mathrm{m}}(T_2 - T_1)$$

可以得到绝热过程中气体所做的功为

$$W = -\frac{M}{\mu}C_{V,\mathrm{m}}(T_2 - T_1)$$

下面推导绝热过程中理想气体遵循的方程——绝热方程.

由 $\mathrm{d}W=-\mathrm{d}E$ 和 $\mathrm{d}E=\frac{M}{\mu}\cdot C_{V,\mathrm{m}}\mathrm{d}T$ 得

$$\mathrm{d}W = p\mathrm{d}V = -\frac{M}{\mu}C_{V,\mathrm{m}}\mathrm{d}T \tag{5-14}$$

将理想气体状态方程微分得

$$p\mathrm{d}V + V\mathrm{d}p = \frac{M}{\mu}R\mathrm{d}T \tag{5-15}$$

在式(5-14)和式(5-15)中消去 $\mathrm{d}T$,整理后得

$$(C_{V,\mathrm{m}} + R)p\mathrm{d}V = -C_{V,\mathrm{m}}V\mathrm{d}p$$

分离变量 p 和 V 有

$$\frac{C_{p,\mathrm{m}}}{C_{V,\mathrm{m}}}\frac{\mathrm{d}V}{V} = -\frac{\mathrm{d}p}{p}$$

即

$$\gamma \frac{dV}{V} + \frac{dp}{p} = 0$$

对上式积分得

$$\gamma \ln V + \ln p = C'(\text{恒量})$$

即

$$\ln(pV^\gamma) = C'$$

所以

$$pV^\gamma = C(\text{恒量}) \tag{5-16}$$

式(5-16)称为理想气体绝热方程.利用理想气体状态方程,还可以把式(5-16)变换成

$$V^{\gamma-1}T = \text{恒量}$$

或

$$p^{\gamma-1}T^{-\gamma} = \text{恒量}$$

检测点10:对物体加热而其温度不变,有可能吗?没有热交换而系统的温度发生变化,有可能吗?

例5-2 3.2×10^{-3} kg 氧气储于有活塞的圆筒中,初态 $p_1=1.01\times10^5$ Pa,$V_1=1.0\times10^{-3}$ m³.气体首先在等压下加热,体积加倍;然后在等体下加热,使压强加倍;最后经绝热膨胀,使温度回到初始值.试在 p-V 图上表示气体所经历的过程,并求各过程中气体所吸收的热量、对外所做的功和热力学能的变化.设氧气可看作理想气体.

解 为了在 p-V 图上画出气体所经历的过程,首先要确定各状态的状态参量.

1态: $p_1=1.01\times10^5$ Pa, $V_1=1.0\times10^{-3}(\text{m}^3)$

2态: $p_2=p_1=1.01\times10^5$ Pa, $V_2=2V_1=2.0\times10^{-3}(\text{m}^3)$

因为是等压过程,所以

$$T_2 = \frac{V_2}{V_1}T_1 = \frac{2.0}{1.0}\times1.22\times10^2 = 2.44\times10^2(\text{K})$$

3态: $p_3=2p_2=2.02\times10^5$ Pa, $V_3=V_2=2.0\times10^{-3}(\text{m}^3)$

因为是等体过程,所以

$$T_3 = \frac{p_3}{p_2}T_2 = \frac{2.0}{1.0}\times2.44\times10^2 = 4.88\times10^2(\text{K})$$

4态: $T_4=T_1=1.22\times10^2(\text{K})$

由绝热方程

$$T_3V_3^{\gamma-1} = T_4V_4^{\gamma-1}$$

$$p_3^{\gamma-1}T_3^{-\gamma} = p_4^{\gamma-1}T_4^{-\gamma}$$

考虑到氧气的 $\gamma=\frac{5+2}{5}=1.4$,于是可求得

$$p_4 = 1.58\times10^3(\text{Pa})$$

$$V_4 = 64\times10^{-3}(\text{m}^3)$$

根据上述结果,可画出过程曲线,如图5-11所示.

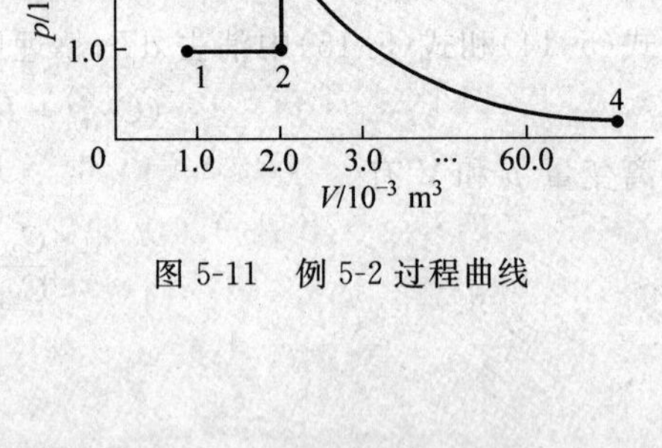

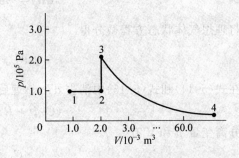

图5-11 例5-2过程曲线

过程中 $W,Q,\Delta E$ 的计算如下:

$1\to 2$

$$W_1 = p_1(V_2 - V_1) = 1.01\times 10^5 \times (2.0 - 1.0)\times 10^{-3} = 1.01\times 10^2\,(\mathrm{J})$$

$$\Delta E_1 = \frac{M}{\mu}C_{V,\mathrm{m}}(T_2 - T_1) = \frac{3.2\times 10^{-3}}{32\times 10^{-3}}\times\frac{5}{2}\times 8.31\times(2.44-1.22)\times 10^2$$

$$= 2.53\times 10^2\,(\mathrm{J})$$

$$Q_1 = W_1 + \Delta E_1 = 3.54\times 10^2\,(\mathrm{J})$$

$2\to 3$

$W_2 = 0$

$$Q_2 = \Delta E_2 = \frac{M}{\mu}C_{V,\mathrm{m}}(T_3 - T_2)$$

$$= \frac{3.2\times 10^{-3}}{32\times 10^{-3}}\times\frac{5}{2}\times 8.31\times(4.88-2.44)\times 10^2$$

$$= 5.07\times 10^2\,(\mathrm{J})$$

$3\to 4$

$Q_3 = 0$

$$\Delta E_3 = \frac{M}{\mu}C_{V,\mathrm{m}}(T_4 - T_3)$$

$$= \frac{3.2\times 10^{-3}}{32\times 10^{-3}}\times\frac{5}{2}\times 8.31\times(1.22-4.88)\times 10^2$$

$$= -7.59\times 10^2\,(\mathrm{J})$$

$$W_3 = -\Delta E_3 = 7.59\times 10^2\,(\mathrm{J})$$

5.3　循环过程　卡诺循环

5.3.1　循环过程

在生产技术上，需要不断地把热转变为功，这就需要讨论系统的循环过程. 系统经过一系列状态变化后，又回到原来状态的过程叫做**循环过程**，简称**循环**. 如果循环过程是准静态过程，在 p-V 图上可以用一条封闭曲线表示，如图 5-12 所示. 因为热力学能是状态的单值函数，所以系统（也叫工作物质，例如内燃机汽缸中的气体）经过一个循环过程以后，它的热力学能没有改变，即 $\Delta E=0$，这是循环过程的特征.

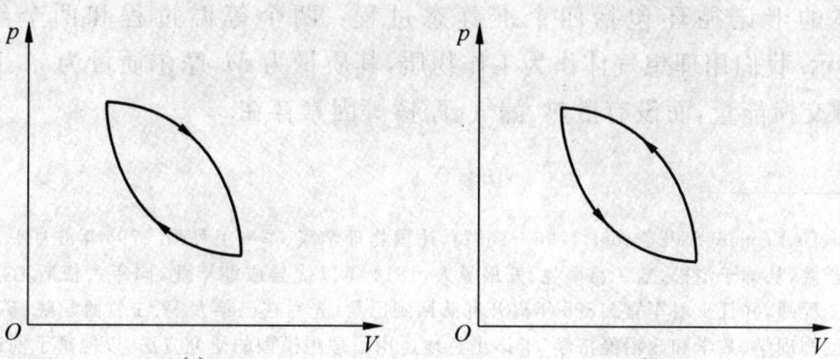

图 5-12　循环过程

按照过程进行的方向不同，可把循环分成两类，在 p-V 图上按顺时针方向进行的循环称为**正循环**，如图 5-12(a)所示. 按逆时针方向进行的循环称为**逆循环**，如图 5-12(b)所示. 工作物质做正循环的机器叫**热机**，例如蒸汽机和内燃机，它把热转变为功；工作物质做逆循环的机器叫**制冷机**，例如冷冻机，它利用外界做功获得低温.

根据热力学第一定律 $Q=E_2-E_1+W$，由于循环过程 $\Delta E=0$，所以

$$Q=W$$

对于热机来说，在一次循环中，系统从外界得到的热量为 Q_1，放出的热量为 Q_2，对外所做的功为 W，则

$$Q_1-Q_2=W$$

为了表明热机吸收热量中有多少转变为有用的功，定义热机的效率为

$$\eta=\frac{W}{Q_1}=\frac{Q_1-Q_2}{Q_1}=1-\frac{Q_2}{Q_1} \tag{5-17}$$

对于制冷机来说，在一次循环中，外界对系统所做的功为 W'，系统从低温热源所吸收的热量为 Q_2，系统放出的热量为 Q_1，根据热力学第一定律

$$Q_2-Q_1=-W'$$

为了表明制冷机的效能，定义制冷机的制冷系数为

$$\omega=\frac{Q_2}{W'}=\frac{Q_2}{Q_1-Q_2} \tag{5-18}$$

检测点 11：p-V 图中表示循环过程的曲线所包围的面积代表热机在一个循环中所做的净功，如检 5-11 图所示，如果体积膨胀得大些，面积就大了(图中 $S_{abc'd'}>S_{abcd}$)，所做的净功就多了，因此热机效率也就可以提高了，这种说法对吗？

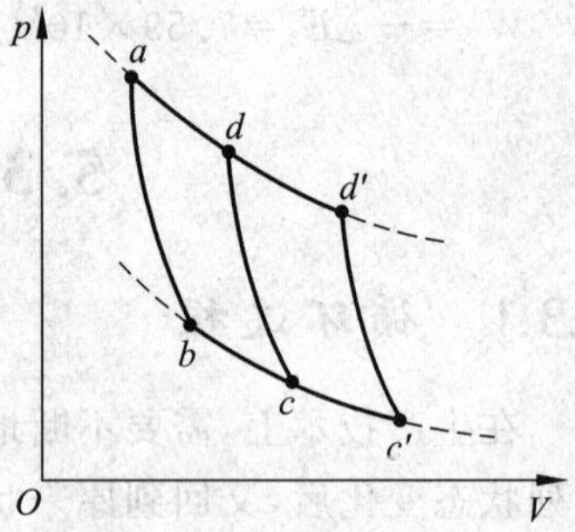

检 5-11 图

5.3.2 卡诺循环

循环的类型很多，人们自然要问：哪一种循环的效率最高？如何提高热机的效率？最大可能的效率是多大？1824 年法国工程师卡诺①研究了一种理想循环，并从理论上证明了它的效率最高，从而指出了提高热机效率的途径. 这种循环称为**卡诺循环**，按卡诺循环工作的热机叫**卡诺机**.

理想气体的卡诺循环包括四个准静态过程：两个等温过程和两个绝热过程，如图 5-13(a)所示. 我们用理想气体作为工作物质，其质量为 M，摩尔质量为 μ. 工作物质只与两个恒温热源交换能量，而没有散热、漏气、摩擦等因素存在.

---

① 卡诺(Nicolas Leonard Sadi Carnot，1796—1832)，法国物理学家、军事工程师. 1796 年 6 月 1 日生于巴黎，1812 年考入巴黎工艺学院，从师于泊松、盖·吕萨克、安培等人，1814 年以优异成绩毕业，同年入梅斯工兵学校深造，1816 年成为一名军事工程师，并任少尉军官. 1820 年离开部队回到巴黎. 先后在巴黎大学、法兰西学院、矿业学院和巴黎国立工艺博物馆攻读物理学、数学和政治经济学. 卡诺出色地运用了理想模型的研究方法，以他富于创造性的想象力，精心构思了理想化的热机——后称卡诺可逆热机(卡诺热机)，提出了作为热力学重要理论基础的卡诺循环和卡诺定理，从理论上解决了提高热机效率的根本途径. 1832 年 8 月 24 日卡诺因染霍乱症在巴黎逝世，年仅 36 岁.

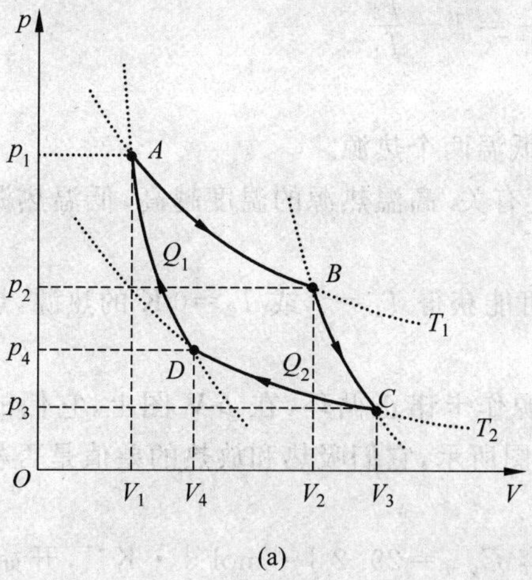

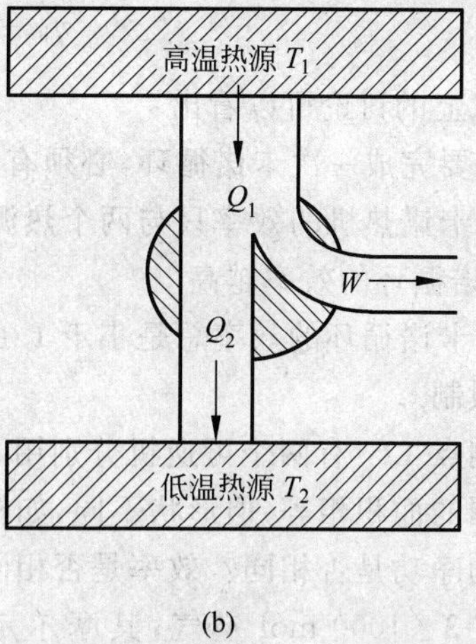

图 5-13　卡诺循环

下面研究理想气体的卡诺循环的效率，在图 5-13(a)上，曲线 AB 和 CD 分别表示温度为 T_1、T_2 的两条等温线，曲线 BC 和 DA 是两条绝热线. 我们讨论以状态 A 为始点，沿封闭曲线 $ABCDA$ 所作的正循环过程. 在 $A—B—C$ 的膨胀过程中，气体对外所做的功 W_1 是曲线 ABC 下面的面积，在 $C—D—A$ 的压缩过程中，外界对气体所做的功 W_2 是曲线 CDA 下面的面积. 因为 $W_1>W_2$，所以气体对外所做的净功 $W=W_1-W_2$，也就是闭合曲线 $ABCDA$ 所包围的面积. 在循环过程中热量及功交换的情况如图 5-13(b)所示，气体在等温膨胀过程 $A—B$ 中，从高温热源 T_1 吸收热量 Q_1，其值为

$$Q_1=\frac{M}{\mu}RT_1\ln\frac{V_2}{V_1}$$

气体在等温压缩过程 $C—D$ 中，向低温热源放出热量 Q_2，其值为

$$Q_2=\frac{M}{\mu}RT_2\ln\frac{V_3}{V_4}$$

在绝热过程 $B—C$ 和 $D—A$ 中，根据绝热方程 $TV^{\gamma-1}=$常数，有

$$T_1V_2^{\gamma-1}=T_2V_3^{\gamma-1}$$
$$T_1V_1^{\gamma-1}=T_2V_4^{\gamma-1}$$

两式等号左右分别相除就得到

$$\left(\frac{V_2}{V_1}\right)^{\gamma-1}=\left(\frac{V_3}{V_4}\right)^{\gamma-1}$$

即

$$\frac{V_2}{V_1}=\frac{V_3}{V_4}$$

于是得到

$$\frac{Q_1}{Q_2}=\frac{\frac{M}{\mu}RT_1\ln\frac{V_2}{V_1}}{\frac{M}{\mu}RT_2\ln\frac{V_3}{V_4}}=\frac{T_1}{T_2}$$

从上述关系式可得出卡诺热机的效率是

$$\eta_{卡}=1-\frac{Q_2}{Q_1}=1-\frac{T_2}{T_1}$$

从以上的讨论可以看出：

(1) 要完成一次卡诺循环，必须有高温和低温两个热源.

(2) 卡诺热机的效率只与两个热源的温度有关. 高温热源的温度越高，低温热源的温度越低，卡诺循环的效率越高.

(3) 卡诺循环的效率总是小于 1. 由于不可能获得 $T_1=\infty$ 或 $T_2=0\ \mathrm{K}$ 的热源，热机的效率受到限制.

检测点 12：有两个可逆机分别用不同热源作卡诺正循环，在 p-V 图上，它们的循环曲线所包围的面积相等，但形状不同，如检 5-12 图所示，它们吸热和放热的差值是否相同？对外所做的净功是否相同？效率是否相同？

例 5-3 1000 mol 空气，其摩尔定压热容 $C_{p,\mathrm{m}}=29.2\ \mathrm{J\cdot mol^{-1}\cdot K^{-1}}$，开始由状态 $A(p_A=1.01\times10^5\ \mathrm{Pa}, T_A=273\ \mathrm{K}, V_A=22.4\ \mathrm{m^3})$ 等压膨胀到状态 B（其容积为原来的 2 倍），然后经图 5-14 所示的等体和等温过程，回到原状态止，完成一次循环过程. 求循环过程的效率.

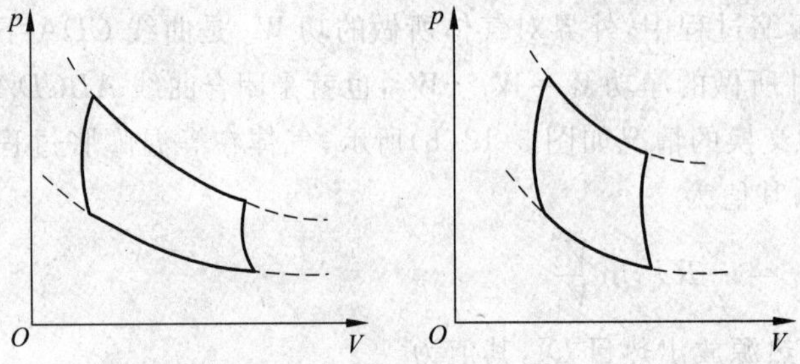

检 5-12 图

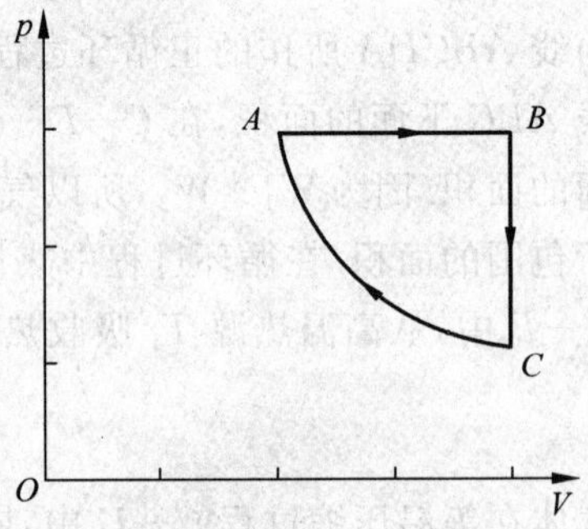

图 5-14 例 5-3 过程曲线

解 $p_A-1.01\times10^5\ \mathrm{Pa}$，$T_A=273\ \mathrm{K}$，$V_A=22.4\ \mathrm{m^3}$

$p_B=p_A=1.01\times10^5\ \mathrm{Pa}$，$V_B=2V_A=44.8\ \mathrm{m^3}$

$T_C=T_A=273\ \mathrm{K}$，$V_C=V_B=44.8\ \mathrm{m^3}$

(1) 等压膨胀过程 $A\to B$

$$W_{AB}=p_A(V_B-V_A)=1.01\times10^5\times(44.8-22.4)$$
$$=2.26\times10^6(\mathrm{J})$$

由
$$\frac{V_B}{V_A}=\frac{T_B}{T_A}$$

得
$$T_B=\frac{V_B}{V_A}T_A=2\times273=546(\mathrm{K})$$

$$Q_{AB}=\frac{M}{\mu}C_{p,\mathrm{m}}(T_B-T_A)=1000\times29.2\times(546-273)$$
$$=7.97\times10^6(\mathrm{J})$$

(2) 等体降压过程 $B\to C$

$$W_{BC}=0$$

$$Q_{BC}=E_C-E_B=\frac{M}{\mu}C_{V,\mathrm{m}}(T_C-T_B)=\frac{M}{\mu}(C_{p,\mathrm{m}}-R)\cdot(T_C-T_B)$$
$$=1000\times(29.2-8.31)\times(273-546)=-5.71\times10^6(\mathrm{J})$$

(3) 等温压缩过程 $C\to A$

$$Q_{CA}=W_{CA}=\frac{M}{\mu}RT_A\ln\frac{V_A}{V_C}=1000\times8.31\times273\times\ln\frac{1}{2}$$
$$=-1.57\times10^6(\mathrm{J})$$

循环过程总吸热

$$Q_1=Q_{AB}=7.97\times10^6(\mathrm{J})$$

循环过程总放热

$$Q_2=|Q_{BC}|+|Q_{CA}|=7.28\times10^6(\mathrm{J})$$

循环过程对外做的总功

$$W=W_{AB}+W_{CA}=2.26\times10^6-1.57\times10^6=0.69\times10^6(\mathrm{J})$$

循环效率

$$\eta=1-\frac{Q_2}{Q_1}=1-\frac{7.28\times10^6}{7.97\times10^6}=0.087=8.7\%$$

5.4　热力学第二定律　卡诺定理

5.4.1　热力学第二定律

热力学第一定律是包含热现象在内的能量转换与守恒定律. 它说明不论任何过程,只要能实现,其能量必须守恒. 现在的问题是,满足能量守恒的过程是否一定能实现呢? 无数的实验事实表明,并非所有满足能量守恒的过程都能实现. 例如,热量不会自动地由低温物体传向高温物体;系统从高温热源吸收的热量不能全部变成有用的功,而必须要有一部分热量放给低温热源. 但是通过摩擦却可以无条件地将功全部变成热;热量可以自动地从高温物体传向低温物体. 热力学第二定律就是在总结上述事实和其他无数经验事实的基础上,指出了自然界中按哪些方向进行的过程可以发生,按哪些方向进行的过程不可能发生的普遍原理. 它有多种不同的表述方式,但可以证明其实际内容都是等价的. 通常热力学第二定律有两种表述.

热力学第二定律的开尔文表述: 不可能创造一种循环动作的热机,只从一个热源吸收热量,使之完全变为有用的功而不产生其他影响. 我们应当注意表述中"循环动作"几个字,如果工作物质不是进行循环过程,而是某单一过程,是可以把从单一热源吸收的热量全部转化为功的. 例如等温膨胀过程,就可将气体从单一热源吸取的热量全部转化为功. 人们把能够从单一热源吸收热量,并将之全部转化为功而不产生其他变化的热机,叫做**第二类永动机**. 这种永动机并不违反热力学第一定律. 如果第二类永动机能够制造成功,从经济观点看,可算是最理想的热机. 例如,只要海水的温度稍微降低一点,把它放出的热量全部转化为功,就能为全世界提供巨大的能量. 但是,这是不可能的,因为它违反热力学第二定律.

热力学第二定律的克劳修斯[①]表述：热量不能自动地从低温物体传向高温物体. 我们应当注意表述中“自动”二字，实际上通过外界做功，是可以把热量从低温物体传向高温物体的.

热力学第二定律的上面两种表述是等价的，可用反证法作如下证明.

如果克劳修斯表述不成立，即假定有热量 Q_2 自动地从低温热源传向高温热源，那么，另外再引入一个热机，此热机从高温热源吸取热量 Q_1，向外做功 W，同时向低温热源放出热量 Q_2，如图 5-15(a)所示. 于是，上面两个循环的总效果是，从高温热源吸取的热量是 Q_1-Q_2，向低温热源放出的热量等于零，向外做的功 $W=Q_1-Q_2$，如图 5-15(b)所示，从而实现了只从单一热源吸取热量使之全部变成功的循环，而且外部环境没有其他变化. 这样就违反了开尔文的表述. 说明若克劳修斯表述不成立，则开尔文表述也不成立. 用类似的方法还可以证明，若开尔文表述不成立，则克劳修斯表述也不成立.

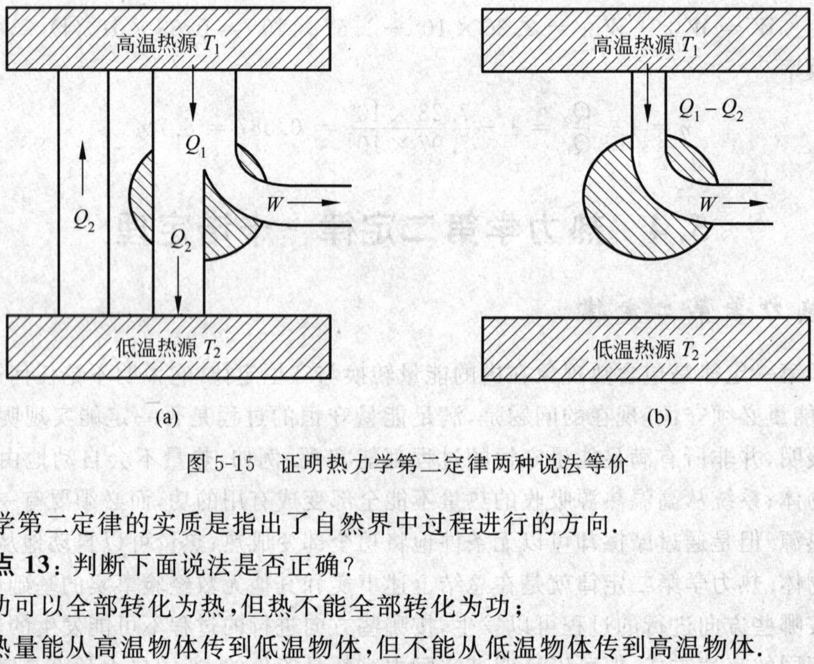

图 5-15 证明热力学第二定律两种说法等价

热力学第二定律的实质是指出了自然界中过程进行的方向.

检测点 13：判断下面说法是否正确？

(1) 功可以全部转化为热，但热不能全部转化为功；

(2) 热量能从高温物体传到低温物体，但不能从低温物体传到高温物体.

5.4.2 可逆过程和不可逆过程

一个系统由某一状态出发，经过某一过程达到另一状态，如果存在另一过程，它能使系统和外界完全复原(即系统回到原来的状态，同时消除了原来过程对外界引起的一切影响)，则原来的过程称为可逆过程；反之，如果用任何方法都不可能使系统和外界完全复原，则称为**不可逆过程**.

热力学第二定律的开尔文表述就是说功变热的过程是不可逆的，即对热源做功 W，使之完全变成热输送给热源，但不能从热源吸收同样的热量使之全部变成有用的功，而不对外界产生任何影响.

---

① 克劳修斯(R. J. E. Clausius，1822—1888)，德国理论物理学家. 他对热力学理论有杰出的贡献，是气体动理论和热力学的主要奠基人之一(详见第4章阅读材料).

热力学第二定律的克劳修斯表述就是说热传导的过程是不可逆的，即从高温热源向低温热源传递热量 Q，但没有任何过程能使热量 Q 从低温热源传递到高温热源而对外界不产生任何影响.

大量的观察和实验事实都表明，可逆过程只是一种理想过程，自然界的一切现实过程都是不可逆的. 下面我们以气体的膨胀为例来说明. 如图 5-16(a)所示，当活塞被快速拉出时，气体迅速膨胀，活塞附近气体的压强小于气体内部的压强. 设气体内部的压强为 p，气体迅速膨胀一微小体积 ΔV，则气体对外界所做的功 W_1 将小于 $p\Delta V$. 反之，将气体压回原来体积时(图 5-16(b)所示)，活塞附近气体的压强大于气体内部的压强，外界所做的功 W_2 大于 $p\Delta V$. 因此，当气体迅速膨胀后，我们虽然可以将气体压缩，使它回到原来状态，但外界必须多做功 W_2-W_1，这部分功将增加气体的热力学能，而后以热的形式放出. 根据热力学第二定律，我们不能通过循环过程再将这部分热量全部变为功，所以气体迅速膨胀的过程不是可逆过程. 即使气体膨胀得非常缓慢，膨胀过程可看作准静态过程，活塞附近的压强非常接近气体内部的压强，但活塞与汽缸壁之间总有摩擦力存在，摩擦力做功使整个装置温度升高，向外界放出热量，使周围环境发生变化，仍然是不可逆过程.

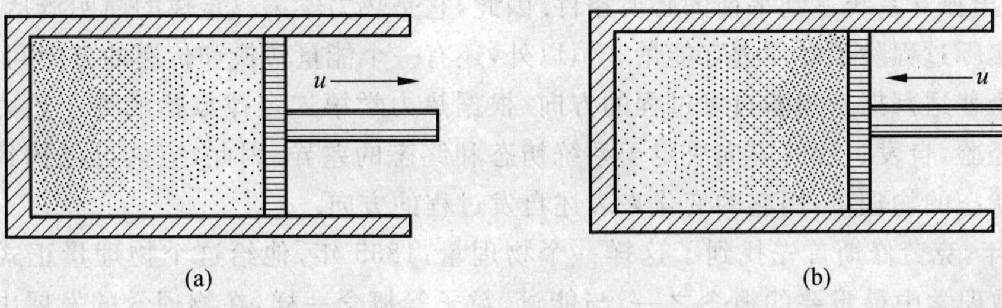

图 5-16　活塞快速拉出及压缩时气体内各处压强不同

通过上面的分析可知，只有无摩擦的准静态过程才是可逆过程. 卡诺循环中的每一个过程都是无摩擦的准静态过程，所以是可逆过程. 卡诺循环是可逆循环，卡诺热机是可逆机. 而实际的循环都是不可逆循环，实际的热机都是不可逆机.

检测点 14：为什么要引入可逆过程的概念？准静态过程是否一定是可逆过程？可逆过程是否一定是准静态过程？

有人说："凡是有热接触的物体，它们之间进行热交换过程都是不可逆过程."这种说法对不对，为什么？

5.4.3　卡诺定理

从热力学第二定律可导出对提高热机效率有指导意义的卡诺定理(证明从略). 卡诺定理指出：

(1) 在相同的高温热源和相同的低温热源之间工作的一切可逆机，不论用什么工作物质，其效率均相同，即

$$\eta_{可} = 1 - \frac{T_2}{T_1} \tag{5-19}$$

(2) 在相同的高温热源和相同的低温热源之间工作的一切不可逆机的效率，均不可能高于可逆机的效率，即

$$\eta_{不可} \leqslant \eta_{可} \tag{5-20}$$

例如,马路上行驶的汽车,如果由卡诺机驱动,根据式(5-19)可求得其效率约为55%,但实际效率只有25%左右. 一个核动力工厂,就总体而言,就是一部热机. 它从反应堆以热量形式吸收能量,用一个涡轮机做功,并以热量形式向附近的河流释放能量,如果此核动力工厂像卡诺机那样运行,其效率预计约为40%,但它的实际效率为30%左右.

卡诺定理指出了提高热机效率的途径. 就过程而言,应当使实际热机尽量接近可逆机(如减小摩擦、漏气及其他散热等);就温度而言,应当尽量提高高温热源的温度,降低低温热源的温度.

检测点15:有一可逆的卡诺机,它作热机使用时,如果工作的两热源的温度差越大,则对于做功就越有利. 当作制冷机使用时,如果两热源的温度差越大,对于制冷是否也越有利? 为什么?

5.4.4 熵 熵增加原理

熵(entropy)是热力学系统的一个重要的状态函数. 熵的变化指明了自发过程进行的方向,并可给出孤立系统达到平衡的必要条件. 因此,它是热力学第二定律的简明概括.

一个实际过程除了必须遵守能量守恒以外,还有一个能量转换和传递的方向问题. 人们期望有一个普适判据来判断自发过程的方向. 根据热力学第二定律概括的关于热力学过程单向性的经验,自发过程的方向决定于系统初态和终态的差异. 因此,应该可以找到一个取决于系统状态的物理量,用它的变化来表述自发过程的方向.

1854年,克劳修斯首先找到了这样一个物理量;1865年,他给这个物理量正式命名为熵. 熵是物理学中最重要的概念之一,与能量、粒子等概念一样,在物理学的发展中起着非常重要的作用. 100多年来,随着物理学的发展,人们对熵的认识更加深入,而今它已成为各门科学技术甚至某些社会科学的重要概念,在自然过程和人类生活的各个方面,蕴涵了极其丰富的内容.

克劳修斯在研究卡诺热机(见卡诺循环)时,根据卡诺定理得出,对任意循环过程都有

$$\oint \frac{dQ}{T} \leqslant 0 \tag{5-21}$$

式中,dQ为系统从温度为T的热源所吸收的热量,等号对应可逆过程,不等号对应不可逆过程. 上式称为**克劳修斯不等式**. 如果过程是可逆的,上式中的T也是系统的温度,因为可逆过程中热源与系统的温度相同.

若系统从初态A经可逆过程"1"变到末态B,又经任意另一可逆过程"2"回到初态A,构成一个可逆循环(如图5-17所示),则对可逆循环有

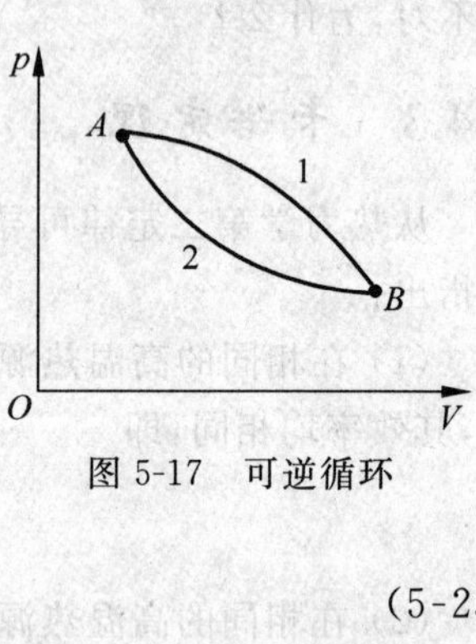

图5-17 可逆循环

$$\oint \frac{dQ}{T} = \int_{A1B} \frac{dQ}{T} + \int_{B2A} \frac{dQ}{T} = 0 \tag{5-22}$$

或

$$\int_{A1B} \frac{dQ}{T} = \int_{A2B} \frac{dQ}{T} \tag{5-23}$$

由于过程"1"、"2"是任意的,所以积分 $\int \frac{dQ}{T}$ 的值与状态 A、B 之间经历的过程无关,完全由初态 A 和终态 B 决定,因此被积函数应当是一个状态函数的全微分,这一状态函数称为熵,以符号 S 表示. 则

$$dS = \frac{dQ}{T} \tag{5-24}$$

或

$$S_B - S_A = \int_A^B \frac{dQ}{T} \tag{5-25}$$

熵是广延量,其单位是 $J \cdot K^{-1}$.

对于不可逆微变化过程,有

$$dS > \frac{dQ}{T} \tag{5-26}$$

可见,在可逆微变化过程中,熵的变化等于系统从热源吸收的热量与热源的热力学温度(见热力学温标)之比,在不可逆微变化过程中,这个比小于熵的变化. 这是热力学第二定律的直接结果和概括,是热力学第二定律的数学表达式.

对于绝热过程,$dQ=0$,因而 $dS>0$. 即系统经绝热过程由一种状态到达另一种状态时,系统的熵永不减少(熵在可逆绝热过程中不变,在不可逆绝热过程中增加). 此结论称为**熵增加原理**.

如果系统是孤立的,其内部一切变化与外界无关,必然是绝热过程. 所以熵增加原理的一个通常说法是,"一个孤立系统的熵永不会减少". 在这种说法里,孤立系统的熵必然包括非平衡态的熵. 因为一个孤立系统在变化的时候,不可能处在平衡态. 根据熵的广延性质,非平衡态的熵可定义为处在局域平衡的各部分的熵之和.

根据熵增加原理,孤立系统越接近平衡态,其熵值越大. 当系统的熵达到最大值时,系统达到平衡态,过程不再进行,只要没有外界作用,系统将始终保持平衡态. 因此,可由孤立系统熵的变化来判断系统中过程进行的方向,只有 $dS>0$ 的过程才是允许的.

可以证明,熵增加原理与热力学第二定律的开氏、克氏等表述是等效的. 实质上,熵增加原理就是热力学第二定律. 如果系统从平衡态有一微小变动,系统熵的变化 dS 必小于零. 因此,$dS<0$ 是判定孤立系统是否达到平衡的条件. 熵或熵的变化不仅能判断过程进行的方向,还反映该系统所处状态的稳定情况.

检测点 16:什么是熵增加原理? 熵增加原理的实质是什么?

5.4.5　熵的微观解释

1877 年,德裔奥地利物理学家玻耳兹曼在克劳修斯熵和麦克斯韦等人的工作基础上,通过对分子运动的进一步研究,把熵与热力学几率联系起来,建立了熵与系统微观性质的联系,从而使熵这个抽象概念的物理意义得到深入的解释. 他指出,在热力学系统中,每个微观态都具有相同几率,但在宏观上,对于一定的初始条件而言,粒子将从几率小的状态向最概然状态过渡. 当系统达到平衡态之后,系统仍可以按照几率大小发生偏离平衡态的涨落. 这样,不仅把熵与分子运动论的无序程度联系起来,而且使热力学第二定律只具有统计上的可

靠性. 以 k 代表玻耳兹曼常数，W 代表某一宏观态所对应的微观态的数目（或称热力学几率），则熵的统计表达式为

$$S = k\ln W + S_0 \tag{5-27}$$

式中，S_0 为熵常数. 当把 S_0 选为零时，得到玻耳兹曼关系

$$S = k\ln W \tag{5-28}$$

因此，可以把熵看作是与系统状态无序程度相联系的量. 系统无序程度越高，即系统越“混乱”，其对应的微观态数目越多，熵就越大；反之，系统越有序，熵就越小.

检测点 17：玻耳兹曼把熵与分子运动论的无序程度联系起来，建立了玻耳兹曼关系式 $S=k\ln W$，该式说明了什么？

*5.5 知识拓展——低温实现的方法

现在我们来回答引出本章的问题. 在 5.2.6 节中我们给出了理想气体绝热方程

$$pV^{\gamma} = C(\text{恒量})$$

$$V^{\gamma-1}T = \text{恒量}$$

$$p^{\gamma-1}T^{-\gamma} = \text{恒量}$$

当气体从初态 i 变化到终态 j 时，有

$$V_i^{\gamma-1}T_i = V_j^{\gamma-1}T_j$$

在一个没打开的香槟酒容器内的顶部，有二氧化碳气体和水蒸气，因为瓶内气体的压强比大气压大，所以当打开容器时，气体膨胀到大气中. 气体的体积增加意味着它必定推动大气做功. 因为膨胀速度很快，所以可以认为整个过程是绝热的，并且气体的热力学能是做功的唯一源泉. 因为热力学能减少，所以气体的温度必定降低，这就引起在气体中的水蒸气凝结为微滴，形成雾. 利用此原理可以获得低温和超低温.

低温技术在日常生活、医疗卫生、国防建设和科学研究等各个领域都有广泛的应用，尽管热力学第三定律告诉我们绝对零度不可到达（可无限接近），但这不能阻止人们不断向绝对零度趋近的探索. 下面简要介绍几种获得低温及超低温的方法.

1. 压缩-绝热膨胀法

压缩-绝热膨胀法是德国科学家林德等人在征服“永久气体”的过程中研究发现的. 压缩-绝热膨胀法的过程是先向容器里装入气体，施加高压，通过外界做功，使气体体积变小，气体分子运动加快（增加分子的平均动能），温度升高，接着通过冷却剂的蒸发吸热，带走热量，把受压气体冷却到原来的温度. 然后断绝容器（系统）与外界的热交换，让受压的气体通过狭窄的口子急剧膨胀，对外做功，由于从外界吸收的热量为零，因此只能减少自身的热力学能，从而达到降温的目的.

从能量的角度来看，气体在绝热膨胀过程中对外做功，由热力学第一定律可知，气体吸收的热量为零 $\Delta Q=0$，而气体又对外做功，要消耗热力学能，故热力学能减小. 膨胀后，气体分子间的平均距离增大，使分子间相互作用能增加. 而要使体系总的热力学能减少，分子平均势能增加，所以分子的平均动能一定减小，即温度下降.

2. 节流膨胀降温法

节流过程是指流体流动时由于通道截面突然缩小(如多孔塞、阀门等)而使压力降低的热力过程,如图 5-18 所示. 过程中,若流体与外界没有热量交换,则称绝热节流. 在多孔塞两边分别维持较高的压强 p_1 和较低的压强 p_2,气体从高压的一边经过多孔塞缓慢流向低压的另一边. 通过理论计算表明,对于理想气体,节流前后温度不发生变化,但对于实际气体而言,气体经节流过程后温度可以降低.

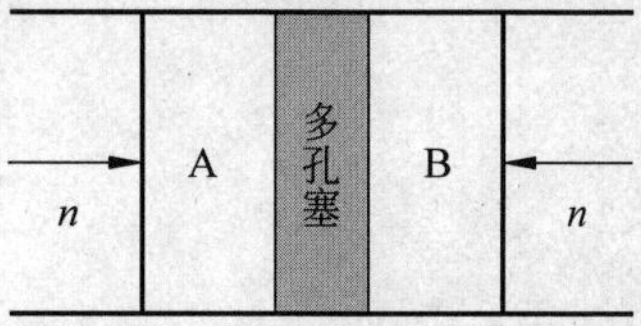

图 5-18　节流过程示意图

将气体液化至 1 K 的低温,目前常用节流过程或节流过程与绝热膨胀相结合的方法来实现. 节流过程制冷有两大优点:一是装置没有移动的部分,不用解决低温下移动部分的润滑技术问题,二是在一定的压强下,温度越低,所获得的温度降落越大.

3. 绝热去磁制冷法

1926 年,荷兰物理学家德拜找到一种获得 1 K 以下超低温度的方法. 他把一种顺磁物质放在 1 K 左右的液氦中,加一个强磁场,使顺磁物质的分子从杂乱无章到按磁场方向整齐排列. 在这过程中会放出部分能量,这部分能量被液氦带走,在绝热的情况下,撤去磁场. 这时,顺磁物质的分子从整体有序排列恢复到无规则状态的过程中要消耗能量,从而使液氦的温度下降,达到获得低温的效果.

4. 激光冷却法

激光冷却是指在激光作用下使原子的速度减小,是近年来正在发展的新概念制冷方法. 因为激光制冷机具有体积小、质量轻、无振动和噪声、无电磁影响、可靠性高、寿命长等优点,在现代军工、空间技术、微电子技术、光计算和存储等领域具有良好的应用前景.

激光具有高度的单色性、相干性、方向性和亮度等特性,使得它在现代科学技术各领域有着广泛的应用. 激光冷却利用的是一种特殊的散射效应,其散射荧光光子波长比入射光子波长短. 由光子能量公式

$$E = h\nu = hc/\lambda$$

可知光子能量与波长成反比,因此散射荧光光子能量高于入射光子能量. 激光制冷正是利用散射与入射光子的能量差来实现制冷效应的. 其过程可以简单理解为:用低能量的激光光子激发发光介质,发光介质散射出高能量的光子,将发光介质中的原有能量带出介质外,从而产生制冷效应. 与传统的制冷方式相比,激光起到了提供制冷动力的作用,而散射出的荧光是带走热量的载体.

综上所述,可以通过多种途径来获得低温,但其基本理论依据都是增加系统的有序化程度,减小系统的熵,使分子或原子的热运动程度减弱,进而使系统的温度降低. 各种制冷方法都有其自身的优缺点,在具体的制冷技术中,可能是几种方法和技术的组合,使温度趋向更低,从而使低温物理有新的突破.

阅读材料5　开尔文

开尔文(Lord Kelvin,1824—1907)是英国著名物理学家和发明家,原名W.汤姆孙(William Thomson).

1824年6月26日生于爱尔兰的贝尔法斯特.1845年毕业于剑桥大学,后跟随物理学家和化学家勒尼奥从事实验工作.由于装设第一条大西洋海底电缆有功,英政府于1866年封他为爵士,并于1892年晋升为开尔文勋爵.1851年他被选为伦敦皇家学会会员,1890—1895年任该会会长.1877年被选为法国科学院院士.1904年任格拉斯哥大学校长,直到1907年12月17日在苏格兰的内瑟霍耳逝世为止.

开尔文研究范围广泛,在热学、电磁学、流体力学、光学、地球物理、数学、工程应用等方面都做出了贡献,他一生发表论文多达600余篇,取得70种发明专利,在当时科学界享有极高的名望,受到英国和欧美各国科学家、科学团体的推崇.

开尔文是热力学的主要奠基人之一.他根据盖·吕萨克、卡诺和克拉珀龙的理论于1848年创立了热力学温标,这个温标的特点是它完全不依赖于任何特殊物质的物理性质,是现代科学上的标准温标.1851年他提出热力学第二定律:“不可能从单一热源吸热使之完全变为有用功而不产生其他影响.”这是公认的热力学第二定律的标准说法.1852年他与焦耳合作进一步研究气体的热力学能,发现了焦耳-汤姆孙效应,即气体经多孔塞绝热膨胀后所引起的温度的变化现象.这一发现成为获得低温的主要方法之一,广泛地应用到低温技术中.1856年他从理论研究上预言了一种新的温差电效应,这一现象后来叫汤姆孙效应.1848年他发明了电像法,这是计算一定形状导体电荷分布所产生的静电场问题的有效方法.1875年预言了城市将采用电力照明,1879年又提出了远距离输电的可能性.他的这些设想以后都得以实现,1881年他对电动机进行了改造,大大提高了电动机的实用价值,他还发明了镜式电流计、双臂电桥、虹吸记录器等.1861年,英国科学协会根据他的建议设立了一个电学标准委员会,为近代电学量的单位标准奠定了基础.

为了纪念他在科学上的功绩,国际计量大会把热力学温标(即绝对温标)称为开尔文(开氏)温标,热力学温度以K为单位,是现在国际单位制中七个基本单位之一.

复习与小结

1. 几个基本概念

（1）热力学第零定律：如果两个热力学系统中的每一个都与第三个热力学系统处于热平衡，则它们彼此也必定处于热平衡.

（2）温度：温度是一个与我们的冷热感觉有关的国际单位制的基本量，是决定一个系统是否与其他系统处于热平衡的物理量. 它用温度计来测量. 温度计含有的工作物质具有一种可测性质，如长度或体积，而且随着物质变热或变冷按一定的规律变化.

（3）温标：温度的数值表示，包括测温性质和温度间函数关系的选择以及温度计的分度法.

（4）准静态过程：过程进行得无限缓慢，过程中的每一中间态都非常接近平衡态.

（5）热力学能：系统中分子无规则运动的动能和分子间相互作用的势能的总和. 它是系统状态的单值函数，与系统经历的过程无关.

（6）热量(传递的热量)：系统外分子的无规则运动能量与系统内分子无规则运动能量之间的交换.

（7）功：与一定宏观位移相联系，是物体的有规则运动的能量与系统内分子无规则运动能量的转换.

$$W = \int_{V_1}^{V_2} p\mathrm{d}V$$

功和热量与系统变化的过程有关.

（8）熵：熵是热力学系统的一个重要的状态函数. 熵的变化指明了自发过程进行的方向，并可给出孤立系统达到平衡的必要条件.

$$\mathrm{d}S = \frac{\mathrm{d}Q}{T}$$

或

$$S_B - S_A = \int_A^B \frac{\mathrm{d}Q}{T}$$

熵的单位是 $\mathrm{J \cdot K^{-1}}$.

（9）熵的微观解释：

$$S = k\ln W$$

熵是与系统状态无序程度相联系的量. 系统无序程度越高，即系统越“混乱”，其对应的微观态数目越多，熵就越大；反之系统越有序，熵就越小.

2. 热力学第一定律

热力学第一定律是包括热量在内的能量转换与守恒定律，当系统从平衡态 1 到平衡态 2 的转变过程中：

$$Q = (E_2 - E_1) + W$$

式中 W 表示系统对外界所做的功，Q 表示系统吸的热. 对无限小的变化过程：

$$\mathrm{d}Q = \mathrm{d}E + \mathrm{d}W$$

3. 热力学第一定律对于理想气体各等值过程的应用

特征＼过程	等体过程	等压过程	等温过程	绝热过程
p-V 图	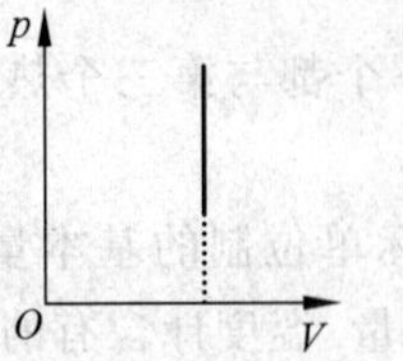	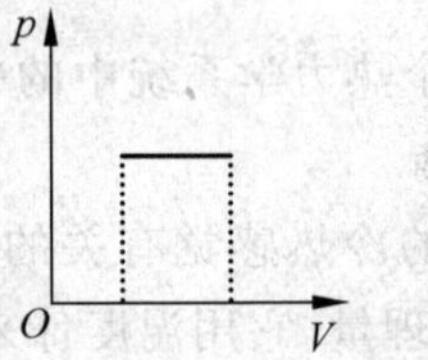	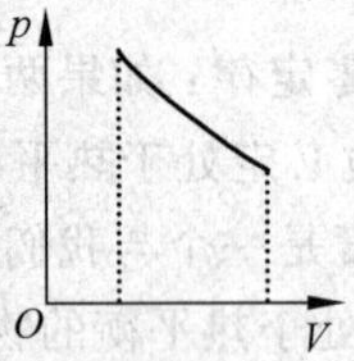	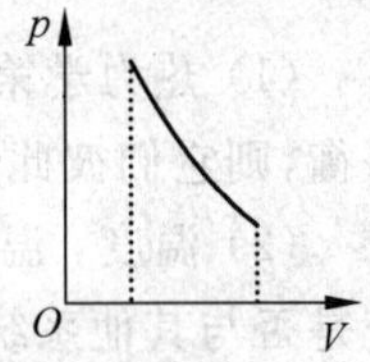
过程方程	$\frac{p}{T}$＝恒量	$\frac{V}{T}$＝恒量	pV＝恒量	$pV^{\gamma}=C_1$ $V^{\gamma-1}T=C_2$ $p^{\gamma-1}T^{-\gamma}=C_3$
热量 Q	$\frac{M}{\mu}\frac{i}{2}R(T_2-T_1)=$ $\frac{M}{\mu}C_{V,\mathrm{m}}(T_2-T_1)$	$\frac{M}{\mu}C_{p,\mathrm{m}}(T_2-T_1)=$ $\frac{M}{\mu}\left(\frac{i}{2}+1\right)R(T_2-T_1)$	$\frac{M}{\mu}RT\ln\frac{V_2}{V_1}$或 $\frac{M}{\mu}RT\ln\frac{p_1}{p_2}$	0
热力学能增量 ΔE	$\frac{M}{\mu}C_{V,\mathrm{m}}(T_2-T_1)$	$\frac{M}{\mu}C_{V,\mathrm{m}}(T_2-T_1)$	0	$\frac{M}{\mu}C_{V,\mathrm{m}}(T_2-T_1)$
功 W	0	$p(V_2-V_1)=$ $\frac{M}{\mu}R(T_2-T_1)$	$\frac{M}{\mu}RT\ln\frac{V_2}{V_1}$ 或 $\frac{M}{\mu}RT\ln\frac{p_1}{p_2}$	$\frac{M}{\mu}C_{V,\mathrm{m}}(T_1-T_2)$ 或 $\frac{p_1V_1-p_2V_2}{\gamma-1}$
第一定律	$Q_{V,\mathrm{m}}=\Delta E$	$Q_{p,\mathrm{m}}=\Delta E+W_p$	$Q_T=W_T$	$W=-\Delta E$

4. 循环过程

(1) $\eta=\frac{W_{净}}{Q_1}=\frac{Q_1-Q_2}{Q_1}$；$\omega=\frac{Q_2}{W}=\frac{Q_2}{Q_1-Q_2}$.

(2) 卡诺循环：$\eta_{卡}=1-\frac{T_2}{T_1}$；$\omega_{卡}=\frac{T_2}{T_1-T_2}$.

5. 热力学第二定律

(1) 两种表述的实质

开尔文表述指出热功转换的不可逆性，克劳修斯表述指出热传递方向的不可逆性.

(2) 两种表述的等价性

指出一切与热现象有关的实际过程都是不可逆的.

6. 卡诺定理

(1) 工作于两个一定温度 T_1 和 T_2 之间的所有可逆热机，其效率都相等，都等于 $\frac{T_1-T_2}{T_1}$，与工作物质无关.

(2) $\eta_{可}\geqslant\eta_{不可}$.

7. 熵增加原理

系统经绝热过程由一种状态到达另一种状态时，系统的熵永不减少(熵在可逆绝热过程中不变，在不可逆绝热过程中增加)。

练 习 题

5-1 热力学第零定律表明，处在同一平衡态的所有热力学系统都具有一个共同的宏观性质，我们定义这个决定系统热平衡的宏观性质为______. 温度的数值表示，包括测温性质和温度间函数关系的选择以及温度计的分度法称为______.

5-2 热力学第一定律的数学表达式是______；通常规定：系统从外界吸收热量时 Q 为正值，系统向外界放出热量时 Q 为负值；______时 W 取正值，______时 W 为负值；系统热力学能______时 ΔE 为正值，系统热力学能______时 ΔE 为负值.

5-3 1824 年法国工程师卡诺研究了一种理想循环，并从理论上证明了它的效率最高，这种循环称为卡诺循环. 理想气体的卡诺循环包括四个准静态过程，即两个______和两个______.

5-4 1851 年开尔文提出了热力学第二定律的开氏说法，这是公认的热力学第二定律的标准说法；可表述为：______. 开尔文表述实质上就是说功变热的过程是不可逆的.

5-5 卡诺定理指出了提高热机效率的途径. 就过程而言，应当使实际热机尽量接近可逆机(如减小摩擦，漏气及其他散热等)；就温度而言，应当尽量提高______的温度，降低______的温度.

5-6 下列说法正确的是( ).

A. 物体吸收热量，其温度一定升高

B. 热量只能从高温物体向低温物体传递

C. 遵守热力学第一定律的过程一定能实现

D. 做功和热传递是改变物体热力学能的两种方式

5-7 置于容器内的气体，如果气体内各处压强相等，或气体内各处温度相同，则这两种情况下气体的状态( ).

A. 一定都是平衡态

B. 不一定都是平衡态

C. 前者一定是平衡态，后者一定不是平衡态

D. 后者一定是平衡态，前者一定不是平衡态

5-8 如题 5-8 图所示，一定量理想气体从体积 V_1 膨胀到 V_2，AB 为等压过程，AC 为等温过程，AD 为绝热过程. 则吸热最多的是( ).

A. AB 过程　　B. AC 过程　　C. AD 过程　　D. 不能确定

5-9 如题 5-9 图所示，一定量的某种理想气体起始温度为 T，体积为 V，该气体在下面循环过程中经过三个平衡过程：(1)绝热膨胀到体积为 $2V$；(2)等体变化使温度恢复为 T；(3)等温压缩到原来体积 V，则此整个循环过程中( ).

A. 气体向外界放热　　B. 气体对外界做正功

C. 气体热力学能增加　　D. 气体热力学能减少

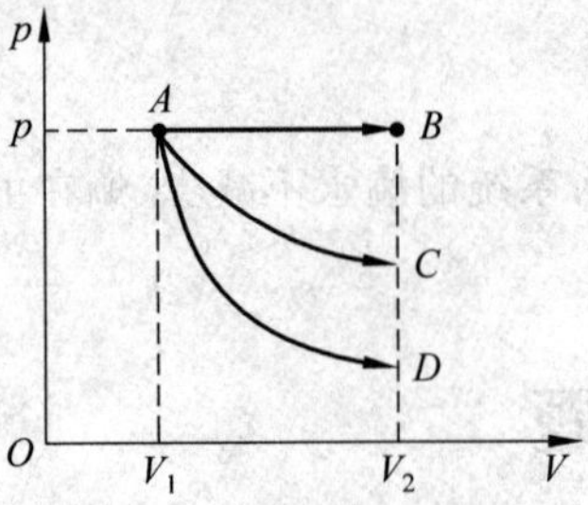

题 5-8 图

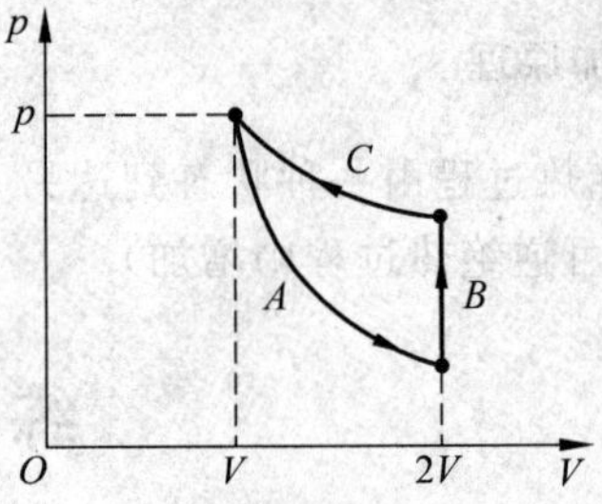

题 5-9 图

5-10　在下列说法中，正确的是（　　）.

(1) 可逆过程一定是平衡过程；

(2) 平衡过程一定是可逆的；

(3) 不可逆过程一定是非平衡过程；

(4) 非平衡过程一定是不可逆的.

A. (1)、(4)　　B. (2)、(3)

C. (1)、(2)、(3)、(4)　　D. (1)、(3)

5-11　如题 5-11 图所示，1 mol 理想气体，例如氧气，由状态 $A(p_1, V_1)$ 在 p-V 图上沿一条直线变到状态 $B(p_2, V_2)$，该气体的热力学能的增量为多少？

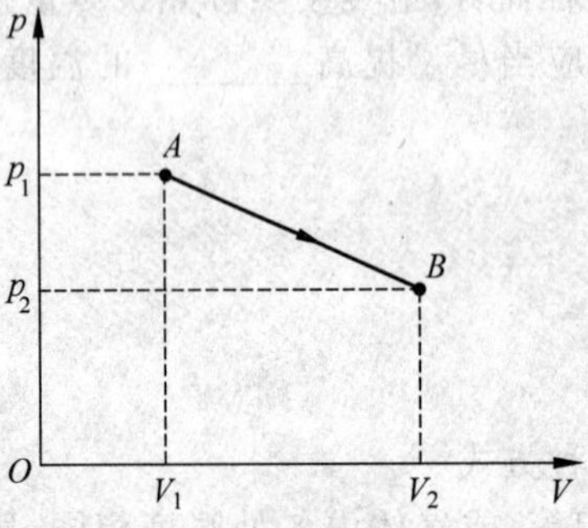

题 5-11 图

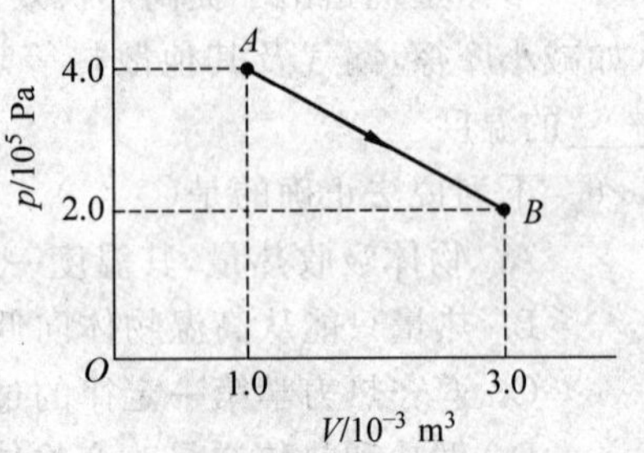

题 5-12 图

5-12　如题 5-12 图所示，一定质量的理想气体，沿图中斜向下的直线由状态 A 变化到状态 B. 初态时压强为 4.0×10^5 Pa，体积为 1.0×10^{-3} m^3，末态的压强为 2.0×10^5 Pa，体积为 3.0×10^{-3} m^3，求此过程中气体对外所做的功.

5-13　如题 5-13 图所示，系统从状态 A 沿 ACB 变化到状态 B，有 334 J 的热量传递给系统，而系统对外做功为 126 J. (1)若沿曲线 ADB 时，系统做功 42 J，问有多少热量传递给系统；(2)当系统从状态 B 沿曲线 BEA 返回到状态 A 时，外界对系统做功 84 J，问系统是吸热还是放热？传递热量多少？(3)若 $E_D-E_A=167$ J，求系统沿 AD 及 DB 变化时，各吸收多少热量？

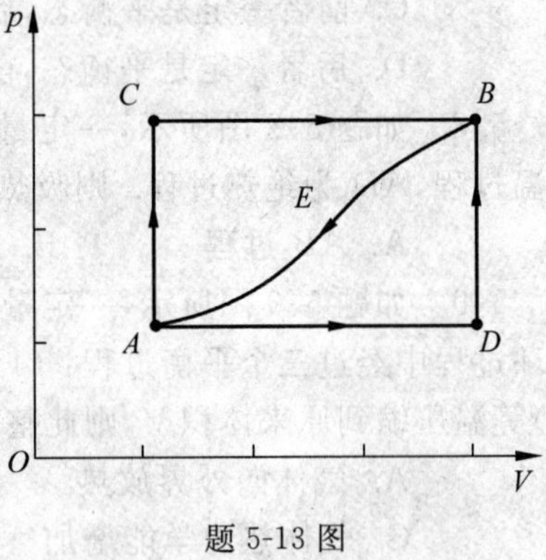

题 5-13 图

5-14　为了使刚性双原子分子理想气体，在等压膨胀过程中对外做功 2 J，必须传给气体多少热量？

5-15　2 mol 氢气(视为理想气体)开始时处于标准状态，后经等温过程从外界吸取了 400 J 的热量，达到末态，求末态的压强.

5-16　0.02 kg 的氦气(视为理想气体)，温度由 17℃升为 27℃，若在升温过程中：(1)体积保持不变；(2)压强保持不变；(3)不与外界交换热量. 试分别求出气体热力学能的改变，吸收的热量，外界对气体所做的功.

5-17　将 0.3 kg 水蒸气自 120℃加热到 140℃，问：(1)在等体过程中；(2)在等压过程中，各吸收了多少热量.（实验测得水蒸气的摩尔定体热容和摩尔定压热容分别为：$C_{V,m}=27.82\ \mathrm{J\cdot mol^{-1}\cdot K^{-1}}$，$C_{p,m}=36.21\ \mathrm{J\cdot mol^{-1}\cdot K^{-1}}$）

5-18　将压强为 1.013×10^5 Pa，体积为 $1\times10^{-3}\ \mathrm{m^3}$ 的氧气，自温度 0℃加热到 160℃，问：(1)当压强不变时，需要多少热量？(2)当体积不变时，需要多少热量？(3)在等压和等体过程中各做了多少功？

5-19　如题 5-19 图所示，1 mol 的氢气，当压强为 1.013×10^5 Pa，温度为 20℃时，体积为 V_0 时，现通过以下两种过程使其达到同一状态.(1)保持体积不变，加热使其温度升高到 80℃，然后令其作等温膨胀，体积变为 $2V_0$；(2)先使其作等温膨胀至体积为 $2V_0$，然后保持体积不变，加热使其温度升高到 80℃. 试分别计算以上两种过程中，气体吸收的热量、对外所做的功和热力学能的增量.

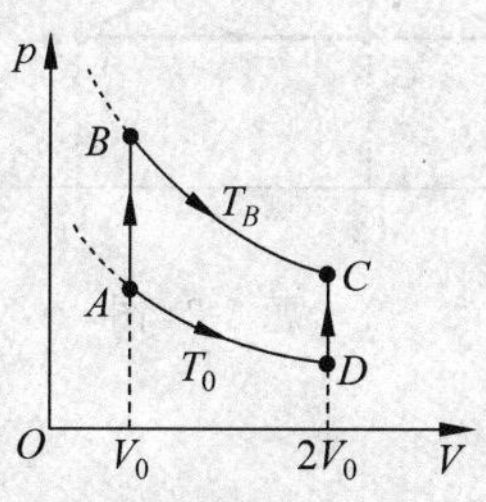

题 5-19 图

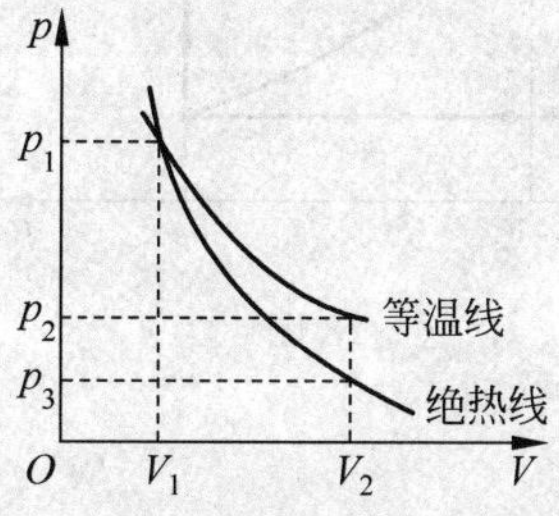

题 5-20 图

5-20　如题 5-20 图所示，质量为 6.4×10^{-2} kg 的氧气，在温度为 27℃时，体积为 $3\times10^{-3}\ \mathrm{m^3}$. 计算下列各过程中气体所做的功.(1)气体绝热膨胀至体积为 $1.5\times10^{-2}\ \mathrm{m^3}$；(2)气体等温膨胀至体积为 $1.5\times10^{-2}\ \mathrm{m^3}$，然后再等体冷却，直到温度等于绝热膨胀后达到的最后温度为止，并解释这两种过程中做功不同的原因.

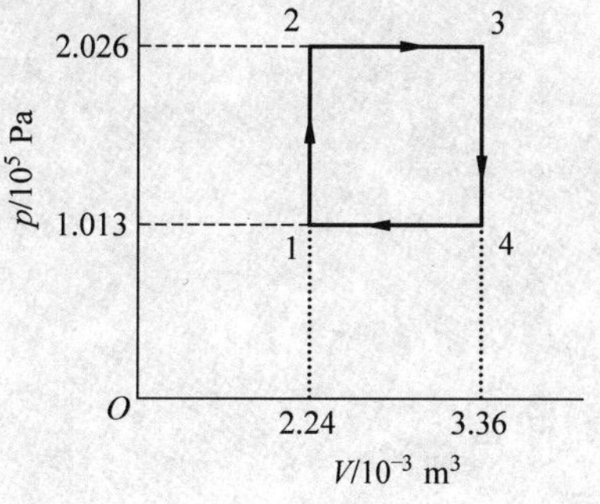

题 5-21 图

5-21　有 1 mol 单原子理想气体作如题 5-21 图所示的循环过程. 求气体在循环过程中吸收的净热量和对外所做的净功，并求循环效率.

5-22　一卡诺热机的低温热源的温度为 7℃，效率为 40%，若要将其效率提高到 50%，问高温热源的温度应提高多少？

5-23　汽油机可近似地看成如题5-23图所示的理想循环，这个循环也叫做奥托循环，其中 BC 和 DE 是绝热过程. 试证明：

(1) 此循环的效率为 $\eta=1-\dfrac{T_E-T_B}{T_D-T_C}$，式中，$T_B$，$T_C$，$T_D$，$T_E$ 分别为工作物质在状态 B，C，D，E 的温度.

(2) 若工作物质的比热容比为 γ，在状态 C，D 和 E，B 的体积分别为 V_C，V_B，则上述效率也可表示为 $\eta=1-\left(\dfrac{V_C}{V_B}\right)^{\gamma-1}$.

5-24　设有一以理想气体为工作物质的热机，其循环如题5-24图所示，试证明其效率为

$$\eta=1-\gamma\frac{\left(\dfrac{V_1}{V_2}\right)-1}{\left(\dfrac{p_1}{p_2}\right)-1}$$

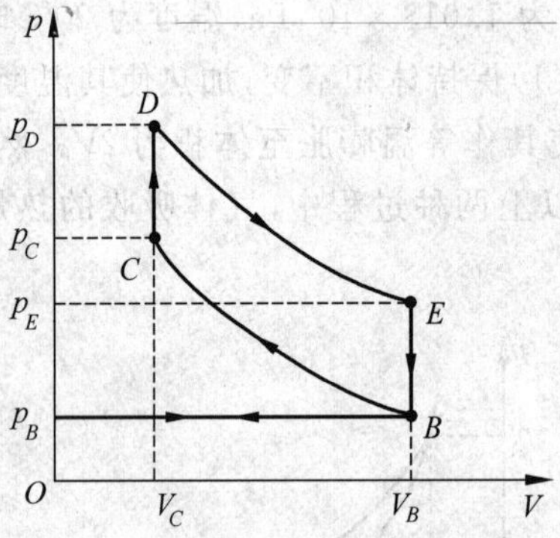

题5-23图

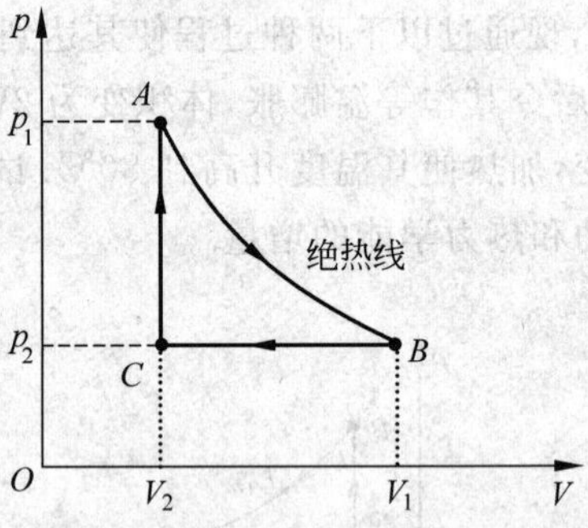

题5-24图

第6章 静电场

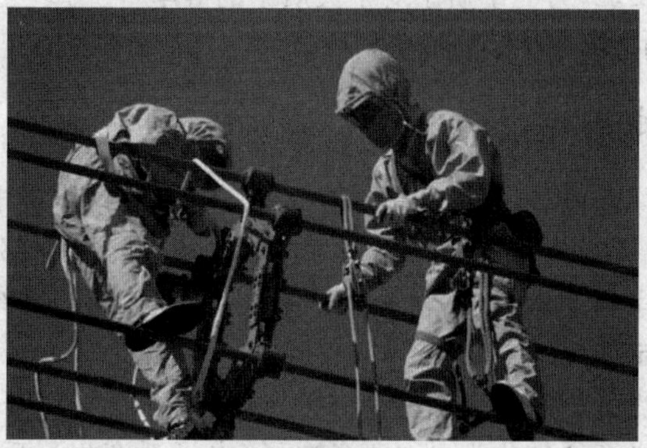

高压带电作业

当一根高压输电线需要修理时，电力公司不能把它断路，那样可能会使全城漆黑一片. 所以，修理必须在线路通高压电的同时进行，上图中作业人员正在 500 kV 输电线路带电操作. 他们如何完成修理而又不会触电致死呢？

电磁现象是自然界存在的一种极为普遍的现象，它涉及很广泛的领域；电的研究和应用在认识客观世界和改造客观世界中展现了巨大的活力. 电磁学主要研究电荷、电流激发电场、磁场的规律，电场和磁场的相互作用，电磁场对电荷、电流的作用以及电磁场对物质的各种效应等. 本书电磁学部分主要内容包括静电场的描述及其规律，稳恒磁场的描述及其规律，以及电场和磁场相互联系的规律——电磁感应和电磁波.

相对于观察者运动的电荷不仅激发电场，同时也会激发磁场，当电荷相对于观察者静止时，其在周围空间激发的电场称为静电场.

6.1 库仑定律 电场强度

6.1.1 电荷的量子化

自然界只存在正负两种电荷，同种电荷相互排斥，异种电荷相互吸引. 物体所带电荷的多少叫做电量，常用 Q 或 q 表示，在国际单位制(SI)中，它的单位为 C. 正电荷的电量取正值，负电荷的电量取负值. 实验表明，在自然界中，电荷总是以一个基本单元的整数倍出现的，其他带电体的电量只能为基本单元电荷的整数倍. 电荷的这种只能取离散的、不连续的量值的性质叫做**电荷的量子化**. 1913 年，密立根用油滴实验测定基本单元电荷的量值，即一个电子所带电量的绝对值，用符号 e 表示. 迄今所知，电子是自然界存在的最小负电荷，质子是最小正电荷，1986 年国际推荐的电子电量的绝对值为

$$e = 1.602\,177\,33 \times 10^{-19}\,(\mathrm{C})$$

尽管 1964 年盖尔曼等人提出夸克模型，每一个夸克带有 $\pm\frac{1}{3}e$ 或 $\pm\frac{2}{3}e$ 的电量，然而迄今实验上还没有发现处于自由状态的夸克，即使发现了，也不过把基本单元电荷的量值缩小到目前的 $\frac{1}{3}$，并不破坏电荷的量子化规律.

检测点 1：如检 6-1 图所示，两个质子 p 和一个电子 e 在一个轴上. 试问以下各力：(1)电子对中央质子的静电力；(2)另一个质子对中央质子的静电力；(3)对中央质子上的合静电力，它们各沿什么方向？

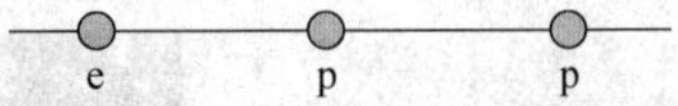

检 6-1 图

6.1.2 电荷守恒定律

在宏观过程中，摩擦起电、感应起电等事实表明，任何使物体带电的过程或带电体被中和的过程，都是电荷从一个物体转移到另一个物体，或从物体的一部分转移到另一部分. 对于一个系统，如果没有净电荷出入，不管系统中的电荷如何迁移，系统中的电荷代数和保持不变，这就是**电荷守恒定律**.

在微观过程中，近代科学研究表明电荷守恒定律仍然成立. 例如高能光子（γ 射线）和一个重原子核相碰时，该光子会转化为一对正负电子（电子对产生）；反之，当一对正负电子在一定条件相遇时，又会同时消失而产生两个或三个光子（电子对的湮灭）. 光子不带电，正负电子所带的电荷等量异号，故在此微观过程中尽管粒子产生或湮灭，但过程前后电荷的代数和仍没有变.

电荷守恒定律就像能量守恒定律、动量守恒定律和角动量守恒定律那样，也是自然界的基本定律之一.

检测点 2：最初，球 A 具有 $-50e$ 的电荷而球 B 具有 $+20e$ 的电荷，它们都由导电材料制成并且大小相同. 如果两球接触一下，那么最终球 A 上的电荷是多少？

6.1.3 库仑定律

1785 年法国物理学家库仑通过扭秤实验总结出两个点电荷之间相互作用的规律，即库仑定律. **点电荷**是一种理想模型，是指当带电体本身的几何线度比起它到其他带电体的距离小得多时，其形状和电荷在带电体中的分布已无关紧要，可以把它抽象成一个几何点.

库仑定律表述如下：在真空中，两个静止的点电荷之间的相互作用力的大小和它们电量的乘积成正比，与它们之间距离的平方成反比；作用力的方向沿着它们之间的连线，同号电荷相斥，异号电荷相吸.

如图 6-1 所示，两个点电荷分别为 q_1 和 q_2，由电荷 q_1 指向电荷 q_2 的矢量用 $\boldsymbol{r}_{12}$ 表示. 那么电荷 q_2 受到电荷 q_1 的作用力 $\boldsymbol{F}_{21}$ 为

$$\boldsymbol{F}_{21} = k\frac{q_1 q_2}{r_{12}^2}\boldsymbol{e}_{12} \tag{6-1a}$$

图 6-1　库仑定律

式中，$\boldsymbol{e}_{12}$表示从电荷 q_1 指向电荷 q_2 的单位矢量，即 $\boldsymbol{e}_{12}=\boldsymbol{r}_{12}/r_{12}$，$k$ 为比例系数，在国际单位制中

$$k = 8.98755\times10^{9}\mathrm{N\cdot m^2/C^2} \approx 9.0\times10^{9}(\mathrm{N\cdot m^2/C^2})$$

通常还引入另一常量 ε_0 来代替 k，使

$$k=\frac{1}{4\pi\varepsilon_0}$$

式中，ε_0 叫真空电容率，在国际单位制中

$$\varepsilon_0=\frac{1}{4\pi k}=8.85\times10^{-12}\mathrm{C^2/(N\cdot m^2)}$$

真空中库仑定律的表达形式

$$\boldsymbol{F}_{21}=\frac{1}{4\pi\varepsilon_0}\frac{q_1q_2}{r_{12}^2}\boldsymbol{e}_{12} \tag{6-1b}$$

当两个点电荷 q_1 和 q_2 同号时，$q_1q_2>0$，$\boldsymbol{F}_{21}$与 $\boldsymbol{e}_{12}$同方向，表示电荷 q_2 受 q_1 的斥力；当两个点电荷 q_1 和 q_2 异号时，$q_1q_2<0$，$\boldsymbol{F}_{21}$与 $\boldsymbol{e}_{12}$方向相反，表示电荷 q_2 受 q_1 的引力. q_1 受到 q_2 的作用力 $\boldsymbol{F}_{12}$与 q_2 同时受到 q_1 的作用力 $\boldsymbol{F}_{21}$大小相等，方向相反，且在同一直线上，符合牛顿第三定律，即

$$\boldsymbol{F}_{12}=-\boldsymbol{F}_{21}$$

如果有两个以上的点电荷，则式(6-1)对其中每一对电荷都成立，其中任一电荷所受其他电荷的作用力可以用矢量合成的方法求得.

检测点 3：库仑定律适用于所有的带电物体吗？

6.1.4　电场强度

两个点电荷之间存在相互作用力，那么这种相互作用力是怎么传递的呢？围绕这个问题，在历史上曾有过长期的争论，一种观点认为这类力不需要任何媒质，也不需要时间，能够由一个物体立即作用到相隔一定距离的另一个物体上，这种观点叫做超距作用；另一种观点认为这类力是近距作用，电力是通过一种充满在空间的弹性媒质——“以太”来传递的. 近代物理证明，“超距作用”的观点是错误的，电力的传递虽然速度很快(约 $3\times10^8\mathrm{m/s}$，与光速相同)，但并不是不需要时间；而“近距作用” 观点所假定的“以太”也是不存在的. 电荷之间存在相互作用力是通过电场来传递的.

两个点电荷之间的相互作用力是通过电场来传递的. 具体地说，点电荷 q_1 在其周围激发电场，而点电荷 q_2 处在 q_1 的电场中，受到这个电场的作用；同样，点电荷 q_2 也在其周围激发电场，而点电荷 q_1 受到这个电场的作用. 两个点电荷之间的相互作用过程如图 6-2 所示.

现代科学和实践证明，场是物质存在的一种形式，它与实物一样具有能量、质量和动量.

电场的一个重要性质就是对处于电场中的其他电荷施加力的作用，利用这一特性可以定量描述电场. 为此，我们可以引入一个试探电荷 q_0 来测量各点处电场对它的作用力. 一个试探电荷必须满足两个条件：(1)它的“几何线度”必须充分地小，小到可以看作点电荷，这

图 6-2　两个点电荷的相互作用

样才能用它来确定空间各点的电场性质；(2)它所带的电量必须充分地小，使得由于它的引入不至于改变原来电场的分布，否则测出来的将是重新分布后的电荷所激发的电场. 实验表明，同一试探电荷所受的电场力的大小和方向随着它在电场中位置的变化而变化. 当我们把试探电荷的位置固定时，会发现试探电荷所受作用力的大小与其所带电量的多少成正比，若将它换成等量异号电荷，则其所受力的大小不变，方向反转. 因此，对于电场中的固定点来说，$\boldsymbol{F}/q_0$ 是一个无论大小和方向都与试探电荷无关的矢量，它反映电场本身的性质. 我们把它定义为**电场强度**，简称**场强**，用 $\boldsymbol{E}$ 表示，有

$$\boldsymbol{E} = \frac{\boldsymbol{F}}{q_0} \tag{6-2}$$

上式表明电场强度的大小等于单位正电荷在该点所受的电场力的大小，其方向与正电荷在该点处所受电场力的方向一致.

在国际单位制(SI)中，电场强度 $\boldsymbol{E}$ 的单位是 V/m，1 V/m＝1 N/C.

当电场强度的分布已知时，电荷 q 在电场中某点所受到的静电场力

$$\boldsymbol{F} = q\boldsymbol{E} \tag{6-3}$$

检测点 4：如检 6-4 图所示，在 x 轴上的一个质子 p 和一个电子 e. (1)在 S 点和 R 点，由该电子引起的电场沿什么方向？(2)在 S 点和 R 点，合电场沿什么方向？

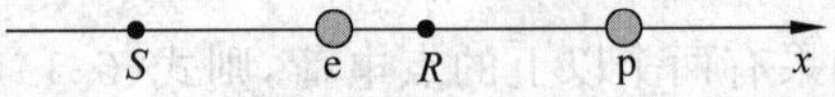

检 6-4 图

6.1.5　由点电荷引起的电场

由库仑定律和电场强度定义式可求得真空中点电荷周围的电场强度. 如图 6-3 所示，在真空中，点电荷 q 位于坐标原点，在点电荷 q 的电场中任取一点 P，距离 $OP=r$，在 P 点引入一个试探电荷 q_0，根据库仑定律，q_0 在 P 点所受的电场力为

$$\boldsymbol{F} = \frac{1}{4\pi\varepsilon_0}\frac{q_0 q}{r^2}\boldsymbol{e}_{\mathrm{r}}$$

式中，$\boldsymbol{e}_{\mathrm{r}}$ 是 OP 方向上的单位矢量. 根据场强定义式(6-2)，P 点的场强为

$$\boldsymbol{E} = \frac{\boldsymbol{F}}{q_0} = \frac{1}{4\pi\varepsilon_0}\frac{q}{r^2}\boldsymbol{e}_{\mathrm{r}} \tag{6-4}$$

图 6-3　点电荷的电场强度

由于 P 点是任意选定的，所以式(6-4)反映的是点电荷电场中任一点的电场强度. 当点电荷为正电荷时，场强 $\boldsymbol{E}$ 的方向与 $\boldsymbol{e}_{\mathrm{r}}$ 的方向一致；点电荷为负电荷时，场强 $\boldsymbol{E}$ 的方向与 $\boldsymbol{e}_{\mathrm{r}}$ 的方向相反；场强 $\boldsymbol{E}$ 的大小与点电荷所带电量 q 成正比，与距离 r 的平方成反比. 在以 q 为中心的每一个球面上的场强大小都相等，具有球对称性.

电场力是矢量，它的合成服从矢量叠加原理. 若将试探电荷 q_0 放在点电荷系 q_1，q_2，…，q_n 所产生的电场中时，实验表明，试探电荷 q_0 在给定点处所受合力 $\boldsymbol{F}$ 等于各个点电荷分别对 q_0 作用的力 $\boldsymbol{F}_1$，$\boldsymbol{F}_2$，…，$\boldsymbol{F}_n$ 的矢量和，即

$$\boldsymbol{F} = \boldsymbol{F}_1 + \boldsymbol{F}_2 + \cdots + \boldsymbol{F}_n$$

将上式两边除以 q_0，得到

$$\boldsymbol{E} = \boldsymbol{E}_1 + \boldsymbol{E}_2 + \cdots + \boldsymbol{E}_n = \sum_{i=1}^{n} \boldsymbol{E}_i \tag{6-5}$$

式中，$\boldsymbol{E}_1 = \boldsymbol{F}_1/q_0$，$\boldsymbol{E}_2 = \boldsymbol{F}_2/q_0$，…，$\boldsymbol{E}_n = \boldsymbol{F}_n/q_0$ 分别为各点电荷单独存在时，各自在 q_0 所在点产生的场强.

式(6-5)表明，点电荷系中任一点处的总场强等于各个点电荷单独存在时在该点各自产生的场强的矢量和，这就是**电场场强的叠加原理**，是电场的基本性质之一.

检测点 5：如检 6-5 图所示，带电粒子距原点等距离的四种情况. 按照原点的合电场大小由大到小把这些情况排序？

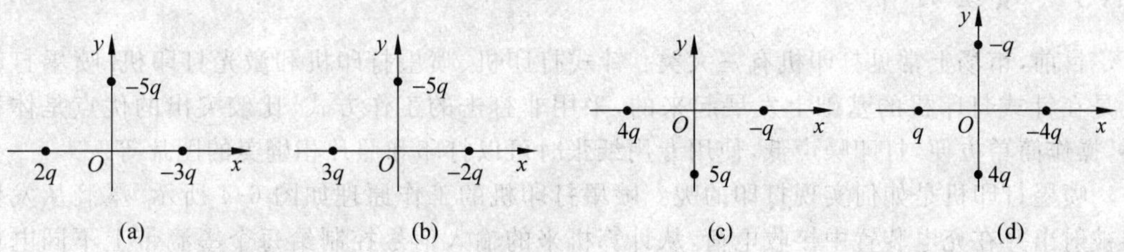

检 6-5 图

6.1.6　由连续电荷分布引起的电场

对于电荷连续分布带电体的全部电荷可以认为是大量极小的电荷微元 $\mathrm{d}q$ 的集合. 其中任一微元都可视为点电荷，则它在空间中某点 P 处产生的场强为

$$\mathrm{d}\boldsymbol{E} = \frac{1}{4\pi\varepsilon_0} \frac{\mathrm{d}q}{r^2} \boldsymbol{e}_r$$

式中，r 是 $\mathrm{d}q$ 所在点到 P 点的距离，$\boldsymbol{e}_r$ 是该方向上的单位矢量，$\boldsymbol{e}_r = \boldsymbol{r}/r$. P 点的总场强是所有电荷微元在 P 点场强的矢量和，即

$$\boldsymbol{E} = \int \mathrm{d}\boldsymbol{E} = \frac{1}{4\pi\varepsilon_0} \int \frac{\mathrm{d}q}{r^2} \boldsymbol{e}_r \tag{6-6}$$

这是一个矢量积分，在具体运算时，往往先写出 $\mathrm{d}\boldsymbol{E}$ 在 x，y，z 三个坐标轴上的分量 $\mathrm{d}E_x$，$\mathrm{d}E_y$，$\mathrm{d}E_z$，这样使得矢量的积分转化成对标量的积分.

$$\boldsymbol{E} = E_x \boldsymbol{i} + E_y \boldsymbol{j} + E_z \boldsymbol{k}$$

其中

$$E_x = \int \mathrm{d}E_x, \quad E_y = \int \mathrm{d}E_y, \quad E_z = \int \mathrm{d}E_z$$

根据不同的情况，有时把电荷看成在一定体积内连续分布(体分布)，有时把电荷看成在一定曲面上连续分布(面分布)，有时把电荷看成在一定曲线上连续分布(线分布)，等等. 对于电荷连续分布的体分布、面分布和线分布，电荷元 $\mathrm{d}q$ 分别为 $\mathrm{d}q = \rho \mathrm{d}V$，$\mathrm{d}q = \sigma \mathrm{d}S$，$\mathrm{d}q = \lambda \mathrm{d}l$，其中电荷体密度 ρ 为单位体积内的电荷，电荷面密度 σ 为单位面积内的电荷，电荷线密度 λ

为单位长度内的电荷，则由式(6-6)可得它们的电场强度分别为

$$\boldsymbol{E}=\frac{1}{4\pi\varepsilon_0}\iiint_V \frac{\rho \mathrm{d}V}{r^2}\boldsymbol{e}_r,\quad \boldsymbol{E}=\frac{1}{4\pi\varepsilon_0}\iint_S \frac{\sigma \mathrm{d}S}{r^2}\boldsymbol{e}_r,\quad \boldsymbol{E}=\frac{1}{4\pi\varepsilon_0}\int_l \frac{\lambda \mathrm{d}l}{r^2}\boldsymbol{e}_r \tag{6-7}$$

检测点 6：如检 6-6 图所示，三根绝缘棒，一根圆的和两根直的. 每根的上半部分和下半部分都各有 Q 的均匀电荷分布，则每一根绝缘棒在 P 点的合电场沿什么方向？

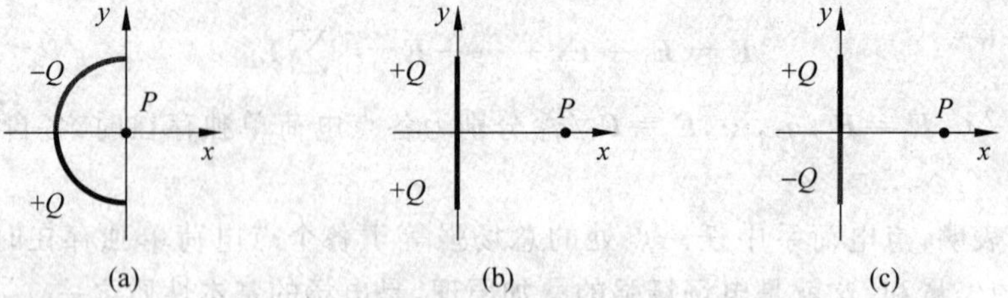

检 6-6 图

6.1.7 喷墨打印

目前，市场上常见打印机有三大类：针式打印机、喷墨打印机和激光打印机. 喷墨打印机是在针式打印机的基础上发展起来的，采用非打击的工作方式，比较突出的优点是体积小，操作简单方便，打印噪声低，使用专用纸张时可以打印和照片相媲美的图片等.

喷墨打印机是如何实现打印的呢？喷墨打印机的工作原理如图 6-4 所示. 墨滴从发生器被射出并在充电装置中接收电荷，从计算机来的输入信号控制给每个墨滴带上不同电量的负电荷 q. 两偏转极板之间有均匀的、方向向下的偏转电场，根据电荷在电场中受力的公式可知，电荷 q 在电场 $\boldsymbol{E}$ 中所受静电场力为 $\boldsymbol{F}=q\boldsymbol{E}$，带负电荷 q 的墨滴受到向上的偏转力，当墨滴进入极板的水平速度 v_x 和极板与纸间的距离 L 一定时，墨滴打在纸上的位置由两极板的场强 $\boldsymbol{E}$ 和墨滴上的电荷 q 确定，形成一个字母约需 100 个微小墨滴. 在实践中，$\boldsymbol{E}$ 保持恒定，墨滴打在纸上的位置仅由充电装置传给墨滴的电荷 q 来决定. 墨滴必须在进入偏转系统之前通过充电装置，充电装置本身又由把打印材料编码的电子信号驱动. 例如墨滴在喷墨打印机的电场中被偏移(如图 6-5 表示)，具有质量 m 为 1.3×10^{-10} kg 且带有大小为 $q=-1.5\times10^{-13}$ C 负电荷的墨滴进入两极板之间的区域. 墨滴最初沿 x 轴以速率 $v_x=18$ m/s 运动，两极板的长度 L 为 1.6 cm，两极板间存在均匀电场，其大小为 1.4×10^6 N/C，方向向下. 墨滴在两极板远端边缘的垂直偏移计算如下：由于作用于每一个墨滴的重力远远小于电场力，故重力忽略不计. 墨滴带负电而电场指向下方，大小为 $\boldsymbol{F}=q\boldsymbol{E}$ 的恒定电场力向上作用在带电墨滴上，因而在水平方向上墨滴以恒定速率 v_x 作匀速运动，在竖直方向向上加速运动，其加速度为

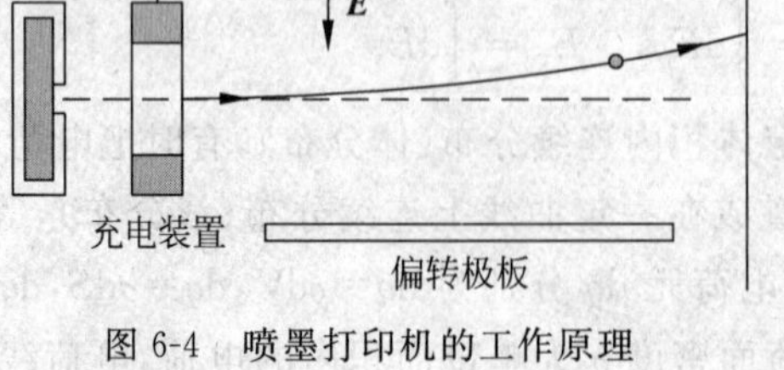

图 6-4 喷墨打印机的工作原理

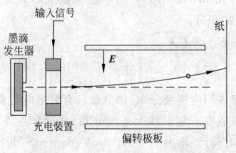

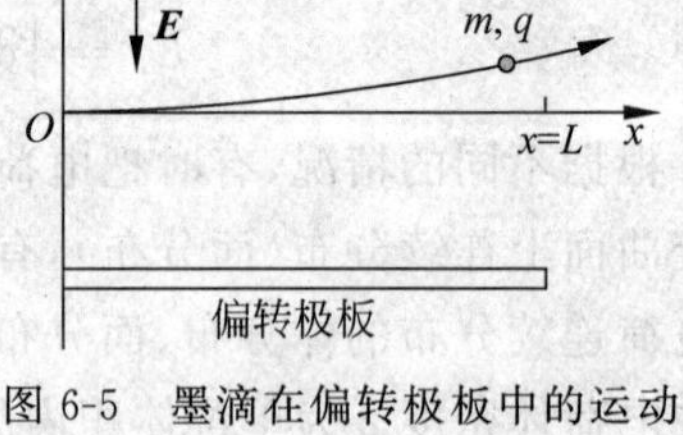

图 6-5 墨滴在偏转极板中的运动

$$a_y = \frac{F}{m} = \frac{qE}{m}$$

设 t 表示墨滴通过两极板之间区域所需时间，在这一段时间内墨滴的垂直和水平位移分别为

$$y = \frac{1}{2}a_y t^2, \quad L = v_x t$$

消去式中时间 t，得墨滴在两极板远端边缘的垂直偏移为

$$y = \frac{qEL^2}{2mv_x^2} = \frac{1.5\times10^{-13}\times1.4\times10^6\times(1.6\times10^{-2})^2}{2\times1.3\times10^{-10}\times18^2}$$
$$= 6.4\times10^{-4}\ \mathrm{m} = 0.64(\mathrm{mm})$$

例 6-1　电偶极子是由两个大小相等，符号相反的点电荷 $+q$ 和 $-q$ 组成的点电荷系. 从负电荷到正电荷的矢量线段 $\boldsymbol{l}$ 称为电偶极子的臂. 电荷 q 和臂 $\boldsymbol{l}$ 的乘积 $\boldsymbol{p}=q\boldsymbol{l}$ 称为电偶极矩，简称电矩. 求电偶极子中垂线上任一点的电场强度.

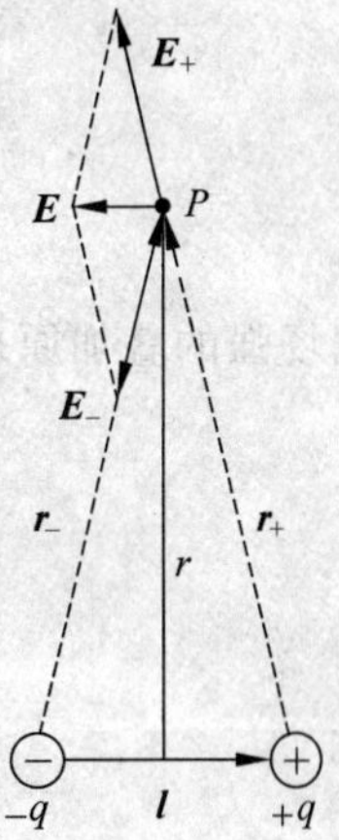

图 6-6　电偶极子的场强

解　如图 6-6 所示，设 $+q$ 和 $-q$ 到电偶极子中垂线上任一点 P 处的位置矢量分别为 $\boldsymbol{r}_+$ 和 $\boldsymbol{r}_-$，P 点到电偶极子中心的距离为 r. 由式(6-4)，$+q$ 和 $-q$ 在 P 点处的场强 $\boldsymbol{E}_+$ 和 $\boldsymbol{E}_-$ 分别为

$$\boldsymbol{E}_+ = \frac{1}{4\pi\varepsilon_0}\frac{q}{r_+^2}\frac{\boldsymbol{r}_+}{r_+}, \quad \boldsymbol{E}_- = \frac{1}{4\pi\varepsilon_0}\frac{-q}{r_-^2}\frac{\boldsymbol{r}_-}{r_-}$$

当距离电偶极子很远，即当 $r\gg l$ 时，$r_+=r_-\approx r$，P 点处的总场强为

$$\boldsymbol{E} = \boldsymbol{E}_+ + \boldsymbol{E}_- = \frac{1}{4\pi\varepsilon_0}\frac{q}{r_+^2}\frac{\boldsymbol{r}_+}{r_+} - \frac{1}{4\pi\varepsilon_0}\frac{q}{r_-^2}\frac{\boldsymbol{r}_-}{r_-} = \frac{1}{4\pi\varepsilon_0}\frac{q}{r^3}(\boldsymbol{r}_+ - \boldsymbol{r}_-)$$

由于 $\boldsymbol{r}_+ - \boldsymbol{r}_- = -\boldsymbol{l}$，所以上式化为

$$\boldsymbol{E} = -\frac{1}{4\pi\varepsilon_0}\frac{q\boldsymbol{l}}{r^3} = -\frac{1}{4\pi\varepsilon_0}\frac{\boldsymbol{p}}{r^3}$$

此结果表明，电偶极子中垂线上距离电偶极子中心较远处各点的电场强度与电偶极子的电矩成正比，与该点距离电偶极子中心距离的三次方成反比，方向与电偶极矩方向相反.

例 6-2　求均匀带电细棒中垂面上的场强分布，设棒长为 L，带电总量为 $q(q>0)$.

解　如图 6-7 所示，选取细棒中点 O 为坐标原点，取坐标轴 y 沿细棒向上，OP 为其中垂线，x 轴沿 OP 方向，建立坐标系 xOy. 由于细棒均匀带电，电荷线密度为 $\lambda=q/L$，在细棒上任取一小电荷微元 $\mathrm{d}q$，由于细棒具有对称性，则总可以找到与之对称的另一电荷微元 $\mathrm{d}q'$，两个微元所带的电量为 $\mathrm{d}q=\mathrm{d}q'=\lambda\mathrm{d}y$，它们在 P 点产生的场强 $\mathrm{d}\boldsymbol{E}$ 和 $\mathrm{d}\boldsymbol{E}'$ 关于中垂线对称，两者的合场强沿 x 轴正方向，即 $\boldsymbol{E}=E_x\boldsymbol{i}(E_y=0)$，所以只需求 E_x. 根据式(6-6)有

$$\mathrm{d}E = \frac{1}{4\pi\varepsilon_0}\frac{\mathrm{d}q}{r^2} = \frac{1}{4\pi\varepsilon_0}\frac{\lambda\mathrm{d}y}{x^2+y^2}$$

从图 6-7 可知

$$\cos\alpha = \frac{x}{\sqrt{x^2+y^2}}$$

$$\mathrm{d}E_x = \mathrm{d}E\cos\alpha = \frac{\lambda}{4\pi\varepsilon_0}\frac{x\mathrm{d}y}{(x^2+y^2)^{\frac{3}{2}}}$$

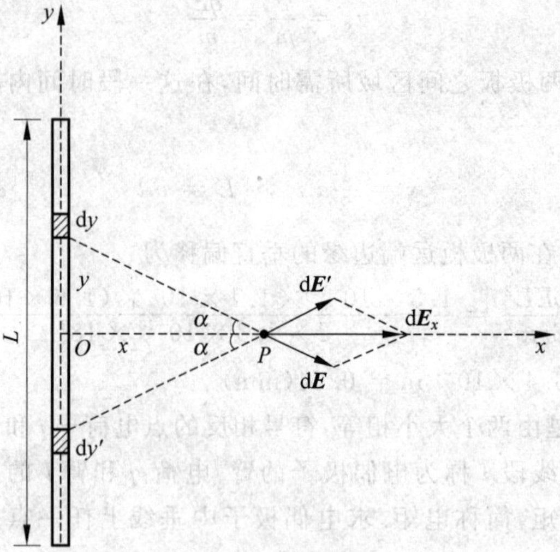

图 6-7 均匀带电细棒中垂面上的场强

根据场强的叠加原理

$$E_x=\int_{-\frac{L}{2}}^{\frac{L}{2}}\mathrm{d}E_x=\frac{\lambda}{4\pi\varepsilon_0}\int_{-\frac{L}{2}}^{\frac{L}{2}}\frac{x\mathrm{d}y}{(x^2+y^2)^{\frac{3}{2}}}$$

$$=\frac{\lambda L}{4\pi\varepsilon_0 x\sqrt{x^2+L^2/4}}$$

因此

$$\boldsymbol{E}=E_x\boldsymbol{i}=\frac{\lambda L}{4\pi\varepsilon_0 x\sqrt{x^2+L^2/4}}\boldsymbol{i}$$

当 $x\ll L$ 时，即在带电细棒中部附近区域内

$$\boldsymbol{E}\approx\frac{\lambda}{2\pi\varepsilon_0 x}\boldsymbol{i}=\frac{q}{2\pi\varepsilon_0 xl}\boldsymbol{i}$$

此时，可将该带电细棒视为“无限长”，因此，可以说，在无限长带电细棒周围任意点的场强与该点到带电细棒的距离的一次方成反比.

当 $x\gg L$ 时，即在远离带电细棒的区域内

$$\boldsymbol{E}\approx\frac{\lambda L}{4\pi\varepsilon_0 x^2}\boldsymbol{i}=\frac{q}{4\pi\varepsilon_0 x^2}\boldsymbol{i}$$

结果显示，距离带电细棒很远处该带电细棒的电场相当于一个点电荷 q 的电场.

例 6-3 一个均匀带电细圆环，半径为 R，所带电量为 $q(q>0)$，求圆环轴线上任一点的场强.

解 如图 6-8 所示，在圆环上任取一电荷微元 $\mathrm{d}q=\lambda\mathrm{d}l$，其中 $\lambda=\frac{q}{2\pi R}$. 设 P 点与 $\mathrm{d}q$ 的距离为 r，$OP=x$，$\mathrm{d}q$ 在 P 点产生的场强为 $\mathrm{d}\boldsymbol{E}$，$\mathrm{d}\boldsymbol{E}$ 沿平行和垂直于轴线的两个方向的分量分别为 $\mathrm{d}\boldsymbol{E}_{/\!/}$ 和 $\mathrm{d}\boldsymbol{E}_{\perp}$. 由于圆环上电荷分布对于轴线对称，所以圆环上全部电荷的 $\mathrm{d}\boldsymbol{E}_{\perp}$ 分量的矢量和为零，因而 P 点的场强沿轴线方向.

由于

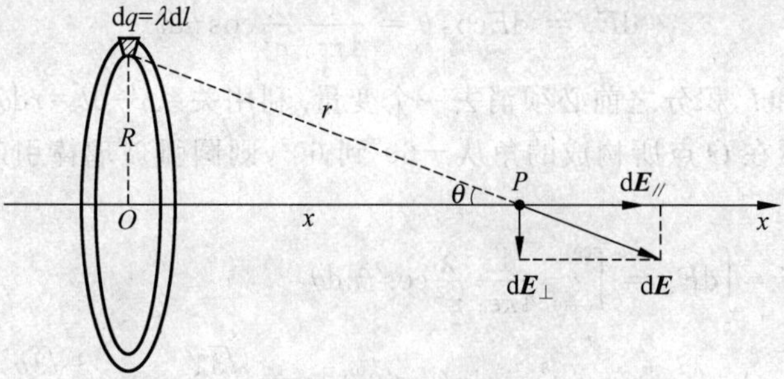

图 6-8　均匀带电细圆环轴线上的场强

$$dE_{/\!/}=dE\cos\theta=\frac{1}{4\pi\varepsilon_0}\frac{dq}{r^2}\cos\theta$$

所以

$$E=\int_q dE_{/\!/}=\int_q\frac{1}{4\pi\varepsilon_0}\frac{dq}{r^2}\cos\theta=\int_l\frac{q}{4\pi\varepsilon_0 r^2 2\pi R}\cos\theta dl$$

式中，θ 是 $d\boldsymbol{E}$ 与 x 轴正方向的夹角. 由于给定点 P 与所有电荷微元的距离 r 都相等，角 θ 也具有相同的值，都是不变量，所以

$$E=\int_l\frac{q}{4\pi\varepsilon_0 r^2 2\pi R}\cos\theta dl=\frac{q}{4\pi\varepsilon_0 r^2 2\pi R}\cos\theta\oint dl=\frac{1}{4\pi\varepsilon_0}\frac{q\cos\theta}{r^2}$$

由于 $\cos\theta=x/r$，而 $r=\sqrt{x^2+R^2}$，上式可写成

$$E=\frac{1}{4\pi\varepsilon_0}\frac{qx}{(x^2+R^2)^{\frac{3}{2}}}$$

当 $x=0$ 时，则有

$$E=0$$

上式表明，圆环中心处的场强为零.

当 $x\gg R$ 时，则 $(x^2+R^2)^{\frac{3}{2}}\approx x^3$，于是有

$$E\approx\frac{q}{4\pi\varepsilon_0 x^2}$$

上式表明，在远离环心的地方，环上电荷可看作全部集中在环心处的一个点电荷.

例 6-4　一根细玻璃棒被弯成圆心角为 120°、半径为 r 的圆弧，其上电荷均匀分布，总电量为 $+q$. 求圆弧中心 O 点的场强.

解　建立如图 6-9 所示的坐标系，在圆弧上取线元 dl，其上电荷 $dq=\lambda dl$，电荷线密度 $\lambda=3q/2\pi r$，它在 O 点产生的场强为 $d\boldsymbol{E}$. 线元 dl 有一个在棒的下半部分对称的线元 dl'，它在 O 点产生的场强为 $d\boldsymbol{E}'$. 把 dl 和 dl' 的电场矢量分解成 x 和 y 分量，它们的 y 分量抵消（因为大小相等而方向相反），x 分量大小相等且方向相同. 因而，为了求出圆弧所建立的电场，仅需要对由圆弧的全部线元所建立的微分电场的 x 分量求和. 由图 6-9 可知，线元 dl 所建立的分量 dE_x 为

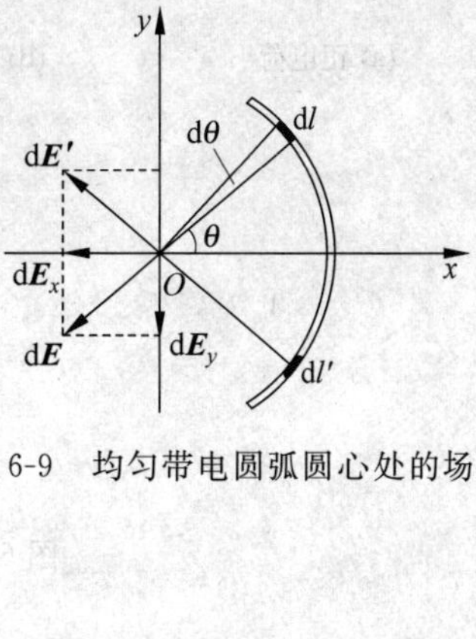

图 6-9　均匀带电圆弧圆心处的场强

$$dE_x = dE\cos\theta = \frac{1}{4\pi\varepsilon_0}\frac{\lambda}{r^2}\cos\theta dl$$

上式有两个变量 θ 和 l,积分之前必须消去一个变量.利用关系式 $dl=rd\theta$,其中 $d\theta$ 是弧长 dl 在 O 点的夹角.圆弧在 O 点所构成的角从 $-60°$ 到 $60°$,则圆弧玻璃棒引起的电场在 O 点的大小为

$$E=\int dE_x=\int_{-60°}^{60°}\frac{1}{4\pi\varepsilon_0}\frac{\lambda}{r^2}\cos\theta r d\theta$$

$$=\frac{\lambda}{4\pi\varepsilon_0 r}[\sin 60°-\sin(-60°)]=\frac{\sqrt{3}\lambda}{4\pi\varepsilon_0 r}=\frac{3\sqrt{3}q}{8\pi^2\varepsilon_0 r^2}$$

$\boldsymbol{E}$ 的方向沿电荷分布的对称轴而背向棒.$\boldsymbol{E}$ 的表达式为

$$\boldsymbol{E}=-\frac{3\sqrt{3}q}{8\pi^2\varepsilon_0 r^2}\boldsymbol{i}$$

6.2 高斯定理及其应用

6.2.1 电场线

法拉第在19世纪引入了电场的概念,他认为带电体的周围空间充满力线.尽管我们已不再认为这些现在被叫做**电场线**的力线是真实的,但它们仍然提供了一种好的方法使电场中的图样形象化.电场线和电场强度之间的关系是这样的:电场线上每一点的切线方向与该点的电场强度方向平行,电场线的疏密程度表示该点场强的大小.图6-10画出了几种常见电场的电场线.定量地说,为了表示电场中某点场强的大小,设想通过该点取一个垂直于电场方向的面元 $dS_\perp$,如图6-11所示,由于 $dS_\perp$ 很小,所以 $dS_\perp$ 面上的各点的场强 $\boldsymbol{E}$ 认为是相同的,则通过此面元的电场线数 $d\Psi_e$ 与该点场强 $\boldsymbol{E}$ 的大小有如下关系:

$$E=\frac{d\Psi_e}{dS_\perp}$$

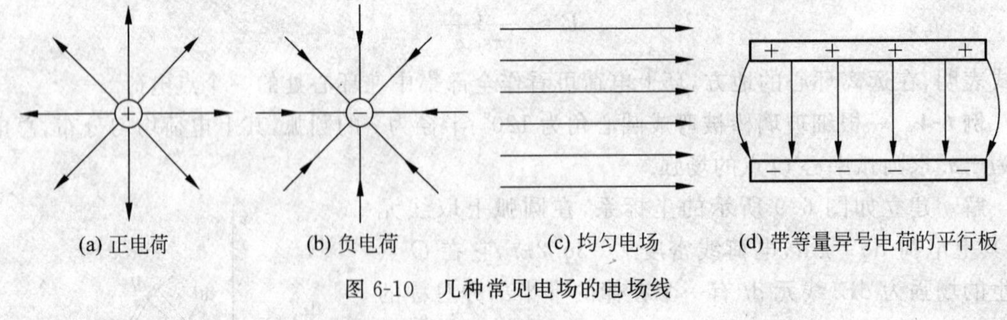

图6-10 几种常见电场的电场线

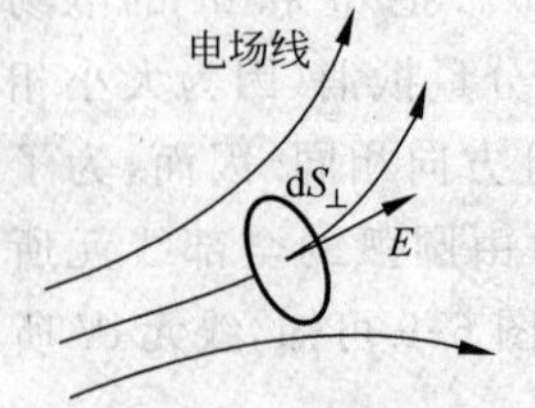

图6-11 电场线数密度与场强的大小关系

即电场中某点处电场强度的大小等于该点处垂直电场方向的单位面积上通过的电场线条数，即等于该点处的电场线数密度. 这样，可以用电场线的疏密分布把电场中场强大小的分布形象地反映出来，即电场线稀疏处场强较小，稠密处场强较大.

静电场的电场线有以下一些性质：

(1) 电场线总是起自正电荷(或来自无穷远处)，止于负电荷(或伸向无穷远处)，在无电荷处不中断；

(2) 在没有电荷的空间，任何两条电力线不会相交；

(3) 静电场的电场线不形成闭合曲线.

检测点 7：如检 6-7 图所示，(a)由所示电场引起的作用在电子上的静电力沿什么方向？(b)如果在电子进入该电场前平行于 y 轴运动，则它将沿哪个方向加速？(c)如果换一种情况，电子最初向右运动，则其速率将增大、减小还是保持常量？

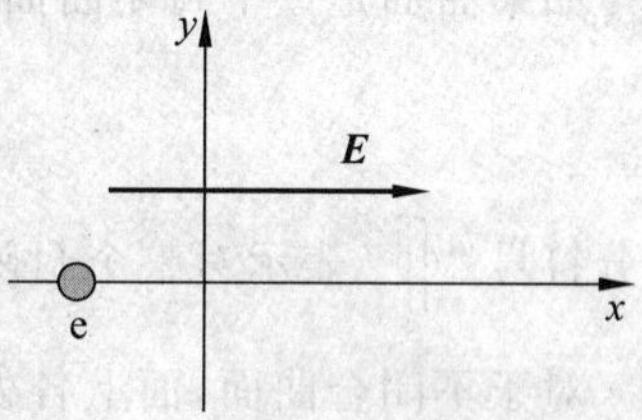

检 6-7 图

6.2.2　电场强度通量

把通过电场中任意给定面积的电场线数叫做通过该面积的电场强度通量，简称电通量，用符号 Ψ_e 表示，在国际单位制中，电通量的单位为 $N \cdot m^2/C$.

对于均匀电场情况，当平面 S 与场强 $\boldsymbol{E}$ 的方向垂直时(图 6-12(a))，即 $\boldsymbol{e}_n$ 与 $\boldsymbol{E}$ 平行($\boldsymbol{e}_n$ 为平面 S 法向单位矢量). 由于场强 $\boldsymbol{E}$ 处处相等，即电场线均匀分布，所以通过 S 面的电场线数目或电通量为

$$\Psi_e = ES = ES\cos 0^\circ = \boldsymbol{E} \cdot \boldsymbol{s}$$

式中，$\boldsymbol{S} = S\boldsymbol{e}_n$.

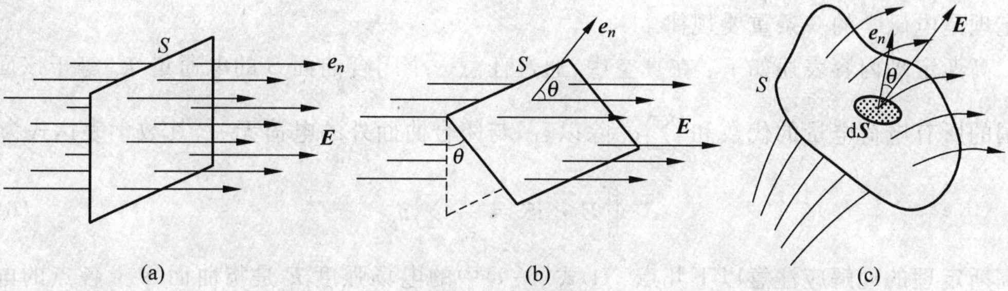

图 6-12　电通量

如果平面 S 与场强 $\boldsymbol{E}$ 的方向不垂直(图 6-12(b))，即 $\boldsymbol{e}_n$ 与 $\boldsymbol{E}$ 不平行. 设平面 S 法向单位矢量 $\boldsymbol{e}_n$ 与场强 $\boldsymbol{E}$ 成 θ 角，平面 S 在垂直于场强 $\boldsymbol{E}$ 方向的投影为 $S_\perp$，很明显，通过平面 $S_\perp$ 和平面 S 的电场线条数是一样的. 有 $S_\perp = S\cos\theta$，则通过平面 S 的电通量为

$$\Psi_e = ES_\perp = ES\cos\theta = \boldsymbol{E} \cdot \boldsymbol{S}$$

式中 $\boldsymbol{S} = S\boldsymbol{e}_n$，从这里可以看出电通量可正、可负，也可以为零，这取决于平面的法线方向与场强 $\boldsymbol{E}$ 之间的夹角.

如果电场是非均匀电场，S 是任意曲面(如图 6-12(c)所示)，我们可以把曲面 S 分割成无限多的小面积微元 dS，其中任一个微元 dS 都可以认为是平面，而且 dS 上各点的 $\boldsymbol{E}$ 可认

为都相等，则通过这个微元的电通量为

$$d\Psi_e = E dS\cos\theta = \boldsymbol{E}\cdot d\boldsymbol{S}$$

式中 $d\boldsymbol{S}=dS\boldsymbol{e}_n$，通过整个曲面 S 的电通量为通过所有面积微元 dS 的电通量相加，可表示为

$$\Psi_e = \iint_S d\Psi_e = \iint_S \boldsymbol{E}\cdot d\boldsymbol{S}$$

这样的积分在数学上叫面积分，积分号下标 S 表示此积分遍及整个曲面.

如果曲面是一个封闭曲面，则通过它的电通量为

$$\Psi_e = \oiint_S \boldsymbol{E}\cdot d\boldsymbol{S} \tag{6-8}$$

积分符号“$\oiint_S$”表示对整个封闭曲面进行面积分.

对于不闭合曲面，面上各处法向单位矢量的正方向可以任意取一侧；对于闭合曲面，由于它使整个空间划分成内外两部分，所以一般规定从闭合曲面内侧指向外侧为法向单位矢量 $\boldsymbol{e}_n$ 的正方向. 因此，有电场线穿出闭合曲面时，$\Psi_e>0$；有电场线穿入闭合曲面时，$\Psi_e<0$；如果穿出和穿入闭合曲面的电场线数目相等，则 $\Psi_e=0$. 穿过闭合曲面的电通量 Ψ_e 正比于穿过该面的电场线的净条数.

检测点 8：如检 6-8 图所示，在均匀电场 $\boldsymbol{E}$ 中的正面面积为 A 的正方形高斯面，$\boldsymbol{E}$ 沿 z 轴正方向. 用 E 和 A 来表示穿过(a)前表面(在 xy 平面内)，(b)后表面，(c)上表面，及(d)整个立方体的电通量是什么？

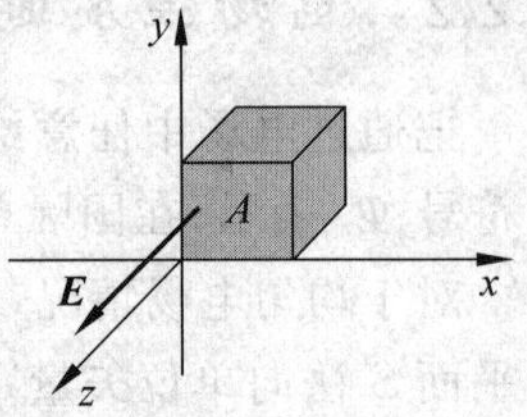

检 6-8 图

6.2.3 高斯定理

高斯是德国物理学家和数学家，在数学上建树颇丰，有“数学王子”的美称，他导出的高斯定理是电磁学的一条重要规律.

高斯定理内容表述如下：在真空中，通过任意一个闭合曲面 S 的电通量 Ψ_e 等于该面所包围的所有电荷电量的代数和 $\sum_{i=1}^{N} q_i$ 除以 ε_0，与闭合曲面外的电荷无关，其数学表达式为

$$\oiint_S \boldsymbol{E}\cdot d\boldsymbol{S} = \frac{1}{\varepsilon_0}\sum_{i=1}^{N} q_i \tag{6-9}$$

对高斯定理的理解应注意以下几点：①式(6-9)中的电场强度 $\boldsymbol{E}$ 是指曲面 S 上各点的电场强度，它是由全部电荷(既包括闭合曲面内又包括闭合曲面外的电荷)共同产生的合场强，并非只由闭合曲面内的电荷 $\sum_{i=1}^{N} q_i$ 所产生；②通过闭合曲面的总电通量只取决于它所包围的电荷，即只有闭合曲面内部的电荷才对总电通量有贡献，闭合曲面外部的电荷对总电通量无贡献，一般把这闭合曲面称为高斯面.

下面利用电通量的概念，根据库仑定律和场强叠加原理导出高斯定理.

(1) 通过包围点电荷 q 的任意闭合曲面 S' 的电通量为 q/ε_0.

在点电荷 q 激发的电场中，以 q 为中心，r 为半径作一球面 S，如图 6-13(a)所示. 由点电荷的场强公式(6-4)可知，球面 S 上各点的场强大小相等，$E=\dfrac{1}{4\pi\varepsilon_0}\dfrac{q}{r^2}$，当 $q>0$ 时各点的电

场强度 $\boldsymbol{E}$ 的方向沿半径向外，处处与球面正交，球面上任一面元 $\mathrm{d}S$ 的法向单位矢量 $\boldsymbol{e}_n$ 与 $\boldsymbol{E}$ 的夹角为零. 因此通过面元 $\mathrm{d}S$ 的电通量为

$$\mathrm{d}\Psi_{\mathrm{e}} = \boldsymbol{E} \cdot \mathrm{d}\boldsymbol{S} = E\mathrm{d}S = \frac{1}{4\pi\varepsilon_0}\frac{q}{r^2}\mathrm{d}S$$

通过整个闭合球面的电通量为

$$\Psi_{\mathrm{e}} = \oint\!\!\!\oint_S \mathrm{d}\Psi_{\mathrm{e}} = \oint\!\!\!\oint_S \boldsymbol{E} \cdot \mathrm{d}\boldsymbol{S} = \oint\!\!\!\oint_S \frac{1}{4\pi\varepsilon_0}\frac{q}{r^2}\mathrm{d}S = \frac{1}{4\pi\varepsilon_0}\frac{q}{r^2}\oint\!\!\!\oint_S \mathrm{d}S = \frac{1}{4\pi\varepsilon_0}\frac{q}{r^2}4\pi r^2 = \frac{q}{\varepsilon_0}$$

此结果与高斯球面半径 r 无关. 这说明，对以 q 为中心的任意大小的闭合曲面来说，通过球面的电通量为 q/ε_0. 当 $q<0$ 时，此结果仍成立.

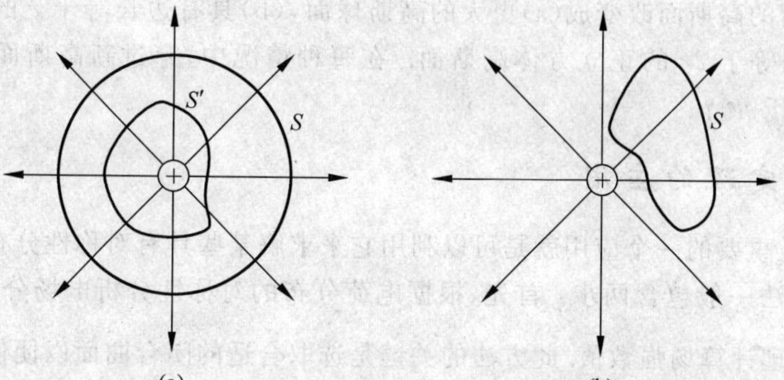

图 6-13　以点电荷为场源的高斯定理证明

如图 6-13(a)所示，若以任意曲面 S' 包围点电荷 q，在球面 S 与曲面 S' 之间无其他电荷存在时，由于电场线不会在没有电荷的地方中断，所以通过曲面 S' 的电场线必定全部通过球面 S，即通过球面 S' 的电通量与通过曲面 S 的电通量相等. 因此，通过包围点电荷 q 的任意闭合曲面 S' 的电通量也是 q/ε_0.

(2) 通过不包围点电荷 q 的任意闭合曲面 S 的电通量必为零.

如图 6-13(b)所示，点电荷 q 在闭合曲面 S 外时，穿入该曲面的电场线数与穿出该曲面的电场线数相等. 因此，通过整个闭合曲面的电通量为零，即

$$\Psi_{\mathrm{e}} = \oint\!\!\!\oint_S \boldsymbol{E} \cdot \mathrm{d}\boldsymbol{S} = 0$$

(3) 若闭合曲面 S 内包围有几个点电荷时，根据电场的叠加原理，可得穿过该闭合曲面的电通量为

$$\begin{aligned}\Psi_{\mathrm{e}} &= \oint\!\!\!\oint_S \boldsymbol{E} \cdot \mathrm{d}\boldsymbol{S} = \oint\!\!\!\oint_S (\boldsymbol{E}_1 + \boldsymbol{E}_2 + \cdots + \boldsymbol{E}_N) \cdot \mathrm{d}\boldsymbol{S} \\ &= \oint\!\!\!\oint_S \boldsymbol{E}_1 \cdot \mathrm{d}\boldsymbol{S} + \oint\!\!\!\oint_S \boldsymbol{E}_2 \cdot \mathrm{d}\boldsymbol{S} + \cdots + \oint\!\!\!\oint_S \boldsymbol{E}_N \cdot \mathrm{d}\boldsymbol{S} \\ &= \frac{q_1}{\varepsilon_0} + \frac{q_2}{\varepsilon_0} + \cdots + \frac{q_N}{\varepsilon_0} = \frac{\sum_{i=1}^{N} q_i}{\varepsilon_0}\end{aligned}$$

根据高斯定理，若某闭合曲面所含围的净电荷(所有电荷的电量代数和)不为零，而有多余的

正电荷,即 $\sum_{i=1}^{N} q_i > 0$,则 $\Psi_e > 0$,表明电场线从此闭合曲面穿出;若闭合曲面包围有多余的负电荷,即 $\sum_{i=1}^{N} q_i < 0$,则 $\Psi_e < 0$,表明有电场线从外穿入该闭合曲面.

虽然高斯定理是在库仑定律的基础上得出的,但高斯定理的应用范围比库仑定律更广泛.库仑定律只适用于静电场,对于静电学问题,库仑定律和高斯定理完全等效.高斯定理不但适用于静电场,对于变化电场也是适用的,它是电磁场理论的基本方程之一.关于这一点,我们将在第8章电磁感应中论述.

检测点9:有一定的净电通量 Ψ_e 穿过半径为 r,包围有一孤立带电粒子的球形高斯面.如果该包围电荷的高斯面改变成(a)更大的高斯球面,(b)具有边长等于 r 的正立方体高斯面,(c)具有边长等于 $2r$ 的正立方体高斯面.在每种情况中,穿过新高斯面的净电通量大于、小于还是等于 Ψ_e?

6.2.4 高斯定理的应用

高斯定理最重要的一个应用就是可以利用它来求解某些具有对称性分布的电荷的电场强度.求解的方法一般包含两步:首先,根据电荷分布的对称性分析电场分布的对称性;然后,应用高斯定理计算场强数值.此方法的关键是选取合适的闭合曲面以便使积分 $\oint_S \boldsymbol{E} \cdot d\boldsymbol{S}$ 中的 $\boldsymbol{E}$ 能以标量形式从积分号内提出来,一般选择这样一个高斯面,使它通过我们所要求的场点,该面上 $\boldsymbol{E}$ 的大小相等,同时 $\boldsymbol{E}$ 的方向与该面的法线方向平行或垂直.下面举几个例子来说明怎样利用高斯定理计算对称性分布的电荷的电场强度.

检测点10:如检6-10图所示,具有相同(正)面电荷密度的两个大平行绝缘薄片和一个具有均匀(正)体电荷密度的球.按照有数字标记的四个点处的合电场的大小将它们由大到小排序.

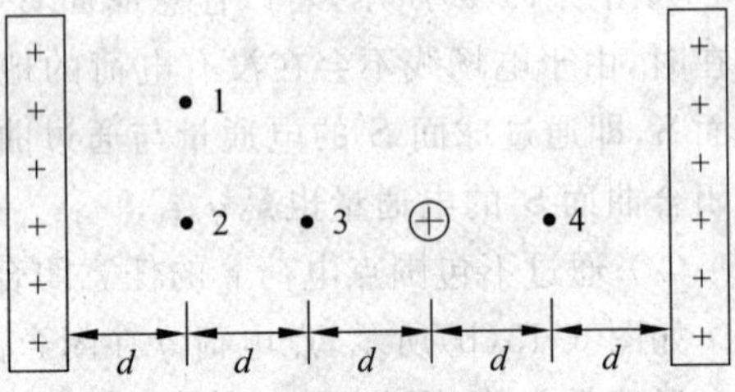

检6-10图

例6-5 求均匀带电球壳内外的场强,设球壳带电量为 $Q(Q>0)$,半径为 R.如图6-14(a)所示.

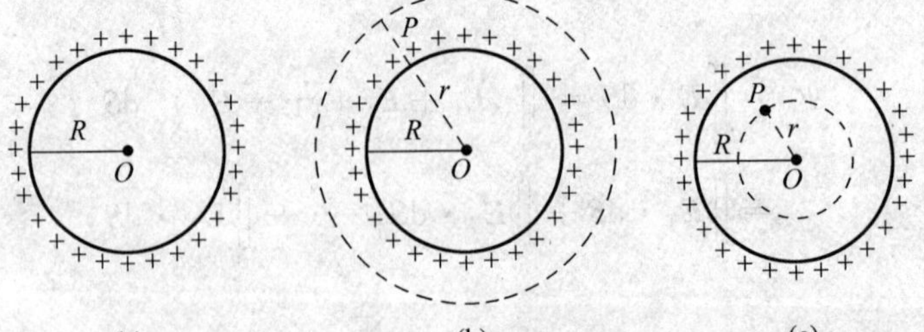

图6-14 均匀带电球壳的场强分布

解 由于电荷均匀分布在球壳上,该带电体具有球对称性,所以电场分布也具有球对称性，在任何与带电球壳同圆心的球面上各点的场强的大小都相等，方向沿半径向外. 根据上述分析，取高斯面为通过空间任意一点 P 和球壳同心的球面. 在此球面上的场强大小处处相等，方向沿球面的半径向外，与球面上的外法线方向相同. 设球心为 O，高斯面的半径为 r，$OP=r$. 由高斯定理可得

$$\oiint_S \boldsymbol{E}\cdot \mathrm{d}\boldsymbol{S}=\oiint_S E\cos\theta \mathrm{d}S=E\oiint_S \mathrm{d}S=E4\pi r^2$$

当 P 点在球壳外时，即 $r>R$，这时高斯面包围均匀带电球壳，如图 6-14(b)所示. 根据高斯定理有

$$\oiint_S \boldsymbol{E}\cdot \mathrm{d}\boldsymbol{S}=E4\pi r^2=Q/\varepsilon_0$$

由此得到 P 点的场强大小为

$$E=\frac{1}{4\pi\varepsilon_0}\frac{Q}{r^2}$$

场强的方向沿着矢径 $\boldsymbol{r}$ 的方向. 用矢量的形式表示 P 点的场强，则有

$$\boldsymbol{E}=\frac{1}{4\pi\varepsilon_0}\frac{Q}{r^2}\frac{\boldsymbol{r}}{r}$$

上式表明，均匀带电球壳在外部空间产生的场强与把球壳上全部电荷集中于球心时所产生的场强相同.

当 P 点在球壳内部时，即 $r<R$，如图 6-14(c)所示，这时高斯面内不包含电荷，根据高斯定理有

$$\oiint_S \boldsymbol{E}\cdot \mathrm{d}\boldsymbol{S}=E4\pi r^2=0$$

由此得到 P 点的场强 $E=0$，此式表明球壳内任一点的场强皆为零.

当球壳上均匀分布的是负电荷时，场强大小的分布情况和上面分析的结果一样，只是球壳场强的方向和正电荷的方向恰恰相反，沿着半径方向指向球心.

例 6-6　求无限长均匀带正电的直细棒的场强. 设细棒上线电荷密度为 λ.

解　带电直棒所产生的电场具有轴对称性，即在任何垂直于细棒的平面内的同心圆周上场强的大小都一样，方向都是垂直于细棒辐射向外. 任取一点 P，只要它和细棒的垂直距离 r 不变，场强的大小都相等.

根据上述分析，高斯面取以细棒为轴线的圆柱面，其半径为 r，长度为 l，如图 6-15 所示，则此圆柱面的上下底面的法线方向和场强的方向垂直，侧面的法线方向和场强的方向一致(或平行). 由高斯定理可得

$$\oiint_S \boldsymbol{E}\cdot \mathrm{d}\boldsymbol{S}=\iint_{\text{上底面}}\boldsymbol{E}\cdot \mathrm{d}\boldsymbol{S}+\iint_{\text{下底面}}\boldsymbol{E}\cdot \mathrm{d}\boldsymbol{S}+\iint_{\text{侧面}}\boldsymbol{E}\cdot \mathrm{d}\boldsymbol{S}$$

$$=\iint_{\text{侧面}}E\mathrm{d}S=E\iint_{\text{侧面}}\mathrm{d}S=E2\pi rl=\frac{\lambda l}{\varepsilon_0}$$

由此得场强的大小

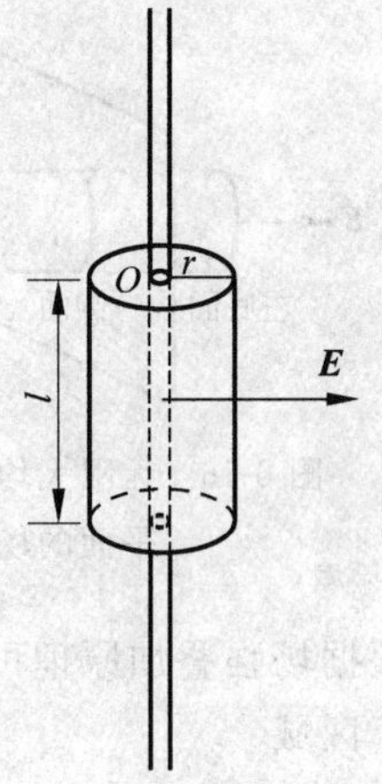

图 6-15　无限长均匀带正电的直细棒的场强分布

$$E=\frac{\lambda}{2\pi\varepsilon_0 r}$$

场强的方向垂直于细棒向外辐射.

例 6-7 求无限大均匀带正电平面的场强分布.已知带电平面上的电荷面密度为σ.

解 如图 6-16 所示,由于均匀带电平面无限大,所以平面两侧附近的电场分布必然以平面对称,平面两侧与平面等距离处场强大小相等,方向处处与平面垂直,并指向两侧.

根据上述分析,取一穿过平面且关于平面对称的圆柱面为高斯面,其轴线与平面正交,侧面的法线方向和场强的方向垂直,两底面的法线与场强的方向一致(或平行),且底面面积为S.该圆柱面内所包围的电荷为

$$\sum_{i=1}^{N}q_i=\sigma S$$

根据高斯定理

$$\oint\!\!\!\!\oint_S \boldsymbol{E}\cdot \mathrm{d}\boldsymbol{S}=\iint_{\text{左底面}}\boldsymbol{E}\cdot \mathrm{d}\boldsymbol{S}+\iint_{\text{右底面}}\boldsymbol{E}\cdot \mathrm{d}\boldsymbol{S}+\iint_{\text{侧面}}\boldsymbol{E}\cdot \mathrm{d}\boldsymbol{S}$$

$$=2\iint_{\text{底面}}E\mathrm{d}S=2E\iint_{\text{底面}}\mathrm{d}S=2ES=\frac{\sigma S}{\varepsilon_0}$$

由此得场强的大小

$$E=\frac{\sigma}{2\varepsilon_0} \tag{6-10}$$

此结果说明,无限大均匀带正电平面在空间激发的场强大小,与距离无关,方向垂直于平面,这个电场是均匀电场.

利用上述结果,可求得两个带等量异号电荷的无限大平行平面的电场强度.如图 6-17 所示,设两无限大平面 1 和 2 的电荷面密度分别为$+\sigma$和$-\sigma$.两平面激发的场强大小相等,在Ⅰ,Ⅲ区域场强方向相反,Ⅱ区域场强方向一致.

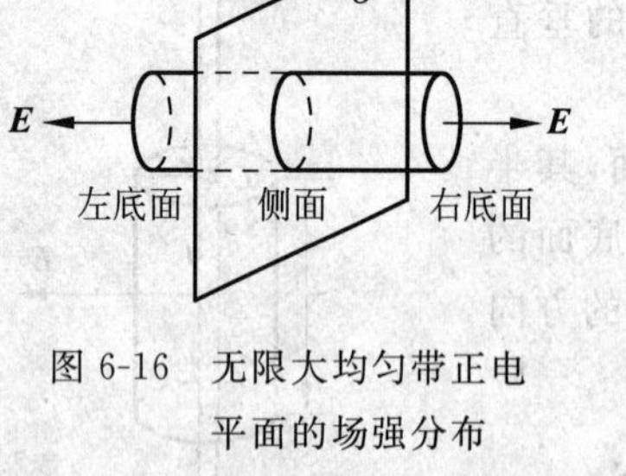

图 6-16 无限大均匀带正电平面的场强分布

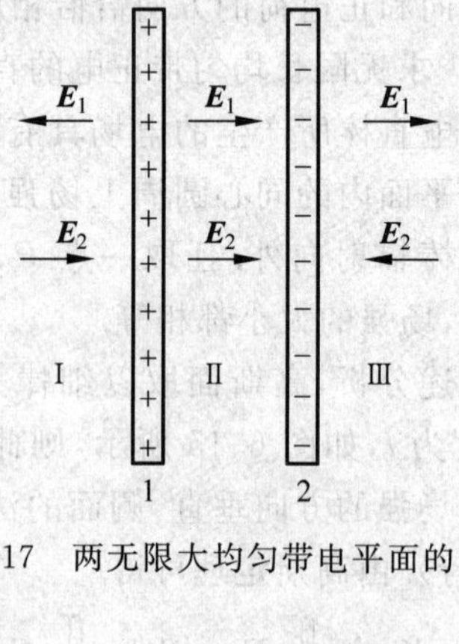

图 6-17 两无限大均匀带电平面的电场

根据场强叠加原理可得(取正方向向右)如下结果:

Ⅰ区域 $E=E_2-E_1=0$

Ⅱ区域 $E=E_1+E_2=\dfrac{\sigma}{\varepsilon_0}$

Ⅲ区域 $E=E_1-E_2=0$

上述结果可以看出，两个带等量异号电荷的无限大平行平面之间的电场是均匀电场.

6.3 电　势

本节我们将从静电场力做功的特点出发，研究静电场的另一个重要性质，并由此引入另一个描述电场性质的物理量——电势.

6.3.1 静电场力是保守力

从库仑定律和场强叠加原理出发，可以证明静电场力所做的功与路径无关，即静电场力是保守力. 证明分两个步骤，第一步先证明在单个点电荷产生的电场中，静电场力所做的功与路径无关；第二步再证明对任何带电体系产生的电场来说，也有相同的结论.

(1) 单个点电荷产生的电场

如图 6-18 所示，有一正点电荷 q 固定于原点 O，试验电荷 q_0 在点电荷 q 所激发的电场中，经任意路径 acb 由 a 点运动到 b 点，在路径上任取一位移微元 $\mathrm{d}\boldsymbol{l}$，当试验电荷 q_0 在电场中移动 $\mathrm{d}\boldsymbol{l}$ 时，电场力所做的功为

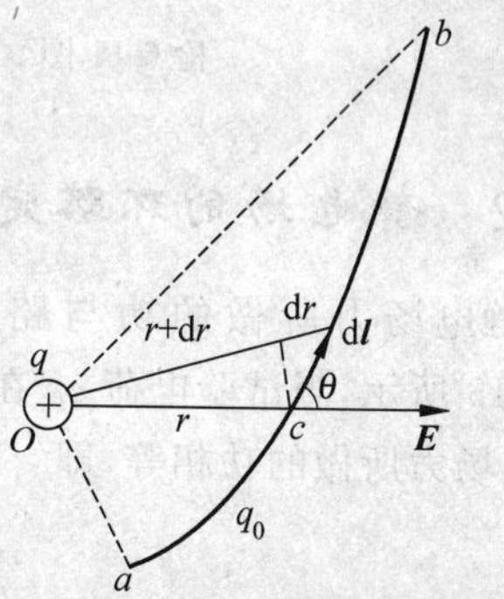

图 6-18　点电荷电场中电场力所做的功

$$\mathrm{d}W = \boldsymbol{F}\cdot\mathrm{d}\boldsymbol{l} = q_0\boldsymbol{E}\cdot\mathrm{d}\boldsymbol{l} = q_0E\cos\theta\mathrm{d}l$$

式中，θ 是 $\boldsymbol{E}$ 与 $\mathrm{d}\boldsymbol{l}$ 之间的夹角，$E=\dfrac{1}{4\pi\varepsilon_0}\dfrac{q}{r^2}$，$\cos\theta\mathrm{d}l=\mathrm{d}r$，于是可得

$$\mathrm{d}W = q_0\frac{1}{4\pi\varepsilon_0}\frac{q}{r^2}\cos\theta\mathrm{d}l = \frac{1}{4\pi\varepsilon_0}\frac{qq_0}{r^2}\mathrm{d}r$$

当试验电荷由 a 点运动到 b 点，电场力所做的功为

$$W = \int_a^b \mathrm{d}W = \int_{r_a}^{r_b}\frac{1}{4\pi\varepsilon_0}\frac{qq_0}{r^2}\mathrm{d}r = \frac{qq_0}{4\pi\varepsilon_0}\left(\frac{1}{r_a}-\frac{1}{r_b}\right)$$

式中，r_a 和 r_b 分别为起点 a 和终点 b 到 O 点的距离. 结果表明，在点电荷的电场中，电场力对试验电荷所做的功，只与试验电荷所带电量以及起点和终点位置有关，而与所经历的路径无关.

(2) 任何带电体系产生的电场

一般电场是由点电荷组或任意带电体激发的，而任意带电体可以分割成无限多个点电荷. 根据电场的叠加原理以及合力做功的计算方法，当试验电荷在电场中移动时，电场力做的功等于各个点电荷的电场力对该试验电荷所做功的代数和，即

$$\begin{aligned} W &= \int\boldsymbol{F}\cdot\mathrm{d}\boldsymbol{l} = q_0\int\boldsymbol{E}\cdot\mathrm{d}\boldsymbol{l} = q_0\int(\boldsymbol{E}_1+\boldsymbol{E}_2+\cdots)\cdot\mathrm{d}\boldsymbol{l} \\ &= q_0\int\boldsymbol{E}_1\cdot\mathrm{d}\boldsymbol{l} + q_0\int\boldsymbol{E}_2\cdot\mathrm{d}\boldsymbol{l}+\cdots \end{aligned}$$

上式中每一点电荷的电场力所做的功都与路径无关，所以合电场力做的功也必然与路径无关. 由此得出如下结论：当试验电荷在任何静电场中移动时，电场力所做的功只与试验电荷的电量以及起点和终点的位置有关，而与路径无关. 这表明静电场力是**保守力**，静电场是保

守力场.

检测点 11：一质子在方向如检 6-11 图所示的电场中从点 i 移动到点 f. (a)质子所受外力做正功还是负功？(b)该质子是移动到电势较高点还是较低的点？

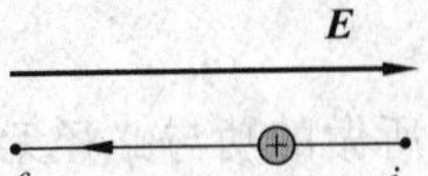

检 6-11 图

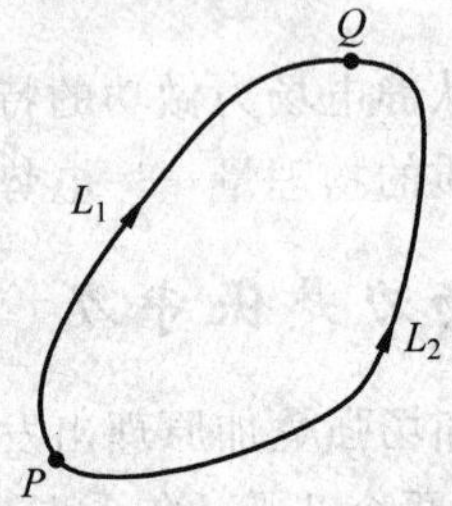

图 6-19 静电场的环路定律

6.3.2 静电场的环路定律

静电场力所做的功与路径无关这一结论还可以表述成另一种等价的形式. 如图 6-19 所示，当试验电荷 q_0 在静电场中从同一起点沿不同的路径 L_1 和 L_2 到达同一终点时，电场力所做的功相等，即

$$q_0 \int_{P\,(L_1)}^{Q} \boldsymbol{E} \cdot \mathrm{d}\boldsymbol{l} = q_0 \int_{P\,(L_2)}^{Q} \boldsymbol{E} \cdot \mathrm{d}\boldsymbol{l}$$

上式可写为

$$q_0 \left(\int_{P\,(L_1)}^{Q} \boldsymbol{E} \cdot \mathrm{d}\boldsymbol{l} - \int_{P\,(L_2)}^{Q} \boldsymbol{E} \cdot \mathrm{d}\boldsymbol{l} \right) = 0$$

即

$$\int_{P\,(L_1)}^{Q} \boldsymbol{E} \cdot \mathrm{d}\boldsymbol{l} + \int_{Q\,(-L_2)}^{P} \boldsymbol{E} \cdot \mathrm{d}\boldsymbol{l} = 0$$

L_1 和 $-L_2$ 正好形成一个闭合回路 L，所以

$$\oint_L \boldsymbol{E} \cdot \mathrm{d}\boldsymbol{l} = 0 \tag{6-11}$$

此式表明，在静电场中，场强沿任意闭合回路的线积分等于零. 这个结论称为**静电场的环路定理**，是静电场为保守力场的另一种说法.

检测点 12：如检 6-12 图所示，一族平行的等势面(为横截面)，把一个电子从一个等势面移到另一个等势面所走的五条路径. (a)与这些面相关联的电场沿什么方向？(b)对于每一条路径，外力所做的功是正、负还是零？(c)按照所做的功由大到小把这些路径排序？

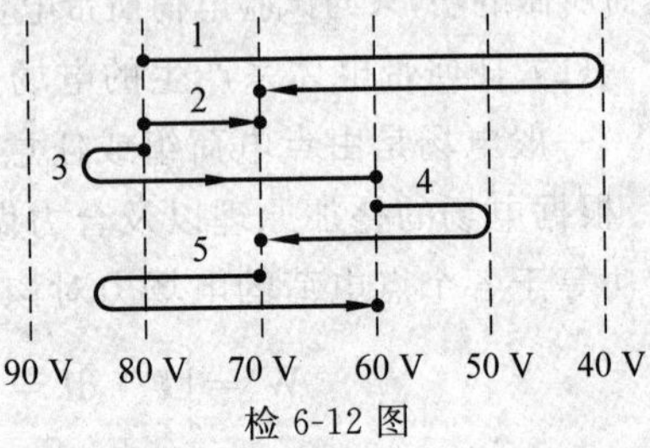

检 6-12 图

6.3.3 电势能 电势

在力学中，重力、弹性力这一类保守力所做的功与路径无关，我们曾引入重力势能和弹性势能. 同样的，静电场力是保守力，我们也可以引入“电势能”. 由于在保守力场中，保守力所做的功等于相应势能增量的负值，所以静电场力所做的功也等于电势能增量的负值. 设试

验电荷 q_0 在静电场中任意两点 P、Q 的电势能分别为 ε_P 和 ε_Q，当试验电荷 q_0 从 P 点沿任意路径移到 Q 点时，电场力所做的功应等于相应势能增量的负值，即

$$W = q_0\int_P^Q \boldsymbol{E}\cdot \mathrm{d}\boldsymbol{l} = -(\varepsilon_Q - \varepsilon_P) \tag{6-12}$$

电势能与重力势能及弹性势能相似，是一个相对量. 为了确定电荷在电场中某一点电势能的大小，必须选定一个参考点作为零势能点. 当带电体系局限在有限大小的空间时，通常选择无穷远处的电势能为零. 在式(6-12)中，如果令 $\varepsilon_Q=0$，即选取 Q 点为零势能点，则 q_0 在 P 点的电势能为

$$\varepsilon_P = q_0\int_P^\infty \boldsymbol{E}\cdot \mathrm{d}\boldsymbol{l} \tag{6-13}$$

这表明，电荷 q_0 在电场中某点处的**电势能**在量值上等于把它从该点经任意路径移到无穷远处电场力所做的功. 在国际单位制中，电势能的单位是 J，还有一种常用单位为 eV. 1 eV 表示 1 个电子通过 1 伏特电势差时所获得的能量，$1\ \mathrm{eV}=1.602\times10^{-19}\mathrm{J}$.

式(6-13)中，$\varepsilon_P/q_0 = \int_P^\infty \boldsymbol{E}\cdot \mathrm{d}\boldsymbol{l}$，与电荷 q_0 无关，只取决于电场强度和给定点的位置. 因此，把电荷在电场中某点的电势能与它的电量的比值称为该点**电势**. 用符号 U 表示，即

$$U_P = \frac{\varepsilon_P}{q_0} = \int_P^\infty \boldsymbol{E}\cdot \mathrm{d}\boldsymbol{l} \tag{6-14}$$

上式表明，**电场中某点的电势在量值上等于单位正电荷放在该点时的电势能**，或者说，等于单位正电荷从该点沿任意路径到无限远处电场力所做的功. 电势是标量，在国际单位制中，电势的单位是 V.

静电场中，任意两点 P 和 Q 的电势之差称为电势差，用符号 U 表示，P、Q 两点的电势差为

$$U_{PQ} = V_P - V_Q = \int_P^\infty \boldsymbol{E}\cdot \mathrm{d}\boldsymbol{l} - \int_Q^\infty \boldsymbol{E}\cdot \mathrm{d}\boldsymbol{l} = \int_P^Q \boldsymbol{E}\cdot \mathrm{d}\boldsymbol{l}$$

上式表明，静电场中任意两点 P 和 Q 之间的电势差在量值上等于把单位正电荷从 P 点经任意路径移到 Q 点时，电场力所做的功.

由上述结论知，当点电荷 q 在电场中从 P 点移到 Q 点时，电场力所做的功可用电势差表示为

$$W_{PQ} = q_0\int_P^Q \boldsymbol{E}\cdot \mathrm{d}\boldsymbol{l} = q_0(U_P - U_Q)$$

检测点 13：一质子在方向如检 6-13 图所示的电场中从点 i 移动到点 f. (a)电场对质子做正功还是负功？(b)质子的电势能是增大还是减小？

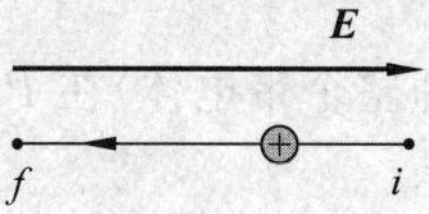

检 6-13 图

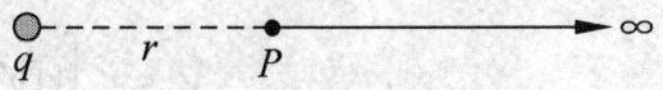

图 6-20　点电荷的电势分布

6.3.4　由点电荷引起的电势

由电势定义式可求得真空中单个点电荷 q 产生的电场中各点的电势. 由于电场力所做的功与路径无关，因此积分时选取一条最便于计算的路径，即沿矢径的直线(如图 6-20 所

示),于是有

$$V_P=\int_P^{\infty}\boldsymbol{E}\cdot\mathrm{d}\boldsymbol{l}=\int_r^{\infty}\boldsymbol{E}\cdot\mathrm{d}\boldsymbol{r}=\frac{q}{4\pi\varepsilon_0}\int_r^{\infty}\frac{1}{r^2}\mathrm{d}r=\frac{1}{4\pi\varepsilon_0}\frac{q}{r} \tag{6-15}$$

其中,r 表示任意点 P 到点电荷 q 的距离.

在由 n 个点电荷 $q_1,q_2,\cdots,q_n$ 组成的点电荷系共同激发的电场中,每个点电荷单独存在时产生电场为 $\boldsymbol{E}_1,\boldsymbol{E}_2,\cdots,\boldsymbol{E}_n$. 由电场叠加原理,总电场强度为 $\boldsymbol{E}=\boldsymbol{E}_1+\boldsymbol{E}_2+\cdots+\boldsymbol{E}_n$. 由电势定义式(6-14),电场中任意一点 P 的电势为

$$\begin{aligned}V_P&=\int_P^{\infty}\boldsymbol{E}\cdot\mathrm{d}\boldsymbol{l}=\int_P^{\infty}(\boldsymbol{E}_1+\boldsymbol{E}_2+\cdots+\boldsymbol{E}_n)\cdot\mathrm{d}\boldsymbol{l}\\&=\int_P^{\infty}\boldsymbol{E}_1\cdot\mathrm{d}\boldsymbol{l}+\int_P^{\infty}\boldsymbol{E}_2\cdot\mathrm{d}\boldsymbol{l}+\cdots+\int_P^{\infty}\boldsymbol{E}_n\cdot\mathrm{d}\boldsymbol{l}\\&=V_{1P}+V_{2P}+\cdots+V_{nP}=\sum_{i=1}^{n}V_{iP}\end{aligned} \tag{6-16}$$

式中,$V_{1P}=\int_P^{\infty}\boldsymbol{E}_1\cdot\mathrm{d}\boldsymbol{l},V_{2P}=\int_P^{\infty}\boldsymbol{E}_2\cdot\mathrm{d}\boldsymbol{l},\cdots,V_{nP}=\int_P^{\infty}\boldsymbol{E}_n\cdot\mathrm{d}\boldsymbol{l}$,它们分别为各个点电荷单独存在时在 P 点的电势.

式(6-16)表明点电荷系产生的电场中任意一点的电势是各个点电荷单独存在时的电场在该点的电势的代数和,这就是**电势的叠加原理**.

检测点 14:如检 6-14 图所示,两个质子的三种排列. 按照这些质子在 P 点引起的静电势由大到小把它们排序.

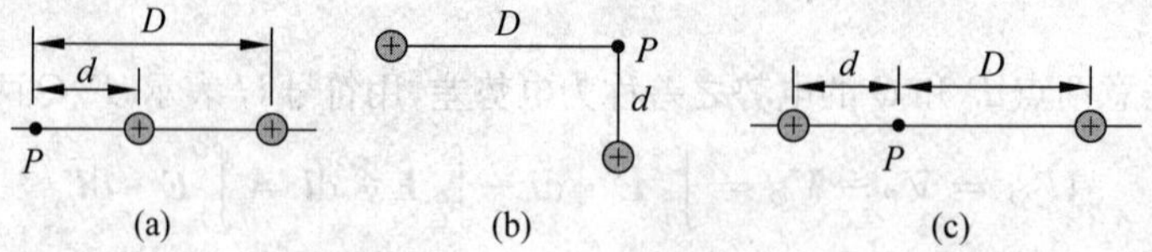

检 6-14 图

6.3.5 由连续电荷分布引起的电势

如果产生电场的带电体上电荷是连续分布的,我们可以把电荷连续分布带电体分割成无限多个电荷微元 $\mathrm{d}q$,由于每一电荷微元很小,可以把它视为点电荷. 其中任一电荷微元在电场中 P 点产生的电势,根据式(6-14)为

$$\mathrm{d}V=\frac{1}{4\pi\varepsilon_0}\frac{\mathrm{d}q}{r}$$

式中,r 为该电荷微元 $\mathrm{d}q$ 到 P 点的距离. 所有电荷微元(即整个带电体)在 P 点产生的电势

$$V=\int\mathrm{d}V=\frac{1}{4\pi\varepsilon_0}\int\frac{\mathrm{d}q}{r} \tag{6-17}$$

根据不同的情况,有时把电荷看成在一定体积内连续分布(体分布),有时把电荷看成在一定曲面上连续分布(面分布),有时把电荷看成在一定曲线上连续分布(线分布),等等. 对于电荷连续分布的体分布、面分布和线分布,电荷元 $\mathrm{d}q$ 分别为 $\mathrm{d}q=\rho\mathrm{d}V,\mathrm{d}q=\sigma\mathrm{d}S,\mathrm{d}q=\lambda\mathrm{d}l$,其中电荷体密度 ρ 为单位体积内的电荷,电荷面密度 σ 为单位面积内的电荷,电荷线密度 λ 为单位长度内的电荷. 则由式(6-17)可得电势分别为

$$V=\frac{1}{4\pi\varepsilon_0}\iiint_V\frac{\rho\mathrm{d}V}{r},\quad V=\frac{1}{4\pi\varepsilon_0}\iint_S\frac{\sigma\mathrm{d}S}{r},\quad V=\frac{1}{4\pi\varepsilon_0}\int_l\frac{\lambda\mathrm{d}l}{r}$$

因为电势是标量，这里的积分是对标量积分，所以电势的计算比电场强度的计算往往要简便一些.

当带电体的电荷分布已知时，计算电势分布的方法有两种.

(1) 当电场强度分布已知，或因带电体具有一定的对称性，因而场强分布易用高斯定理求出时，可以用场强积分的方法求电势；

(2) 当带电体的电荷分布已知，且带电体的对称性又不强时，宜用电势积分的方法计算电势。

检测点 15：三对具有相同间距的平行板和每个板的电势如检 6-15 图所示. 两板之间的电场是均匀的且垂直于板. (a)按照两板间电场的大小由大到小把这三对排序. (b)哪一对的电场指向右方？(c)倘若一电子在第三板的中间被释放，它是停在那里、匀速向右运动匀速向左运动，向右加速还是向左加速？

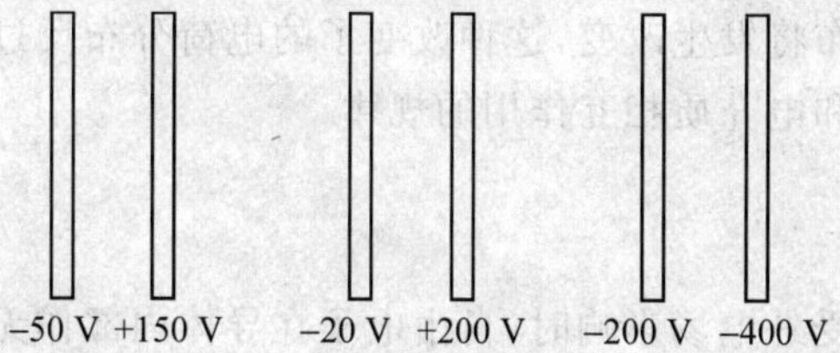

检 6-15 图

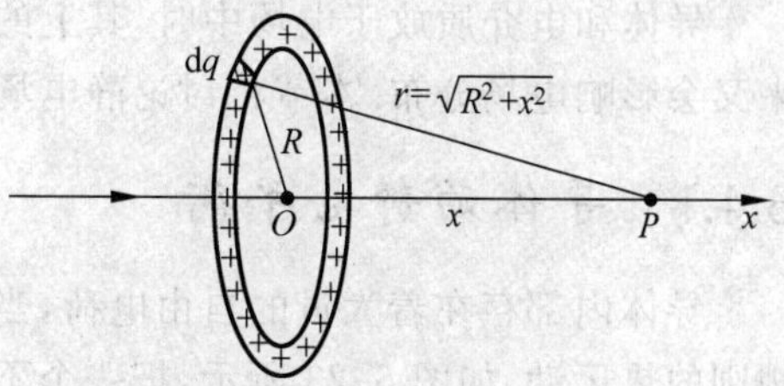

图 6-21 均匀带电细圆环轴线上的电势分布

例 6-8 求均匀带电细圆环轴线上任一点上的电势分布. 已知环的半径为 R，总电量为 q.

解 如图 6-21 所示，取轴线为 x 轴，圆心 O 为原点，在轴线任取一点 P，其坐标为 x，它到圆环上每一微元线段 $\mathrm{d}l$ 的距离都为 $r=\sqrt{R^2+x^2}$，任一微元电荷 $\mathrm{d}q=\lambda\mathrm{d}l$ 在 P 点产生的电势为

$$\mathrm{d}V=\frac{1}{4\pi\varepsilon_0}\frac{\mathrm{d}q}{r}=\frac{1}{4\pi\varepsilon_0}\frac{\lambda\mathrm{d}l}{r}$$

整个圆环在 P 点产生的电势为

$$V=\int\mathrm{d}V=\frac{1}{4\pi\varepsilon_0}\int_0^{2\pi R}\frac{\lambda\mathrm{d}l}{r}=\frac{1}{4\pi\varepsilon_0}\frac{\lambda}{r}\int_0^{2\pi R}\mathrm{d}l=\frac{1}{4\pi\varepsilon_0}\frac{\lambda 2\pi R}{\sqrt{R^2+x^2}}$$

$$=\frac{1}{4\pi\varepsilon_0}\frac{q}{\sqrt{R^2+x^2}}$$

例 6-9 求均匀带电球面内外的电势分布，设球面电量为 Q，半径为 R.

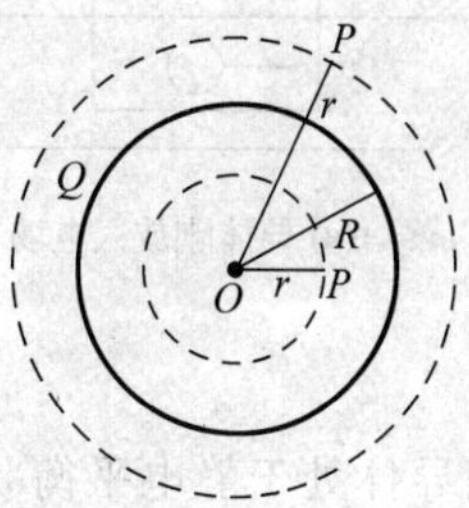

图 6-22 均匀带电球面的电势分布

解 如图 6-22 所示，由例 6-5 得到的均匀带电球面内外的场强如下：

当 $r>R$ 时，$\boldsymbol{E}=\frac{1}{4\pi\varepsilon_0}\frac{Q}{r^2}\frac{\boldsymbol{r}}{r}$；当 $r<R$ 时，$E=0$.

(1) 球面内任一点 P 的电势($r<R$)

根据电势定义式(6-14)

$$V_P=\int_P^{\infty}\boldsymbol{E}\cdot \mathrm{d}\boldsymbol{l}=\int_r^{\infty}\boldsymbol{E}\cdot \mathrm{d}\boldsymbol{r}=\int_r^{R}\boldsymbol{E}\cdot \mathrm{d}\boldsymbol{r}+\int_R^{\infty}\boldsymbol{E}\cdot \mathrm{d}\boldsymbol{r}$$

$$=\int_R^{\infty}\boldsymbol{E}\cdot \mathrm{d}\boldsymbol{r}=\int_R^{\infty}\frac{1}{4\pi\varepsilon_0}\frac{Q}{r^2}\mathrm{d}r=\frac{1}{4\pi\varepsilon_0}\frac{Q}{R}$$

这表明，均匀带电球面内各点的电势相等.

（2）球面外任一点 P 的电势（$r>R$）

按照同样的方法，有

$$V_P=\int_P^{\infty}\boldsymbol{E}\cdot \mathrm{d}\boldsymbol{l}=\int_r^{\infty}\boldsymbol{E}\cdot \mathrm{d}\boldsymbol{r}=\int_r^{\infty}\frac{1}{4\pi\varepsilon_0}\frac{Q}{r^2}\mathrm{d}r=\frac{1}{4\pi\varepsilon_0}\frac{Q}{r}$$

这表明，均匀带电球面外各点的电势，与球上电荷全部集中于球心作为一个点电荷在该点产生的电势相同.

6.4 静电场中的导体和电介质

导体和电介质放于电场中时，其上的电荷分布将发生改变，这种改变了的电荷分布反过来又会影响电场分布. 本节将讨论静电场与导体和电介质相互作用的规律.

6.4.1 导体的静电平衡

导体内部存在着大量的自由电荷，当导体不受外电场影响时，自由电子在导体内部作无规则的热运动. 如图 6-23 所示，把一个不带电的导体板放在匀强电场中，其电场强度为 $\boldsymbol{E}_0$，导体板内部的自由电子将在电场力 $\boldsymbol{F}=-e\boldsymbol{E}_0$ 作用下逆着电场线向左运动，从而使得导体左侧带负电，右侧带正电，于是导体两侧所积累的电荷在导体内部产生一个附加电场，其电场强度为 $\boldsymbol{E}'$，方向和外场强方向相反，这样导体内部各点的合场强是外场强和附加场强的叠加，其大小为 $E=E_0-E'$. 开始时 $E'<E_0$，导体内部的合场强不为零，自由电子不断向左运动，从而使 E' 增大，这个过程一直延续到导体内部的合场强为零，此时，导体内部的自由电子不再做定向移动，导体两侧的正负电荷不再增加，这种导体上任何部分都没有电荷定向运动的现象，称为**静电平衡**.

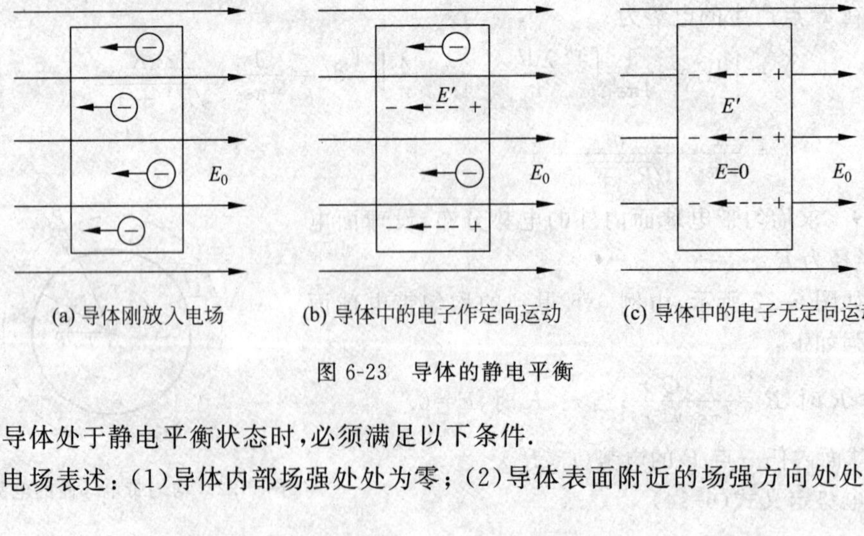

图 6-23 导体的静电平衡

当导体处于静电平衡状态时，必须满足以下条件.

用电场表述：(1)导体内部场强处处为零；(2)导体表面附近的场强方向处处与它的表

面垂直.反证法证明,假设导体表面附近的场强方向与它的表面不垂直,则电场强度沿表面将有切向分量,自由电子将在切向分量的电场力作用下,沿表面运动,这样导体就不处于静电平衡状态了.

用电势表述:(1) 导体是等势体.因为导体处于静电平衡状态时,导体内部场强处处为零,即 $E=0$,导体内任意两点 P,Q 之间的电势差为

$$U_{PQ}=V_P-V_Q=\int_P^Q \boldsymbol{E}\cdot \mathrm{d}\boldsymbol{l}=0$$

所以导体内部所有点的电势相等,导体是等势体.

(2) 导体表面是等势面.证明方法相似,因为导体处于静电平衡状态时,导体表面附近的场强方向处处与它的表面垂直,导体表面任意两点 P,Q 之间的电势差为

$$U_{PQ}=V_P-V_Q=\int_P^Q \boldsymbol{E}\cdot \mathrm{d}\boldsymbol{l}=\int_P^Q E\cos\frac{\pi}{2}\mathrm{d}l=0$$

所以导体表面上所有点的电势相等,导体表面是等势面.

检测点 16:一小带电球位于半径为 R 的金属球壳的空心内.这里分别是关于小球和壳上净电荷的三种:(1) $+4q,0$;(2) $-6q,+10q$;(3) $+16q,-12q$.按照在(a)球壳内表面,(b)外表面上的电荷,把三种情况排顺序,哪种情况正电荷最多?

6.4.2　静电平衡时导体上的电荷分布

导体处于静电平衡时,其内部没有未抵消的净电荷,电荷只分布在导体的表面.这个结论可用高斯定理证明,如图 6-24 所示,在一处于静电平衡的导体内部作任意闭合高斯面 S,由于此时导体内部场强处处为零,所以通过导体内任意闭合高斯面的电通量为零,即

$$\oint\!\!\!\oint_S \boldsymbol{E}\cdot \mathrm{d}\boldsymbol{S}=\frac{1}{\varepsilon_0}\sum_{i=1}^{N}q_i=0$$

因为此高斯面是任意作出的,所以上述结论得证.

导体处于静电平衡时,其表面上电荷分布的定量研究是比较复杂的,这不仅与这个导体的形状有关,而且还和它附近有什么样的其他带电体有关.但是对于孤立带电导体来说,电荷的分布有如下定性规律:一个孤立导体上面电荷密度的大小与表面的曲率有关.如图 6-25 所示,导体表面凸出而尖锐的地方(曲率较大),电荷比较密集,即面电荷密度 σ_e 较大;表面较平坦的地方(曲率较小),σ_e 较小;表面凹进去的地方(曲率为负),σ_e 更小.

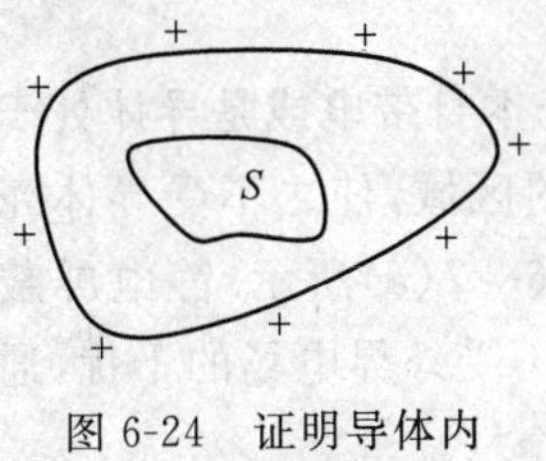

图 6-24　证明导体内无净电荷

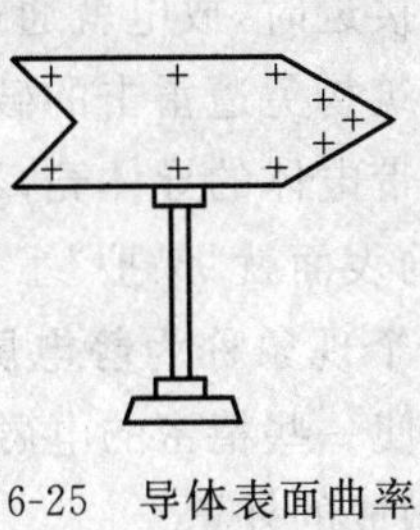

图 6-25　导体表面曲率对电荷分布的影响

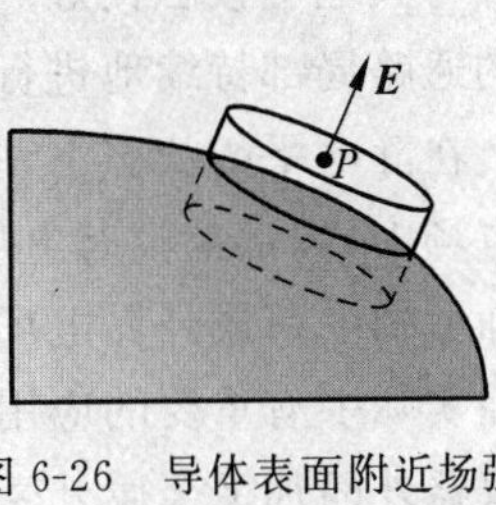

图 6-26　导体表面附近场强与面密度的关系

下面讨论导体附近空间的电场强度的大小与该处导体表面电荷密度的关系.如图 6-26 所示,P 点是导体表面之外附近空间的点,在 P 点附近的导体表面上取一面积微元 ΔS.该面元取得充分小,使得其上的面电荷密度 σ_e 可认为是均匀的.以面积微元 ΔS 为底面

积做一微小圆柱形高斯面，圆柱垂直于导体表面，上底面通过点 P，下底面在导体内部，两底面都与 ΔS 平行，并无限靠近它，因此它们的面积是 ΔS. 由于圆柱形高斯面上底面的法线方向与场强 $\boldsymbol{E}$ 方向一致，所以通过上底面的电通量为 $E\Delta S$；下底面处于导体内部，电场强度为零，所以通过下底面的电通量为零；在侧面上，电场强度或为零，或与侧面的法线垂直，所以通过侧面的电通量也为零. 根据高斯定理有

$$E=\frac{\sigma_e}{\varepsilon_0} \tag{6-18}$$

式(6-18)表明，导体表面之外附近空间场强的大小与该处导体的面电荷密度成正比，面电荷密度大的地方场强大，面电荷密度小的地方场强小.

检测点 17：一电荷为 $-50e$ 的小球位于空的球形金属壳的中心，球壳带有净电荷 $-100e$. 在球壳的内表面上及球壳的外表面上，电荷各为多少？

6.4.3 尖端放电　静电屏蔽

式(6-18)表明，导体附近的场强 E 与面电荷密度 σ_e 成正比，所以孤立导体表面附近的场强分布也有同样的规律，即尖端附近场强大，平坦的地方次之，凹进的地方最弱. 在导体尖端附近电场特别强. 当电场强度达到一定程度时，空气中残留的离子在强电场作用下发生激烈运动，在激烈运动的过程中它们和空气分子相碰，会使空气分子电离，从而产生大量新的离子，使得空气变得易于导电，产生**尖端放电现象**.

尖端放电时，周围往往隐隐地笼罩着一层光晕，叫做电晕，在黑暗中看得特别明显. 例如，阴雨潮湿天气常常在高压输电线附近看到淡蓝色辉光，这是由于输电线附近的离子与空气分子碰撞时使分子处于激发状态，从而产生光辐射，形成电晕. 高压输电线附近的电晕放电浪费了很多电能，把电能消耗在气体分子的电离和发光过程中，这是应尽量避免的，为此，高压输电线表面应做得极光滑，其半径也不能过小.

尖端放电也有可利用的一面，最典型的就是避雷针. 当带电云层接近地面时，由于静电感应使地上物体带异号电荷，这些电荷比较集中地分布在突出的物体（如高大的建筑物、烟囱、大树）上. 当电荷积累到一定程度，就会在云层和这些物体之间发生强大的火花放电，这就是雷击现象. 为了避免雷击，可在建筑物上安装尖端导体（避雷针），用粗铜缆将避雷针通地，通地的一端埋在几尺深的潮湿泥土里或接地埋在地下的金属板（或金属管）上，以保持避雷针与大地电接触良好. 当带电云层接近时，放电就通过避雷针和通地粗铜缆这条最易于导电的通路局部持续地进行，而使得建筑物免遭雷击的破坏.

在静电平衡状态下，腔内无其他带电体的导体壳，不管导体壳本身带电或是导体处于外界电场中，内部都没有电场. 导体壳的表面就"保护"了它所包围的区域，使之不受导体壳外表面上的电荷或外界电场的影响，这个现象称为**静电屏蔽**，如图 6-27(a)所示. 静电屏蔽现象在实际中有重要的应用，例如为了使一些精密的电磁测量仪器不受外界电场的干扰，通常在仪器外面加上金属外壳或金属网做成的外罩.

工作中要使一个带电体不影响外界，可以把带电体放在接地的金属壳或金属网内（如图 6-27(b)）. 有了金属外壳之后，其内表面出现等量异号电荷，如果腔内的带电体带正电，由内部带电体发出的电场线就会全部终止在空腔内表面的负电荷上，使电场线不能穿出空腔. 但是若空腔的外表面不接地，在它外表面还有与内表面等量异号的感应电荷，它的电场

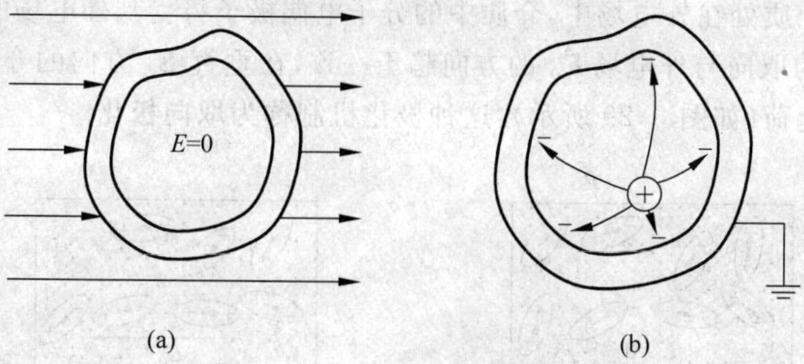

图 6-27　静电屏蔽

会对外界产生影响.

怎样在不停电的条件下检修和维护高压输电线路和设备？高压电对人体造成危害不是因其高压，而是大的电势差.在高电势差作用下，就有强电流流过人体，对人体构成致命伤害，为了实现高电压带电作业，人们研制出一种保护服叫均压服(或屏蔽服)，它是用铜丝(或导电纤维)和纤维编织在一起制成的导电良好的工作服.穿着时，把手套、帽子、衣裤和袜子连成一体，工作人员穿上它就相当于把人体罩在导体网罩内，使人体各处电势相等，还能起到减弱到达人体的电场和分流的作用，从而保证工作人员的安全.

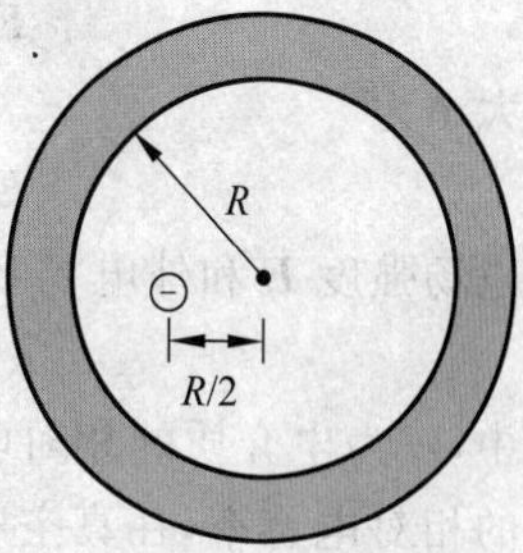

检 6-18 图

检测点 18：如检 6-18 图所示，内半径为 R 的球形金属壳的截面，$-5.0\ \mu C$ 的点电荷位于距离壳中心为 $R/2$ 处. 如果壳是电中性的，则在其内和外表面的感应电荷各是多少？那些电荷是均匀分布的吗？

6.4.4　从原子观点看电介质

电介质就是绝缘介质，它是不导电的，分子中正负电荷束缚得较紧密，几乎不存在可自由移动的电荷.在无外电场时，有些电介质(如氢、甲烷等)的分子正负电荷的中心是重合的，这类电介质称为无极分子电介质；有些电介质(如水、有机玻璃等)在无外电场时，分子正负电荷中心不重合，构成一等效的电偶极子，这类电介质称为有极分子电介质.

在没有外电场作用时，由于分子作杂乱无章的热运动，电介质整体呈中性.无极分子电介质处在外电场中，分子的正负电荷中心将发生相对位移，形成电偶极子，这些电偶极子的电偶极矩 $\boldsymbol{p}$ 的方向与外电场 $\boldsymbol{E}_0$ 的方向一致，在垂直 $\boldsymbol{E}_0$ 方向的介质两端表面上分别出现正负极化电荷(如图 6-28 所示)，这种极化机制称为**位移极化**.

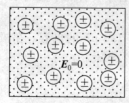

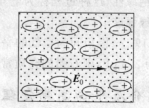

(a) 无外电场，无极分子正负电荷中心重合　　(b) 外电场作用下，正负电荷中心分离

图 6-28　无极分子电介质的位移极化

有极分子电介质处在外电场中，介质中的分子电偶极子将受到外电场的力矩作用，从而使其电偶极矩 $\boldsymbol{p}$ 的取向与外电场 $\boldsymbol{E}_0$ 的方向趋于一致，在垂直 $\boldsymbol{E}_0$ 方向的介质两端表面上也会出现正负极化电荷(如图 6-29 所示)，这种极化机制称为**取向极化**.

(a) 无外电场，有极分子混乱取向　　(b) 外电场作用下，有极分子发生取向

图 6-29　有极分子电介质的取向极化

如图 6-30 所示，极化电荷 q' 在电介质内产生极化电场 $\boldsymbol{E}'$，$\boldsymbol{E}'$ 的方向与 $\boldsymbol{E}_0$ 的方向相反. 电介质中的合场强 $\boldsymbol{E}$ 是 $\boldsymbol{E}_0$ 和 $\boldsymbol{E}'$ 的矢量和，即

$$\boldsymbol{E}=\boldsymbol{E}'+\boldsymbol{E}_0 \tag{6-19}$$

其大小为

$$E=E_0-E'$$

总电场强度 $\boldsymbol{E}$ 和外电场 $\boldsymbol{E}_0$ 之间的关系为

$$\boldsymbol{E}=\boldsymbol{E}_0/\varepsilon_r \tag{6-20}$$

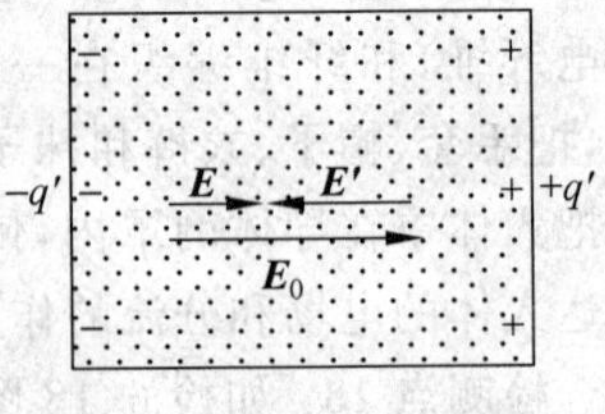

图 6-30　电介质的极化

式中，ε_r 为电介质的相对电容率. 表 6-1 给出了一些常见电介质的相对电容率，在真空中 $\varepsilon_r=1$，空气的相对电容率近似等于 1，其他电介质的相对电容率均大于 1.

表 6-1　几种常见电介质的相对电容率

电介质	相对电容率 ε_r	电介质	相对电容率 ε_r
真空	1	云母	5.4
空气(20℃)	1.000 55	陶瓷	6～8
石蜡	2	玻璃	5～10
变压器油(20℃)	2.24	水(20℃)	80.2
聚乙烯	2.26	钛酸钡	$10^3\sim10^4$

在强电场中，电介质中的一些束缚电荷在强电场力作用下会解除束缚作宏观定向运动，电介质丧失绝缘性，这种过程称为电介质的击穿，一种电介质所能承受的最大电场强度称为该介质的**绝缘强度**.

检测点 19：一极板间为空气的平行板电容器具有 1.3 pF 的电容. 在极板间插入石蜡后，电容变为 2.6 pF，则石蜡的介质常数为多大?

6.4.5　电介质中的高斯定理

电介质放在电场中，受电场的作用而极化，产生极化电荷，极化电荷又会反过来影响电场的分布，有电介质存在时的电场应该由电介质上的极化电荷和自由电荷共同决定.

下面以平行板电容器中充满各向同性的电介质为例来讨论. 如图 6-31 所示，取一闭合的圆柱面作为高斯面，高斯面的两底面与极板平行，其中下底面在电介质内，底面的面积为 S. 计算总电场强度 $\boldsymbol{E}$ 时，应计及高斯面内所包含的自由电荷和极化电荷，即

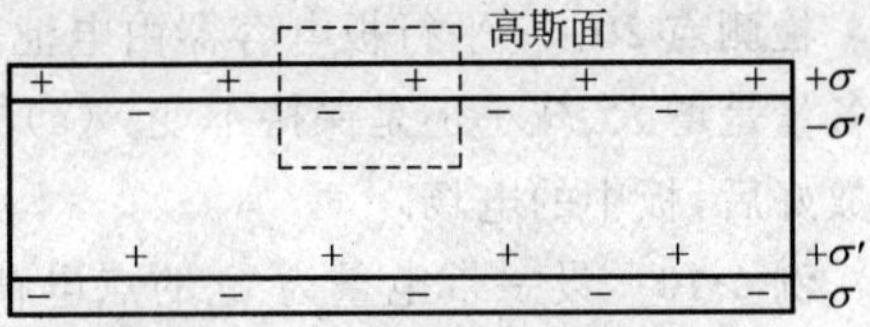

图 6-31　电介质中的高斯定理

$$\oiint_S \boldsymbol{E} \cdot d\boldsymbol{S} = \frac{1}{\varepsilon_0}(q_0 + q') \tag{6-21}$$

式中，q_0 和 q' 分别为高斯面内所包含的自由电荷和极化电荷.

设极板上自由电荷的面密度为 σ，极化电荷的面密度为 σ'. 自由电荷和极化电荷在两平板间激发的电场强度和极化电场强度分别为 $E_0 = \sigma/\varepsilon_0$ 和 $E' = \sigma'/\varepsilon_0$，将此 E_0 和 E' 代入式(6-19)得

$$\frac{\sigma}{\varepsilon_0} - \frac{\sigma'}{\varepsilon_0} = \frac{\sigma}{\varepsilon_0 \varepsilon_r}$$

从而可得

$$\sigma' = \left(1 - \frac{1}{\varepsilon_r}\right)\sigma$$

由于 $q_0 = \sigma S, q' = \sigma' S$，上式也可写成

$$q' = \frac{\varepsilon_r - 1}{\varepsilon_r} q_0 \tag{6-22}$$

将式(6-22)代入式(6-21)有

$$\oiint_S \boldsymbol{E} \cdot d\boldsymbol{S} = \frac{q_0}{\varepsilon_0 \varepsilon_r}$$

或

$$\oiint_S \varepsilon_r \varepsilon_0 \boldsymbol{E} \cdot d\boldsymbol{S} = q_0$$

令

$$\boldsymbol{D} = \varepsilon_0 \varepsilon_r \boldsymbol{E} = \varepsilon \boldsymbol{E} \tag{6-23}$$

$\boldsymbol{D}$ 叫做电位移矢量，其单位为 $C \cdot m^{-2}$，相对电容率 ε_r 与真空电容率 ε_0 的乘积叫做电容率 ε，即 $\varepsilon = \varepsilon_0 \varepsilon_r$. 上式可写成

$$\oiint_S \boldsymbol{D} \cdot d\boldsymbol{S} = q_0 \tag{6-24}$$

式中，$\oiint_S \boldsymbol{D} \cdot d\boldsymbol{S}$ 是通过闭合曲面 S 的电位移矢量通量. 式(6-24)虽然是从平行板电容器特例中得出的，但可以证明在一般情况下也是正确的.

有电介质时的高斯定理叙述如下：在静电场中，通过任意闭合曲面的电位移矢量通量等于该闭合曲面所包围的自由电荷的代数和，与束缚电荷无关. 其数学表达式为

$$\oiint_S \boldsymbol{D} \cdot d\boldsymbol{S} = \sum_{i=1}^{N} q_i \tag{6-25}$$

式中，$\sum_{i=1}^{N} q_i$ 为高斯面内包围的自由电荷的代数和，电位移矢量通量只和自由电荷有关.

检测点 20：一平行板电容器由电池充电后仍保持连接，一电介质板插入两极板间，则下列各量是增大、减小还是保持不变.（a）电容器极板上的电荷；（b）间隙中的电场；（c）电介质板放好后，板中的电场.

例 6-10 设一带电量为 Q 的点电荷周围充满电容率为 ε 的均匀介质，求场强分布.

解 如图 6-32 所示，以点电荷为中心作半径为 r 的高斯面 S. 根据介质中的高斯定理

$$\oiint_S \boldsymbol{D} \cdot \mathrm{d}\boldsymbol{S} = D4\pi r^2 = q_0$$

所以

$$D = \frac{q_0}{4\pi r^2}$$

$$E = \frac{D}{\varepsilon} = \frac{1}{4\pi\varepsilon}\frac{q_0}{r^2}$$

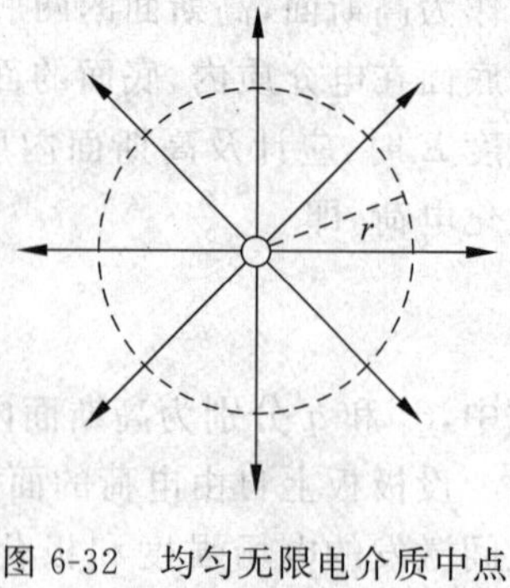

图 6-32 均匀无限电介质中点电荷的场强

6.5 电容 电场能量

6.5.1 电容器的电容

电容器是组成电路的基本元件之一，它由被电介质分隔开的两个导体组成，两个导体为它的极板. 如图 6-33 所示，当电容器的两个极板 A 和 B 分别带有等量异号电荷 $+Q$ 和 $-Q$ 时，两个极板间的电势差 $V=V_A-V_B$，电容器的电容定义为：一个极板所带电量的绝对值 Q 与两个极板间的电势差 V 的比值，即

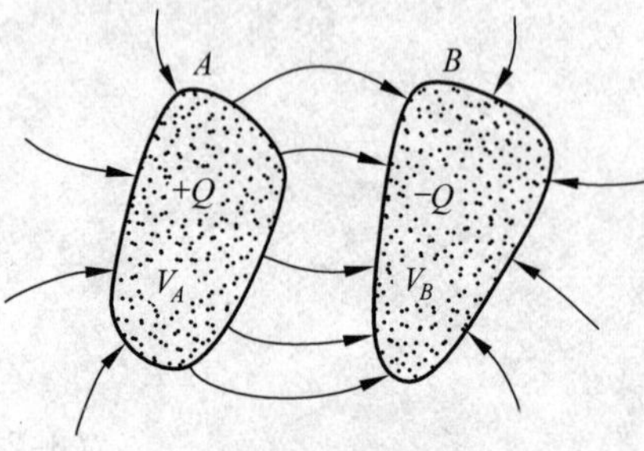

图 6-33 电容器

$$C = \frac{Q}{V} \tag{6-26}$$

电容器的电容取决于电容器本身的结构，即两导体的形状、尺寸以及两导体间电介质的种类等，而与它所带的电量无关. 在国际单位制中，电容的单位为 F，在实际应用中，常用 μF、pF 等较小的单位，它们之间的关系为

$$1\,\mathrm{F} = 10^6\,\mu\mathrm{F} = 10^{12}\,\mathrm{pF}$$

检测点 21：一平行板电容器由电池充电后断开，一厚度为 b 的电介质板放置在极板间. 如果电介质板的厚度 b 增大，则下列各量是增大、减小还是保持不变.（a）电介质板中的电场；（b）极板间的电势差；（c）电容器的电容.

6.5.2 电容的计算

下面分别讨论几种常见电容器的电容. 在这里，我们的任务是在知道电容器的几何结构之后计算它的电容，电容的计算步骤如下：（1）假定在两极板上分别带有等量异号电荷 $+Q$ 和 $-Q$；（2）根据此电荷，应用高斯定理计算两极板之间的电场 $\boldsymbol{E}$；（3）利用公式 $V=$

$\int_{+}^{-} \boldsymbol{E} \cdot \mathrm{d}\boldsymbol{l}$ 计算两极板之间的电势差 V，其中＋和－表示积分路径起始于正极板并终止于负极板；(4)根据电容定义式 $C=Q/V$ 计算电容 C. 注意电容 C 与 Q 无关，只与电容器本身的结构有关.

1. 平行板电容器

如图 6-34 所示，平行板电容器由两块彼此靠得很近的平行极板组成，两个极板的面积为 S，内表面间的距离为 d，两个极板间充满了相对电容率为 ε_r 的电介质.

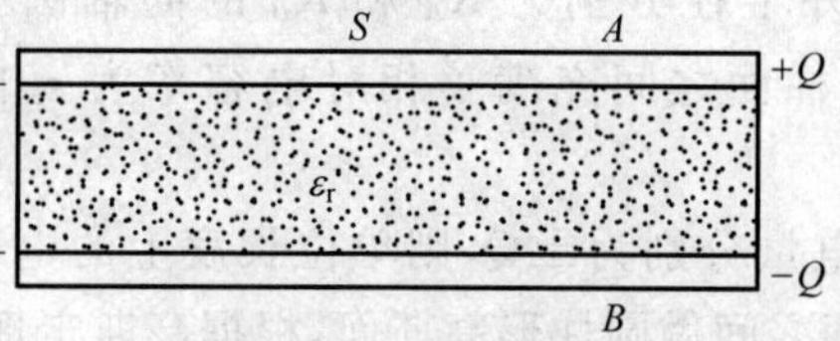

图 6-34　平行板电容器

通常两个极板平面的线度远大于它们之间的距离(或 $S \gg d^2$)，除边缘部分外，其他部分的电场与两极板为无限大时差不多，这时两极板内表面均匀带电，极板间的电场是均匀电场.

设两极板 A 和 B 分别带有等量异号电荷 $+Q$ 和 $-Q$，于是两极板上的电荷面密度分别为 $\pm\sigma=Q/S$，两个带等量异号电荷的无限大平行平面之间的电场强度的大小，由例 6-7 的结论可得

$$E=\frac{\sigma}{\varepsilon_0\varepsilon_r}$$

A，B 板之间的电势差为

$$V=\int_A^B \boldsymbol{E} \cdot \mathrm{d}\boldsymbol{l}=Ed=\frac{\sigma d}{\varepsilon_0\varepsilon_r}=\frac{Qd}{\varepsilon_0\varepsilon_r S}$$

由电容器的电容定义式(6-26)可得

$$C=\frac{Q}{V}=\frac{\varepsilon_0\varepsilon_r S}{d}=\frac{\varepsilon S}{d} \tag{6-27}$$

上式表明，平行板电容器的电容 C 与极板的面积 S 和电介质的电容率 ε 成正比，与极板间距离 d 成反比. 电容只与电容器本身的结构有关，而与电容器是否带电无关.

当平行板电容器两极板为真空时($\varepsilon_r=1$)，根据式(6-27)平行板电容器的电容为 $C'=\varepsilon_0 S/d$. 与极板间有电介质时相比较，$C=\varepsilon_r C'$.

2. 球形电容器

如图 6-35 所示，球形电容器是由两个内外半径分别为 R_1 和 R_2 的同心导体球壳组成，球壳间充满了相对电容率为 ε_r 的电介质.

设两个球壳所带电量分别为 $\pm Q$，在两个球壳之间作球状高斯面，根据高斯定理

$$\oint\!\!\!\oint_S \boldsymbol{E} \cdot \mathrm{d}\boldsymbol{S}=E4\pi r^2=\frac{Q}{\varepsilon_0\varepsilon_r}$$

图 6-35　球形电容器

由此得两个球壳之间场强为

$$\boldsymbol{E}=\frac{1}{4\pi\varepsilon_0\varepsilon_r}\frac{Q}{r^2}\frac{\boldsymbol{r}}{r},\quad R_1<r<R_2$$

两个球壳之间电势差为

$$V=\int_{R_1}^{R_2}\boldsymbol{E}\cdot\mathrm{d}\boldsymbol{r}=\frac{Q}{4\pi\varepsilon_0\varepsilon_r}\left(\frac{1}{R_1}-\frac{1}{R_2}\right)$$

根据电容器的电容定义式(6-26)可得

$$C=\frac{Q}{V}=\frac{4\pi\varepsilon_0\varepsilon_r R_1 R_2}{R_2-R_1} \tag{6-28}$$

3. 圆柱形电容器

如图 6-36 所示,圆柱形电容器是由两个内外半径分别为 R_A 和 R_B 的同轴圆柱导体面组成的,圆柱面长度为 L,且 $L\gg R_B$,两个圆柱面之间充满了相对电容率为 ε_r 的电介质.

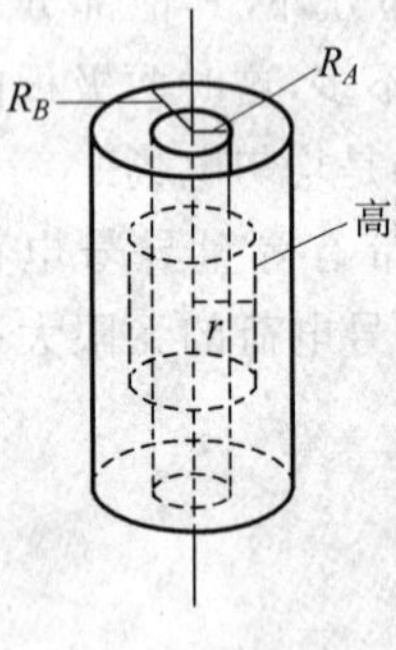

图 6-36 圆柱形电容器

设两个圆柱面所带电量分别为 $\pm Q$,则单位长度上的电荷密度 $\lambda=Q/L$. 在两个圆柱面之间做圆柱形高斯面,根据高斯定理

$$\oint\!\!\!\oint_S \boldsymbol{E}\cdot\mathrm{d}\boldsymbol{S}=\frac{\lambda l}{\varepsilon_o\varepsilon_r}$$

而

$$\oint\!\!\!\oint_S \boldsymbol{E}\cdot\mathrm{d}\boldsymbol{S}=\iint_{上底面}\boldsymbol{E}\cdot\mathrm{d}\boldsymbol{S}+\iint_{下底面}\boldsymbol{E}\cdot\mathrm{d}\boldsymbol{S}+\iint_{侧面}\boldsymbol{E}\cdot\mathrm{d}\boldsymbol{S}$$

$$=E\iint_{侧面}\mathrm{d}S=E2\pi rl$$

由此得两个圆柱面之间场强的大小为

$$E=\frac{\lambda}{2\pi\varepsilon_0\varepsilon_r r},\quad R_1<r<R_2$$

两个圆柱面之间电势差为

$$V=\int_{R_A}^{R_B}\boldsymbol{E}\cdot\mathrm{d}\boldsymbol{r}=\int_{R_A}^{R_B}\frac{\lambda}{2\pi\varepsilon_0\varepsilon_r r}\mathrm{d}r=\frac{\lambda}{2\pi\varepsilon_0\varepsilon_r}\ln\frac{R_B}{R_A}$$

根据电容器的电容定义式(6-26)可得

$$C=\frac{Q}{V}=\frac{2\pi\varepsilon_0\varepsilon_r L}{\ln\dfrac{R_B}{R_A}} \tag{6-29}$$

检测点 22:对于用相同电池充电的一些电容器,它们所存储的电荷在下列几种情况下是增加、减少还是保持不变?(a)平行板电容器的板距增大;(b)圆柱形电容器内柱的半径增大;(c)球形电容器外壳的半径增大.

6.5.3 电容器的充电

如图 6-37 所示,在电容器充电过程中,电子从电容器带正电的极板上被拉到电源,并被电源推到带负电的极板上去. 完成这个过程要靠电源做功,从而消耗了电源的能量(如化学能),使之转化为电容器储存的电能. 设充电过程的某一瞬间,两极板之间的电势差为 V,极板所带电量的绝对值为 q,此时若把电荷 $-\mathrm{d}q$ 从带正电的极板移到带负电的极板上,外力克服静电力所做的功为

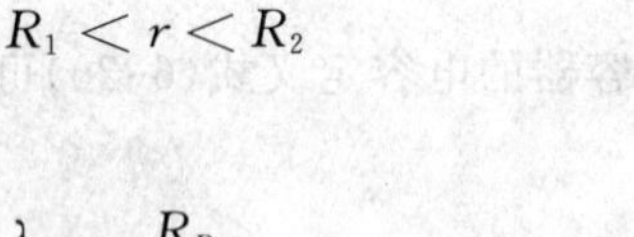

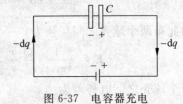

图 6-37 电容器充电

$$dW = Vdq = \frac{q}{C}dq$$

从两极板不带电到两极板分别带$\pm Q$电量的过程中，外力所做的总功也就是电容器储存的电能

$$W = \int_0^Q \frac{q}{C}dq = \frac{1}{2}\frac{Q^2}{C} = \frac{1}{2}QV = \frac{1}{2}CV^2 \tag{6-30}$$

检测点 23：电势差为U的电池使两个相同的电容器的组合存储电荷q. 在两个电容器是(a)并联、(b)串联的两种情况下，每一个电容器的电势差是多大？每一个电容器上的电荷是多少？

6.5.4　心脏除颤器

心脏除颤器是一种应用电击来抢救和治疗心律失常的电子医疗设备，其核心元件为电容器. 如果把一个已充电的电容器在极短的时间内放电，可得到较大的功率. 除颤器的工作原理是首先采用电池或低压直流电源给电容器充电，充电过程不到一分钟，然后利用电容器的瞬间放电，产生较强的脉冲电流对心脏进行电击，也可描述为先积蓄定量的电能，然后通过电极释放到人体. 除颤器工作时，电击板被放置在患者的胸膛上，控制开关闭合，电容器通过患者从一个电击板到另一个电击板释放它存储的一部分能量. 例如除颤器中一个 70 μF 的电容器被充电到 5000 V，电容器中储存能量为

$$W = \frac{1}{2}CV^2 = \frac{1}{2}\times(70\times10^{-6})\times5000^2 = 875(\mathrm{J})$$

这个能量中约 200 J 在 2 ms 的脉冲期间被发送给患者，该脉冲的功率为 100 kW，它远大于电池或低压直流电源本身的功率，完全可以满足救护患者的需要. 这种利用电池或低压直流电源给电容器缓慢充电，然后在高得多的功率下使它放电的技术通常也被用于闪光照相术和频闪照相术.

电容器中储存有电能，如果把一个已充电的电容器的两个极板用导线短路，则可以看到放电的火花，利用放电火花的热能，可以熔焊金属，这就是常说的“电容焊”. 利用已充电的电容器在极短的时间内放电，可得到较大的功率，这在激光和受控热核反应中有重要的应用.

6.5.5　静电场的能量　能量密度

在恒定状态下，电荷和电场总是同时存在相伴而生的，使我们无法分辨电能是与电荷还是与电场相关联，然而电磁波可以在空间传播，电场可以脱离电荷而传播，因此电能是定域在电场中的. 既然电能分布在电场中，电能一定与描述电场性质的特征量$\boldsymbol{E}$有某种联系. 下面从平行板电容器这个特例来寻求这种联系.

设平行板电容器两个极板的面积为S，分别带有等量异号电荷$+Q$和$-Q$，内表面间的距离为d，两个极板间充满了相对电容率为ε_r的电介质. 根据式(6-27)和式(6-30)，电容器中储存的电能为

$$W_e = \frac{1}{2}\frac{Q^2}{C} = \frac{1}{2}\frac{Q^2 d}{\varepsilon_0\varepsilon_r S} = \frac{\varepsilon_0\varepsilon_r}{2}\left(\frac{Q}{\varepsilon_0\varepsilon_r S}\right)^2 Sd$$

由于两个极板间的电场为

$$E=\frac{Q}{\varepsilon_0\varepsilon_r S}$$

所以有

$$W_e=\frac{1}{2}\varepsilon_0\varepsilon_r E^2 Sd=\frac{1}{2}\varepsilon_0\varepsilon_r E^2 V$$

式中 $V=Sd$ 为极板间电场所占空间的体积，因为平行板电容器极板间电场是均匀的，所以平行板电容器的电场能量均匀地分布在它的电场中，因此单位体积内电场能量密度为

$$w_e=\frac{1}{2}\varepsilon_0\varepsilon_r E^2 \tag{6-31}$$

上式结论虽然是通过平行板电容器推导出来的，但它却是普遍成立的. 当电场不均匀时，总能量 W_e 应该是能量密度的体积分，

$$W_e=\iiint_V w_e \mathrm{d}V=\iiint_V \frac{1}{2}\varepsilon_0\varepsilon_r E^2\mathrm{d}V \tag{6-32}$$

式中的积分遍及电场分布的空间.

检测点 24：一平行板电容器由电池保持连接充电，在极板间插入一瓷板（$\varepsilon_r=6.50$）后下列各量是增大、减小还是保持不变. (a)电容器极板间的电势差；(b)电容；(c)电容器上的电荷；(d)该装置的电势能；(e)极板间的电场？

例 6-11 如图 6-38 所示，球形电容器的导体球壳内外半径分别为 R_1 和 R_2，球壳间充满了相对电容率为 ε_r 的电介质. 求当两个球壳所带电量分别为 $\pm Q$ 时，电容器所储存的电场能量.

解 根据高斯定理可得两个球壳之间的场强大小为

$$E=\frac{1}{4\pi\varepsilon_0\varepsilon_r}\frac{Q}{r^2},\quad R_1<r<R_2$$

取半径为 r，厚度为 $\mathrm{d}r$ 的球壳为体积微元，体积为 $\mathrm{d}V=4\pi r^2\mathrm{d}r$. 由式(6-32)，电场总能量为

$$W_e=\iiint_V w_e\mathrm{d}V=\int_{R_1}^{R_2}\frac{1}{2}\varepsilon_0\varepsilon_r E^2 4\pi r^2\mathrm{d}r=\frac{Q^2}{8\pi\varepsilon_0\varepsilon_r}\left(\frac{1}{R_1}-\frac{1}{R_2}\right)$$

此外，利用电容器储存电能公式(6-30)和球形电容器电容公式(6-28)同样也可得上述结论，即

$$W=\frac{1}{2}\frac{Q^2}{C}=\frac{1}{2}\frac{Q^2}{\dfrac{4\pi\varepsilon_0\varepsilon_r R_1R_2}{R_2-R_1}}=\frac{Q^2}{8\pi\varepsilon_0\varepsilon_r}\left(\frac{1}{R_1}-\frac{1}{R_2}\right)$$

例 6-12 如图 6-39 所示，内外半径分别为 R_A 和 R_B 的圆柱形电容器，圆柱面长度为 L，且 $L\gg R_B$，两个圆柱面之间充满了相对电容率为 ε_r 的电介质. (1)求当这两圆柱面上带电量分别为 $\pm Q$ 时，两圆柱面间的电场能量；(2)由能量关系推算此圆柱电容器的电容.

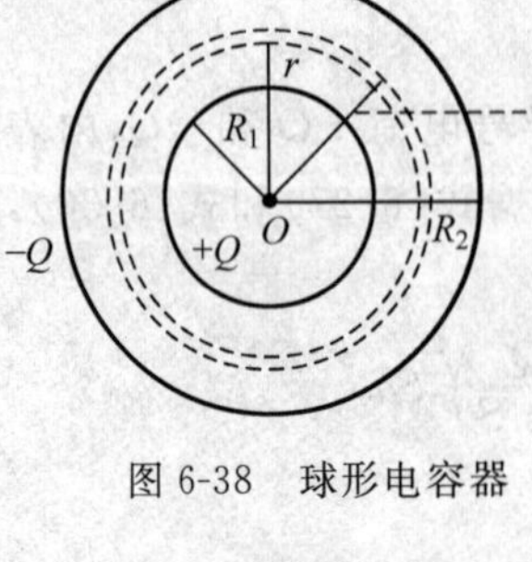

图 6-38 球形电容器

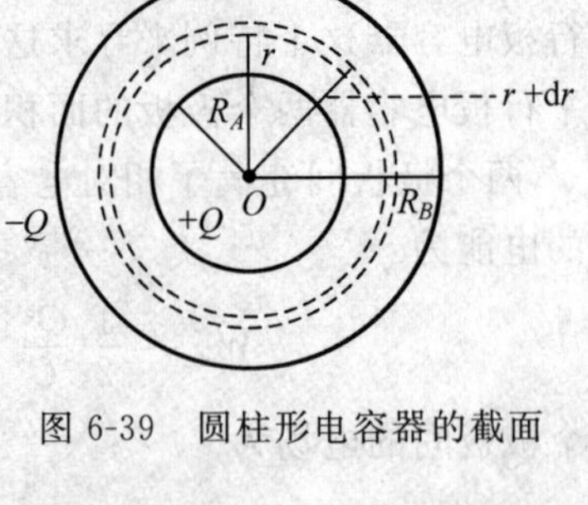

图 6-39 圆柱形电容器的截面

解　(1) 两个圆柱面单位长度上的电荷密度为$\pm\lambda=\pm Q/L$，根据高斯定理可得两个圆柱面之间的场强大小为

$$E=\frac{\lambda}{2\pi\varepsilon_0\varepsilon_r r},\quad R_1<r<R_2$$

取半径为r，厚度为dr，长度为L的圆柱薄层为体积微元，体积为$dV=2\pi rL dr$. 由式(6-32)，电场总能量为

$$W_e=\iiint_V w_e dV=\int_{R_A}^{R_B}\frac{1}{2}\varepsilon_0\varepsilon_r E^2 2\pi rL\,dr=\frac{Q^2}{4\pi\varepsilon_0\varepsilon_r L}\ln\frac{R_B}{R_A}$$

(2) 由电容器储存电能公式(6-30)得

$$W=\frac{1}{2}\frac{Q^2}{C}=\frac{Q^2}{4\pi\varepsilon_0\varepsilon_r L}\ln\frac{R_B}{R_A}$$

因此圆柱形电容器的电容为

$$C=\frac{2\pi\varepsilon_0\varepsilon_r L}{\ln\dfrac{R_B}{R_A}}$$

此结论与6.5.2节中介绍的结论一致.

*6.6　知识拓展——电屏蔽服

现在人们每时每刻都离不开电. 为了保证人们的用电，带电作业技术正成为供电企业一项越来越重要的技术. 带电作业技术是指在带电的情况下，供电企业的技术人员对电气设备或线路进行测试、维护和更换部件的作业技术. 目前我国已在500 kV、国外已在750 kV和1150 kV电压等级的电力系统中成功地开展了带电作业.

法拉第笼是由金属或者良导体做成的笼子，以电磁学的奠基人、英国物理学家法拉第的姓氏命名的一种用于演示等电位、静电屏蔽和高压带电作业原理的设备，如图6-40所示. 当带有10万伏高压的放电杆尖端接近笼体时，出现放电火花，这时笼体内的表演者即使用手触摸笼壁，接近放电火花也不会触电. 法拉第笼的原理是导体的等电势原理，可用来进行电磁屏蔽. 法拉第笼无论被加上多高的电压内部也不存在电场. 而且由于金属的导电性，即使笼子通过很大的电流，内部的物体通过的电流也微乎其微. 在面对电磁波时，可以有效地阻止电磁波的进入.

图6-40　法拉第笼

法拉第笼的演示说明了高压作业人员带电工作的原理. 电场中的两点，如果没有电势

差，则两点间不会有电流，没有电流流过作业人员的身体，从而保证作业人员的人身安全. 高压带电操作员的屏蔽服是由均匀分布的导电材料(不锈钢或铜丝)和纤维材料等制成，包括上衣、裤子、帽子、手套、短袜、鞋子以及相应的连接线和连接头，它像一个特殊的金属网罩，依靠它可以使人体表面的电场强度均匀并减至最小，良好的屏蔽服屏蔽电场效率可达99.9%，使作业时流经人体的电流几乎全部从屏蔽服上流过，实现了对人身的电流保护. 在高压带电体上进行带电作业时，为了削弱高压电场对人体的影响，带电作业人员必须穿屏蔽服，屏蔽服对人体具有安全防护作用.

在实际作业中，并不能简单地按等电位原理进行作业，还必须解决许多实际问题，如人体进入强电场接近带电体时，带电体对人体放电，人体在强电场中身体各部位产生电位差等. 人体虽具有电阻，但电阻值很小，与带电作业所用绝缘梯或空气的绝缘电阻相比，则微不足道，可以忽略而看成导体. 在发生事故的情况下，穿着屏蔽服保护人身安全，对减轻电弧烧伤面积也有一定作用.

当作业人员沿着绝缘梯上攀去接触带电体进行等电势作业时，随着人体与带电体的逐步接近，人体对地电势也逐渐增高，人体与带电体间的电势则逐渐减小. 根据静电感应原理，人体上的电荷将重新分布，即接近高压带电体的一端呈异性电荷. 当离高压带电体很近时，感应场强很大，足以使空气电离击穿，于是带电体对人体开始放电. 随着人体继续接近带电体，放电将加剧，并产生蓝色弧光和“噼啪”放电声，当作业人员用手紧握带电体时，电荷中和放电结束，感应电荷完全消失. 此时，人体与带电体等电势，人体电势处于稳定状态. 但是，人体与地以及人体与相邻导体之间存在电容，使得人体各部位并未完全处于等电势状态，因此仍有电容电流流过人体，但此电流很小，人体一般无感觉.

阅读材料6 库仑

库仑(Charles Augustin de Coulomb，1736—1806)是法国物理学家和工程师，18世纪最伟大的物理学家之一.

库仑在1736年6月14日出生于法国昂古莱姆. 库仑家里很有钱，在青少年时期，他就受到了良好的教育. 他后来到巴黎军事工程学院学习，离开学校后，进入西印度马提尼克皇家工程公司工作. 工作了8年以后，他又在埃克斯岛瑟堡等地服役. 这时库仑就已开始从事科学研究工作，他把主要精力放在研究工程力学和静力学问题上.

他在军队里从事了多年的军事建筑工作，为他 1773 年发表的有关材料强度的论文积累了材料.在这篇论文里，库仑提出了计算物体上应力和应变分布的方法，这种方法成了结构工程的理论基础，一直沿用至今.

1777 年库仑开始研究静电和磁力问题.当时法国科学院悬赏征求改良航海指南针中的磁针问题.库仑认为磁针支架在轴上，必然会带来摩擦，提出用细头发丝或丝线悬挂磁针.研究中发现线扭转时的扭力和针转过的角度成比例关系，从而可利用这种装置测出静电力和磁力的大小，于是他发明了扭秤.他还根据丝线或金属细丝扭转时扭力和指针转过的角度成正比，而确立了弹性扭转定律.1779 年他对摩擦力进行分析，提出有关润滑剂的科学理论，于 1781 年发现了摩擦力与压力的关系，表述出摩擦定律、滚动定律和滑动定律，设计出水下作业法，类似现代的沉箱.由于成功地设计了新的指南针结构以及在研究普通机械理论方面作出的贡献，1782 年，他当选为法国科学院院士.

在 1785—1789 年，他通过精密的实验对电荷间的作用力作了一系列的研究，连续在皇家科学院备忘录中发表了很多相关的文章.1785 年，库仑用自己发明的扭秤建立了静电学中著名的库仑定律，同年，他在给法国科学院的论文《电力定律》中详细介绍了他的实验装置、测试经过和实验结果.库仑定律是电学发展史上的第一个定量规律，它使电学的研究从定性进入定量阶段，是电学史中的一块重要的里程碑.为纪念他做出的贡献，电荷的单位“库仑”就是以他的姓氏命名的.磁学中的库仑定律也是利用类似的方法得到的.他还给我们留下了不少宝贵的著作，其中最主要的有《电气与磁性》一书，共七卷，于 1785—1789 年先后公开出版发行.1806 年 8 月 23 日，库仑因病在巴黎逝世，终年 70 岁.

复习与小结

1. 库仑定律：$\boldsymbol{F}=\dfrac{1}{4\pi\varepsilon_0}\dfrac{q_1 q_2 \boldsymbol{e}_{12}}{r^2}$

2. 电场强度：$\boldsymbol{E}=\dfrac{\boldsymbol{F}}{q_0}$

场强的叠加原理：$\boldsymbol{E}=\boldsymbol{E}_1+\boldsymbol{E}_2+\boldsymbol{E}_3+\cdots$

点电荷的电场：$\boldsymbol{E}=\dfrac{1}{4\pi\varepsilon_0}\dfrac{q}{r^2}\boldsymbol{e}_r$

连续电荷分布的电场：$\boldsymbol{E}=\int \mathrm{d}\boldsymbol{E}=\int \dfrac{1}{4\pi\varepsilon_0}\dfrac{\mathrm{d}q}{r^2}\boldsymbol{e}_r$

(1) 线状分布：$\boldsymbol{E}=\dfrac{1}{4\pi\varepsilon_0}\int_l \dfrac{\lambda \mathrm{d}l}{r^2}\boldsymbol{e}_r$

(2) 面状分布：$\boldsymbol{E}=\dfrac{1}{4\pi\varepsilon_0}\iint_S \dfrac{\sigma \mathrm{d}S}{r^2}\boldsymbol{e}_r$

(3) 体状分布：$\boldsymbol{E}=\dfrac{1}{4\pi\varepsilon_0}\iiint_V \dfrac{\rho \mathrm{d}V}{r^2}\boldsymbol{e}_r$

3. 静电场的高斯定理：$\oint\!\!\oint_S \boldsymbol{E}\cdot \mathrm{d}\boldsymbol{S}=\dfrac{1}{\varepsilon_0}\sum_{i=1}^{N} q_i$

几种典型分布电荷的电场

无限大带电平面的电场：$E=\frac{\sigma}{2\varepsilon_0}$

无限长带电直线的电场：$E=\frac{\lambda}{2\pi r\varepsilon_0}$

均匀带电细圆环轴线上的电场：$E=\frac{1}{4\pi\varepsilon_0}\frac{qx}{(x^2+R^2)^{\frac{2}{3}}}$

4. 静电场的环路定理：$\oint_L \boldsymbol{E}\cdot \mathrm{d}\boldsymbol{l}=0$

5. 电势：$V_P=\int_P^{\infty}\boldsymbol{E}\cdot \mathrm{d}\boldsymbol{l}$

电势的叠加原理：$V=V_1+V_2+V_3+\cdots$

由点电荷引起的电势：$V=\frac{1}{4\pi\varepsilon_0}\frac{q}{r}$

由连续电荷分布引起的电势：$V=\frac{1}{4\pi\varepsilon_0}\int\frac{\mathrm{d}q}{r}$

电荷连续分布的带电体的电势：

(1) 线状分布：$V=\frac{1}{4\pi\varepsilon_0}\int_l\frac{\lambda \mathrm{d}l}{r}$

(2) 面状分布：$V=\frac{1}{4\pi\varepsilon_0}\iint_S\frac{\sigma \mathrm{d}S}{r}$

(3) 体状分布：$V=\frac{1}{4\pi\varepsilon_0}\iiint_V\frac{\rho \mathrm{d}V}{r}$

几种典型分布电荷的电势：

均匀带电细圆环轴线上的电势：$V=\frac{1}{4\pi\varepsilon_0}\frac{q}{\sqrt{R^2+x^2}}$

均匀带电球面的电势：$V=\begin{cases}\frac{1}{4\pi\varepsilon_0}\frac{Q}{R}, & r\leqslant R\\ \frac{1}{4\pi\varepsilon_0}\frac{Q}{r}, & r>R\end{cases}$

6. 导体的静电平衡条件

电场表述：(1)导体内部场强处处为零；(2)导体表面附近的场强方向处处与它的表面垂直，且 $E=\sigma_e/\varepsilon_0$.

电势表述：(1)导体是等势体；(2)导体表面是等势面.

7. 电介质中的高斯定理：$\oiint_S \boldsymbol{D}\cdot \mathrm{d}\boldsymbol{S}=\sum_{i=1}^{N}q_i$

各向同性线性电介质：$\boldsymbol{D}=\varepsilon_0\varepsilon_r\boldsymbol{E}=\varepsilon\boldsymbol{E}$

8. 电容器的电容：$C=\frac{Q}{V}$

特例：平行板电容器的电容：$C=\frac{\varepsilon S}{d}$

电容器储能：$W=\frac{1}{2}\frac{Q^2}{C}=\frac{1}{2}QV=\frac{1}{2}CV^2$

9. 电场的能量密度：$w_e=\frac{1}{2}\varepsilon_0\varepsilon_r E^2$

电场能量：$W_e=\iiint\limits_V w_e \mathrm{d}V=\iiint\limits_V \frac{1}{2}\varepsilon_0\varepsilon_r E^2\mathrm{d}V$，球体：$\mathrm{d}V=4\pi r^2\mathrm{d}r$，柱体：$\mathrm{d}V=2\pi rl\mathrm{d}r$

练　习　题

6-1　两个相对距离固定的点电荷所带电量之和为 q，当它们各带电量为________时，相互的作用力最大.

6-2　如题 6-2 图，点电荷 $+q$ 和 $-q$ 被包围在高斯面 S 内，则通过该高斯面的电场强度通量 $\oint\!\!\!\oint_S \boldsymbol{E}\cdot\mathrm{d}\boldsymbol{S}=$________，式中 $\boldsymbol{E}$ 为________处的场强.

6-3　半径为 R 的球体均匀带电，电荷体密度为 ρ，则球体外距球心为 r 的点的场强大小为________，球体内距球心为 r 处的点的场强大小为________.

6-4　在题 6-4 图中，一具有均匀电荷分布 $-Q$ 的塑料杆被弯成半径为 R 的圆弧，其圆心角为 120°. 若以无穷远处 $U=0$，在杆的曲率中心 P 处的电势是________.

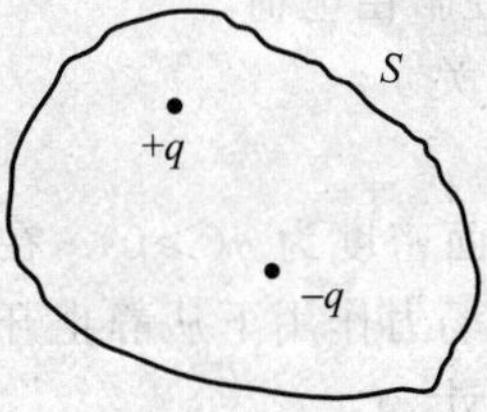

题 6-2 图

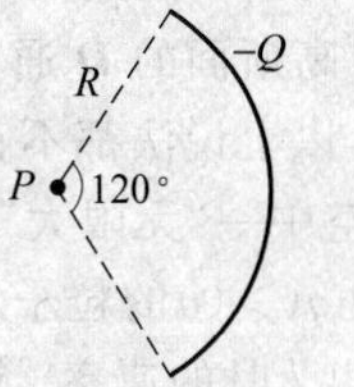

题 6-4 图

6-5　若把均匀各向同性的线性介质充满电场强度为 E_0 的电场，将发生________现象，从而导致原电场发生变化，在介质内的合场强 E________(大于、小于或等于) E_0.

6-6　关于电场强度定义式 $\boldsymbol{E}=\boldsymbol{F}/q_0$，下列说法中哪个是正确的？(　　).

A. 场强 $\boldsymbol{E}$ 的大小与试探电荷 q_0 的大小成反比

B. 对场中某点，试探电荷受力 $\boldsymbol{F}$ 与 q_0 的比值不因 q_0 而变

C. 试探电荷受力 $\boldsymbol{F}$ 的方向就是场强 $\boldsymbol{E}$ 的方向

D. 若场中某点不放试探电荷 q_0，则 $\boldsymbol{F}=0$，从而 $\boldsymbol{E}=0$

6-7　根据高斯定理的数学表达式 $\oint\!\!\!\oint_S \boldsymbol{E}\cdot\mathrm{d}\boldsymbol{S}=\frac{1}{\varepsilon_0}\sum_{i=1}^{N}q_i$ 可知下述各种说法中，正确的是(　　).

A. 闭合面内的电荷代数和为零时，闭合面上各点场强一定为零

B. 闭合面内的电荷代数和不为零时，闭合面上各点场强一定处处不为零

C. 闭合面内的电荷代数和为零时，闭合面上各点场强不一定处处为零

D. 闭合面上各点场强均为零时，闭合面内一定处处无电荷

6-8　如题 6-8 图所示，B 和 C 是同一圆周上的两点，A 为圆内的任意点，当在圆心处放一正点电荷时，则正确的答案为(　　).

A. $\int_A^B \boldsymbol{E}\cdot\mathrm{d}\boldsymbol{l}>\int_A^C \boldsymbol{E}\cdot\mathrm{d}\boldsymbol{l}$　　B. $\int_A^B \boldsymbol{E}\cdot\mathrm{d}\boldsymbol{l}=\int_A^C \boldsymbol{E}\cdot\mathrm{d}\boldsymbol{l}$

C. $\int_A^B \boldsymbol{E} \cdot \mathrm{d}\boldsymbol{l} < \int_A^C \boldsymbol{E} \cdot \mathrm{d}\boldsymbol{l}$

6-9 如题6-9图所示,AB 和 CD 为同心(在 O 点)的两段圆弧,它们所对的圆心角都是 φ. 两圆弧均匀带正电,并且电荷的线密度也相等. 设 AB 和 CD 在 O 点产生的电势分别为 U_1 和 U_2,则正确的答案为(　　).

A. $U_1 > U_2$　　B. $U_1 = U_2$　　C. $U_1 < U_2$

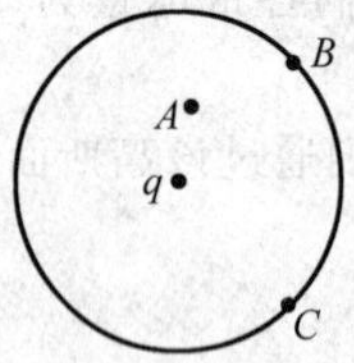

题6-8图

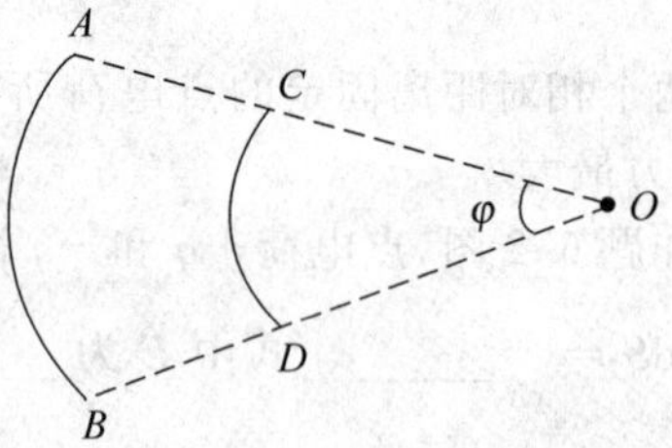

题6-9图

6-10 关于高斯定理,下列说法中哪一个是正确的?(　　).

A. 高斯面内不包围自由电荷,则面上各点电位移矢量 $\boldsymbol{D}$ 为零

B. 高斯面上处处 $\boldsymbol{D}$ 为零,则面内必不存在自由电荷

C. 高斯面的 $\boldsymbol{D}$ 通量仅与面内自由电荷有关

D. 以上说法都不正确

6-11 真空中一"无限大"均匀带电平面,其电荷面密度为 $\sigma(>0)$. 在平面附近有一质量为 m、电荷为 $q(>0)$ 的粒子. 试求当带电粒子在电场力作用下从静止开始垂直于平面方向运动一段距离 l 时的速率. 设重力的影响可忽略不计.

6-12 在坐标原点及 $(\sqrt{3},0)$ 点分别放置电量 $Q_1 = -2.0\times10^{-6}\,\mathrm{C}$ 及 $Q_2 = 1.0\times10^{-6}\,\mathrm{C}$ 的点电荷,求点 $P(\sqrt{3},-1)$ 处的场强(坐标单位为 m).

6-13 长 $l=15.0\,\mathrm{cm}$ 的直导线 AB 上,设想均匀地分布着线密度 $\lambda=5.00\times10^{-9}\,\mathrm{C\cdot m^{-1}}$ 的正电荷,如题6-13图所示,求:(1)在导线的延长线上与导线 B 端相距 $d_1=5.0\,\mathrm{cm}$ 处的 P 点场强;(2)在导线的垂直平分线上与导线中点相距 $d_2=5.0\,\mathrm{cm}$ 处的 Q 点的场强.

6-14 一根细有机玻璃棒被弯成半径为 R 的半圆形,上半截均匀带有正电荷,电荷线密度为 λ;下半截均匀带有负电荷,电荷线密度为 $-\lambda$,如题6-14图所示.求半圆中心 O 点的场强.

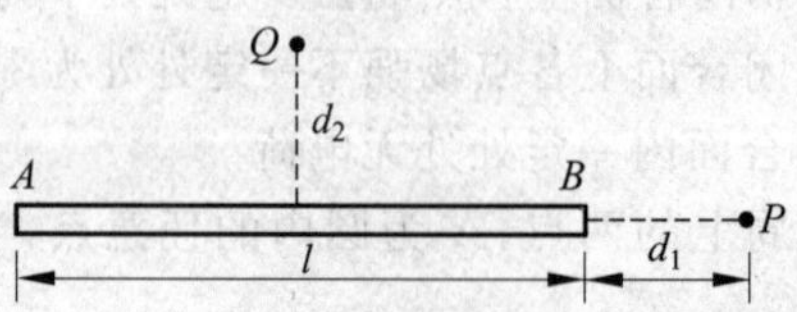

题6-13图

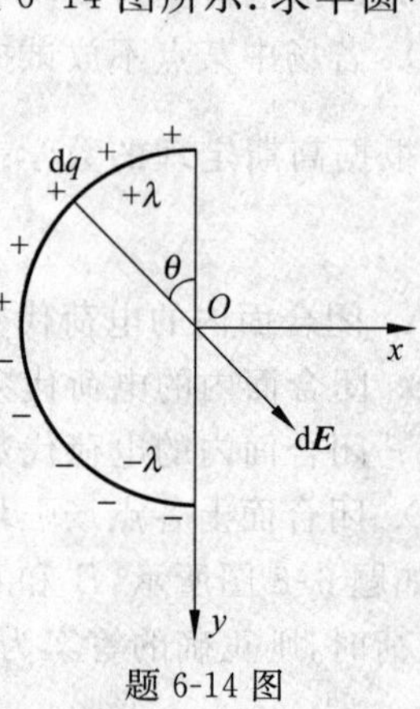

题6-14图

6-15　电场强度为 $\boldsymbol{E}=3x\boldsymbol{i}+4\boldsymbol{j}$ N·C^{-1} 的非均匀电场穿过如题 6-15 图所示的正立方形高斯面，求通过右表面、左表面及上表面的电通量各是多少？

6-16　(1)一半径为 R 的带电球体，其上电荷分布的体密度 ρ 为一常数，试求此带电球体内、外的场强分布；(2)若(1)中带电球体上电荷分布的体密度为 $\rho=\rho_0\left(1-\dfrac{r}{R}\right)$，其中 ρ_0 为一常数，r 为球上一点到球心的距离，试求此带电球体内、外的场强分布.

6-17　根据量子力学，正常状态的氢原子可以看成由一个电量为 $+e$ 的点电荷，以及球对称地分布在其周围的电子云构成. 已知电子云的电荷密度为 $\rho=-Ce^{-2r/a_0}$，其中 $a_0=5.3\times10^{-11}$ m，称为玻尔半径，$C=e/(\pi a_0^3)$ 是为了使电荷总量等于 $-e$ 所需要的常量. 试问在半径为 a_0 的球内净电荷是多少？距核 a_0 远处的电场强度是多大？

6-18　如题 6-18 图所示，一半径为 R 的均匀带电球体，电荷体密度为 ρ，今在球内挖去一半径为 $r(r<R)$ 的球体，如果带电球体球心 O 指向球形空腔球心 O' 的矢量用 $\boldsymbol{a}$ 来表示，试证明球形空腔中任意点的电场强度为

$$\boldsymbol{E}=\frac{\rho}{3\varepsilon_0}\boldsymbol{a}$$

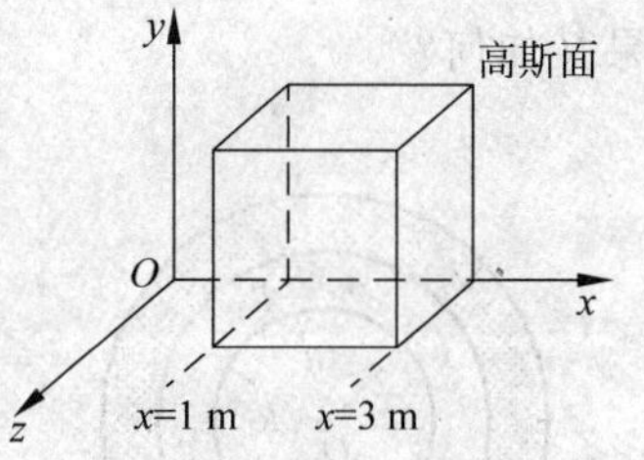

题 6-15 图

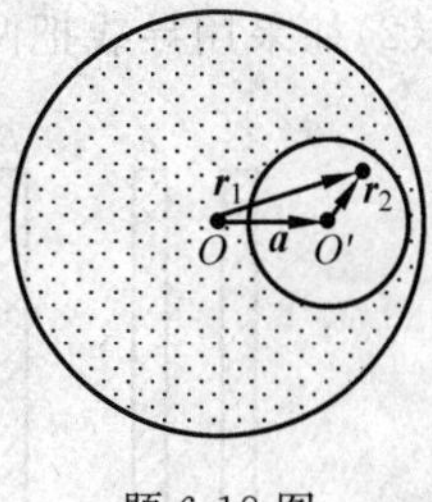

题 6-18 图

6-19　假想从无限远处陆续移来微量电荷使一半径为 R 的导体球带电.

(1) 当球上已带有电荷 q 时，再将一个电荷元 dq 从无限远处移到球上的过程中，外力做多少功？

(2) 使球上电荷从零开始增加到 Q 的过程中，外力共做多少功？

6-20　有一对点电荷，所带电量的大小都为 q，它们间的距离为 $2l$. 试就下述两种情形求这两点电荷连线中点的场强和电势：(1)两点电荷带同种电荷；(2)两点电荷带异种电荷.

6-21　电荷 Q 均匀分布在半径为 R 的球体内，试证明离球心 $r(r<R)$ 处的电势为

$$U=\frac{Q(3R^2-r^2)}{8\pi\varepsilon_0R^3}$$

6-22　如题 6-22 图所示，两同心的均匀带电球面，半径分别为 R_1 和 R_2，大球面带电量 Q_2，小球面带电量 Q_1，求空间任一点的场强的大小和电势.

6-23　如题 6-23 图所示，一均匀带电细棒，电荷线密度为 λ，棒长为 l. 求图中 P 点处的电势(P 到棒的距离为 a).

6-24　如题 6-24 图所示，半径为 R 的塑料圆盘，其上表面具有均匀面电荷密度为 σ 的正电荷. 在沿盘的中心轴距离盘为 z 的 P 点处，电势为多大？

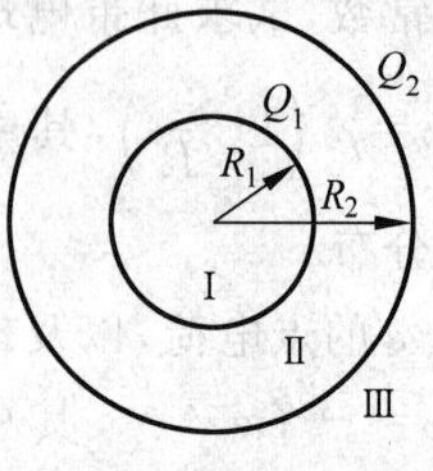

题 6-22 图

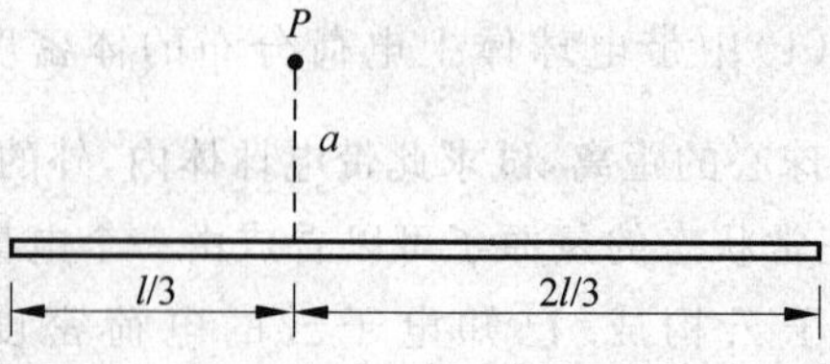

题 6-23 图

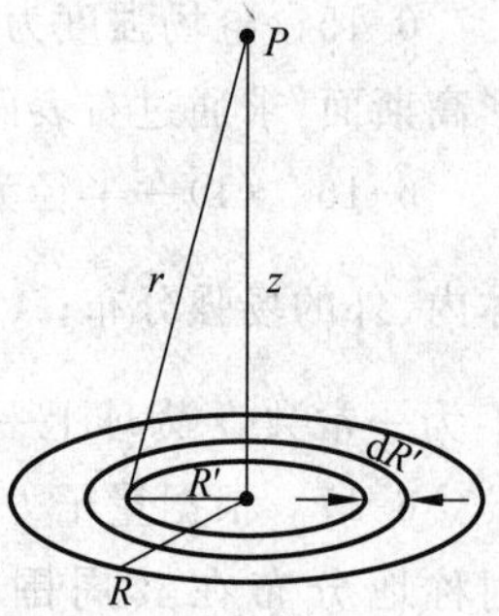

题 6-24 图

6-25　如题 6-25 图所示,三块平行金属板 A,B 和 C,面积都是 20 cm^2,A 和 B 相距 4.0 mm,A 和 C 相距 2.0 mm,B 和 C 两板都接地.如果使 A 板带正电,电量为 3.0×10^{-7} C,并忽略边缘效应,试求:(1)金属板 B 和 C 上的感应电量;(2)A 板相对于地的电势.

6-26　如题 6-26 图所示,两个均匀带电的金属同心球壳,内球壳(厚度不计)半径为 $R_1=5.0$ cm,带电荷 $q_1=0.6\times10^{-8}$ C;外球壳内半径 $R_2=7.5$ cm,外半径 $R_3=9.0$ cm,所带总电荷 $q_2=-2.0\times10^{-8}$ C,求:(1)距离球心 3.0 cm、6.0 cm、8.0 cm、10.0 cm 各点处的场强和电势;(2)如果用导线把两个球壳连结起来,结果又如何?

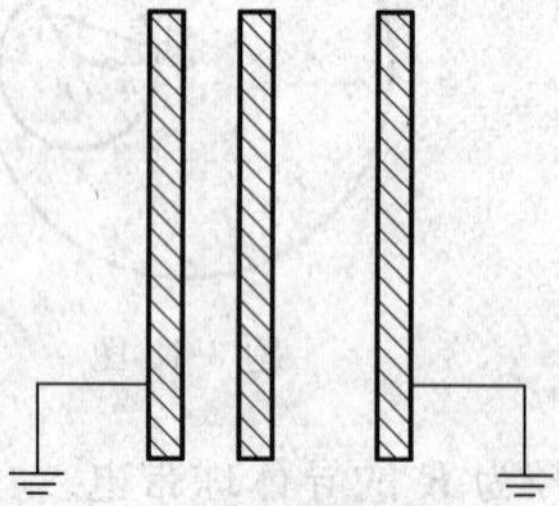

题 6-25 图

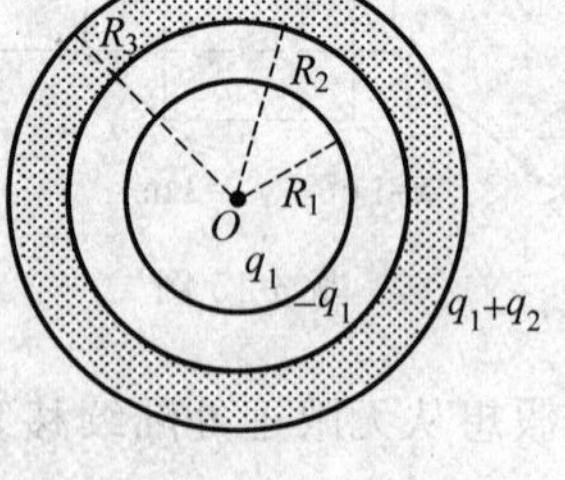

题 6-26 图

6-27　如题 6-27 图所示,一导体球带电 $q=1.0\times10^{-8}$ C,半径为 $R=10.0$ cm,球外有两种均匀电介质,一种介质($\varepsilon_{r1}=5.00$)的厚度为 $d=10.0$ cm,另一种介质为空气($\varepsilon_{r2}=1.00$),充满其余整个空间.

(1)求距球心 O 为 r 处的电场强度 $\boldsymbol{E}$ 和电位移矢量 $\boldsymbol{D}$,取 $r=5.0$ cm,15.0 cm 或 25.0 cm,算出相应的 $\boldsymbol{E}$,$\boldsymbol{D}$ 的量值;(2)求距球心 O 为 r 处的电势 V,取 $r=5.0$ cm,10.0 cm,15.0 cm,20.0 cm 或 25.0 cm,算出相应的 V 的量值.

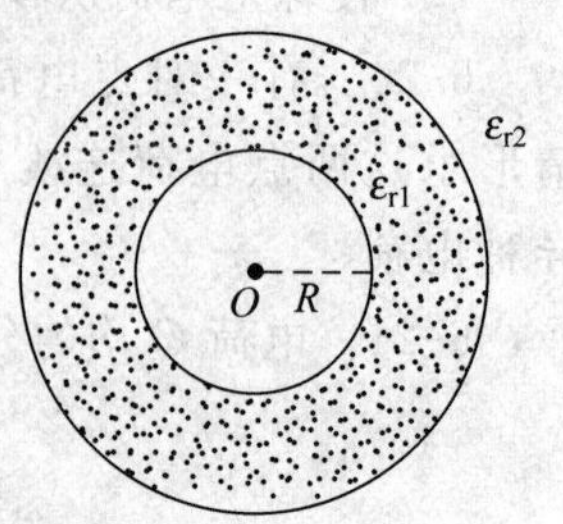

题 6-27 图

6-28　在一半径为 a 的长直导线的外面,套有半径为 b 的同轴导体薄圆筒,它们之间充以相对电容率为 ε_r 的均匀电介质,设导线和圆筒都均匀带电,且沿轴线单位长度所带电荷分别为 λ 和 $-\lambda$.(1)求空间各点的场强大小;(2)求导线和圆筒间电势差.

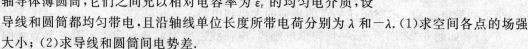

6-29　一空气平板电容器的电容 $C=1.0$ pF,充电到电量 $Q=1.0\times10^{-6}$ C 后,将电源切断.(1)求极板间的电势差和电场能量;(2)将两极板拉开,使距离增到原距离的两倍,试计算拉开前后电场能量的改变,并解释其原因.

6-30　在电容率为 ε 的无限大均匀电介质中，有一半径为 R 的导体球带电量 Q. 求电场的能量.

6-31　一平行板电容器的极板面积为 S，分别带有 $\pm Q$ 的两极板的间距为 d，若将一厚度为 d，电容率为 ε 的电介质插入极板间隙. 试求：(1)静电能的改变；(2)电场力对电介质所做的功.

6-32　平板电容器两极板间的空间(体积为 V)被相对电容率为 ε_r 的均匀电介质填满. 极板上电荷面密度为 σ. 试计算将电介质从电容器中取出过程中外力所做的功.

6-33　半径为 2.0 cm 的导体球 A 外套有一个与它同心的导体球壳 B，球壳 B 的内外半径分别为 4.0 cm 和 5.0 cm，球 A 与壳 B 间是空气，壳 B 外也是空气. 当球 A 带电量为 3.0×10^{-8} C 时，(1)试求此系统激发的电场的总能量(取空气的 $\varepsilon_r=1$)；(2)如果用导线把壳 B 与球 A 相连，结果又如何？

第7章 稳恒磁场

人们日常生活中常用的很多电子器件都来自霍耳元件，仅汽车上广泛应用的霍耳器件就包括：信号传感器、ABS系统中的速度传感器、汽车速度表和里程表、液体物理量检测器、各种用电负载的电流检测及工作状态诊断、发动机转速及曲轴角度传感器等. 霍耳传感器可用来测量汽车车速，如下图所示，它是如何做到的呢？

(a) 霍耳元件　　(b) 汽车车速仪

霍耳器件应用

运动电荷在周围不仅会产生电场，而且会产生磁场. 稳恒电流所产生的不随时间变化的磁场，称为稳恒磁场，又称静磁场. 虽然稳恒磁场与静电场的性质、规律不同，但在研究方法上却有类似之处.

7.1　磁场　磁感应强度

7.1.1　磁场

在历史上，磁现象的发现比电要早得多. 我国是最早发现和应用磁现象的国家，在战国时期(公元前 300 年)，就已发现磁石(Fe_3O_4)吸铁的现象. 东汉时期的王充指出古代的“司南勺”是个指南器. 11 世纪初，我国已将指南针用于航海. 北宋科学家沈括发现地磁偏角. 11 世纪末，指南针传入欧洲，指南针是我国古代发明之一，对世界文明的发展有重大的影响.

人们把磁铁矿石能够吸引铁、钴和镍等物质的性质称为磁性，把磁体上磁性特别强的区域称为磁极. 如果在远离其他磁性物质的地方将磁铁悬挂起来，使它能在水平面内自由转动，则静止时磁极的两端总是分别指向南北方向，指北的一端称为北极(N 极)，指南的一端称为南极(S 极). 一般情况下,磁铁的指向与严格的南北方向有偏离,所偏离的角度称为地磁偏角,其大小因地区不同而稍有差异. 人们发现,磁体的磁极总是成对出现的,且同名磁极相互排斥,异名磁极相互吸引.

在历史上很长一段时期里,磁学和电学的研究一直彼此独立地发展着,人们曾认为磁和电是两类截然不同的现象,直到 1820 年丹麦科学家奥斯特发现电流对小磁针的作用. 奥斯特的实验,如图 7-1 所示,导线 AB 沿南北方向放置,下面有一可在水平面自由转动的磁针,当导线中没有电流通过时,磁针在地球磁场的作用下沿南北取向,但当导线中通过电流时,磁针就会发生偏转. 当电流的方向是从 A 到 B 时,则从上向下看去,磁针沿逆时针方向偏转;当电流反向时,磁针的偏转方向也倒过来.

奥斯特实验表明,电流可以对磁铁施加作用力;反过来,人们还发现磁铁可以对载流导线施加作用力. 此外电流和电流之间也有相互作用力. 磁铁与磁铁、磁铁与电流、电流与电流之间的相互作用是以什么方式进行的呢?

近代理论和实验都表明,物质间的磁相互作用是通过磁场传递的. 磁体或电流在自己的周围空间产生磁场,磁场的基本性质就是它对任何置于其中的其他磁极或电流施加作用力. 用磁场的观点,上述关于磁铁与磁铁、磁铁与电流、电流与电流之间的相互作用都是通过磁场来传递的,可以形象地用图 7-2 表示.

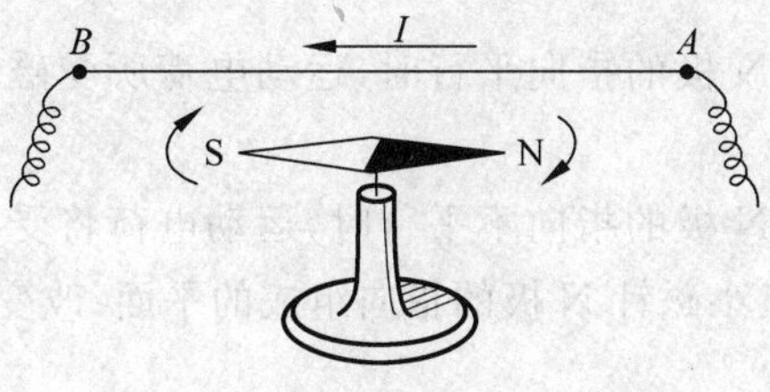

图 7-1　奥斯特实验

图 7-2　磁相互作用

通过螺线管和磁棒之间的相似性,启发我们提出这样一个问题: 磁铁和电流是否在本质上是一致的呢? 1822 年法国科学家安培提出**分子环流假说**: 组成磁铁的最小单元(磁分子)就是分子环流,若这样一些分子环流定向地排列起来,在宏观上就会显示出 N、S 极来,如图 7-3 所示. 我们知道原子是由带正电的原子核和绕核旋转的负电子组成的,电子不仅旋转,而且还有自旋. 原子、分子等微观粒子内电子的这些运动形成"分子环流",这便是物质磁性的基本来源. 无论电流还是磁铁,它们的来源都是一个,即电荷的运动.

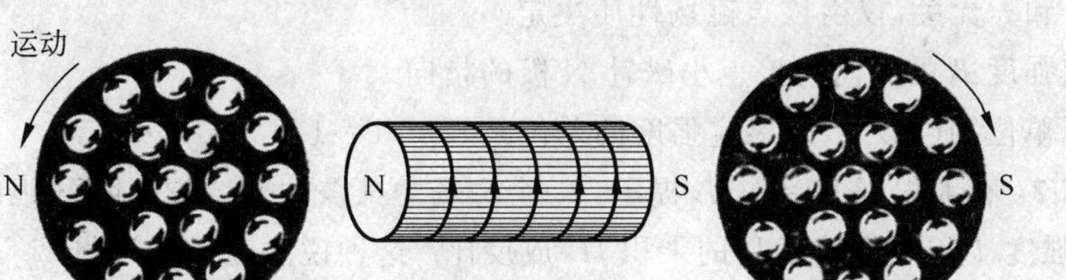

图 7-3　安培分子环流假说

检测点 1: 当你用小磁铁把便条固定在冰箱门上时,或者当你意外地把一个计算机磁盘拿近磁铁而使之被清除时,你得到了什么暗示?

7.1.2 磁感应强度

在静电场中,我们曾根据试探电荷在电场中的受力情况引入电场强度 $\boldsymbol{E}$ 来描述电场的性质,磁场的重要特性之一就是对处于其中的运动电荷施加作用力.我们能否根据这一特性定义一个矢量来描述磁场的性质?

实验表明,磁场作用在运动电荷上力的大小和方向不仅与运动电荷所带的电量有关,而且还与运动电荷的速度(包括大小和方向)有关,如图 7-4 所示.

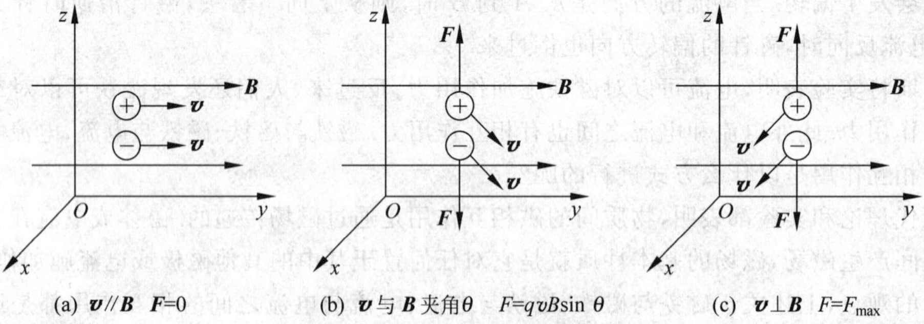

图 7-4 运动电荷在磁场受力

当运动电荷 q 的速度 $\boldsymbol{v}$ 的方向与该点小磁针 N 极的指向平行时,运动电荷所受磁场力为零,即 $F=0$.

当运动电荷 q 的速度 $\boldsymbol{v}$ 的方向与该点小磁针 N 极的指向不平行时,运动电荷将受磁场力 $\boldsymbol{F}$ 的作用,$\boldsymbol{F}$ 的方向总是垂直于 $\boldsymbol{v}$ 的方向和该点小磁针 N 极的指向组成的平面;改变 q 的符号,则 $\boldsymbol{F}$ 的方向反向.

当运动电荷 q 的速度 $\boldsymbol{v}$ 的方向与该点小磁针 N 极的指向垂直时,运动电荷所受磁场力最大,用 F_{max} 表示,F_{max} 正比于运动电荷电量 q 与速率 v 的乘积.

根据上述规律,磁感应强度 $\boldsymbol{B}$ 的大小和方向定义如下.

磁感应强度 $\boldsymbol{B}$ 的大小为运动电荷所受的最大磁场力 F_{max} 与运动电荷的电量 q 和速率 v 的乘积的比值,即

$$B=\frac{F_{max}}{qv} \tag{7-1}$$

该比值与 q 和 v 无关,仅由该点磁场性质决定.

磁感应强度 $\boldsymbol{B}$ 的方向为该点小磁针 N 极的指向.

在国际单位制(SI)中,磁感应强度的单位是 T. $1\ \mathrm{T}=1\ \mathrm{N}\cdot\mathrm{A}^{-1}\cdot\mathrm{m}^{-1}$.

检测点 2:有人根据 $B=F/IL$ 提示:一个磁场中某点的磁感应强度 B 跟磁场力 F 成正比,跟电流强度 I 和导线长度 L 的乘积 IL 成反比.这种说法有什么问题?

7.1.3 洛伦兹力

从磁感应强度 $\boldsymbol{B}$ 的定义和图 7-4 还可以知道,运动电荷 q 在磁场中所受的力 $\boldsymbol{F}$ 与运动电荷的速度 $\boldsymbol{v}$ 和磁感应强度 $\boldsymbol{B}$ 间的矢量关系式为

$$\boldsymbol{F}=q\boldsymbol{v}\times\boldsymbol{B} \tag{7-2}$$

此力 $\boldsymbol{F}$ 称为洛伦兹力.如果 $\boldsymbol{v}$ 与 $\boldsymbol{B}$ 之间的夹角为 θ,则 $\boldsymbol{F}$ 的大小为 $F=qvB\sin\theta$,$\boldsymbol{F}$ 的方向垂直于 $\boldsymbol{v}$ 和 $\boldsymbol{B}$ 所组成的平面,且符合右手螺旋关系,即右手四指由 $\boldsymbol{v}$ 经小于 180°的角度弯向 $\boldsymbol{B}$,此时大拇指的指向就是正电荷所受力的方向.对于正电荷 $q>0$,$\boldsymbol{F}$ 的方向与 $\boldsymbol{v}\times\boldsymbol{B}$ 的方向相同,负电荷 $q<0$,$\boldsymbol{F}$ 的方向与 $\boldsymbol{v}\times\boldsymbol{B}$ 的方向相反.当 $\theta=0$ 或 π,即 $\boldsymbol{v}/\!/\boldsymbol{B}$ 时,$\boldsymbol{F}=0$;当 $\theta=\pi/2$,即 $\boldsymbol{v}\perp\boldsymbol{B}$ 时,$F=F_{\max}$.

由于洛伦兹力的方向总是与运动电荷速度的方向垂直,所以**洛伦兹力永远不对电荷做功**.它只改变电荷运动的方向,而不改变它的速率和动能.

检测点3:如检7-3图所示为带电粒子以速度 $\boldsymbol{v}$ 穿过一均匀磁场 $\boldsymbol{B}$ 的三种情况.在每一种情况中,粒子上洛伦兹力 $\boldsymbol{F}$ 沿什么方向?

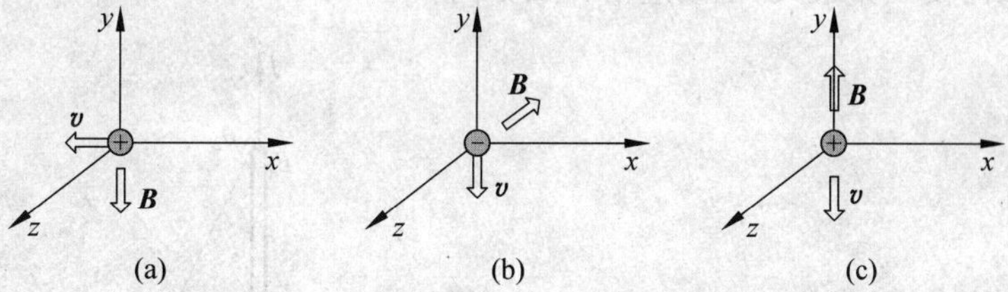

检7-3图

7.2 毕奥-萨伐尔定律及其应用

7.2.1 毕奥-萨伐尔定律

在计算电荷连续分布的带电体在某点的电场强度 $\boldsymbol{E}$ 时,先把带电体分割成无限多个电荷微元 $\mathrm{d}q$,然后求出每个电荷微元在该点的电场强度 $\mathrm{d}\boldsymbol{E}$,则带电体在该点的总电场强度 $\boldsymbol{E}$ 为所有电荷元在该点的电场强度 $\mathrm{d}\boldsymbol{E}$ 的叠加.磁场是由电流产生的,计算载流导线产生的磁场可以模仿此思路,我们可以把载流导线分割成无限多个小微元 $\mathrm{d}l$,把 $I\mathrm{d}\boldsymbol{l}$ 称为电流微元,其中矢量 $\mathrm{d}\boldsymbol{l}$ 的方向与导线中电流的方向一致,整个载流导线在真空中某点的磁感应强度 $\boldsymbol{B}$ 等于导线上每个电流微元 $I\mathrm{d}\boldsymbol{l}$ 在该点的磁感应强度 $\mathrm{d}\boldsymbol{B}$ 的矢量叠加.

载流导线中任一电流微元 $I\mathrm{d}\boldsymbol{l}$ 在真空中任一点产生的磁感应强度 $\mathrm{d}\boldsymbol{B}$ 所遵循的规律,称为**毕奥-萨伐尔定律**,此定律以毕奥和萨伐尔的实验为基础,经拉普拉斯研究分析得到,因此又称为毕奥-萨伐尔-拉普拉斯定律.

如图7-5所示,任一电流微元 $I\mathrm{d}\boldsymbol{l}$ 在真空中任一点 P 处产生的磁感应强度 $\mathrm{d}\boldsymbol{B}$ 的大小与电流微元的大小 $I\mathrm{d}l$ 成正比,与电流微元和由电流微元到 P 点的矢径 $\boldsymbol{r}$ 之间的夹角 θ 的正弦成正比,与 r^2 成反比,$\mathrm{d}\boldsymbol{B}$ 的方向为 $\mathrm{d}\boldsymbol{l}\times\boldsymbol{r}$ 所决定的方向.即

$$\mathrm{d}\boldsymbol{B}=\frac{\mu_0}{4\pi}\frac{I\mathrm{d}\boldsymbol{l}\times\boldsymbol{r}}{r^3} \tag{7-3}$$

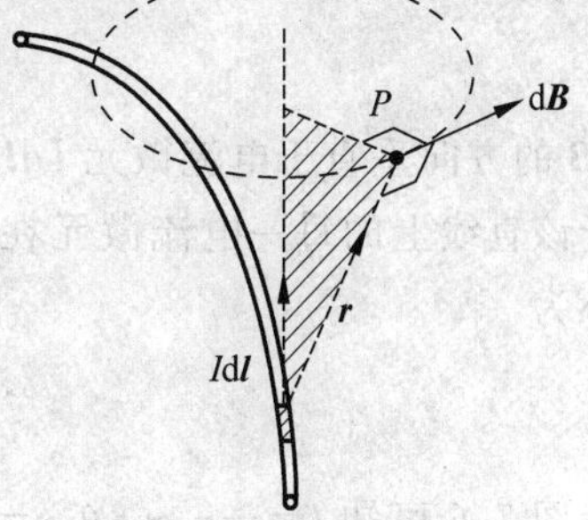

图7-5 毕奥-萨伐尔定律

式中,μ_0 称为真空磁导率,其值为 $\mu_0=4\pi\times10^{-7}\,\mathrm{H/m}=4\pi\times10^{-7}\,\mathrm{N\cdot A^{-2}}$.$\mathrm{d}\boldsymbol{B}$ 的大小为

$$dB=\frac{\mu_0}{4\pi}\frac{Idl\sin\theta}{r^2}$$

整个载流导线在真空中 P 点处的总磁感应强度 $\boldsymbol{B}$ 等于

$$\boldsymbol{B}=\int d\boldsymbol{B}=\int\frac{\mu_0}{4\pi}\frac{I d\boldsymbol{l}\times\boldsymbol{r}}{r^3}\tag{7-4}$$

毕奥-萨伐尔定律不能由实验直接验证，因为实验并不能测量电流微元产生的磁感应强度，然而由这个定律出发得出的结果与实验符合得很好. 下面我们将应用这个定律计算不同的电流分布所激发的磁场.

检测点 4：如检 7-4 图所示，在均匀磁场 $\boldsymbol{B}$ 中通过一导线的电流 i 以及作用在导线上的力 $\boldsymbol{F}$. 磁场的取向使该力最大，磁场应沿什么方向？

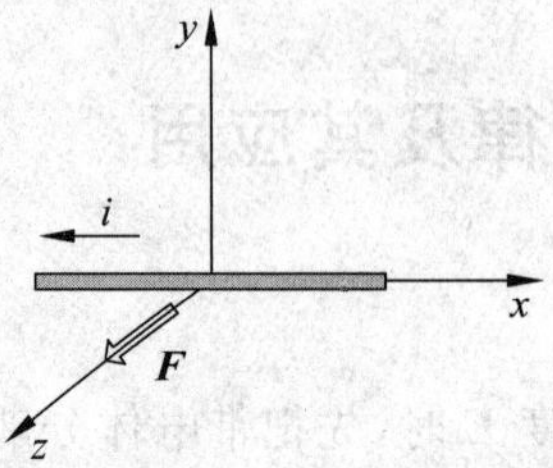

检 7-4 图

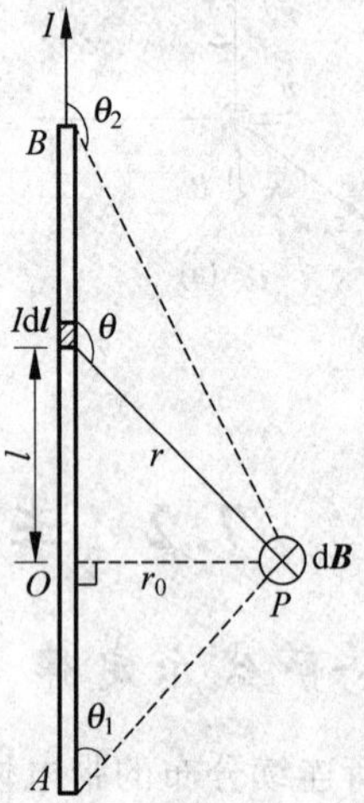

图 7-6　长直导线的磁场

7.2.2　毕奥-萨伐尔定律应用举例

例 7-1　载流长直导线的磁场. 在真空中有一长为 L 载流直导线，导线中电流强度为 I，求导线附近一点 P 的磁感应强度.

解　如图 7-6 所示，在导线上任取一电流微元 $Id\boldsymbol{l}$，根据毕奥-萨伐尔定律，$Id\boldsymbol{l}$ 在 P 点产生的 $d\boldsymbol{B}$ 的大小为

$$dB=\frac{\mu_0}{4\pi}\frac{Idl\sin\theta}{r^2}$$

$d\boldsymbol{B}$ 的方向垂直于电流微元 $Id\boldsymbol{l}$ 与矢径 $\boldsymbol{r}$ 所决定的平面，垂直于纸面向里，图中用⊗表示. 由于该直线上的每一电流微元在 P 点产生的 $d\boldsymbol{B}$ 的方向都相同，因此总磁感应强度 $\boldsymbol{B}$ 的大小为

$$B=\int_A^B dB=\frac{\mu_0}{4\pi}\int_A^B\frac{Idl\sin\theta}{r^2}$$

由图 7-6 可知 $l=-r_0\cot\theta, r=r_0/\sin\theta$，于是

$$dl=\frac{r_0}{\sin^2\theta}d\theta$$

统一积分变量到 θ,积分上下限分别为 θ_1 和 θ_2,将这些关系式代入上式,可得

$$B = \frac{\mu_0}{4\pi}\int_{\theta_1}^{\theta_2} \frac{I\sin\theta\mathrm{d}\theta}{r_0} = \frac{\mu_0 I}{4\pi r_0}(\cos\theta_1 - \cos\theta_2) \tag{7-5}$$

特例：对于无限长导线,$\theta_1=0,\theta_2=\pi$,则由式(7-5)得

$$B = \frac{\mu_0 I}{2\pi r_0} \tag{7-6}$$

例 7-2　圆形电流的磁场. 有一半径为 R 的载流圆环,电流强度为 I,求它轴线上任一点 P 的磁感应强度 $\boldsymbol{B}$.

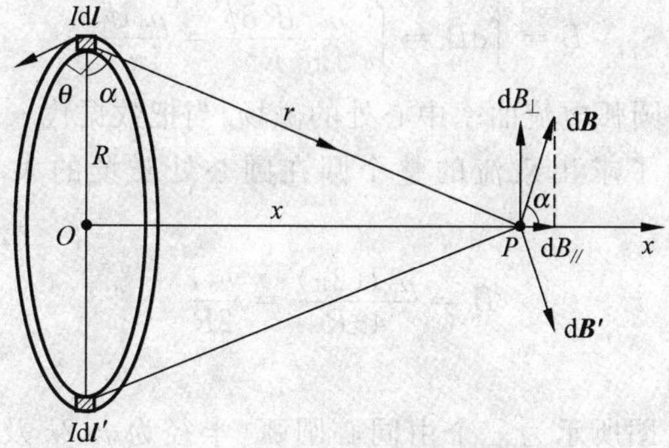

图 7-7　圆形电流的磁场

解　如图 7-7 所示,在圆形电流上任取一电流微元 $I\mathrm{d}\boldsymbol{l}$,根据毕奥-萨伐尔定律,$I\mathrm{d}l$ 在 P 点产生的 $\mathrm{d}\boldsymbol{B}$ 的大小为

$$\mathrm{d}B = \frac{\mu_0}{4\pi}\frac{I\mathrm{d}l\sin\theta}{r^2}$$

上式中,因为 $I\mathrm{d}\boldsymbol{l}$ 与 $\boldsymbol{r}$ 的夹角 θ 为 90°,所以

$$\mathrm{d}B = \frac{\mu_0}{4\pi}\frac{I\mathrm{d}l}{r^2}$$

由于每一电流微元 $I\mathrm{d}\boldsymbol{l}$ 在 P 点产生 $\mathrm{d}\boldsymbol{B}$ 的方向都不相同,因此总磁感应强度不能直接由 $\mathrm{d}\boldsymbol{B}$ 获得. 为了计算总磁感应强度,将 $\mathrm{d}\boldsymbol{B}$ 分解成平行于轴线的分量 $\mathrm{d}B_{/\!/}$ 和垂直于轴线的分量 $\mathrm{d}B_{\perp}$,由于圆形电流具有对称性,各垂直分量相互抵消,所以总磁感强度 $\boldsymbol{B}$ 的大小为各个平行分量 $\mathrm{d}B_{/\!/}$ 的代数和,即

$$B = \int \mathrm{d}B_{/\!/} = \int \mathrm{d}B\cos\alpha$$

由于 $\cos\alpha = R/r$,且对给定点 P 来说,r,R 和 I 都是常量,所以

$$B = \frac{\mu_0 IR}{4\pi r^3}\int_0^{2\pi R}\mathrm{d}l = \frac{\mu_0 IR^2}{2r^3} = \frac{\mu_0 IR^2}{2(R^2+x^2)^{\frac{3}{2}}} \tag{7-7}$$

$\boldsymbol{B}$ 的方向沿 x 轴方向.

特例：如果 $x=0$,则圆形电流在圆心 O 处的磁感应强度 $\boldsymbol{B}$ 的大小为

$$B = \frac{\mu_0 I}{2R} \tag{7-8}$$

例 7-3　圆弧电流圆心处的磁场. 有一半径为 R 的圆弧形导线,它具有圆心角 ϕ,载有电流 I,求圆心 C 点处的磁感应强度 $\boldsymbol{B}$.

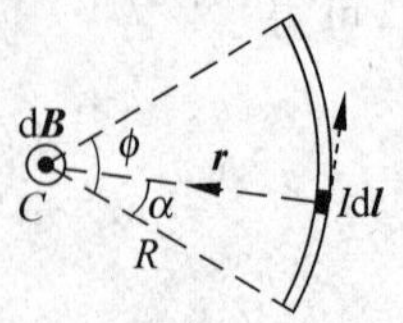

图 7-8　圆弧电流的磁场

解　如图 7-8 所示，在圆弧电流上任取一电流微元 $I\mathrm{d}\boldsymbol{l}$，无论电流微元位于导线上何处，$I\mathrm{d}\boldsymbol{l}$ 与 $\boldsymbol{r}$ 的夹角都是 90°，且 $r=R$. 根据毕奥-萨伐尔定律，$I\mathrm{d}\boldsymbol{l}$ 在 C 点产生的 $\mathrm{d}\boldsymbol{B}$ 的大小为

$$\mathrm{d}B=\frac{\mu_0}{4\pi}\frac{I\mathrm{d}l\sin 90^\circ}{r^2}=\frac{\mu_0}{4\pi}\frac{I\mathrm{d}l}{R^2} \tag{7-9}$$

圆弧上每一个电流微元在圆心 C 处所产生的磁场大小都是这个值，所有电流微元在圆心C 处的磁场 $\mathrm{d}\boldsymbol{B}$ 都具有相同的方向，即垂直纸面向外，图中用⊙表示. 利用关系式 $\mathrm{d}l=R\mathrm{d}\alpha$，并根据式(7-9)可得

$$B=\int\mathrm{d}B=\int_0^{\phi}\frac{\mu_0}{4\pi}\frac{IR\,\mathrm{d}\phi}{R^2}=\frac{\mu_0 I\phi}{4\pi R} \tag{7-10}$$

注意，此式仅给出在圆弧电流曲率中心处的磁场. 当把数据代入此式时，应注意 ϕ 用 rad 表示而不是(°). 例如，为了求出载流的整个圆在圆心处磁场的大小，应该用 2π rad 替代式(7-10)中的 ϕ，求得

$$B=\frac{\mu_0 I(2\pi)}{4\pi R}=\frac{\mu_0 I}{2R}$$

上式与式(7-8)完全相同.

检测点 5：如检 7-5 图所示为三个由同心圆弧（半径为 r、$2r$ 及 $3r$ 的半圆或四分之一圆）及它们的径向线段组成的电路，电路中载有相同的电流. 按照在曲率中心（图中小点）产生的磁场的大小把它们由大到小排序.

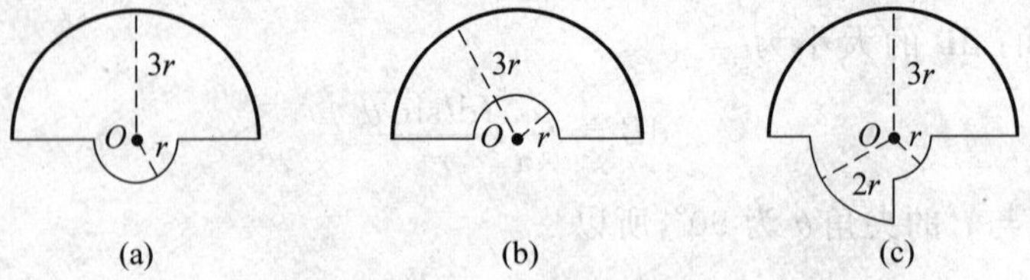

检 7-5 图

7.3　磁场的高斯定理和安培环路定理

7.3.1　磁感线

与静电场中电场线类似，为了形象地描述磁场分布，也可用磁感线来表示磁场的分布. 规定：磁感线上每一点的切线方向与该点的磁感应强度方向平行，磁感线的疏密程度表示该点磁感应强度的大小. 图 7-9 为几种不同形状电流所产生的磁场的磁感线.

磁感线具有以下一些性质：

(1) 由于磁场中任一点的磁场方向是唯一的，所以磁场中任意两条磁感线不会相交. 磁感线的这一特性和电场线相同.

(2) 磁感线是闭合曲线，没有起点和终点. 此特性和静电场的电场线不同，静电场的电场线起自正电荷(或来自无穷远处)，止于负电荷(或伸向无穷远处).

检测点 6：一个运动电荷 q，质量为 m，以初速 $\boldsymbol{v}_0$ 进入均匀磁场中，若 $\boldsymbol{v}_0$ 与磁感线间的夹角为 α. 运动电荷的动能和动量是否发生变化？

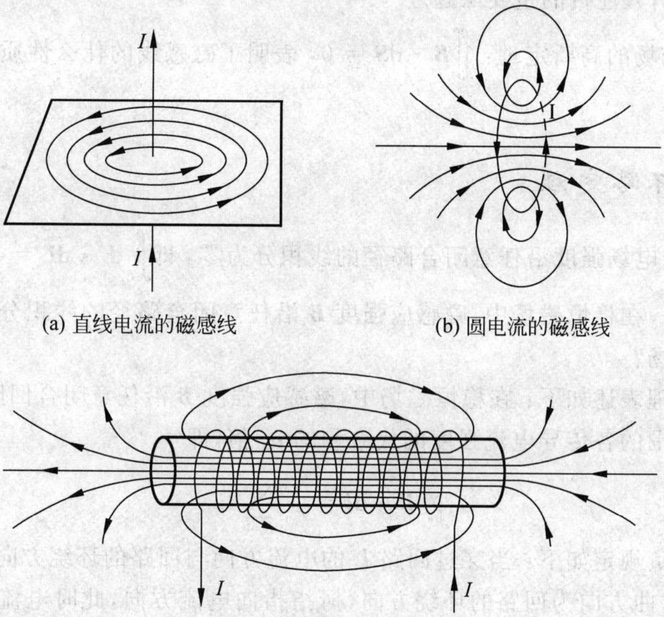

(a) 直线电流的磁感线　(b) 圆电流的磁感线

(c) 螺线管电流的磁感线

图 7-9　电流的磁场

7.3.2　磁通量　高斯定理

仿照引入电通量的方法，引入磁通量. 通过曲面 S 的磁通量 Φ_m 为

$$\Phi_m = \iint_S d\Phi_m = \iint_S \boldsymbol{B} \cdot d\boldsymbol{S}$$

在国际单位制(SI)中，磁通量 Φ_m 的单位是 Wb.

对于闭合曲面，规定由里向外为法线的正方向. 按此规定，磁感线从闭合曲面穿出处的磁通量为正，穿入处的磁通量为负. 由于磁感线是闭合曲线，因此穿入闭合曲面的磁感线必然等于穿出闭合曲面的磁感线，所以通过任一闭合曲面的总磁通量必为零，即

$$\oiint_S \boldsymbol{B} \cdot d\boldsymbol{S} = 0 \tag{7-11}$$

这就是磁场中的**高斯定理**，它与静电场中的高斯定理很相似，但有本质上的区别. 在静电场中，由于自然界有单独的正负电荷存在，因此通过闭合曲面的电通量可以不等于零；而磁场中，由于迄今为止还没有发现单独的磁极(或磁单极子)存在，所以通过任何闭合曲面的磁通量一定等于零.

然而，早在 1931 年狄拉克从量子理论预言了磁单极子的存在. 现在，关于弱相互作用、电磁相互作用和强相互作用的“大统一理论”也认为磁单极子存在. 磁单极子在宇宙学中占有重要地位，它有利于大爆炸宇宙论的印证. 显然，如果在实验中找到了磁单极子，磁场的高斯定理以至整个电磁理论就要做重大的修改，因此寻找磁单极子的实验研究有着重要的理论意义. 尽管 1975 年和 1982 年分别有实验室宣称他们探测到了磁单极子，但都还没有得到科学界的公认. 虽然磁单极子到现在为止还没有能在实验上得到最后的证实，但它仍将是当

代物理学上十分引人注目的重要课题之一.

检测点7：磁场的高斯定理：$\oiint_S \boldsymbol{B}\cdot \mathrm{d}\boldsymbol{S}=0$，表明了磁感线的什么性质？磁单极子是否存在？

7.3.3　安培环路定理

在静电场中，电场强度沿任意闭合路径的线积分为零，即$\oint_L \boldsymbol{E}\cdot \mathrm{d}\boldsymbol{L}=0$，它说明静电场是保守力场. 但是，在稳恒磁场中，磁感应强度 $\boldsymbol{B}$ 沿任意闭合路径的线积分是否等于零？磁场是否为保守力场？

安培环路定理表述如下：在稳恒磁场中，磁感应强度 $\boldsymbol{B}$ 沿任意闭合回路的线积分，等于该闭合回路所包围的各传导电流强度的代数和的 μ_0 倍，即

$$\oint_L \boldsymbol{B}\cdot \mathrm{d}\boldsymbol{l}=\mu_0\sum_{i=1}^{N} I_i \tag{7-12}$$

式中电流 I 的正负规定如下：当穿过回路 L 的电流方向与回路的环绕方向服从右手螺旋关系，即右手四指弯曲方向为回路的环绕方向，拇指指向电流方向，此时电流为正，反之为负. 如果电流不穿过回路，则对上式右侧无贡献. 如图7-10所示，根据上面规定，这时

$$\oint_L \boldsymbol{B}\cdot \mathrm{d}\boldsymbol{l}=\mu_0(I_1-I_2)$$

安培环路定理可以通过毕奥-萨伐尔定律严格证明，因其数学复杂，现通过载流长直导线的磁场予以说明.

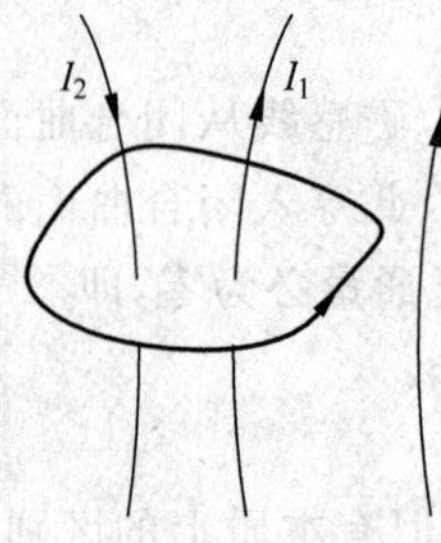

图7-10　安培环路定理应用

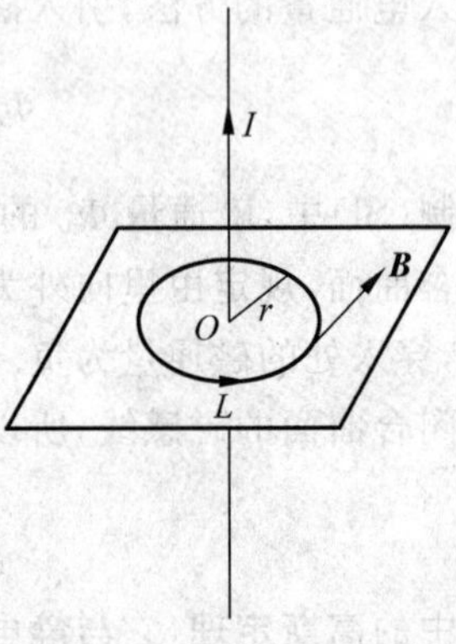

图7-11　安培环路定理证明

如图7-11所示，在长直导线的磁场中，取一平面与长直导线垂直，以平面与导线的交点 O 为圆心，在平面上作一半径为 r 的圆. 由式(7-6)，圆周上各点的磁感应强度 $\boldsymbol{B}$ 的大小为

$$B=\frac{\mu_0 I}{2\pi r}$$

若选定圆周的环绕方向为逆时针，则圆周的环绕方向和电流方向服从右手螺旋关系，圆周上每一点 $\boldsymbol{B}$ 的方向与 $\mathrm{d}\boldsymbol{l}$ 的方向相同，$\boldsymbol{B}$ 与 $\mathrm{d}\boldsymbol{l}$ 的夹角 $\theta=0$. $\boldsymbol{B}$ 沿圆周的线积分为

$$\oint_L \boldsymbol{B}\cdot \mathrm{d}\boldsymbol{l}=\oint_L B\cos\theta \mathrm{d}l=\frac{\mu_0 I}{2\pi r}\oint_L \mathrm{d}l=\mu_0 I$$

若选定圆周的环绕方向为顺时针，圆周上每一点 $\boldsymbol{B}$ 的方向与 $\mathrm{d}\boldsymbol{l}$ 的方向相反，$\boldsymbol{B}$ 与 $\mathrm{d}\boldsymbol{l}$ 的夹角 $\theta=\pi$. $\boldsymbol{B}$ 沿圆周的线积分为

$$\oint_L \boldsymbol{B}\cdot\mathrm{d}\boldsymbol{l}=\oint_L B\cos\theta\mathrm{d}l=-\frac{\mu_0 I}{2\pi r}\oint_L \mathrm{d}l=-\mu_0 I$$

实际上，对于闭合回路为任意形状，而且回路中包围有任意电流的情况，安培环路定理都是成立的.

对安培环路定理的理解应注意以下几点：(1)式(7-12)右端的 $\sum_{i=1}^{N} I_i$ 只包括穿过闭合回路 L 的传导电流；(2)回路的绕行方向与传导电流方向满足右手螺旋关系时，传导电流取正，否则传导电流取负；(3)式(7-12)左端的 $\boldsymbol{B}$ 是空间所有传导电流产生的磁感应强度的矢量和，其中也包括不穿过 L 的传导电流产生的磁场，只不过不穿过 L 的传导电流产生的磁场沿 L 积分后的总效果等于零.

安培环路定理表明稳恒磁场与静电场不同，稳恒磁场是非保守场.

检测点 8：如检 7-8 图所示为三个相等的电流 i(两个同向，一个反向)和四个安培回路. 按照各个回路 $\oint\boldsymbol{B}\cdot\mathrm{d}\boldsymbol{l}$ 的大小把它们由大到小排序.

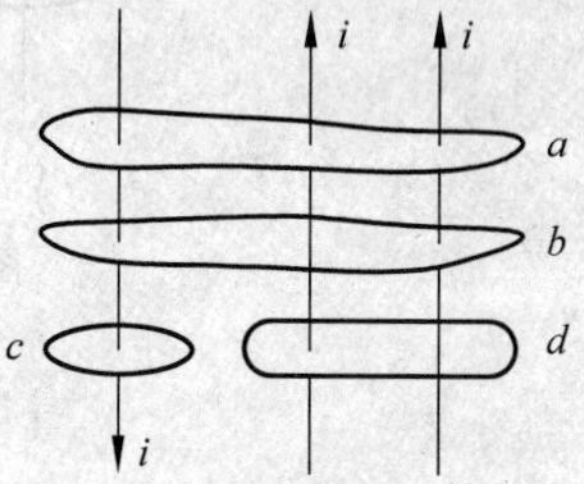

检 7-8 图

7.3.4　安培环路定理应用举例

在静电学中利用高斯定理可以方便地计算出某些具有对称性的带电体的电场分布，同样利用安培环路定理也可以方便地计算出某些具有一定对称性的载流导线的磁场分布. 求解的方法一般包含两步：首先根据电流的对称性分析磁场分布的对称性；然后再应用安培环路定理计算磁感应强度的大小. 此方法的关键是选取合适的闭合回路 L 以便使积分 $\oint_L \boldsymbol{B}\cdot\mathrm{d}\boldsymbol{l}$ 中的 $\boldsymbol{B}$ 能以标量形式从积分号内提出来. 下面举几个例子来说明怎样利用安培环路定理计算磁场分布.

例 7-4　求"无限长"载流圆柱直导线的磁场分布. 设圆柱半径为 R，总电流 I_0 在横截面上均匀分布.

解　如图 7-12 所示，设任意点 P 距圆柱轴线的垂直距离为 r，通过点 P 作半径为 r 的圆 L，圆面与圆柱轴线垂直. 由电流分布的对称性，L 上各点 $\boldsymbol{B}$ 值相等，方向沿圆的切线，根据安培环路定理有

$$\oint_L \boldsymbol{B}\cdot\mathrm{d}\boldsymbol{l}=\oint_L B\cos\theta\mathrm{d}l=B\oint_L \mathrm{d}l=B2\pi r=\mu_0 I$$

可得

$$B=\frac{\mu_0 I}{2\pi r} \tag{7-13}$$

其中 I 是通过圆周 L 的电流.

当 $r<R$ 时，即 P 点在圆柱导线内部，如图 7-12(a)所示，导线中电流只有一部分通过圆周 L，$I=\frac{I_0}{\pi R^2}\pi r^2$，由式(7-13)得

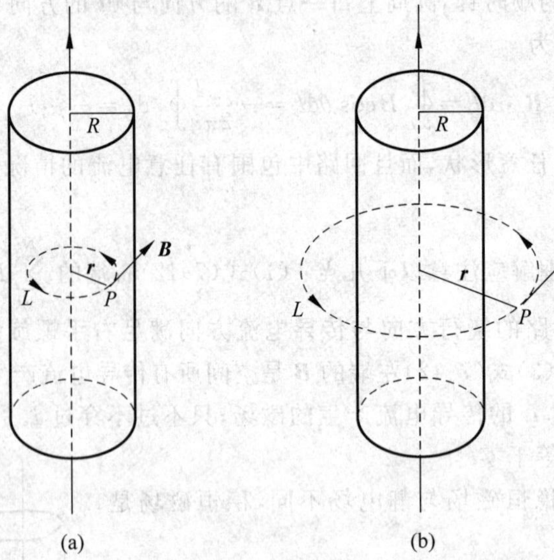

图 7-12 无限长载流圆柱直导线的磁场分布

$$B=\frac{\mu_0 I_0 r}{2\pi R^2}$$

当 $r>R$ 时，即 P 点在圆柱导线之外，如图 7-12(b)所示，$I=I_0$，由式(7-13)得

$$B=\frac{\mu_0 I_0}{2\pi r}$$

例 7-5 求长直螺线管内的磁场. 设螺线管的长度为 L，共有 N 匝线圈，单位长度上有 $n=N/L$ 匝线圈，通过每匝线圈电流为 I. 管内中央部分的磁场是均匀的，方向与螺线管的轴线平行，在管的外侧磁场很弱，可以忽略不计.

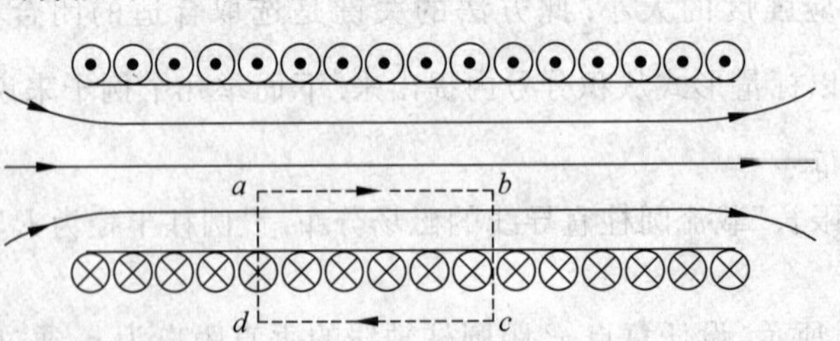

图 7-13 长直螺线管内的磁场

解 为了计算螺线管中央部分内部某点 P 的磁感应强度，在图 7-13 中作一矩形回路 $abcd$，$\boldsymbol{B}$ 沿此闭合回路的线积分可以分成四段，即

$$\oint_L \boldsymbol{B}\cdot \mathrm{d}\boldsymbol{l}=\int_a^b \boldsymbol{B}\cdot \mathrm{d}\boldsymbol{l}+\int_b^c \boldsymbol{B}\cdot \mathrm{d}\boldsymbol{l}+\int_c^d \boldsymbol{B}\cdot \mathrm{d}\boldsymbol{l}+\int_d^a \boldsymbol{B}\cdot \mathrm{d}\boldsymbol{l}$$

ab 段在管内，$\boldsymbol{B}$ 的大小相等，方向与 $\mathrm{d}\boldsymbol{l}$ 相同，所以 $\int_a^b \boldsymbol{B}\cdot \mathrm{d}\boldsymbol{l}=B\overline{ab}$；$bc$ 段和 da 段，一部分在管内，一部分在管外，虽然管内部分 $B\neq 0$，但 $\boldsymbol{B}$ 与 $\mathrm{d}\boldsymbol{l}$ 相互垂直，管外部分 $B=0$，所以 $\int_b^c \boldsymbol{B}\cdot \mathrm{d}\boldsymbol{l}=\int_d^a \boldsymbol{B}\cdot \mathrm{d}\boldsymbol{l}=0$；$cd$ 段在管外，$B=0$，所以 $\int_c^d \boldsymbol{B}\cdot \mathrm{d}\boldsymbol{l}=0$. 这样，上式可写为

$$\oint_L \boldsymbol{B} \cdot \mathrm{d}\boldsymbol{l} = \int_a^b B\,\mathrm{d}l = B\,\overline{ab}$$

闭合回路 $abcd$ 所包围的总的电流强度为 $n\,\overline{ab}I$，根据右手螺旋关系，总的电流强度应为正值，于是根据安培环路定理有

$$\oint_L \boldsymbol{B} \cdot \mathrm{d}\boldsymbol{l} = B\,\overline{ab} = \mu_0 n\,\overline{ab}I$$

所以

$$B = \mu_0 nI \tag{7-14}$$

螺线管内部磁场的大小 B 不依赖于螺线管直径或长度，并且在螺线管的横截面上是均匀的.

例 7-6　求环形螺线管内的磁感应强度. 如图 7-14 所示，环形螺线管也叫螺绕环，环上密绕 N 匝线圈，线圈中通有电流 I.

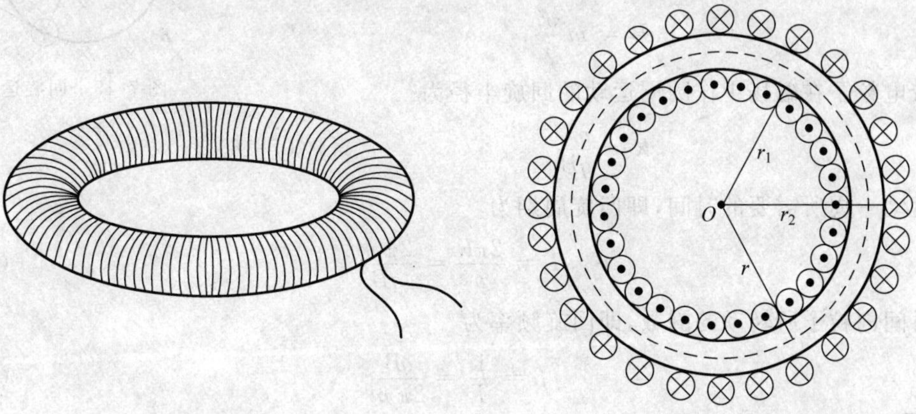

(a) 螺绕环　　(b) 螺绕环内的磁场

图 7-14　环形螺线管内的磁场

解　根据电流分布的对称性，在螺绕环内部，磁感线形成同心圆，方向如图 7-14 所示. 以 O 点为圆心，$r(r_1<r<r_2)$ 为半径的同心圆作为安培回路，方向沿逆时针方向. 由安培定律给出

$$\oint_L \boldsymbol{B} \cdot \mathrm{d}\boldsymbol{l} = \oint_L B\cos\theta\,\mathrm{d}l = B\oint_L \mathrm{d}l = B2\pi r = \mu_0 \sum_{i=1}^{N} I_i$$

该回路所包围的电流强度的代数和为 $\sum_{i=1}^{N} I_i = NI$，由右手螺旋关系，电流强度应为正值，于是根据安培环路定理有

$$\oint_L \boldsymbol{B} \cdot \mathrm{d}\boldsymbol{l} = B2\pi r = \mu_0 NI$$

所以

$$B = \frac{\mu_0 NI}{2\pi r} \tag{7-15}$$

与螺线管的情况相反，在螺绕环的横截面上，磁感应强度的大小不是恒定的.

检测点 9：某螺线管的长度 $L=1.23\ \mathrm{m}$，内径 $d=3.55\ \mathrm{cm}$，载有电流 $i=5.57\ \mathrm{A}$. 它包含 5 个密绕的层，每层沿长度 L 有 850 匝. 其中央处的 B 是多大？

7.4 磁场对运动电荷和载流导线的作用

7.4.1 带电粒子在磁场中的运动

当带电粒子 q 以速度 $\boldsymbol{v}$ 进入磁感应强度为 $\boldsymbol{B}$ 的均匀磁场,它所受的洛伦兹力为 $\boldsymbol{F}=q\boldsymbol{v}\times\boldsymbol{B}$,下面分三种情况讨论粒子在磁场中的运动.

(1) 带电粒子运动的方向与磁感应强度的方向平行,即 $\boldsymbol{v}/\!/\boldsymbol{B}$,磁场对带电粒子的作用力为零,粒子仍将以原来的速度 $\boldsymbol{v}$ 作匀速直线运动.

(2) 带电粒子运动的方向与磁感应强度的方向垂直,即 $\boldsymbol{v}\perp\boldsymbol{B}$,带电粒子在大小不变的向心力 $F=qvB$ 作用下,在垂直于 $\boldsymbol{B}$ 的平面内作匀速圆周运动. 如图 7-15 所示,利用圆周运动的向心力公式

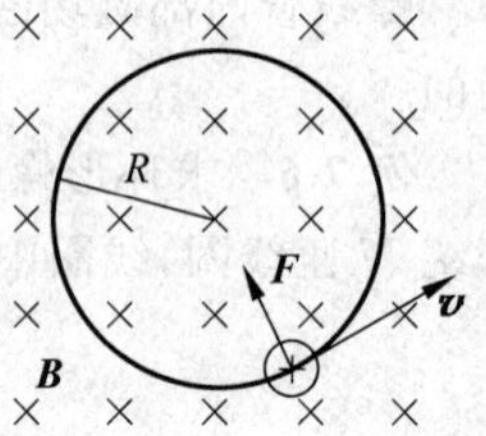

图 7-15 回旋运动

$$qvB = m\frac{v^2}{r}$$

可得带电粒子在磁场中作圆周运动的回旋半径为

$$R = \frac{mv}{qB} \tag{7-16}$$

粒子运动一周所需要的时间,即回旋周期为

$$T = \frac{2\pi R}{v} = \frac{2\pi m}{qB} \tag{7-17}$$

单位时间内粒子所转动的圈数,即回旋频率为

$$f = \frac{1}{T} = \frac{qB}{2\pi m} \tag{7-18}$$

由式(7-17)和式(7-18)可以看出回旋周期或回旋频率与带电粒子的速率及回旋半径无关.

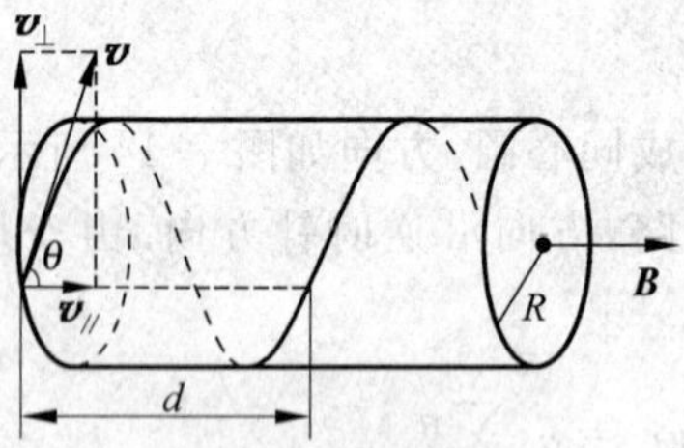

图 7-16 螺旋运动

(3) 带电粒子运动的方向与磁感应强度的方向之间的夹角为任意角 θ 时,如图 7-16 所示,将 $\boldsymbol{v}$ 分解为 $v_{/\!/}=v\cos\theta$ 和 $v_\perp=v\sin\theta$ 两个分量,它们分别平行和垂直于 $\boldsymbol{B}$. 若只有 $v_{/\!/}$ 分量,带电粒子将沿 $\boldsymbol{B}$ 的方向或其反方向作匀速直线运动;若只有 $v_\perp$ 分量,带电粒子将在垂直于 $\boldsymbol{B}$ 的平面内作匀速圆周运动. 当两个分量同时存在时,带电粒子同时参与这两个运动,它将沿螺旋线向前运动,螺旋线的半径为

$$R = \frac{mv_\perp}{qB}$$

回旋周期为

$$T = \frac{2\pi R}{v_\perp} = \frac{2\pi m}{qB} \tag{7-19}$$

粒子回转一周所前进的距离叫做螺距,其值为

$$d = v_{/\!/}\,T = \frac{2\pi mv_{/\!/}}{qB} \tag{7-20}$$

上式表明,螺距 d 与 $v_\perp$ 无关,只与 $v_{/\!/}$ 成正比.

如图 7-17 所示，若从磁场中某点 O 发射一束很窄的带电粒子流，它们的速率 v 都很相近，且与 $\boldsymbol{B}$ 的夹角 θ 都很小，尽管 $v_{\perp}=v\sin\theta\approx v\theta$ 会使各个粒子沿不同半径的螺旋线运动，但是 $v_{/\!/}=v\cos\theta\approx v$ 却近似相等，由式(7-20)决定的螺距 d 也近似相等，所以各个粒子经过距离 d 后又会重新会聚在一起，称为磁聚焦. 磁聚焦在电子光学中有着广泛的应用.

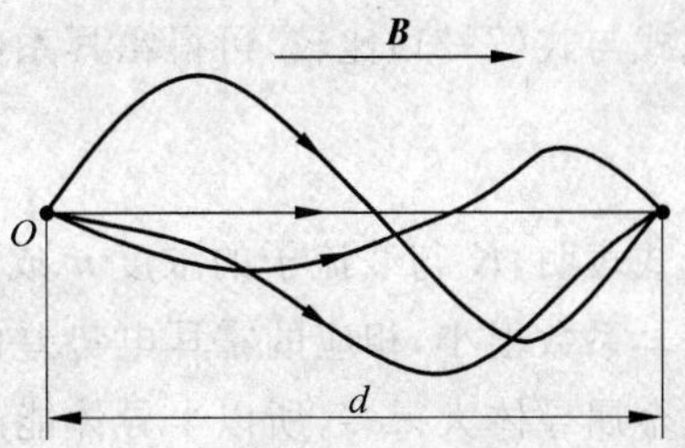

图 7-17　磁聚焦

检测点 10：如检 7-10 图所示，在垂直纸面向内的均匀磁场 $\boldsymbol{B}$ 中，右图示出以相同速率运动的两个粒子的圆形路径. 一个粒子是质子，另一个是电子(它较轻). (1)哪个粒子沿较小的圆周运动？(2)该粒子是顺时针还是逆时针运动？

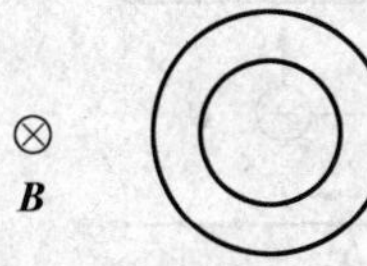

检 7-10 图

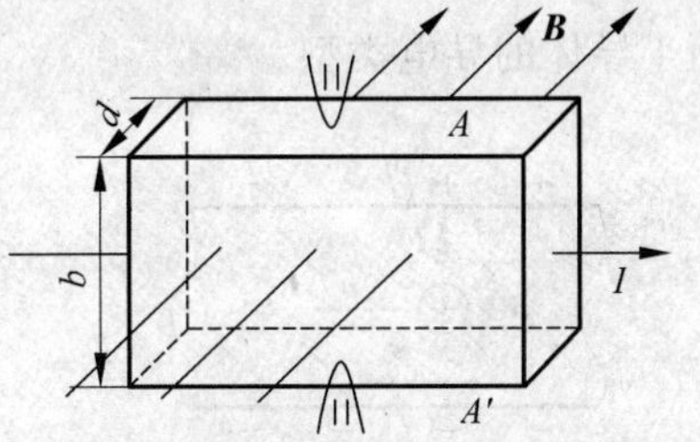

图 7-18　霍耳效应

7.4.2　霍耳效应

如图 7-18 所示，将一导电板放在垂直于它的磁场中，当有电流通过它时，在导电板的 A,A'两侧会产生一个电势差 $U_{AA'}$，这种现象叫做霍耳效应. 实验表明，在磁场不太强时，电势差 $U_{AA'}$ 与电流强度 I 和磁感应强度 B 成正比，与板的厚度 d 成反比，即

$$U_{AA'}=K\frac{IB}{d}\tag{7-21}$$

式中的比例系数 K 叫做**霍耳系数**.

霍耳效应可用洛伦兹力来说明. 设导体板中的载流子为电荷 q，其平均定向速率为 u，它们在磁场中受到的洛伦兹力为 quB. 该力使导体内移动的电荷发生偏转，结果在 A 和 A'两侧分别聚集了正、负电荷，从而形成电势差. 于是，载流子又受到了一个与洛伦兹力方向相反的静电力 $qE=qU_{AA'}/b$，其中 E 为电场强度，b 为导体板的宽度，最后达到稳恒状态时，这两个力平衡，即

$$quB=q\frac{U_{AA'}}{b}$$

此外，设载流子的浓度为 n，则电流强度 I 可以表示为

$$I=b\,dnqu$$

于是

$$U_{AA'}=\frac{1}{nq}\frac{IB}{d}$$

此式与式(7-21)比较,可得霍耳系数为

$$K=\frac{1}{nq} \tag{7-22}$$

上式表明,K 与载流子的浓度 n 成反比.在金属导体中,由于自由电子数密度很大,因而其霍耳系数很小,相应的霍耳电势差也很弱.在半导体中,载流子数密度很小,因而其霍耳系数比金属导体大得多,所以半导体能产生很强的霍耳效应.

利用霍耳效应的电势差 $U_{AA'}$ 可以判断载流子电荷的正负号.如图7-19(a)所示,若 $q>0$,载流子定向速度 u 的方向与电流方向一致,洛伦兹力使它向上偏转,从而 $U_{AA'}>0$;反之,如图7-19(b)所示,若 $q<0$,载流子定向速度 u 的方向与电流方向相反,洛伦兹力也使它向上偏转,从而 $U_{AA'}<0$.半导体有电子型(N型)和空穴型(P型)两种,N型半导体的载流子为电子,带负电,P型半导体的载流子为"空穴",相当于带正电的粒子,根据霍耳电势差的正负号可以判断半导体的导电类型.

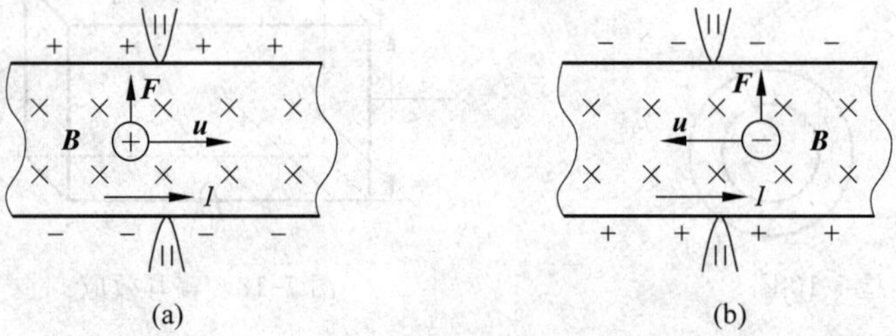

图7-19　霍耳效应与载流子电荷正负的关系

应该指出,有些金属(如Be,Zn,Cd,Fe等)载流子是电子,但其霍耳电势差的极性与载流子为正电荷的情况相同,好像这些金属中的载流子带正电似的,这种现象称为反常霍耳效应.1980年,德国物理学家克利青发现在低温、强磁场条件下量子霍耳效应,他因此获得1985年诺贝尔物理学奖.1982年,斯托默、崔琦和劳夫林发现在极低温和更强磁场条件下分数量子霍耳效应,他们因此获得1998年诺贝尔物理学奖.这些现象用经典电子理论无法解释,只能用量子理论加以说明.

检测点11:如检7-11图所示,一个金属的长方体,它以某一速率 v 通过均匀磁场 $\boldsymbol{B}$,长方体的各边都是 d 的倍数.对于长方体速度的方向你有六种选择:它可以平行于 x、y 或 z;沿正方向或负方向.(1)按照将跨越该长方体建立的电势差由大到小把这六种选择排序.(2)对于哪种选择前表面处于较低的电势?

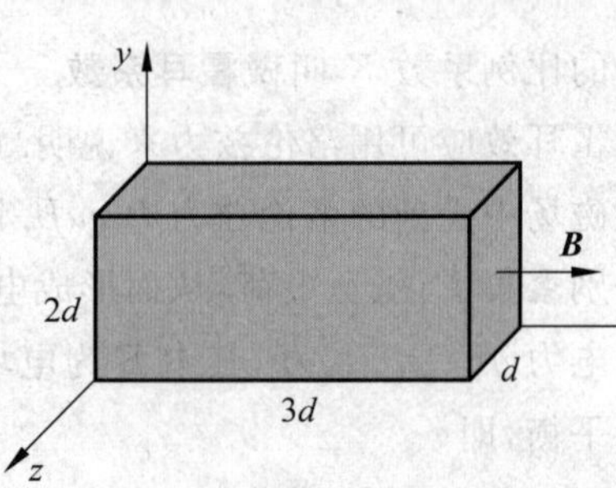

检7-11图

7.4.3　回旋加速器

回旋加速器是获得高速粒子的一种装置,第一台回旋加速器是美国物理学家劳伦斯于1932年研制成功的,他因此获得1939年诺贝尔物理学奖.下面简述回旋加速器的工作原理.

回旋加速器的基本原理就是利用回旋频率与粒子速度无关的性质. 如图 7-20 所示，其核心部分是两个 D 形盒，它们是密封在真空中的两个半圆形金属空盒，放在电磁铁两极之间的强大磁场中，磁场的方向垂直于 D 形盒的底面. 两个 D 形盒之间接有交流电源，它在缝隙里形成一个交变电场用以加速带电离子. 假设正当 D_2 电极的电势高于 D_1 时，从粒子源发出一个带正电离子，它在缝隙中被加速，以速率 v_1 进入 D_1 内部. 由于电屏蔽效应，离子绕过回旋半径为 $R_1=mv_1/qB$ 的半个圆周后又回到缝隙. 如果这时电场恰好反向，即交变电场的周期恰好为 $T=2\pi m/qB$，则正离子又将被加速，以更大的速率 v_2 进入 D_2 盒内，绕过回旋半径为 $R_2=mv_2/qB$ 的半个圆周后又再次回到缝隙. 虽然 $R_2>R_1$，但绕过半个圆周所用的时间却都是一样的，所以，尽管离子的速率和回旋半径一次比一次增大，只要缝隙中的交变电场以不变的回旋周期往复变化，则不断被加速的离子就会沿着螺旋轨迹逐渐趋近 D 形盒的边缘，用致偏电极 F 可将已达到预期速率的离子引出，供实验用. 高能粒子在科学技术中有广泛的应用领域，如核工业、医学、农业、考古学等.

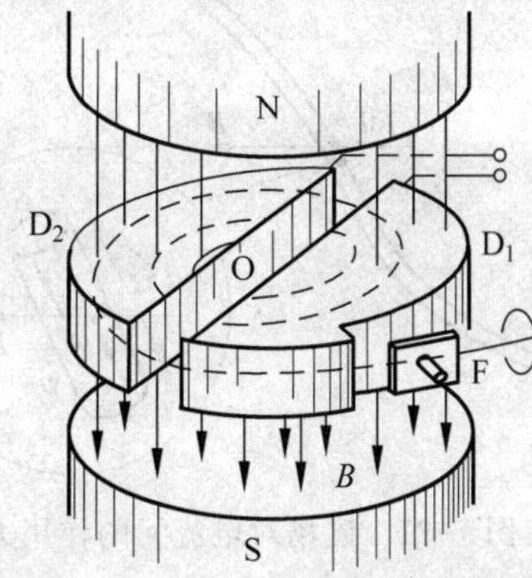

图 7-20　回旋加速器原理

如果 D 形盒的半径为 R，根据式(7-16)，离子所获得的最终速率为

$$v=\frac{qBR}{m} \tag{7-23}$$

离子的动能为

$$E_k=\frac{1}{2}mv^2=\frac{q^2B^2R^2}{2m}$$

上式表明，要使离子获得很高的能量，就要建造巨型的强大的电磁铁和增加 D 形盒的直径.

由于相对论效应，当粒子的速率很大时，q/m 已不再是常量，从而回旋周期 T 将随粒子速率而增大，这时若仍保持交变电场的周期不变，就不能保持与回旋运动同步，粒子经过缝隙时也就不能始终得到加速. 对于相对论效应，可以用实验方法进行补偿. 一种方法是使磁场具有某种分布，从而使得在半径不同的地方回旋频率保持不变，称为同步加速器；另一种方法是保持磁场不变，改变施加在 D 形电极上交变电压的频率，从而使粒子的运动与所施加的电压在每一时刻都保持共振，称为同步回旋加速器.

检测点 12：回旋加速器 D 形盒的半径为 r，匀强磁场的磁感应强度为 B. 一个质量为 m、电荷量为 q 的粒子在加速器的中央从速度为 0 开始加速. 根据回旋加速器的这些数据，估算该粒子离开回旋加速器时获得的动能.

7.4.4　安培定律

导线中的电流是由载流子定向运动形成的，当把载流导线置于磁场中时，运动的载流子就要受到洛伦兹力的作用而侧向漂移，与晶格上的正离子碰撞把力传递给了导线，所以载流导线在磁场中也要受到磁力的作用，通常把这个力称为**安培力**.

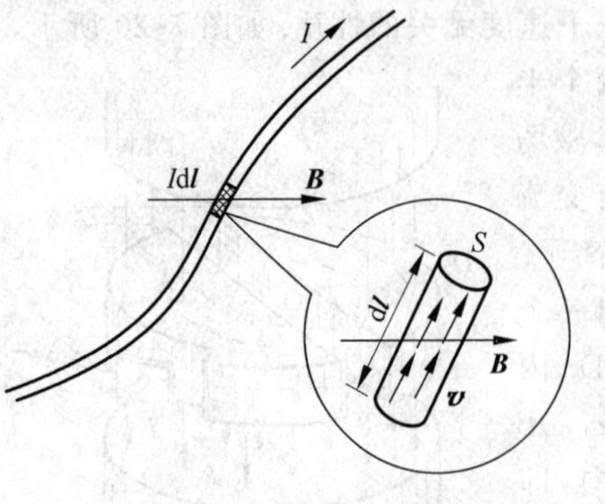

图 7-21 磁场对电流元的作用力

如图 7-21 所示,在载流导线上取一电流微元 $I\mathrm{d}\boldsymbol{l}$. 设导线的横截面积为 S,单位体积中的载流子数为 n,每个载流子所带电量为 q,载流子的平均漂移速度为 $\boldsymbol{v}$. 由于每一个载流子受到的洛伦兹力都是 $q\boldsymbol{v}\times\boldsymbol{B}$,而在 $\mathrm{d}l$ 中共有 $nS\mathrm{d}l$ 个载流子,所以电流元 $I\mathrm{d}\boldsymbol{l}$ 所受的磁场力为

$$\mathrm{d}\boldsymbol{F} = nS\,\mathrm{d}lq\,\boldsymbol{v}\times\boldsymbol{B}$$

由于 $\boldsymbol{v}$ 的方向和 $\mathrm{d}\boldsymbol{l}$ 的方向相同,而 $I=nqvS$,所以上式可写为

$$\mathrm{d}\boldsymbol{F} = I\mathrm{d}\boldsymbol{l}\times\boldsymbol{B} \tag{7-24}$$

上式称为**安培定律**.

利用安培定律可以计算任一段载流导线在磁场中受到的安培力. 具体地说,可把导线分割成无限多的电流微元,整个导线所受的安培力为作用在各段电流微元上的安培力的矢量和,即

$$\boldsymbol{F} = \int_L \mathrm{d}\boldsymbol{F} = \int_L I\mathrm{d}\boldsymbol{l}\times\boldsymbol{B} \tag{7-25}$$

如果长为 l 的一段载流直导线放在均匀磁场 $\boldsymbol{B}$ 中,电流 I 的方向与 $\boldsymbol{B}$ 之间的夹角为 ϕ,因为载流直导线上各电流微元所受的力的方向是一致的,所以该载流直导线所受安培力的大小为

$$F = BIl\sin\phi$$

安培力的方向垂直于直导线和磁感应强度所组成的平面. 当 $\phi=0°$时,$F=0$;当 $\phi=90°$时,载流直导线所受的力最大,$F=BIl$.

检测点 13: 如检 7-13 图所示为三根长而平行且等间距的导线,其中流过进入页面或从页面向外的、大小相等的电流. 按照每根导线中电流受力的大小,由大到小将其排列.

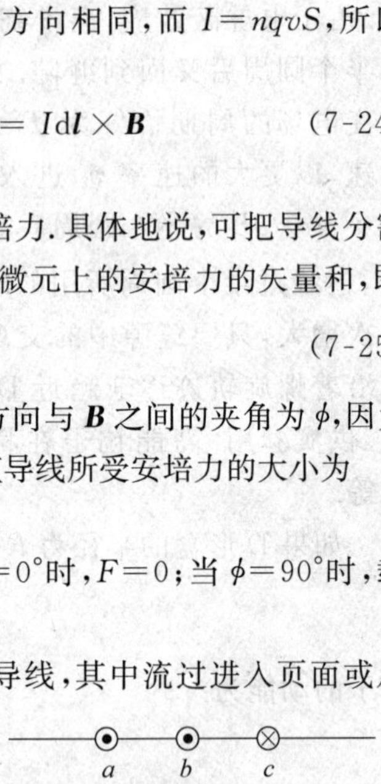

检 7-13 图

7.4.5 电磁轨道炮

火箭是一种利用燃料燃烧后喷出气体产生反冲推力的发动机. 它自带燃料与助燃剂,因而可以在空间任何地方发动. 空间技术的发展更是离不开火箭,各式各样的人造地球卫星、飞船和空间探测器都是靠火箭发动机发射并控制航向的. 当进行太空探索时,如果没有常规火箭的燃料,如何将物体发射呢? 电磁轨道炮可以有效地解决这一问题,它可以使物体在 1 ms 内由静止加速到 10 km/s.

轨道炮是一个在短时间内利用磁场力把抛射物加速到高速的装置. 如图 7-22 所示,当太阳能电池等设备产生的强大电流沿两条平行的导体轨道之一送出,流过两轨道之间的导电"熔体"(如窄铜片),然后沿第二条轨道回到电流源. 把待发射的抛射物平放在熔体的前面并松弛地嵌在两轨道之间. 电流一通入,熔体立刻熔化并汽化,在轨道间形成导电气体.

如图 7-23 所示,两轨道中的电流在轨道间产生垂直纸面向里的磁场. 根据安培定律,由于电流 I 流过导电气体,磁场 $\boldsymbol{B}$ 会对导电气体施加一个力 $\boldsymbol{F}$,$\boldsymbol{F}$ 沿轨道向上. 设导轨的厚度为 $2R$,两导轨之间的距离为 w,则导电气体所受磁场力的大小近似为

$$F = 2\int_R^{w+R} BI\mathrm{d}x = 2\int_R^{w+R} \frac{\mu_0 I}{2\pi x}I\mathrm{d}x = \frac{\mu_0 I^2}{\pi}\ln\frac{w+R}{R}$$

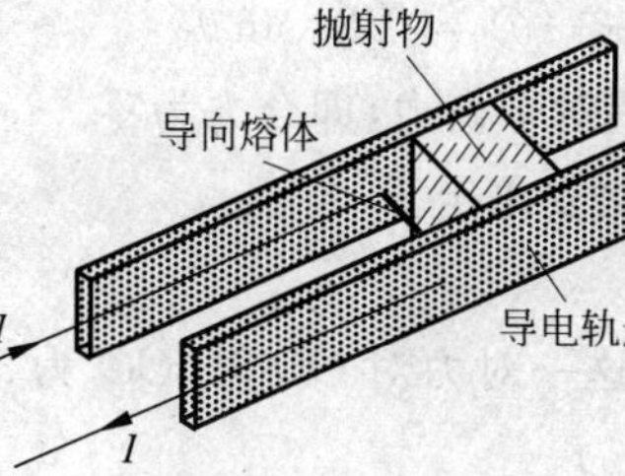

图 7-22　轨道炮

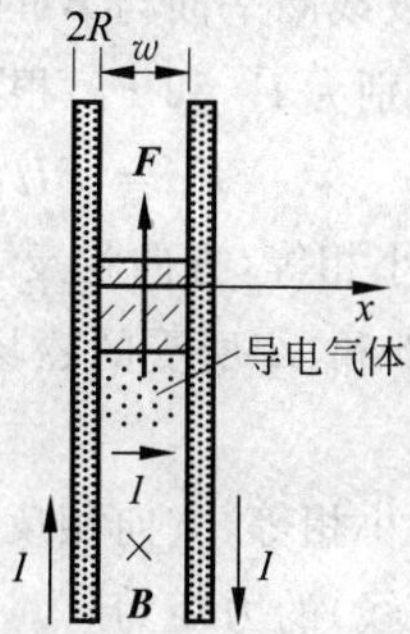

图 7-23　发射原理

随着导电气体被迫沿轨道运动，它推动抛射物发射出去. 如果 $R=6\ \text{cm}$，$w=12\ \text{cm}$，电流 $I=500\ \text{kA}$，导轨的长度 $L=4\ \text{m}$，抛射物的质量为 $m=10\ \text{g}$，则抛射物由静止被发射后所获得的加速度为

$$a=\frac{F}{m}\approx 1.1\times 10^{7}\,(\text{m/s}^2)$$

物体离开轨道时的速度为

$$v=\sqrt{2aL}\approx 9.4\ \text{km/s}$$

此速度完全可以满足太空发射物体的需要，电磁轨道炮将在未来太空探索中发挥越来越大的作用.

检测点 14：一段直的、水平铜导线载有 $I=28\ \text{A}$ 的电流. 要使导线悬浮——即让作用在导线上的磁场力与重力平衡，所需最小的磁场的大小？导线的线密度为 46.6 g/m.

7.4.6　均匀磁场对载流线圈的作用

如图 7-24 所示，在均匀磁场 $\boldsymbol{B}$ 中放置一刚性矩形平面载流线圈，边长分别为 l_1 和 l_2，电流强度为 I，用 $\boldsymbol{e}_n$ 表示线圈平面的法线单位矢量，规定 $\boldsymbol{e}_n$ 的指向与线圈中电流的环绕方向之间满足右手螺旋关系，即右手四指环绕方向代表电流的方向，则拇指伸直时的指向即为

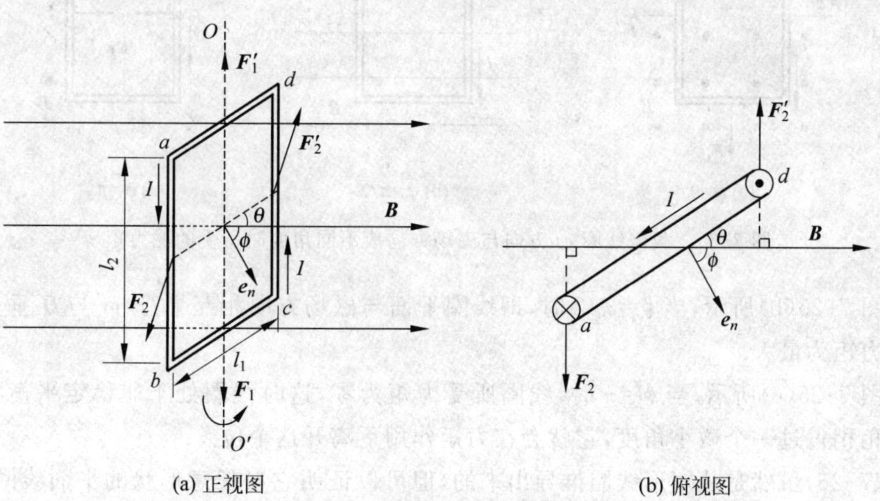

(a) 正视图　(b) 俯视图

图 7-24　矩形平面载流线圈在均匀磁场所受的磁力矩

$\boldsymbol{e}_n$ 的方向. 设线圈平面与 $\boldsymbol{B}$ 的方向成 θ 角，对边 ab，cd 与磁场垂直. 这时导线 bc 和 ad 所受到的磁力分别为 $\boldsymbol{F}_1$ 和 $\boldsymbol{F}_1'$. 根据安培定律

$$F_1 = BIl_1\sin\theta,\quad F_1' = BIl_1\sin(\pi-\theta) = BIl_1\sin\theta$$

$\boldsymbol{F}_1$ 和 $\boldsymbol{F}_1'$ 大小相等，方向相反，并且在同一直线上，是一对平衡力，即合力为零.

导线 ab 和 cd 所受的磁场力分别为 $\boldsymbol{F}_2$ 和 $\boldsymbol{F}_2'$，根据安培定律

$$F_2 = F_2' = BIl_2$$

这两个力大小相等，方向相反，但都不在同一直线上，这一对力对 OO' 轴（OO' 为 da 和 bc 两边中点的连线）的力矩为

$$M = F_2\frac{l_1}{2}\cos\theta + F_2'\frac{l_1}{2}\cos\theta = BIl_1l_2\cos\theta$$

$$= BIl_1l_2\cos\left(\frac{\pi}{2}-\phi\right) = BIS\sin\phi$$

式中 $S=l_1l_2$，表示线圈面积，ϕ 为 $\boldsymbol{e}_n$ 与 $\boldsymbol{B}$ 之间的夹角. 如果线圈为 N 匝，那么线圈所受力矩的大小为

$$M = NBIS\sin\phi$$

力矩 $\boldsymbol{M}$ 的方向与矢量积 $\boldsymbol{e}_n\times\boldsymbol{B}$ 的方向一致. 定义 $\boldsymbol{m}=NIS\boldsymbol{e}_n$，称 $\boldsymbol{m}$ 为载流线圈的磁矩，因此上式可用矢量形式表示为

$$\boldsymbol{M} = (NIS\boldsymbol{e}_n)\times\boldsymbol{B} = \boldsymbol{m}\times\boldsymbol{B} \tag{7-26}$$

力矩 $\boldsymbol{M}$ 的大小为 $M=mB\sin\phi$，方向由 $\boldsymbol{m}$ 与 $\boldsymbol{B}$ 的矢积决定.

下面讨论几种情况：

如图 7-25(a)所示，当 $\phi=0$ 时，即线圈平面与磁场方向垂直，$\boldsymbol{m}$ 与 $\boldsymbol{B}$ 方向相同时，线圈所受力矩为零，这时线圈处于稳定平衡状态.

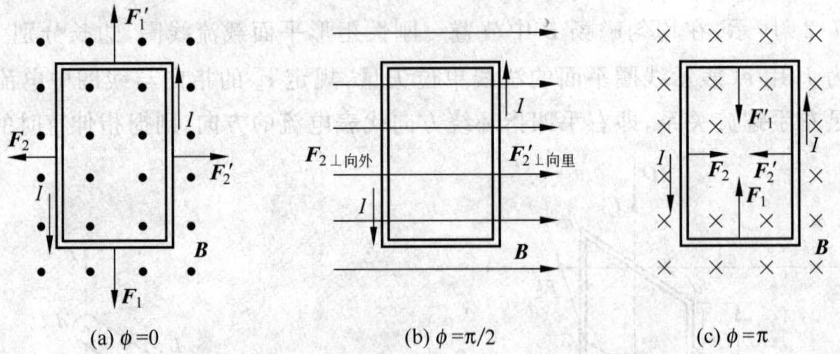

图 7-25　载流线圈 $\boldsymbol{e}_n$ 方向与磁场方向成不同角度时所受的磁力矩

如图 7-25(b)所示，当 $\phi=\pi/2$ 时，即线圈平面与磁场方向相互平行，$\boldsymbol{m}$ 与 $\boldsymbol{B}$ 垂直时，线圈所受力矩为最大.

如图 7-25(c)所示，当 $\phi=\pi$ 时，线圈所受力矩为零，这时线圈处于非稳定平衡状态，只要线圈稍稍偏过一个微小角度，它就会在力矩作用下离开这个位置.

式(7-26)虽然是从矩形线圈推导出来的，但可以证明它对任意形状的平面线圈都是成立的. 磁场对载流线圈作用力矩的规律是制造各种电动机和电流计的基本原理.

例 7-7　如图 7-26 所示，一根弯曲的刚性导线 $abcd$ 载有电流 I，导线放在磁感应强度为 $\boldsymbol{B}$ 的均匀磁场中，$\boldsymbol{B}$ 的方向垂直纸面向外. 设 bc 部分是半径为 R 的半圆，$ab=cd=l$. 求该导线所受的合力.

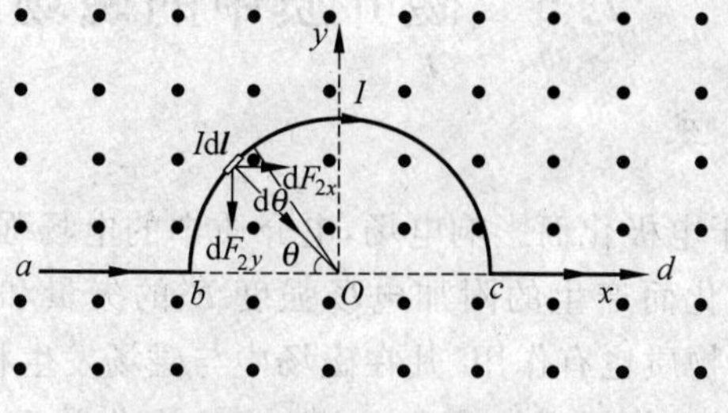

图 7-26　例 7-7 用图

解　导线所受的合力为 ab，bc 和 cd 三段所受安培力 $\boldsymbol{F}_1$，$\boldsymbol{F}_2$ 和 $\boldsymbol{F}_3$ 的矢量和. 根据式(7-25)，ab，cd 两段所受安培力的大小为

$$F_1 = F_3 = BIl$$

这两个力的方向都向下. 在 bc 段上任取一电流微元 $I\mathrm{d}\boldsymbol{l}$，它所受安培力的大小为

$$\mathrm{d}F_2 = BI\,\mathrm{d}l\sin\phi$$

式中电流元 $I\mathrm{d}\boldsymbol{l}$ 与 $\boldsymbol{B}$ 的夹角 $\phi=90°$，$\mathrm{d}\boldsymbol{F}_2$ 的方向如图 7-26 所示. 由于各电流微元所受安培力的方向均不相同，因此不能直接对 $\mathrm{d}\boldsymbol{F}_2$ 进行积分，必须把 $\mathrm{d}\boldsymbol{F}_2$ 沿 x，y 轴投影，再分别计算出 F_{2x} 和 F_{2y}. 则有

$$\mathrm{d}F_{2x} = \mathrm{d}F_2\cos\theta = BI\cos\theta\,\mathrm{d}l$$
$$\mathrm{d}F_{2y} = -\mathrm{d}F_2\sin\theta = -BI\sin\theta\,\mathrm{d}l$$

由于 $\mathrm{d}l=R\mathrm{d}\theta$，所以

$$\mathrm{d}F_{2x} = BI\cos\theta R\,\mathrm{d}\theta$$
$$\mathrm{d}F_{2y} = -BI\sin\theta R\,\mathrm{d}\theta$$

因此

$$F_{2x} = \int \mathrm{d}F_{2x} = \int_0^{\pi} BI\cos\theta R\,\mathrm{d}\theta = 0$$
$$F_{2y} = \int \mathrm{d}F_{2y} = \int_0^{\pi} -BI\sin\theta R\,\mathrm{d}\theta = -2BIR$$

负号表示 $\boldsymbol{F}_2$ 的方向向下. 整个载流导线所受安培力的大小为

$$F = F_1 + F_2 + F_3 = 2BI(l+R)$$

合力 $\boldsymbol{F}$ 的方向向下.

例 7-8　边长为 2 m 的正方形线圈，共有 100 匝，通以电流 2 A，把线圈放在磁感应强度为 0.05 T 的均匀磁场中. 问在什么位置时，线圈所受的磁力矩最大？此磁力矩等于多少？

解　由 $M=NBIS\sin\phi$ 可知，当线圈平面的法线方向与磁场方向垂直时，即 $\phi=90°$，线圈所受磁力矩最大. 此磁力矩为

$$M = NBIS = 100\times 0.05\times 2\times 2^2 = 40(\mathrm{N\cdot m})$$

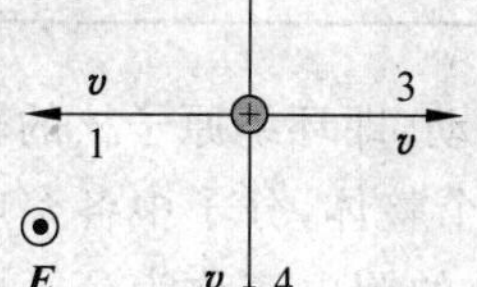

检 7-15 图

检测点 15：如检 7-15 图所示为通过均匀电场 $\boldsymbol{E}$(方向垂直纸面向外并用画圆圈的小点表示)与均匀磁场 $\boldsymbol{B}$ 运动的带正电粒子速度矢

量 $\boldsymbol{v}$ 的四个方向.(1)按照粒子受的合力的大小由大到小把方向1、2及3排序.(2)所有这四个方向中,哪个可能导致为零的合力?

*7.5 磁介质中的磁场

7.5.1 磁介质的分类

电场中的电介质由于电极化而影响电场,电介质中的电场强度 $\boldsymbol{E}$ 等于真空中的电场强度 $\boldsymbol{E}_0$ 和电介质由于电极化而产生的附加电场强度 $\boldsymbol{E}'$ 的矢量和,即 $\boldsymbol{E}=\boldsymbol{E}_0+\boldsymbol{E}'$.与此相类似,磁场对处于磁场中的物质也有作用.凡在磁场中与磁场发生相互作用的物质都称为**磁介质**.事实上,任何物质在磁场作用下都或多或少地发生变化并反过来影响磁场,因此任何物质都可以看作磁介质.磁介质中的磁感应强度 $\boldsymbol{B}$ 等于真空中的磁感应强度 $\boldsymbol{B}_0$ 和磁介质由于磁化而产生的附加磁感应强度 $\boldsymbol{B}'$ 的矢量和,即

$$\boldsymbol{B}=\boldsymbol{B}_0+\boldsymbol{B}' \tag{7-27}$$

磁介质对磁场的影响远比电介质对电场的影响要复杂得多.我们知道,无论是有极分子电介质还是无极分子电介质,当它们处于电场中时,电介质内的电场强度 $\boldsymbol{E}$ 都要有所减弱.但不同的磁介质在磁场中的表现则很不相同,磁介质对磁场的影响并不一定是削弱原来的磁场,这要看 $\boldsymbol{B}_0$ 与 $\boldsymbol{B}'$ 是同向还是反向.

实验发现,当磁场中充满各向同性的均匀磁介质时,磁介质中的磁感应强度 $\boldsymbol{B}$ 是真空中的磁感应强度 $\boldsymbol{B}_0$ 的 μ_r 倍,即

$$\boldsymbol{B}=\mu_r\boldsymbol{B}_0 \tag{7-28}$$

式中,μ_r 称为**磁介质的相对磁导率**,它随磁介质的种类和状态的不同而不同(如表7-1所示),其大小反映了磁介质对磁场影响的程度.若 $\mu_r>1$,这种磁介质的附加磁场 $\boldsymbol{B}'$ 方向与原磁场 $\boldsymbol{B}_0$ 方向相同,使得磁介质中磁感应强度 $B>B_0$,这种磁介质称为**顺磁质**;若 $\mu_r<1$,这种磁介质的附加磁场 $\boldsymbol{B}'$ 方向与原磁场 $\boldsymbol{B}_0$ 方向相反,使得磁介质中 $B<B_0$,这种磁介质称为**抗磁质**.上述两类磁介质统称为弱磁性物质.还有一类磁介质,$\mu_r\gg1$,而且 μ_r 还随外磁场的大小发生变化,$\boldsymbol{B}'$ 的方向与 $\boldsymbol{B}_0$ 的方向相同,且 $B\gg B_0$,这种磁介质称为**铁磁质**.下面我们讨论顺磁质的磁化微观机制,对抗磁质的微观解释比较复杂,有兴趣的读者可参看相关书籍.

表7-1 几种磁介质在常温下的相对磁导率

抗磁质	相对磁导率	顺磁质	相对磁导率	铁磁质	相对磁导率
铋	$1-1.70\times10^{-5}$	锰	$1+12.4\times10^{-5}$	铸铁	200～400
铜	$1-0.108\times10^{-5}$	铬	$1+4.5\times10^{-5}$	铸钢	500～2200
汞	$1-2.90\times10^{-5}$	铝	$1+0.82\times10^{-5}$	硅钢	7×10^3(最大值)
氢	$1-2.47\times10^{-5}$	铂	$1+3.0\times10^{-4}$	坡莫合金	1×10^5(最大值)

根据物质的电结构理论,分子中任何一个电子都同时参与两种运动,即环绕原子核的轨道运动和电子本身的自旋.这两种运动都产生磁效应.把分子看作一个整体,分子中各个电子对外界所产生的磁效应的总和可用一个等效圆电流表示,这个等效的圆电流称为分子电流.分子电流具有一定的磁矩.对顺磁质来说,在没有外磁场时,每个分子的磁矩并不为零,

但由于分子处于无规则的热运动之中，分子磁矩取每一个方向的概率是一样的，因而宏观上对外不显磁性. 当存在外磁场时，这些分子磁矩在外磁场作用下都有转向磁场方向的趋势，但由于热运动，分子磁矩只在一定程度上指向外磁场方向，外磁场越强，分子磁矩的规则排列就越整齐，从而在宏观上对外显示出磁性. 例如，长直螺线管中某种均匀磁介质，在没有外磁场作用时，各分子环流的取向杂乱无章，它们的磁矩相互抵消，宏观上不显示磁性，如图 7-27(a)所示；当线圈通有电流时，电流的磁场对分子磁矩发生取向作用，各分子环流的磁矩在一定程度上沿外磁场的方向排列起来，从宏观上来看，在磁介质表面相当于有一层电流流过，如图 7-27(b)所示. 这种因磁化而出现的宏观电流叫做磁化电流(也称束缚电流)，磁介质磁化后产生的附加磁场，就是磁化电流产生的磁场. 根据叠加原理，磁介质中合磁场的磁感应强度为原磁场的磁感应强度和附加磁场的磁感应强度的矢量和.

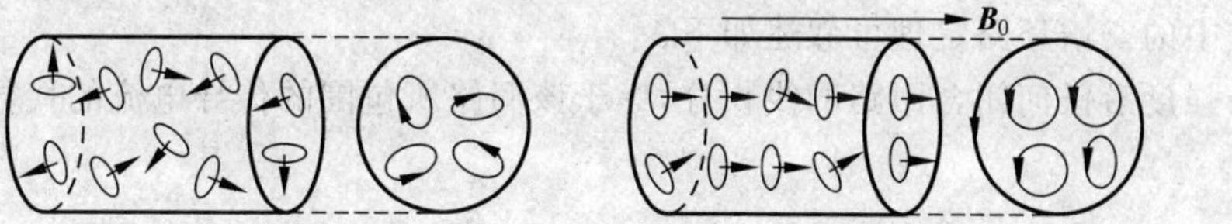

(a) 无外磁场时　　(b) 有外磁场时

图 7-27　磁化的微观机制与宏观效果

检测点 16：如检 7-16 图所示为置于一根磁棒 S 极附近的两个抗磁性小球. (1)作用于小球的分子磁矩是指向还是指离磁棒？(2)对小球 1 的磁力是大于、小于，还是等于小球 2 的磁力？

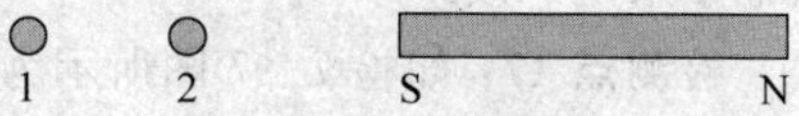

检 7-16 图

7.5.2　磁介质中的安培环路定理

在磁介质中，总的磁感应强度 $\boldsymbol{B}$ 为传导电流 I 产生的 $\boldsymbol{B}_0$ 和磁化电流 I' 产生的 $\boldsymbol{B}'$ 叠加的结果. 因此，在磁介质中，安培环路定理式(7-12)应写成

$$\oint_L \boldsymbol{B} \cdot \mathrm{d}\boldsymbol{l} = \mu_0 \left(\sum_{i=1}^{N} I_i + \sum_{i=1}^{N} I'_i \right) \tag{7-29a}$$

我们以无限长载流直螺线管中充满均匀的各向同性顺磁质为特例来讨论. 设线圈中的传导电流为 I，磁介质的相对磁导率为 μ_r，单位长度线圈的匝数为 n，圆柱形磁介质表面上单位长度的磁化电流为 nI'. 安培回路仍取图 7-13 中矩形回路，令 $\overline{ab}$ 为 1 单位长度，则式(7-29a)可写为

$$\oint_L \boldsymbol{B} \cdot \mathrm{d}\boldsymbol{l} = \mu_0 n (I + I') \tag{7-29b}$$

对长直螺线管，由式(7-14)得

$$B_0 = \mu_0 nI, \quad B' = \mu_0 nI' \tag{7-30}$$

由式(7-27)和式(7-28)有

$$\boldsymbol{B}_0 + \boldsymbol{B}' = \mu_r \boldsymbol{B}_0 \tag{7-31}$$

将式(7-30)代入式(7-31)得

$$\mu_0 nI + \mu_0 nI' = \mu_r \mu_0 nI \tag{7-32}$$

将式(7-32)代入式(7-29b)有

$$\oint_L \boldsymbol{B} \cdot \mathrm{d}\boldsymbol{l} = \mu_0 \mu_r nI$$

令 $\mu_0\mu_r=\mu$，并称 μ 为**磁导率**，上式即为

$$\oint_L \boldsymbol{B}\cdot \mathrm{d}\boldsymbol{l}=\mu nI \tag{7-33}$$

令

$$\boldsymbol{H}=\frac{\boldsymbol{B}}{\mu} \tag{7-34}$$

$\boldsymbol{H}$ 叫做**磁场强度**，它是描述磁场的一个辅助量，在国际单位制中，磁场强度的单位为 A/m. 式(7-33)也可写成

$$\oint_L \boldsymbol{H}\cdot \mathrm{d}\boldsymbol{l}=nI \tag{7-35}$$

式(7-35)虽然是从无限长载流直螺线管得出的，但可以证明在一般情况下它也是正确的. 故磁介质中的安培环路定理可叙述如下：

磁场强度沿任何闭合回路的线积分，等于该回路所包围的传导电流的代数和，其数学表达式为

$$\oint_L \boldsymbol{H}\cdot \mathrm{d}\boldsymbol{l}=\sum_{i=1}^{N} I_i \tag{7-36}$$

计算有磁介质存在的磁场时，一般是根据传导电流的分布，利用式(7-36)求出 $\boldsymbol{H}$ 的分布，然后再利用式(7-34)求出 $\boldsymbol{B}$ 的分布，从而避开了直接利用(7-29)求 $\boldsymbol{B}$ 需先求出磁化电流而带来的麻烦.

检测点 17：如检 7-17 图所示为置于一根磁棒 S 极附近的两个顺磁性小球. (1)作用于小球的分子磁矩是指向还是指离磁棒？(2)对小球 1 的磁力是大于、小于，还是等于小球 2 的磁力？

检 7-17 图

7.5.3 铁磁质

铁磁质是以铁为代表的一类磁性很强的物质，它们具有许多特殊的性质. 在纯化学元素中，除铁之外，还有过渡族中的其他元素（如钴、镍）和某些稀土族元素（如钆、镝、钬）具有铁磁性，然而常用的铁磁质多是它们的合金和氧化物. 铁磁质常用于电机、电器设备、电子器件等.

铁磁质内存在着无数自发磁化的小区域，叫做磁畴，它的大小为 $10^{-12}\sim10^{-8}\,\mathrm{m}^3$，在每个磁畴中，所有原子的磁矩全都向着同一个方向排列整齐. 在未磁化的铁磁质中，由于热运动，各磁畴的磁化方向不同，因而在宏观上对外界并不显示出磁性，如图 7-28(a)所示. 当铁磁质受到外磁场作用并逐渐增大时，其磁矩方向和外加磁场方向相近的磁畴逐渐扩大，而方向相反的磁畴逐渐缩小. 最后当外加磁场大到一定程度后，所有磁畴的磁矩方向都指向同一个方向，这时铁磁质就达到了磁饱和状态，如图 7-28(b)～(d)所示. 如果在磁化饱和后撤除外磁场，铁磁质将重新分裂为许多磁畴，但由于掺杂和内应力等的作用，磁畴并不能恢复到原来的退磁状态，因而表现出磁滞现象. 当铁磁质的温度超过某一临界温度时，分子热运动加剧到了使磁畴瓦解的程度，从而使材料的铁磁性消失而变为顺磁性，这个温度称为居里温度或居里点.

铁磁质的主要特性：

(1) 它具有很大的磁导率 μ. 在外磁场作用下，能产生很大的与外磁场同向的附加磁感

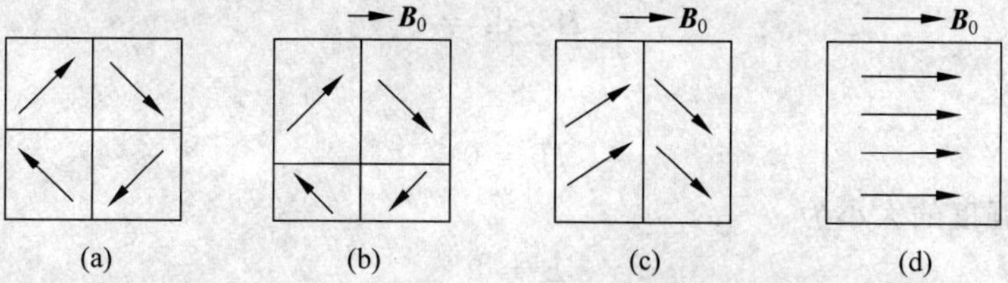

图 7-28　铁磁质的磁化示意图

应强度，并且磁导率 μ 不是常数，而是随着铁磁质中的磁场强度的不同而变化.

(2) 存在磁滞现象. 铁磁质的磁化过程落后于外加磁场的变化，当外加磁场停止作用后，铁磁质仍保留部分磁性，称为剩磁现象.

(3) 任何铁磁质都有一个临界温度，称为居里温度或居里点. 当温度超过居里点时，铁磁质的铁磁性立即消失而变为普通的顺磁质.

例 7-9　如图 7-29 所示. 有两个半径分别为 R_1 和 R_2 的无限长同轴圆柱面，两圆柱面间充以相对磁导率为 μ_r 的磁介质. 当两圆柱面通过相反方向的电流时，试求：(1)磁介质中任意点 P 的磁感应强度的大小；(2)大圆柱体外面任一点 Q 的磁感应强度.

解　(1) 两个无限长的同轴圆柱面所产生的磁场是对称分布的. 如图 7-29(a)所示，设磁介质内任一点 P 到轴线的垂直距离为 r，并以 r 为半径作一圆周. 根据磁介质中的安培环路定理有

$$\oint_L \boldsymbol{H} \cdot \mathrm{d}\boldsymbol{l} = \oint_L H\mathrm{d}l = H\oint_L \mathrm{d}l = H2\pi r = I$$

所以

$$H = \frac{I}{2\pi r}$$

由式(7-34)，可得 P 点的磁感应强度的大小为

$$B = \mu H = \frac{\mu I}{2\pi r}$$

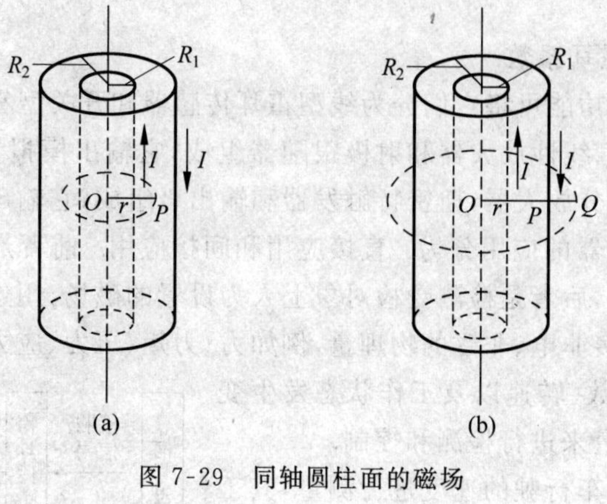

图 7-29　同轴圆柱面的磁场

(2) 如图 7-29(b)所示，设两同轴圆柱面之外任一点 Q 到轴线的垂直距离为 r，并以 r 为半径作一圆周，同理由磁介质中的安培环路定理得

$$\oint_L \boldsymbol{H} \cdot \mathrm{d}\boldsymbol{l} = 0$$

所以

$$H = 0$$

Q 点的磁感应强度的大小为

$$B = 0$$

检测点 18:当闪电通过一条条曲折的路线把电流送到地面,电流产生的强磁场能够突然磁化周围石块中的任何铁磁质,为什么?

*7.6 知识拓展——霍耳传感器测量汽车车速

美国科学家霍耳分别于 1879 年和 1880 年发现霍耳效应和反常霍耳效应. 1980 年,德国科学家冯·克利青发现整数量子霍耳效应,1982 年,美国科学家崔琦和施特默发现分数量子霍耳效应,这两项成果分别于 1985 年和 1998 年获得诺贝尔物理学奖. 在美国物理学家霍耳 1880 年发现反常霍耳效应 133 年后,由中国科学院物理研究所和清华大学物理系的科研人员组成的联合攻关团队,成功实现了"量子反常霍耳效应",这一发现是世界基础研究领域的一项重要科学发现.

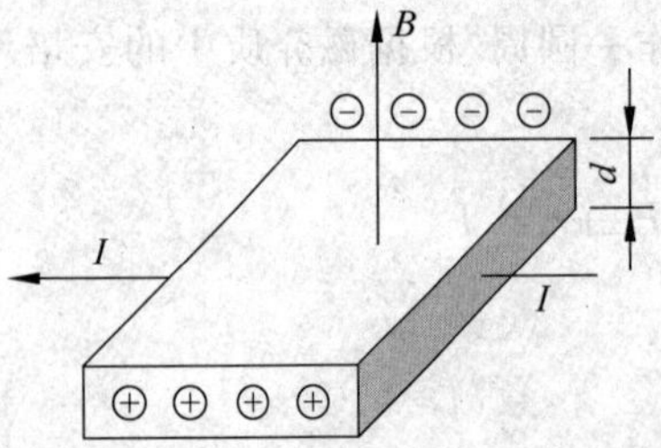

图 7-30 霍耳效应原理图

霍耳传感器是一种基于霍耳效应的磁场传感器,由于半导体的霍耳系数比金属的高得多,故用半导体制成的霍耳传感器对磁场敏感程度高. 霍耳传感器的工作原理如图 7-30 所示. 在一个半导体(本文选择 n 型)薄片相对的两侧面通以控制电流 I,在薄片的垂直方向加磁场 B,则由于洛伦兹力作用在半导体载流片两端产生一个与控制电流 I 和磁场 B 乘积成正比,与薄片的厚度 d 成反比的霍耳电压 $U_{AA'}$,即

$$U_{AA'} = K\frac{IB}{d}$$

式中的比例系数 K 为霍耳系数.

按照霍耳传感器的功能可将它们分为线型霍耳传感器和开关型霍耳传感器两种. 线型霍耳传感器由霍耳元件、线性放大器和射极跟随器组成,它输出模拟量;开关型霍耳传感器由稳压器、霍耳元件、差分放大器,斯密特触发器和输出级组成,它输出数字量. 按被检测对象的性质可将霍耳传感器的应用分为:直接应用和间接应用. 前者是直接检测出受检测对象本身的磁场或磁特性,后者是检测受检对象上人为设置的磁场,用这个磁场来作被检测信息的载体,通过它将许多非电、非磁的物理量,例如力、力矩、压力、应力、位置、位移、速度、加速度、角度、角速度、转数、转速以及工作状态发生变化的时间等,转变成电量来进行检测和控制.

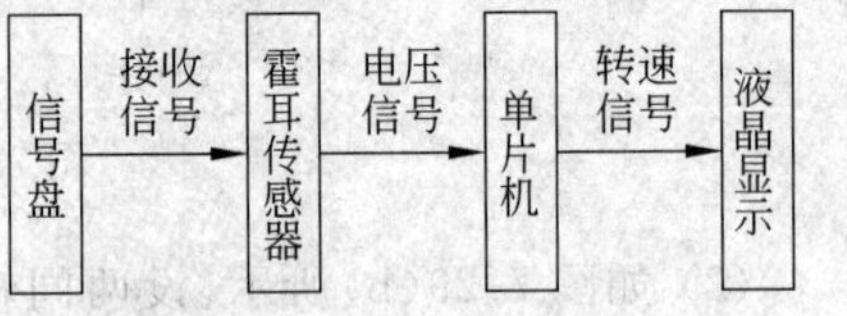

图 7-31 车速测量流程

霍耳传感器可对汽车行驶的速度进行测量,其工作流程如图 7-31 所示. 首先,霍耳传感器接受信号盘的转动,然后,将此信号转化为近似方波脉冲信号,

此脉冲信号经过单片机模块进行转速信号处理，最终将汽车车速信号显示，这样就能实时地反应汽车车速的变化.

霍耳传感器测量信号盘的工作原理如图7-32所示.在非磁性材料的圆盘边上粘一块磁钢，霍耳传感器放在靠近圆盘边缘处，并通以电流I.当霍耳传感器置于磁场时，有霍耳电压产生，当磁场消失时，霍耳电压变为零.圆盘旋转一周，霍耳传感器会把检测到的有无磁场通过的信息转化为脉冲信号，从而便可测出转数.

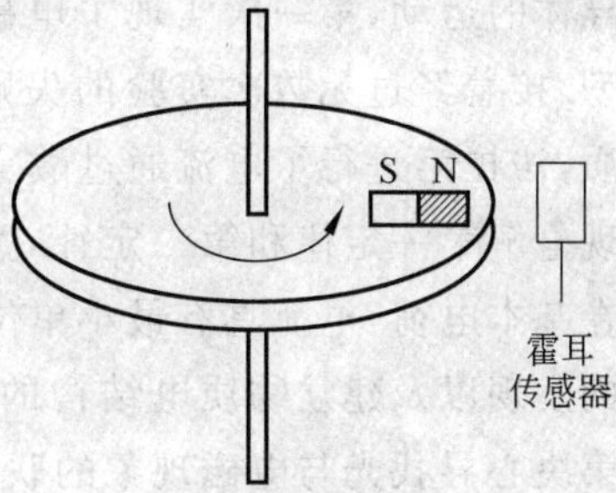

图7-32　霍耳传感器的安装

当单片机处理模块检测到n次脉冲电压用的时间T，就可以算出车轮的角速度

$$\omega = 2\pi(n-1)/T$$

由$v=\omega R$，可以得到时间T内车轮的线速度，其中R为车轮的半径.

霍耳传感器测量汽车车速系统适合于数字控制系统，具有频率响应快、抗干扰能力强等特点.霍耳传感器与机电传感器相比，具有明显的优点.它体积小，结构简单，使用方便.尤其是它无触点，无火花，使用寿命长，不产生干扰声，可广泛地应用在键盘、报警、通信、印刷、汽车点火器、自动控制和自动监测设备中.同时，也适用于大学物理实验中进行周期或频率的测量，使现代测量技术与物理实验相结合.

阅读材料7　法拉第

法拉第(Michael Faraday，1791—1867)是英国物理学家和化学家.在化学、电化学、电磁学等领域都作出过杰出贡献.

1791年9月22日法拉第出生在英国伦敦附近一个贫苦铁匠家庭.因家庭贫困仅上过几年小学，13岁时便在一家书店当学徒.书店的工作使他有机会读到许多科学书籍.在送报、装订等工作之余，自学化学和电学，并动手做简单的实验，验证书上的内容.由于他爱好科学研究，专心致志，受到英国化学家戴维的赏识，1813年3月由戴维举荐到皇家研究所任实验室助手.

法拉第主要从事电学、磁学、磁光学、电化学方面的研究，并在这些领域取得了一系列重大发现.1820年奥斯特发现电流的磁效应之后，法拉第于1821年提出“由磁产生电”的大胆设想，并开始了艰苦的探索. 1821 年 9 月他发现通电的导线能绕磁铁旋转以及磁铁绕载流导体的运动，第一次实现了电磁运动向机械运动的转换，从而建立了电动机的实验室模型. 接着经过无数次实验的失败，终于在 1831 年发现了电磁感应定律. 为了说明电的本质，法拉第进行了电流通过酸、碱、盐溶液的一系列实验，从而导致 1833—1834 年连续发现电解第一定律和第二定律，为现代电化学工业奠定了基础，电解第二定律还指明了存在基本电荷，电荷具有最小单位，成为支持电的离散性质的重要结论，对于导致基本电荷的发现以及建立物质电结构的理论具有重大意义. 在电与磁的统一性被证实之后，法拉第决心寻找光与电磁现象的联系. 1845 年他发现了原来没有旋光性的重玻璃在强磁场作用下产生旋光性，使偏振光的偏振面发生偏转，此即磁致旋光效应，成为人类第一次认识到电磁现象与光现象间的关系. 1846 年他发表了《关于光振动的想法》一文，最早提出了光的电磁本质的思想.

法拉第是电磁场理论的奠基人，他首先提出了磁感线、电场线的概念，在电磁感应、电化学、静电感应的研究中进一步深化和发展了力线思想，并第一次提出场的思想，建立了电场、磁场的概念，否定了超距作用观点. 爱因斯坦曾指出，场的思想是法拉第最富有创造性的思想，是自牛顿以来最重要的发现. 麦克斯韦正是继承和发展了法拉第的场的思想，找到了完美的数学表示形式从而建立了电磁场理论. 人们选择“法拉”作为电容的国际单位制单位，以纪念这位物理学大师.

复习与小结

1. 磁感应强度 $\boldsymbol{B}$ 的大小：$B=\dfrac{F_{\max}}{qv}$，方向为该点小磁针 N 极的指向.

2. 毕奥-萨伐尔定律：$\mathrm{d}\boldsymbol{B}=\dfrac{\mu_0}{4\pi}\dfrac{I\mathrm{d}\boldsymbol{l}\times\boldsymbol{r}}{r^3}$

3. 磁场的高斯定理：$\oiint_S \boldsymbol{B}\cdot\mathrm{d}\boldsymbol{S}=0$

4. 安培环路定理：$\oint_L \boldsymbol{B}\cdot\mathrm{d}\boldsymbol{l}=\mu_0\sum_{i=1}^{N}I_i$

几种典型稳恒电流磁场的磁感应强度：

载流长直导线的磁场：$B=\dfrac{\mu_0 I}{4\pi r_0}(\cos\theta_1-\cos\theta_2)$

圆形电流轴线上的磁场：$B=\dfrac{\mu_0 IR^2}{2(R^2+x^2)^{\frac{3}{2}}}$

圆弧电流圆心处的磁场：$B=\dfrac{\mu_0 I\phi}{4\pi R}$

长直螺线管内的磁场：$B=\mu_0 nI$

环形螺线管内的磁场：$B=\dfrac{\mu_0 NI}{2\pi r}$

5. 洛伦兹力：$\boldsymbol{F}=q\boldsymbol{v}\times\boldsymbol{B}$

6. 霍耳电压：$U_{AA'}=K\dfrac{IB}{d},K=\dfrac{1}{nq}$

7. 安培定律：

电流元所受安培力：$\mathrm{d}\boldsymbol{F}=I\mathrm{d}\boldsymbol{l}\times\boldsymbol{B}$

任意形状载流导线所受安培力：$\boldsymbol{F}=\int_L I\mathrm{d}\boldsymbol{l}\times\boldsymbol{B}$

载流线圈的磁力矩：$\boldsymbol{M}=\boldsymbol{m}\times\boldsymbol{B}$，其中磁矩 $\boldsymbol{m}=NIS\boldsymbol{e}_n$

8. 磁介质：

磁介质的分类：(1)顺磁质，$\mu_r>1$；(2)抗磁质，$\mu_r<1$；(3)铁磁质，$\mu_r\gg1$.

磁介质中的高斯定理：$\oiint_S \boldsymbol{B}\cdot\mathrm{d}\boldsymbol{S}=0$

磁介质中的环路定理：$\oint_L \boldsymbol{H}\cdot\mathrm{d}\boldsymbol{l}=\sum_{i=1}^{N}I_i$

各向同性磁介质：$\boldsymbol{B}=\mu_r\mu_0\boldsymbol{H}=\mu\boldsymbol{H}$

练 习 题

7-1 一电子以速度 $\boldsymbol{v}$ 射入如题 7-1 图所示的均匀磁场中，它所受的洛伦兹力 $\boldsymbol{F}=$________，其大小为________，方向为________，该电子在此力的作用下将作________运动.

7-2 磁场环路定理的表达式为________，它表明磁场是________场，在题 7-2 图(a)中 $\oint\boldsymbol{B}\cdot\mathrm{d}\boldsymbol{l}=$ ________；在题 7-2 图(b) 中 $\oint\boldsymbol{B}\cdot\mathrm{d}\boldsymbol{l}=$ ________.

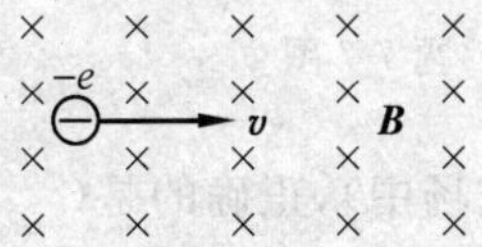

题 7-1 图

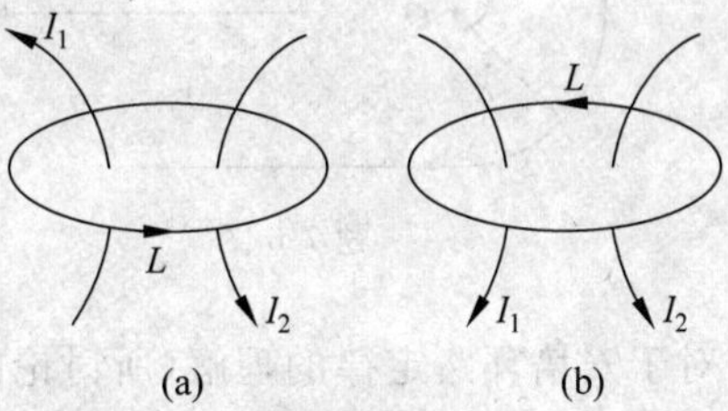

题 7-2 图

7-3 一无限长载流导线弯成题 7-3 图所示的形状，则环心 O 点处的磁感应强度 B 的大小为________，方向________.

7-4 如题 7-4 图所示，三根直载流导线 A、B 和 C 平行地放置于同一平面内，分别载有恒定电流 I、$2I$ 和 $3I$，电流方向相同，导线 A 与 C 的距离为 d，要使导线 B 所受力为零，则导线 B 与 A 之间的距离应为________.

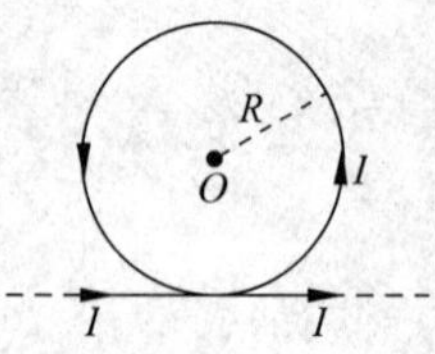

题 7-3 图

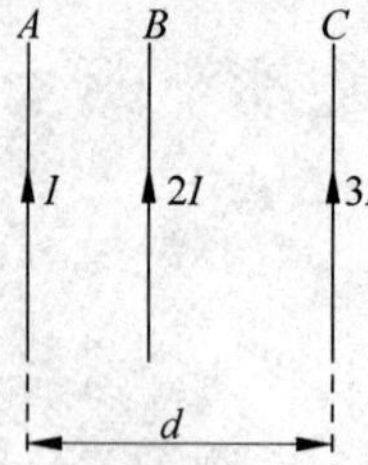

题 7-4 图

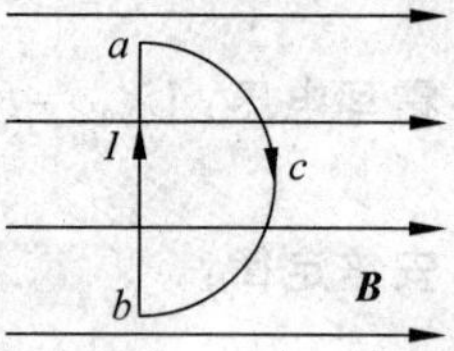

题 7-5 图

7-5　半圆形载流线圈，半径为 R，载有电流 I，磁感应强度为 B，如题 7-5 图所示. 则 ab 边所受的安培力大小为________，方向________；此线圈的磁矩大小为________，方向________.

7-6　一根无限长细导线载有电流 I，折成题 7-6 图所示的形状，圆弧部分的半径为 R，则圆心处磁感应强度 $\boldsymbol{B}$ 的大小为(　　).

A. $\dfrac{\mu_0 I}{4\pi R}+\dfrac{3\mu_0 I}{8R}$　　B. $\dfrac{\mu_0 I}{2\pi R}+\dfrac{3\mu_0 I}{8\pi R}$　　C. $\dfrac{\mu_0 I}{4\pi R}-\dfrac{3\mu_0 I}{8R}$　　D. $\dfrac{\mu_0 I}{4R}+\dfrac{\mu_0 I}{2\pi R}$

7-7　如题 7-7 图所示，圆形回路 L 和圆电流 I 同心共面，则磁场强度沿 L 的环流为(　　).

A. $\oint_L \boldsymbol{H}\cdot \mathrm{d}\boldsymbol{l}=0$，因为 L 上 $\boldsymbol{H}$ 处处为零

B. $\oint_L \boldsymbol{H}\cdot \mathrm{d}\boldsymbol{l}=0$，因为 L 上 $\boldsymbol{H}$ 处处与 $\mathrm{d}\boldsymbol{l}$ 垂直

C. $\oint_L \boldsymbol{H}\cdot \mathrm{d}\boldsymbol{l}=I$，因为 L 包围电流 I

D. $\oint_L \boldsymbol{H}\cdot \mathrm{d}\boldsymbol{l}=-I$，因为 L 包围电流 I 且绕向与 I 相反

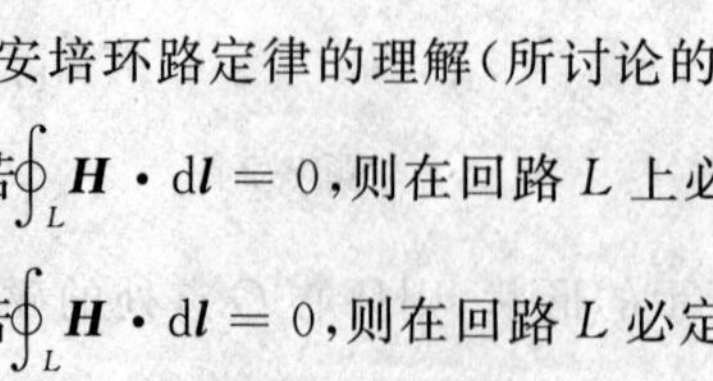

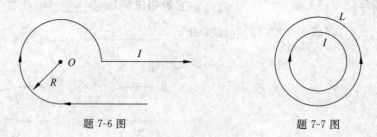

题 7-6 图

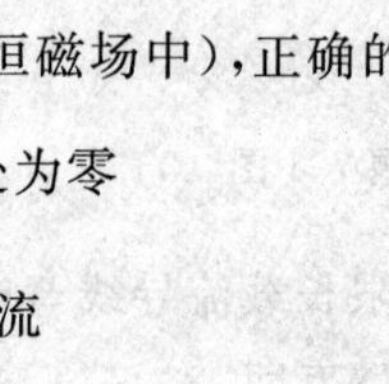

题 7-7 图

7-8　对于安培环路定律的理解（所讨论的空间处在稳恒磁场中），正确的是(　　).

A. 若 $\oint_L \boldsymbol{H}\cdot \mathrm{d}\boldsymbol{l}=0$，则在回路 L 上必定是 $\boldsymbol{H}$ 处处为零

B. 若 $\oint_L \boldsymbol{H}\cdot \mathrm{d}\boldsymbol{l}=0$，则在回路 L 必定是不包围电流

C. 若 $\oint_L \boldsymbol{H}\cdot \mathrm{d}\boldsymbol{l}=0$，则在回路 L 所包围传导电流的代数和为零

D. 回路 L 上各点的 $\boldsymbol{H}$ 仅与回路 L 包围的电流有关

7-9　如题 7-9 图所示，将一均匀分布着电流的无限大载流平面放入均匀磁场中，电流

方向与该磁场垂直. 现已知载流平面两侧的磁感应强度分别为 $\boldsymbol{B}_1$ 和 $\boldsymbol{B}_2$，则该载流平面上的电流密度 j 为(　　).

A. $\dfrac{B_2-B_1}{2\mu_0}$　　B. $\dfrac{B_2-B_1}{\mu_0}$　　C. $\dfrac{B_1+B_2}{2\mu_0}$　　D. $\dfrac{B_1+B_2}{\mu_0}$

7-10　如题 7-10 图所示，通有电流 I 的金属薄片，置于垂直于薄片的均匀磁场 $\boldsymbol{B}$ 中，则金属片上 a 和 b 两端点的电势相比为(　　).

A. $U_a>U_b$　　B. $U_a=U_b$　　C. $U_a<U_b$　　D. 无法确定

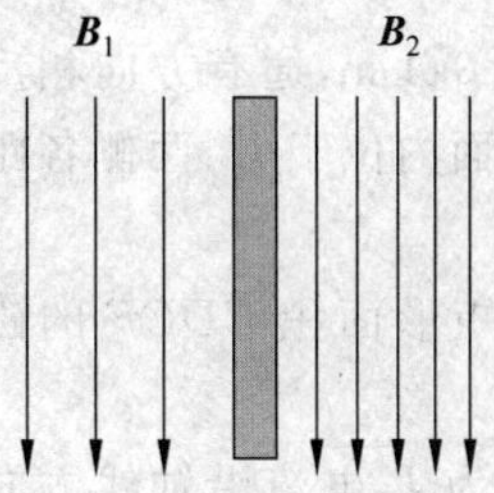

题 7-9 图

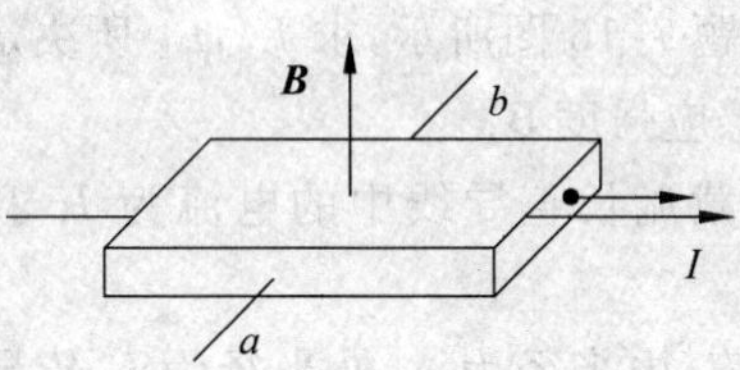

题 7-10 图

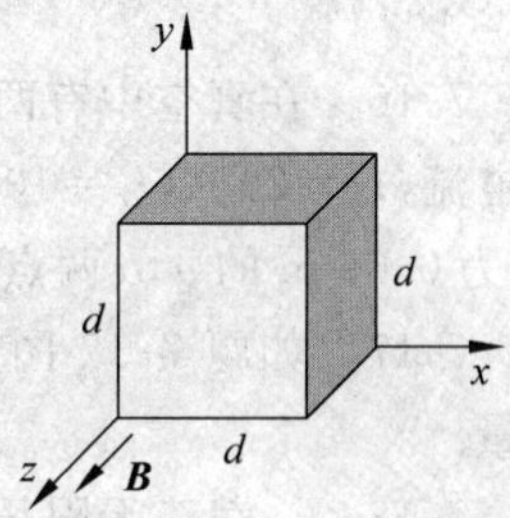

题 7-11 图

7-11　如题 7-11 图所示，一边长 $d=1.5$ cm 的实心金属立方块. 它以大小为 4.0 m/s 沿正 y 方向的恒定速度 $\boldsymbol{v}$ 通过大小为 0.050 T，指向正 z 方向的均匀磁场 $\boldsymbol{B}$.

(1) 由于通过磁场的运动，立方块哪个表面的电势较低？哪个表面的电势较高？

(2) 电势较高与较低的表面之间的电势差是多少？

7-12　一条无限长直导线在一处弯折成半径为 R 的圆弧，如题 7-12 图所示，若已知导线中电流强度为 I，试利用毕奥-萨伐尔定律求：(1)当圆弧为半圆周时，圆心 O 处的磁感应强度；(2)当圆弧为 1/4 圆周时，圆心 O 处的磁感应强度.

7-13　如题 7-13 图所示，有一被折成直角的无限长直导线载有 20 A 电流，P 点在折线的延长线上，设 a 为 5 cm，试求 P 点磁感应强度.

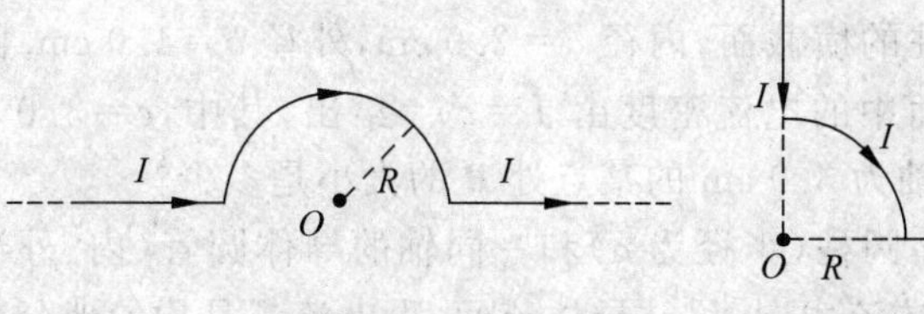

题 7-12 图

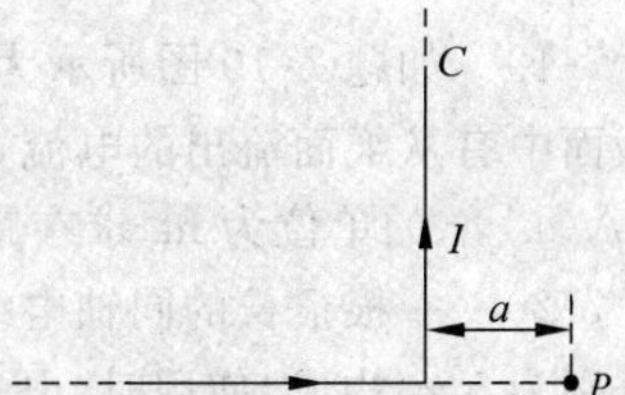

题 7-13 图

7-14　如题 7-14 图所示，用毕奥-萨伐尔定律计算图中 O 点的磁感应强度.

7-15　如题 7-15 图所示，两根长直导线沿半径方向接到粗细均匀的铁环上的 A、B 两点，并与很远处的电源相接. 试求环中心 O 点的磁感应强度.

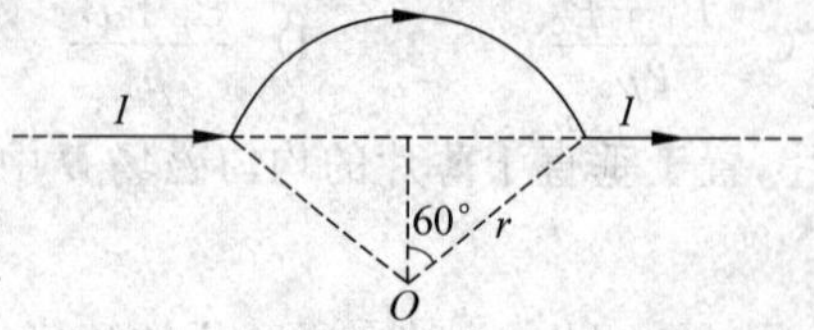

题 7-14 图

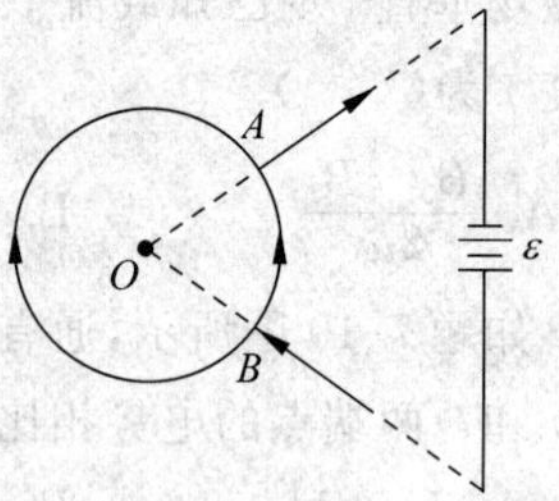

题 7-15 图

7-16 在真空中有两根互相平行的载流长直导线 L_1 和 L_2,相距 0.1 m,通有方向相反的电流,$I_1=20$ A,$I_2=10$ A,如题 7-16 图所示,求 L_1,L_2 所决定的平面内位于 L_2 两侧各距 L_2 为 0.05 m 的 a,b 两点的磁感应强度 $\boldsymbol{B}$.

7-17 如题 7-17 图所示,载流长直导线中的电流为 I. 求通过矩形面积 $CDEF$ 的磁通量.

7-18 一载流无限长直圆筒,内半径为 a,外半径为 b,传导电流为 I,电流沿轴线方向流动并均匀地分布在管的横截面上. 求磁感应强度的分布.

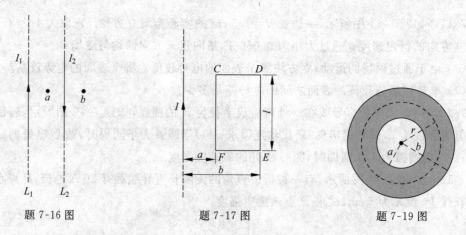

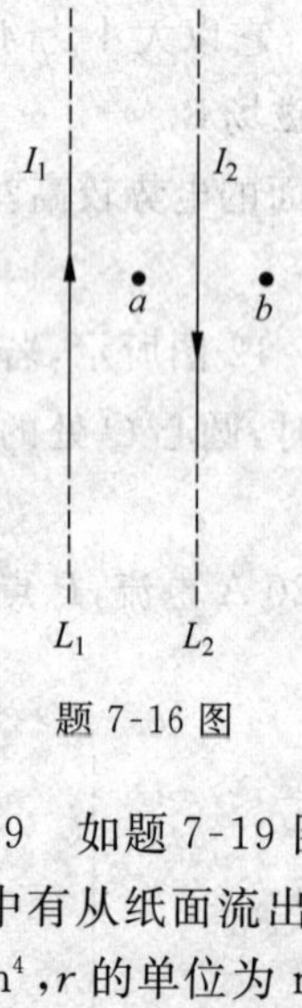

题 7-16 图

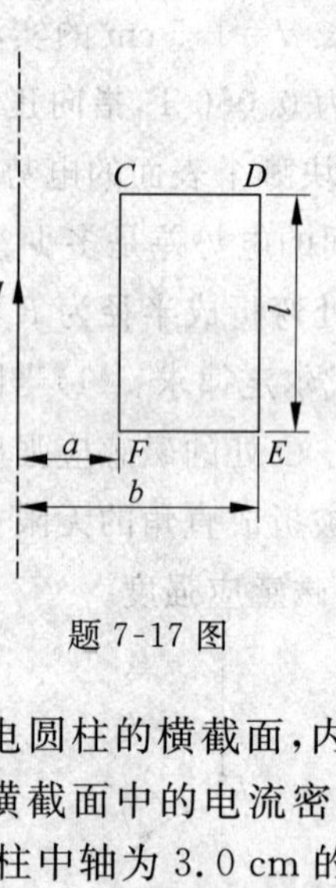

题 7-17 图

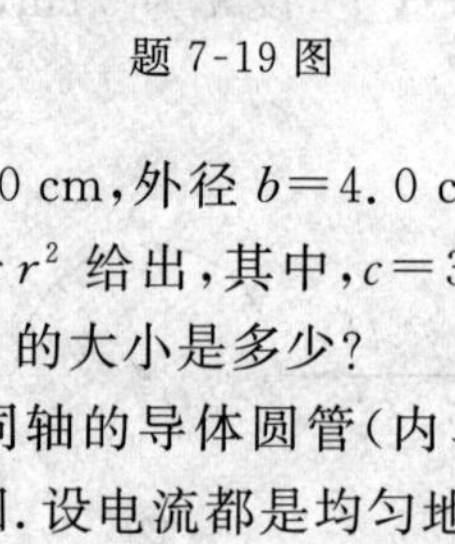

题 7-19 图

7-19 如题 7-19 图所示为长导电圆柱的横截面,内径 $a=2.0$ cm,外径 $b=4.0$ cm. 圆柱截面中有从纸面流出的电流,且在横截面中的电流密度由 $J=cr^2$ 给出,其中,$c=3.0\times 10^6$ A/m^4,r 的单位为 m. 求在距离圆柱中轴为 3.0 cm 的某点处 $\boldsymbol{B}$ 的大小是多少?

7-20 一根很长的同轴电缆,由一导体圆柱(半径为 a)和一同轴的导体圆管(内、外半径分别为 b,c)构成. 使用时,电流 I 从一导体流去,从另一导体流回. 设电流都是均匀地分布在导体的横截面上,求:(1)导体圆柱内($r<a$);(2)两导体之间($a<r<b$);(3)导体圆管内($b<r<c$);(4)电缆外($r>c$)各点处磁感应强度的大小.

7-21 一载有电流 $I=7.0$ A 的硬导线,转折处为半径 $r=0.10$ m 的 1/4 圆周 ab. 均匀外磁场的大小为 $B=1.0$ T,其方向垂直于导线所在的平面,如题 7-21 图所示,求圆弧 ab 部分所受的力.

7-22 用铅丝制作成半径 $R=0.05$ m 的圆环,圆环中载有电流 $I=7$ A,把圆环放在磁场中,磁场的方向与环面垂直. 磁感应强度的大小为 1.0 T. 试问圆环静止时,铅丝内部张力为多少?

7-23　通以电流 I 的导线 $abcd$ 形状如题 7-23 图所示，$\overline{ab}=\overline{cd}=l$，$bc$ 弧是半径为 R 的半圆周，置于磁感应强度为 $\boldsymbol{B}$ 的均匀磁场中，$\boldsymbol{B}$ 的方向垂直纸面向里．求此导线受到安培力的大小和方向．

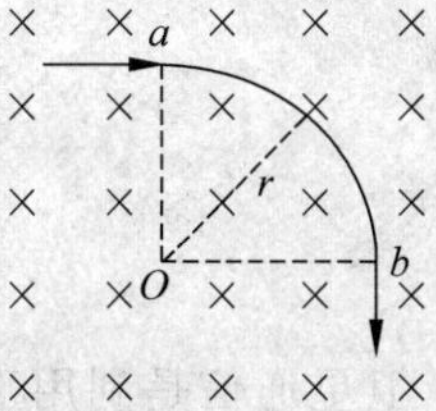

题 7-21 图

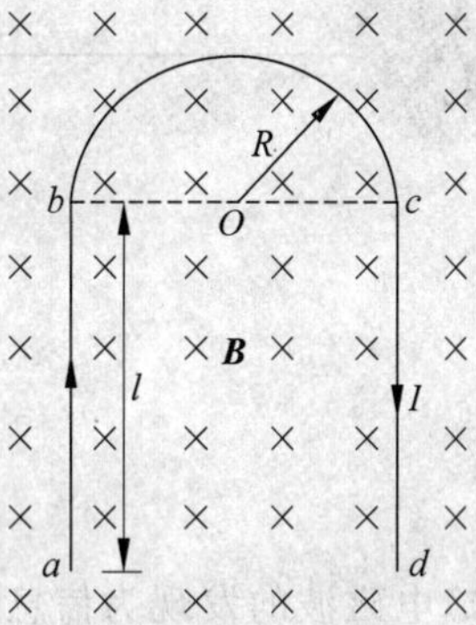

题 7-23 图

7-24　直径 $d=0.02$ m 的圆形线圈，共 10 匝，通以 0.1 A 的电流时，问：(1)它的磁矩是多少？(2)若将该线圈置于 1.5 T 的磁场中，它受到的最大磁力矩是多少？

7-25　一电子的动能为 10 eV，在垂直于匀强磁场的平面内作圆周运动，已知磁感应强度 $B=1.0\times10^{-4}$ T．试求电子的轨道半径和回旋周期．

7-26　正电子的质量和电量都与电子相同，但它带的是正电荷，有一个正电子在 $B=0.10$ T 的均匀磁场中运动，其动能为 $E_k=2.0\times10^3$ eV，它的速度 $\boldsymbol{v}$ 与 $\boldsymbol{B}$ 成 60°角．试求该正电子所作的螺旋线运动的周期 T、半径 R 和螺距 h．

7-27　如题 7-27 图所示，一块长方形半导体样品平放在 xy 面上，其长、宽和厚度依次沿 x 轴，y 轴和 z 轴方向，沿 x 轴方向有电流 I 通过，在 z 轴方向加有均匀磁场．现测得 $a=1.0$ cm，$b=0.35$ cm，$d=0.10$ cm，$I=1.0$ mA，$B=0.30$ T．半导体两侧 AA' 的电势差 $U_{AA'}=6.55$ mV．(1)试问这块半导体是正电荷导电(P 型)还是负电荷导电(N 型)？(2)试求载流子的浓度．

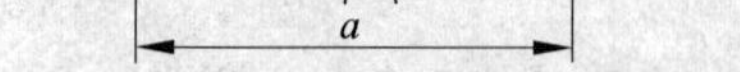

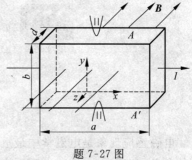

题 7-27 图

7-28　螺绕环中心周长为 10 cm，环上均匀密绕线圈 200 匝，线圈中通有电流 0.1 A．若管内充满相对磁导率 $\mu_r=4200$ 的均匀磁介质，管内的 $\boldsymbol{B}$ 和 $\boldsymbol{H}$ 的大小各是多少？

7-29　一无限长圆柱形直导线外包一层磁导率为 μ 的圆筒形磁介质，导线半径为 R_1，磁介质的外半径为 R_2，导线内有电流 I 通过，且电流沿导线横截面均匀分布．求磁介质内外的磁场强度和磁感应强度的分布．

第8章 电磁感应

19世纪末，电磁波的发现为信息传递插上了飞翔的翅膀．卫星通信是利用卫星作为中继站，转发地球上任意两个或多个地球站之间的通信，卫星通信所使用的射频在电磁波的微波频段，如下图所示．正像人们一直生活在空气中而眼睛却看不见空气一样，除光波外，人们也看不见无处不在的电磁波，您对这位素未谋面的"朋友"了解多少呢？

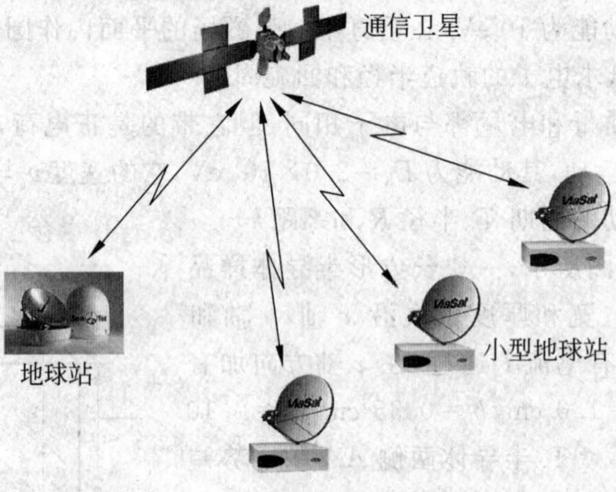

卫星通信

电磁感应现象是电磁学中最重大的发现之一，它的发现在科学上和技术上都具有划时代的意义．在理论上，这一发现更全面地揭示了电和磁的联系，电磁感应定律是麦克斯韦电磁理论的基本组成部分之一；在实践上，它为人类获取巨大而廉价的电能开辟了道路，成为第二次工业革命的开端．

8.1 电磁感应的基本定律

8.1.1 电磁感应现象

1820年奥斯特通过实验发现了电流的磁效应．由此人们自然想到，能否利用磁效应产生电流呢？从1822年起，法拉第就开始对这一问题进行有目的的实验研究，经过多次失败，终于在1831年取得了突破性的进展，发现了电磁感应现象，即利用磁场产生电流的现象．当通过一闭合回路所包围面积的磁通量发生变化时，回路中就会产生电流，这种电流称为感应电流，与之相应的电动势称为感应电动势. 由于磁通量的变化而产生电流的现象称为电磁感应现象，电磁感应现象进一步揭示了电和磁的内在联系，为建立完整的电磁理论奠定了基础.

检测点 1：如检 8-1 图所示，载有电流 i 的长直导线经过(无接触)具有边长为 L、$1.5L$ 及 $2L$ 的三个矩形导线回路. 三个回路被远距离地隔开(以便相互不影响). 回路 1 和 3 相对于长导线是对称的. 当(a)电流恒定或(b)电流增大时，按照在三个回路中所感应的电流的大小，由大到小将其排列.

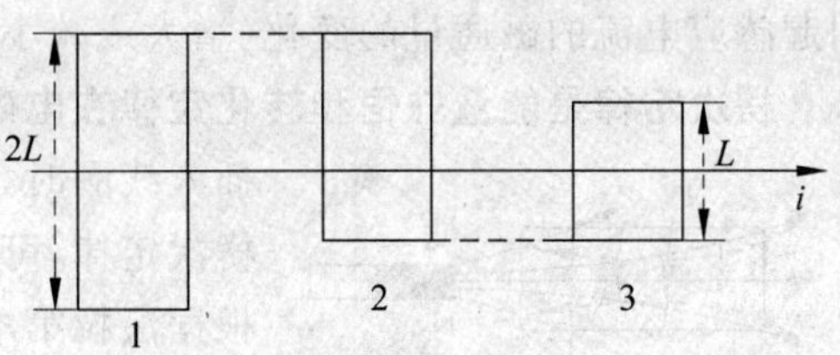

检 8-1 图

8.1.2　法拉第电磁感应定律

法拉第在大量实验的基础上总结出如下规律：不论何种原因使通过回路面积的磁通量发生变化时，回路中的感应电动势与磁通量对时间的变化率成正比，即

$$\mathscr{E}=-\frac{\mathrm{d}\Phi_{\mathrm{m}}}{\mathrm{d}t}\tag{8-1}$$

如果回路有 N 匝，而且通过每匝线圈的磁通量都是 Φ_{m}，则总磁通量为 $\Psi_{\mathrm{m}}=N\Phi_{\mathrm{m}}$，$\Psi_{\mathrm{m}}$ 称为通过线圈的**磁链**.

如果回路的电阻为 R，那么回路中感应电流的大小为

$$I=-\frac{1}{R}\frac{\mathrm{d}\Psi_{\mathrm{m}}}{\mathrm{d}t}\tag{8-2}$$

式(8-1)中负号是楞次定律的数学表示，表明了感应电动势的方向. 在判断感应电动势的方向时，应先规定导体回路 L 的绕行正方向. 如图 8-1(a)所示，当回路中磁感应线的方向和所规定的回路的绕行正方向有右手螺旋关系时，磁通量 Φ_{m} 是正值. 这时，如果穿过回路的磁通量增大，$\frac{\mathrm{d}\Phi_{\mathrm{m}}}{\mathrm{d}t}>0$，则 $\mathscr{E}<0$，这表明此时感应电动势的方向和 L 的绕行正方向相反. 如图 8-1(b)所示，如果穿过回路的磁通量减小，即$\frac{\mathrm{d}\Phi_{\mathrm{m}}}{\mathrm{d}t}<0$，则 $\mathscr{E}>0$，这表明此时感应电动势的方向和 L 的绕行正方向相同.

检测点 2：检 8-2 图为穿过一导电回路且垂直回路平面的均匀磁场的大小 $B(t)$ 的曲线. 按照在回路中所感应的电动势的大小，由大到小把该图线的 5 个区域排序.

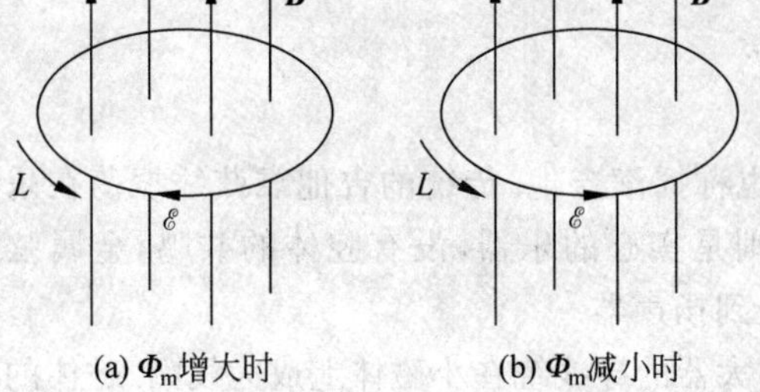

图 8-1　$\mathscr{E}$ 的方向和 Φ_{m} 的变化的关系

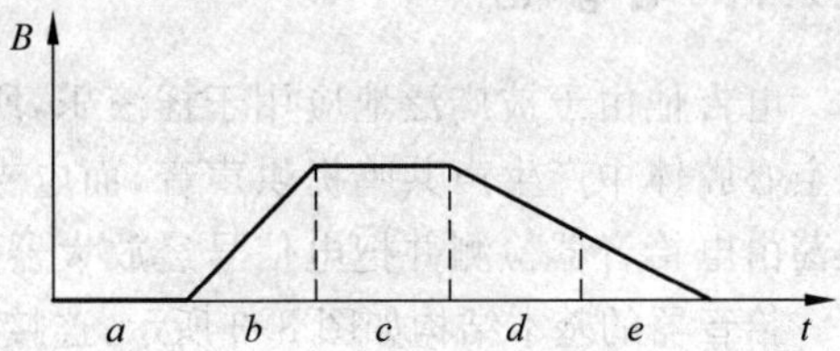

检 8-2 图

8.1.3 楞次定律

在大量实验的基础上,1834 年楞次总结出了另一种直接判断感应电流方向的法则. 楞次定律表述为:闭合回路中产生的感应电流的方向,总是使得感应电流所激发的磁场阻碍引起感应电流的磁通量的变化(增大或减小).

楞次定律是能量守恒和转化定律在电磁感应现象上的具体体现. 如图 8-2 所示,当磁棒插入线圈时,通过每匝线圈所包围面积的磁通量增加,根据楞次定律,可判断出感应电流的方向如图 8-2 所示,其结果与根据法拉第电磁感应定律得出的方向一致. 感应电流之所以取楞次定律所确定的方向是能量守恒和转化定律的必然结果. 我们再来看图 8-2 所示的实验. 由图可见,根据楞次定律得出的电流方向,当磁棒插入线圈时,感应电流所产生的磁场给磁棒以排斥力,而当磁棒拔出时,感应电流所产生的磁场又给磁棒以吸引力,即是始终阻碍磁棒的运动. 从能量角度来说,磁棒的运动,由于闭合回路的存在,而增加其运动的阻力,为克服此阻力而多做的机械功就转化为感应电流在闭合回路放出的焦耳热,符合能量守恒和转化定律. 反之,如果感应电流不是沿上述方向,即不是阻碍磁棒的运动,则只要磁棒有一个微小的推动,磁棒就会向着线圈做加速运动,同时,感应电流也会不断增加,这个增加又促进相对运动,如此不断地反复加强,所以只要在最初的微小移动做出微量的功,就能达到无穷大的机械能和电能,这显然违背能量守恒和转化定律,这表明楞次定律本质上就是能量守恒和转化定律在电磁感应现象上的具体表现.

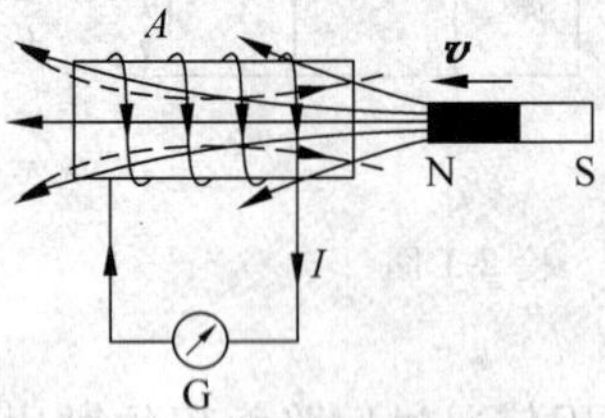

图 8-2 楞次定律符合能量守恒定律

检测点 3:如检 8-3 图所示三种情况,相同的圆形导电回路处在以相同的速率或增大(增)或减小(减)的均匀磁场中. 在每种情况中,虚线都与回路直径重合. 按照在回路中所感应的电流的大小,由大到小将它们排序.

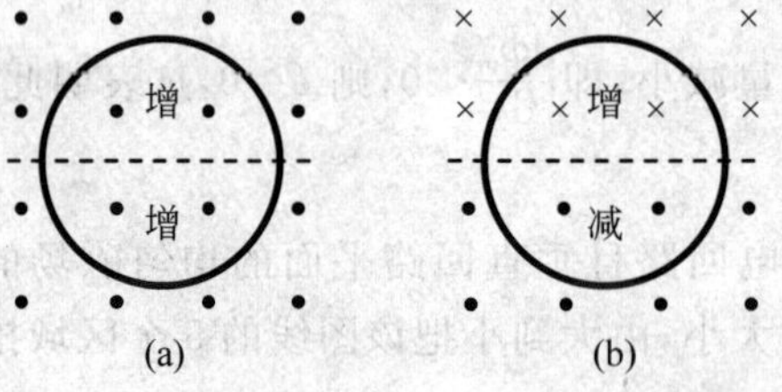

检 8-3 图

8.1.4 电吉他

电吉他由于被广泛地应用于摇滚乐,所以也称摇滚吉他. 传统的吉他靠弦线振荡在乐器的空心腔体中产生声共鸣提供声音,而电吉他则是实心的乐器,没有腔体的共鸣,金属弦的振荡由电拾音器检测并把电信号经放大器传送到扬声器.

拾音器的基本结构如图 8-3 所示,连接到放大器的导线绕在小磁体上成为线圈. 磁体的磁场使磁体正上方的一段金属弦磁化,产生 N 极和 S 极,这段弦就具有了它自已的磁场. 当弦被弹拨而产生振荡时,它相对线圈的运动使它的磁场穿过线圈的磁通量发生变化,于是在线圈中感应出微弱的电流.当弦朝向和背离线圈振荡时,感应电流以与弦振荡相同的频率改变方向,因而把振荡的频率经放大器传送到扬声器,这样,我们就听到电吉他弹奏的声音了.磁体越大、缠绕的线圈越多,拾音器的输出功率就越大,电吉他控制声音的方法比传统的吉他多得多.

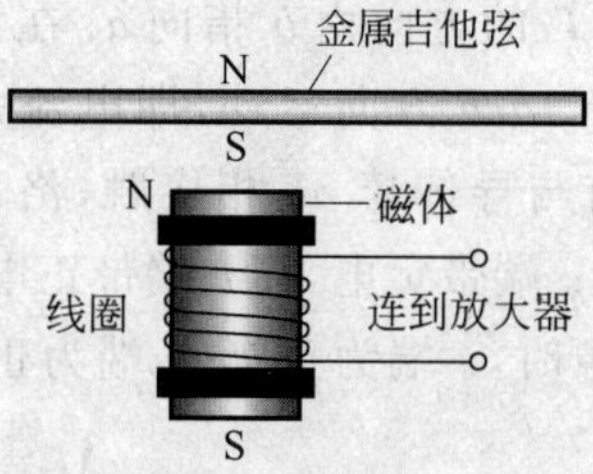

图 8-3　电吉他拾音器

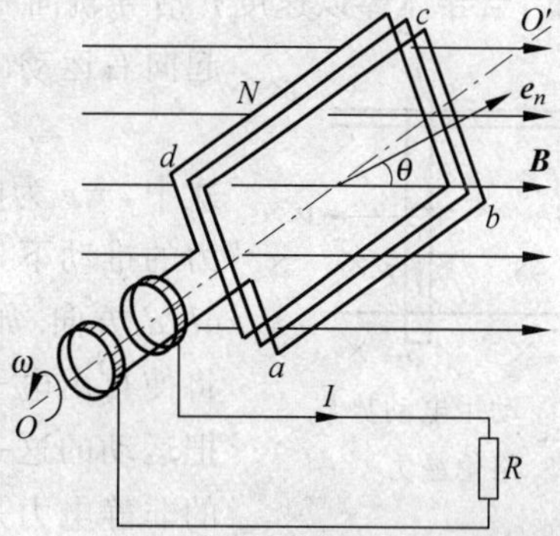

图 8-4　交流发电机的基本原理

例 8-1　如图 8-4 所示,试证明在均匀磁场 $\boldsymbol{B}$ 中,面积为 S,匝数为 N 的任意形状的平面线圈,在以角速度 ω 绕垂直于 $\boldsymbol{B}$ 的轴线均匀转动时,线圈中的感应电流按正弦规律变化:

$$I=\frac{NBS\omega}{R}\sin(\omega t+\alpha)$$

式中 α 是在计时起点($t=0$)线圈平面法线 $\boldsymbol{e}_n$ 与 $\boldsymbol{B}$ 之间的夹角,R 为线圈的总电阻.

解　任一时刻 t,通过线圈每匝回路面积的磁通量为

$$\Phi_m=\iint_S \boldsymbol{B}\cdot d\boldsymbol{S}=BS\cos(\omega t+\alpha)$$

通过线圈的磁链为

$$\Psi_m=N\Phi_m=NBS\cos(\omega t+\alpha)$$

式中 N,B,S,ω 均为常数,由式(8-1)可得

$$\mathscr{E}=-\frac{d\Psi_m}{dt}=NBS\omega\sin(\omega t+\alpha)$$

因此,感应电流为

$$I=\frac{\mathscr{E}}{R}=\frac{NBS\omega}{R}\sin(\omega t+\alpha)$$

在均匀磁场中匀速转动的线圈内的感应电流是时间的正弦函数,这种电流叫做正弦交变电流,简称交电流.应当指出,这里分析的理论是交流发电机的基本原理.

8.2　动生电动势　感生电动势

从法拉第电磁感应定律我们知道,通过以闭合回路为边界的任意曲面的磁通量发生变化时,在闭合回路中就会有感应电动势产生.为了对电磁感应现象有进一步的了解,按照磁通量变化原因的不同,分为两种情况:一种是导体或导体回路在恒定的磁场中运动,这时所产生的感应电动势称为动生电动势;另一种导体回路不动,磁场发生变化,这时所产生的感应电动势称为感生电动势.下面分别讨论这两种电动势.

8.2.1 动生电动势

如图 8-5 所示，一矩形导体回路 $abcd$，可动的边是一根长为 l 的导体棒 ab，均匀磁场垂直平面向里，当导体棒以速度 $\boldsymbol{v}$ 沿导轨向右滑动时，导体棒内的自由电子也以速度 $\boldsymbol{v}$ 随它一起向右运动. 按照洛伦兹力公式，自由电子受到的洛伦兹力为

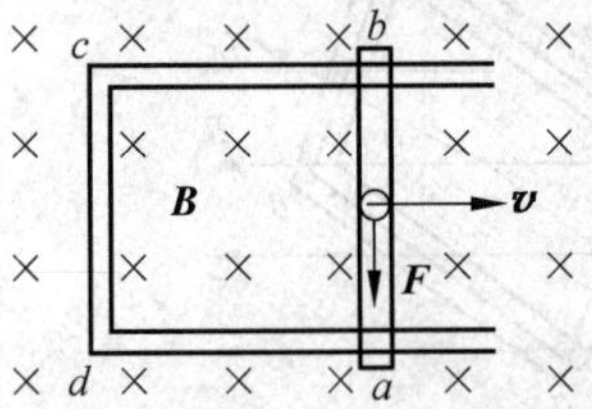

图 8-5 动生电动势与洛伦兹力

$$\boldsymbol{F}=-e(\boldsymbol{v}\times\boldsymbol{B})$$

式中，$-e$ 为电子所带的电量，$\boldsymbol{F}$ 的方向由 b 指向 a. 在洛伦兹力的推动下，自由电子将沿着 $adcb$ 方向运动，即电流是沿着 $abcd$ 方向. 如果导体回路没有与导体棒 ab 相接触，洛伦兹力将使自由电子向 a 端聚集，使 a 端带负电，而 b 端带正电；如果把运动的这一段导体看成电源时，a 端为负极，b 端为正极，它的非静电力是洛伦兹力.

电动势定义为单位正电荷从负极通过电源内部移到正极的过程中，非静电力所做的功. 在这里，非静电力 $\boldsymbol{K}$ 就是作用在单位正电荷上的洛伦兹力，即

$$\boldsymbol{K}=\frac{\boldsymbol{F}}{-e}=\boldsymbol{v}\times\boldsymbol{B}$$

于是，动生电动势为

$$\mathscr{E}=\int_{-}^{+}\boldsymbol{K}\cdot\mathrm{d}\boldsymbol{l}=\int_{a}^{b}(\boldsymbol{v}\times\boldsymbol{B})\cdot\mathrm{d}\boldsymbol{l} \tag{8-3}$$

在图 8-5 所示的情况下，若 $\boldsymbol{v}\perp\boldsymbol{B}$，则有 $\mathscr{E}=Blv$；若导体顺着磁场方向运动，即 $\boldsymbol{v}/\!/\boldsymbol{B}$，则有 $\mathscr{E}=0$，没有动生电动势产生. 因此，可以形象地说“当导体切割磁感应线时产生动生电动势”.

对于普遍情况，在任意的稳恒磁场中，一个任意形状的导体线圈 L，线圈可以是闭合的，也可以是不闭合的，当线圈运动或发生形变时，线圈上任意一小段 $\mathrm{d}\boldsymbol{l}$ 都可能有一速度 $\boldsymbol{v}$，一般地不同 $\mathrm{d}\boldsymbol{l}$ 的速度 $\boldsymbol{v}$ 不同，这时在整个线圈中产生的动生电动势为

$$\mathscr{E}=\int_{L}(\boldsymbol{v}\times\boldsymbol{B})\cdot\mathrm{d}\boldsymbol{l}$$

我们知道洛伦兹力与电荷的运动方向垂直，永远不做功，而这里又说动生电动势是由洛伦兹力做功引起的，两者是否矛盾？其实并不矛盾，我们这里的讨论只计及洛伦兹力的一个分量. 全面考虑的话，在运动导体中的自由电子不但具有导体本身的速度 $\boldsymbol{v}$，而且还有相对导体的定向运动速度 $\boldsymbol{u}$，如图 8-6 所示，正是由于电子的后一运动构成感应电流. 因此，电子所受的总洛伦兹力为

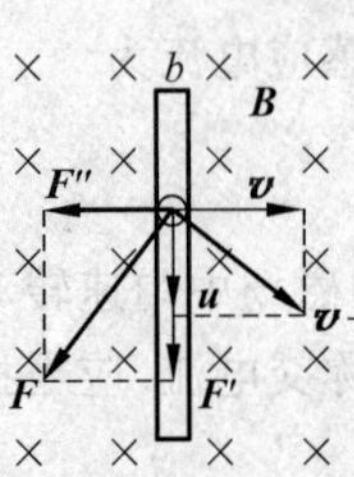

图 8-6 洛伦兹力不做功

$$\boldsymbol{F}=-e(\boldsymbol{v}+\boldsymbol{u})\times\boldsymbol{B}$$

它与合成速度 $(\boldsymbol{v}+\boldsymbol{u})$ 垂直，总洛伦兹力不对电子做功. 然而 $\boldsymbol{F}$ 的一个分量

$$\boldsymbol{F}'=-e(\boldsymbol{v}\times\boldsymbol{B})$$

却对电子做正功，形成动生电动势；而另一个分量

$$\boldsymbol{F}''=-e(\boldsymbol{u}\times\boldsymbol{B})$$

它的方向沿 $-\boldsymbol{v}$，它是阻碍导体运动的，从而做负功. 可以证明，两个分量所做功的代数和等于零. 因此，洛伦兹力的作用并不是提供能量，而是传递能量，即外力克服洛伦兹力的一个分

量 $\boldsymbol{F}''$所做的功通过另一个分量 $\boldsymbol{F}'$转化为感应电流的能量.

例 8-2　如图 8-7 所示，长度为 L 的一根铜棒在均匀磁场 $\boldsymbol{B}$ 中绕其一端 O 以角速度 ω 作匀角速转动，且转动平面与磁场方向垂直，求铜棒两端的电势差.

解　由于铜棒在均匀磁场中匀角速转动，所以棒上各处的线速度 $\boldsymbol{v}$ 不同，但角速度 ω 相同. 在距 O 点为 l 处取一线元 $\mathrm{d}\boldsymbol{l}$，其大小为 $v=\omega l$，利用式(8-3)，铜棒上所产生的动生电动势为

$$\mathscr{E}=\int_0^A(\boldsymbol{v}\times\boldsymbol{B})\cdot\mathrm{d}\boldsymbol{l}=\int_0^L vB\sin\frac{\pi}{2}\cos 0^\circ\mathrm{d}l=\frac{1}{2}B\omega L^2$$

上式中 $\mathscr{E}>0$，表示电动势 $\mathscr{E}$ 的方向由 O 指向 A，O 点的电势低，A 点的电势高，铜棒两端的电势差 U_{OA} 为

$$U_{OA}=-\mathscr{E}=-\frac{1}{2}B\omega L^2$$

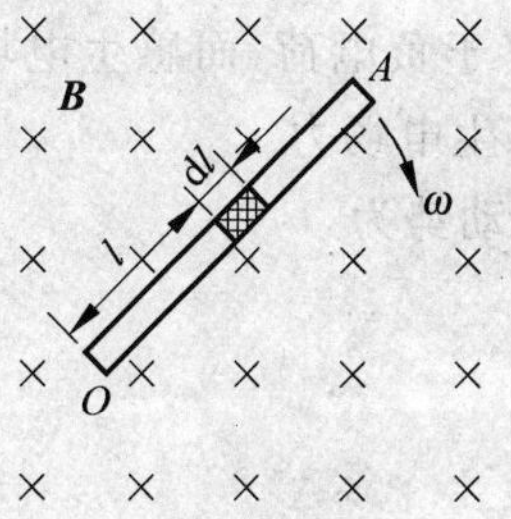

图 8-7　铜棒在均匀磁场中转动

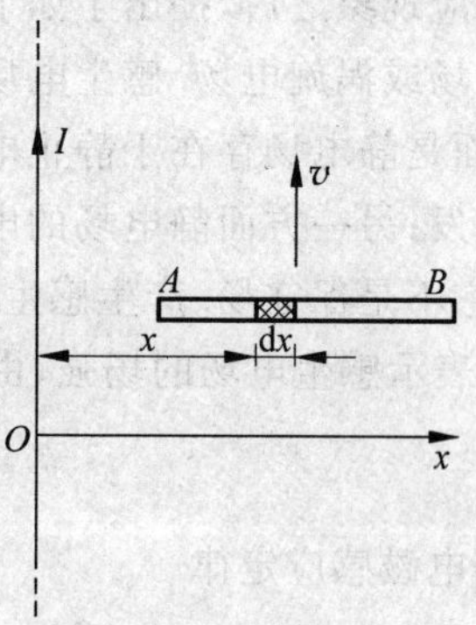

图 8-8　金属棒在非均匀磁场中运动

例 8-3　无限长直导线中通有电流 $I=10$ A，另一长为 $l=0.2$ m 的金属棒 AB 以 $v=2.0$ m/s 的速率平行于长直导线作匀速运动. 两者同在纸面内，相互垂直，且棒的 A 端与长直导线距离为 0.1 m，如图 8-8 所示. 求棒中的动生电动势.

解　在金属棒上距长直导线 x 处取线元 $\mathrm{d}x$，该处磁感应强度的大小为

$$B=\frac{\mu_0 I}{2\pi x}$$

磁感应强度的方向垂直纸面向里，且与 $\boldsymbol{v}$ 的方向垂直. 则金属棒中的动生电动势为

$$\mathscr{E}=\int_A^B(\boldsymbol{v}\times\boldsymbol{B})\cdot\mathrm{d}\boldsymbol{l}=\int_A^B vB\sin\frac{\pi}{2}\cos\pi\mathrm{d}x$$

$$=-\int_{0.1}^{0.3}v\frac{\mu_0 I}{2\pi x}\mathrm{d}x=\frac{v\mu_0 I}{2\pi}\ln\frac{0.3}{0.1}=-4.4\times10^{-6}(\mathrm{V})$$

式中的负号表示电动势的方向由 B 指向 A.

检测点 4：如检 8-4 图所示，具有边长为 L 或 $2L$ 的四个导线回路. 四个回路都将以相同的恒定速度穿过磁场 $\boldsymbol{B}$ 的区域($\boldsymbol{B}$ 垂直指向页面外). 按照它们穿过磁场时感应的电动势值的最大值从大到小将其排序.

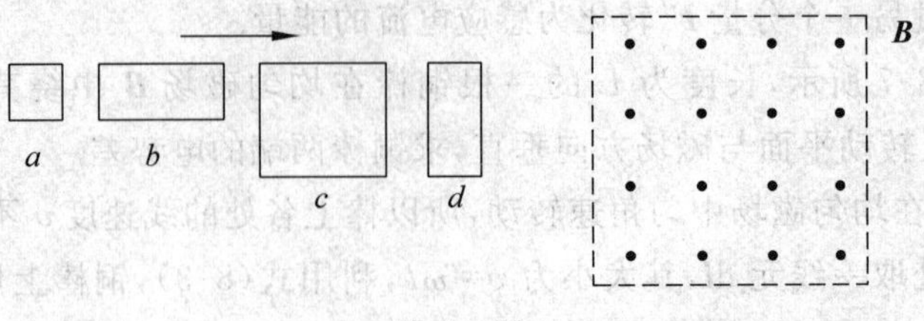

检 8-4 图

8.2.2 感生电动势

产生动生电动势的非静电力是洛伦兹力.在磁场发生变化而产生感生电动势的情况下,导体回路不动,其非静电力不可能是洛伦兹力.实验表明,感生电动势完全与导体的种类和性质无关,这说明感生电动势是由变化的磁场本身引起的.英国物理学家麦克斯韦在分析了一些电磁感应现象之后,提出了如下假设:变化的磁场在其周围会激发一种电场,这种电场叫做感生电场或涡旋电场.感生电场与静电场的共同点就是对电荷有作用力;与静电场不同之处,一方面是静电场存在于静止电荷周围的空间,感生电场则是由变化的磁场所激发,不是由电荷激发;另一方面静电场的电场线是始于正电荷,终于负电荷,而感生电场的电场线是闭合的,它不是保守场.产生感生电动势的非静电力是感生电场力.

以 $\boldsymbol{E}_{感}$ 表示感生电场的场强,由电动势的定义,**感生电动势**为

$$\mathscr{E}=\oint_L \boldsymbol{E}_{感}\cdot \mathrm{d}\boldsymbol{l} \tag{8-4}$$

按照法拉第电磁感应定律

$$\mathscr{E}=\oint_L \boldsymbol{E}_{感}\cdot \mathrm{d}\boldsymbol{l}=-\frac{\mathrm{d}\Phi_{\mathrm{m}}}{\mathrm{d}t}=-\frac{\mathrm{d}}{\mathrm{d}t}\iint_S \boldsymbol{B}\cdot \mathrm{d}\boldsymbol{S}$$

式中面积分的区间 S 是以环路 L 为周界的曲面.当环路不变动时,可以将对时间的微商和对曲面的积分两个顺序颠倒,则有

$$\oint_L \boldsymbol{E}_{感}\cdot \mathrm{d}\boldsymbol{l}=-\iint_S \frac{\partial \boldsymbol{B}}{\partial t}\cdot \mathrm{d}\boldsymbol{S} \tag{8-5}$$

一般情形下,空间总电场 $\boldsymbol{E}$ 是静电场 $\boldsymbol{E}_{静}$ 和感生电场 $\boldsymbol{E}_{感}$ 的叠加,即

$$\boldsymbol{E}=\boldsymbol{E}_{静}+\boldsymbol{E}_{感}$$

而 $\oint_L \boldsymbol{E}_{静}\cdot \mathrm{d}\boldsymbol{l}=0$,所以式(8-5)变为

$$\oint_L \boldsymbol{E}\cdot \mathrm{d}\boldsymbol{l}=-\iint_S \frac{\partial \boldsymbol{B}}{\partial t}\cdot \mathrm{d}\boldsymbol{S} \tag{8-6}$$

式(8-6)是电磁学的基本方程之一.

图 8-9 例 8-4 用图

例 8-4 半径为 R 的圆柱形空间分布着均匀磁场,其横截面如图 8-9 所示.当磁感应强度 $\boldsymbol{B}$ 随时间以恒定速率 $\partial B/\partial t$ 变化时,试求感生电场的分布.

解 感生电场的电场线是处在垂直于轴线的平面内,它们是以轴为圆心的一系列同心圆.作以 O 为圆心,r 为半径的圆形闭合回路,回路上各点感生电场的场强大小相等,方向与回路相切.选取回

路的正方向是顺时针，由式(8-6)有

$$\oint_L \boldsymbol{E}\cdot \mathrm{d}\boldsymbol{l} = E2\pi r = -\iint_S \frac{\partial \boldsymbol{B}}{\partial t}\cdot \mathrm{d}\boldsymbol{s} = -\frac{\partial B}{\partial t}\iint_S \mathrm{d}S$$

当 $r<R$ 时

$$E2\pi r = -\frac{\partial B}{\partial t}\pi r^2$$

所以

$$E = -\frac{1}{2}r\frac{\partial B}{\partial t}$$

式中的负号表示感生电场所产生的磁场是反抗磁场的变化. 当$\partial B/\partial t>0$ 时，$E<0$，电场线方向是逆时针的；当$\partial B/\partial t<0$ 时，$E>0$，电场线方向是顺时针的.

当 $r>R$ 时，回路面积上只有 πR^2 面积中有磁通量变化，于是有

$$E2\pi r = -\frac{\partial B}{\partial t}\pi R^2$$

所以

$$E = -\frac{R^2}{2r}\frac{\partial B}{\partial t}$$

式中的负号意义同前.

检测点 5：变化率如检 8-5 图所示，四个均匀磁场的大小 B 对时间 t 的变化率，四个磁场根据它们在区域边缘处感应的感生电场量值从大到小排序.

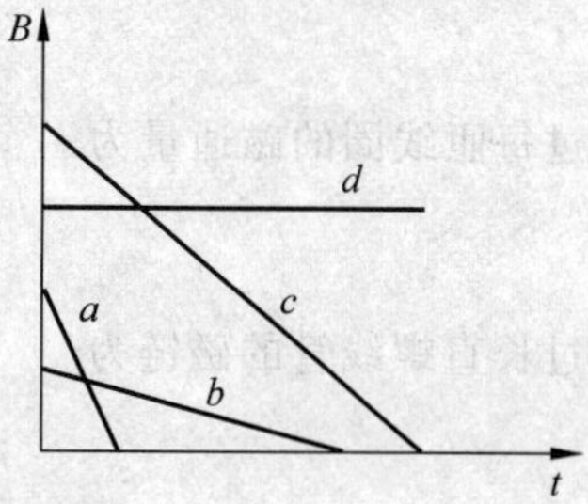

检 8-5 图

8.3 自感　互感　磁场的能量

8.3.1 自感现象

当导体回路中的电流发生变化时，该电流所激发的通过自身回路所围面积的磁通量也会发生变化，按照法拉第电磁感应定律，在该回路中会产生感应电动势. 这种由于回路中电流发生变化，从而在自身回路中引起感应电动势的现象称为自感现象，所产生的感应电动势称为自感电动势.

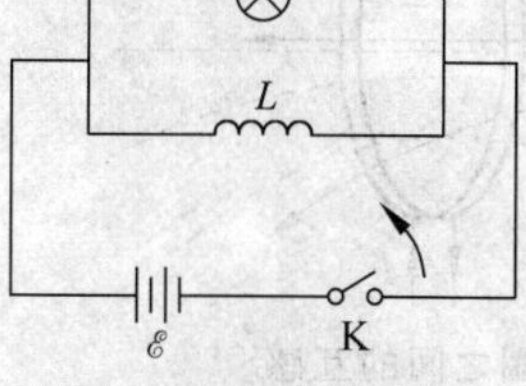

图 8-10　自感现象演示

自感现象可通过图 8-10 所示实验来演示. 当迅速地把开关 K 断开时，可以看到灯泡先是猛然一亮，然后再逐渐熄灭. 这是因为当切断电源时，线圈中产生感应电动势，虽然电源已切断，但线圈 L 和灯泡 A 组成了闭合回路，感应电动势在这个回路中引起感应电流.

设通过导体回路的电流为 I，根据毕奥-萨伐尔定律，该电流在空间任一点激发的磁感应强度与电流 I 成正比，因此，穿过回路本身所围面积的磁链 Ψ_m 也与 I 成正比，即

$$\Psi_m = LI \tag{8-7}$$

式中比例系数 L 称为回路的自感系数，简称自感，它取决于回路的几何形状、大小、线圈匝数以及周围磁介质的磁导率. 在国际单位制中，自感的单位为 H. 常用的单位还有 mH 和

μH，1 H$=10^3$ mH$=10^6$ μH.

根据法拉第电磁感应定律，自感电动势为

$$\mathscr{E}_L=-\frac{\mathrm{d}\Psi_{\mathrm{m}}}{\mathrm{d}t}=-\left(L\frac{\mathrm{d}I}{\mathrm{d}t}+I\frac{\mathrm{d}L}{\mathrm{d}t}\right)$$

如果回路的几何形状、大小、线圈匝数以及周围磁介质的磁导率都不变，则 L 为一恒量，$\mathrm{d}L/\mathrm{d}t=0$，于是

$$\mathscr{E}_L=-L\frac{\mathrm{d}I}{\mathrm{d}t} \tag{8-8}$$

式中负号表示自感电动势将反抗回路中电流的改变. 也就是说，电流增加时，自感电动势与原来电流的方向相反；电流减小时，自感电动势与原来电流的方向相同.

例 8-5 有一长直螺线管，长为 l，横截面积为 S，线圈的总匝数为 N，管中磁介质的磁导率为 μ，试求自感系数.

解 载流长直螺线管内磁场 $\boldsymbol{B}$ 的大小为

$$B=\mu nI=\frac{\mu IN}{l}$$

通过每匝线圈的磁通量为

$$\Phi_{\mathrm{m}}=BS=\frac{\mu INS}{l}$$

通过长直螺线管的磁链为

$$\Psi_{\mathrm{m}}=N\Phi_{\mathrm{m}}=\frac{\mu IN^2S}{l}$$

如果螺线管的体积 $V=Sl$，由自感系数的定义得螺线管的自感系数为

$$L=\frac{\Psi_{\mathrm{m}}}{I}=\frac{\mu N^2S}{l}=\frac{\mu N^2}{l^2}V=\mu n^2V$$

可见，自感系数只与螺线管本身的结构和周围磁介质有关，而与通过螺线管的电流无关.

检测点 6：如检 8-6 图所示为线圈中产生的电动势 ε_L. 试问下列的哪个说法能描述通过线圈的电流：(a)恒定并向右；(b)恒定并向左；(c)增大并向右；(d)减小并向右；(e)增大并向左；(f)减小并向左.

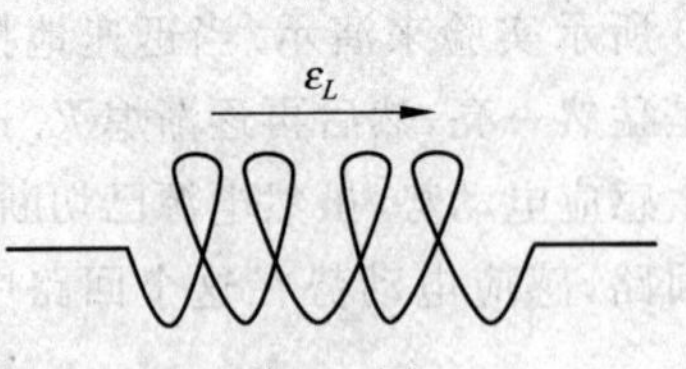

检 8-6 图

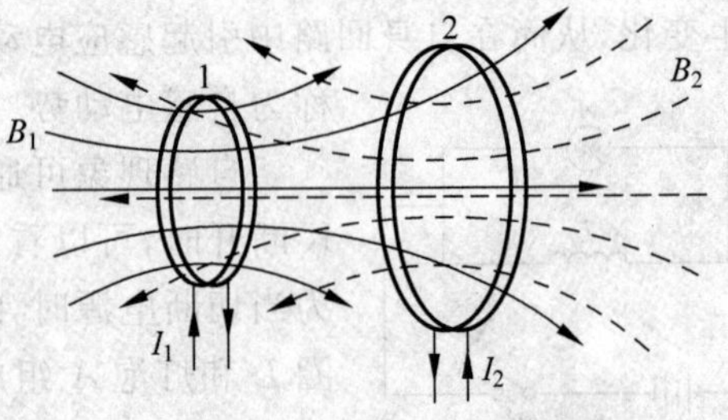

图 8-11 两线圈之间的互感

8.3.2 互感现象

当线圈中的电流发生变化时，不仅使得线圈本身要产生自感电动势，而且使得穿过邻近线圈的磁通量也要发生变化，根据电磁感应定律，邻近线圈中也会有相应的感应电动势产生，这种现象称为互感现象，由此产生的电动势称为互感电动势.

如图 8-11 所示，设两个回路的位置固定，周围介质的磁导率也不改变. 根据毕奥-萨伐尔定律，回路 1 中的电流 I_1 所产生的穿过回路 2 的磁链 Ψ_{21} 与 I_1 成正比，即

$$\Psi_{21} = M_{21} I_1 \tag{8-9}$$

式中的比例系数 M_{21} 称作回路 1 对回路 2 的互感系数，简称互感.

当电流 I_1 变化时，在回路 2 中产生的互感电动势为

$$\mathscr{E}_{21} = -\frac{\mathrm{d}\Psi_{21}}{\mathrm{d}t} = -M_{21}\frac{\mathrm{d}I_1}{\mathrm{d}t}$$

同理，由回路 2 中电流 I_2 所产生的穿过回路 1 的磁通链数记为 Ψ_{12}. 当电流 I_2 变化时，在回路 1 中产生的互感电动势计为 $\mathscr{E}_{12}$，则 Ψ_{12} 和 $\mathscr{E}_{12}$ 分别为

$$\Psi_{12} = M_{12} I_2$$

$$\mathscr{E}_{12} = -\frac{\mathrm{d}\Psi_{12}}{\mathrm{d}t} = -M_{12}\frac{\mathrm{d}I_2}{\mathrm{d}t}$$

上式中的比例系数 M_{12} 为回路 2 对回路 1 的互感系数. 理论和实验都证明 $M_{12} = M_{21}$，一般用 M 表示，今后讨论问题时，将不再区分哪一个线圈对哪一个线圈的互感系数. 互感系数 M 只与回路的形状、相对位置以及周围磁介质的磁导率有关，它的单位是 H，与自感系数的单位相同.

例 8-6　如图 8-12 所示，一长直螺线管长为 l，横截面积为 S，共有 N_1 匝，另有一线圈有 N_2 匝，绕在其中心部分. 螺线管内磁介质的相对磁导率为 μ_r，求这两线圈的互感系数.

解　设长直螺线管 N_1 有电流 I_1 通过，则它所产生的磁感应强度

$$B_1 = \mu n I_1 = \frac{\mu_0 \mu_r I_1 N_1}{l}$$

通过线圈 N_2 的磁链为

$$\Psi_{21} = N_2 B_1 S = \frac{\mu_0 \mu_r N_1 N_2}{l} I_1 S$$

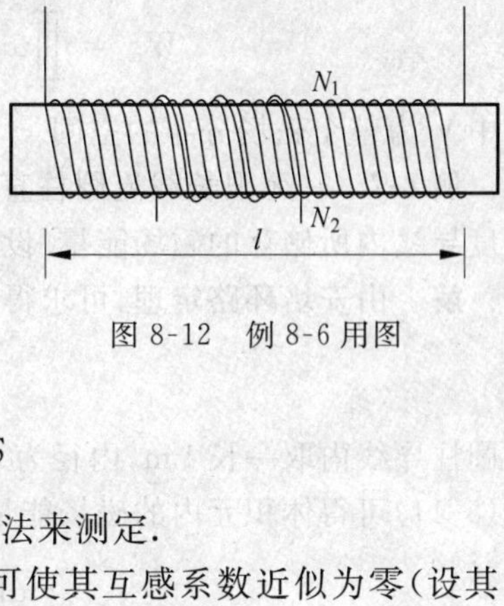

图 8-12　例 8-6 用图

根据互感定义，两线圈的互感系数 M 为

$$M = \frac{\Psi_{21}}{I_1} = \frac{\mu_0 \mu_r N_1 N_2}{l} S$$

一般互感系数的计算比较复杂，实际中常常采用实验的方法来测定.

检测点 7：两个相距不太远的平面圆线圈，怎样放置可使其互感系数近似为零(设其中一线圈的轴线恰通过另一线圈的圆心)？

8.3.3　磁场的能量

在图 8-10 所示实验中，当开关 K 断开后，灯泡先是猛然一亮，然后再逐渐熄灭. 在这个过程中，电源已不再向灯泡供给能量，那么这个能量从哪里来的呢？由于使灯泡闪亮的电流是线圈中的自感电动势产生的电流，而这个电流随着线圈中磁场的消失而逐渐消失，所以可以认为使灯泡闪亮的能量是原来储存在通有电流的线圈中，确切地说是储存在线圈内的磁场中，这种能量叫做磁场能量. 自感为 L 的线圈中通有电流 I 时所储存的磁场能量应该等于这电流消失时自感电动势所做的功，此功可计算如下. 以 $i\mathrm{d}t$ 表示在短路后某一时间 $\mathrm{d}t$ 内通过灯泡的电量，则在这段时间内自感电动势所做的功为

$$\mathrm{d}W = \mathscr{E}_L i\,\mathrm{d}t = -L\frac{\mathrm{d}i}{\mathrm{d}t} i\,\mathrm{d}t = -Li\,\mathrm{d}i$$

电流由起始值 I 减小到零时,自感电动势所做的总功为

$$W=\int_I^0 -Li\,\mathrm{d}i=\frac{1}{2}LI^2$$

因此,自感为 L 的线圈通有电流 I 时所具有的磁场能量为

$$W_{\mathrm{m}}=\frac{1}{2}LI^2 \tag{8-10}$$

这就是自感磁能公式.

我们知道,磁场的性质是用磁感应强度来描述的,既然如此,那么磁场能量也可用磁感应强度来表示.为简单起见,我们以长直螺线管为例进行讨论.长直螺线管的自感系数 $L=\mu n^2V$,螺线管中通有电流 I 时,管内磁场的磁感应强度 $B=\mu nI$,因此,管内磁场能量为

$$W_{\mathrm{m}}=\frac{1}{2}LI^2=\frac{1}{2}\mu n^2V\left(\frac{B}{\mu n}\right)^2=\frac{1}{2}\frac{B^2}{\mu}V$$

因为管内磁场是均匀分布的,因此,螺线管内磁场能量密度为

$$w_{\mathrm{m}}=\frac{W_{\mathrm{m}}}{V}=\frac{1}{2}\frac{B^2}{\mu}$$

对于各向同性的介质,由于 $B=\mu H$,上式又可以写成

$$w_{\mathrm{m}}=\frac{1}{2}\frac{B^2}{\mu}=\frac{1}{2}\mu H^2=\frac{1}{2}BH \tag{8-11}$$

上式虽然是从一个特例中推出来的,但可以证明它是普遍成立的.任意磁场所储存的总能量为

$$W_{\mathrm{m}}=\iiint_V w_{\mathrm{m}}\,\mathrm{d}V=\iiint_V \frac{1}{2}\frac{B^2}{\mu}\mathrm{d}V=\iiint_V \frac{1}{2}BH\,\mathrm{d}V \tag{8-12}$$

式中 V 为整个磁场分布的空间.

例 8-7 一无限长载流圆柱直导线,截面各处电流均匀分布,总电流强度为 I.求每单位长度导线内所储存的磁场能量.设导线内 $\mu_r=1$.

解 由安培环路定理,可求得圆柱导线内距轴线为 r 处的磁感应强度为

$$B=\frac{\mu_0}{2\pi}\frac{rI}{R^2}$$

在圆柱导线内取一长 1 m,内径为 r,外径为 $r+\mathrm{d}r$ 的空心筒状体积元,体积为 $\mathrm{d}V=2\pi r\mathrm{d}r$,由式(8-11)可得体积元内的磁场能量为

$$\mathrm{d}W_{\mathrm{m}}=w_{\mathrm{m}}\mathrm{d}V=\frac{\mu_0 I^2}{4\pi R^4}r^3\,\mathrm{d}r$$

所以,单位长度导线内所储存磁场能量为

$$W_{\mathrm{m}}=\frac{\mu_0 I^2}{4\pi R^4}\int_0^R r^3\,\mathrm{d}r=\frac{\mu_0 I^2}{16\pi}$$

检测点 8:下表列出了三个螺线管每单位长度的匝数、电流及横截面积.按照螺线管内部的磁能密度从大到小将其排序.

螺线管	单位长度的匝数	电流	横截面积
a	$2n$	i	$2A$
b	n	$2i$	A
c	n	i	$6A$

8.4 麦克斯韦方程组

8.4.1 位移电流　全电流安培环路定律

在稳恒条件下，磁场中的安培环路定理

$$\oint_L \boldsymbol{H} \cdot \mathrm{d}\boldsymbol{l} = I$$

其中 I 是穿过以闭合回路 L 为边界的任意曲面 S 的传导电流. 在非稳恒的条件下，这个定律是否仍可适用呢？

如图 8-13 所示，在电容器充电或放电过程中，导线中的电流随时间改变，显然是一个非稳恒过程. 若在极板 A 的附近取一个闭合回路 L，以 L 为边界作两个曲面 S_1 和 S_2，其中 S_1 与导线相交，而 S_2 穿过极板之间. 以曲面 S_1 作为衡量有无电流穿过 L 所包围面积的依据，由于它与导线相交，所以由安培环路定理有

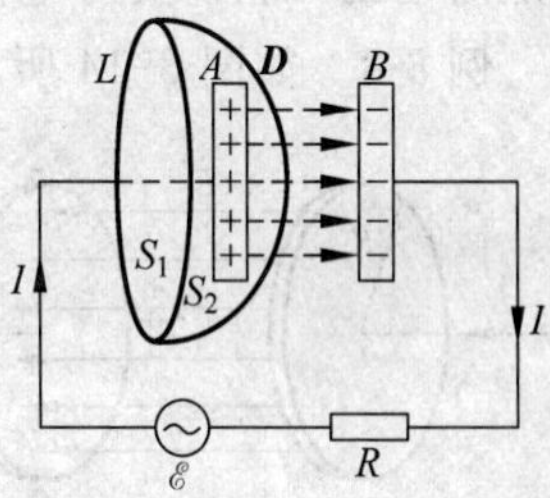

图 8-13　位移电流

$$\oint_L \boldsymbol{H} \cdot \mathrm{d}\boldsymbol{l} = I$$

若以曲面 S_2 为依据，则没有电流穿过 S_2，由安培环路定理有

$$\oint_L \boldsymbol{H} \cdot \mathrm{d}\boldsymbol{l} = 0$$

以上两式是相互矛盾的，在非稳恒的条件下，安培环路定理不再适用，必须以新的规律来代替它.

设平行板电容器极板的面积为 S，某一时刻极板 A 上电荷面密度为 σ，电量 $q=\sigma S$，传导电流强度 I 等于电容器极板上电量的变化率，即

$$I = \frac{\mathrm{d}q}{\mathrm{d}t}$$

由于平行板电容器中 $D=\sigma$，所以穿过极板的电位移通量

$$\Phi_D = \iint_S \boldsymbol{D} \cdot \mathrm{d}\boldsymbol{S} = \sigma S = q$$

于是

$$I = \frac{\mathrm{d}q}{\mathrm{d}t} = \frac{\mathrm{d}\Phi_D}{\mathrm{d}t} = S\frac{\mathrm{d}D}{\mathrm{d}t}$$

在方向上，当充电时，电场增加，$\mathrm{d}\boldsymbol{D}/\mathrm{d}t$ 的方向与场的方向一致，也与导体中的传导电流方向一致；当放电时，电场减小，$\mathrm{d}\boldsymbol{D}/\mathrm{d}t$ 的方向与场的方向相反，仍与导体中的传导电流方向一致. 因此，可以设想，如果以 $\mathrm{d}\Phi_D/\mathrm{d}t$ 表示某种电流，那么它就可以代替在两极板间中断了的传导电流，从而保持了电流的连续性，这样，由于传导电流的不连续性所引起的矛盾就得到解决.

于是，麦克斯韦提出**位移电流假设**，并定义为：通过电场中某一曲面的位移电流强度 I_{d} 等于通过该曲面的电位移通量 Φ_D 对时间的变化率，即

$$I_{\mathrm{d}} = \frac{\mathrm{d}\Phi_D}{\mathrm{d}t} \tag{8-13}$$

在一般情况下，电路中可同时存在传导电流 I_0 和位移电流 I_d，它们之和为

$$I = I_0 + I_d$$

I 叫做全电流. 于是，安培环路定律可修正为

$$\oint_L \boldsymbol{H} \cdot \mathrm{d}\boldsymbol{l} = \sum_{i=1}^{N} I_i + \frac{\mathrm{d}\Phi_D}{\mathrm{d}t} \tag{8-14}$$

这就是**全电流安培环路定律**.

麦克斯韦关于位移电流假设的实质是变化的电场可以激发磁场. 应该注意，位移电流和传导电流仅在激发磁场方面是等效的. 位移电流实质上是变化的电场，而传导电流则是电荷的定向运动，而且，传导电流通过导体时会产生焦耳热，位移电流则不会产生焦耳热.

例 8-8 如图 8-14 所示，半径为 $R=10$ cm 的两块圆板构成的平行板电容器，以匀速充电使电容器两极板间电场的变化率为 $\mathrm{d}E/\mathrm{d}t=2\times10^{13}$ V/(m·s). 求：(1)两极板间的位移电流；(2)两极板间距轴线距离为 $r=5$ cm 处的磁感应强度.

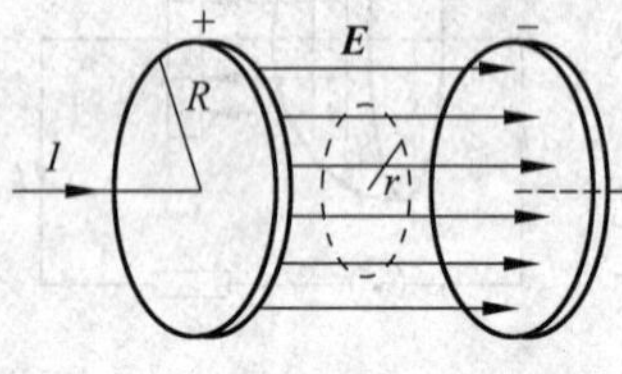

图 8-14 例 8-8 用图

解 (1) 由式(8-13)得两极板间的位移电流为

$$I_d = \frac{\mathrm{d}\Phi_D}{\mathrm{d}t} = S\frac{\mathrm{d}D}{\mathrm{d}t} = \pi R^2 \varepsilon_0 \frac{\mathrm{d}E}{\mathrm{d}t} = 5.56(\mathrm{A})$$

(2) 因为两极板为同轴圆片，所以两极板之间位移电流产生的磁场对于两极板中心连线具有对称性. 以两极板中心连线为轴，在平行于极板的平面内做半径为 r 圆形回路，由全电流安培环路定律式(8-14)有

$$\oint_L \boldsymbol{H} \cdot \mathrm{d}\boldsymbol{l} = \frac{\mathrm{d}\Phi_D}{\mathrm{d}t}$$

而

$$\oint_L \boldsymbol{H} \cdot \mathrm{d}\boldsymbol{l} = H2\pi r, \quad \frac{\mathrm{d}\Phi_D}{\mathrm{d}t} = \pi r^2 \varepsilon_0 \frac{\mathrm{d}E}{\mathrm{d}t}$$

所以

$$H = \frac{\varepsilon_0}{2} r \frac{\mathrm{d}E}{\mathrm{d}t}, \quad B = \frac{\mu_0 \varepsilon_0}{2} r \frac{\mathrm{d}E}{\mathrm{d}t}$$

当 $r=5$ cm 时

$$B = \mu_0 H = \frac{\mu_0 \varepsilon_0}{2} r \frac{\mathrm{d}E}{\mathrm{d}t} = 5.56 \times 10^{-6}(\mathrm{T})$$

检测点 9：检 8-9 图示是从平行板电容器内部看到的它的一个极板. 虚线表示三个积分路径. 根据在电容器充电时 $\oint \boldsymbol{H} \cdot \mathrm{d}\boldsymbol{l}$ 沿着各路径的值的大小，将各路径从大到小排序.

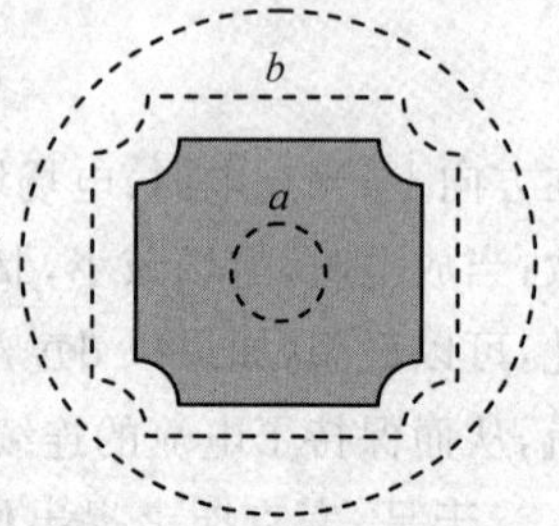

检 8-9 图

8.4.2 麦克斯韦方程组的积分形式

前面我们分别介绍了麦克斯韦关于涡旋电场和位移电流这两个假设. 涡旋电场假设指出了变化的磁场激发涡旋电场，位移电流假设又指出了变化的电场激发变化的磁场，这两个假设揭示了电场和磁场之间的内在联系. 存在变化电场的空间必存在变化磁场，同样，存在变化磁

场的空间也必然存在变化电场，变化电场和变化磁场密切地联系在一起，组成了一个统一的电磁场，这就是麦克斯韦关于电磁场的基本概念.

通过前面研究静电场和稳恒磁场，我们得到了如下规律：

(1) 静电场的高斯定理

$$\oiint_S \boldsymbol{D} \cdot \mathrm{d}\boldsymbol{S} = \sum_{i=1}^{N} q_i$$

(2) 静电场的环路定理

$$\oint_L \boldsymbol{E} \cdot \mathrm{d}\boldsymbol{l} = 0$$

(3) 稳恒磁场的高斯定理

$$\oiint_S \boldsymbol{B} \cdot \mathrm{d}\boldsymbol{S} = 0$$

(4) 稳恒磁场的安培环路定理

$$\oint_L \boldsymbol{H} \cdot \mathrm{d}\boldsymbol{l} = \sum_{i=1}^{N} I_i$$

对于一般电磁场，在麦克斯韦引入涡旋电场和位移电流两个重要概念后，得到电磁场的四个基本方程，即

(1) 电场的高斯定理

$$\oiint_S \boldsymbol{D} \cdot \mathrm{d}\boldsymbol{S} = \sum_{i=1}^{N} q_i$$

(2) 电场的环路定理

$$\oint_L \boldsymbol{E} \cdot \mathrm{d}\boldsymbol{l} = -\iint_S \frac{\partial \boldsymbol{B}}{\partial t} \cdot \mathrm{d}\boldsymbol{S}$$

(3) 磁场的高斯定理

$$\oiint_S \boldsymbol{B} \cdot \mathrm{d}\boldsymbol{S} = 0$$

(4) 磁场的安培环路定律

$$\oint_L \boldsymbol{H} \cdot \mathrm{d}\boldsymbol{l} = \sum_{i=1}^{N} I_i + \frac{\mathrm{d}\Phi_D}{\mathrm{d}t}$$

这一组方程是麦克斯韦于 1864 年提出的，全面反映了电磁场的基本性质，阐明了电场和磁场之间的联系，麦克斯韦方程组的建立是 19 世纪物理学发展史上一个重要的里程碑. 它表明：**变化的电场激发变化的磁场，变化的磁场又激发变化的电场，这样的空间将有变化的电磁场向四周传播，形成电磁波.**

麦克斯韦电磁场理论不仅预言了电磁波的存在，而且认为光是一种电磁波，为光的电磁理论奠定了基础. 1887 年赫兹用实验证实了电磁波的存在.

检测点 10：检 8-10 图给出了一列电磁波在某一时刻的电场. 波沿 z 轴负方向传输能量，在该时刻、该地点波的磁场方向如何？

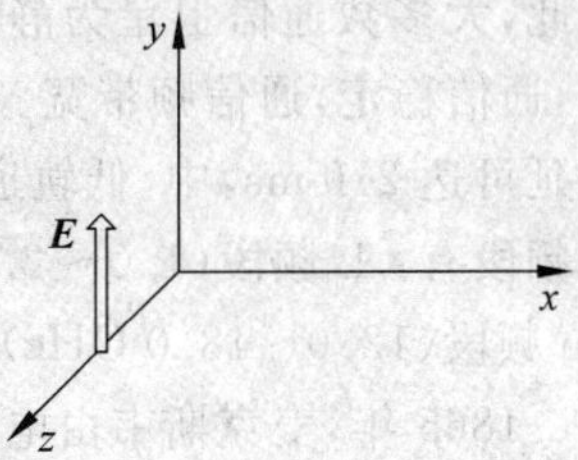

检 8-10 图

*8.5 知识拓展——电磁波

电磁波是电磁场的一种运动形态. 电与磁可说是一体两面，变化的电场会产生变化磁场，变化的磁场则会产生变化电场. 变化的电场和变化的磁场构成了一个不可分离的统一的场，这就是电磁场，而变化的电磁场在空间的传播形成了电磁波，电磁的变化就如同微风轻拂水面产生水波一般，因此被称为电磁波，也常称为电波.

电磁波包括相当广阔的频率范围. 实验证明，无线电波、微波、红外线、可见光、紫外线、X射线和γ射线等都是电磁波，在本质上这些电磁波完全相同，只是频率或波长有很大的差别. 按照电磁波的频率ν及其在真空中的波长λ的顺序，可以把各种电磁波排列起来，通常称为电磁波谱，如图8-15所示. 由于电磁波的频率或波长范围很广，在图中我们用对数刻线标出. 不同频率或波长的电磁波，显示出不同的特征，具有不同的用途. 在图中还给出了与频率和波长相应的能量量子$h\nu$的值，它的单位是eV，其中h是普朗克常数.

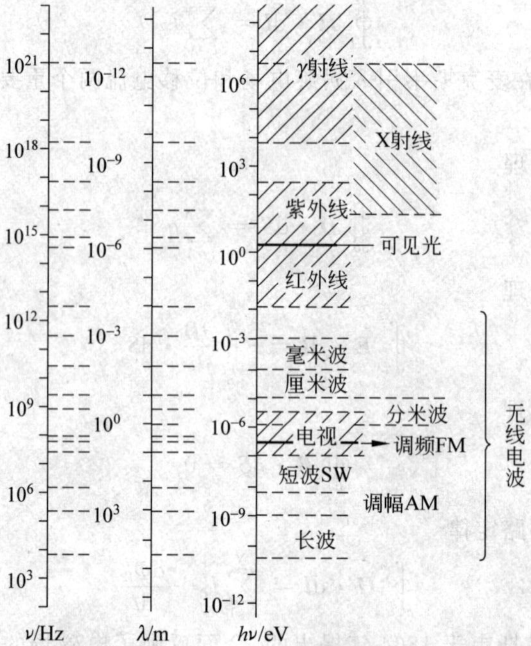

图8-15 电磁波波谱

电磁波为横波，可用于探测、定位、通信等. 通信卫星按其运行轨道离地面高度分为低轨卫星、中轨卫星、高轨卫星和静止轨道卫星4种. 由于静止轨道卫星对地覆盖面积最大，因此，大多数通信卫星为静止轨道通信卫星. 卫星通信具有无缝覆盖，覆盖面广，通信距离长，通信稳定，通信频带宽、容量大等特点. 卫星通信的缺点是时延较大，静止轨道卫星传输时延可达270 ms，中、低轨道卫星的传输时延较小些，小于100 ms. 目前卫星通信常用的工作频段有：L频段(1.0～2.0 GHz)，C频段(4.0～8.0 GHz)，X频段(8.0～12.0 GHz)，Ku频段(12.0～18.0 GHz)，K频段(18.0～27.0 GHz)，Ka频段(27.0～40.0 GHz).

1865年，麦克斯韦由电磁场理论预见了电磁波的存在，二十多年后，德国物理学家赫兹于1888年通过实验证实电磁波的存在. 根据麦克斯韦电磁场理论，只要存在变化的磁场，就会激发涡旋电场;而所激发的涡旋电场如果随时间变化,它又反过来激发变化的有旋磁场. 若在空间某处有一个电磁振源,在这里有交变的电流或电场,它在自己周围激发交变的有旋磁场,后者又在自己周围激发涡旋电场,交变的涡旋电场和有旋磁场互相激发,闭合的电场线和磁场线就会像链条的环节一样一个个地套链下去,在空间传播开来,从而形成电磁波. 已发射出去的电磁波,即使在激发它的波源消失之后,仍将继续存在并向前传播. 电磁场可以脱离电荷和电流而单独存在,并在一般情况下以波的形式运动.

在远离波源的自由空间中传播的电磁波可近似看成平面波,其电矢量 $\boldsymbol{E}$ 和磁矢量 $\boldsymbol{H}$ 在时刻 t 的量值可表示为

$$E = E_0 \cos\omega\left(t - \frac{x}{u}\right), \quad H = H_0 \cos\omega\left(t - \frac{x}{u}\right)$$

式中,u 是电磁波的传播速度,E_0 与 H_0 分别为电矢量 $\boldsymbol{E}$ 和磁矢量 $\boldsymbol{H}$ 的幅值.

自由空间传播的平面电磁波具有以下基本性质

(1) 电磁波是横波. 令 $\boldsymbol{k}$ 为沿电磁波传播方向的单位矢量,则 $\boldsymbol{E}$、$\boldsymbol{H}$ 均与 $\boldsymbol{k}$ 垂直,即

$$\boldsymbol{E} \perp \boldsymbol{k}, \quad \boldsymbol{H} \perp \boldsymbol{k}$$

(2) 电矢量 $\boldsymbol{E}$ 和磁矢量 $\boldsymbol{H}$ 相互垂直,即

$$\boldsymbol{E} \perp \boldsymbol{H}$$

(3) $\boldsymbol{E}$ 和 $\boldsymbol{H}$ 同相位,并在任何时刻、任何地点,$\boldsymbol{E}$、$\boldsymbol{H}$ 和 $\boldsymbol{k}$ 三个矢量总构成右手螺旋系,即 $\boldsymbol{E}\times\boldsymbol{H}$ 的方向总是沿着传播方向 $\boldsymbol{k}$,如图 8-16 所示.

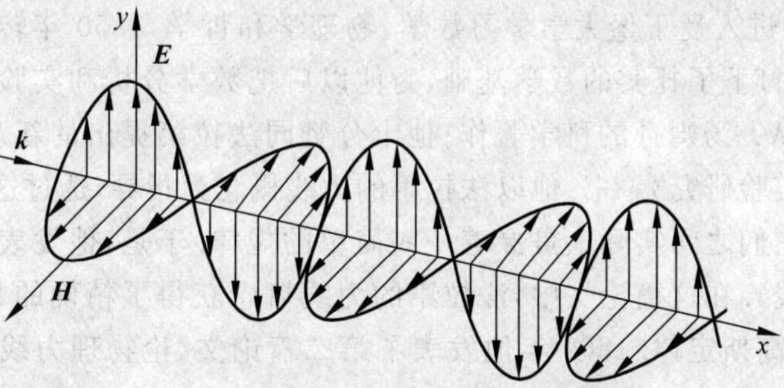

图 8-16　平面电磁波的电场和磁场

(4) $\boldsymbol{E}$ 与 $\boldsymbol{H}$ 的幅值成比例,其比例关系为

$$\sqrt{\varepsilon_0\varepsilon_r}E_0 = \sqrt{\mu_0\mu_r}H_0$$

(5) 电磁波的传播速度为

$$u = 1\Big/\sqrt{\mu_0\mu_r\varepsilon_0\varepsilon_r}$$

在真空中 $\varepsilon_r = \mu_r = 1$,故

$$c = 1\Big/\sqrt{\mu_0\varepsilon_0}$$

将 ε_0、μ_0 的值代入上式,得

$$c = 1\Big/\sqrt{\mu_0\varepsilon_0} \approx 2.9979\times10^8\ \mathrm{m\cdot s^{-1}}$$

此值与已测得的真空中的光速符合得相当好,由此,麦克斯韦得出结论:光是一种电磁波. 过去光学和电磁学是两个彼此独立的领域,从此以后联系在一起了.

阅读材料8　麦克斯韦

麦克斯韦(James Clerk Maxwell,1831—1879)是19世纪伟大的英国理论物理学家和数学家.麦克斯韦是继法拉第之后,集电磁学大成的伟大科学家.

麦克斯韦于1831年6月13日出生在苏格兰爱丁堡的一个名门望族,从小便显露出数学天才.他在14岁时就写了第一篇科学论文,次年发表在爱丁堡皇家学会的刊物上.1847年中学毕业后进入爱丁堡大学学习数学、物理学和哲学,1850年转入剑桥大学三一学院.在剑桥学习时,打下了扎实的数学基础,为他以后把数学分析和实验研究紧密结合创造了条件.他阅读了W.汤姆孙的科学著作;他十分赞同法拉第提出的新观点,并且精心研究法拉第的《电学的实验研究》一书.他以法拉第的力线概念为指导,透过这些似乎杂乱无章的实验记录,看出了它们之间实际上贯穿着一些简单的规律.于是,他发表了第一篇电磁学论文《论法拉第的力线》.在这篇论文中,法拉第的力线概念获得了精确的数学表述,并且由此导出了库仑定律和高斯定律.1862年他发表了第二篇论文《论物理力线》,不但进一步发展了法拉第的思想,扩充到磁场变化产生电场,而且得到了新的结果,即电场变化产生磁场,由此预言了电磁波的存在,并证明了这种波的速度等于光速,揭示了光的电磁本质.这篇文章包括了麦克斯韦研究电磁理论达到的主要结果.1864年他的第三篇论文《电磁场的动力学理论》,从几个基本实验事实出发,运用场论的观点,以演绎法建立了系统的电磁理论.他于1873年出版的《电学和磁学论》一书是集电磁学大成的划时代著作,全面地总结了19世纪中叶以前对电磁现象的研究成果,建立了完整的电磁理论体系.这是一部可以同牛顿的《自然哲学的数学原理》、达尔文的《物种起源》和赖尔的《地质学原理》相媲美的里程碑式的著作.

麦克斯韦的主要科学贡献在电磁学方面,同时在天体物理学、气体分子运动论、热力学、统计物理学等方面,都做出了卓越的成绩.正如量子论的创立者普朗克指出的:"麦克斯韦的光辉名字将永远镌刻在经典物理学家的门扉上,永放光芒.从出生地来说,他属于爱丁堡;从个性来说,他属于剑桥大学;从功绩来说,他属于全世界."

复习与小结

1. 法拉第电磁感应定律：$\mathscr{E}=-\dfrac{\mathrm{d}\Phi_{\mathrm{m}}}{\mathrm{d}t}$

2. 动生电动势：$\mathscr{E}=\int_{-}^{+}(\boldsymbol{v}\times\boldsymbol{B})\cdot\mathrm{d}\boldsymbol{l}$

感生电动势：$\mathscr{E}=\oint_{L}\boldsymbol{E}_{感}\cdot\mathrm{d}\boldsymbol{l}=-\iint_{S}\dfrac{\partial\boldsymbol{B}}{\partial t}\cdot\mathrm{d}\boldsymbol{S}$

3. 磁感应定律的普遍形式：$\oint_{L}\boldsymbol{E}\cdot\mathrm{d}\boldsymbol{l}=-\iint_{S}\dfrac{\partial\boldsymbol{B}}{\partial t}\cdot\mathrm{d}\boldsymbol{S}$

4. 自感：$\Psi_{\mathrm{m}}=LI$，$\mathscr{E}_{L}=-L\dfrac{\mathrm{d}I}{\mathrm{d}t}$

自感磁能：$W_{\mathrm{m}}=\dfrac{1}{2}LI^{2}$

互感：$\Psi_{2}=MI_{1}$，$\mathscr{E}_{2}=-M\dfrac{\mathrm{d}I_{1}}{\mathrm{d}t}$

5. 磁能密度：$w_{\mathrm{m}}=\dfrac{1}{2}\dfrac{B^{2}}{\mu}=\dfrac{1}{2}\mu H^{2}=\dfrac{1}{2}BH$

磁场的总能量：$W_{\mathrm{m}}=\iiint_{V}w_{\mathrm{m}}\mathrm{d}V=\iiint_{V}\dfrac{1}{2}BH\mathrm{d}V$

6. 位移电流：$I_{\mathrm{d}}=\dfrac{\mathrm{d}\Phi_{D}}{\mathrm{d}t}$

全电流 $I=$ 传导电流 $I_{0}+$ 位移电流 I_{d}

7. 安培环路定理的普遍形式：$\oint_{L}\boldsymbol{H}\cdot\mathrm{d}\boldsymbol{l}=\sum_{i=1}^{N}I_{i}+\dfrac{\mathrm{d}\Phi_{D}}{\mathrm{d}t}$

8. 麦克斯韦方程组：

(1) 两个基本假设

感生电场假设：变化的磁场产生感生电场；

位移电流假设：变化的电场产生磁场.

(2) 麦克斯韦方程组积分形式

$$\oiint_{S}\boldsymbol{D}\cdot\mathrm{d}\boldsymbol{S}=\sum_{i=1}^{N}q_{i},\quad\oint_{L}\boldsymbol{E}\cdot\mathrm{d}\boldsymbol{l}=-\iint_{S}\frac{\partial\boldsymbol{B}}{\partial t}\cdot\mathrm{d}\boldsymbol{S}$$

$$\oiint_{S}\boldsymbol{B}\cdot\mathrm{d}\boldsymbol{S}=0,\quad\oint_{L}\boldsymbol{H}\cdot\mathrm{d}\boldsymbol{l}=\sum_{i=1}^{N}I_{i}+\frac{\mathrm{d}\Phi_{D}}{\mathrm{d}t}$$

练　习　题

8-1　已知在一个面积为 S 的平面闭合线圈的范围内，有一随时间变化的均匀磁场 $\boldsymbol{B}(t)$，线圈平面垂直于磁场，则此闭合线圈内的感应电动势为________.

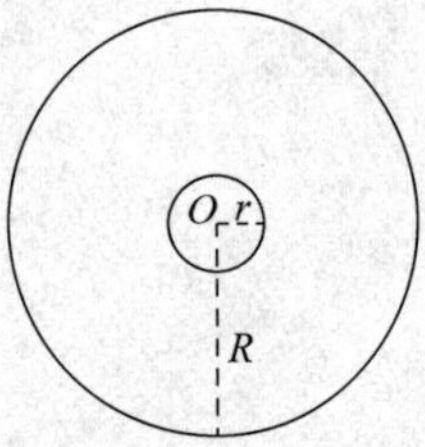

题 8-3 图

8-2　尺寸相同的铁环和铜环所包围的面积中，通以相同变化率的磁通量，环中感应电动势________，感应电流________.

8-3　半径为 r 的小导线环，置于半径为 R 的大导线环中心，二者在同一平面内，且 $r \ll R$，如题 8-3 图所示. 在大导线环中通有交流电流 $I=I_0\sin\omega t$，其中 ω 和 I_0 为常数，t 为时间，则任一时刻小环中感应电动势的大小为________.

8-4　一无铁芯的长直螺线管，在保持其半径和总匝数不变的情况下，把螺线管拉长一些，则它的自感系数将________.

8-5　中子星表面的磁感应强度估计为 10^8 T，该处的磁能密度为________.

8-6　一根无限长平行直导线载有电流 I，一矩形线圈位于导线平面内沿垂直于载流导线方向以恒定速率运动，如题 8-6 图所示，则（　　）.

A. 线圈中无感应电流　　B. 线圈中感应电流为顺时针方向

C. 线圈中感应电流为逆时针方向　　D. 线圈中感应电流方向无法确定

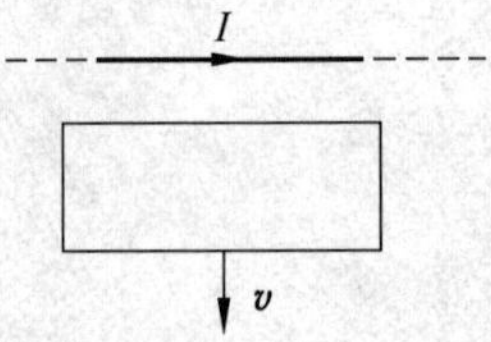

题 8-6 图

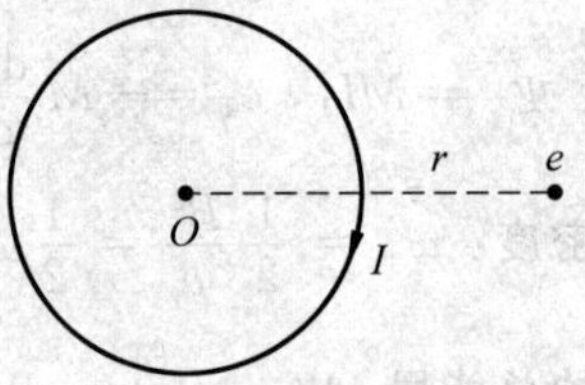

题 8-7 图

8-7　一长直螺线管中电流 $I=I(t)$、$\mathrm{d}I/\mathrm{d}t=c<0$，题 8-7 图是它的横截面图，在螺线管外距其轴线 O 为 r 处有一电子，则（　　）.

A. 螺线管内分布着变化的磁场和变化的电场

B. 螺线管内外分布着稳恒电场

C. 通过螺线管内任一闭曲面磁通量 $\Psi_m=0$

D. 电子不运动

E. 电子以 r 为半径作顺时针运动

F. 电子作逆时针运动

8-8　在以下矢量场中，属于保守场的是（　　）.

A. 静电场　　B. 涡旋电场　　C. 稳恒磁场　　D. 变化磁场

8-9　对位移电流，下述四种说法中正确的是（　　）.

A. 位移电流的实质是变化的电场

B. 位移电流和传导电流一样是定向运动的电荷

C. 位移电流服从传导电流遵循的所有定律

D. 位移电流的磁效应不服从安培环路定理

8-10　下列概念正确的是（　　）.

A. 感应电场是保守场

B. 感应电场的电场线是一组闭合曲线

C. $\Psi_m = LI$，因而线圈的自感系数与回路的电流成反比

D. $\Psi_m = LI$，回路的磁通量越大，回路的自感系数也一定大

8-11 一无限长直导线通有交变电流 $I = I_0 \sin \omega t$，它旁边有一与它共面的矩形线圈 $ABCD$，如题 8-11 图所示，长为 l 的 AB 和 CD 两边与直导线平行，它们到直导线的距离分别为 a 和 b. 试求矩形线圈所围面积的磁通量，以及线圈中的感应电动势.

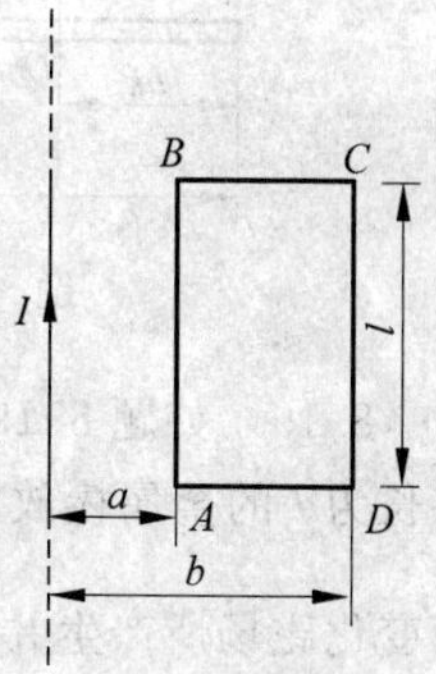

题 8-11 图

8-12 有一无限长螺线管，单位长度上线圈的匝数为 n，在管的中心放置一绕了 N 圈，半径为 r 的圆形小线圈，其轴线与螺线管的轴线平行，设螺线管内电流变化率为 $\mathrm{d}I/\mathrm{d}t$，求小线圈中的感应电动势.

8-13 一面积为 S 的小线圈在一单位长度线圈匝数为 n、通过电流为 i 的长螺线管内，并与螺线管共轴. 若 $i = i_0 \sin \omega t$，求小线圈中感生电动势的表达式.

8-14 如题 8-14 图所示，矩形线圈 $ABCD$ 放在 $B = 6.0 \times 10^{-1}$ T 的均匀磁场中，磁场方向与线圈平面的法线方向之间的夹角为 $\alpha = 60°$，长为 0.20 m 的 AB 边可左右滑动. 若令 AB 边以速率 $v = 5.0$ m/s 向右运动，试求线圈中感应电动势的大小及感应电流的方向.

8-15 如题 8-15 图所示，两段导体 AB 和 BC 的长度均为 10 cm，它们在 B 处相接成 30°角；磁场方向垂直于纸面向里，其大小为 $B = 2.5 \times 10^{-2}$ T. 若使该导体在均匀磁场中以速率 $v = 1.5$ m/s 运动，方向与 AB 段平行，试问 AC 间的电势差是多少？哪一端的电势高？

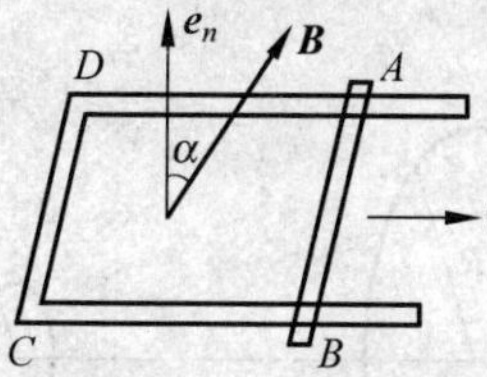

题 8-14 图

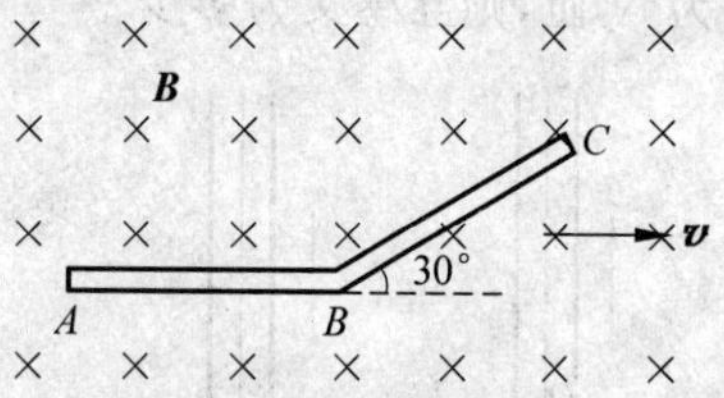

题 8-15 图

8-16 长为 l 的一金属棒 ab，水平放置在均匀磁场 $\boldsymbol{B}$ 中，如题 8-16 图所示，金属棒可绕 O 点在水平面内以角速度 ω 旋转，O 点离 a 端的距离为 l/k. 试求 a，b 两端的电势差，并指出哪端电势高(设 $k > 2$).

8-17 如题 8-17 图所示，真空中一载有稳恒电流 I 的无限长直导线旁有一半圆形导线回路，其半径为 r，回路平面与长直导线垂直，且半圆形直径 cd 的延长线与长直导线相交，导线与圆心 O 之间距离为 l. 无限长直导线的电流方向垂直纸面向内，当回路以速度 $\boldsymbol{v}$ 垂直纸面向外运动时，求：(1)回路中感应电动势的大小；(2)半圆弧导线 cd 中感应电动势的大小.

8-18 在半径 $R = 0.50$ m 的圆柱体内有均匀磁场，其方向与圆柱体的轴线平行，且 $\mathrm{d}B/\mathrm{d}t = 1.0 \times 10^{-2}$ T/s，圆柱体外无磁场. 试求离开中心 O 的距离分别为 0.10 m，0.25 m，0.50 m 和 1.0 m 各点的有旋电场的场强.

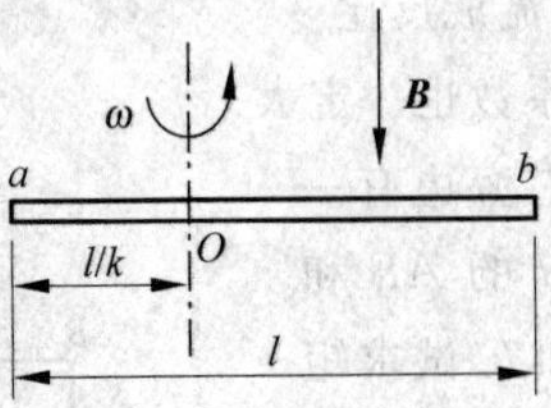

题 8-16 图

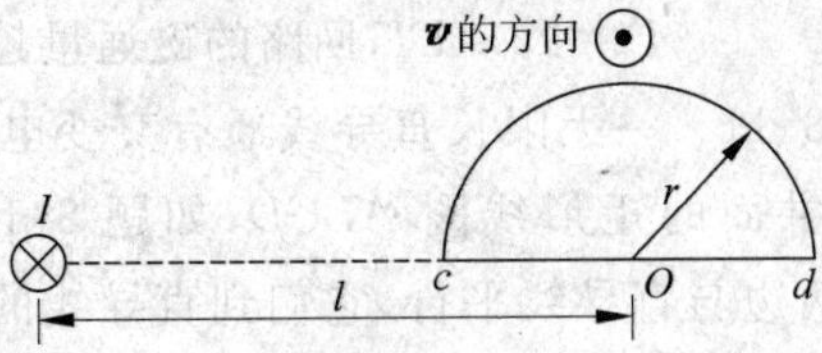

题 8-17 图

8-19 如题 8-19 图所示，磁感应强度为 $\boldsymbol{B}$ 的均匀磁场充满在半径为 R 的圆柱体内，有一长为 l 的金属棒放在该磁场中，如果 $\boldsymbol{B}$ 正以速率 $\mathrm{d}B/\mathrm{d}t$ 变化. 试证：由变化磁场所产生并作用于棒两端的电动势等于 $\frac{\mathrm{d}B}{\mathrm{d}t}\frac{l}{2}\sqrt{R^2-\left(\frac{l}{2}\right)^2}$.

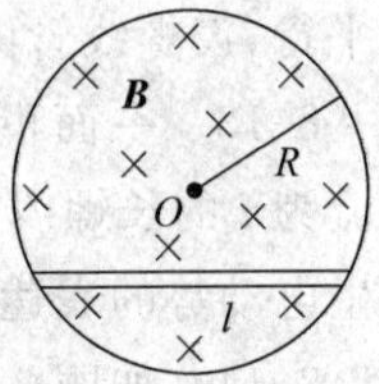

题 8-19 图

8-20 如题 8-20 图所示，两根横截面半径均为 a 的平行长直导线，中心相距 d，它们载有大小相等、方向相反的电流，属于同一回路. 设导线内部的磁通量可以忽略不计，试证明这样一对导线长为 l 的一段的自感为 $L=\frac{\mu_0 l}{\pi}\ln\frac{d-a}{a}$（两导线间磁介质的 $\mu_r=1$).

8-21 一均匀密绕的环形螺线管，环的平均半径为 R，管的横截面积为 S，环的总匝数为 N，管内充满磁导率为 μ 的磁介质. 求此环形螺线管的自感系数 L.

8-22 如题 8-22 图所示，两同轴单匝线圈 A、C 的半径分别为 R 和 r，两线圈相距为 d. 若 r 很小，可认为线圈 A 在线圈 C 处所产生的磁场是均匀的. 求两线圈的互感. 若线圈 C 的匝数为 N 匝，则互感又为多少？

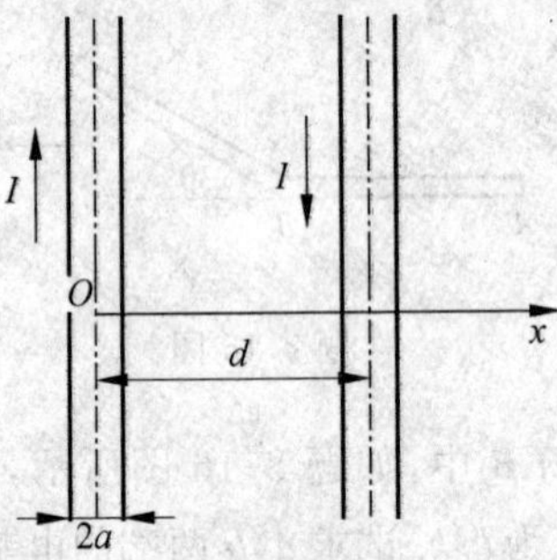

题 8-20 图

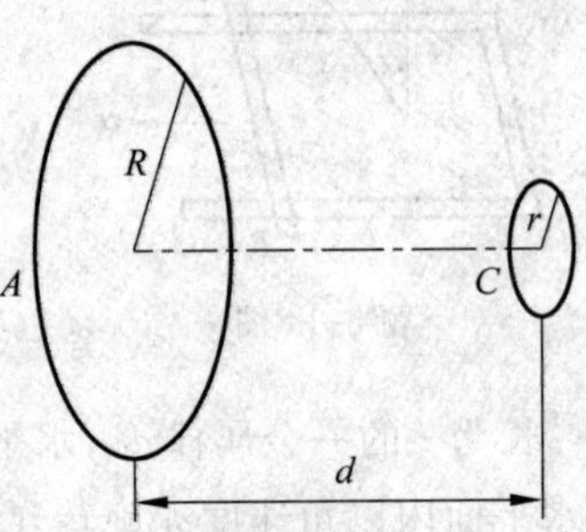

题 8-22 图

8-23 一由两薄圆筒构成的同轴电缆，内筒半径为 R_1，外筒半径为 R_2，两筒间的相对磁导率 $\mu_r=1$. 设内圆筒和外圆筒中的电流方向相反，而电流强度 I 相等，求长度为 l 的一段同轴电缆所储磁能为多少？

8-24 一长为 85.0 cm 的螺线管具有 17.0 cm^2 的横截面积，有 950 匝线圈，载有 6.60 A的电流.（1)计算螺线管内磁场的能量密度；（2)求螺线管磁场中存储的全部能量（忽略端部效应).

8-25 一小圆线圈面积为 $S_1=4.0\ \mathrm{cm}^2$，由表面绝缘的细导线绕成，其匝数为 $N_1=50$，把它放在另一个半径 $R_2=20$ cm，$N_2=100$ 匝的圆线圈中心，两线圈同轴共面. 如果把大线圈在小线圈中产生的磁场看成是均匀的，试求这两个线圈之间的互感. 如果大线圈导线中的电流每秒减小 50 A，试求小线圈中的感应电动势.

8-26　一螺线管长为 30 cm，由 2500 匝漆包导线均匀密绕而成，其中铁芯的相对磁导率 $\mu_r=1000$. 当它的导线中通有 2.0 A 的电流时，求螺线管中心处的磁场能量密度.

8-27　一根长直导线载有电流 I，且 I 均匀地分布在导线的横截面上，试求在长度为 l 的一段导线内部的磁场能量.

8-28　未来可能会利用超导线圈中持续大电流建立的磁场来储存能量. 要储存 1 kW·h 的能量，利用 1.0 T 的磁场，需要多大体积的磁场？若利用线圈中 500 A 的电流储存上述能量，则该线圈的自感系数应该多大？

8-29　一同轴线由很长的直导线和套在它外面的同轴圆筒构成，它们之间充满了相对磁导率为 $\mu_r=1$ 的介质. 假定导线的半径为 R_1，圆筒的内外半径分别为 R_2 和 R_3. 电流 I 由圆筒流去，由直导线流回，并均匀地分布在它们的横截面上. 试求：(1)在空间各个范围内的磁能密度表达式；(2)当 $R_1=1.0$ mm，$R_2=4.0$ mm，$R_3=5.0$ mm，$I=10$ A 时，在每米长度的同轴线中所储存的磁场能量.

8-30　证明电容为 C 的平行板电容器，极板间的位移电流强度 $I_d=C\dfrac{dU}{dt}$，U 是电容器两极板间的电势差.

8-31　设圆形平行板电容器的交变电场为 $E=720\sin(10^5\pi t)$ V/m，电荷在电容器极板上均匀分布，且边缘效应可以忽略. 试求：(1)电容器两极板间的位移电流密度；(2)在距离电容器极板中心连线为 $r=1.0$ cm 处，经过时间 $t=2.0\times10^{-5}$ s 时磁感应强度的大小.

8-32　试确定哪一个麦克斯韦方程相当于或包括下列事实：(1)电场线仅起始或终止于电荷或无穷远处；(2)位移电流；(3)在静电平衡条件下，导体内不可能有任何净电荷；(4)一个变化的电场，必定有一个磁场伴随它；(5)闭合面的磁通量始终为零；(6)一个变化的磁场，必定有一个电场伴随它；(7)磁感应线是无头无尾的；(8)通过一个闭合面的净电通量与闭合面内部的总电荷成正比；(9)不存在磁单极子；(10)库仑定律；(11)静电场是保守场.

第9章 振动学基础

钢琴

钢琴被誉为“乐器之王”，随着人们需求的增加得到了普及. 但钢琴需要保养和调律，因为使用一段时间就会逐渐出现音不准的问题，一架钢琴要演奏出美妙的旋律，首先需要调音师对钢琴进行校准.

钢琴采用十二平均律来定律，其基本音律 α' 的振动频率为 $\nu=440$ Hz，17、18 世纪时期，规定 $\nu=430\sim445$ Hz，被称为古典高度. 当今钢琴一般采用的是 $\nu=440$ Hz.

钢琴调律包括如下内容：(1)利用国际标准音叉“A”(频率为 440 Hz)调准钢琴琴音三根弦中的中弦；(2)调每个音弦组中的弦，使同一音高的弦组中的各弦音高一致；(3)利用音程关系，凭听觉调其他各音. 上述三个过程，都是由操作者凭听觉来进行的，要听“拍音”. “拍音”又称为“拍”，这也是振动学的基本概念.

那么，“拍”是怎样形成的呢？

物体在一定位置附近作来回往复的运动叫**机械振动**，简称**振动**. 它是物体的一种运动形式. 从日常生活到生产技术以及自然界中到处都存在着振动. 例如摆的运动，汽缸中活塞的运动，音叉发声时的运动等.

广义地说，任何一个物理量随时间的周期性变化都可以叫做振动. 例如，电路中的电流、电量，电磁场中的电场强度和磁场强度也都随时间作周期性的变化，这种变化也可以称为振动. 这种振动虽然和机械振动有本质的不同，但它们随时间变化的情况以及许多性质在形式上都遵从相同的规律. 因此研究机械振动的规律有助于了解其他各种振动的规律.

9.1 简谐振动

9.1.1 弹簧振子的振动

我们先分析一个简单的、理想化的简谐振动模型. 建立坐标系如图 9-1 所示，把轻弹簧（质量可以忽略不计）的左端固定，右端连一质量为 m 的物体，放置在光滑的水平面上（物体所受的阻力不计），在弹簧处于自然长度时，物体处于平衡位置，此位置以 O 表示，并取作坐标原点. 若拉动物体离开平衡位置然后释放，则物体将在 O 点两侧作往复运动.

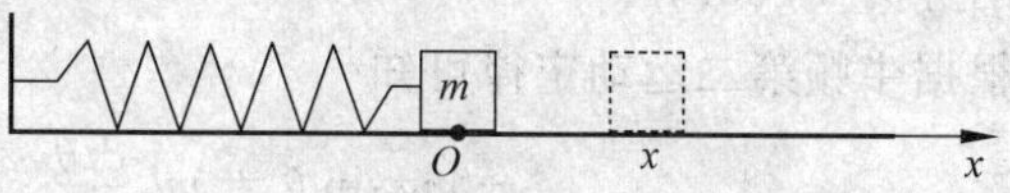

图 9-1　弹簧振子

根据胡克定律可知弹簧振子所受的合力为

$$F = -kx$$

上式中的比例常数 k 为弹簧的劲度系数，它由弹簧的本身属性所决定，负号表示力与位移的方向相反.

根据牛顿第二运动定律有

$$F = -kx = ma = m\frac{\mathrm{d}^2 x}{\mathrm{d}t^2}$$

即

$$\frac{\mathrm{d}^2 x}{\mathrm{d}t^2} + \frac{k}{m}x = 0$$

若令 $\frac{k}{m} = \omega^2$，则上式变为

$$\frac{\mathrm{d}^2 x}{\mathrm{d}t^2} + \omega^2 x = 0 \tag{9-1}$$

这就是简谐振动的微分方程，其解

$$x = A\cos(\omega t + \varphi) \tag{9-2}$$

它是简谐振动的运动方程，式中的 A 和 φ 是积分常量，它们的物理意义将在以后讨论.

检测点 1：在电梯中并排悬挂一弹簧振子和一单摆，在它们的振动过程中，电梯突然从静止开始自由下落. 试分别讨论两个振动系统的运动情况.

9.1.2 简谐振动的定义

一个物体作机械振动时，若描写该运动物体位置的物理量 x 满足微分方程 $\frac{\mathrm{d}^2 x}{\mathrm{d}t^2} + \omega^2 x =$

0,则这个物体所作的运动就是简谐振动.或描述一个物体位置的物理量 x 按余弦函数(或正弦函数)的规律随时间变化,则这个物体所作的运动也称为**简谐振动**.

应该指出,任何一个物理量,只要遵从式(9-1)或式(9-2)所示的关系,则该物理量就在按简谐振动的规律变化.不管这物理量是位移、速度、加速度、角位移等机械量,还是电流、电动势、电场强度、磁场强度等电磁学量.

检测点2:分析下列表述是否正确,为什么?

若物体受到一个总是指向平衡位置的合力,则物体必然作振动,但不一定是简谐振动.

9.1.3 单摆的运动规律

单摆由一条长为 l、不可伸长而且无质量并在一端固定的细线和悬着的一个质量为 m 的质点组成,如图9-2所示.

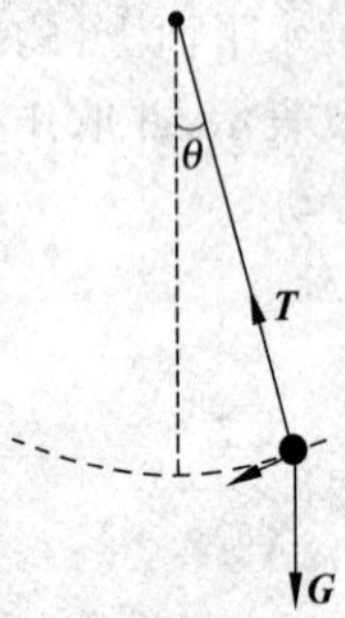

图9-2 单摆

物体所受的力有重力 $\boldsymbol{G}$ 与绳子的拉力 $\boldsymbol{T}$,如图9-2所示.重力在法向的分力和绳子拉力的合力提供向心力.物体沿切向所受的合力为重力在切向的分力 $mg\sin\theta$.

根据牛顿第二运动定律可知

$$-mg\sin\theta = ml\frac{\mathrm{d}^2\theta}{\mathrm{d}t^2}$$

取逆时针方向为角位移的正向,负号说明 $\theta>0$,切向加速度沿顺时针方向,当 θ 很小时有 $\sin\theta\approx\theta$,所以上式可变形为

$$\frac{\mathrm{d}^2\theta}{\mathrm{d}t^2}+\frac{g}{l}\theta = 0$$

令

$$\frac{g}{l}=\omega^2$$

则上式可变为

$$\frac{\mathrm{d}^2\theta}{\mathrm{d}t^2}+\omega^2\theta = 0$$

所以单摆在小幅摆动时的运动是简谐振动.

检测点3:三个完全相同的单摆,一个放在教室里,一个放在匀速运动的火车上,另一个放在匀加速上升的电梯中,试问它们的周期是否相同?大小如何?

9.1.4 LC振荡回路中电容器上电量的变化规律

如图9-3所示,用电源 ε_L、电容 C 和电感 L 组成的电路,先将开关打向电源一侧,使电源给电容器充电,然后将开关打向右侧接通回路,下面推导回路中电容器上的电量随时间如何变化.

忽略电流计和导线的电阻,根据电磁学的知识有

$$u_C=\varepsilon_L$$

因为

$$u_C=\frac{q}{C},\quad i=\frac{\mathrm{d}q}{\mathrm{d}t},\quad \varepsilon_L=-L\frac{\mathrm{d}i}{\mathrm{d}t}=-L\frac{\mathrm{d}^2q}{\mathrm{d}t^2}$$

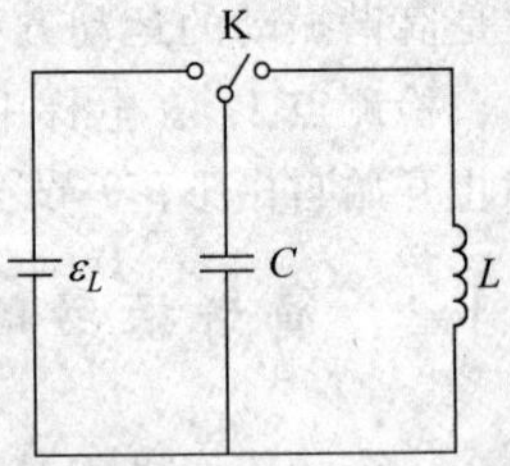

图9-3 振荡电流的产生

所以代入上式可得

$$\frac{d^2q}{dt^2}+\frac{1}{LC}q=0$$

若令$\frac{1}{LC}=\omega^2$,则

$$\frac{d^2q}{dt^2}+\omega^2q=0$$

由此可知电容器上的电量是按简谐运动的形式变化的.

检测点 4：LC 振荡回路中的电流是否按简谐振动规律变化?

9.2　简谐振动的规律

9.2.1　简谐振动的运动学方程、速度、加速度

从 9.1 节我们可以知道,简谐振动的运动学方程是

$$x=A\cos(\omega t+\varphi)$$

上式表示出了作简谐振动的物体的位移随时间变化的关系,由此可以画出位移-时间曲线如图 9-4 所示.

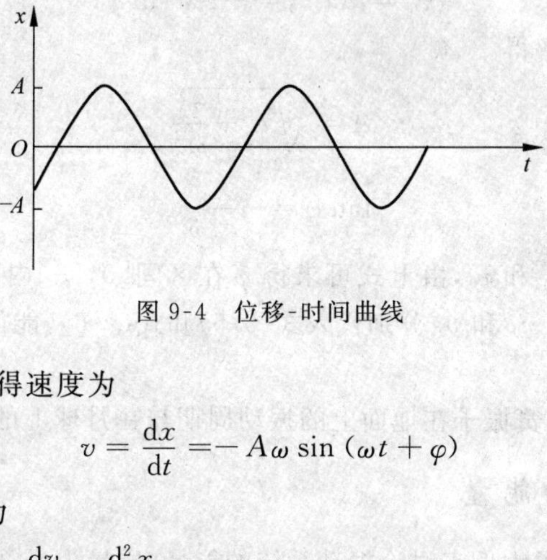

图 9-4　位移-时间曲线

对运动学方程求导,得速度为

$$v=\frac{dx}{dt}=-A\omega\sin(\omega t+\varphi)\tag{9-3}$$

再对速度求导得加速度为

$$a=\frac{dv}{dt}=\frac{d^2x}{dt^2}=-A\omega^2\cos(\omega t+\varphi)=-\omega^2x\tag{9-4}$$

从式(9-3)和式(9-4)可知作简谐振动物体的速度和加速度是时间的周期函数,加速度和位移成正比但方向相反.

检测点 5：下列有关质点加速度和位移的关系中,哪一个属于简谐振动(1)$a=0.5x$,(2)$a=400x^2$,(3)$a=-3x^2$,(4)$a=-20x$?

9.2.2　简谐振动的三要素

在运动学方程中,ω 称为简谐振动的角频率,它由振动系统本身的固有属性所决定.$(\omega t+\varphi)$称为相位,它决定了振动的状态;$t=0$ 时的相位 φ 称为初相位;A 是物体离开平衡位置的最大距离,称为振幅.A 和 φ 由振动的初始条件所决定.

振幅 A,角频率 ω,初相位 φ 称为**简谐振动的三要素**,只要确定了三要素,简谐振动的运

动规律就完全确定了.

振动物体完成一次全振动所需要的时间称为周期，用 T 表示. 单位时间内完成全振动的次数称为频率，用 ν 表示. 周期和频率都是表示振动快慢的物理量.

$$x = A\cos(\omega t + \varphi)$$

由数学知识知，上式函数的周期为 $T=\frac{2\pi}{\omega}$（也就是简谐振动的周期）. 所以 $\nu=\frac{1}{T}=\frac{\omega}{2\pi}$ 或 $\omega=2\pi\nu$.

在国际单位制(SI)中周期的单位是 s，频率的单位是 Hz，$1\ \mathrm{Hz}=1\ \mathrm{s}^{-1}$，周期和角频率一样，是由振动系统的固有属性所决定的，与初始条件无关. 所以称周期为固有周期，角频率为固有角频率. 对于弹簧振子而言有

$$\omega=\sqrt{\frac{k}{m}},\quad T=2\pi\sqrt{\frac{m}{k}},\quad \nu=\frac{1}{2\pi}\sqrt{\frac{k}{m}}$$

对于一定的振动系统，它的周期、频率就是一定的，但它的振幅与初相位则因初始时刻物体的运动速度、位置的不同而不同.

把 $t=0$ 时刻的位移、速度代入式(9-2)、式(9-3)得

$$x_0 = x|_{t=0} = A\cos\varphi \tag{9-5}$$

$$v_0 = v|_{t=0} = -A\omega\sin\varphi \tag{9-6}$$

从式(9-5)和式(9-6)可解得

$$A=\sqrt{x_0^2+\frac{v_0^2}{\omega^2}} \tag{9-7a}$$

$$\tan\varphi=-\frac{v_0}{x_0\omega} \tag{9-7b}$$

在这里注意，已知 x_0 和 v_0，由上式可求得 φ 在区间$[0,2\pi]$内的两个解. 两个解究竟取哪一个，可将两个解以及 x_0 和 v_0 分别代入式(9-5)和式(9-6)，能使等式成立的那个解即为所求的初相位 φ.

检测点 6： 同一个弹簧振子在地面上的振动周期与在月球上的振动周期相同吗？

9.2.3 简谐振动的能量

下面以水平弹簧振子为例来讨论振动系统的能量. 质量为 m 的振子在 t 时刻的动能为

$$E_k=\frac{1}{2}mv^2=\frac{1}{2}m\omega^2A^2\sin^2(\omega t+\varphi)=\frac{1}{2}kA^2\sin^2(\omega t+\varphi)$$

系统的势能为

$$E_p=\frac{1}{2}kx^2=\frac{1}{2}kA^2\cos^2(\omega t+\varphi)$$

系统的总能量为

$$E=E_k+E_p=\frac{1}{2}kA^2 \tag{9-8}$$

这个结果说明，弹簧振子的动能和势能都随时间发生周期性的变化，但总能量不随时间变化，即机械能守恒. 这一点和弹簧振子在振动过程中只有保守内力做功，没有外力做功，机械能守恒相符合. 总能量和振幅的平方成正比，这个结论对于其他简谐振动系统也是正确

的. 振幅不仅给出了简谐振动的运动范围，而且还反映了振动系统总能量的大小.

弹簧振子的势能曲线为抛物线，如图 9-5 所示，从图可以清楚地看到弹簧振子的势能随位置的变化情况.

在实际情况中，由于有摩擦力的存在，振动系统总能量要逐渐减小，因而振幅要随时间减小. 这种振幅随时间减小的振动我们将在以后讨论. 实际中，常常利用一个周期性的外力持续地作用在振动系统上而保持其等幅振动，这种振动外界有能量不断地输入，保证了振动振幅的不衰减，当周期性外力的频率与振动系统的频率相等时，就会产生较大幅度的振动，这种振动将在以后讨论.

例 9-1　一质量为 m 的物体系于一劲度系数为 k 的轻弹簧下，挂在固定的支架上，由于物体的重量使弹簧伸长了 $l=9.8\times10^{-2}$ m. 如图 9-6 所示，如果给物体一个向下的瞬时冲击力，使它具有向下的速度 $v=1\ \text{m}\cdot\text{s}^{-1}$，它就上下振动起来，写出振动方程.

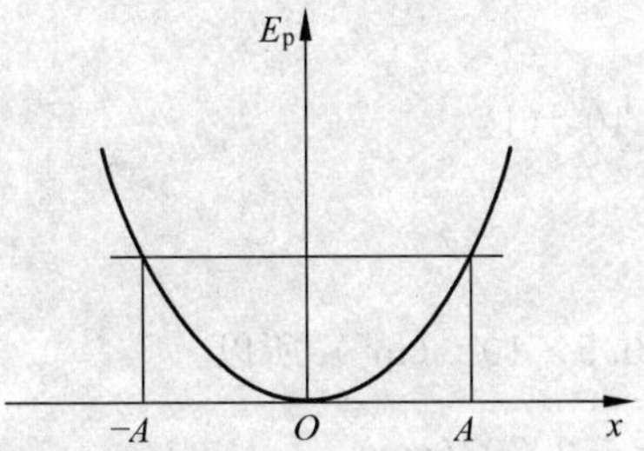

图 9-5　弹簧振子的势能曲线

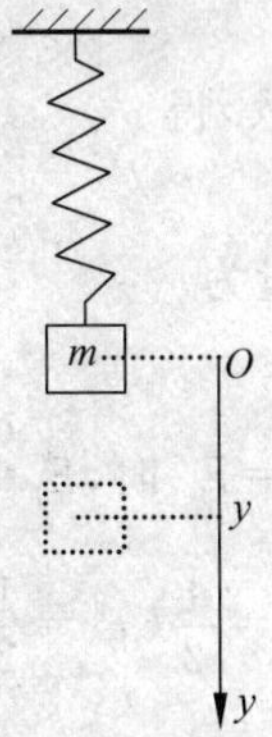

图 9-6　例 9-1 用图

解　取挂上物体，物体处于平衡时的位置为坐标原点 O，向下为 y 轴的正向，当物体偏离平衡位置时它所受的合力为 $-ky$，因此动力学方程为

$$m\frac{d^2y}{dt^2}=-ky$$

令 $\omega^2=\dfrac{k}{m}$，则上式变为

$$\frac{d^2y}{dt^2}+\omega^2y=0$$

说明物体在作简谐振动. 只要求出三要素，即可写出振动方程.

$$\omega=\sqrt{\frac{k}{m}}=\sqrt{\frac{g}{l}}=\sqrt{\frac{9.8}{0.098}}=10(\text{s}^{-1})$$

以物体处于平衡位置且向下运动时为计时起点，则 $y_0=0$，$v_0=1\ \text{m}\cdot\text{s}^{-1}$，于是得到

$$A=\sqrt{y_0^2+\left(\frac{v_0}{\omega}\right)^2}=\sqrt{\frac{1}{10^2}}=0.1(\text{m})$$

$$\tan\varphi=-\frac{v_0}{y_0\omega}=-\infty$$

由 $\tan\varphi=-\infty$ 知 φ 可取 $\dfrac{\pi}{2}$ 或 $\dfrac{3}{2}\pi$，由于 $v_0>0$，取 $\varphi=\dfrac{3}{2}\pi$.

于是可写出该物体的运动方程为

$$y = 0.1\cos\left(10t + \frac{3}{2}\pi\right)(\mathrm{m})$$

例 9-2 质量为 0.1 kg 的物体，以振幅 $A=1.0\times10^{-2}$ m 作简谐振动，其最大加速度为 $a_{\max}=4.0\ \mathrm{m\cdot s^{-2}}$，求：(1)振动的周期；(2)通过平衡位置时的动能；(3)总能量；(4)物体在何处其动能和势能相等？

解 (1) 因 $a_{\max}=A\omega^2$，所以 $\omega=\sqrt{\frac{a_{\max}}{A}}=\sqrt{\frac{4.0\ \mathrm{m\cdot s^{-2}}}{1.0\times10^{-2}\ \mathrm{m}}}=20\ \mathrm{s^{-1}}$，故振动的周期为

$$T = \frac{2\pi}{\omega} = \frac{2\pi}{20} = 0.314(\mathrm{s})$$

(2) 因通过平衡位置时的速度最大，所以

$$E_{\mathrm{k,\,max}} = \frac{1}{2}mv_{\max}^2 = \frac{1}{2}m\omega^2A^2$$

将已知数据代入，得

$$E_{\mathrm{k,\,max}} = 2\times10^{-3}(\mathrm{J})$$

(3) 总能量为

$$E = E_{\mathrm{k,\,max}} = 2\times10^{-3}(\mathrm{J})$$

(4) 当 $E_{\mathrm{k}}=E_{\mathrm{p}}$ 时，$E_{\mathrm{p}}=\frac{1}{2}E=1.0\times10^{-3}$ J.

由 $E_{\mathrm{p}}=E_{\mathrm{k}}=\frac{1}{2}kx^2=\frac{1}{2}m\omega^2x^2$，得 $x^2=\frac{2E_{\mathrm{p}}}{m\omega^2}=0.5\times10^{-4}(\mathrm{m}^2)$. 所以

$$x = \pm 0.707\times10^{-2}\ \mathrm{m} = \pm 0.707(\mathrm{cm})$$

检测点 7：一弹簧振子作简谐振动，总能量为 E_1，如果简谐振动振幅增加为原来的两倍，重物的质量不变，则它的总能量会发生变化吗？

9.2.4 简谐振动的旋转矢量表示

简谐振动除了用运动学方程(振动方程)和位移-时间曲线(振动曲线)来表示以外，还可以用转旋矢量表示. 这种几何图示法可以帮助我们形象、直观地理解简谐振动中的三要素.

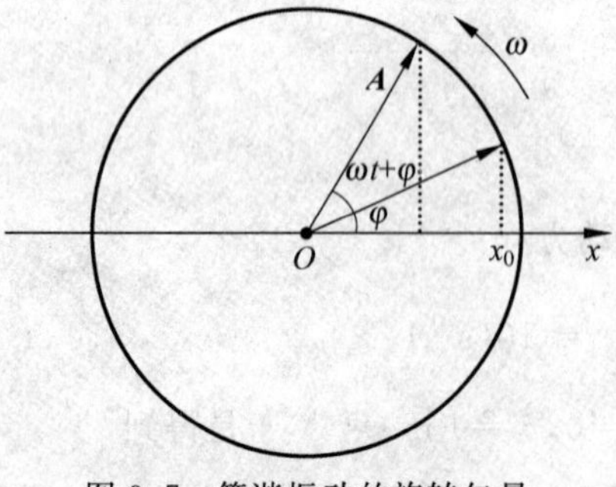

图 9-7 简谐振动的旋转矢量

如图 9-7 所示，自 Ox 轴的原点 O 作一矢量 $\boldsymbol{A}$，使矢量 $\boldsymbol{A}$ 的模等于振动的振幅，并使矢量 $\boldsymbol{A}$ 在 xOy 平面内绕 O 点作逆时针方向的匀角速转动，其角速度与振动的角频率 ω 相等，这个矢量就是旋转矢量. 当旋转矢量以匀角速 ω 逆时针转动时，它的端点在 x 轴上的投影点 P 就在原点 O 附近来回往复运动. 设 $t=0$ 矢量 $\boldsymbol{A}$ 与 Ox 轴的夹角为 φ，经过时间 t 后，矢量 $\boldsymbol{A}$ 沿逆时针方向转过了角度 ωt，这时它与 Ox 轴的夹角为 $\omega t+\varphi$，端点在 x 轴上的投影为

$$x = A\cos(\omega t + \varphi)$$

与式(9-2)比较，它恰是沿 Ox 轴作简谐振动的物体在 t 时刻相对于原点的位移. 所以一个

简谐振动可以用一个旋转矢量来表示，矢量 **A** 旋转一周，相当于物体在 x 轴上作一次全谐振.

旋转矢量的大小就表示简谐振动的振幅，旋转矢量的角速度 ω 就表示简谐振动的角频率，$t=0$ 时矢量 **A** 与 Ox 轴的夹角 φ 就表示简谐振动的初相位.

例 9-3　一个作简谐振动的弹簧振子历时四分之一周期，先后通过相对于平衡位置为对称的 B,C 两点，设简谐振动的振幅为 A，试确定 B,C 两点的位置.

解　此题用旋转矢量求解较简单. 设振子沿 x 轴振动，t_1 时刻质点在位置 B，t_2 时刻质点在位置 C，如图 9-8 所示. 因为弹簧振子历时一周期，相位变化为 2π，历时四分之一周期相位的变化为 $\frac{\pi}{2}$. 根据题意，谐振子由 B 到达平衡位置所经历的相位为 $\frac{\pi}{4}$，由平衡位置到达 C 所经历的相位为 $\frac{\pi}{4}$. 由图可知，t_1 时刻旋转矢量与 x 轴的夹角为 $\frac{\pi}{4}$.

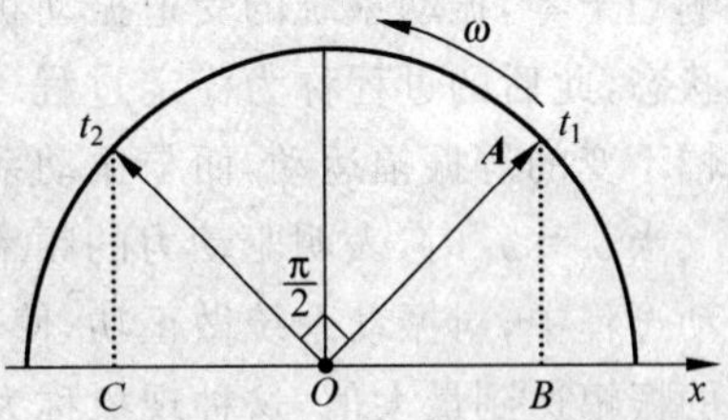

图 9-8　例 9-3 用图

所以 B 点的位置为

$$x_B = A\cos\frac{\pi}{4} = \frac{\sqrt{2}}{2}A$$

C 点的位置为

$$x_C = -\frac{\sqrt{2}}{2}A$$

检测点 8：一物体作谐振动，当它的位置在振幅一半处时，试利用旋转矢量计算它的相位可能为哪几个值？并作出这些旋转矢量.

*9.2.5　阻尼振动　受迫振动　共振

一只单摆放在空气中，由于空气阻力的存在，运动一段时间后便会静止下来，使摆的能量发生转化. 当一个物体振动的振幅随时间减小时，那么这个物体所作的振动就是**阻尼振动**.

假设物体所受的阻尼力与速度成正比，$F_d=-bv$（b 为阻尼常量），对于弹簧振子有

$$-bv-kx=ma$$

将 $v=\frac{dx}{dt}$，$a=\frac{d^2x}{dt^2}$ 代入得

$$m\frac{d^2x}{dt^2}+b\frac{dx}{dt}+kx=0 \tag{9-9}$$

此微分方程的解为

$$x(t)=x_m e^{\frac{-bt}{2m}}\cos(\omega' t+\varphi)$$

其中 $x_m e^{\frac{-bt}{2m}}$ 是振幅，ω' 是阻尼振动的角频率，并且 $\omega'=\sqrt{\frac{k}{m}-\frac{b^2}{4m^2}}$. 如果 $b=0$，则为无阻尼振动 $\left(\omega'=\sqrt{\frac{k}{m}}=\omega\right)$；如果阻尼常量较小但不为零（$b\ll\sqrt{km}$），则 $\omega'\approx\omega$.

我们可以认为式(9-9)所表示的是一个振幅随时间减小的简谐振动，即**阻尼简谐振动**.

由于各种阻尼是客观存在的，只能设法减小而无法消除，因此要维持振动系统作等幅振动，就必须由外界向其补充能量，对系统施加一个周期性的驱动力，这种振动就称为**受迫振动**.机械摆钟所作的摆动就是受迫振动.

一般来说，受迫振动刚开始时，由于阻尼和周期性驱动力的共同作用，它是一个比较复杂的振动过程，这个过程称为暂态过程.过一段时间后，周期性驱动力提供的能量使阻尼的影响趋于零，振动系统的受迫振动状态完全由周期性驱动力来控制，从而使受迫振动达到稳定状态，此后的过程称为稳定过程.显然，在稳定过程中，受迫振动是以驱动力的频率 ω 作振幅不变的等振幅运动，而与振动系统的固有频率 ω_d 无关.

当 $\omega=\omega_d$ 时，表明驱动力的频率 ω 与振动系统的固有频率 ω_d 相等，这时驱动力在整个振动过程中，对振动系统做正功，使其能量不断加大，振幅也随之不断增大，以至于使振动系统的振幅达到最大值，这种现象称为**共振**.

共振是一个既有利又有弊的物理现象，历史上，由于人们不了解共振的规律，曾经付出过惨重的代价.1904年，俄国一队骑兵以整齐的步伐通过一座桥时，引起桥身共振而桥毁人亡.20世纪70年代在巴黎的一次航空节上，一架新型飞机在作飞行表演时，由于共振导致飞机在空中解体，等等.但是，共振是可以控制并加以利用的.无线电中的调谐就是利用了共振原理，而全息照相的工作台、精密机床的底座等都要采用减震、隔震措施，以改变它们的固有频率，从而避免外来的振动对测量与加工精度的影响.1500多年前，我国晋朝一位科学家就成功地解决了家用铜盘随皇宫打钟而鸣(共振)的问题.这是因为皇宫鸣钟的声波频率与家用铜盘的固有频率十分相近，使铜盘发生共振而发声.于是，他把铜盘磨薄了一点，改变了固有频率，问题就解决了.

检测点9：弹簧振子的无阻尼自由振动是简谐振动，同一弹簧振子在简谐策动力持续作用下的稳态受迫振动也是简谐振动，这两种简谐振动有什么不同？

9.3 简谐振动的合成

在实际问题中，经常会遇到一个质点同时参与多个振动的情况.例如，当两列声波在空间某点相遇时，该点处的空气分子就同时参与两个振动，这时空气分子的运动就是两个振动的合成.一般的振动合成问题比较复杂，我们只讨论两种最简单最基本的情况.

9.3.1 同方向同频率简谐振动的合成

设一个质点同时参与在同一直线上进行的两个独立的，同频率的简谐振动.取这一直线为 x 轴，则这两个简谐振动的运动学方程分别为

$$\left.\begin{aligned} x_1 &= A_1\cos(\omega t+\varphi_1) \\ x_2 &= A_2\cos(\omega t+\varphi_2) \end{aligned}\right\} \tag{9-10}$$

式中 A_1，A_2 和 φ_1，φ_2 分别为两个简谐振动的振幅和初相，x_1，x_2 表示两个作简谐振动的物体相对于同一平衡位置的位移.在任意时刻该质点的位移为

$$x = x_1 + x_2$$

对于这种简单情况虽然利用三角公式不难求得合成结果，但是利用旋转矢量图可以更直观、更简洁地得出相关结论。

如图 9-9 所示，用旋转矢量 $\boldsymbol{A}_1$ 和 $\boldsymbol{A}_2$ 表示两个同方向同频率的简谐振动. x_1 和 x_2 分别是 $\boldsymbol{A}_1$ 和 $\boldsymbol{A}_2$ 在 x 轴上的投影，x 是 $\boldsymbol{A}_1$ 和 $\boldsymbol{A}_2$ 的合矢量 $\boldsymbol{A}$ 在 x 轴上的投影.

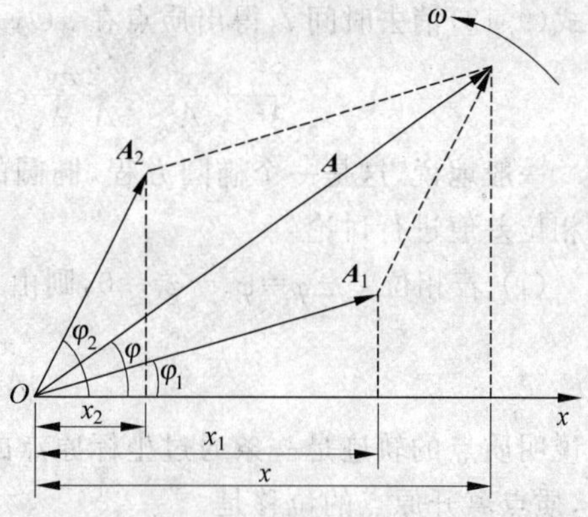

图 9-9 同方向同频率简谐振动的合成

因为 $\boldsymbol{A}_1$ 和 $\boldsymbol{A}_2$ 以相同的角速度 ω 匀速转动，所以在旋转过程中平行四边形的形状保持不变，因而合矢量 $\boldsymbol{A}$ 的大小保持不变，并以同一角速度 ω 匀速转动. 因此，合振动就可以用合矢量 $\boldsymbol{A}$ 来表示. 从图中由数学知识可以知道，合振动的运动方程为

$$\left.\begin{aligned} x &= A\cos(\omega t+\varphi) \\ A &= \sqrt{A_1^2+A_2^2+2A_1A_2\cos(\varphi_2-\varphi_1)} \\ \tan\varphi &= \frac{A_1\sin\varphi_1+A_2\sin\varphi_2}{A_1\cos\varphi_1+A_2\cos\varphi_2} \end{aligned}\right\} \tag{9-11}$$

下面我们对合振动的振幅进行讨论. 设两个分振动的相位差为 $\Delta\varphi$，则

$$\Delta\varphi=(\omega t+\varphi_2)-(\omega t+\varphi_1)=\varphi_2-\varphi_1$$

(1) 当 $\Delta\varphi=2k\pi$ 时，$k=0,\pm1,\pm2,\pm3,\cdots$

$$\cos\Delta\varphi=1$$

$$A=A_1+A_2$$

即两个分振动的相位相同或相位相差为 2π 的整数倍时，合振动的振幅为两个分振动振幅之和. 此时合振动的振幅最大，振动加强.

(2) 当 $\cos\Delta\varphi=(2k+1)\pi$ 时，$k=0,\pm1,\pm2,\pm3,\cdots$

$$\cos\Delta\varphi=-1$$

$$A=|A_1-A_2|$$

即两个分振动的相位反相或相位差为 π 的奇数倍时，合振动的振幅为两个分振动振幅之差的绝对值. 此时合振动的振幅最小，振动减弱.

一般情况下，$\Delta\varphi$ 不是 π 的整数倍，两个分振动介于同相和反相之间，合振幅也介于 A_1+A_2 和 $|A_1-A_2|$ 之间.

以上讨论结果表明，相位差对合振动起着极其重要的作用，这个结果在波的干涉和衍射理论中经常用到.

检测点 10：两个同方向同频率的简谐振动的相位差为 12π 时，合振动的振幅为多少？

9.3.2 两个互相垂直的同频率的简谐振动的合成

如果一个质点同时参与两个互相垂直的同频率的简谐振动，设其分振动的运动方程分别为

$$\left.\begin{aligned} x &= A_x\cos(\omega t+\varphi_x) \\ y &= A_y\cos(\omega t+\varphi_y) \end{aligned}\right\} \tag{9-12}$$

由式(9-12)消去时间 t,得出质点在 xOy 平面内的轨迹方程为

$$\frac{x^2}{A_x^2}+\frac{y^2}{A_y^2}-\frac{2xy}{A_xA_y}\cos(\varphi_y-\varphi_x)=\sin^2(\varphi_y-\varphi_x) \tag{9-13}$$

一般地说,这是一个椭圆方程,椭圆的具体形状由相位差 $\Delta\varphi$ 决定. 下面选择几个特殊的相位差值进行讨论.

(1) 若相位差 $\Delta\varphi=\varphi_y-\varphi_x=0$,则由式(9-13)得

$$\frac{x}{A_x}-\frac{y}{A_y}=0$$

这说明质点的轨迹是一条通过坐标原点的直线,其斜率等于两个分振动振幅之比. 在任何时刻,质点离开原点的位移是

$$S=\sqrt{x^2+y^2}=\sqrt{A_x^2+A_y^2}\cos(\omega t+\varphi)$$

由此可知,合振动也是简谐振动,频率与分振动频率相同,而振幅等于 $\sqrt{A_x^2+A_y^2}$,如图 9-10(a)所示.

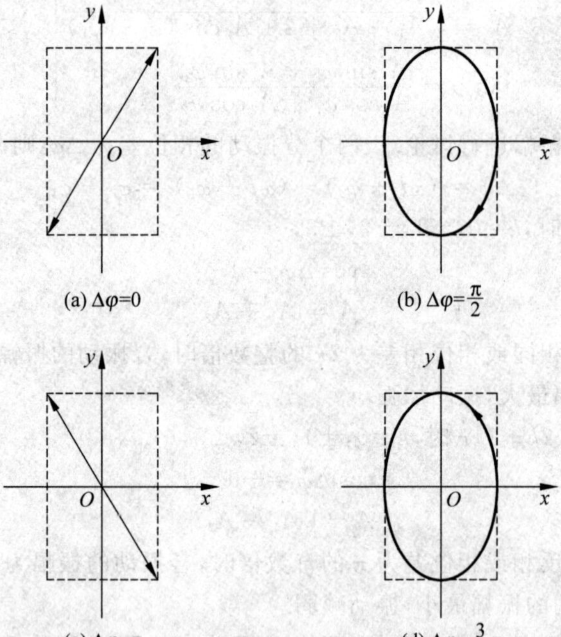

图 9-10 两个相互垂直的同频率的简谐振动的合成

(2) 若相位差 $\Delta\varphi=\varphi_y-\varphi_x=\frac{\pi}{2}$,这时由式(9-13)得

$$\frac{x^2}{A_x^2}+\frac{y^2}{A_y^2}=1$$

质点合运动的轨迹是一沿顺时针方向运行的正椭圆. 如图 9-10(b)所示,质点合运动不是简谐振动.

(3) 若相位差 $\Delta\varphi=\varphi_y-\varphi_x=\pi$,这时由式(9-13)得

$$\frac{x}{A_x}+\frac{y}{A_y}=0$$

这说明质点的轨迹是一条通过坐标原点的直线，其斜率等于两个分振动振幅之比的负值，合振动也是简谐振动，频率与分振动频率相同，而振幅等于 $\sqrt{A_x^2+A_y^2}$. 如图 9-10(c)所示.

(4) 相位差 $\Delta\varphi=\varphi_y-\varphi_x=\frac{3}{2}\pi$，这时由式(9-13)得

$$\frac{x^2}{A_x^2}+\frac{y^2}{A_y^2}=1$$

质点合运动的轨迹是一沿逆时针方向运行的正椭圆. 如图 9-10(d)所示，质点合运动不是简谐振动.

在一般情况下，即相位差不是上述特殊值时，质点的轨迹是椭圆，但它们的长短轴与原来两个振动方向不重合，它们的方位及质点的运动方向完全取决于相位差的数值.

如果两个相互垂直的分振动的频率不相同，但两频率之间成整数比，其合运动的轨迹是规则的稳定闭合曲线. 这类有一定规则的稳定闭合曲线称为**李萨如图形**. 图 9-11 绘出了 ω_x 和 ω_y 之比分别为 2∶1，3∶1，3∶2 等几种李萨如图形. 李萨如图形提供了一条测定未知振动频率的途径. 如果把已知频率的振动信号接示波器的 y 轴输入端，把未知频率的振动信号接示波器的 x 轴输入端，则示波器上将呈现合振动图形. 将此图形与李萨如图形加以比较，便可测得未知振动的频率，这是电子学中的常用方法.

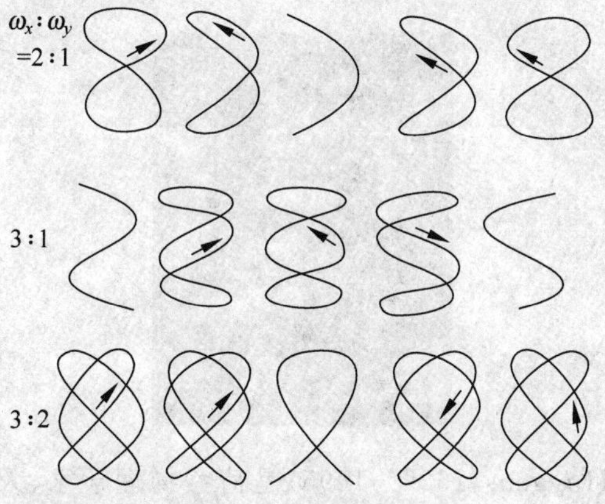

图 9-11　李萨如图形

检测点 11：质点参与两个方向互相垂直的、同相位、同频率的谐振动. 质点的合振动是否是简谐振动？

*9.4　知识拓展——钢琴的“拍”

关于“拍”的产生，物理学中在讨论振动叠加时采用旋转矢量图示法. 设有两个振动，其振动方向一致，角频率分别为 ω_1，ω_2，振幅分别为 A_1 和 A_2，初相位为 φ_1 和 φ_2.

这两个振动的方程为

$$x_1=A_1\cos(\omega_1 t+\varphi_1)$$
$$x_2=A_2\cos(\omega_2 t+\varphi_2)$$

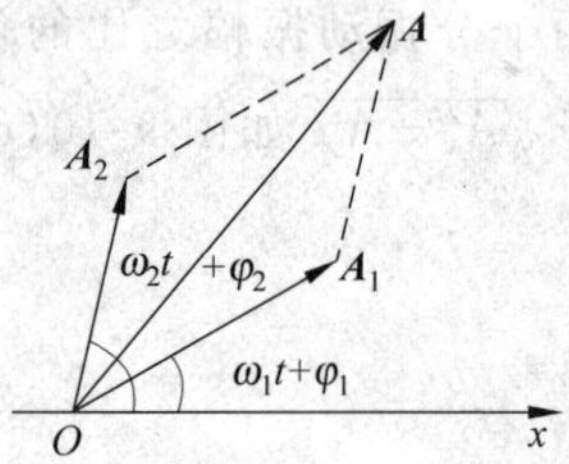

图 9-12　两振动的矢量图

在图 9-12 中，分别用旋转矢量 $\boldsymbol{A}_1$ 和 $\boldsymbol{A}_2$ 表示这个振动. 这两个矢量分别以角速度 ω_1 和 ω_2 绕点 O 旋转，$\boldsymbol{A}_1$ 和 $\boldsymbol{A}_2$ 与 x 轴的夹角分别为$(\omega_1 t+\varphi_1)$和$(\omega_2 t+\varphi_2)$，它们在 x 轴上的投影就是它们的振动方程

$$x_1 = A_1\cos(\omega_1 t+\varphi_1)$$

$$x_2 = A_2\cos(\omega_2 t+\varphi_2)$$

$\boldsymbol{A}_1$ 和 $\boldsymbol{A}_2$ 的相位差$(\omega_1 t+\varphi_1)-(\omega_2 t+\varphi_2)$是随时间变化的，因而 $\boldsymbol{A}_1$ 和 $\boldsymbol{A}_2$ 的合振动 $\boldsymbol{A}$ 的长度$|\boldsymbol{A}|$和角速度 ω 也是变化的. 当 $\boldsymbol{A}_2$ 比 $\boldsymbol{A}_1$ 超前半圈即两者方向相反时，两个振动的合振动振幅最小，等于$|A_1-A_2|$，当 $\boldsymbol{A}_2$ 和 $\boldsymbol{A}_1$ 方向相同时，两个振动的合振动振幅最大，等于$|A_1+A_2|$. 这种由两个同方向，频率相差微小的振动叠加引起的合振动的振幅时而加强时而减弱的现象叫做“拍”.

钢琴调音师就是通过听每秒中内“拍”的次数，来为钢琴调音的，要使每秒钟“拍”音的次数等于两乐音的振动频率之差. “拍”音次数越少，或者说两乐音的频率越接近，“拍”音的现象就越容易被察觉.

阅读材料 9　惠更斯

惠更斯(Christiaan Huygens，1629—1695)是荷兰物理学家、天文学家、数学家. 他是与牛顿同一时代的科学家，是历史上最著名的物理学家之一，他对力学的发展和光学的研究都有杰出的贡献，在数学和天文学方面也有卓越的成就，是近代自然科学的一位重要开拓者. 他建立向心力定律，提出动量守恒原理，改进了计时器.

惠更斯 16 岁时进入大学攻读法律和数学，1655 年获法学博士学位，1663 年访问英国，成为刚成立不久的英国皇家学会会员. 1666 年任刚建立的法国科学院院士. 全身心献给科学事业，终生未婚.

惠更斯曾首先集中精力研究数学问题，惠更斯在数学上有出众的天赋，早在 22 岁时就发表过关于计算圆周长、椭圆弧及双曲线的著作. 他对各种平面曲线，如悬链线、曳物线、对数螺线等都进行过研究，还在概率论和微积分方面有所成就，是概率论的创始人.

惠更斯在 1668—1669 年英国皇家学会碰撞问题征文悬赏中是获奖者之一，详尽地研究了完全弹性碰撞问题. 并纠正了笛卡儿不考虑动量方向性的错误，首次提出了完全弹性碰撞前后的守恒. 对摆的研究是惠更斯所完成的最出色的物理学工作. 多少世纪以来, 时间测量始终是摆在人类面前的一个难题. 当时的计时装置诸如日晷、沙漏等均不能在原理上保持精确. 直到伽利略发现了摆的等时性, 惠更斯将摆运用于计时器, 人类才进入一个新的计时时代.

1678 年惠更斯在写给巴黎科学院的信和 1690 年发表的《光论》中都先后提出了光的波动原理, 即惠更斯原理. 惠更斯原理是近代光学的一个重要基本理论. 但它虽然可以预料光的衍射现象的存在, 却不能对这些现象作出解释, 也就是它可以确定光波的传播方向, 而不能确定沿不同方向传播的振动的振幅. 直到后来, 菲涅耳对惠更斯的光学理论作了发展和补充, 创立了"惠更斯-菲涅耳原理", 才较好地解释了衍射现象, 完成了光的波动说的全部理论.

他善于把科学实践和理论研究结合起来, 透彻地解决某些重要问题, 形成了理论与实践相结合的工作方法和明确的物理思想. 他留给人们巨大的科学财富, 在碰撞、钟摆、离心力和光的波动说和光学仪器方面作出了巨大贡献.

复习与小结

1. 简谐振动的表达式(运动学方程): $x=A\cos(\omega t+\varphi)$

三个特征量: 振幅 A, 决定于振动的能量;

角频率 ω, 决定于振动系统的固有属性;

初相位 φ, 决定于振动系统初始时刻的状态.

简谐振动可以用旋转矢量来表示.

2. 振动的相位: $(\omega t+\varphi)$

两个振动的相差: 同相 $\Delta\varphi=2k\pi$, 反相 $\Delta\varphi=(2k+1)\pi$

3. 简谐振动的微分方程 $\dfrac{\mathrm{d}^2x}{\mathrm{d}t^2}+\omega^2x=0$

4. 简谐振动的实例

弹簧振子: $\dfrac{\mathrm{d}^2x}{\mathrm{d}t^2}+\dfrac{k}{m}x=0$, $T=2\pi\sqrt{\dfrac{m}{k}}$

单摆小角度振动: $\dfrac{\mathrm{d}^2\theta}{\mathrm{d}t^2}+\dfrac{g}{l}\theta=0$, $T=2\pi\sqrt{\dfrac{l}{g}}$

LC 振荡: $\dfrac{\mathrm{d}^2q}{\mathrm{d}t^2}+\dfrac{1}{LC}q=0$, $T=2\pi\sqrt{LC}$

5. 简谐振动的能量: $E=E_{\mathrm{k}}+E_{\mathrm{p}}=\dfrac{1}{2}m\left(\dfrac{\mathrm{d}x}{\mathrm{d}t}\right)^2+\dfrac{1}{2}kx^2=\dfrac{1}{2}kA^2$

6. 阻尼振动、受迫振动、共振:

$$m\frac{\mathrm{d}^2x}{\mathrm{d}t^2}+b\frac{\mathrm{d}x}{\mathrm{d}t}+kx=0,\quad \omega=\omega_{\mathrm{d}}$$

7. 两个简谐振动的合成

(1) 同方向同频率的简谐振动的合成

合振动是简谐振动，合振动的振幅和初相位由下式决定.

$$A=\sqrt{A_1^2+A_2^2+2A_1A_2\cos(\varphi_2-\varphi_1)}$$

$$\tan\varphi=\frac{A_1\sin\varphi_1+A_2\sin\varphi_2}{A_1\cos\varphi_1+A_2\cos\varphi_2}$$

(2) 相互垂直的两个同频率的简谐振动的合成

合运动的轨迹一般为椭圆，其具体形状决定于两个分振动的相差和振幅. 当 $\Delta\varphi=2k\pi$ 或 $(2k+1)\pi$ 时，合运动的轨迹为直线，这时质点在作简谐振动.

练　习　题

9-1　一竖直弹簧振子，$T=0.5$ s，现将它从平衡位置向下拉 4 cm 释放，让其振动，则振动方程为________.

9-2　一个作简谐运动的物体，在水平方向运动，振幅为 8 cm，周期为 0.50 s. $t=0$ 时，物体位于离平衡位置 4 cm 处向正方向运动，则简谐运动方程为________.

9-3　已知简谐运动方程 $y=2\cos\frac{\pi}{2}t$(cm)，则 $t=$________时，动能 E_k 为最大. $t=$________时，势能 E_p 为最大. $t=$________时，$E_k=E_p$.

9-4　已知简谐运动方程 $x=2\cos\left(\pi t+\frac{\pi}{2}\right)$(cm)，则物体从 $x=2$ cm 运动到 $x=-2$ cm 所用时间为________. 从 $x=1$ cm 运动到 $x=-1$ cm 所用时间为________.

9-5　已知两简谐运动的振动方程为 $x_1=4\cos\left(\pi t+\frac{\pi}{6}\right)$(cm)，$x_2=2\cos\left(\pi t-\frac{5\pi}{6}\right)$(cm)，则合振动的振动方程为________.

9-6　一个弹簧振子和一个单摆（只考虑小幅度摆动），在地面上的固有振动周期分别为 T_1 和 T_2. 将它们拿到月球上去，相应的周期分别为 T_1' 和 T_2'. 则有（　　）.

A. $T_1'>T_1$ 且 $T_2'>T_2$　　B. $T_1'<T_1$ 且 $T_2'<T_2$

C. $T_1'=T_1$ 且 $T_2'=T_2$　　D. $T_1'=T_1$ 且 $T_2'>T_2$

9-7　一弹簧振子，重物的质量为 m，弹簧的劲度系数为 k，该振子作振幅为 A 的简谐振动. 当重物通过平衡位置且向规定的正方向运动时，开始计时. 则其振动方程为（　　）.

A. $x=A\cos\left(\sqrt{k/m}t+\frac{1}{2}\pi\right)$　　B. $x=A\cos\left(\sqrt{k/m}t-\frac{1}{2}\pi\right)$

C. $x=A\cos\left(\sqrt{m/k}t+\frac{1}{2}\pi\right)$　　D. $x=A\cos\left(\sqrt{m/k}t-\frac{1}{2}\pi\right)$

9-8　一质点作简谐振动，振动方程为 $x=A\cos(\omega t+\psi)$，当时间 $t=\frac{T}{2}$（T 为周期）时，质点的速度为（　　）.

A. $-A\omega\sin\psi$　　B. $A\omega\sin\psi$　　C. $-A\omega\cos\psi$　　D. $A\omega\cos\psi$

9-9　一弹簧振子作简谐振动，总能量为 E_1，如果简谐振动振幅增加为原来的 2 倍，重物的质量增为原来的 4 倍，则它的总能量 E_2 变为(　　).

A. $\dfrac{E_1}{4}$　　B. $\dfrac{E_1}{2}$　　C. $2E_1$　　D. $4E_1$

9-10　两个相互垂直的同频率的简谐振动的相位差满足什么条件时，它们的合振动仍然是简谐振动？(　　)

A. 0 或 π　　B. 0 或$\dfrac{\pi}{2}$　　C. 0　　D. $\dfrac{3\pi}{2}$

9-11　在气垫导轨上质量为 m 的物体由两个轻弹簧分别固定在气垫导轨的两端，如题 9-11 图所示，试证明物体 m 的左右运动为简谐振动，并求其振动周期. 设弹簧的劲度系数分别为 k_1 和 k_2.

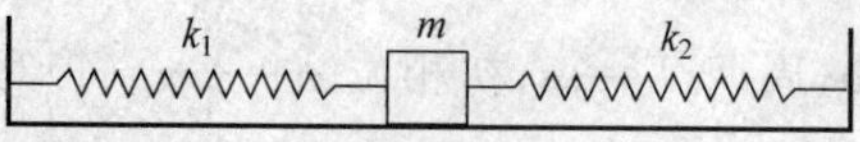

题 9-11 图

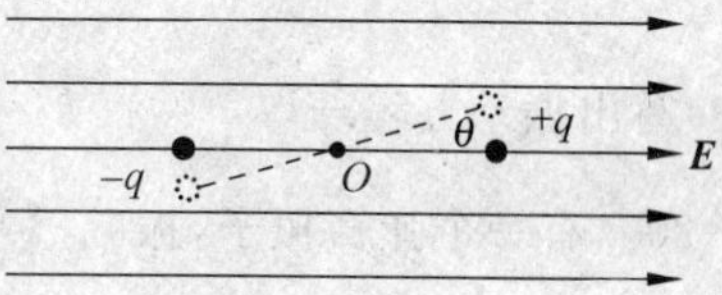

题 9-12 图

9-12　如题 9-12 图所示，在电场强度为 $\boldsymbol{E}$ 的匀强电场中，放置一电偶极矩 $\boldsymbol{P}=q\boldsymbol{l}$ 的电偶极子，$+q$ 和 $-q$ 相距 l，且 l 不变. 若有一外界扰动使这对电荷偏过一微小角度，扰动消失后，这对电荷会以垂直于电场并通过 l 的中心点 O 的直线为轴来回摆动. 试证明这种摆动是近似的简谐振动，并求其振动周期. 设电荷的质量皆为 m，重力忽略不计.

9-13　汽车的重量一般支承在固定于轴承的若干根弹簧上，成为一倒置的弹簧振子. 汽车在开动时，上下自由振动的频率应保持在 $\nu=1.3$ Hz 附近，与人的步行频率接近，才能使乘客没有不适之感. 问汽车正常载重时，每根弹簧比松弛状态下压缩了多少距离？

9-14　一根质量为 m，长为 l 的均匀细棒，一端悬挂在水平轴 O 点，如题 9-14 图所示. 开始棒在垂直位置 OO'，处于平衡状态. 将棒拉开微小角度后放手，棒将在重力矩的作用下，绕 O 点在竖直平面内来回摆动. 此装置是最简单的物理摆(又称复摆). 若不计棒与轴的摩擦力和空气的阻力，棒将摆动不止. 试证明在摆角很小的情况下，细棒的摆动为简谐振动，并求其振动周期.

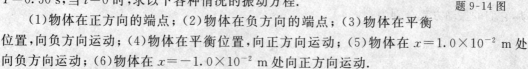

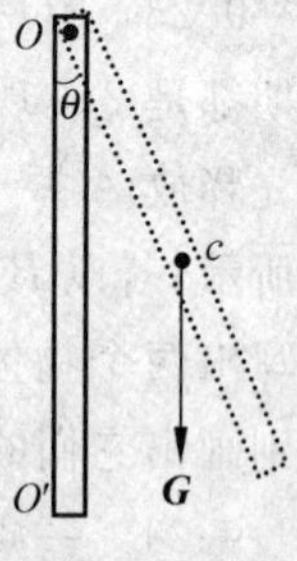

题 9-14 图

9-15　一放置在水平桌面上的弹簧振子，振幅 $A=2\times10^{-2}$ m，周期 $T=0.50$ s，当 $t=0$ 时，求以下各种情况的振动方程.

(1)物体在正方向的端点；(2)物体在负方向的端点；(3)物体在平衡位置，向负方向运动；(4)物体在平衡位置，向正方向运动；(5)物体在 $x=1.0\times10^{-2}$ m 处向负方向运动；(6)物体在 $x=-1.0\times10^{-2}$ m 处向正方向运动.

9-16　一质点沿 x 轴作简谐振动，振幅为 0.12 m，周期为 2 s，当 $t=0$ 时，质点的位置在 0.06 m 处，且向 x 轴正方向运动，求：(1)质点振动的运动方程；(2)$t=0.5$ s 时，质点的位置、速度、加速度；(3)质点在 $x=-0.06$ m 处，且向 x 轴负方向运动，再回到平衡位置所需的最短时间.

9-17　一弹簧悬挂 0.01 kg 砝码时伸长 8 cm，现在这根弹簧下悬挂 0.025 kg 的物体，使它作自由振动. 请建立坐标系，分别对下述三种情况列出初始条件，求出振幅和初相位，最后建立振动方程. (1)开始时，使物体从平衡位置向下移动 4 cm 后松手；(2)开始时，物体在平衡位置，给以向上 21 cm·s^{-1}的初速度，使其振动；(3)把物体从平衡位置向下拉动 4 cm 后，又给以向上 21 cm·s^{-1}的初速度，同时开始计时.

9-18 质量为 0.1 kg 的物体，以振幅 $A=1.0\times10^{-2}$ m 作简谐振动，其最大加速度为 4.0 m·s^{-2}，求：(1)振动周期；(2)通过平衡位置时的动能；(3)总能量.

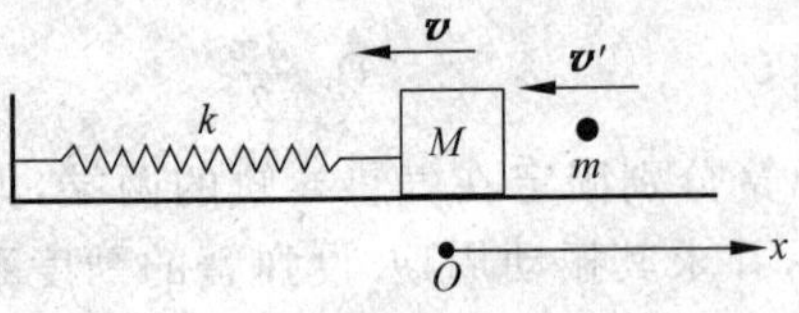

题 9-19 图

9-19 弹簧振子在光滑的水平面上作振幅为 A_0 的简谐振动，如题 9-19 图所示. 物体的质量为 M，弹簧的劲度系数为 k，当物体到达平衡位置且向负方向运动时，一质量为 m 的小泥团以速度 v' 从右方打来，并黏附于物体之上，若以此时刻作为起始时刻，求：(1)系统振动的圆频率；(2)按图示坐标列出初始条件；(3)写出振动方程.

9-20 有一个弹簧振子，振幅 $A=2\times10^{-2}$ m，周期 $T=1$s，初相位 $\varphi=\frac{3}{4}\pi$. (1)写出它的振动方程；(2)利用旋转矢量图，作 x-t 图，v-t 图和 a-t 图.

9-21 一物体作简谐振动.(1)当它的位置在振幅一半处时，试利用旋转矢量计算它的相位可能为哪几个值？并作出这些旋转矢量；(2)谐振子在这些位置时，其动能、势能各占总能量的百分比是多少？

9-22 手持一块平板，平板上放一质量为 0.5 kg 的砝码. 现使平板在竖直方向上下振动，设这振动是简谐振动，频率为 2 Hz，振幅是 0.04 m，问：(1)位移最大时，砝码对平板的正压力多大？(2)以多大的振幅振动时，会使砝码脱离平板？(3)如果振动频率加快一倍，则砝码随板保持一起振动的振幅上限如何？

9-23 有两个完全相同的弹簧振子 A 和 B，并排地放在光滑的水平面上，测得它们的周期都是 2 s. 现将两个物体从平衡位置向右拉开 5 cm，然后先释放 A 振子，经过 0.5 s 后，再释放 B 振子，如题 9-23 图所示，若以 B 振子释放的瞬时作为时间的起点. (1)分别写出两个物体的振动方程；(2)它们的相位差为多少？分别画出它们的 x-t 图.

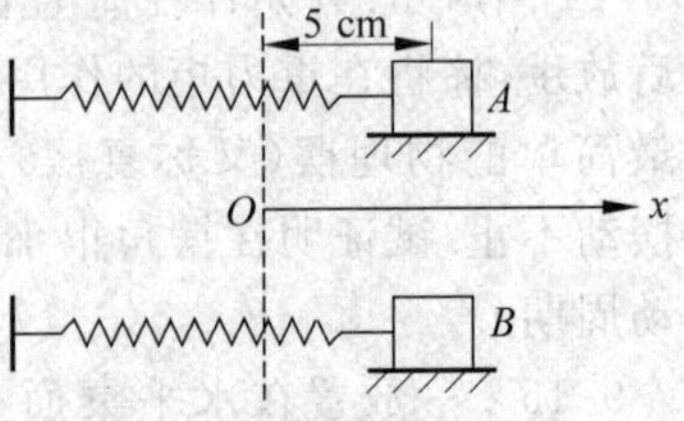

题 9-23 图

9-24 一质点同时参与两个同方向，同频率的简谐振动，它们的振动方程分别为

$$x_1 = 6\cos\left(2t+\frac{\pi}{6}\right)(\text{cm})$$

$$x_2 = 8\cos\left(2t-\frac{\pi}{3}\right)(\text{cm})$$

试用旋转矢量求出合振动方程.

9-25 有两个同方向、同频率的简谐振动，其合振动的振幅为 0.2 m，合振动的相位与第一个振动的相位之差为$\frac{\pi}{6}$，若第一个振动的振幅为 0.173 m，求第二个振动的振幅，第一、第二两振动的相位差.

9-26　质量为 0.4 kg 的质点同时参与互相垂直的两个振动：

$$x = 0.08\cos\left(\frac{\pi}{3}t + \frac{\pi}{6}\right),\quad y = 0.06\cos\left(\frac{\pi}{3}t - \frac{\pi}{3}\right)$$

式中 x,y 的单位为 m,t 的单位为 s. 求(1)运动的轨迹方程；(2)质点在任一位置所受的力.

9-27　质点参与两个方向互相垂直的、同相位、同频率的简谐振动. (1)证明质点的合振动是简谐振动；(2)求合振动的振幅和频率.

第10章 波动学基础

古代称“洗”的器皿类似于如今的洗脸盆，据传先秦时期已普遍使用，有陶洗、瓷洗、铜洗和木洗等. 而能喷水的铜洗约出现于唐代，是宫庭盥洗用具，其后还曾出现能喷水的玛瑙洗. 喷水鱼洗是由青铜铸成，薄型盆壁倾斜外翻，盆沿上对称地安有两只“把手”，称“耳”，盆底饰有四尾鲤鱼浮雕，呈 90°旋转对称，四尾鱼嘴处的喷水装饰线由盆底沿盆壁辐射而上.

鱼洗

当盆中注入清水，用肥皂清洁双手和盆沿上双耳后，用双掌内侧摩擦双耳，伴随着鱼洗发出的嗡鸣声，犹如泉涌的水花珠光四溅，从四条跃然欲活的鱼嘴喷水线处喷出，高达数十厘米，蔚为奇观，喷水鱼洗亦由此得名. 喷出的水珠沿抛物线轨迹被高高抛起又回落洗中，让人联想起唐代诗人白居易在琵琶行中的千古佳句“大珠小珠落玉盘”，鱼洗何以能喷水？

振动的传播过程称为波动. 波动是自然界中一种重要而常见的物质运动形式. 波动通常可分为两类：一类是机械振动在弹性媒质中的传播过程，称为机械波. 如绳子上的波、声波、地震波、水面波等. 另一类是变化的电场和变化的磁场在空间的传播过程，称为电磁波，如无线电波、光波等. 近代物理研究还表明，波动是一切微观粒子乃至任何物质都具有的共同属性. 虽然各类波产生的机制、物理本质不尽相同，但它们都具有波动的共同特征，并遵守共同的规律. 例如，行波都伴随着能量的传播，都能产生衍射和干涉，都可以用类似的数学方法来描述等.

10.1 机械波的产生及描述

10.1.1 机械波的产生

传播机械振动的媒介物叫**媒质**，例如空气、水、弦线等. 媒质可以看成由大量质元组成，各质元之间有相互作用的弹力. 如果媒质中有一个质元 A 因受到外力作用而离开平衡位置时，邻近质元就对它作用一个弹性恢复力，使它在平衡位置附近振动起来. 与此同时，当质元

A 离开平衡位置时，它也给邻近质元一个弹性恢复力的作用，使邻近质元也在自己的平衡位置附近振动起来. 这样，弹性媒质中一个质元的振动会引起与它邻近质元的振动，而邻近质元的振动又会引起它邻近质元的振动，这样依次带动，就使振动以一定的速度由近及远地传播出去，从而形成机械波. 例如向水中投一石子，与石子撞击的那部分水质元先振动起来，成为波源，带动邻近的水质元由近及远地相继振动起来，形成水波. 由此可见，要形成机械波，首先要有作机械振动的物体，即波源；其次还要有能够传播机械振动的弹性媒质. **波源**和**弹性媒质**是产生机械波的两个必须具备的条件.

质元振动方向与波的传播方向垂直的波叫**横波**，例如，绳子上的波就是横波；质元振动方向与波的传播方向平行的波叫**纵波**，例如，声波就是纵波. 横波和纵波是两种最简单的波，各种复杂的波常可分解为横波和纵波. 或者说各种复杂的波常可看成是由横波和纵波合成的.

波动只是振动状态（相位）的传播，媒质中各质元并不随波前进，各质元只在各自的平衡位置附近振动，振动的传播速度称为波速，波速的大小由质元（媒质）的特性决定，它不是质元的振动速度.

检测点 1：把一根十分长的绳子拉成水平，用手握其一端，另一端固定，在维持拉力恒定的条件下，使手握端在垂直于绳子的方向上作简谐振动，在绳子上形成的是横波还是纵波？

10.1.2　波阵面　波射线

在静电场中我们常用等势面和电力线来形象地描述电场. 类似地，我们用波阵面和波射线来形象地描述波. 在波的传播过程中，任一时刻媒质中各振动相位相同的点连接成的面叫**波阵面**（也称波面或同相面）. 波传播到达的最前面的波阵面称为**波前**.

波阵面为球面的波叫**球面波**，波阵面为平面的波叫**平面波**. 点波源在各向同性均匀媒质中向各个方向发出的波就是球面波，其波面是以点波源为球心的球面，在离点波源很远的小区域内，球面波可近似看成平面波.

沿波的传播方向作一些带箭头的线，称为**波射线**. 射线的指向表示波的传播方向. 在各向同性均匀媒质中，波射线恒与波阵面垂直. 平面波的波射线是垂直于波阵面的平行直线. 球面波的波射线是沿半径方向的直线. 平面波和球面波的波阵面和波射线如图 10-1 所示.

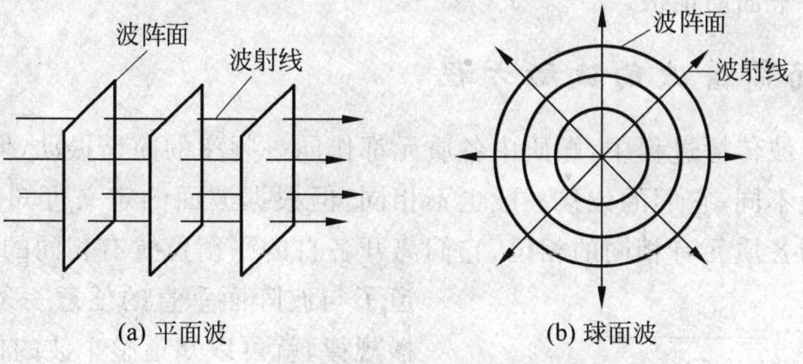

图 10-1　平面波和球面波的波阵面和波射线

检测点 2：点波源在各向同性均匀媒质中向各个方向发出的波的波阵面是球面还是平面？

10.1.3 波的频率、波长和波速

波的传播实际上就是媒质中质元振动状态的传播．单位时间内一定振动状态所传播的距离就是波速(u)．同一波射线上两个相邻的振动状态相同（相位差为 2π）的质元之间的距离称为波长(λ)．波前进一个波长的距离所需要的时间叫做波的周期(T)．单位时间内，波前进距离中完整波的数目，叫做波的频率(ν)．波长、波速和频率的关系如图 10-2 所示．

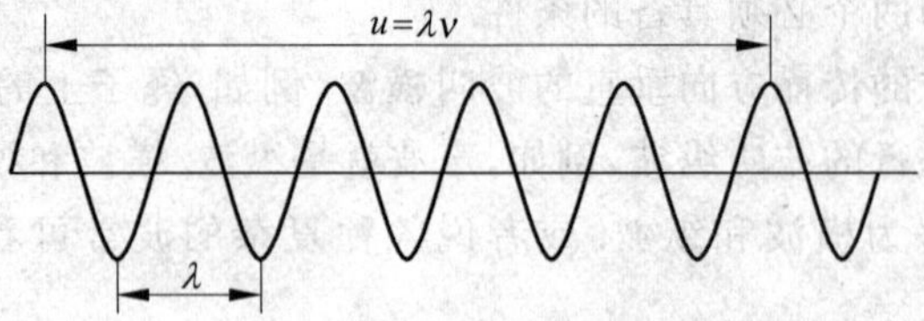

图 10-2　波长、波速和频率的关系

由上述定义得出

$$u=\frac{\lambda}{T} \tag{10-1}$$

因为 $\nu=\dfrac{1}{T}$，所以

$$u=\lambda\nu \tag{10-2}$$

因为振源完成一次全振动，相位就向前传播一个波长，所以波的周期在数值上等于质元的振动周期．

检测点 3：根据波长、频率、波速的关系式 $u=\lambda v$，有人认为频率高的波传播速度大，你认为对否？

10.2 平面简谐波

波阵面是平面，且波所到之处，媒质中各质元均作同频率、同振幅的简谐振动，这样的波叫平面简谐波．本章主要讨论在无吸收（即不吸收所传播的振动能量）、各向同性、均匀无限大媒质中传播的平面简谐波．

10.2.1 平面简谐波的波动方程

在平面简谐波传播过程中，媒质中各质元都作同一频率的简谐振动，但在任一时刻各点的振动相位一般不同，它们的位移一般也不相同，但根据波面的定义可知，在任一时刻处在同一波阵面上的各质元有相同的相位，它们离开各自的平衡位置有相同的位移．因此只要知道了与波阵面垂直的任意一条波射线上波的传播规律，就可以知道整个波的传播规律．

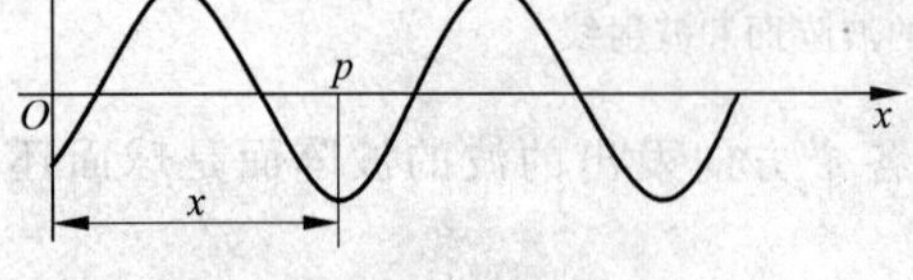

图 10-3　波动方程的推导

如图 10-3 所示，设有一平面简谐波，在均匀媒质中沿 x 轴的正向传播，波速为 u，媒质中各质元的振动方向沿 y 轴方向（对于纵波来说质元的振动方向沿 x 轴方向）．取任意一条波射

线为 x 轴，在其上任意取一点 O 为坐标原点，选择某一时刻为计时起点，则坐标原点 O 处质元的振动方程可表示为

$$y_0 = A\cos(\omega t + \varphi_0)$$

y_0 是原点 O 处质元在时刻 t 离开平衡位置的位移. 现在考虑平衡位置在 p 点处的质元的振动情况. 当振动从 O 点传到 p 点时，p 点将作与 O 点同样的简谐振动，但在相位上要落后一些. 因为振动从 O 点传到 p 点所需要的时间为 x/u，所以在时刻 t，p 点的相位应等于在 $(t-x/u)$ 时刻 O 点的相位. 也就是说，p 点在时刻 t 的振动状态应等于 O 点在时刻 $(t-x/u)$ 的振动状态. 所以 p 点处质元的振动方程为

$$y = A\cos\left[\omega\left(t - \frac{x}{u}\right) + \varphi_0\right] \tag{10-3a}$$

若平面简谐波是沿 x 负向传播的，则 p 点的相位超前于 O 点，p 点处质元的振动方程应为

$$y = A\cos\left[\omega\left(t + \frac{x}{u}\right) + \varphi_0\right] \tag{10-3b}$$

式(10-3)给出了波在传播过程中，任意时刻波射线上任意点作简谐振动的位移，称为平面简谐波的波动方程.

因为 $\omega = \dfrac{2\pi}{T} = 2\pi\nu$，又 $\lambda = uT$，所以式(10-3)也可写成

$$y = A\cos\left[2\pi\left(\frac{t}{T} \mp \frac{x}{\lambda}\right) + \varphi_0\right] \tag{10-4}$$

或

$$y = A\cos\left[2\pi\left(\nu t \mp \frac{x}{\lambda}\right) + \varphi_0\right] \tag{10-5}$$

如果适当选择计时起点，可使上面各式中的 $\varphi_0 = 0$，公式得到简化. 于是式(10-3)可简化为

$$y = A\cos\omega\left(t \mp \frac{x}{u}\right)$$

平面简谐波的波动方程中含有两个自变量，为了进一步理解它的物理意义，分 3 种情况讨论.

(1) 如果 $x = x_0$ 给定，则位移 y 仅是时间 t 的函数，这时波动方程表示距原点距离为 x_0 处的 p 质元在不同时刻的位移，如果以 t 为横坐标，y 为纵坐标，就得到位移-时间曲线图，如图 10-4(a)所示.

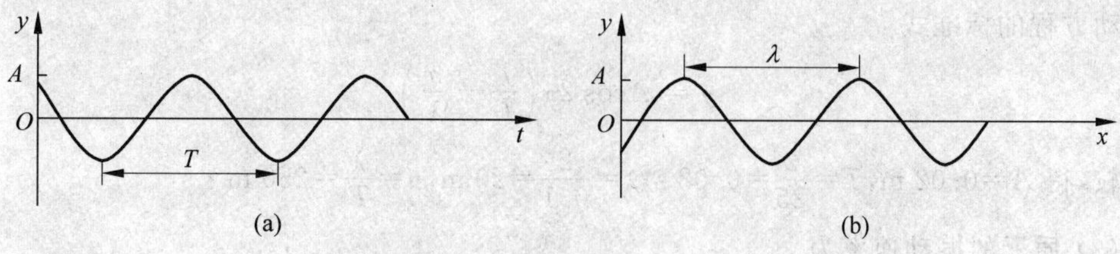

图 10-4　振动曲线和波形图

把 $x = x_0$ 代入式(10-5)有

$$y = A\cos\left(2\pi\nu t - 2\pi\frac{x_0}{\lambda} + \varphi_0\right)$$

若令 $\varphi = \varphi_0 - 2\pi\dfrac{x_0}{\lambda}$，则上式变为 $y = A\cos(2\pi\nu t + \varphi)$

说明 p 质元在作频率为 ν 的简谐振动.

(2) 如果 $t=t_0$ 给定，则位移 y 仅是 x 的函数，这时波动方程表示在给定时刻波射线上各振动质元的位移，即给定时刻的波形图. 如图 10-4(b)所示.

(3) 如果 x 和 t 都变化，这时波动方程表示波射线上各个质元在不同时刻的位移，更形象地说，就是波形的传播. 设 t_1 时刻的波形如图 10-5 实线所示，$t_1+\Delta t$ 时刻的波形如图 10-5 虚线所示. 由图可见，t_1 时刻 x_1 处质元的振动状态与 $t_1+\Delta t$ 时刻 $x_1+\Delta x$ 处质元的振动状态完全相同，即相位相同.

$$\omega\left(t_1-\frac{x_1}{u}\right)=\omega\left(t_1+\Delta t-\frac{x_1+\Delta x}{u}\right)$$

化简得

$$\frac{\Delta x}{\Delta t}=u$$

它的物理意义是：t_1 时刻 x_1 处质元的振动相位在 $t_1+\Delta t$ 时刻传至 $x_1+\Delta x$ 处，相位传播的速度为 u.

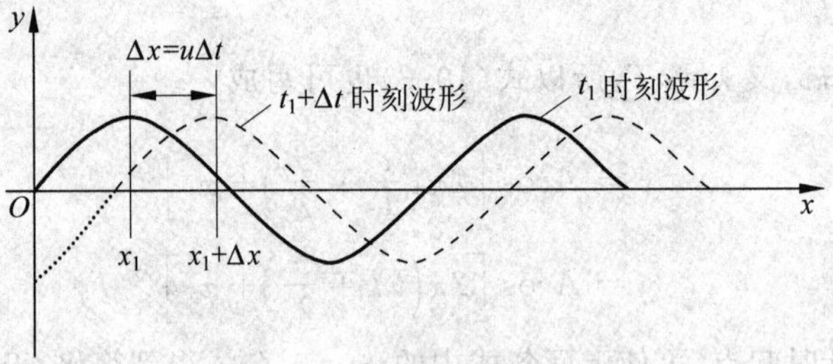

图 10-5　不同时刻波形图

例 10-1　一平面简谐波沿 x 轴正向传播，已知其波动方程为 $y=0.02\cos\pi(25t-0.10x)$ m. 求：(1)波的振幅、波长、周期及速率；(2)质元振动的最大速率；(3)画出 $t=1$ s 时的波形图.

解　(1) 将题中给的波动方程改写为

$$y=0.02\cos 2\pi\left(\frac{25}{2}t-\frac{0.10}{2}x\right)\ \text{m}$$

与波动方程的标准式

$$y=A\cos 2\pi\left(\frac{t}{T}-\frac{x}{\lambda}\right)$$

相比较，得 $A=0.02$ m，$T=\dfrac{2}{25}=0.08$ s，$\lambda=\dfrac{2}{0.1}=20$ m，$u=\dfrac{\lambda}{T}=250\ \text{m}\cdot\text{s}^{-1}$

(2) 质元的振动速率为

$$v=\frac{\partial y}{\partial t}=-0.02\times 25\pi\sin\pi(25t-0.1x)\ \text{m}\cdot\text{s}^{-1}$$

最大速率为　$v_{\max}=0.02\times 25\pi=1.57\ \text{m}\cdot\text{s}^{-1}$

(3) 将 $t=1$ s 代入波动方程得

$$y=0.02\cos(0.10\pi x-25\pi)\ \text{m}$$

根据上式画出的波形图如图 10-6 所示. 图中 x，y 的单位是 m.

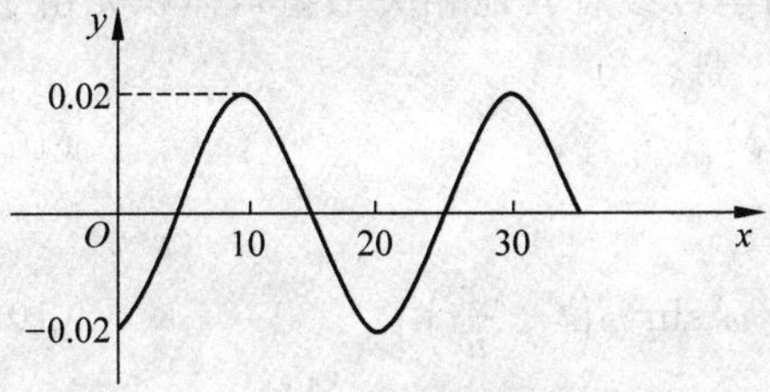

图 10-6　例 10-1 用图

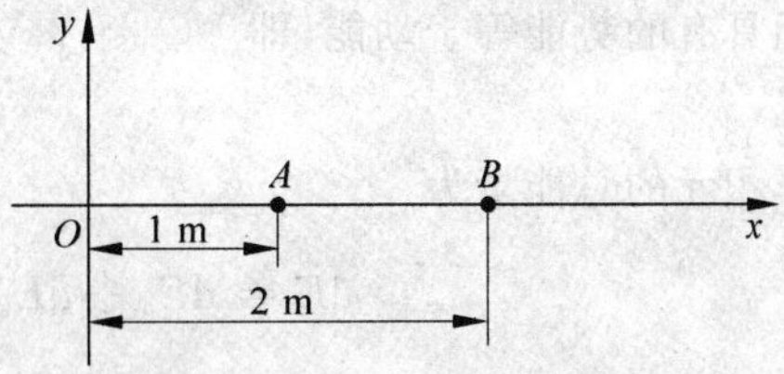

图 10-7　例 10-2 用图

例 10-2　如图 10-7 所示，一平面简谐波以 400 m·s^{-1}的波速在均匀媒质中沿 x 轴正向传播. 已知波源在 O 点，波源的振动周期为 0.01 s，振幅为 0.01 m. 设以波源振动经过平衡位置向 y 轴正向运动时作为计时起点，求：(1)B 和 A 两点间的振动相位差；(2)以 B 为坐标原点写出波动方程.

解　(1) 由题中给的已知条件可得

$$\lambda = Tu = 0.01 \times 400 = 4\ \text{m}$$

$$\Delta\varphi = -2\pi\frac{\Delta x}{\lambda} = -2\pi\frac{2-1}{4} = -\frac{\pi}{2}$$

(2) 波源振动的初始条件为

$$\left.\begin{array}{l} y_0 = 0 \\ v_0 > 0 \end{array}\right\}$$

则波源振动的初相位 $\varphi_0 = -\dfrac{\pi}{2}$，$B$ 点比 O 点相位落后 $2\pi\dfrac{\Delta x}{\lambda} = 2\pi\dfrac{2}{4} = \pi$. 因而 B 点振动的初相位是 $-\dfrac{3\pi}{2}$，以 B 点为坐标原点的波动方程为

$$y = 0.01\cos\left[200\pi\left(t - \frac{x}{400}\right) - \frac{3\pi}{2}\right]\ (\text{m})$$

检测点 4：这里有三个波的方程：(1)$y=2\sin(4x-2t)$；(2)$y=\sin(3x-4t)$；(3)$y=2\sin(3x-3t)$；按照它们的波速由大到小将这些波排序.

10.2.2　波的能量　能流密度　波的吸收

在波的传播过程中，媒质中质元都在各自的平衡位置附近振动，因而具有动能. 同时弹性媒质要产生形变，因而具有势能，所以，随着波的传播就有能量的传播. 通常把有振动状态和能量传播的波称为行波，以便与后面将要讲的驻波有所区别.

假设平面简谐波在密度为 ρ 的均匀媒质中传播，其波动方程为

$$y = A\cos\omega\left(t - \frac{x}{u}\right)$$

在 x 处取一体积为 $\mathrm{d}V$ 的体积元，该质元在任意时刻的振动速度为

$$v = -A\omega\sin\omega\left(t - \frac{x}{u}\right)$$

体积元的质量为 $\mathrm{d}m = \rho\mathrm{d}V$，则它所具有的动能为

$$\mathrm{d}E_k = \frac{1}{2}\rho\mathrm{d}VA^2\omega^2\sin^2\omega\left(t - \frac{x}{u}\right) \tag{10-6}$$

可以证明(证明过程较复杂,这里从略,有兴趣的同学可参看其他相关书籍),体积元由于形变而具有的势能等于动能,即

$$dE_p = dE_k \tag{10-7}$$

则体积元的总能量为

$$dE = dE_p + dE_k = \rho dV A^2\omega^2 \sin^2\omega\left(t - \frac{x}{u}\right) \tag{10-8}$$

由式(10-6)～式(10-8)可以看出,尽管在波动过程中,每个体积元都在作简谐振动,但波动的能量和简谐振动的能量有着明显的不同,在简谐振动系统中,动能和势能有相位差,动能达到最大时势能为零,势能达到最大时动能为零,两者相互转化,使系统的总机械能保持守恒.但在波动中动能和势能的变化是同相位的,它们同时到达最大,又同时到达最小.因此对任意体积元来说,它的机械能不守恒,沿着波动的传播方向,该体积元不断地从后面的媒质获得能量,又不断地把能量传递给前面的媒质.这样,能量就随着波的行进,从媒质的这一部分传向另一部分,波动是能量传递的一种方式.

为了精确地描述波的能量分布情况,引入波的能量密度概念.媒质中单位体积内的能量称为**能量密度**,用 w 表示,

$$w = \frac{dE}{dV}$$

把式(10-8)应用于上式,得平面简谐波的能量密度

$$w = \frac{dE}{dV} = \rho A^2\omega^2 \sin^2\omega\left(t - \frac{x}{u}\right) \tag{10-9}$$

能量密度在一个周期内的平均值,称为平均能量密度,用 $\overline{w}$ 表示,

$$\overline{w} = \frac{1}{T}\int_0^T \rho A^2\omega^2 \sin^2\omega\left(t - \frac{x}{u}\right)dt = \frac{1}{2}\rho A^2\omega^2 \tag{10-10}$$

由以上各式可知,波的能量与振幅的平方、频率的平方和媒质的密度成正比.

为了描述波动过程中能量的传递情况,引入平均能流密度这个物理量.单位时间内,通过垂直于波动传播方向上单位面积的平均能量,叫做**波的平均能流密度**.也称为波的强度.设在均匀媒质中,垂直于波速方向取一面积为 S 的截面,如图10-8所示,已知媒质中的平均能量密度为 $\overline{w}$,则在 S 面积左方的体积 uTS 内的能量 $\overline{w}uTS$ 恰好为在一个周期 T 的时间内通过面积为 S 的截面的能量.因而平均能流密度为

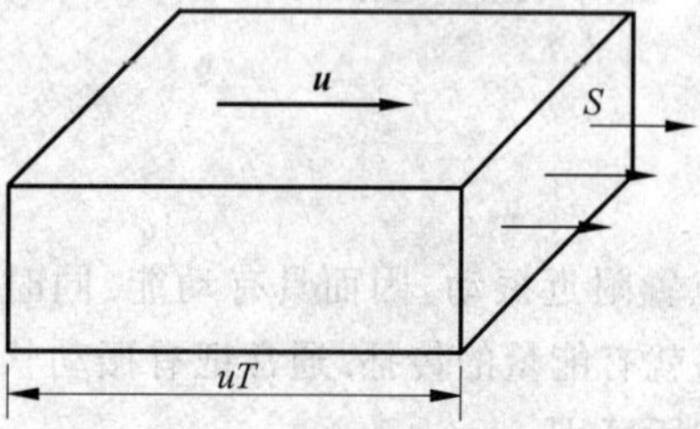

图 10-8 能流密度

$$I = \frac{\overline{w}uTS}{TS} = \overline{w}u = \frac{1}{2}\rho A^2\omega^2 u \tag{10-11}$$

由式(10-11)可以看出,波的强度与波的振幅的平方成正比.这一结论不仅对简谐波适用,而且具有普遍意义.

波在媒质中传播时,媒质总要吸收一部分波的能量,因而波的强度将逐渐减弱,这种现象称为**波的吸收**.

实验指出,当波通过厚度为 dx 的一层薄媒质时(如图10-9(a)所示),若波的强度增量为 dI($dI<0$),则 dI 正比于入射波的强度 I,也正比于媒质层的厚度 dx,即

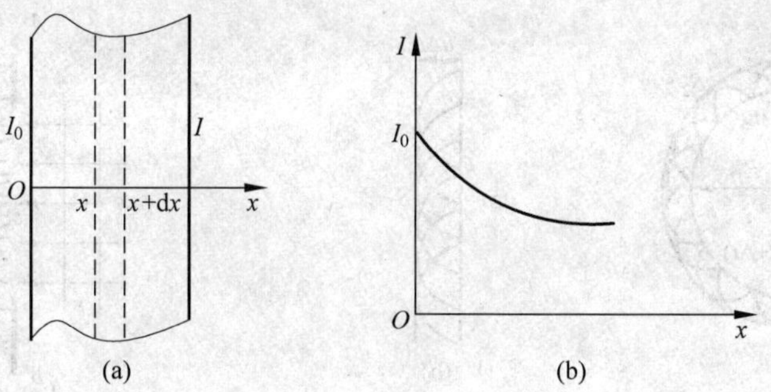

图 10-9　波的吸收

$$dI = -\alpha I dx$$

α 为比例系数，积分后得

$$I = I_0 e^{-\alpha x}$$

式中 I_0 和 I 分别为 $x=0$ 和 x 处的波的强度. 上式表明，**由于媒质对波的吸收，波的强度随波在媒质中通过的距离按指数规律衰减**，如图 10-9(b)所示.

检测点 5：当一平面简谐机械波在弹性媒质中传播时，媒质质元在到达其平衡位置处时，其弹性势能如何变化？

10.3　波的衍射和干涉

10.3.1　惠更斯原理

水面波传播时，如果没有遇到障碍物，波前的形状将保持不变. 但是如果用一块有小孔的隔板挡在波的前面，不论原来的波面是什么形状，只要小孔的线度小于波长，通过小孔后的波面都将变成以小孔为中心的圆形，好像这个小孔是点波源一样，如图 10-10 所示.

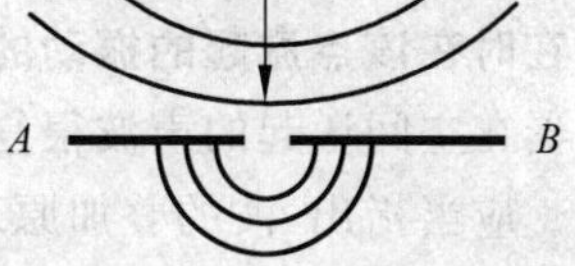

图 10-10　水波通过小孔

惠更斯总结和研究了大量类似的实验现象，于 1690 年提出：**媒质中波动传播到的各点，都可以看作是发射子波的波源，在以后任意时刻，这些子波的包迹就是新的波阵面.** 这就是惠更斯原理，该原理适合于任何波动过程. 若已知某一时刻波前的位置，就可以根据这一原理，用几何作图的方法，确定出下一个时刻波前的位置，从而确定波传播的方向.

下面以球面波为例，说明惠更斯原理的应用. 以 O 为中心的球面波以速度 u 在媒质中传播，在时刻 t 的波前是半径为 R_1 的球面 S_1，如图 10-11(a)所示，根据惠更斯原理，S_1 面上的各点都可以看成是子波波源，以 $r=u\Delta t$ 为半径画出许多半球形子波，那么，这些子波的包迹 S_2 即为 $t+\Delta t$ 时刻的新的波前. 显然 S_2 是以 O 为中心，以 $R_2=R_1+u\Delta t$ 为半径的球面. 同样我们根据惠更斯原理也可以很容易求得出平面波在下一个时刻的波前，如图 10-11(b)所示.

检测点 6：惠更斯原理适合于平面波吗？

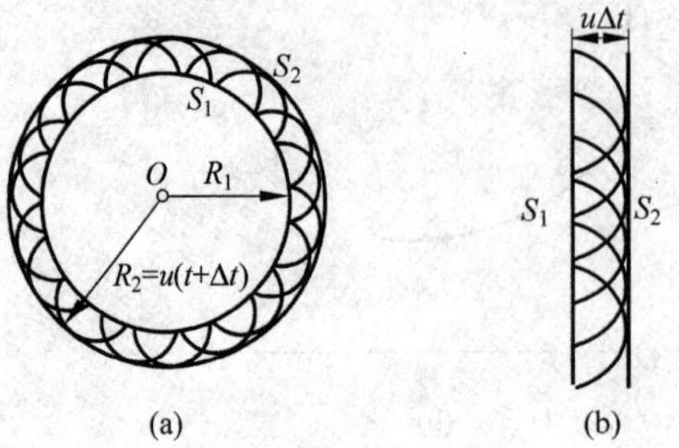

图 10-11 惠更斯原理

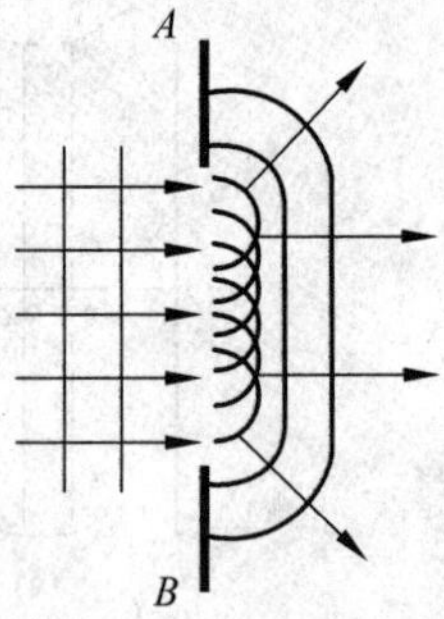

图 10-12 波的衍射

10.3.2 波的衍射

波在前进中遇到障碍物时，波的传播方向发生改变，并能够绕过障碍物的边缘而前进，这种现象称为**波的衍射**，也叫波的绕射. 衍射现象是波的重要特性之一.

如图 10-12 所示，当一平面波到达障碍物 AB 上的一条狭缝时，根据惠更斯原理，缝上各点都可以看作是发射子波的波源，作这些子波的包络面，就得到新的波阵面. 此时的波阵面不再是原来那样的平面了，在靠近障碍物的边缘处，波阵面发生了弯曲，也就是波的传播方向发生改变，波绕过障碍物向前传播，理论和实验都证明，当狭缝的尺度和波长接近时，才会发生明显的衍射现象.

检测点 7：波在前进中到达障碍物上的一条狭缝时，要发生明显的衍射现象，对狭缝的要求是什么？

10.3.3 波的叠加原理

前面我们讨论的都是一个振源在媒质中激起的波. 当媒质中存在两个以上的振源时，情况将如何？实验和理论都证明：**各振源所激起的波可在同一媒质中独立地传播，不改变各自原来的波长、频率和振动方向等. 在各个波相互交叠的区域，各点的振动，则是各个波单独存在时在该点激起的振动的矢量和，这就叫波的叠加原理.** 例如，交响乐队演奏时，尽管许多乐器在空间激起的声波很复杂，但人耳仍能清晰地分辨出每个乐器所演奏的旋律.

应当指出，波的叠加原理并不是在任何情况下都成立，实践证明，通常在波的强度不是很大，描述波动过程的波动微分方程是线性的时，叠加原理是成立的. 如果描述波动过程的波动微分方程不是线性的，波的叠加原理不成立. 例如，强烈的爆炸形成的波，就不遵守波的叠加原理.

检测点 8：S_1 和 S_2 是波长为 λ 的两个相干波的波源，相距 $\frac{3\lambda}{4}$，S_1 的位相比 S_2 超前 $\frac{\pi}{2}$，若两波单独传播时，在过 S_1 和 S_2 的直线上各点的强度相同，不随距离变化，且两波的强度都是 I_0，则在 S_1、S_2 连线上 S_1 外侧和 S_2 外侧各点，合成波的强度分别是多少？

10.3.4 波的干涉

波的叠加问题很复杂，我们只讨论一种最简单也是最重要的波的叠加情况，即两列频率相同，振动方向相同，相位相同或相位差恒定的波的叠加. 满足这三个条件的波称为相干波，

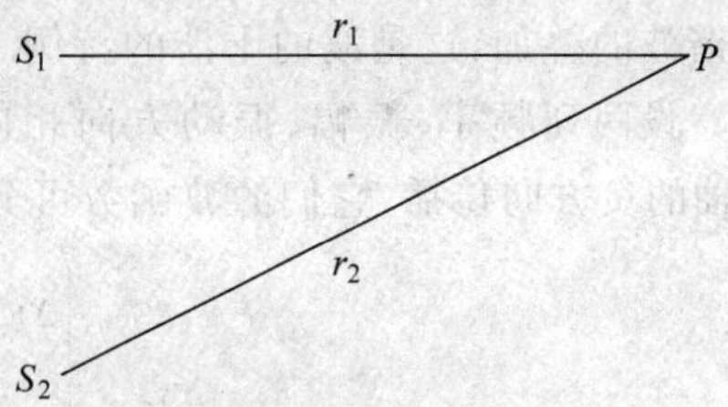

图 10-13　波的干涉

能产生相干波的波源称为相干波源.

设有两个相干波源 S_1 和 S_2，如图 10-13 所示，它们的振动方程分别为

$$\begin{cases} y_{10} = A_1 \cos(\omega t + \varphi_1) \\ y_{20} = A_2 \cos(\omega t + \varphi_2) \end{cases}$$

由这样的两个波源发出的波满足相干条件. 它们在同一媒质中传播而相遇时，就会产生干涉. 设两列波在 P 点相遇，r_1 和 r_2 是 S_1 和 S_2 到 P 点的距离，则 S_1 和 S_2 在 P 点激发的振动方程分别为

$$\begin{cases} y_1 = A_1 \cos\left(\omega t + \varphi_1 - \dfrac{2\pi r_1}{\lambda}\right) \\ y_2 = A_2 \cos\left(\omega t + \varphi_2 - \dfrac{2\pi r_2}{\lambda}\right) \end{cases}$$

P 点的振动为两个同方向、同频率的简谐振动的合振动. 由式(9-11)可知，其合振幅为

$$A = \sqrt{A_1^2 + A_2^2 + 2A_1A_2\cos\Delta\varphi}$$

式中的 $\Delta\varphi$ 为两个分振动在 P 点的相位差，其值为

$$\Delta\varphi = \left(\omega t + \varphi_2 - \frac{2\pi r_2}{\lambda}\right) - \left(\omega t + \varphi_1 - \frac{2\pi r_1}{\lambda}\right)$$

即

$$\Delta\varphi = \varphi_2 - \varphi_1 - 2\pi\frac{r_2 - r_1}{\lambda} \tag{10-12}$$

式(10-12)中 $\varphi_2 - \varphi_1$ 为两相干波源之间的初相位差，$r_2 - r_1$ 为两波源到 P 点的波程差，用 δ 表示，$\delta = r_2 - r_1$，$-\dfrac{2\pi\delta}{\lambda}$为波程差引起的相位差. 对于空间给定的点 P，波程差 $r_2 - r_1$ 是恒定的，两相干波源之间的初相位差 $\varphi_2 - \varphi_1$ 也是恒定的，因而两波在 P 点的相位差 $\Delta\varphi$ 也将保持恒定. 当然对于空间不同的点将有不同的恒定的相位差 $\Delta\varphi$，对于空间不同的点将有不同的恒定的振幅. 由以上讨论可知，两列相干波在空间相遇，其合振幅在空间形成一种稳定的分布，即稳定的干涉图样. 其相位差和合振幅如下：

$$\left.\begin{aligned} &\Delta\varphi = \pm 2k\pi, k = 0,1,2,\cdots. \quad A = A_1 + A_2 \quad &(\text{干涉相长}) \\ &\Delta\varphi = \pm(2k+1)\pi, k = 0,1,2,\cdots. \quad A = |A_1 - A_2| \quad &(\text{干涉相消}) \end{aligned}\right\} \tag{10-13}$$

如果两波源的初相位相同，即 $\varphi_1 = \varphi_2$，则 $\Delta\varphi = -\dfrac{2\pi\delta}{\lambda}$. 于是式(10-13)可简化为

$$\left.\begin{aligned} &\delta = \pm k\lambda, k = 0,1,2,\cdots. \quad A = A_1 + A_2 \quad &(\text{干涉相长}) \\ &\delta = \pm(2k+1)\frac{\lambda}{2}, k = 0,1,2,\cdots. \quad A = |A_1 - A_2| \quad &(\text{干涉相消}) \end{aligned}\right\} \tag{10-14}$$

检测点 9：有两列振幅相同波长相同的波在三种不同情况下干涉产生的合成波公式如下：(1)$y=4\sin(5x-4t)$；(2)$y=4\sin(5x)\cos(4t)$；(3)$y=4\sin(5x+4t)$，哪一种情况下，是两个结合的波沿正 x 方向运动；沿负 x 方向运动；沿相反方向运动？

10.3.5　驻波

下面我们着重讨论一下两列频率相同，振幅相同，传播速度相同，传播方向相反的平面

简谐波的叠加，这是波的干涉的特例.

设两列频率、振幅、振动方向相同的平面简谐波，一列沿 x 轴的正方向传播，一列沿 x 轴的负方向传播，它们的波函数可分别表示为

$$\begin{cases} y_1 = A\cos\left(\omega t - \dfrac{2\pi x}{\lambda}\right) \\ y_2 = A\cos\left(\omega t + \dfrac{2\pi x}{\lambda}\right) \end{cases}$$

在两波交叠的区域，质元在任意时刻的合位移为

$$y = y_1 + y_2 = A\cos\left(\omega t - \frac{2\pi x}{\lambda}\right) + A\cos\left(\omega t + \frac{2\pi x}{\lambda}\right)$$

利用三角函数关系，上式可化简为

$$y = 2A\cos\frac{2\pi x}{\lambda}\cos\omega t \tag{10-15}$$

上式中 $\cos\omega t$ 是时间的余弦函数，说明形成驻波后，各质元都在作同频率的简谐振动. 另一因子 $2A\cos\dfrac{2\pi x}{\lambda}$ 是坐标 x 的余弦函数，说明各质元的振幅按余弦函数规律分布.

由驻波表达式(10-15)可知，当 x 满足

$$2\pi\frac{x}{\lambda} = \pm(2k+1)\frac{\pi}{2},\quad k = 0,1,2,3,\cdots$$

即

$$x = \pm(2k+1)\frac{\lambda}{4},\quad k = 0,1,2,3,\cdots \tag{10-16}$$

振幅为零，称这些点为驻波的波节. 相邻两波节间的距离为

$$\Delta x = x_{k+1} - x_k = \frac{\lambda}{2}$$

即相邻两波节的距离是半个波长.

当 x 满足

$$2\pi\frac{x}{\lambda} = \pm k\pi,\quad k = 0,1,2,3,\cdots$$

即

$$x = \pm k\frac{\lambda}{2},\quad k = 0,1,2,3,\cdots \tag{10-17}$$

振幅为最大，称这些点为驻波的波腹. 相邻两波腹间的距离为

$$\Delta x = x_{k+1} - x_k = \frac{\lambda}{2}$$

即相邻两波腹间的距离也是半个波长.

由以上的讨论可知，波节处的质元的振幅为零，始终处于静止；波腹处的质元的振幅最大，等于 $2A$. 其他位置处质元的振幅则在零与最大之间. 相邻两波节或相邻两波腹间的距离是半个波长. 波腹和相邻波节间的距离为四分之一个波长，波腹和波节交替作等距离排列.

现在来讨论驻波各点振动的相位. 某时刻初看式(10-15)，似乎各点的振动相位是相同的(与时间有关的项同为 $\cos\omega t$)，其实不然，因为 $2A\cos\dfrac{2\pi x}{\lambda}$ 随着 x 的变化有正有负，在相邻

两波节之间的所有各点，$2A\cos\frac{2\pi x}{\lambda}$具有同样的符号，因此它们具有相同的相位；但在波节两侧，$2A\cos\frac{2\pi x}{\lambda}$的符号相反，因而波节两侧的点的振动相位相反. 由此可见驻波被波节分成长为半波长的许多段，每段中各点在振动过程中同时到达最大，同时通过平衡位置，又同时到达负的最大(但各点振幅不同). 而波节两侧各点同时沿相反方向到达振动位移的正负最大值，又沿相反方向同时通过平衡位置. 通过以上分析看到，在波叠加区域内并没有振动状态(或相位)的传播，只有段与段之间的相位突变. 每段中的各点，振动相位是相同的，驻定不变的，所以称这种波为驻波.

下面介绍弦上的驻波实验. 我们可以用如图 10-14 所示的装置来实现驻波，在音叉一壁末端系一根弦线，弦线的另一端通过一滑轮系一砝码拉紧弦线. 音叉由电磁策动力维持恒定的振动. 调节劈尖 B 的位置，当 AB 为某些特定长度时，在 AB 之间就形成了驻波. 这是因为当音叉振动时，带动弦线 A 端振动，由 A 端振动所引起的波沿弦线向右传播，当它到达 B 点遇到障碍物时，波被反射回来. 反射波与入射波同频率、同振动方向、同振幅，但沿弦线向左传播. 左右方向传播的波相互叠加，就形成驻波，设入射波的波长为 λ，形成驻波时，弦 AB 间的长度 L 必须满足条件

$$L = n\frac{\lambda}{2},\quad n = 1,2,3,\cdots \tag{10-18}$$

即弦线的长度为半波长的整数倍. 这可以理解为，只有波长满足式(10-18)时，才形成驻波.

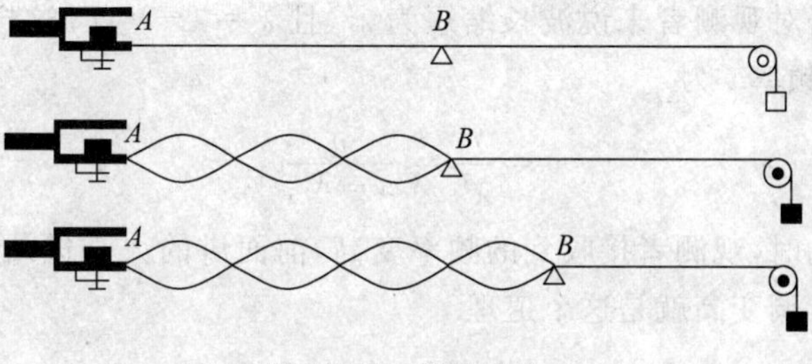

图 10-14　驻波实验

在驻波实验中，反射点 B 是固定不动的，在该处形成驻波的一个波节. 这一结果说明，当反射点固定不动时，反射波和入射波在 B 点恒反向，反射波并不是入射波的反向延伸，而有 π 的相位突变. 因为相距半波长的两点相位差为 π，所以这个 π 相位的突变一般称做**半波损失**. 当波在自由端反射时，则没有相位突变，形成驻波时，在自由端出现波腹. 半波损失是一个较复杂的问题，但在研究波动问题中却是一个重要问题. 半波损失问题不单在机械波反射时存在，在电磁波、光波反射时也存在.

检测点 10：在一根很长的弦线上形成驻波的条件是什么？

10.3.6　多普勒效应

在前面的讨论中，都是假定波源和观测者相对于媒质是静止的，在此情况下，观测者接收到的波的频率与波源发出的波的频率是相同的. 如果波源(或观测者，或两者)相对于媒质运动，这时观测者接收到的波的频率与波源发出的波的频率就不再相同

了. **这种由于波源（或观测者，或两者）相对于媒质运动，而使观测者接收到的波的频率发生变化的现象，称为多普勒效应.** 例如，火车进站时，站台上的观测者听到火车汽笛声的音调变高；火车出站时，站台上的观测者听到火车汽笛声的音调变低，这就是声波的多普勒效应的表现.

设波源发出的波的频率为 ν_0，周期为 T，媒质中波的传播速度为 u，波源静止时发出波的波长 $\lambda=uT$. 下面分三种情况介绍多普勒效应.

(1) 设波源 S 静止于媒质中，观测者 O 相对于媒质以速度 V_0 向着波源运动（这种情况下速度 V_0 取正值，远离波源时速度 V_0 取负值）. 如图 10-15 所示，根据速度合成法则，这时观测者感到波以 $u+V_0$ 的速度通过自己，于是观测者每秒钟内接收到的波长数目，即接收到的频率 ν 为 $\dfrac{u+V_0}{\lambda}=\dfrac{u+V_0}{uT}$，即

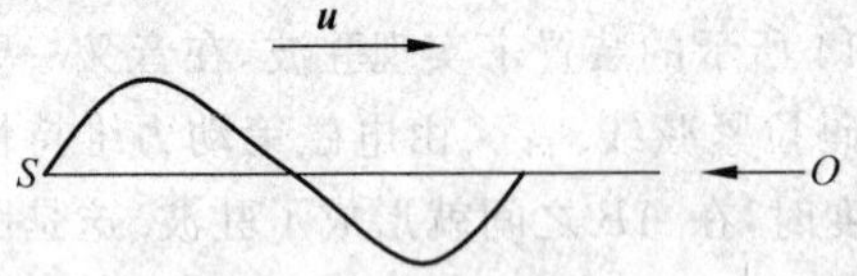

图 10-15 观测者运动

$$\nu=\left(1+\frac{V_0}{u}\right)\nu_0 \tag{10-19}$$

因此观测者向着波源运动时，接收到的频率大于波源的频率.

当观测者 O 相对于媒质以速度 V_0 远离波源运动时，式(10-19)仍然适应，只不过 V_0 要取负值，这时观测者接收到的频率小于波源的频率.

(2) 设观测者静止于媒质中，波源相对于媒质以速度 V_S 向着观测者运动（这种情况下速度取正，远离观测者运动时速度取负）. 如图 10-16 所示，波源 S 开始振动发出的波经过一个周期后到达 A 点，前进了一个波长 $\lambda=uT$ 的距离，但在这一时间内，波源也前进了一段距离，V_St 到达 S' 点，对观测者来说波长缩短为 λ'，且 $\lambda'=\lambda-V_ST$. 这样观测者每秒钟内接收到的波长数目，即频率 ν 为

$$\nu=\frac{u}{\lambda'}=\frac{u}{u-V_S}\nu_0 \tag{10-20}$$

在波源向观测者运动时，观测者接收到的频率变高，前面讲的火车进站时，站台上的观测者听到火车汽笛声的音调变高就是这个道理.

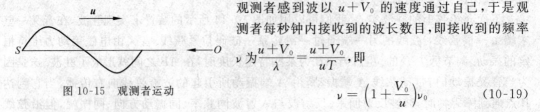

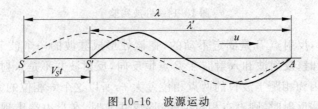

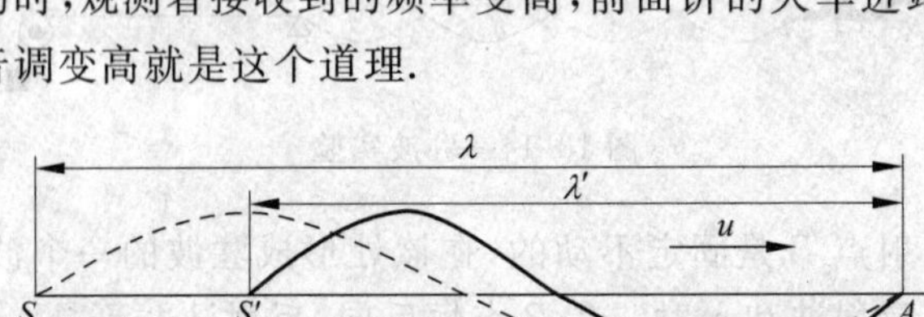

图 10-16 波源运动

当波源远离观测者运动时，式(10-20)仍然适应，只不过 V_S 要取负值，这时观测者接收到的频率变低. 前面讲的火车出站时，站台上的观测者听到火车汽笛声的音调变低就是这个道理.

(3) 波源和观测者都运动. 若波源和观测者相向而行，则 V_0，V_S 均为正. 因为波源以速度 V_S 运动，使波长变为 $\lambda'=\lambda-V_ST=\dfrac{u-V_S}{\nu_0}$，同时由于观测者以速度 V_0 运动，波相对于观测者的速度变为 $(u+V_0)$，所以观测者观测到波的频率为

$$\nu = \frac{u + V_0}{\lambda'} = \frac{u + V_0}{u - V_S}\nu_0 \tag{10-21}$$

可见，当观测者与波源相向运动($V_0>0, V_S>0$)时，$\nu>\nu_0$，观测者观测到的频率高；当观测者与波源相背运动($V_0<0, V_S<0$)时，$\nu<\nu_0$，观测者观测到的频率低.

需要指出，如果波源和观测者沿着它们连线的垂直方向运动，就没有多普勒效应发生(在经典的多普勒效应中只有纵向效应，没有横向效应，而在相对论中，除纵向外，还有横向多普勒效应). 若波源和观测者的运动方向是任意的，那么只要把速度在连线方向上的分量代入上述公式即可. 不过，由于运动方向是任意的，所以观测者观测的频率也将会随时间而变化.

多普勒效应有很多应用，例如交通警察用多普勒效应监测车辆行驶速度，用多普勒效应原理制成的流量计，可以测量人体内血管中血液的流速等.

最后还需要指出，光波也存在多普勒效应，但与机械波的多普勒效应产生的机理相比，在本质上有严格的区别，研究光的多普勒效应必须以狭义相对论为基础，此处不专门讨论.

例 10-3　一声源，其振动频率为 1000 Hz. (1)当它以 20 m/s 的速率向静止的观测者运动时，此观测者接收到的声波的频率是多大？(2)如果声源静止，而观测者以 20 m/s 的速率向声源运动时，此观测者接收到的声波的频率又是多大？设空气中的声速为 340 m/s.

解　(1) 在声源向观测者运动的情况中，由式(10-20)可得，观测者接收到的声波的频率为

$$\nu_1 = \frac{u}{u - V_S}\nu_0 = \frac{340}{340 - 20} \times 1000 = 1063(\mathrm{Hz})$$

(2) 观测者向声源运动的情况，由式(10-19)可得，观测者接收到的声波的频率为

$$\nu_2 = \left(1 + \frac{V_0}{u}\right)\nu_0 = \left(1 + \frac{20}{340}\right) \times 1000 = 1059(\mathrm{Hz})$$

检测点 11：多普勒效应是由于波源和观察者之间有相对运动产生的，那么观察者接收到的频率与二者(波源和观察者)之间的相对运动有什么关系？

*10.4　知识拓展——鱼洗喷水

鱼洗何以能喷水呢？难道真的是洗内刻画的鱼或龙显灵了吗？当然不是. 在洗内刻画鱼或龙只不过是古代工匠引人欣赏娱乐和驰骋想象的手段罢了，鱼洗喷水自有其科学道理.

鱼洗喷水的过程是这样的：把鱼洗放在垫有软质料(如布、棉花)的小桌上，注进鱼洗容量一半以上的水，表演者用手摩擦洗的两耳. 由于洗盛水的多少和表演者摩擦技术的不同，水面能呈现不同的波纹. 如果摩擦得法，鱼洗不仅发出震耳的嗡嗡声，而且四个波浪的发源处，水珠飞溅，喷射的水柱高达二尺以上. 如果此时停止摩擦，仔细一看，人们就会发现，四个波浪的发源处正是四条鱼的口须所在地.

了解了这段过程后，我们再从物理学的振动入手，建立合适的物理模型. 鱼洗喷水是洗壁的振动激起喷水，当摩擦两耳时，鱼洗的圆周面铜板会发生振动，而鱼洗的底部由于紧靠桌子不发生振动. 当鱼洗因摩擦而喷水时，如果用手触摸一下鱼洗的喷水处，就会发现，整个鱼洗只有其周壁发生横向振动，即垂直于鱼洗内水平面的振动，它的振动类似圆钟(教堂

寺庙钟一类）. 手掌和两耳的摩擦就是鱼洗发生振动的激励源. 因此，我们可以把鱼洗的振动称为摩擦振动. 外界通过摩擦双耳将能量输入鱼洗，就能激发起洗体以其固有频率振动；当手对盆耳的摩擦频率与鱼洗的固有振动频率相同时，引发共振，鱼洗的振动传到水里，引起水波，但由于洗底的限制，使它产生的波动不能向外传播，于是在洗壁上入射波与反射波相互叠加形成驻波，在洗周壁对称性的振动的拍击下，洗里面的水发生相应的简谐振动，在驻波的波腹处，水的振动也最强烈，在驻波的波节处，水不发生振动，浪花、气泡和水珠都停在不振动的水面波节线上.

因此，我们在观赏鱼洗喷水表演时，就看到鱼洗水面的美丽浪花和喷射飞溅的水珠.

阅读材料10　多普勒

多普勒（Doppler，Christian Johann，1803—1853）是奥地利物理学家及数学家.

多普勒在萨尔茨堡上完小学然后进入了林茨中学. 1822年他开始在维也纳工学院学习，他在数学方面显示出超常的水平，1825年他以各科优异的成绩毕业. 在这之后他回到萨尔茨堡，在Salzburg Lyceum教授哲学，然后去维也纳大学学习高等数学、力学和天文学.

当多普勒1829年在维也纳大学学习结束的时候，他被任命为高等数学和力学教授助理，他在四年期间发表了四篇数学论文. 之后又当过工厂的会计员，然后到了布拉格一所技术中学任教，同时任布拉格理工学院的兼职讲师. 到了1841年，他才正式成为理工学院的数学教授. 多普勒是一位严谨的老师. 他曾经被学生投诉考试过于严厉而被学校调查. 繁重的教务和沉重的压力使多普勒的健康每况愈下，但他的科学成就使他闻名于世. 1850年，他被委任为维也纳大学物理学院的第一任院长，可是3年后1853年3月17日在意大利的威尼斯去世，年仅49岁.

著名的多普勒效应首次出现在1842年发表的一篇论文上. 多普勒推导出当波源和观察者有相对运动时，观察者接收到的波频会改变. 他试图用这个原理来解释双星的颜色变化. 虽然多普勒误将光波当作纵波，但多普勒效应这个结论却是正确的. 多普勒效应对双星的颜色只有微小的影响，在那个时代，根本没有仪器能够量度出那些变化. 不过，从1845年开始，便有人利用声波来进行实验. 他们让一些乐手在火车上奏出乐音，请另一些乐手在月台上写下火车逐渐接近和离开时听到的音符高低. 实验结果支持多普勒效应的存在. 多普勒效应应用广泛，如用于医学测量血液的流动，用于工矿企业测量管道中污水或有悬浮物的液体的流速，用于检控车速、导航定位，用于航天测量人造地球卫星的运行速度和高度，用于天文学测量星系的运行规律等.

多普勒的研究范围还包括光学、电磁学和天文学，他设计和改良了很多实验仪器，例如光学仪器.多普勒天才横溢，创意无限，脑子里充满各种新奇的点子.虽然不是每一个构想都行得通，但往往为未来的新发现提供了线索.

复习与小结

1. 波长、频率与波速的关系： $u=\frac{\lambda}{T}, u=\lambda\nu$

2. 平面简谐波的波动方程

$$y=A\cos\left[2\pi\left(\nu t\mp\frac{x}{\lambda}\right)+\varphi\right] \quad 或 \quad y=A\cos\left[\omega\left(t\mp\frac{x}{u}\right)+\varphi\right]$$

当 $\varphi=0$ 时上式变为

$$y=A\cos 2\pi\left(\nu t\mp\frac{x}{\lambda}\right) \quad 或 \quad y=A\cos\omega\left(t\mp\frac{x}{u}\right)$$

3. 波的能量、能量密度、波的吸收

(1) 平均能量密度：$\overline{w}=\frac{1}{2}\rho A^2\omega^2$

(2) 平均能流密度：$I=\frac{1}{2}\rho A^2\omega^2 u=\overline{w}u$

(3) 波的吸收：$I=I_0 e^{-\alpha x}$

4. 惠更斯原理

媒质中波动传播到的各点，都可以看作是发射子波的波源，在以后任意时刻，这些子波的包迹就是新的波阵面.

5. 波的干涉

$$\begin{cases}\Delta\varphi=\pm 2k\pi, k=0,1,2,\cdots. \quad A=A_1+A_2 & (干涉相长)\\ \Delta\varphi=\pm(2k+1)\pi, k=0,1,2,\cdots. \quad A=|A_1-A_2| & (干涉相消)\end{cases}$$

$$\begin{cases}\delta=\pm k\lambda, k=0,1,2,\cdots. \quad A=A_1+A_2 & (干涉相长)\\ \delta=\pm(2k+1)\frac{\lambda}{2}, k=0,1,2,\cdots. \quad A=|A_1-A_2| & (干涉相消)\end{cases}$$

6. 驻波

两列频率、振动方向、振幅都相同而传播方向相反的简谐波叠加形成驻波，其表达式为

$$y=2A\cos\frac{2\pi x}{\lambda}\cos\omega t$$

7. 多普勒效应

(1) 波源静止，观测者运动：$\nu=\left(1+\dfrac{V_0}{u}\right)\nu_0$

(2) 观测者静止，波源运动：$\nu=\dfrac{u}{\lambda'}=\dfrac{u}{u-V_S}\nu_0$

(3) 波源和观测者都运动：$\nu=\dfrac{u+V_0}{\lambda'}=\dfrac{u+V_0}{u-V_S}\nu_0$

练　习　题

10-1　已知一平面简谐波的波方程是 $y=0.20\cos(2.5\pi t-\pi x)$ m，则波的振幅为________，波速为________，频率为________，波长为________.

10-2　一波源作简谐振动，其振动方程为 $y=0.04\cos 240\pi t$ m，它所形成的波以 30 m·s^{-1}的速度沿一直线传播，则该波的波方程为________.

10-3　一弦上的驻波方程式为 $y=0.03\cos 1.6\pi x\cos 550\pi t$ m，则相邻两波节间的距离为________.

10-4　波在介质中传播时，任一质元的 E_p，E_k 均随时间变化，E_p，E_k ________为零，________到达最大值，具有________的相位.

10-5　一汽车汽笛的频率为 650 Hz，当汽车以 72 km·h^{-1}的速度向着观测者运动时，观测者听到的声音的频率为________.（声速为 340 m·s^{-1}）

10-6　当波从一种介质透入另一种介质时，波长 λ、频率 ν、波速 u、振幅 A 各量中，哪些量会改变？哪些量不会改变？（　　）

A. λ、u 均改变，但 A、ν 不变　　B. λ、u、A、ν 均改变

C. λ、u、A 均改变，但 ν 不变　　D. λ、u、A、ν 均不变

10-7　波动方程分别为 $y-6\cos 2\pi(5t-0.1x)$ 和 $y-6\cos 2\pi(5t-0.01x)$ 两个等幅波，两波的波长 λ_1 和 λ_2 应为（　　）.

A. $\lambda_1=100$ cm，$\lambda_2=10$ cm　　B. $\lambda_1=10$ cm，$\lambda_2=100$ cm

C. $\lambda_1=5\pi$ cm，$\lambda_2=50\pi$ cm　　D. $\lambda_1=50\pi$ cm，$\lambda_2=5\pi$ cm

10-8　在简谐波传播过程中，沿传播方向相距为$\dfrac{1}{2}\lambda$（λ 为波长）的两点的振动速度必定（　　）.

A. 大小相同，方向相反　　B. 大小和方向均相同

C. 大小不同，方向相同　　D. 大小不同，方向相反

10-9　如题 10-9 图所示，S_1 和 S_2 为两相干波源，它们的振动方向均垂直于图面，发出波长为 λ 的简谐波，P 点是两列波相遇区域中的一点，已知 $\overline{S_1P}=2\lambda$，$\overline{S_2P}=2.2\lambda$，两列波在 P 点发生相消干涉. 若 S_1 的振动方程为 $y_1=A\cos\left(2\pi t+\dfrac{1}{2}\pi\right)$，则 S_2 的振动方程为（　　）.

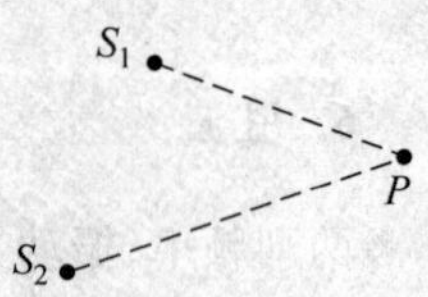

题 10-9 图

A. $y_2=A\cos\left(2\pi t-\frac{1}{2}\pi\right)$　　B. $y_2=A\cos(2\pi t-\pi)$

C. $y_2=A\cos\left(2\pi t+\frac{1}{2}\pi\right)$　　D. $y_2=2A\cos(2\pi t-0.1\pi)$

10-10　在弦线上有一简谐波，其表达式是

$$y_1=2.0\times10^{-2}\cos\left[2\pi\left(\frac{t}{0.02}-\frac{x}{20}\right)+\frac{\pi}{3}\right]$$

为了在此弦线上形成驻波，并且在 $x=0$ 处为一波节，此弦线上还应有一简谐波，其表达式为(　　).

A. $y_2=2.0\times10^{-2}\cos\left[2\pi\left(\frac{t}{0.02}+\frac{x}{20}\right)+\frac{\pi}{3}\right]$

B. $y_2=2.0\times10^{-2}\cos\left[2\pi\left(\frac{t}{0.02}+\frac{x}{20}\right)+\frac{2\pi}{3}\right]$

C. $y_2=2.0\times10^{-2}\cos\left[2\pi\left(\frac{t}{0.02}+\frac{x}{20}\right)+\frac{4\pi}{3}\right]$

D. $y_2=2.0\times10^{-2}\cos\left[2\pi\left(\frac{t}{0.02}+\frac{x}{20}\right)-\frac{\pi}{3}\right]$

10-11　在平面简谐波的波射线上，A,B,C,D 各点离波源的距离分别是 $\frac{\lambda}{4},\frac{\lambda}{2},\frac{3}{4}\lambda,\lambda$. 设振源的振动方程为 $y=A\cos\left(\omega t+\frac{\pi}{2}\right)$，振动周期为 T. (1)这四点与振源的振动相位差各为多少？(2)这四点的初相位各为多少？(3)这四点开始运动的时刻比振源落后多少？

10-12　波源作简谐振动，周期为 0.01 s，振幅为 1.0×10^{-2} m，经平衡位置向 y 轴正方向运动时，作为计时起点，设此振动以 $u=400\ \text{m}\cdot\text{s}^{-1}$ 的速度沿 x 轴的正方向传播，试写出波动方程.

10-13　一平面简谐波的波动方程为 $y=0.05\cos(4\pi x-10\pi t)$ m，求(1)此波的频率、周期、波长、波速和振幅；(2)x 轴上各质元振动的最大速度和最大加速度.

10-14　设在某一时刻的横波波形曲线的一部分如题 10-14 图所示. 若波向 x 轴正方向传播，(1)试分别用箭头表明原点 O、1、2、3、4 等点在此时的运动趋势；(2)确定此时刻这些点的振动初相位；(3)若波向 x 轴负方向传播，这些点的振动初相位为多少？

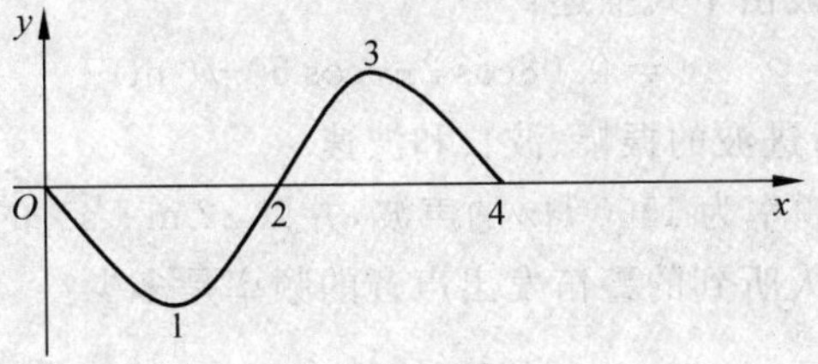

题 10-14 图

10-15　一平面简谐波的波动方程为 $y=0.02\cos(500\pi t-200\pi x)$ m，(1)求该波的振幅、角频率、频率、周期、波速和波长；(2)设 $x=0$ 处为波源. 求距波源 0.125 m 及 1 m 处的振动方程，并分别绘出它们的 y-t 图；(3)求 $t=0.01$ s 及 $t=0.02$ s 时的波动方程，并绘出对应时刻的波形图.

10-16 一平面简谐波的波动方程为

$$y = 8 \times 10^{-2} \cos(4\pi t - 2\pi x)(\mathrm{m})$$

(1)$x=0.2$ m处的质元在$t=2.1$ s时刻的振动相位φ为多少?此相位所描述的运动状态如何?(2)此相位值在哪一时刻传至0.4 m处?

10-17 一波源作简谐振动,周期为0.01 s,振幅为0.1 m,经平衡位置向正方向运动时为计时起点.设此振动以400 m·s^{-1}的速度沿直线传播.(1)写出波动方程;(2)求距波源16 m处和20 m处的质元的振动方程和初相位;(3)求距波源15 m处和16 m处的两质元的相位差是多少?

10-18 有一波在媒质中传播,其波速$u=10^3$ m·s^{-1},振幅$A=1.0\times10^{-4}$ m,频率$\nu=10^3$ Hz,若媒质的密度为800 kg·m^{-3}.(1)求该波的能流密度;(2)求1 min内垂直通过一面积$S=4\times10^{-4}$ m^{2}的总能量.

10-19 一平面简谐波沿直径为0.14 m的圆柱形管行进(管中充满空气),波的强度为18×10^{-3}J·s^{-1}·m^{-2},频率为300 Hz,波速为300 m·s^{-1}.问:(1)波的平均能量密度和最大能量密度是多少?(2)每两个相邻的,相位差为2π的波阵面之间的波段中有多少能量?

10-20 两相干波源分别在P,Q两处,它们相距$\frac{3}{2}\lambda$,如题10-20图所示.由P、Q发出频率为ν,波长为λ的相干波.R为PQ连线上的一点,求下列两种情况下,两波在R点的合振幅.(1)设两波源有相同的初相位;(2)两波源初相位差为π.

题10-20图

10-21 两个波在一根很长的细绳上传播,它们的方程为

$$y_1 = 0.06\cos\pi(x - 4t)$$

$$y_2 = 0.06\cos\pi(x + 4t)$$

式中,x,y单位为m,t单位为s.(1)试证明这细绳实际上作驻波式振动,并求波节和波腹的位置.(2)波腹处的振幅为多大?在$x=1.2$ m处质元的振幅多大?

10-22 绳索上的驻波由下式描述:

$$y = 0.08\cos 2\pi x \cos 50\pi t(\mathrm{m})$$

求形成该驻波的两反向行进波的振幅、波长和波速.

10-23 一警笛发射频率为1500 Hz的声波,并以22 m·s^{-1}的速度向某人方向运动,该人相对于空气静止,求该人听到的警笛发出声音的频率是多少?

第11章 波动光学

用细丝做一个带把圈，手握把将圈浸入肥皂水中，取出后圈上将张有一层肥皂薄膜，让薄膜竖直放置后用单色光照射，在薄膜上有些地方黑暗，有些地方明亮，有些地方呈现明暗相间的横向条纹(如下图). 再仔细观察，发现条纹还向下移动，薄膜上部黑暗面积逐渐增大，发生上述现象的原因是什么？

薄膜干涉

光学是物理学的一个重要组成部分，大体可分为几何光学、波动光学和量子光学. 本章从光的波动本性出发，研究光的干涉、衍射和偏振等现象发生的条件和规律，并简要介绍其应用.

11.1 光源 光的相干性

11.1.1 光学发展简史

光学是一门有悠久历史的学科，它的发展史典型地反映着人们认识客观世界的逐渐接近真理的过程.

17 世纪以前，人们对光的研究仅限于几何光学方面. 随着第一架望远镜和显微镜的诞生，到 17 世纪上半叶，菲涅耳和笛卡儿建立了光的反射和折射定律. 几乎同时，费马又得到了确定光在介质中传播所走路径的光程极值的原理，至此，几何光学的体系基本形成.

从17世纪后半叶开始，在对光的本性的认识过程中逐渐形成两派不同的学说. 一派是以牛顿为代表的微粒说，认为光是按惯性定律沿直线飞行的微粒流；另一派是以惠更斯为代表的波动说，认为光是一种在特殊媒质中传播的机械波. 微粒说能解释光的直线传播定律及反射、折射定律等，但在研究光的折射现象时，得出了光在水中的速度大于空气中的速度的错误结论；波动说也能解释折射、反射定律，并且还解释了方解石的双折射现象，但根据波动理论，则认为光在水中的速度小于空气中的速度. 限于当时的实验条件，无法验证这两种说法. 只是由于牛顿的崇高威望，使微粒说占统治地位达一个多世纪. 但在此期间，光的波动说却从没有停止对微粒说的斗争.

1801年英国物理学家杨氏最先用实验显示了光的干涉现象，在历史上第一次测定了光的波长，并用干涉原理成功地解释了在白光照射下薄膜彩色的形成，为波动说奠定了实验基础. 然而，由于微粒说的绝对优势，杨氏的工作不被人重视和接受. 1815年，法国物理学家菲涅耳用杨氏干涉原理补充了惠更斯原理，由此成功地解释了光的衍射和光的直线传播现象，有力地证明了光的波动理论，使波动说开始占了上风. 在同一时期，马吕氏、杨氏、菲涅耳等人系统研究了光的偏振现象，确认光是横波. 1850年，傅科又从实验证明光在水中的速度小于空气中的速度. 这样波动说最后以无可辩驳的事实否定了微粒说，在19世纪中叶形成了波动光学的体系. 然而，此时的波动说仍是以光的机械波理论为基础的，在寻找光赖以传播的弹性媒质"以太"时，这个理论遇到了无法克服的困难.

1865年，麦克斯韦在电磁理论的研究中指出，光也是一种电磁波. 这个预言被以后的一系列实验所证实. 在认识光的本性方面，人们又向前迈进了一大步. 然而，麦克斯韦的理论仍然认为光赖以传播的媒质是"以太"，而1887年的迈克耳孙实验却否定了"以太"这种特殊媒质的存在.

20世纪初，物理学处在一个大的变革时期，人们对光的本性的认识也有了飞跃. 1900年普朗克提出了辐射的量子论. 1905年爱因斯坦提出了光量子理论. 他认为光无论在被发射、吸收时，还是以速度 c 在空间传播时，都是以微粒的形式出现，这种微粒称为光量子，它的能量是 $h\nu$. 用爱因斯坦的光量子理论可以成功地解释光电效应. 康普顿效应的发现，进一步证明了光的微粒性. 1905年爱因斯坦创立了狭义相对论理论，从根本上抛弃了"以太"的概念，圆满地解释了运动物体的光学现象. 这样，在20世纪初，一方面从光的干涉、衍射、偏振以及运动物体的光学现象确证了光是电磁波，而另一方面，又从光电效应、光压等现象无可怀疑地证明了光的量子性(微粒性)，并且光的波动理论不能解释光的量子行为；量子理论不能解释波动现象，所以，人们不得不承认光既具有波动性，又具有粒子性. 把此现象称为光的波粒二象性. 1924年德布罗意提出微观粒子也具有波粒二象性，并且很快被实验所证实. 这说明波粒二象性是微观物体的共性.

随着对光本性认识的深化，光学本身也得到了快速发展，特别是1960年第一台激光器问世以来，激光技术得到了迅猛的发展，并且导致了全息光学、傅里叶光学、非线性光学、激光光谱学和光化学等光学分支的发展.

检测点1：光有时候是波，有时候是粒子，这种说法对吗？

11.1.2 光的电磁波性质

精确实验表明，光在真空中的传播速率等于电磁波在真空中的传播速率；光与电磁波在两种不同媒质的分界面上都发生反射和折射；光与电磁波都能产生波动特有的干涉、衍射现象，并且两者都具有横波才有的偏振特性．以上事实以及用电磁波理论研究光学现象的结果都说明光是电磁波．所以上一章讨论的电磁波的性质对光波都适用．电磁波的波长范围很广，可见光只占很窄的一部分（0.39～0.76 μm）．

设沿 x 轴正向传播的单色平行光的波动方程为

$$\boldsymbol{E} = \boldsymbol{E}_0 \cos 2\pi\left(\frac{t}{T} - \frac{x}{\lambda}\right)$$

$$\boldsymbol{H} = \boldsymbol{H}_0 \cos 2\pi\left(\frac{t}{T} - \frac{x}{\lambda}\right)$$

则坡印亭矢量 $\boldsymbol{S}$ 可表示为

$$\boldsymbol{S} = \boldsymbol{E} \times \boldsymbol{H} = \boldsymbol{E}_0 \times \boldsymbol{H}_0 \cos^2 2\pi\left(\frac{t}{T} - \frac{x}{\lambda}\right)$$

因为 $\boldsymbol{E}, \boldsymbol{H}$ 和 $\boldsymbol{S}$ 三者互相垂直，所以

$$S = E_0 H_0 \cos^2 2\pi\left(\frac{t}{T} - \frac{x}{\lambda}\right)$$

用符号〈 〉表示对时间的平均值，则光强

$$I = \langle S \rangle = \frac{1}{T}\int_t^{t+T} E_0 H_0 \cos^2 2\pi\left(\frac{t}{T} - \frac{x}{\lambda}\right)\mathrm{d}t = \frac{1}{2}E_0 H_0 = \frac{1}{2}\sqrt{\frac{\varepsilon}{\mu}}E_0^2$$

一般情况讨论的是光强的相对大小，而不是其绝对值，所以可把光强表示为

$$I = \frac{1}{2}E_0^2 = \langle E^2 \rangle \tag{11-1}$$

因为光波中对人的眼睛或感光仪器起作用的是电场强度 $\boldsymbol{E}$，所以常把矢量 $\boldsymbol{E}$ 称为光矢量，光强也仅用 E_0 表示而不用 H_0．

光在真空中的传播速率

$$c = \sqrt{\frac{1}{\varepsilon_0 \mu_0}}$$

光在介电常数为 ε，磁导率为 μ 的媒质中传播时速率为

$$u = \sqrt{\frac{1}{\varepsilon\mu}}$$

该媒质的折射率

$$n = \frac{c}{u} = \sqrt{\varepsilon_r \mu_r}$$

对非铁磁性物质，$\mu_r \approx 1$，$n \approx \sqrt{\varepsilon_r}$．

检测点 2：如检 11-2 图所示，一束单色光从原来的物质 a 穿过平行的物质层 b 和 c 又回到物质 a 中，根据在各种物质中的光速，由大到小排列上述物质．

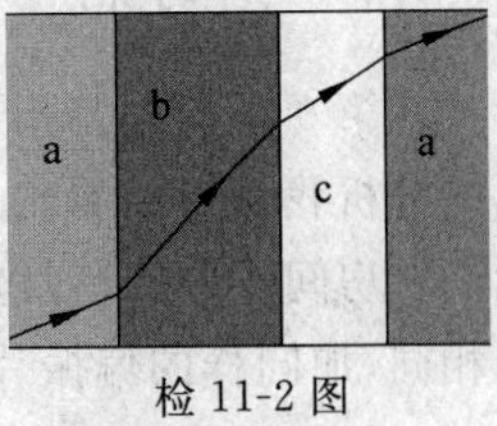

检 11-2 图

11.1.3　光源

发射光波的物体称为**光源**．星体、萤火虫、灯等都是光源．按光的激发方式来划分，我们把利用热能激发的光源称为**热光源**，白炽灯就是典型的热致发光．利用电能、光能或化学能

激发的光源称为**冷光源**. 磷的发光就是化学发光现象；稀薄气体在通电时发出的辉光就是电致发光；日光灯是典型的电致发光，它是通过灯管内气体放电产生的紫外线激发管壁上的荧光粉而发射可见光的.

一般光源发光的机理是处于激发态的原子或分子（以原子为例）的自发辐射. 光源中的原子吸收外界能量后处于较高能级的激发态，原子在激发态不稳定，当它向基态或较低能级的激发态跃迁时，可以把多余的能量以电磁波的形式辐射出来. 这个辐射过程很短，约为 10^{-9} s. 一般说来，各个原子的激发与辐射是彼此独立的，随机的，是间歇性进行的. 因而，同一瞬间不同原子发射的电磁波，或同一原子先后发射的电磁波，其频率、振动方向和初相都不相同. 另一方面，光源中每个原子每次发射的电磁波为持续时间很短、长度有限的波列，如图 11-1 所示，按傅里叶变换，一个有限长度的波列可以表示为许多不同频率、不同振幅的简谐波的叠加. 因此，普通光源发出的光波是大量简谐波叠加起来的.

只具有单一波长（或频率）的光称为**单色光**，由许多不同波长（或频率）的单色光叠加而成的光称为**复色光**. 显然，普通光源发出的光是复色光. 实用上常用一些设备从复色光中获得近似单色的准单色光，例如使用滤光片、三棱镜、光栅等得到准单色光. 准单色光是由一些波长（或频率）相差很小的单色光组成的，所以，准单色光有一定的波长（或频率）范围. 我们常用准单色光中强度为最大光强 1/2 以上的波长（或频率）成分所占据的波长范围 $\Delta\lambda$（或频率范围 $\Delta\nu$）来表征准单色光的单色程度. 如图 11-2 所示，$\Delta\lambda$ 称为准单色光的谱线波长宽度，$\Delta\lambda$ 越小，谱线的单色性越好.

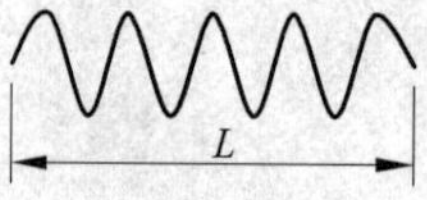

图 11-1 波列

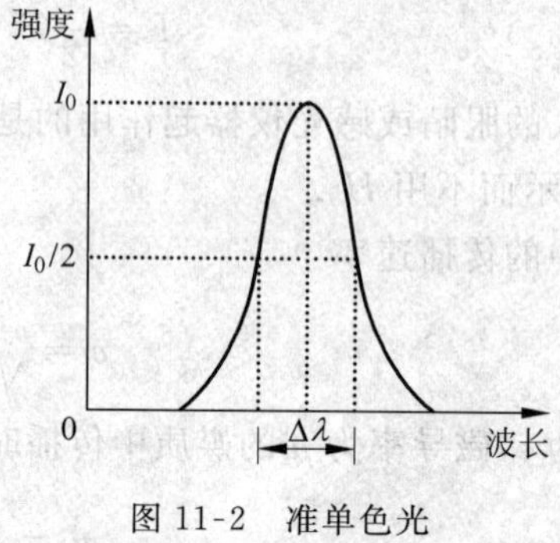

图 11-2 准单色光

检测点 3：光波列的长度大小与该波列所包含不同频率的单色光的数目有什么关系？

11.1.4 光的相干性

在第 9 章我们曾指出，频率相同、振动方向相同、位相差恒定的波源称为相干波源. 由上面的分析我们可以看出，对于两个完全独立的普通光源来说，三个条件一个也不满足. 所以我们在房间安装两盏灯就看不到干涉现象. 当然我们可以给两个光源加同样的滤波片使频率相同，加同样的偏振片使振动方向相同，这样我们就可得到两列同频率、同振动方向的光波，如图 11-3 所示.

这两列光波相遇点 P 的振动方程可分别表示为

$$E_1 = E_{10}\cos\left(\omega t + \varphi_1 - \frac{2\pi r_1}{\lambda}\right)$$

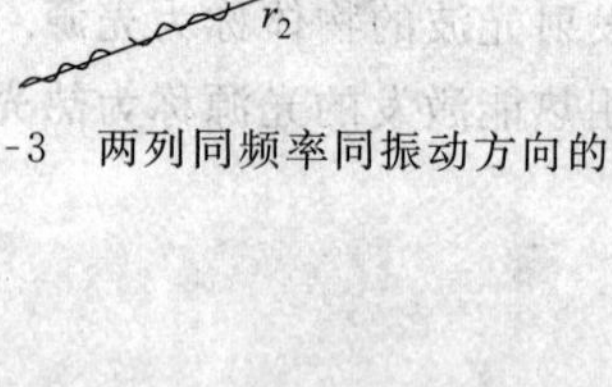

图 11-3 两列同频率同振动方向的光波

$$E_2 = E_{20}\cos\left(\omega t + \varphi_2 - \frac{2\pi r_2}{\lambda}\right)$$

式中 r_1 和 r_2 是两光源到相遇点的距离，φ_1 和 φ_2 是两光源的初相位，设在相遇点所产生的合振动的振幅是 E_0，由式(9-11)可得

$$E_0^2 = E_{10}^2 + E_{20}^2 + 2E_{10}E_{20}\cos\Delta\varphi \tag{11-2}$$

光强 I 与光矢量振幅的平方成正比，由式(11-1)上式可写为

$$I = I_1 + I_2 + 2\sqrt{I_1 I_2}\cos\Delta\varphi \tag{11-3}$$

上式中 I_1 和 I_2 分别表示两列光波的光强，I 表示所观测到的合光强，$\Delta\varphi=(\varphi_2-\varphi_1)-\frac{2\pi}{\lambda}(r_2-r_1)$，是两振动的相位差.因为每一列光波都是由彼此相互独立的波列组成的，所以 φ_1 和 φ_2 都随时间快速地、无规则地变化，这样 $\varphi_2-\varphi_1$ 随时间快速地、无规则地变化，而 r_2-r_1 只随空间位置的变化而变化.对空间任一点，在观测时间内，$\Delta\varphi$ 的取值在 $0\sim2\pi$ 的分布是均匀的，因而 $\cos\Delta\varphi$ 在区间[−1,1]内取各数的机会是均等的，$\cos\Delta\varphi$ 对时间的平均值等于零，于是 $E_0^2=E_{10}^2+E_{20}^2$，$I=I_1+I_2$，即观测到的合光强 I 是两列光波光强之和，与位置无关.两列光波相遇各点处光强相等，不产生干涉现象.

从以上的分析可知，只有当 $\varphi_2-\varphi_1$ 恒定，$\Delta\varphi$ 的变化仅由 r_2-r_1 决定，即仅由位置决定时，才可能产生光的干涉.若 $\Delta\varphi=\pm2k\pi$，$k=0,1,2,\cdots$，则 $\cos\Delta\varphi=1$，$E_0^2=E_{10}^2+E_{20}^2+2E_{10}E_{20}$，$I=I_1+I_2+2\sqrt{I_1I_2}$；若 $\Delta\varphi=\pm(2k+1)\pi$，$k=0,1,2,\cdots$，则 $\cos\Delta\varphi=-1$，$I=I_1+I_2-2\sqrt{I_1I_2}$，这些位置就能产生光的干涉.但是对于两个独立的普通光源来说，要使 $\varphi_2-\varphi_1$ 恒定，是根本无法办到的，也就是说，要用两个独立的普通光源来产生干涉是不可能的.

怎样获得相干光呢？一般的方法是把由光源上同一点发出的光设法分出两部分，使这两部分经过不同的路径后再相遇以产生叠加.由于这两部分光的相应部分实际上都来自同一发光原子的同一次发光，所以满足相干条件.把同一光源发的光分出两部分的方法一般有两种.其一是从一个点光源(或线光源)发出的光波的波阵面上分离出两个点(或两条线)，由于波阵面上任一点都可视为新光源，而且这些新光源具有相同的相位，不论点光源(或线光源)本身的相位变化如何频繁，分离出的这两个新光源的相位差始终保持为零，所以这两个新光源所发出的光是相干光.这种方法称为**分波阵面法**，杨氏双缝干涉是分波阵面法的典型例子.其二是从一束光波中分出两束光波，这两束光波是从原光波波阵面上的同一部分分出来的，也就是说把原光波波阵面上每一个新光源所发出的光都分出两部分，则分出的这两部分一定满足相干条件.因为这两部分光波的能量是从原光波中分出来的，而波的能量和振幅有关，所以这种方法称为**分振幅法**.薄膜干涉是这种方法的典型例子.

由于激光具有高度的相干性，当光接收器采用快速的光电器件时，用两个频率相同的激光光源也可以产生光的干涉现象.

检测点 4：两列振动方向不同的光波在空间相遇能产生干涉吗？

11.1.5　光程　光程差

从式(11-3)可以看出，相位差 $\Delta\varphi$ 的计算在分析光的叠加现象时十分重要.为了方便地计算相干光在经过不同媒质后相遇时的相位差，特引入**光程**的概念.单色光的传播速率在不同的媒质中是不同的，在折射率为 n 的媒质中，光速 $u=c/n$.因此，在相同时间 t 内，光波在

不同媒质中传播的路程是不同的,在真空中传播的路程是折射率为 n 的媒质中路程的 n 倍.设光的频率为 ν,在媒质中的波长为 λ_n,在真空中的波长为 λ,则

$$\lambda_n = \frac{u}{\nu} = \frac{c}{n\nu} = \frac{\lambda}{n}$$

在式(11-3)中,由于假定两束光都在真空中传播,$\Delta\varphi=\varphi_1-\varphi_2-\frac{\omega(r_1-r_2)}{c}$,如果两束光分别在折射率为 n_1 和 n_2 的媒质中传播,如图 11-4 所示,则

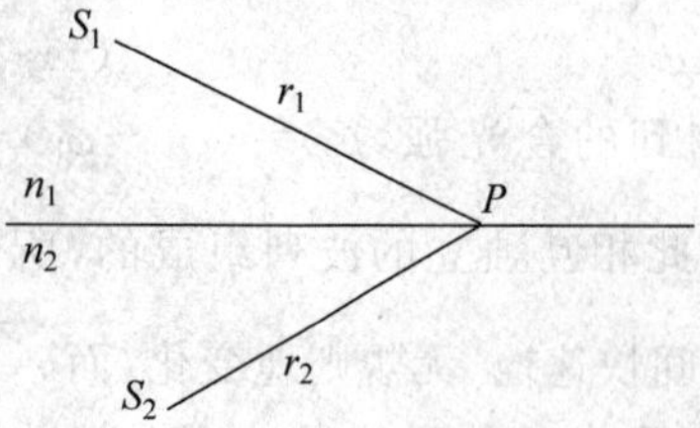

图 11-4 光程差

$$\Delta\varphi = \varphi_1 - \varphi_2 - \left(\frac{\omega r_1}{u_1} - \frac{\omega r_2}{u_2}\right)$$

为了使问题简化,假定 $\varphi_1=\varphi_2$,则

$$\Delta\varphi = \frac{2\pi r_2}{\lambda_{n_2}} - \frac{2\pi r_1}{\lambda_{n_1}} = \frac{2\pi}{\lambda}(n_2 r_2 - n_1 r_1)$$

定义光波在某一媒质中所经历的几何路程 r 与此媒质的折射率 n 的乘积 nr 为光程,用 L 表示,则

$$L = nr \tag{11-4a}$$

如果一束光连续经过几种媒质,则

$$L = \sum_i n_i r_i \tag{11-4b}$$

设在空间某点相遇的两束光的光程差为

$$\delta = L_2 - L_1 = n_2 r_2 - n_1 r_1$$

则相位差

$$\Delta\varphi = \frac{2\pi}{\lambda}\delta$$

由上式可见,引入光程这个概念的目的就是把媒质中的问题折算到真空中来处理,这样只需知道真空中的波长即可求得相位差.由光程的定义可知,在相同的时间内,光走过的光程是相同的,所以物点与其像点之间各光线的光程都相等.因此,当我们用透镜观测干涉现象时,透镜并不会带来附加的光程差.

检测点 5:在检 11-5 图中的两条射线光波,具有相同的波长和振幅,而且最初同相,在两种介质中穿过的几何长度相等.(a)如果上部物质的长度中容下 7.60 个波长,而下部物质的长度中容下 5.50 个波长,哪种物质的折射率较大?(b)如果使光线有轻微的偏向,以致在较远的屏上的同一点相遇,其干涉结果是最亮,是比较亮,是比较暗,还是最暗?

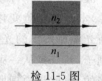

检 11-5 图

11.2 分波阵面干涉

11.2.1 杨氏双缝干涉

1801 年,英国物理学家杨氏首先用实验方法观察到光的干涉现象,使光的波动理论得到证实.

杨氏实验如图 11-5(a)所示,用单色光照射小孔 S,因而 S 可看作一个单色点光源,它发出的光射到不透明屏上的两个小孔 S_1 和 S_2 上,这两个孔靠得很近,并且与 S 等距离,因

而它们就成为从同一波阵面上分出的两个同相的单色光源，即相干光源．从它们发出的光波在观察屏 E 上叠加，形成明暗相间的干涉条纹．为了提高干涉条纹的亮度，S，S_1 和 S_2 常用三条互相平行的狭缝代替，所以称为杨氏双缝干涉．

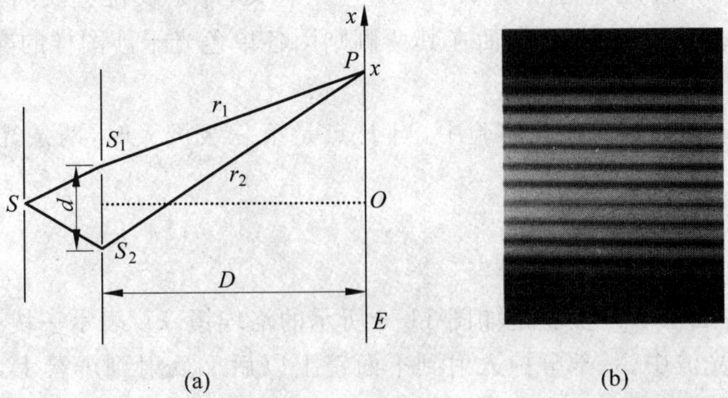

图 11-5　杨氏双缝干涉

设双缝间距离为 d，缝至光屏 E 的距离为 $D(D\gg d)$，光屏 E 与纸面垂直，整个装置可看成在真空中，则从 S_1 和 S_2 发出的光到达 P 点的光程差为

$$\delta = r_2 - r_1$$

双缝的中垂线与光屏交于 O 点，以 O 点为坐标原点在屏上建立坐标系 Ox，P 点的坐标为 x．由几何关系有

$$r_1^2 = D^2 + \left(x - \frac{d}{2}\right)^2$$

$$r_2^2 = D^2 + \left(x + \frac{d}{2}\right)^2$$

两式相减得

$$r_2^2 - r_1^2 = (r_2 - r_1)(r_2 + r_1) = 2dx$$

因为 $D\gg d$，所以当 $x\ll D$ 时，$r_1 + r_2 \approx 2D$．则

$$\delta = r_2 - r_1 = \frac{d}{D}x \tag{11-5}$$

设入射光波长为 λ，则

$$\delta = \begin{cases} \pm k\lambda, & k = 0,1,2,\cdots \quad \text{干涉相长(明纹中心)} \\ \pm(2k-1)\dfrac{\lambda}{2}, & k = 1,2,\cdots \quad \text{干涉相消(暗纹中心)} \end{cases}$$

δ 不满足上式的各点，其光强介于明暗之间．过 P 点作一条与双缝平行的线，在距离 O 点不远的小范围内，当 P 点是光强极大时，线上每一点都是光强极大，这条线就是明条纹中心；当 P 点是光强极小时，这条线就是暗条纹中心．屏上的条纹如图 11-5(b)所示．

根据式(11-5)，干涉条纹各级中心位置可表示为

$$x = \begin{cases} \pm k\dfrac{D}{d}\lambda, & k = 0,1,2,\cdots \quad \text{明纹中心} \\ \pm(2k-1)\dfrac{D}{d}\dfrac{\lambda}{2}, & k = 1,2,\cdots \quad \text{暗纹中心} \end{cases} \tag{11-6}$$

式(11-6)中，k 为干涉条纹的级次，正负号表示各级干涉条纹对称分布在中央明纹($k=0$)的

两侧.相邻两明纹(或暗纹)中心间的距离 Δx 可由式(11-6)求得

$$\Delta x = x_{k+1} - x_k = \frac{D}{d}\lambda$$

可见 Δx 与 k 无关,条纹是等间隔分布.但 Δx 与 λ 有关,即条纹位置及间隔将随波长而变,如用白光入射,中央明纹仍为白色,而在其两侧则因各单色光干涉图样的交错而呈现由紫到红的彩色条纹.

检测点6:在图11-5(a)所示实验中,当 P 点是第三级极大时,两条光线的光程差是波长的多少倍?

11.2.2 洛埃镜实验

另一种分波阵面法干涉实验是如图11-6所示的洛埃镜.kL 表示一块平面反射镜,从狭缝光源 S_1 发出的光波中,一部分掠入射到平面镜上以后又反射到屏幕上,另一部分直接投射到屏幕上.于是,处在这两束相干光的交叠区域里的屏幕上将出现干涉条纹,如同是由 S_1 与其在 kL 上的虚像 S_2 所产生的一样.洛埃镜实验结果的分析方法与杨氏双缝实验基本相同,唯一的区别是在计算反射光的光程时必须加 $\lambda/2$(或减 $\lambda/2$),这是因为当光从光疏媒质(折射率小)掠射向光密媒质(折射率大)而被反射时,就会发生相位为 π 的突变,这相当于反射光多(或少)走了 1/2 波长的光程,这个现象就称为**半波损失**.当把光屏移到与镜端 L 相接触的位置 E' 时,因为 $S_1L=S_2L$,考虑到半波损失,镜面和屏面的交线处应是暗纹,实验结果的确如此.所以,从另一方面讲,洛埃镜实验是半波损失存在的有力验证.

检测点7:在检11-7图所示的洛埃镜实验中,屏 E 上区域 PP' 是否有光投射?是否有干涉花样?

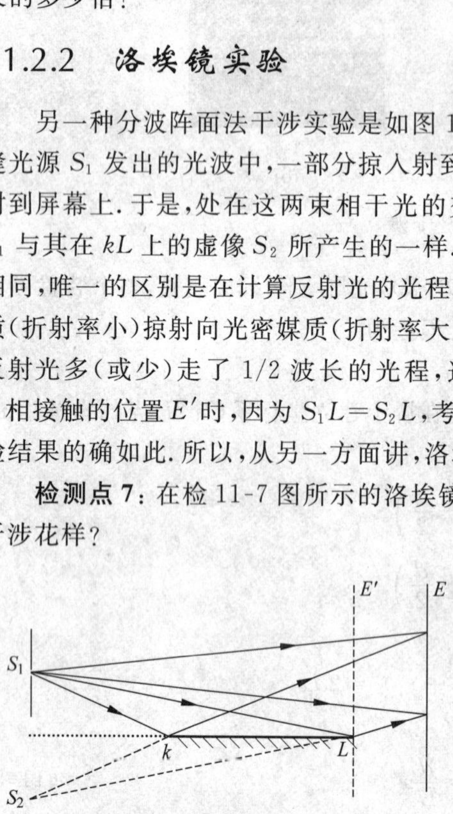

图11-6 洛埃镜实验

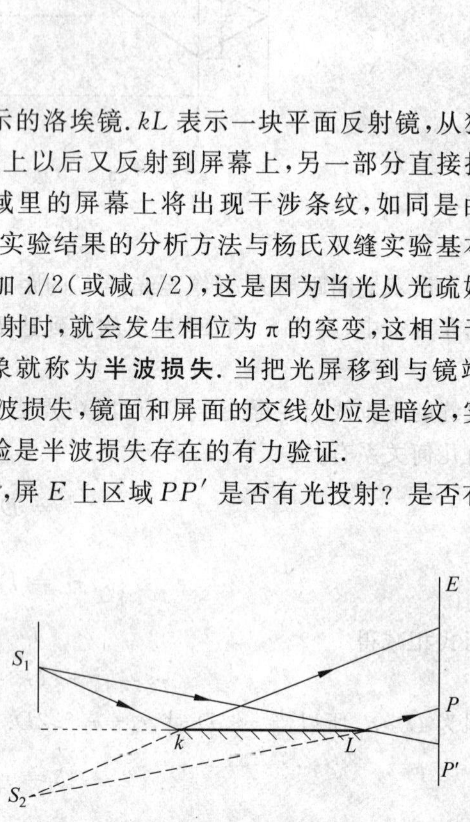

检11-7图

11.2.3 光的空间相干性和时间相干性

1. 空间相干性

在杨氏双缝实验中,狭缝 S 就相当于一个线光源.如果增加狭缝的宽度,即把线光源扩展成为面光源,则屏上的干涉条纹就变模糊,甚至完全消失.这是因为具有一定宽度的面光源 S 可以看成是由无数条线光源组成的,每一条线光源各自在屏幕上形成自己的一套干涉条纹.由于各线光源的位置不同,它们在屏幕上的干涉条纹之间有一定的相对位移.光源宽度越大,同级条纹在空间的分布范围越大.由于我们所观察到的干涉花样是由所有各套干涉条纹的光波非相干叠加而成的,因此,扩展光源上不同线光源所产生的干涉条纹之间的位移会使整个干涉花样的明暗对比度降低,条纹变得模糊.当各套条纹的最大位移等于或大于条纹间距时，干涉条纹消失. 这种与扩展光源宽度有关的干涉性称为光的**空间相干性**. 光源的宽度越大，空间相干性越差. 点光源和线光源的空间相干性最好.

2. 时间相干性

在前面讨论的杨氏双缝实验中，我们假定入射光是严格的单色光，然而，任何实际的光源都不是理想的单色光源，总有一定的谱线宽度 $\Delta\lambda$，由于 $\Delta\lambda$ 范围内的每一个波长的光都会形成自己的一套干涉条纹，且除零级以外各套条纹间都有一定的位移，所以它们非相干叠加的结果会使总的干涉条纹的清晰度下降. 当波长为 $(\lambda+\Delta\lambda)$ 的第 k_c 级亮纹中心与波长为 λ 的第 (k_c+1) 级亮纹中心重合时，即当

$$k_c \frac{D}{d}(\lambda+\Delta\lambda)=(k_c+1)\frac{D}{d}\lambda$$

时，总的干涉条纹消失. 由此可以确定，干涉条纹消失时的干涉级次为

$$k_c=\frac{\lambda}{\Delta\lambda}$$

与该干涉级次 k_c 对应的光程差 δ_c 就是实现相干的最大光程差，即

$$\delta_c=k_c(\lambda+\Delta\lambda)\approx\frac{\lambda^2}{\Delta\lambda}$$

式中考虑到了 $\lambda\gg\Delta\lambda$. 可见，标志光源单色性好坏的 $\Delta\lambda$ 的大小，决定了能产生干涉条纹的最大光程差 δ_c.

下面从另一个方面来分析这个问题. 在 11.1 节中我们曾提到，普通光源所发出的光是由许多持续时间很短的波列组成的，这些波列的振动方向和相位都是无规则的，各波列之间不满足相干条件，不能产生干涉现象. 所以相干光必须来自同一个原子同一次发射的波列，而这种波列的长度(光程)为

$$l_0=c\tau_0$$

τ_0 为波列持续的时间. 在杨氏双缝干涉实验中，设想一长度为 l_0 的波列被双缝分出两个波列，它们经过不同的路径 r_1 和 r_2 后，如果能重新相遇才能发生干涉. 重新相遇的条件是这两个波列到相遇点的光程差 δ 应小于波列的长度 l_0. 否则，这两个波列根本就不相遇，那就无从谈起发生干涉了. 显然，波列的长度越长，则这两个波列在相遇点相互叠加的时间就越长，干涉现象越明显. 这个性质称为**时间相干性**，持续时间 τ_0 称为**相干时间**.

利用谱线宽度进行讨论得到发生干涉的最大光程差为 $\lambda^2/\Delta\lambda$，利用波列长度进行讨论得到发生干涉的最大光程差为波列长度 l_0，而两种讨论应是完全等效的，所以

$$l_0=\delta_c=\frac{\lambda^2}{\Delta\lambda} \tag{11-7}$$

可见，光源的单色性越好，光源的谱线宽度 $\Delta\lambda$ 就越小，波列的长度就越长. 普通白光光源的波列长度约为 10^{-7} m，钠光灯的波列长度约为 10^{-4} m，而氦氖激光器的波列长度约为 10^{3} m. 因此，在干涉实验中采用激光，可以观测到干涉级较高的条纹.

例 11-1　在杨氏双缝装置中，若在下缝后放一折射率为 n，厚为 L 的透明媒质薄片，如图 11-7 所示.

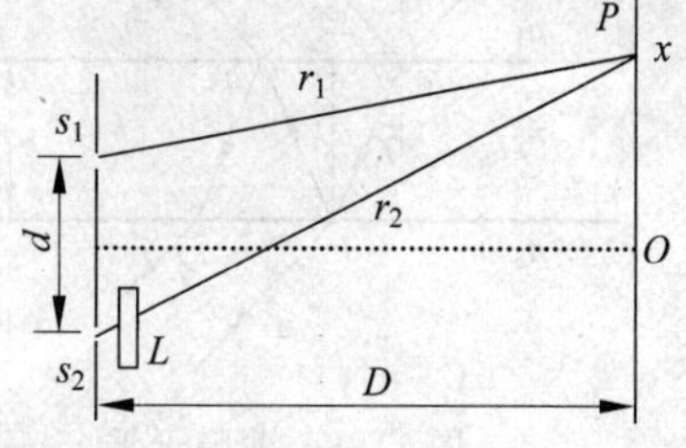

图 11-7　例 11-1 用图

(1) 求两相干光到达屏上任一点 P 的光程差；

（2）分析加媒质片前后干涉条纹的变化情况.

解　（1）设 $s_1P=r_1, s_2P=r_2$，P 点的坐标为 x. 加媒质片后两光束到达 P 点的光程差

$$\delta=[(r_2-L)+nL]-r_1$$
$$=r_2-r_1+(n-1)L$$

将此结果与未加媒质片时比较，可见此时屏上每一点的光程差都发生了变化，故干涉条纹亦发生变化.

（2）考虑第 k 级明纹的位置. 由明纹条件

$$\delta=r_2-r_1+(n-1)L=\pm k\lambda,\quad k=0,1,2,\cdots$$

当 $D\gg d$ 时，由式(11-5)知，$r_2-r_1=\dfrac{d}{D}x$，代入上式，可求得第 k 级明纹的位置为

$$x_k'=\pm k\frac{D}{d}\lambda-(n-1)L\frac{D}{d}$$

与未加媒质片时的 $x_k=\pm k\dfrac{D}{d}\lambda$ 比较，加媒质片后第 k 级明纹的位移为

$$\Delta x_k=x_k'-x_k=-(n-1)\frac{D}{d}L$$

可见所有条纹都向 x 轴负向移动了相同的距离，但条纹间距不变.

检测点 8：设杨氏双缝干涉实验中所用准单色光的波长为 λ，谱线波长宽度为 $\Delta\lambda=\dfrac{\lambda}{10}$，屏上最多能看到多少条干涉明纹？

11.3　薄膜干涉

利用透明薄膜的第一表面和第二表面对入射光的依次反射，得到两束相干光，这种干涉称为**薄膜干涉**. 薄膜干涉可以采用点光源也可以采用扩展光源，当采用点光源时，可以在相干光叠加区的任一处观察到干涉花样，但干涉花样的亮度不高，实用性不强；当采用扩展光源时，干涉花样亮度比较高，同时清晰度也比较好，但干涉花样只能在一定区域观察到，这类干涉用途广泛，干涉仪大都是以此类干涉为基础的.

11.3.1　平行平面薄膜产生的干涉

如图 11-8 所示，折射率为 n_2 的薄膜，上下方是折射率分别为 n_1 和 n_3 的均匀介质，AB，CD 分别为薄膜的上下界面，且两界面平行，薄膜厚度为 e. 设由单色面光源上 S 点发出的光线 1 以入射角 i 投射到薄膜表面 AB 上的 a 点后，分为两部分，一部分是由 a 点反射的光线 2，另一部分是进入薄膜后在 CD 面上的 b 点反射，再经界面 AB 折射的光线 3，光线 2 和光线 3 来自同一发光点 S，因而满足相干条件，在相遇点将发生干涉. 因光线 2 和光线 3 是平行光，所以只能在无穷远处或透镜 L 的焦平面上观察到干涉花样. 现在来计算光线 2 和光线 3 的光程差，从而对相遇点 P 处的干涉情况做出

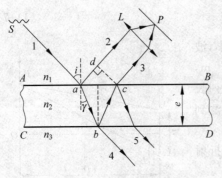

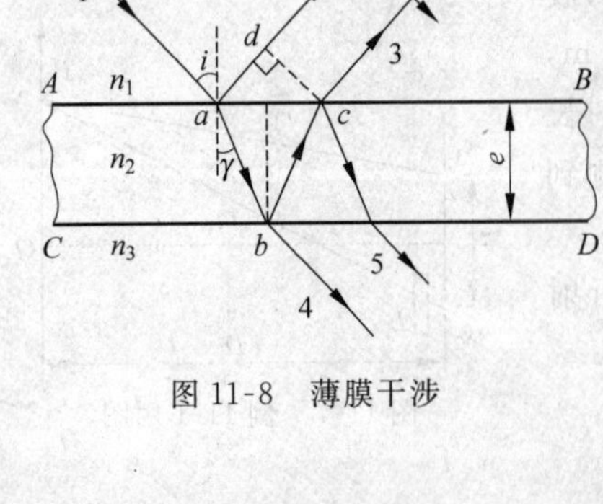

图 11-8　薄膜干涉

判断. 作 $\overline{cd}$ 垂直于 $\overline{ad}$，则 $\overline{cP}$ 与 $\overline{dP}$ 的光程相等. 在从 a 到 P 的传播过程中，因经过的路径不同，造成光线 2 和光线 3 的光程差为

$$\delta = n_2(\overline{ab}+\overline{bc}) - n_1\,\overline{ad} + \frac{\lambda}{2}$$

式中右边第三项 $\lambda/2$ 是半波损失造成的附加光程差，具体问题中有无此项，要具体判断，当 a 点和 b 点的反射都有半波损失或都没有半波损失时无 $\lambda/2$，只有一个点的反射有半波损失时有 $\lambda/2$. 由于我们经常遇到的情况是 $n_1=n_3$，有附加光程差，所以在普遍使用的公式中先列上这一项. 由于

$$\overline{ab} = \overline{bc} = \frac{e}{\cos\gamma}$$

$$\overline{ad} = \overline{ac}\sin i = 2e\tan\gamma\sin i$$

根据折射定律

$$n_1\sin i = n_2\sin\gamma$$

所以有

$$\delta = 2n_2 e\cos\gamma + \frac{\lambda}{2} \tag{11-8a}$$

若用入射角 i 来表示，则有

$$\delta = 2e\sqrt{n_2^2 - n_1^2\sin^2 i} + \frac{\lambda}{2} \tag{11-8b}$$

P 点的干涉情况是

$$2n_2 e\cos\gamma + \frac{\lambda}{2} = k\lambda,\qquad k = 1,2,3,\cdots \text{ 相长干涉(明)}$$

$$2n_2 e\cos\gamma + \frac{\lambda}{2} = (2k+1)\,\frac{\lambda}{2},\quad k = 0,1,2,\cdots \text{ 相消干涉(暗)}$$

面光源上其他点发出的与光线 1 平行的所有光线，经上下表面反射后都有两束光在 P 点发生干涉，且干涉情况与光线 2 和光线 3 完全相同，不与光线 1 平行的光线，都不会在 P 点相遇，所以扩展光源不仅增大了干涉花样的亮度，而且不影响干涉花样的对比度.

光线 4 和光线 5 是透射光，它们也是相干的，其光程差读者自行分析. 这里要说明的是，如果薄膜表面的反射率比较低，光线 4 和光线 5 的强度相差很大，因而透射光的干涉花样清晰度很差.

从式(11-8b)可以看出，对于平行平面薄膜，一旦 e, n_1, n_2 确定，则具有相同入射角 i 的入射光有相同的光程差，它们将在透镜的焦平面上构成同一条干涉条纹，这种干涉称为**等倾干涉**. 当透镜 L 的主光轴与薄膜表面垂直时，等倾条纹是一组同心圆环，其中心对应 $i=\gamma=0$ 的光线. 观察等倾圆环条纹的一种装置的平面图和透视图分别如图 11-9(a)和(b)所示，其中 M 是以 45°角放置的半反半透膜，屏幕在透镜 L 的焦平面上.

用面光源 Q 照射 M，经 M 反射的光再经薄膜上下表面反射，然后透过 M 会聚在光屏上的 P 点，P 点到屏幕中心 O' 的距离只决定于光线在薄膜表面上的入射角. 相同入射角(不同入射面)的光线在光屏上的会聚点的轨迹将是以点 O' 为中心的圆，于是，在屏幕上形成的干涉条纹是一系列明暗相间的同心圆环(如图 11-9(c)所示)，决定明暗条纹中心位置的关系式如下：

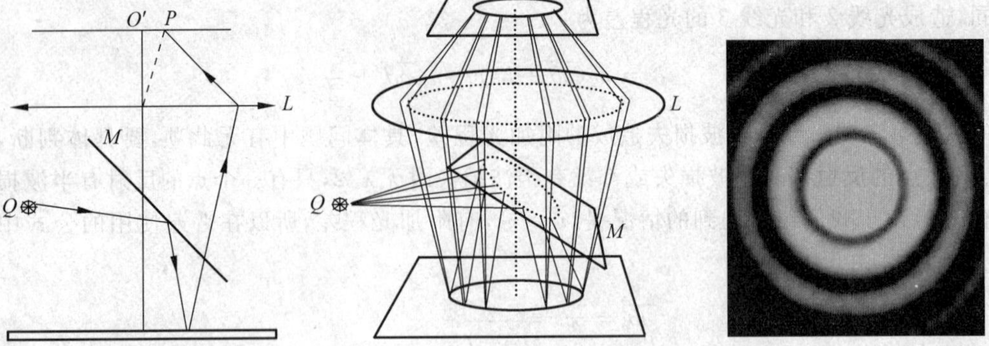

(a)　　(b)　　(c)

图 11-9　等倾干涉

$$2n_2 e\cos\gamma+\frac{\lambda}{2}=k\lambda,\qquad k=1,2,3,\cdots\quad \text{亮纹中心}$$

$$2n_2 e\cos\gamma+\frac{\lambda}{2}=(2k+1)\frac{\lambda}{2},\quad k=0,1,2,\cdots\quad \text{暗纹中心}$$

当光线正入射时，$\gamma=i=0$，$\cos\gamma=1$ 会聚点在圆环中心的 O' 点，所以圆环中心所对应的干涉级 k 最高，可能是亮点，也可能是暗点. 离圆心 O' 越远，干涉级 k 越低. 当增加膜的厚度 e 时，圆环半径增大，且有圆环不断从中心向外冒出；当 e 减小时，圆环半径减小，且有圆环不断陷入中心.

利用薄膜干涉的原理，可以制成增透膜和增反膜. 在光学元件的表面上想办法镀上一层介质薄膜，如果介质薄膜的折射率介于空气和光学元件之间，当光垂直入射在介质薄膜表面上时，由公式(11-8)可得 $\delta=2n_2e$，当 δ 满足干涉相消条件，即 $e=\lambda/(4n_2)$，$3\lambda/(4n_2)$，…时，薄膜上下表面反射的两束光干涉相消，这就使光学元件因反射而造成的光能损失大为减少，从而增加了透射光的强度，这就是**增透膜**. 当然，每种增透膜只对特定波长的光才有最佳的增透作用. 对助视光学仪器或照相机，一般选择对可见光的中部波长为 550 nm 的光反射相消，由于该波长的光呈绿色，所以增透膜的反射光呈现出与它互补的蓝紫色，这就是我们平常所看到的照相机镜头的颜色. 如果在飞机表面上镀一层薄膜，使之对雷达接收系统最敏感的光波反射相消，对飞机可以起到隐身的作用. 同理，适当选择薄膜材料及厚度，也可以使某种波长的反射光产生干涉相长，增大光学元件的反射率，这种薄膜称为**增反膜**. 例如，激光器谐振腔中的反射镜对特定波长的光的反射率可达 99% 以上.

检测点 9：光源的线度对平行平面薄膜的干涉花样有什么影响？

11.3.2　楔形平面薄膜（劈尖）干涉

如图 11-10 所示，它也是用分振幅法将面光源上 S 点发出的光束 1 分成 2 和 3 两束，然后在 P 点相遇而发生干涉. P 点出现的位置与光线入射角度及劈尖特点有关，例如，如果光线垂直于劈尖的下表

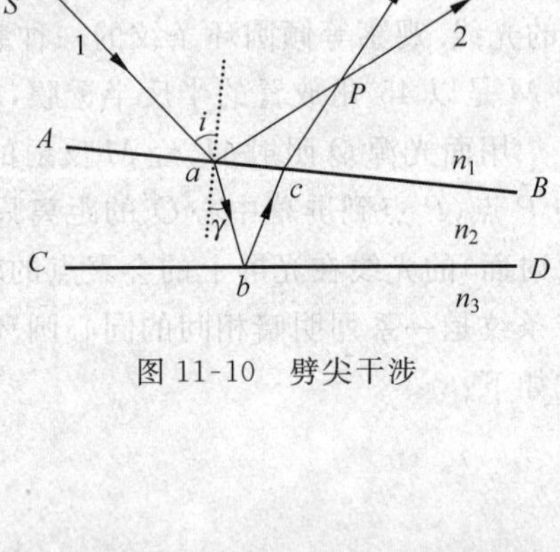

图 11-10　劈尖干涉

面从上向下照射，则干涉发生在上表面，即干涉条纹定域在上表面.

在实用的干涉系统中，膜的厚度一般都很小，并且楔角不大，可近似地用式(11-8a)来计算，即

$$\delta = 2n_2 e\cos\gamma + \frac{\lambda}{2}$$

不过这里公式中的 e 是指薄膜在 b 处的厚度，对整个薄膜来说，e 是个变量. 如果面光源的线度不大，则光源上除 S 点以外的其他点发出的在 P 点相交的两束光的光程差的差别是微不足道的，可以认为是等光程差的. 所以在薄膜表面附近可以得到明亮的干涉花样. 但是，如果面光源的线度过大，会影响干涉花样的清晰度.

当入射光是平行光时，γ 是个常量，光程差 δ 仅由膜厚 e 决定，这时干涉条纹与薄膜的等厚线平行，这种干涉称为**等厚干涉**. 实际上常采用正入射的方式，这时 $i=\gamma=0$，光程差为

$$\delta = 2n_2 e + \frac{\lambda}{2} \tag{11-9}$$

精确观测等厚干涉条纹的装置如图 11-11(a)所示，将两块玻璃片 G_1，G_2 一端接触，另一端夹一薄片或细丝，在两玻璃片间就形成一楔形空气薄膜. OO' 为两玻璃片的交棱，S 为置于透镜 L 焦点上的单色光源，M 为半反射半透射的玻璃镜片，T 为观察条纹的读数显微镜. 从透镜 L 射出来的平行光束经玻璃片反射后垂直入射到楔形空气膜上，在膜表面形成明暗相间的直线状干涉条纹. 因为薄膜的等厚线平行于棱边 OO'，所以干涉条纹都平行于棱边，一般情况下条纹间隔很小，必须借助显微镜来观察. 图 11-11(b)示意地画出了条纹分布情况. 图中虚线表示明条纹中心，实线表示暗条纹中心. 条纹级次与薄膜厚度的关系为

$$\begin{cases} 2n_2 e + \dfrac{\lambda}{2} = k\lambda, & k = 1,2,3,\cdots \quad \text{明纹} \\ 2n_2 e + \dfrac{\lambda}{2} = (2k+1)\,\dfrac{\lambda}{2}, & k = 0,1,2,\cdots \quad \text{暗纹} \end{cases}$$

第 k 级明纹所对应的薄膜厚度 $e_{k明} = (k\lambda - \lambda/2)/(2n_2)$；第 k 级暗纹所对应的薄膜厚度 $e_{k暗} = (k\lambda)/(2n_2)$. 任意两相邻暗纹(或明纹)所对应的薄膜厚度差为

$$\Delta e = e_{k+1} - e_k = \frac{\lambda}{2n_2} \tag{11-10}$$

相邻两暗纹(或明纹)间距为

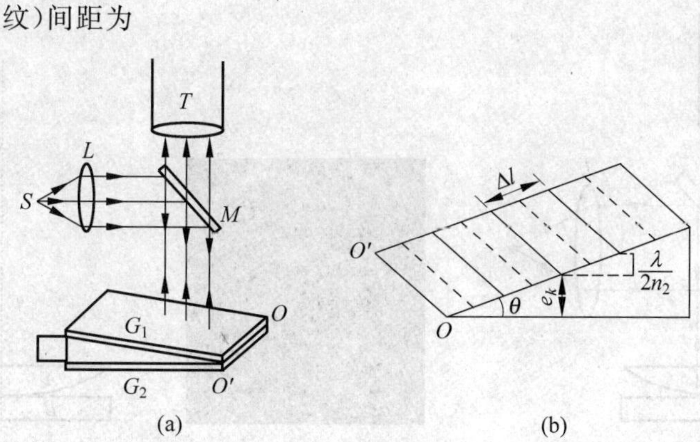

图 11-11　劈尖干涉装置

$$\Delta l=\frac{\Delta e}{\sin\theta}\approx\frac{\Delta e}{\theta}=\frac{\lambda}{2n_2\theta} \tag{11-11}$$

由式(11-11)可知，条纹是等间距的；楔角 θ 越大，Δl 越小，条纹越密；条纹间距与入射光的波长有关，如果用白光入射，则会产生彩色条纹.

我们注视水面上的油膜或肥皂泡等薄膜的表面时，看到薄膜在日光照射下显现出五彩缤纷的条纹，就是白光在薄膜表面形成的等厚条纹.

例 11-2 在半导体元件生产中，为了测定硅(Si)表面(SiO_2)薄膜的厚度，可将氧化后的硅片用很细的金刚砂磨成如图 11-12(a)所示的楔形并做清洁处理后进行测试，已知 SiO_2 和 Si 的折射率分别为 $n=1.46$ 和 $n'=3.42$，用波长为 589.3 nm 钠光照射，观测到 SiO_2 楔形膜上出现 7 条暗纹. 如图 11-12(b)所示，图中实线表示暗纹，第 7 条暗纹在斜坡的起点 M 处. 问 SiO_2 薄膜的厚度是多少？

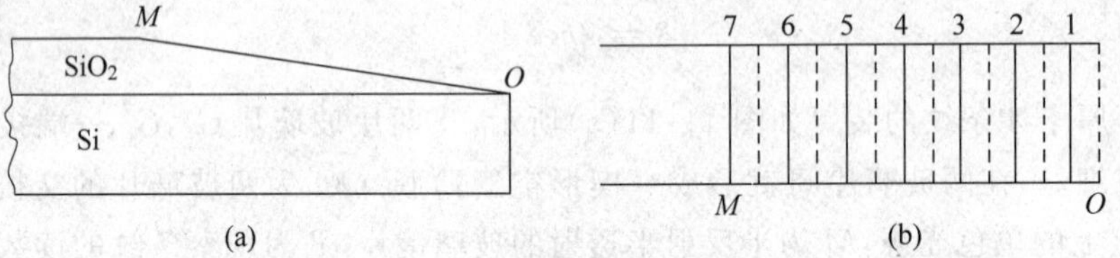

图 11-12 薄膜厚度测定

解 因 $n'>n>1$，可知反射光在膜的上下表面都有半波损失，故 O 处为明，OM 间暗条纹数为 7，则总条纹间隔数 $N=6.5$. 因相隔一个条纹，膜厚相差 $\lambda/2n$，所以整个膜厚为

$$e=N\frac{\lambda}{2n}=6.5\times\frac{589.3}{2\times1.46}\approx1.31\times10^3\,(\text{nm})$$

检测点 10：在劈尖干涉实验中，劈尖的楔角为什么不能太大？

11.3.3 牛顿环

牛顿环也是等厚干涉现象. 取一曲率半径相当大的平凸透镜 A，放在一平板玻璃 B 上，如图 11-13(a)所示. 在玻璃之间便形成了上表面为球面，下表面为平面的空气薄膜. 以 O 点为圆心，在薄膜表面上作任一圆圈，圆上每一点处薄膜厚度相等. 单色光源 S 发出的光线经

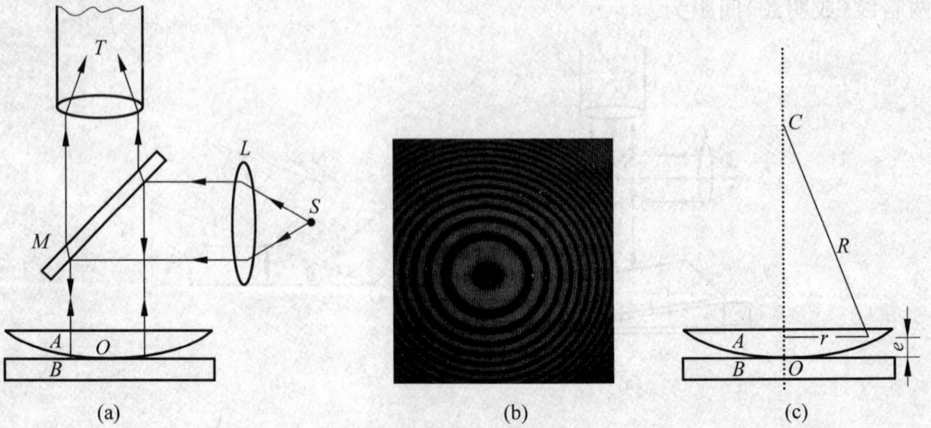

图 11-13 牛顿环

过透镜 L 后，变成一束平行光，再经过倾斜为 45°的半透明的平面镜 M 反射后，垂直地照射在平凸透镜的表面上. 入射光线在空气薄膜上下表面反射后，穿过平面镜 M 进入显微镜 T. 在显微镜中，可以观察到以接触点 O 为中心的、环形的、明暗相间的干涉条纹. 这种干涉条纹叫**牛顿环**，牛顿环内疏外密，如图 11-13(b)所示.

现在计算牛顿环的半径 r，光波长 λ 及平凸透镜的曲率半径 R 之间的关系式. 考虑到是垂直入射，薄膜的折射率 $n=1$，且只有薄膜下表面的反射光有半波损失，则

$$\left.\begin{aligned}\delta &= 2e+\frac{\lambda}{2}=k\lambda, & k&=1,2,3,\cdots \quad \text{明环}\\ \delta &= 2e+\frac{\lambda}{2}=(2k+1)\frac{\lambda}{2}, & k&=0,1,2,\cdots \quad \text{暗环}\end{aligned}\right\} \tag{11-12}$$

令 r 为干涉圆环条纹的半径，由图 11-13(c)可看出

$$R^2=r^2+(R-e)^2$$

因为 $r\gg e$，故 e^2 可略去，因此

$$e=\frac{r^2}{2R}$$

将 e 代入式(11-12)中得

$$\left.\begin{aligned}r_{\text{明}} &= \sqrt{(2k-1)R\,\frac{\lambda}{2}}, & k&=1,2,3,\cdots\\ r_{\text{暗}} &= \sqrt{kR\lambda}, & k&=0,1,2,\cdots\end{aligned}\right\} \tag{11-13}$$

在接触点 O 处，因 $e=0$，$\delta=\dfrac{\lambda}{2}$，所以应是暗点. 实际上我们看到牛顿环的中心是一暗圆斑，这是因为平凸透镜和平板玻璃接触后，在正压力的作用下，O 点处发生了形变.

例 11-3　氦氖激光器发出的激光波长为 0.633 μm，以它为光源做牛顿环实验，得到下列的测量结果. 第 k 个暗环半径为 1.5 mm，第 $k+5$ 个暗环半径为 2.3 mm，求平凸透镜的曲率半径 R.

解　应用式(11-13)有

$$r_k=\sqrt{kR\lambda},\quad r_{k+5}=\sqrt{(k+5)R\lambda}$$

两式平方后相减得

$$5R\lambda=r_{(k+5)}^2-r_k^2$$

$$R=\frac{r_{(k+5)}^2-r_k^2}{5\lambda}=\frac{(2.3^2-1.5^2)\times10^{-6}}{5\times0.633\times10^{-6}}=10^3\,(\text{mm})$$

检测点 11：在图 11-13 所示的牛顿环干涉实验中，平凸玻璃板 A 不动，将平玻璃板 B 向下平移，干涉条纹有何变化？

11.3.4　迈克耳孙干涉仪

利用干涉原理进行精密测量的仪器称为干涉仪. 迈克耳孙干涉仪是其中很典型的一种，它在近代物理发展史上起过重要的作用. 其基本结构和光路如图 11-14 所示. 图中 M_1 和 M_2 是光学平面镜，其中 M_1 固定，M_2 通过精密丝杠的带动，可以沿丝杠前后移动. G_1 和 G_2 是两块质料相同、厚度相等的平行玻璃片，与 M_1，M_2 成 45°角. 在 G_1 的后表面镀有半透明的薄银层，这银层的作用是将入射光束分成振幅近于相等的透射光束 1 和反射光束 2，因

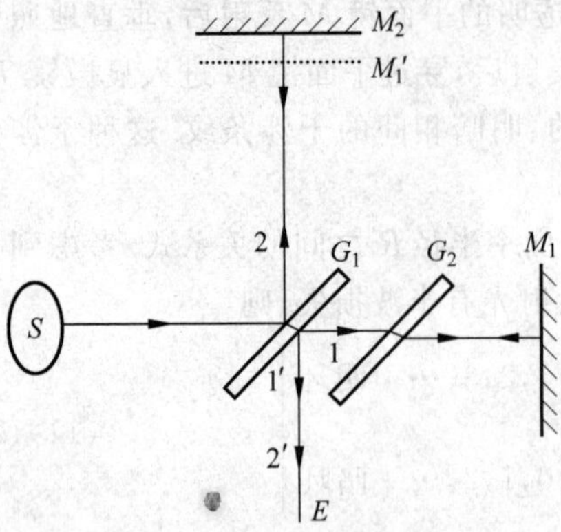

图 11-14 迈克耳孙干涉仪

此 G_1 称为分光板. 由面光源 S 发出的光,射向分光板 G_1,经分光后形成两部分,透射光束 1 通过 G_2 射向 M_1,经 M_1 反射后又经过 G_2 到达 G_1,再经半反射银层反射到 E 处;反射光束 2 射向 M_2,经 M_2 反射后透过 G_1 也射向 E 处. 两相干光束 $11'$ 和光束 $22'$ 干涉产生的干涉图样可在 E 处观察到. 由光路图可看出,由于玻璃板 G_2 的插入,光束 1 和光束 2 一样都是三次通过玻璃板,这样光束 1 和光束 2 的光程差就与在玻璃板中的光程无关了. 因此,玻璃板 G_2 称为补偿板. 在 E 处看来,分光板 G_1 后表面的半反射层使 M_1 在 M_2 附近形成一虚像 M_1',光束 $11'$ 如同从 M_1' 反射的一样. 因而干涉所产生的花样就可看作是由 M_1' 和 M_2 之间的空气膜产生的. 当 M_1,M_2 相互不严格垂直时,M_1',M_2 之间形成楔形空气膜,这时可观察到等厚条纹. 当 M_2 移动时空气层厚度改变,可以观察到条纹的变化.

迈克耳孙干涉仪的主要特点是两相干光束在空间上是完全分开的,并且可用移动反射镜或在光路中加入另外介质的方法改变两光束的光程差,这就使干涉仪具有广泛的用途.

检测点 12:如图 11-14 所示的迈克耳孙干涉仪中,欲观察到等倾干涉,M_1 和 M_2 的方向如何?

11.4 光的衍射

11.4.1 光的衍射现象

日常生活中,我们看到光是沿着直线传播的,当光在前进中遇到障碍物(圆孔、狭缝或圆盘、细丝)时,在障碍物后的光屏上呈现明晰的几何影,影内完全没有光,影外有均匀的光强分布. 但是,当障碍物的尺度和光的波长比较接近时,不仅有光进入影内,并且出现光强的不均匀分布. 我们把光偏离直线而绕过障碍物的这种现象叫做**光的衍射**或**绕射**.

在图 11-15(a)所示的实验中,S 为一单色点光源,G 为遮光屏,屏上有一个圆孔,E 为观察屏. 当圆孔的孔径小到十分之几毫米时,在观察屏上会出现明暗相间的圆形条纹(如图 11-15(b)所示),中心是一个比孔径大许多的亮圆斑,这就是光的**圆孔衍射现象**.

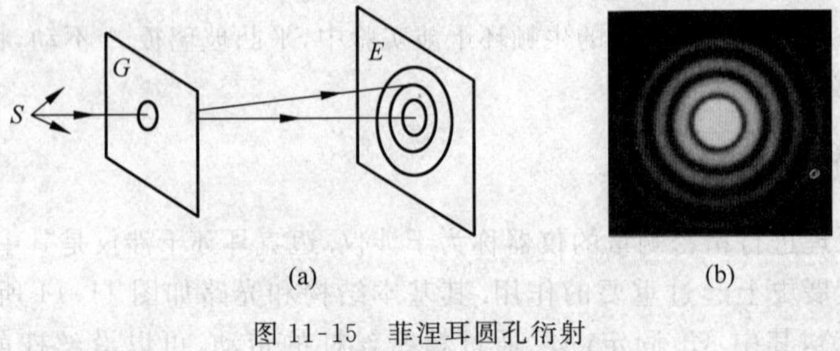

(a) (b)

图 11-15 菲涅耳圆孔衍射

在图 11-16 所示的实验中,遮光屏 G 上开有一条缝,S 是一个与缝平行的线状光源,

S 和观察屏 E 分别置于透镜 L 和 L' 的焦平面上. 当狭缝小到十分之几毫米时，在屏上出现了明暗相间的与缝平行的直线条纹，这就是光的**单缝衍射**. 在一张较厚的纸片上用刀划一条缝，眼睛通过缝看太阳或日光灯，可以看到彩色的直线条纹，这就是白光的单缝衍射现象. 光的衍射一般可分为两种类型. 障碍物距光源及观察屏(取零或两者之一)为有限远时的衍射称为**菲涅耳衍射**，如图 11-15 所示；障碍物距光源及观察屏都为无限远时的衍射称为**夫琅禾费衍射**，此时入射光和衍射光都是平行光，如图 11-16 所示. 下面仅讨论比较实用的夫琅禾费衍射.

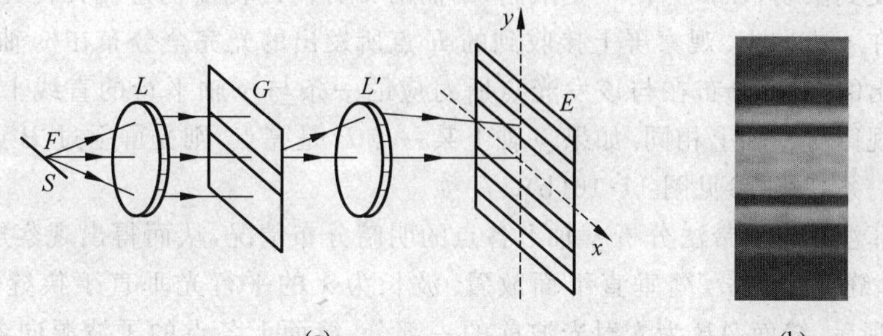

图 11-16　夫琅禾费单缝衍射

检测点 13：灯光穿过一个细缝射在墙壁上，呈现彩色直线条纹，这是光的什么衍射？

11.4.2　惠更斯-菲涅耳原理

惠更斯针对波的传播问题提出了一种观点，他认为波前上的每一点都可以看作新的子波源，它们发出的球面子波的包络面就是新的波前，这就是**惠更斯原理**. 用惠更斯原理可以解释光波偏离直线传播的现象，但不能解释衍射图样中光强的分布. 1815 年，菲涅耳用子波的相干叠加概念发展了惠更斯原理，得出了所谓的**惠更斯-菲涅耳原理**：从同一波前上各点发出的子波是相干波，经传播在空间某点相遇时的叠加是相干叠加. 根据这个原理，如果已知某时刻波前 S，则空间任意点 P 的光振动就等于波前 S 上每个面元 $\mathrm{d}S$ 发出的子波在该点叠加后的合振动，如图 11-17 所示. 设 $t=0$ 时刻波前 S 上各点光振动的初相为零，则 $\mathrm{d}S$ 在 P 点引起的光振动可表示为

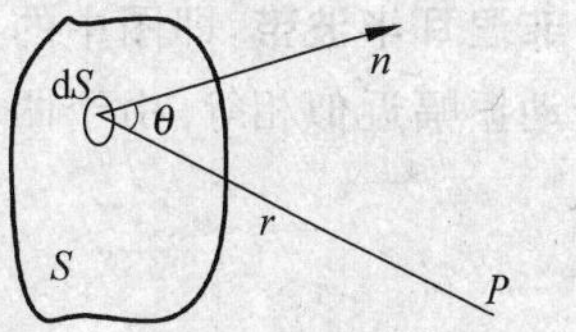

图 11-17　惠更斯-菲涅耳原理

$$\mathrm{d}E = c\frac{K_{(\theta)}}{r}\cos\left(\omega t - \frac{2\pi r}{\lambda}\right)\mathrm{d}S$$

式中 c 是比例系数，θ 是 $\mathrm{d}S$ 的法线矢量 $\boldsymbol{n}$ 与 $\mathrm{d}S$ 到 P 点的连线 r 之间的夹角，$K_{(\theta)}$ 称为倾斜因子，它随 θ 的增大而减小，$\theta \geqslant \pi/2$ 时，$K_{(\theta)}=0$. P 点的光振动可表示为

$$E = \int_S c\frac{K_{(\theta)}}{r}\cos\left(\omega t - \frac{2\pi r}{\lambda}\right)\mathrm{d}S \tag{11-14}$$

式(11-14)就是惠更斯-菲涅耳原理的数学表示式. 利用该原理，原则上可以解决衍射花样的强度分布问题，但计算比较复杂. 在下面的讨论中，我们采用菲涅耳半波带法，这样可以避开复杂的积分运算而得出比较清晰的物理图像.

检测点 14：式(11-14)中，当 $\theta \geqslant \frac{\pi}{2}$ 时，$K_{(\theta)}=0$ 说明了什么？

11.4.3　夫琅禾费单缝衍射

图 11-16(a)所示的实验就是夫琅禾费单缝衍射. 线光源 S 在透镜 L 的焦平面上，S 上每一发光点发出的光经过 L 后成为一束平行光，但不同发光点发出的光束相互不平行. F 点(L 的焦点)发出的光束与 L 的主光轴平行. 这些光束传到开有狭缝的遮光屏上时，波阵面在 y 方向受到限制，在 x 方向不受限制，因而沿 x 方向的传播仍遵循几何光学规律，衍射现象只发生在 y 方向上. 观察屏上接收到的 F 点所发出的光完全分布在 y 轴上，其他每一发光点所发出的光，都分布在与该发光点所对应的一条与 y 轴平行的直线上，且该直线上光强的分布规律与 y 轴上相同. 如果 y 轴上某一点 P 是亮点，则光屏上过 P 点与 x 轴平行的直线就是一条亮线，参见图 11-16(b).

下面用菲涅耳半波带法分析 y 轴上各点的明暗分布情况，从而得出观察屏上的条纹分布规律. 设单缝宽度为 a，缝垂直纸面放置. 波长为 λ 的平行光垂直于狭缝平面入射，如图 11-18(a)所示. 缝面 AB 为入射光波前的一部分，缝面上各点的子波源向各个方向发射光线，方向相同的一组光线(如图中的光线 2)经过透镜后将会聚在轴上某一点. 光线与单缝面的法线之间的夹角称为**衍射角**，用 ϕ 表示. 当衍射角 $\phi=0$ 时(即图中所示的光线 1)，因由波阵面 AB 到 O 点等光程，故各光线到达 O 点时的相位相同，它们相互干涉加强，所以 O 点是亮点. 当衍射角为任意值 ϕ 时，即图中所示的光线 2，经透镜后会聚于轴上 P 点. 由缝 AB 上各子波源发出的光线 2 到 P 点光程不等，其光程差可以这样来分析：过 A 作平面 AC 与光线 2 垂直，因为透镜不引起光程差，所以从 AC 面上各点到 P 点等光程，各光线间的光程差就由它们从缝上的相应位置到 AC 面的距离之差来确定. 例如 A、B 两点所发出的光线 2 间的光程差为 $BC=a\sin\phi$. 显然，这是光线 2 间的最大光程差. 由于光线 2 有无数条，各条光线间光程差连续变化，所以要计算干涉后的光强很复杂. 下面介绍的菲涅耳半波带法物理思想较为简单，与实验结果也比较接近. 如图 11-18(b)所示，设想做一组间距为 $\lambda/2$ 且与 AC 面平行的平面，它们将单缝内波阵面 AB 沿缝宽方向分成一系列等宽的狭长波带，称为**菲涅耳半波带**，即图中的 AA_1，A_1A_2，…，A_nB. 因各波带面积相等，它们在 P 点引起的光振动振幅近似相等. 由于两相邻波带上光程差为 $\lambda/2$ 的点一一对应(如 AA_1 带上的 G 点与

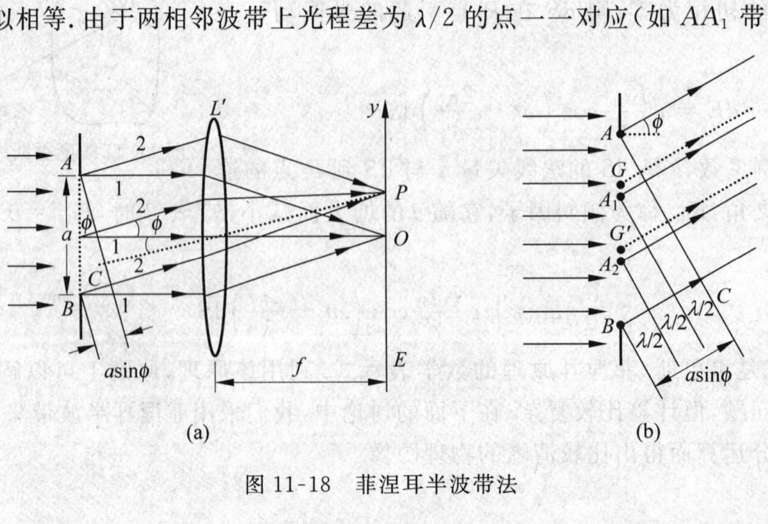

图 11-18　菲涅耳半波带法

A_1A_2 带上的 G' 点)，各对应点发出的光线在 P 点干涉相消，因而任意两相邻波带在 P 点的作用完全抵消. 如果对于某给定衍射角 ϕ，缝 AB 恰能分成偶数个半波带，即 BC 为半波长的偶数倍，那么，所有波带在 P 点的作用两两抵消，P 为暗点；如果缝可分成奇数个半波带，则各相邻波带成对抵消后还剩下一个波带的作用，因而 P 为亮点；如果缝不能分成整数个波带，则 P 点介于亮暗之间. 当 ϕ 角由小变大时，缝可分成的半波带数由少到多，不断经历奇、偶、奇、偶……的变化过程，y 轴上各点的光强由原点向外不断出现亮、暗、亮、暗……的变化. 因而光屏上由 y 轴中央到两侧就呈现明暗条纹的相间分布. 将以上分析结果用解析式表示，各级衍射条纹的中心位置由下式确定：

$$\left.\begin{array}{lll}\phi=0, & & \text{中央明纹}\\ a\sin\phi=\pm(2k+1)\lambda/2, & k=1,2,3,\cdots & k\ \text{级明纹}\\ a\sin\phi=\pm(2k)\lambda/2, & k=1,2,3,\cdots & k\ \text{级暗纹}\end{array}\right\}\tag{11-15}$$

式中正负号表示同级衍射条纹对称分布在中央明纹两侧.

下面分析单缝衍射条纹的宽度.

(1) 条纹宽度. 正负第一级暗纹中心对透镜 L' 光心所张的角度称为中央明纹的角宽度，如图 11-19 所示. 因此，对中央明纹来说，衍射角 ϕ 满足

$$-\lambda<a\sin\phi<\lambda$$

在夫琅禾费单缝衍射中，ϕ 一般很小，有 $\sin\phi\approx\phi$，因而上式可写成

$$-\frac{\lambda}{a}<\phi<\frac{\lambda}{a}$$

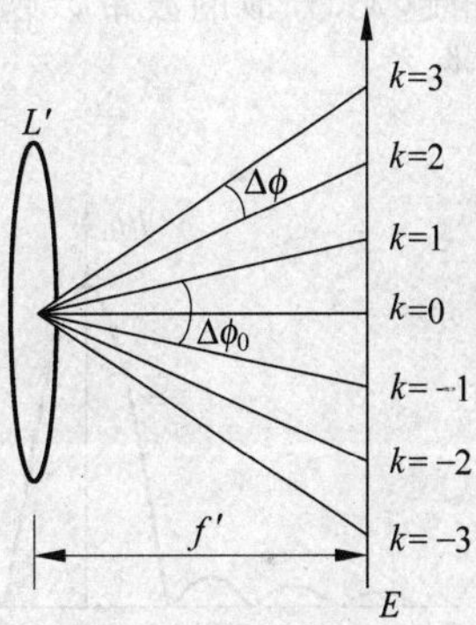

图 11-19　条纹宽度

故中央明纹的角宽度

$$\Delta\phi_0=\frac{\lambda}{a}-\left(-\frac{\lambda}{a}\right)=\frac{2\lambda}{a}\tag{11-16}$$

屏上线宽度

$$\Delta y_0=2f'\tan\frac{\Delta\phi_0}{2}$$

因为 $\tan\dfrac{\Delta\phi_0}{2}\approx\dfrac{\Delta\phi_0}{2}$，所以

$$\Delta y_0=2f'\frac{\Delta\phi_0}{2}$$

式中 f' 为透镜 L' 的焦距. k 级和 $k+1$ 级暗纹中心对透镜 L' 光心所张的角度称为第 k 级明纹的角宽度，因此，对第 k 级明纹来说，衍射角 ϕ 满足

$$\frac{k\lambda}{a}<\sin\phi<\frac{k+1}{a}\lambda$$

当角 ϕ 很小时，上式可写成

$$\frac{k\lambda}{a}<\phi<\frac{k+1}{a}\lambda$$

第 k 级明纹的角宽度

$$\Delta\phi=\frac{k+1}{a}\lambda-\frac{k}{a}\lambda=\frac{\lambda}{a}\tag{11-17}$$

可见中央明纹的角宽度近似等于其他明纹角宽度的2倍.

(2) 缝宽对条纹宽度的影响. 由式(11-16)和式(11-17)可知，当波长 λ 不变时，各级明纹的角宽度 $\Delta\phi$ 与缝宽 a 成反比，即缝宽 a 越小，缝对入射光的限制越甚，条纹铺展越宽，衍射效应越显著；反之，条纹将收缩变窄，衍射效应减弱. 当 $a \gg \lambda$ 时，与各级条纹相对应的衍射角 ϕ 很小，条纹都向中央明纹靠近而拥挤在一起，形成一条亮线，这亮线就是光经过透镜后所形成的几何像，所以几何光学可认为是波动光学在 $\lambda/a \to 0$ 时的极限情况.

(3) 波长对条纹的影响. 由式(11-16)和式(11-17)可知，当缝宽不变时，各级条纹的角宽度将因波长而异，则各级条纹的位置将因波长而异. 如用白光入射，因各种波长的中央明纹仍在屏中央，所以中央明纹仍为白色，但由中央至两侧的其他各级明纹则会因波长不同而位置互相错开，因而呈现由紫到红的彩色衍射图样. 这种衍射图样就称为**衍射光谱**.

在单缝衍射图样中，亮度分布并不是均匀的，大致如图 11-20 所示，中央明区最亮、最宽，中央明纹的两侧，亮度迅速减小，直至第一个暗条纹；其后，亮度又逐渐增大而成为第一级明条纹，依次类推. 必须注意到，各级明条纹的亮度随着级数的增大而减小，这主要是由于 ϕ 角越大，分成的波带数越多，未被抵消的一个波带的面积占单缝总面积的比例越小.

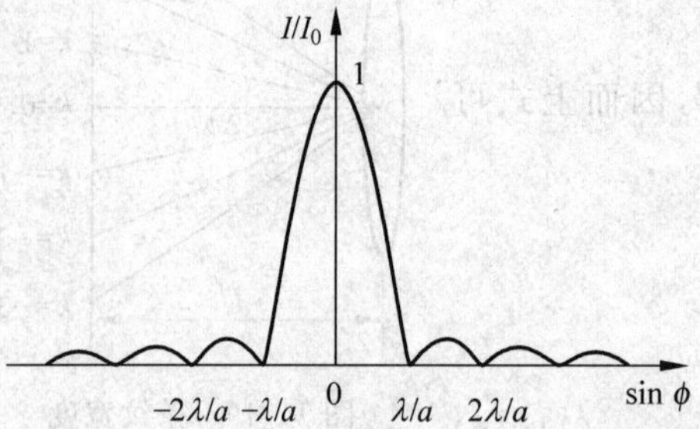

图 11-20 单缝衍射的光强分布

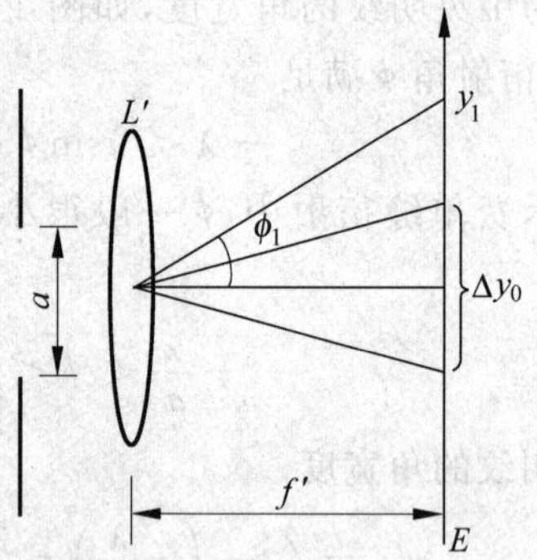

图 11-21 例 11-4 用图

例 11-4 用波长 $\lambda=632.8$ nm 的平行光垂直照射单狭缝，缝宽为 a，缝后放置一焦距 $f'=40$ cm 的透镜. 当 $a=0.1$ mm 和 $a=4.0$ mm 时，试求在透镜焦面上所形成的中央明纹的线宽度及第一级明纹的位置.

解 如图 11-21 所示，单缝衍射中央明纹的线宽

$$\Delta y_0 \approx 2f'\frac{\lambda}{a}$$

第一级明纹的角位置 ϕ_1 应满足

$$a\sin\phi_1 = \pm\frac{3}{2}\lambda$$

其在屏上的位置

$$y_1 = f'\tan\phi_1$$

因为 ϕ_1 很小，$\tan\phi_1 \approx \sin\phi_1$，则

$$y_1 = \pm f'\frac{3}{2}\frac{\lambda}{a}$$

当 $a=0.1$ mm 时

$$\Delta y_0 = 2 \times 4 \times 10^2 \times \frac{6.328 \times 10^{-4}}{0.1} \approx 5.1(\mathrm{mm})$$

$$y_1 = \pm \frac{3}{2} f' \frac{\lambda}{a} = \pm \frac{3}{4} \Delta y_0 \approx \pm 3.8(\mathrm{mm})$$

当 $a=4.0$ mm 时

$$\Delta y_0 = 2 \times 4 \times 10^2 \times \frac{6.328 \times 10^{-4}}{4.0} \approx 0.13(\mathrm{mm})$$

$$y_1 = \pm \frac{3}{2} f' \frac{\lambda}{a} = \pm \frac{3}{4} \Delta y_0 \approx \pm 0.1(\mathrm{mm})$$

可见，当 $a=4.0$ mm 时，由于缝太宽，条纹已密集得难以分辨，实际上衍射现象已经观察不到了.

检测点 15：将单缝衍射的蓝色光换成黄色光，图样是从明亮中心向外扩展还是向内收缩？

11.5　光栅衍射

利用单缝衍射现象可以测量单色光的波长，但这种测量往往精度不够高. 因为要使测量结果准确，条纹必须细锐、分散. 减小缝宽可使条纹分散，但却使条纹亮度变小，宽度增加，界限模糊. 所以实际上常用光栅来测量.

11.5.1　光栅的构造

由大量等宽且等间隔的平行狭缝所构成的光学元件称为**光栅**. 用金刚石尖在玻璃上刻上大量宽度相等、间距相等的平行刻线，就构成了光栅. 当光射在玻璃上时，由于刻痕表面凹凸不平，入射光向各方散射，不能透过，而两相邻刻痕之间的玻璃是可以透光的，相当于狭缝. 这种利用透射光工作的光栅称为**透射光栅**. 为了增强可用的衍射光谱线的亮度，实际上常使用经过特殊刻划的利用反射光工作的所谓**闪耀光栅**. 我们仅以透射光栅为例进行分析.

设光栅每个刻痕的宽度为 b，相邻两刻痕的间距，即狭缝宽度为 a，$d=a+b$ 称为光栅常数. 常见的光栅每厘米的刻痕在几百乃至万条以上，光栅的总缝数用 N 表示.

检测点 16：每厘米有 500 条刻痕的透射光栅，其光栅常数为多少纳米？

11.5.2　光栅衍射的主极大条纹

将图 11-16 中的单狭缝换成光栅，即为光栅的夫琅禾费衍射实验，其光路的主要部分如图 11-22 所示. 下面分析光栅衍射条纹的形成. 设想光栅上只留下一个缝透光，其余全部遮住，这时屏上呈现的是这个缝的单缝衍射条纹. 因为同一衍射角 ϕ 的平行光经过透镜后都会聚在光屏上同一点，所以不论留下哪一个缝，不仅屏上衍射条纹都一样，而且条纹位置也完全重合. 当光栅上所有缝都打开时，由于各条缝所分割的波前满足相干条件，所以各缝的衍射光将在接收屏上相干叠加，从而产生光栅的衍射图样. 可见，光栅衍射是单缝衍射和多缝干涉的综合效果. 由图 11-22 可以看出，相邻狭缝的对应点（例如图上的 A 点和 B 点）发出的衍射角为 ϕ 的光线之间的光程差和相位差分别为

$$\delta = d\sin\phi$$

$$\Delta\varphi = \frac{2\pi}{\lambda} d\sin\phi$$

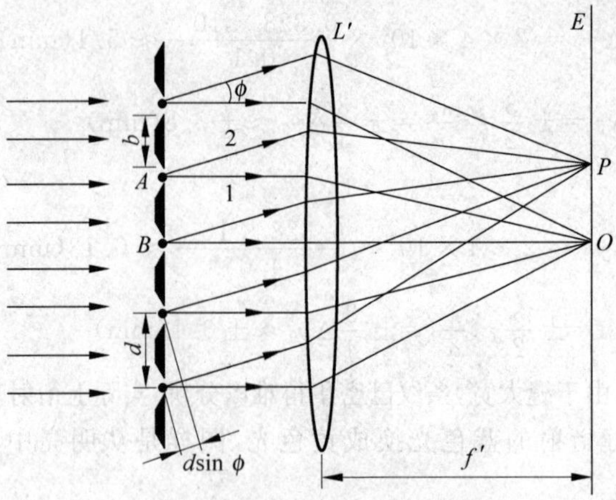

图 11-22 光栅衍射

屏幕上 P 点的光振动,等于每条缝沿 ϕ 方向的衍射光线在该点所引起的光振动的矢量和. 如果先不考虑单缝衍射的效果,只考虑多缝干涉,则当

$$\Delta\varphi = \frac{2\pi d\sin\phi}{\lambda} = \pm 2k\pi$$

即

$$d\sin\phi = \pm k\lambda,\quad k = 0,1,2,\cdots \tag{11-18}$$

时,多缝干涉相互加强,式(11-18)称为**光栅方程**. 由光栅方程决定的衍射角 ϕ 方向上产生光栅衍射的主极大条纹. 当

$$\Delta\varphi = \frac{2\pi d\sin\phi}{\lambda} = \pm \frac{2k'\pi}{N}$$

即

$$d\sin\phi = \pm k'\frac{\lambda}{N} \tag{11-19}$$

其中

$$k' = 1,2,3,\cdots,N-1,N+1,\cdots,2N-1,2N+1,\cdots$$

时,多缝干涉完全抵消,由式(11-19)决定的衍射角方向上产生衍射极小. 在相邻的两个极小之间肯定还有一个次极大(光强比主极大小得多). 可见,在两个相邻的主极大之间有 $N-1$ 个极小,有 $N-2$ 个次极大.

在实际测量中,人们最关注的是主极大条纹,由光栅方程可知,对于一定波长的入射光,光栅常数 d 越小,主极大条纹的间隔越大,条纹越容易分辨,如图 11-23 所示. 条纹间隔与缝宽 a 无关. 由式(11-19)可知,N 越大,两主极大之间的极小越多,则主极大越窄,两主极大之间越暗,即主极大条纹越细锐,位置越容易确定,如图 11-24 所示.

在上面的分析中,由于不考虑单缝衍射的影响,各级主极大的光强都相同. 实际上由于单缝衍射的作用,各级主极大的光强是不同的,特别是,刚好遇到单缝衍射因子零点的那几级主极大消失了,这种现象叫做**缺级**(例如图 11-25 中的 $k=3$ 级主极大). 所缺的级次 k 为

$$k = \pm \frac{d}{a}j \tag{11-20}$$

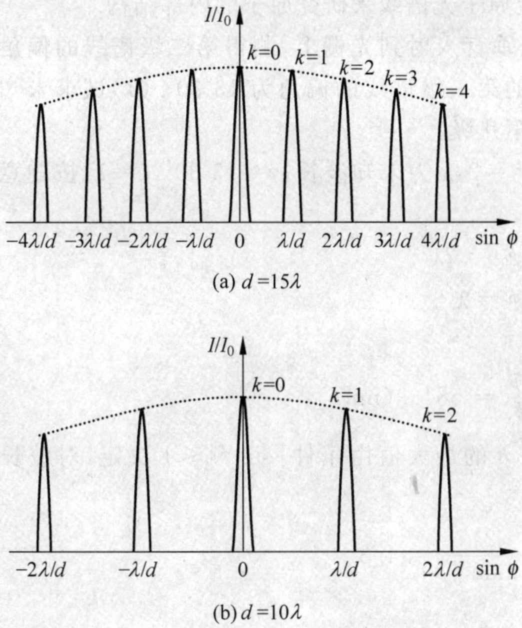

图 11-23　主极大条纹与光栅常数的关系

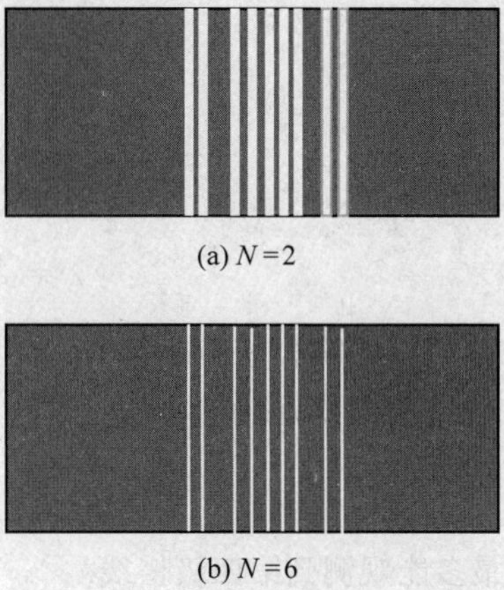

图 11-24　主极大条纹与光栅缝数的关系

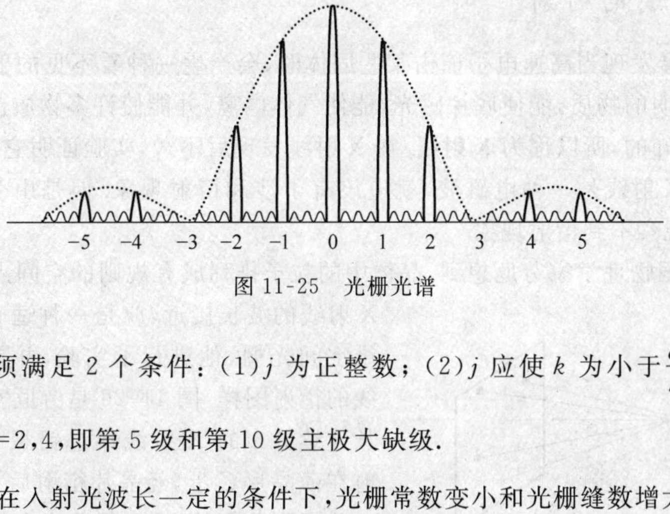

图 11-25　光栅光谱

j 的取值必须满足 2 个条件：(1)j 为正整数；(2)j 应使 k 为小于 $\frac{d}{\lambda}$ 的整数. 例如，当 $\frac{d}{a}=2.5$，则 $j=2,4$，即第 5 级和第 10 级主极大缺级.

检测点 17：在入射光波长一定的条件下，光栅常数变小和光栅缝数增大，主极大条纹各有什么变化？

11.5.3　光栅光谱

由光栅方程可知，当光栅常数 d 一定时，除了 $k=0$ 级主极大外，其他的各级主极大的位置与入射光的波长有关，不同波长对应的主极大位置不同. 当用白光入射时，$k=0$ 级仍为白光，在 0 级条纹的两侧，分布着由紫到红的第一级光谱，第二级光谱…… 但从第二级光谱开始，各级光谱相互重叠，级次越高，重叠的范围越广. 所以实用的只能是低级光谱. 如果入射光是波长不连续的复色光，例如汞灯照明，将出现与各波长对应的各级线状光谱. 一种物质发出的光谱是一定的，测定其光栅光谱中各光谱线的波长及其相对光强，可以确定发光物质的成分和含量.在原子物理中,就是通过测定原子光谱线来研究原子的内部结构.

例 11-5 以波长为 589.3 nm 的钠黄光垂直入射到光栅上,测得第二级谱线的偏角为 $28°8'$.用另一未知波长的单色光入射时,它的第一级谱线的偏角为 $13°30'$.(1)试求未知波长;(2)试问未知波长的谱线最多能观测到第几级?

解 (1) 设 $\lambda_0=589.3$ nm,$\phi_0=28°8'$,$k_0=2$,λ 为未知波长,$\phi=13°30'$,$k=1$,按题意可列出如下的光栅方程:

$$d\sin\phi_0 = 2\lambda_0$$
$$d\sin\phi = \lambda$$

由此可解得

$$\lambda = 2\lambda_0\,\frac{\sin\phi}{\sin\phi_0} = 584.9(\text{nm})$$

(2) 由光栅方程 $d\sin\phi=k\lambda$ 可以看出,k 的最大值由条件 $|\sin\phi|\leqslant 1$ 决定,对波长为 584.9 nm 的谱线,该条件给出

$$k\leqslant\frac{d}{\lambda}=\frac{2\lambda_0}{\lambda\sin\phi_0}=4.3$$

所以最多能观测到第四级谱线.

检测点 18:某复色光的波长范围是 500~700 nm,其光栅光谱从第几级开始重叠?

11.5.4 X 射线的衍射

1895 年,伦琴发现当高速电子撞击某些固体时,会产生一种看不见的射线,它能透过许多对可见光不透明的物质,能使底片感光,能使气体电离,并能使许多物质产生荧光,这种射线因为是前所未知的,所以称为 **X 射线**.在 X 射线发现后不久,实验证明它是一种波长很短的电磁波.既然 X 射线是一种电磁波,就应该有干涉和衍射现象.但是由于 X 射线波长太短,用普通光栅观察不到衍射现象.

1912 年,德国物理学家劳厄想到,晶体中的粒子排列成有规则的空间点阵,粒子间距和 X 射线的波长接近,应是一种适合于 X 射线的三维空间光栅,他进行了实验,并首次获得了 X 射线的衍射图样.图 11-26 是劳厄实验简图.一束波长连续分布的 X 射线穿过铅板 PP' 上的小孔投射在薄晶片 C 上,经晶片衍射后在底片 E 上形成一些规则分布的光斑,这些光斑就称为**劳厄斑**.英国的布喇格对 X 射线在晶体上的衍射提出了一个简单而有效的解释.他把晶体看成是由一系列平行的原子层构成,这些原子层称为晶面.如图 11-27 所示,aa,bb,cc 等分别构成不同的晶面族,每个晶面族内,相邻两面的间距 d 相同,不同的晶面族的 d 值不同,在空间的取向也不同.当 X 射线照射到晶体上时,组成晶体的每个原子都可看作一个子波源,向各个方向发出衍射线,这称为**散射**.不仅表面层的原子有散射,内层的原子也会散射.考虑散射光的叠加效应时,可分为两个方面,一是同一晶面上各子波源所发子波的叠加,二是各个不同晶面上所发子波的叠加.当一束平行、相干的 X 射线以 ϕ 角掠射到晶体表面上时,同一晶面上的散

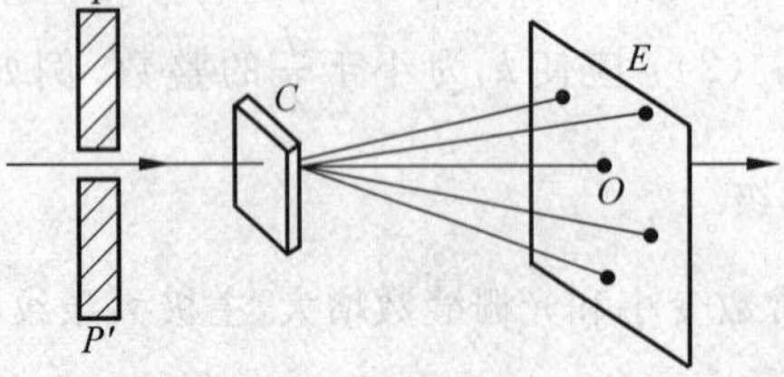

图 11-26 劳厄实验

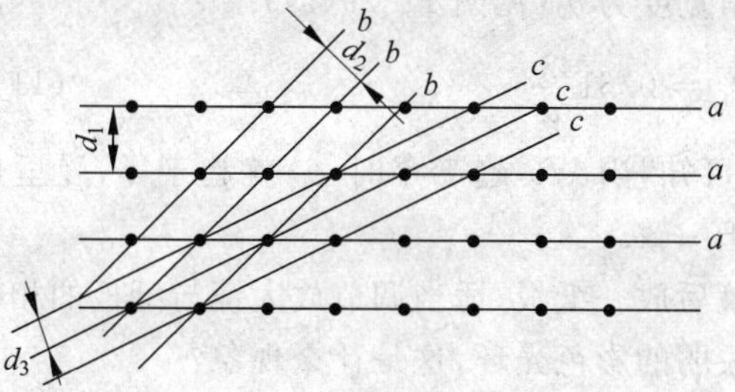

图 11-27　布喇格晶面族

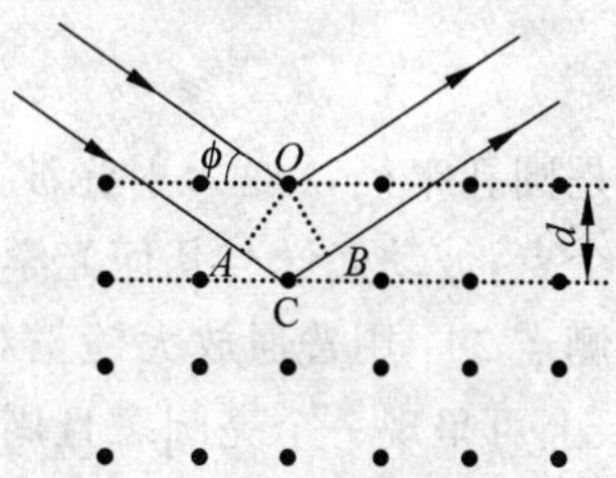

图 11-28　布喇格反射

射波中满足反射定律的散射波(也称反射线)彼此间光程差为零,因而相互干涉加强;相邻两晶面间的反射线,其光程差由图 11-28 可知为

$$AC + CB = 2d\sin\phi$$

d 是原子层间的距离,称为晶格常数.显然,满足

$$2d\sin\phi = k\lambda,\quad k = 1,2,3,\cdots \tag{11-21}$$

时,各层晶面的反射线都将相互加强,形成亮点(劳厄斑点),上式就是著名的**布喇格公式**.因为 X 射线的波长是连续的,对于每一个晶面族,都有满足方程式(11-21)的波长与之对应,即都能在相应的反射方向产生劳厄斑.

从布喇格公式可知,如果已知入射 X 射线的波长 λ,通过对衍射光斑的位置和强度的分析,精确测出 ϕ 角,就可以确定晶体的晶面间距,从而确定晶体的结构.反之,若已知晶体结构,也可确定入射 X 射线的波谱,通过对 X 射线波谱的分析,可研究物质的原子结构.

检测点 19:对于一般晶体来说,公式 $2d\sin\phi = k\lambda$ 中的晶格常数是只有一个值,还是随着光线入射角的变化而有多个值?

*11.6　圆孔的夫琅禾费衍射　光学仪器的分辨本领

11.6.1　圆孔的夫琅禾费衍射

在夫琅禾费单缝衍射装置中,若用一小圆孔代替狭缝,用一点光源代替线光源,如图 11-29(a) 所示,那么在透镜 L' 的焦平面上可得到夫琅禾费圆孔衍射图样,如图 11-29(b) 所示.图样中央是一个明亮的圆斑,周围有明暗相间的同心圆环.由第一暗环所包围的中央光斑叫**爱里斑**,计算结果表明,爱里斑的光能量约占通过圆孔的总光能量的 84%,其余 16%

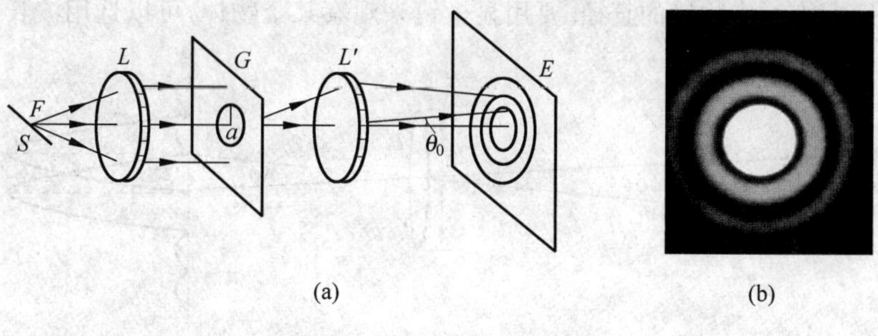

(a)　　(b)

图 11-29　夫琅禾费圆孔衍射

的光能量分布在周围的明环上.爱里斑的半角宽度为 θ_0(见图 11-29(a)).

$$\theta_0 \approx \sin\theta_0 = 0.61\frac{\lambda}{a} \tag{11-22}$$

式中 a 是圆孔半径,λ 是入射光波长,由上式可知,当 λ/a 趋于零时,θ_0 就趋于零,爱里斑就缩为一个点,波动光学与几何光学的结论趋于一致.

检测点 20:用普通放大镜正对太阳,在镜后放一纸板,适当调节放大镜与纸板的相对位置,纸板上可呈现一个亮圆斑且周围有强度较弱的彩色光环,这是什么现象?

11.6.2 光学仪器的分辨本领

光学成像仪器的物镜大多都是圆形的,都会产生圆孔衍射.几何光学认为一个物点发出的光通过透镜后对应一个像点,波动光学则认为对应一个圆孔衍射花样,物镜对一个物体所成的像不是由理想的几何光学的像点组成的,而是由一系列圆孔衍射花样组成的.如果两个物点所对应的爱里斑基本不重叠,则这两个物点的像就能清楚地分辨,如图 11-30(a) 所示;如果两个物点所对应的爱里斑重叠过甚,则这两个物点的像就不能分辨,如图 11-30(c) 所示,则物体的像也就模糊了.

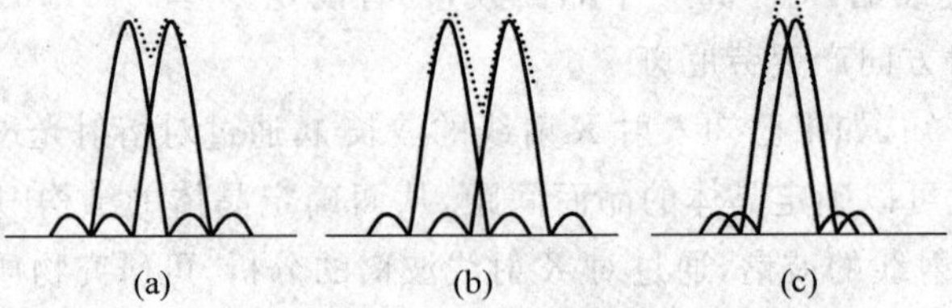

图 11-30 瑞利判据

根据瑞利判据,对于两个强度相等的不相干的点光源(物点),当一个爱里斑的中心刚好落在另一个爱里斑的边缘(即第一暗环)上时,则物镜恰能分辨这两个点光源,如图 11-30(b) 所示.计算表明,满足瑞利判据时,两爱里斑重叠区中心的光强约为每个爱里斑中心最亮处光强的 80%,一般人的眼睛刚刚能够分辨光强的这种差别.恰能分辨时,两物点在物镜处的张角称为最小分辨角,用 $\delta\phi$ 表示,如图 11-31 所示,最小分辨角的倒数称为分辨本领,用 R 表示,设物镜的直径为 D,根据瑞利判据

$$R = \frac{1}{\delta\phi} = \frac{1}{\theta_0} = \frac{D}{1.22\lambda} \tag{11-23}$$

由上式可见,分辨率与物镜的直径和入射光波长有关.要用望远镜观察星体,星光波长一定,为了提高分辨率,只有增大物镜的直径.要用显微镜来观察某个物体,可以选用波长很短的可见

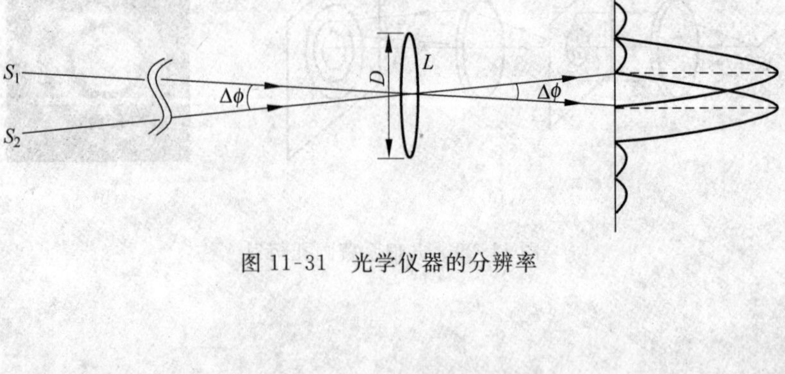

图 11-31 光学仪器的分辨率

光以提高分辨率.由于电子波的波长比可见光短得多,所以电子显微镜有更好的分辨本领.

上面分析的是成像光学仪器的分辨本领,分光仪器的分辨本领是指把波长靠得很近的两条谱线分辨清楚的本领.通常把恰能分辨的两条谱线的平均波长 λ 与这两条谱线的波长差 $\delta\lambda$ 之比,定义为分辨本领,用 R' 表示,

$$R' = \frac{\lambda}{\delta\lambda}$$

对于光栅来说,按照瑞利判据,要分辨第 k 级光谱中波长为 λ 和 $\lambda+\delta\lambda$ 的两条谱线,就是波长为 λ 的光的第 k 级主极大正好和波长为 $\lambda+\delta\lambda$ 的光的第 $(Nk-1)$ 级极小相重合,由式(11-18)和式(11-19)可得

$$k\lambda = \frac{Nk-1}{N}(\lambda+\delta\lambda)$$

整理得

$$\lambda = (kN-1)\delta\lambda$$

因为 $kN \gg 1$,所以

$$R' = \frac{\lambda}{\delta\lambda} = kN \tag{11-24}$$

可见,光栅的分辨本领 R' 与缝数 N 以及光谱级次 k 成正比,而与光栅常数 d 无关.

例 11-6　在钠蒸气发出的光中有波长为 589.00 nm 和 589.59 nm 的两条谱线,为要在第二级光谱中分辨出来,问光栅最少应有多少条狭缝?

解　由式(11-24)可得

$$N = \frac{R'}{k} = \frac{\lambda}{\delta\lambda \cdot k} = \frac{589.00 + 589.59}{2 \times 2 \times (589.59 - 589.00)} = 500$$

检测点 21:假设由于你的瞳孔的衍射,你刚能分辨两个红点.如果增强你的周围的一般光照使得你的瞳孔的直径减小,你对那两点的分辨能力是改善还是减弱?只考虑衍射.

11.7　光的偏振现象

光的干涉和衍射现象揭示了光的波动性,光的偏振现象则进一步证实光是横波.对于纵波来说,在通过波的传播方向所作的一切平面内,其振动情况都相同,没有一个平面较其他平面具有特殊性,这叫做波的振动对传播方向具有对称性;对于横波来说,通过波的传播方向且包含振动矢量的那个平面显然和其他不包含振动矢量的平面有区别,即振动对于传播方向没有对称性.振动对于传播方向的不对称性叫做**偏振性**.只有横波才有偏振性.

11.7.1　偏振光和自然光

光波是一种横波,光矢量始终与传播方向垂直.通过波的传播方向可以作无数个平面,如果光矢量只在一个固定的平面内振动,如图 11-32(a)所示,则这种光称为平面偏振光,简称**偏振光**.该平面称为振动面.由于偏振光光矢量末端在与传播方向垂直的平面上的投影点的轨迹是一条直线,所以平面偏振光也称为线偏振光,表示符号如图 11-32(b)所示,和光传播方向垂直的**短线**表示光矢量在纸面内,**点**表示光矢量和纸面垂直.一个原子在一次跃迁中所发出的光是偏振光.如果光矢量的大小不变,而它的方向绕传播方向均匀地转动,光矢量

末端在与传播方向垂直的平面上的投影点的轨迹是一个圆，这样的光叫圆偏振光，如图 11-33(a)所示；如果光矢量的大小和方向都在有规律地变化，投影点的轨迹是一个椭圆，这样的光叫**椭圆偏振光**，如图 11-33(b)所示. 我们规定，如果迎着传播方向看时，光矢量末端投影点顺时针旋转，则称为右旋椭圆(或圆)偏振光，逆时针旋转则称为左旋椭圆(或圆)偏振光.

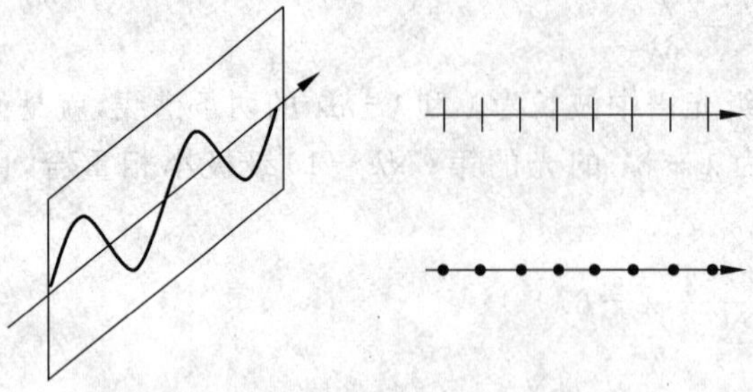

(a)　　(b)

图 11-32　偏振光

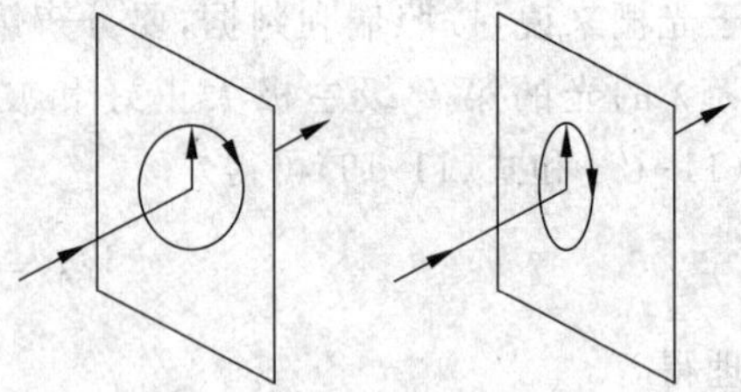

(a)　　(b)

图 11-33　椭圆(圆)偏振光

普通光源包含大量发光原子，原子的发光是彼此独立地、自发地进行的，所以普通光源发出的光中包含各个方向的光矢量，没有一个方向的光矢量振幅比其他方向特殊. 也就是说，在垂直于光传播方向的平面内的一切方向上，光矢量的振幅都相等，这样的光称为**自然光**，如图 11-34(a)所示. 当然，在任一时刻，总可以把各个光矢量分解为两个互相垂直的光矢量，如图 11-34(b)所示，所以自然光可以看成是由两个互相垂直的光矢量合成的，它们各占自然光总强度的一半. 自然光的表示符号如图 11-34(c)所示. 两个互相垂直的光矢量在与光传播方向垂直的平面内的取向是任意的. 由于它们的相位关系是不确定的，是瞬息万变的，绝不能把这两个光矢量再进一步合成为一个稳定的线偏振光或圆偏振光.

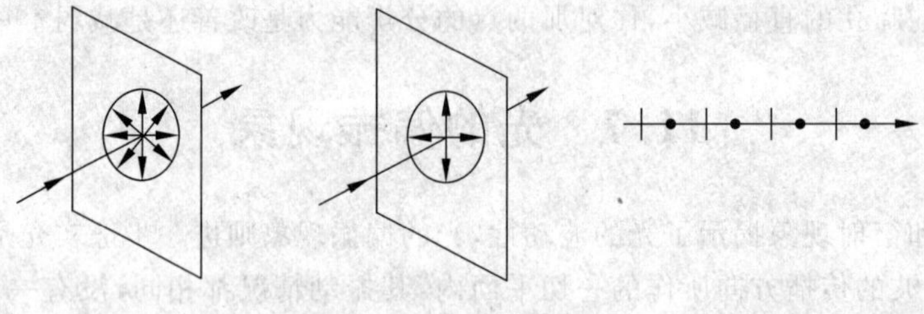

(a)　　(b)　　(c)

图 11-34　自然光

自然光在传播过程中，由于外界的作用，造成各个振动方向上的强度不等，某一方向的振动比其他方向占优势，这种光叫**部分偏振光**，如图 11-35(a)所示，表示符号如图 11-35(b)所示.

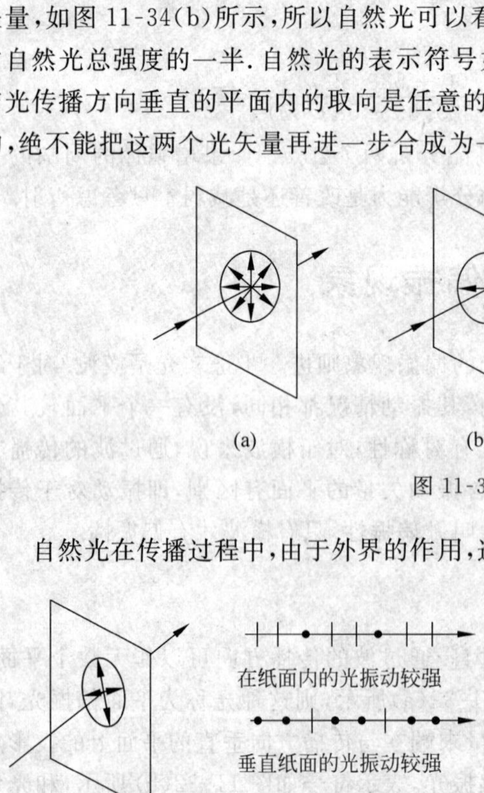

(a)　　(b)

图 11-35　部分偏振光

从普通光源发出的自然光中获得偏振光的方法主要有以下三种：

(1) 由二向色性产生偏振光；

(2) 由反射与折射产生偏振光；

(3) 由双折射产生偏振光. 将自然光变为偏振光的过程称为**起偏**,所用的光学器件称为**起偏器**;检验某束光是否为偏振光的过程叫**检偏**,所用的光学器件称为**检偏器**.

检测点 22: 起偏器和检偏器有什么区别?

11.7.2　偏振片起偏和检偏

某些晶体对不同方向的光振动具有选择吸收的性质,这种性质称为**二向色性**. 如天然的电气石晶体、硫酸碘奎宁晶体等. 它们能吸收某方向的光振动,而仅让与此方向垂直的光振动通过. 如将硫酸碘奎宁晶粒涂于透明薄片上,并使晶粒定向排列就可制成偏振片. 某偏振片所允许通过的光振动方向称为该偏振片的偏振化方向.

偏振片既可用作起偏器,又可用作检偏器. 图 11-36 所示的装置就是用一偏振片 P_1 作起偏器,将自然光变为偏振光,再用一偏振片 P_2 作检偏器来检验此偏振光. 当自然光垂直入射到起偏器 P_1 上时,透过 P_1 的光将成为偏振光,其偏振方向与 P_1 的偏振化方向相同,其强度为入射光强度的 1/2. 若使检偏器 P_2 和起偏器 P_1 的偏振化方向平行($\alpha=0$),则有光从检偏器射出,且此时射出的光最亮;若以光的传播方向为轴,慢慢旋转检偏器 P_2,则可看到射出光的强度逐渐减弱,直至两偏振化方向垂直时($\alpha=\pi/2$),光强为零,称为消光. 检偏器旋转一周,透射光光强出现两次最强,两次消光. 这种情况只有在入射到 P_2 上的光是线偏振光时才会发生,因而这也是识别线偏振光的依据. 如果入射到检偏器上的是自然光,那么在旋转过程中,射出的光强不会变化. 如果入射的是部分偏振光,转动检偏器会发现光强也随着转动而变化,但不存在消光的情况.

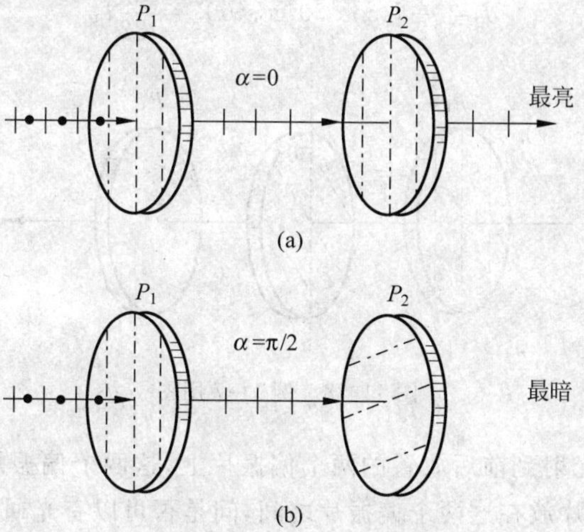

图 11-36　偏振片起偏与检偏

检测点 23: 自然光是由大量振动方向不同的波列叠加而成的,光强为 I 的自然光通过一个偏振片后成为强度为 $I/2$ 的偏振光,是否每个波列都有 1/2 强度通过偏振片?

11.7.3　马吕斯定律

如图 11-37 所示,E_0 表示偏振光光矢量的振幅,α 为光矢量的振动方向与检偏器的偏振化方向的夹角,MM' 表示入射线偏振光的振动方向,NN' 表示检偏器偏振化方向. 透过检偏

器的光矢量的振幅 E 只是 $\boldsymbol{E}_0$ 在偏振化方向的分量的大小，即 $E=E_0\cos\alpha$. 因光强与光矢量振幅的平方成正比，因此，若以 I_0 表示入射偏振光的光强，I 表示透过检偏器的光强，则有

$$\frac{I}{I_0}=\frac{E^2}{E_0^2}=\cos^2\alpha$$

即

$$I=I_0\cos^2\alpha \tag{11-25}$$

这一公式称为**马吕斯定律**. 由此式可知，当 $\alpha=0°$ 或 $180°$ 时，$I=I_0$，光强最大. 当 $\alpha=90°$ 或 $270°$ 时，$I=0$，没有光从检偏器射出. 当 α 为其他值时，光强 I 介于 0 和 I_0 之间.

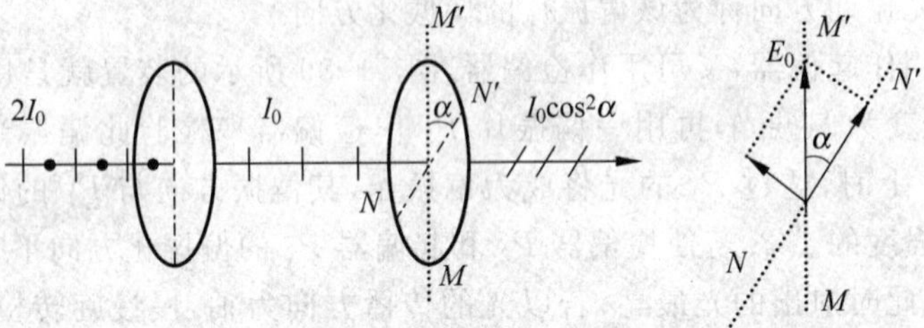

图 11-37　马吕斯定律

例 11-7　如图 11-38 所示，偏振片 P_1，P_2，P_3 共轴平行放置，P_1 和 P_3 的偏振化方向相互垂直，P_2 与 P_1 的偏振化方向之间的夹角为 30°，当入射光强为 I_0 时，求透射光强 I.

解

$$I=\frac{1}{2}I_0\cos^2 30°\cos^2 60°=\frac{3}{32}I_0$$

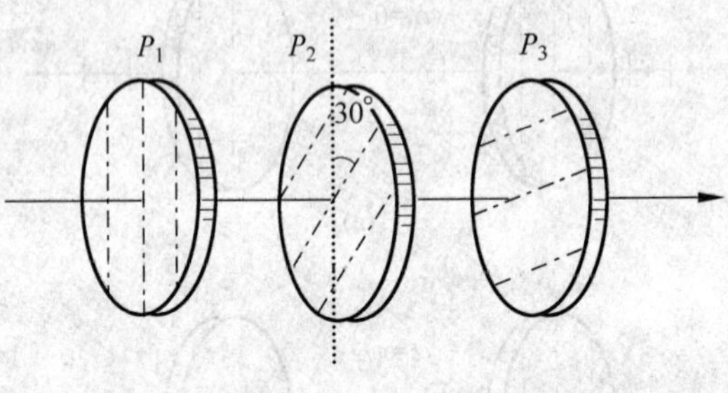

图 11-38　例 11-7 用图

检测点 24：自然光射到前后放置的两个偏振片上，这两个偏振片的取向使得光不能透过，如果把第三个偏振片放在这两个偏振片之间，问是否可以有光通过？

11.7.4　光的反射和折射起偏

实验表明，当自然光在任意两种各向同性媒质的分界面上发生反射和折射时，反射光和折射光一般都是部分偏振光，在一定条件下，反射光甚至可以成为偏振光.

如图 11-39(a)所示，设有一束自然光从折射率为 n_1 的媒质以入射角 i 射向折射率为 n_2 的透明媒质的界面，一部分光反射，一部分光折射. 把光振动分解为两个互相垂直的分量，其中一个分量的振动方向垂直于入射面，称为 S 光（用点子表示），另一分量的光振动在入射面内，称为 P 光（用短线表示）. 对于入射光（自然光）两者强度相等，但反

射光中 S 光强于 P 光，折射光中 P 光强于 S 光，即反射光和折射光都是部分偏振光. 当改变入射角 i 时，反射光和折射光的偏振程度随之改变，当 $i=0$ 时，反射光和折射光都是自然光.

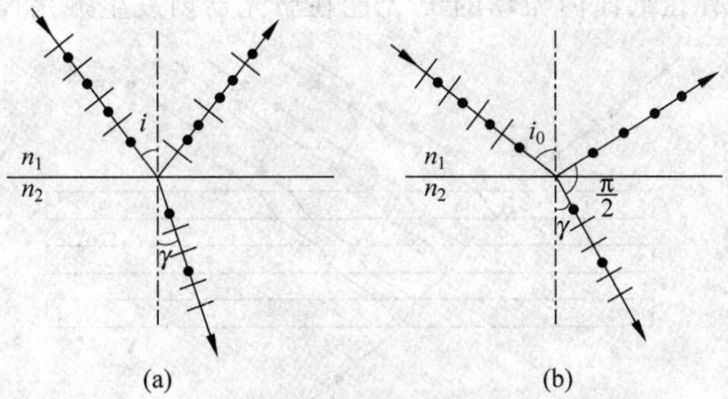

图 11-39　反射和折射起偏

1. 布儒斯特定律

1812 年，布儒斯特发现，当自然光以一特定的入射角 i_0 入射时，反射光成为完全偏振的 S 光，折射光仍为部分偏振光，它包含了自然光中的全部 P 光和一部分 S 光. 如图 11-39(b) 所示，这一特定入射角 i_0 满足

$$\tan i_0 = \frac{n_2}{n_1} \tag{11-26}$$

这就是所谓的**布儒斯特定律**，i_0 称为**布儒斯特角**. 不论入射光是自然光还是偏振光，只要以布儒斯特角 i_0 入射，得到的反射光只能是 S 光. 如果入射光全是 P 光，当以 i_0 入射时，则不产生反射. 如果入射光全是 S 光，以任意角 i 入射，反射光和折射光全都是 S 光.

根据折射定律和布儒斯特定律，可得到布儒斯特角 i_0 和折射角 γ 之间的关系，由

$$\frac{\sin i_0}{\sin \gamma} = \frac{n_2}{n_1} = \tan i_0$$

得

$$\sin \gamma = \cos i_0$$

于是有

$$i_0 + \gamma = \frac{\pi}{2}$$

即当光线以布儒斯特角 i_0 入射时，反射光线和折射光线的传播方向相互垂直.

2. 玻璃堆和布儒斯特窗

自然光以布儒斯特角 i_0 入射到玻璃表面时，反射光是完全偏振的 S 光，但光强只占自然光中 S 分量的 15%，大部分 S 光仍折射进入玻璃. 折射光是偏振程度很小的部分偏振光. 为了得到完全偏振的折射光，可以使用如图 11-40 所示的玻璃片堆. 让自然光以布儒斯特角入射，则与入射面垂直的 S 分量在玻璃片堆的每个分界面上都要被反射掉一部分，而与入射面平行的 P 分量在各分界面上都不被反射. 当玻璃片数量足够多时，从玻璃片堆透出的光就非常接近线偏振光. 为了获得偏振激光，可以在激光器中加布儒斯特窗.

图 11-41 所示的是一种外腔式气体激光器,在谐振腔中装有使激光束以布儒斯特角 i_0 入射的透明镜片 B. 当激光在两镜 MM' 间反射而以布儒斯特角 i_0 入射到 B 上时,平行于入射面(纸面)的 P 光不发生反射而完全透过. 而垂直于入射面的 S 光则陆续被反射掉,以致不能发生振荡,只有在纸面内振动的 P 光能在激光器内发生振荡而形成激光.

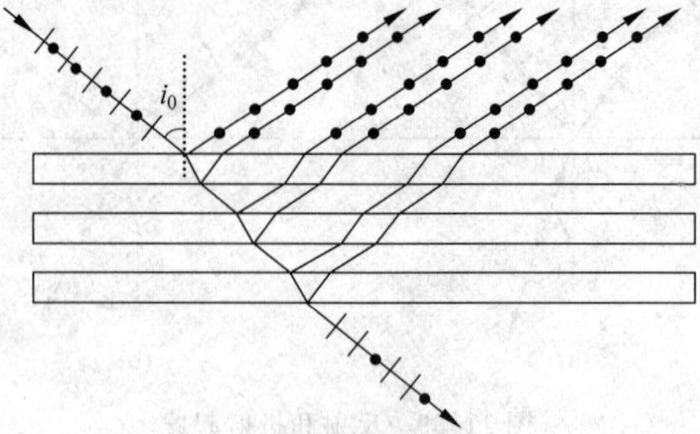

图 11-40 玻璃堆

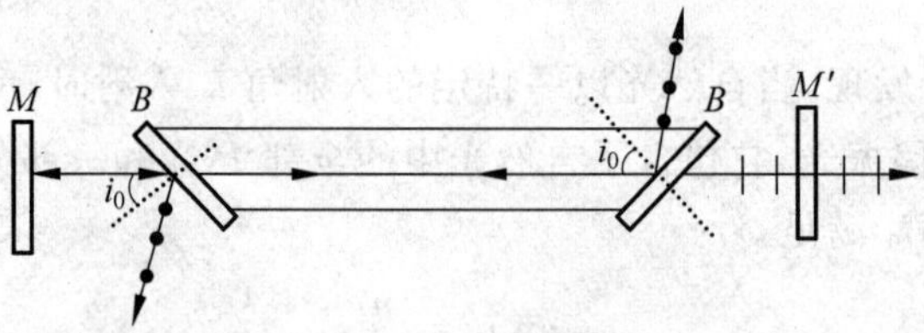

图 11-41 布儒斯特窗

检测点 25:一束光入射到两种媒质的界面上,令入射角由 0 变到 $\pi/2$,在此过程中发生了反射光强度为零的现象,此光是自然光吗?

*11.8 激光简介

激光的意思是受激辐射引起光放大,是 20 世纪 60 年代初发展起来的一门尖端科学. 激光的出现,不仅引起了现代光学应用技术的巨大变革,促进了物理学和其他有关科学的发展,而且还开拓了不少新的领域. 激光发光的机理是处于激发态的原子在自发辐射之前受到入射光波的刺激而产生辐射,这种辐射称为受激辐射. 在受激辐射的过程中,原子所发射的光波与入射光波同相位、同方向、同频率,所以受激辐射的光波波列很长,单色性和方向性很好,因而激光在各个领域有着广泛的应用. 本节将扼要地介绍激光产生的机制及其特性.

11.8.1 激光的基本原理

1. 自发辐射、受激辐射和受激吸收

物质的粒子(原子、分子或离子)是处在一系列分立的能级上,设 E_1 和 E_2 是某粒子的任意两个能级,N_1 和 N_2 是分别处在这两个能级上的分子数,根据玻耳兹曼分布律,在热平衡状态下,如果 $E_2>E_1$,则 $N_2<N_1$,即能级越低,处在该能级上的粒子数越少.

粒子发射光和吸收光的过程总是和粒子能级间的跃迁相联系. 当粒子自发地从高能级

E_2 跃迁到低能级 E_1 时，可能发射一个频率为

$$\nu = \frac{E_2 - E_1}{h}$$

的光波列（或者说能量为 $h\nu$ 的光子），式中 h 是普朗克常数. 这个过程叫自发辐射，如图 11-42 所示. 自发辐射过程是一个随机过程，各个粒子的辐射是自发地、独立地进行的，它们所发出的光波列虽然频率都为 ν，但各波列的相位、偏振态、传播方向之间没有联系，所以自发辐射的光波是非相干的. 普通光源的发光过程都是自发辐射.

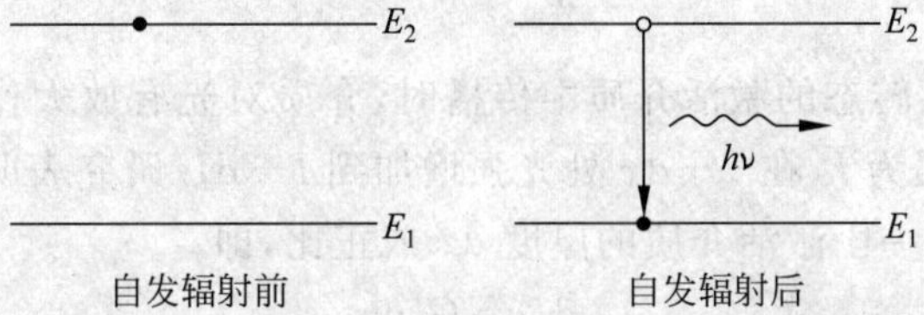

图 11-42　自发辐射

当处在高能级 E_2 上的粒子在自发辐射之前受到频率为 ν 的外来光波列的刺激作用，从高能级 E_2 跃迁到低能级 E_1 时，同时辐射一个与外来光波列完全相同的光波列，这个过程叫受激辐射，如图 11-43 所示. 受激辐射发出的光波与入射光波具有完全相同的性质，它们的频率、相位、偏振方向及传播方向都相同. 用粒子说的观点，一个外来的入射光子，由于受激辐射变成两个完全相同的光子，这两个光子又去刺激粒子而变成四个光子，如此进行下去，产生连锁反应. 这说明受激辐射使入射光强得到放大，受激辐射光放大是激光产生的基本机制. 处在低能级 E_1 的粒子受到频率为 ν 的外来光波列的刺激作用，也可以吸收此波列，并从低能级 E_1 跃迁到高能级 E_2. 这种过程称为受激吸收（如图 11-44 所示），受激吸收使入射光强衰减.

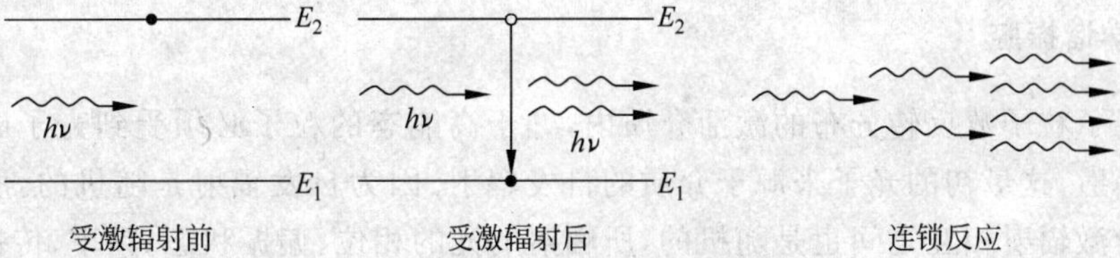

图 11-43　受激辐射

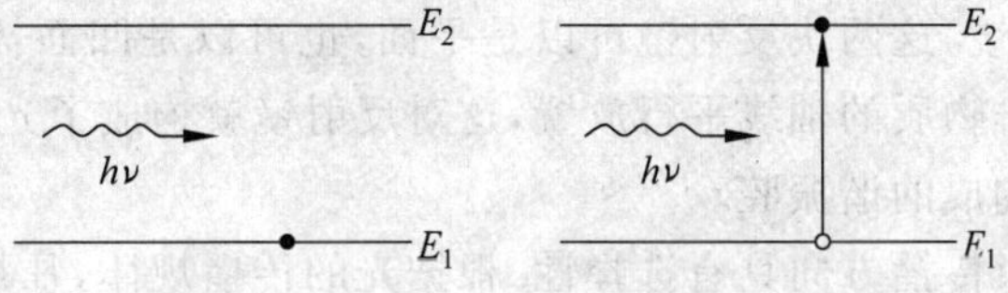

图 11-44　受激吸收

2. 粒子数反转态

光和粒子相互作用时，上述三个过程同时存在. 要产生激光，必须使受激辐射胜过受激

吸收和自发辐射而占主导地位.理论证明，在入射光能量密度一定的条件下，一个处在高能级 E_2 的粒子发生受激辐射的概率和一个处在低能级 E_1 的粒子发生受激吸收的概率相等.热平衡状态下，由于 $N_2<N_1$，所以受激吸收胜过受激辐射，这是正常的光吸收现象，不能产生激光.若介质在外界能源的激励下，破坏了热平衡，则可能使 $N_2>N_1$，这种状态称为粒子数反转态.只有具有合适能级结构的介质才能实现粒子数反转态，这种介质通常称为**激活介质**.

3. 增益系数

光在实现粒子数反转态的激活介质中传播时，介质对光有放大作用.如图 11-45 所示，设在介质中 x 处的光强为 I，在 $x+\mathrm{d}x$ 处光强增加到 $I+\mathrm{d}I$.研究表明，光强的增量 $\mathrm{d}I$ 与光强 I 成正比，与通过的一段激活介质的厚度 $\mathrm{d}x$ 成正比，即

$$\mathrm{d}I=GI\,\mathrm{d}x \tag{11-27}$$

式中 G 称为增益系数，这里可视为常数，它表示通过单位距离时光强增加的百分比.

如果在 $x=0$ 处，光强为 I_0，则在 x 处光强 I 可通过对式(11-27)积分得到，即

$$I=I_0\mathrm{e}^{Gx}$$

可见，光强随距离按指数规律而增强.G 越大，激活介质的光放大能力越强，光强增加越快.

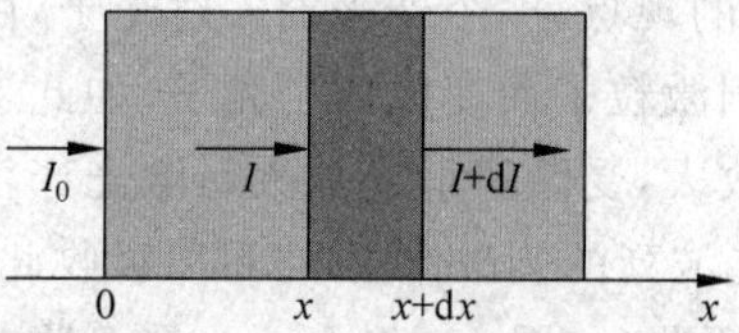

图 11-45　增益介质对光的放大能力

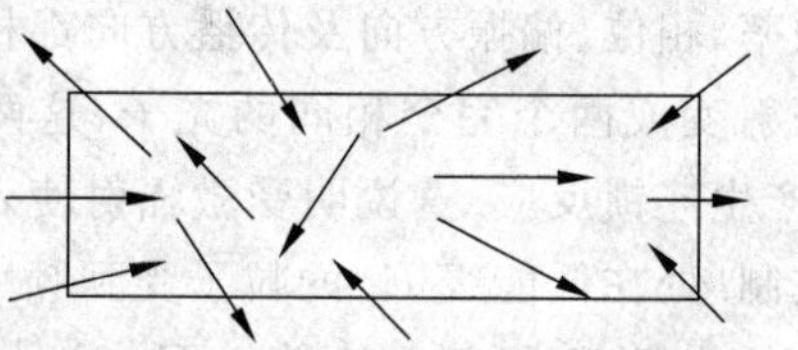

图 11-46　无谐振腔时的受激辐射

4. 光学谐振腔

在实现了粒子数反转分布的激活介质内，处于高能态的粒子必须受到光子的刺激才能产生受激辐射，这最初的光子来源于介质的自发辐射.因为自发辐射是随机的，所以不同光子引起的受激辐射相互之间也是随机的，所辐射的光的相位、偏振状态、频率、传播方向都是互不相关的，如图 11-46 所示.为了使某一方向和某一频率的光得到放大，其他方向和其他频率的光被抑制，人们设计了光学谐振腔.在激活介质两端放置两块反射镜，一块是全反射镜，另一块是部分反射镜，这两块反射镜可以是平面，也可以是凹面，或者是一平面一凹面，两反射镜的轴线与工作物质的轴线平行放置，这对反射镜就构成了光学谐振腔.图 11-47 所示的是两平面反射镜构成的谐振腔.

光学谐振腔对光束传播方向具有选择性.根据光的传播规律，凡是偏离轴线的光或直接逸出腔外，或经几次来回反射最终逸出腔外，不能形成稳定的光束.只有沿腔轴方向的光束，在腔内来回反射，激活介质就在这些轴向运动的光子的刺激作用下，产生轴向受激辐射，从部分反射镜输出稳定的激光束.

谐振腔对激光的波长具有选择性.激光器中所用的反射镜都镀有多层反射膜，恰当地选择每层膜的厚度使所需要的波长的光束得到最大限度的反射，而限制其他波长光的反射.另

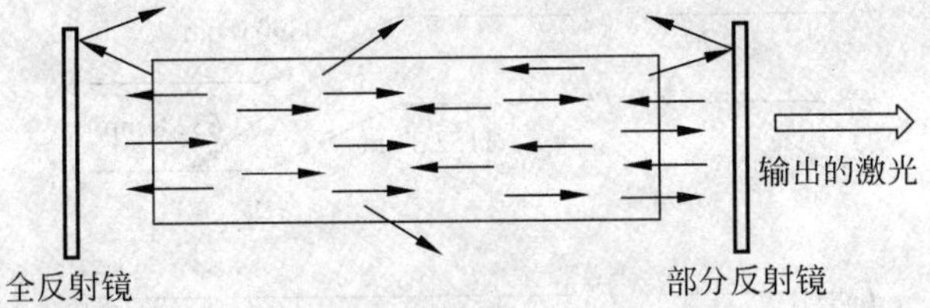

图 11-47　两平面反射镜构成的谐振腔

外，精心设计两反射镜之间的距离，使之等于所需要光的半波长的整数倍，该波长的光在腔内形成以镜面为波节的驻波，产生稳定的振荡而不断得到加强.

从上面的分析可知，要产生激光，必须有激活介质、激励能源和谐振腔，但具备上述三个条件还不一定能输出激光，因为谐振腔内还存在各种损耗，如吸收、散射、衍射和激光的输出等. 要使受激辐射的光不断得到放大而稳定输出激光，必须使光在激活介质中来回一次产生的增益足以补偿这一次来回中的各种损耗，这称为阈值条件.

检测点 26：激光器最基本的三个部分各是什么？

11.8.2　氦氖激光器

一般的激光器都是由激活介质、激励能源和谐振腔这三个部分组成的. 氦氖激光器的激活介质是氦氖混合气体，采用气体放电方式激励，谐振腔多采用两平面镜构成的平行腔或平面镜与凹面镜构成的平凹腔. 图 11-48 所示为内腔式 He-Ne 激光器结构示意图. 正极用钨棒，负极用铝皮圆筒. 反射镜镀有多层介质膜，全反射镜的反射率几乎是 100%，半反射镜的反射率是 99%，激光透过半反射镜输出. 放电管为一毛细管，内径约为 1 mm，管内充有 He-Ne 混合气体，其中 Ne 为激活介质，He 为辅助物质，He 和 Ne 的比例约为 7∶1，He 原子自发辐射、受激辐射和受激吸收的概率都比 Ne 原子大得多. 与产生激光有关的能级图如图 11-49 所示，其中 E_0 和 E_0' 分别是 He 和 Ne 的基态能级，E_1 和 E_2 是 He 原子的两个亚稳态能级，E_2' 和 E_4' 是 Ne 原子的两个亚稳态能级. 由图 11-49 可以看出，E_2' 和 E_4' 与 E_1 和 E_2 很接近. 而 E_1' 和 E_3' 是 Ne 原子的两个激发态能级. 当几千伏的电压加在激光管的正负极上时，放电管中的电子在电场作用下而加速，因为 Ne 原子吸收电子能量被激发的概率很小，所以高速运动的电子首先把 He 原子通过碰撞激发到它的两个亚稳态能级，然后处于亚稳态能级的 He 原子与基态能级 Ne 原子碰撞，将能量转移给 Ne 原子，并使其激发到 E_2' 和 E_4' 能级. 因为 E_2' 和 E_4' 也是两个亚稳态能级，即 Ne 原子处于 E_2' 和 E_4' 能级的寿命较处于 E_1' 和 E_3' 能级的寿命长，又因为 He 原子的密度较 Ne 原子高得多，这样就有较多的 He 原子与 Ne 原子碰撞，使较多的 Ne 原子处于 E_2' 和 E_4' 能态，实现了 Ne 原子的 E_2' 和 E_4' 能态相对 E_1' 和 E_3' 能态的粒子数反转态. 当适当频率的光波入射时，就会产生相应能级间受激辐射光放大，分别发出 3390.0 nm、1152.3 nm、632.8 nm 波长的激光.

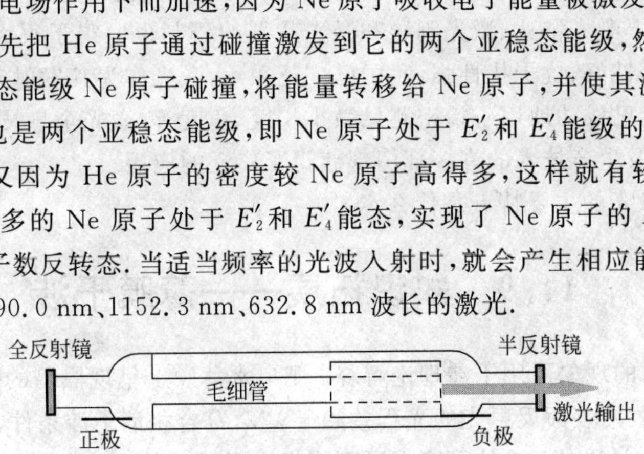

图 11-48　内腔式氦氖激光器

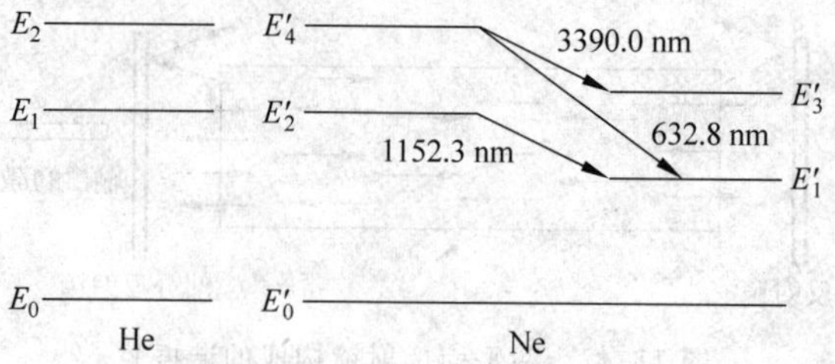

图 11-49 氦、氖气体部分能级图

在激光发射过程中，受激辐射会使原子不断从 E'_2 和 E'_4 能态跃迁到 E'_1 和 E'_3 能态，原子会不会堆积到 E'_1 和 E'_3 能态使粒子数反转态遭到破坏呢？不会，因为 E'_1 和 E'_3 能级寿命短，处于 E'_1 和 E'_3 能级的原子通过自发辐射和碰撞很快回到了基态.

由于激光介质的亚稳态能级寿命长，所以自发辐射的概率小，这样自发辐射和受激辐射相比较，自发辐射是次要的，受激辐射占主导地位，从激光器输出的主要成分是激光.

检测点 27：氦氖激光器的激活介质是什么？

11.8.3 激光的特点及应用

从前面对谐振腔的分析中知道，从激光器的半反射镜端射出的激光光束基本上是沿着与镜面垂直的方向传播的，在空间几乎不发散，所以激光具有很好的**定向性**. 由于激活介质的粒子数反转只在确定的能级间发生，相应的激光发射也就只能在确定的光谱线范围内产生，又由于谐振腔的选频性，因此激光具有很好的**单色性**. 因为激光具有很高的定向性，使激光能量限制在很小的空间范围，所以激光具有很高的**亮度**. 普通光源是通过自发辐射发光，光源上不同的发光粒子所发出的光波列以及同一粒子不同时刻发出的光波列之间无固定的相位关系，所以不是相干光. 而激光器发射的激光是通过受激辐射发光的，受激辐射的光波列与入射的光波列具有相同的相位，所以激光具有很好的**相干性**.

由于激光具有高方向性、高单色性、高亮度和高相干性，使得激光在科学技术及工业、农业、化学、医学、生物、通信等领域都得到广泛的应用. 在工业上激光已成功地用于多种特殊的非接触加工，如打孔、焊接、切割等；在大型装备制造和建筑业中也已成功地用于准直和定向等方面；在军事上激光雷达、激光制导和激光武器的研制也取得了很大进展. 光纤通信容量大、成本低、保密性好、抗干扰性强，我国已广泛采用，激光作为其发射光源起着重要作用. 在计量科学中激光已成功地用于精密测量微小长度、角度等. 激光全息技术目前已发展成为专门学科，在科研及生产技术的许多部门都获得了广泛的应用.

检测点 28：激光的主要特点是什么？

*11.9 知识拓展——薄膜干涉

本章开始提出的现象可用干涉理论解释. 肥皂水薄膜上呈现黑暗的地方是由于该处薄膜厚度趋于零，薄膜两表面反射光的光程差趋于 $\lambda/2$，符合相消干涉条件，因而呈现黑暗.

呈现明亮的地方是由于该处薄膜太厚不能产生干涉现象. 为什么薄膜太厚就不能产生干涉现象呢？我们可以从两个方面进行解释：

(1) 在 11.2 节关于光的时间相干性的讨论中我们提到，普通光源所发出的准单色光是由许多长度有限的波列组成的，这些波列的振动方向和相位都是无规则的，各波列之间不满足相干条件，不能产生干涉，只有同一个原子同一次发射的波列被分成沿不同路径传播的两部分再相遇后，才能产生干涉，但是这两部分再相遇的条件是它们的光程差必须小于该波列的波列长度 l_0. 设薄膜的折射率为 n，厚度为 e，薄膜两表面反射光的光程差为 $2ne$，则当薄膜厚度 e 接近或超过$\frac{l_0}{2n}$时，薄膜两表面的反射光不能产生干涉.

(2) 准单色光可看成是由波长连续分布的单色光叠加而成，如果在薄膜的某处总是某些波长的光产生干涉极大，而另一些波长的光产生干涉极小，则干涉效果互相抵消因而不能产生干涉现象. 设在薄膜某厚度处波长为 λ 的单色光产生 k 级干涉极大，而波长为 $\lambda+\Delta\lambda$ 的单色光产生 $k-1$ 级干涉极小，则有关系式

$$k\lambda = [2(k-1)-1]\frac{\lambda+\Delta\lambda}{2}$$

$$\Delta\lambda = \frac{3\lambda}{2k-3}$$

这说明薄膜越厚，干涉级次 k 越大，$\Delta\lambda$ 越小，当 $\Delta\lambda$ 小于准单色光的谱线波长宽度时，即可发生上述干涉效果相互抵消的现象. 当薄膜厚度较小(和光的波长同数量级)时，干涉级次 k 较小，$\Delta\lambda$ 大于准单色光的谱线波长宽度，就不会发生干涉效果相互抵消的现象.

呈现条纹的地方其薄膜形状呈劈尖形，因而在单色光照射下出现等厚干涉花样. 至于条纹移动则是由于重力的持续作用，使薄膜上端厚度越来越薄，等厚线下移的结果.

现实生活中薄膜干涉现象很常见，小孩玩的肥皂泡和下雨后路面上的油膜在日光照射下显现出五彩缤纷的条纹，蝴蝶翅膀上的彩虹条纹都是复色光在薄膜表面形成的等厚干涉条纹. 日光是复色光，在某一膜厚处如果波长为 400 nm 的光发生干涉极大则该处呈现蓝色，波长为 550 nm 的光发生干涉极大则该处呈现黄色，波长为 750 nm 的光发生干涉极大则该处呈现红色.

阅读材料 11　菲涅耳

菲涅耳(Augustin-Jean Fresnel，1788—1827)是法国物理学家和铁路工程师.

1788 年 5 月 10 日菲涅耳出生于诺曼底省的布罗格利城，1806 年毕业于巴黎工艺学院，然后又转到了土木工程学校，1809 年毕业于巴黎路桥学院，并取得土木工程师文凭. 从

1814年起，他将注意力转移到光学研究上．1823年被吸收为巴黎科学院院士．1827年7月14日菲涅耳因肺病卒于巴黎附近的阿弗雷城，终年39岁．

1815年，菲涅耳向科学院提交了关于光的衍射的第一份研究报告．菲涅耳以光波干涉的思想补充了惠更斯原理，认为在各子波的包络面上，由于各子波的互相干涉而使合成波具有显著的强度，这给予惠更斯原理以明确的物理意义．1817年菲涅耳和杨氏几乎同时提出光振动是横向的假设，以此解释了偏振光的干涉定律．

1818年，法国科学院提出了征文竞赛题目：一是利用精确的实验确定光线的衍射效应；二是根据实验，用数学归纳法推求出光线通过物体附近时的运动情况．在阿拉戈的鼓励与支持下，菲涅耳向科学院提交了应征论文，他从横波观点出发，圆满地解释了光的偏振，用半周带的方法定量地计算了圆孔、圆板等形状的障碍物产生的衍射花纹，而且与实验符合得很好．但是，菲涅耳的波动理论遭到了光的粒子说者的反对，评奖委员会的成员泊松运用菲涅耳的方程推导出关于圆盘衍射的一个奇怪的结论：如果这些方程是正确的，那么当把一个小圆盘放在光束中时，就会在小圆盘后面一定距离处的屏幕上盘影的中心点出现一个亮斑；泊松认为这当然是十分荒谬的，所以他宣称已经驳倒了波动理论．菲涅耳和阿拉戈接受了这个挑战，立即用实验检验了这个理论预言，非常精彩地证实了这个理论的结论，影子中心的确出现了一个亮斑．在杨氏的双缝干涉和泊松亮斑的事实的确证下，光的粒子说开始崩溃了．

1823年，菲涅耳发现了圆偏振光和椭圆偏振光，用波动说解释了偏振面的旋转；他推出了反射定律和折射定律的定量规律，即菲涅耳公式；解释了马吕斯的反射光偏振现象和双折射现象，从而建立了晶体光学的基础．菲涅耳的研究成果，标志着光学进入了一个新时期——弹性以太光学的时期．这个学说的成功，在牛顿物理学中打开了第一个缺口，为此他被人们称为"物理光学的缔造者"．

复习与小结

1. 光的干涉

(1) 光程：几何路程与媒质折射率的乘积(nr)．

光程差：两列光波在不同路径中传播的光程之差

$$\delta = n_2 r_2 - n_1 r_1$$

(2) 相位差与光程差的关系：$\Delta\varphi = 2\pi\delta/\lambda$

(3) 相干光：能够产生干涉现象的光．相干光源的条件是：频率相同，振动方向相同，相位差恒定．

(4) 干涉加强和减弱的条件

$$\Delta\varphi = \begin{cases} \pm 2k\pi, & k = 0,1,2,\cdots \quad (\text{加强}) \\ \pm (2k-1)\pi, & k = 1,2,\cdots \quad (\text{减弱}) \end{cases}$$

或

$$\delta = \begin{cases} \pm k\lambda, & k = 0,1,2,\cdots \quad (\text{加强}) \\ \pm (2k-1)\lambda/2, & k = 1,2,\cdots \quad (\text{减弱}) \end{cases}$$

(5) 半波损失：由光疏到光密媒质的反射光，在反射点有相位π的突变，相当于有$\pi/2$

的光程差.

(6) 获得相干光的方法：分波阵面法；分振幅法.

(7) 杨氏双缝干涉(分波阵面法)

明暗纹公式

$$\begin{cases} x_{明} = \pm k \dfrac{D}{d}\lambda, & k = 0,1,2,\cdots \\ x_{暗} = \pm (2k-1) \dfrac{D}{d} \dfrac{\lambda}{2}, & k = 1,2,\cdots \end{cases}$$

(8) 薄膜干涉

① 平行薄膜

单色光以各种角度入射到薄膜上，产生等倾干涉，干涉花样是明暗相间的同心圆形条纹.

单色光垂直入射时，反射光的光程差

$$\delta = 2n_2 e + \lambda/2$$

其中右边第二项 $\lambda/2$ 为选择项，当上下表面都有或都没有半波损失时，无有此项；只有一个表面上有半波损失时有此项.

② 劈尖形薄膜

单色光垂直入射时

$$\delta = 2n_2 e + \lambda/2 = \begin{cases} k\lambda, & k = 1,2,\cdots \quad (明) \\ (2k+1)\lambda/2, & k = 0,1,2,\cdots \quad (暗) \end{cases}$$

相邻明纹(或相邻暗纹)对应的薄膜厚度差

$$\Delta e = e_{k+1} - e_k = \lambda/2n_2$$

相邻明纹(或相邻暗纹)的间距

$$l = \frac{\lambda}{2n_2 \sin\theta} \approx \frac{\lambda}{2n_2\theta}$$

牛顿环：
$$\begin{cases} r_{明} = \sqrt{\dfrac{(2k-1)R\lambda}{2n_2}}, & k = 1,2,\cdots \\ r_{暗} = \sqrt{\dfrac{kR\lambda}{n_2}}, & k = 0,1,2,\cdots \end{cases}$$

③ 迈克耳孙干涉仪

当 M_1 平移 Δd 距离时，干涉条纹移动 N 条

$$\Delta d = N\frac{\lambda}{2}$$

在任一光路中放入折射率为 n，厚度为 e 的透明介质片，光程差改变量

$$\Delta\delta = 2(n-1)e$$

条纹移动数：$N = \dfrac{2(n-1)e}{\lambda}$

2. 光的衍射

(1) 单缝夫琅禾费衍射：由半波带法分析得

$$\begin{cases} a\sin\phi = \pm(2k+1)\dfrac{\lambda}{2}, & k = 1,2,\cdots \quad (明纹) \\ a\sin\phi = \pm k\lambda, & k = 1,2,\cdots \quad (暗纹) \end{cases}$$

中央明纹的角宽度：$\Delta\phi=\frac{2\lambda}{a}$

k 级明纹的角宽度：$\Delta\phi=\frac{\lambda}{a}$

屏上明暗纹位置

$$\begin{cases} x_{明}=\pm(2k+1)\frac{f\lambda}{2a}, & k=1,2,\cdots \\ x_{暗}=\pm k\frac{f\lambda}{a}, & k=1,2,\cdots \end{cases}$$

中央明纹宽度：$2\frac{f\lambda}{a}$；k 级明纹宽度：$\frac{f\lambda}{a}$

(2) 圆孔夫琅禾费衍射：条纹是同心圆，中央是一个亮斑(爱里斑).第一暗环对应角度

$$\theta_0=0.61\frac{\lambda}{a},\quad a\text{ 为圆孔半径}$$

(3) 光栅衍射：光栅衍射是单缝衍射与多缝干涉的综合效果.

光栅方程：$d\sin\phi=\pm k\lambda, k=0,1,2,\cdots$

光栅常数：$d=a+b$

缺级次：$k=\frac{d}{a}j$，j 应满足两个条件：①正整数；②应使 k 为小于 $\frac{d}{\lambda}$ 的整数.

X 射线衍射的布喇格公式：

$$2d\sin\theta=k\lambda,\quad k=1,2,\cdots\quad d\text{ 为晶格常数},\theta\text{ 为掠射角}.$$

3. 光的偏振

(1) 自然光和偏振光

自然光：在垂直于光传播方向的平面内，光矢量沿任一方向振动的几率相等.

线偏振光：在垂直于光传播方向的平面内，光矢量只沿一固定方向振动.

部分偏振光：在垂直于光传播方向的平面内，互相垂直的两个方向上的光振动强弱不等.

(2) 偏振光的获得：偏振片起偏；反射起偏；双折射起偏.

(3) 马吕斯定律：$I=I_0\cos^2\alpha$

(4) 布儒斯特定律：$\tan i_0=\frac{n_2}{n_1}$

4. 激光简介

(1) 激光的基本原理：受激辐射光放大.

(2) 光学谐振腔的作用：提高激光增益，选择激光方向，选择激光频率.

(3) 激光器的基本构成：激光工作物质，激励能源，光学谐振腔.

(4) 激光的特点：方向性强，单色性好，亮度高.

练 习 题

11-1 两束光产生干涉的条件是：(1)频率相同；(2)相位差恒定；(3)光矢量振动方向相同，如果两束光是由两个独立的普通光源产生的，则无论如何不能满足条件________.

11-2　用一定波长的单色光进行双缝干涉实验时，欲使屏上的干涉条纹变宽，可采用的方法是：(1)________；(2)________.

11-3　光的干涉和衍射现象反映了光的________性质. 光的偏振现象说明光波是________波.

11-4　根据惠更斯-菲涅耳原理，若已知光在某时刻的波阵面为 S，则 S 的前方某点 P 的光强度决定于波阵面上所有面积元发出的子波各自传到 P 点的振动的________叠加.

11-5　在单缝夫琅禾费衍射实验中，观察屏上第 3 级暗纹所对应的单缝处波阵面可划分为________个半波带. 若将缝宽缩小一半，原来第三级暗纹处将是________纹.

11-6　用某一特定波长的光垂直入射到一个光栅上，在屏幕上只能出现零级和一级主极大，欲使屏幕上可出现二级主极大，应该更换一个________的光栅.

11-7　要使一束线偏振光通过偏振片之后，振动方向转过 90°，至少需要________块理想偏振片，在此情况下，透射光强最多是原来光强的________倍.

11-8　某一单色光从空气射入玻璃中，频率________，速度________，波长________.(填变化情况)

11-9　有两盏相同的钠光灯管，发出波长相同的光，照射到光屏上的某一点，________产生干涉；如果只用一盏钠光灯管，并用黑纸包住中部，使钠光灯管两端发出的光同时照射到光屏上的某一点，________产生干涉.(填能或不能)

11-10　真空中波长为 λ 的单色光，在折射率为 n 的透明介质中从 A 沿某路径传到 B，若 A，B 两点相位差为 3π，则此路径 AB 的光程差为(　　).

A. 1.5λ　　B. $1.5n\lambda$　　C. 3λ　　D. $1.5\dfrac{\lambda}{n}$

11-11　两块玻璃板构成空气劈尖，在下面四种变化中，哪一种干涉条纹变密？(　　).

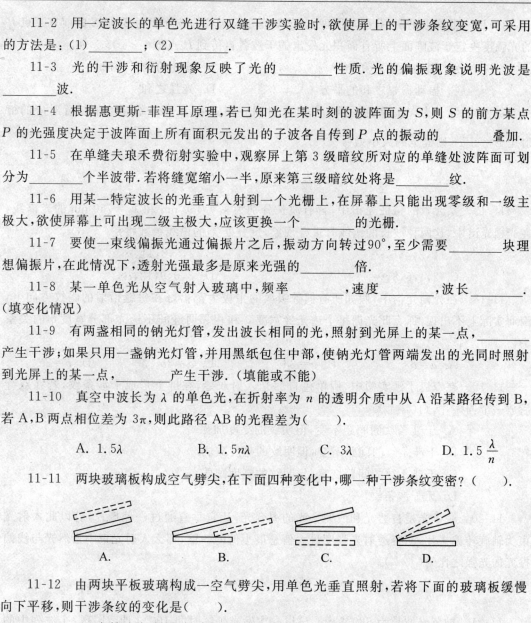

A.　　B.　　C.　　D.

11-12　由两块平板玻璃构成一空气劈尖，用单色光垂直照射，若将下面的玻璃板缓慢向下平移，则干涉条纹的变化是(　　).

A. 向棱边方向平移，条纹间隔变小　　B. 向棱边方向平移，条纹间隔不变

C. 向底边方向平移，条纹间隔变大　　D. 向底边方向平移，条纹间隔不变

11-13　牛顿环的薄膜空间充满折射率为 n 的透明介质($n<n_{玻}$)，平凸透镜曲率半径为 R，垂直入射光的波长为 λ. 则反射光形成的牛顿环中第 k 级暗环半径 r_k 的公式为(　　).

A. $r_k=\sqrt{kR\lambda}$　　B. $r_k=\sqrt{\dfrac{kR\lambda}{n}}$　　C. $r_k=\sqrt{knR\lambda}$　　D. $r_k=\sqrt{\dfrac{k\lambda}{nR}}$

11-14　在迈克耳孙干涉仪的一条光路中，将一折射率为 n，厚度为 d 的透明薄片放入后，这条光路的光程差改变了(　　).

A. $2(n-1)d$　　B. $2nd$　　C. $2(n-1)d+\dfrac{1}{2}$　　D. $(n-1)d$

11-15 根据惠更斯-菲涅耳原理,若已知光在某时刻的波阵面为 S,则 S 的前方某点 P 的光强度决定于波阵面上所有面积元发出的子波各自传到 P 点的(　　).

A. 振动振幅之和　　B. 振动的相干叠加

C. 振动振幅之和的平方　　D. 光强之和

11-16 波长为 λ 的单色平行光垂直入射到一狭缝上,若第一级暗纹的位置对应的衍射角 $\varphi=\pm\frac{\pi}{6}$,则缝宽的大小为(　　).

A. $\frac{\lambda}{2}$　　B. λ　　C. 2λ　　D. 3λ

11-17 某元素的特征光谱中,含有波长分别为 $\lambda_1=450$ nm 和 $\lambda_2=750$ nm 的光谱线,在光栅光谱中,这两种波长的谱线有重叠现象,重叠处 λ_2 的谱线级数将是(　　).

A. 2,3,4,5,…　　B. 2,5,8,11,…

C. 2,4,6,8,…　　D. 3,6,9,12,…

11-18 在光栅光谱中,假如所有偶数级次的主极大都恰好在每缝衍射的暗纹方向上,因而实际上不出现,那么此光栅每个透光缝宽度 a 和相邻两缝间不透光部分宽度 b 的关系为(　　).

A. $a=b$　　B. $a=2b$　　C. $a=3b$　　D. $b=2a$

11-19 在双缝干涉实验中,用单色自然光入射双缝,在屏上形成干涉条纹,若在双缝后放一个偏振片,则(　　).

A. 干涉条纹的间距不变,但明纹的亮度加强

B. 干涉条纹的间距不变,但明纹的亮度减弱

C. 干涉条纹的间距变窄,且明纹的亮度减弱

D. 无干涉条纹

11-20 一束光是自然光和线偏振光的混合光,让它垂直通过一偏振片,若以此入射光束为轴旋转偏振片,测得透射光强度最大值是最小值的5倍,那么入射光束中自然光与线偏振光的光强之比为(　　).

A. $\frac{1}{2}$　　B. $\frac{1}{5}$　　C. $\frac{1}{3}$　　D. $\frac{2}{3}$

11-21 钠黄光波长为589.3 nm.试以一次发光延续时间 10^{-8} s 计,计算一个波列中的完整波的个数.

11-22 在杨氏双缝实验中,当做如下调节时,屏幕上的干涉条纹将如何变化(要说明理由)?(1)使两缝之间的距离逐渐减小;(2)保持双缝的间距不变,使双缝与屏幕的距离逐渐减小;(3)如题11-22图所示,把双缝中的一条狭缝遮住,并在两缝的垂直平分线上放置一块平面反射镜.

11-23 洛埃镜干涉装置如题11-23图所示.光源波长 $\lambda=7.2\times10^{-7}$ m,试求镜的右边缘到第一条明纹的距离.

11-24 由汞弧灯发出的光,通过一绿色滤光片后,照射到相距为0.60 mm的双缝上,在距双缝2.5 m远处的屏幕上出现干涉条纹.现测得相邻两明条纹中心的距离为2.27 mm,

求入射光的波长.

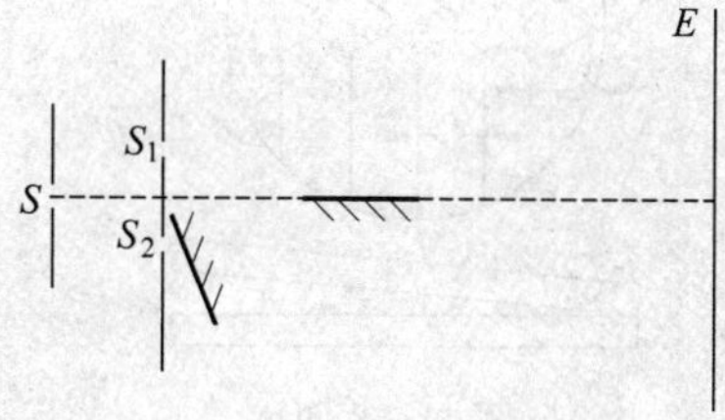

题 11-22 图

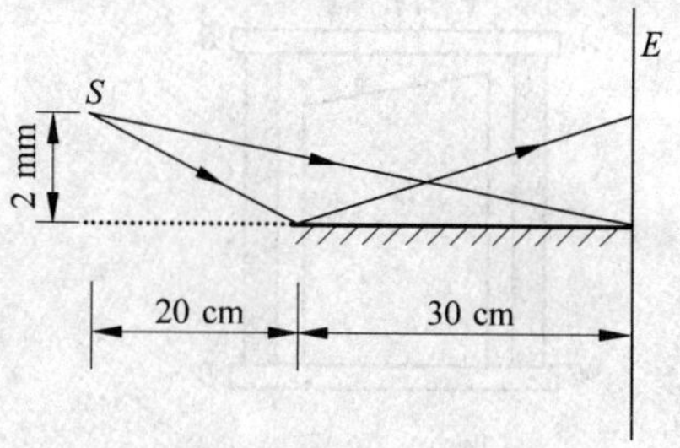

题 11-23 图

11-25　在双缝装置中，用一很薄的云母片($n=1.58$)覆盖其中的一条狭缝，这时屏幕上的第七级明条纹恰好移到屏幕中央原零级明条纹的位置. 如果入射光的波长为 550 nm，则这云母片的厚度应为多少?

11-26　在杨氏干涉装置中，光源宽度为 $b=0.25$ mm，光源至双孔的距离为 $R=20$ cm，所用光波波长为 $\lambda=546$ nm. (1)试求双孔处的横向相干宽度 d. (2)试求当双孔间距为 $d'=0.50$ mm 时，在观察屏幕上能否看到干涉条纹? (3)为能观察到干涉条纹，光源至少应再移远多少距离?

11-27　在杨氏实验装置中，采用加有蓝绿色滤光片的白光光源，其波长范围为 $\Delta\lambda=100$ nm，平均波长为 $\lambda=490$ nm. 试估算从第几级开始，条纹将变得无法分辨?

11-28　(1)在白光的照射下，我们通常可看到呈彩色花纹的肥皂膜和肥皂泡，并且当发现有黑色斑纹出现时，就预示着泡膜即将破裂，试解释这一现象. (2)在单色光照射下观察牛顿环的装置中，如果在垂直于平板的方向上移动平凸透镜，那么，当透镜离开或接近平板时，牛顿环将发生什么变化? 为什么?

11-29　波长范围为 400～700 nm 的白光垂直入射在肥皂膜上，膜的厚度为 550 nm，折射率为 1.35，试问在反射光中哪些波长的光干涉增强? 哪些波长的光干涉相消?

11-30　在棱镜($n_1=1.52$)表面涂一层增透膜($n_2=1.30$). 为使此增透膜适用于 550 nm 波长的光，膜的厚度应取何值?

11-31　有一楔形薄膜，折射率 $n=1.4$，楔角 $\theta=10^{-4}$ rad. 在某一单色光的垂直照射下，可测得两相邻明条纹之间的距离为 0.25 cm. 试求：(1)此单色光在真空中的波长. (2)如果薄膜长为 3.5 cm，总共可出现多少条明条纹.

11-32　题 11-32 图为一干涉膨胀仪的示意图. AB 与 $A'B'$ 二平面玻璃板之间放一热膨胀系数极小的熔石英环柱 CC'，被测样品 W 置于该环柱内，样品的上表面与 AB 板的下表面形成一楔形空气层，若以波长为 λ 的单色光垂直入射于此空气层，就产生等厚干涉条纹. 设在温度 t_0(℃)时，测得样品的长度为 L_0；温度升高到 t(℃)时，测得样品的长度为 L，并且在这过程中，数得通过视场中的某一刻线的干涉条纹数目为 N. 设环柱 CC' 的长度变化可忽略不计. 求证：被测样品材料的热膨胀系数 β 为

$$\beta=\frac{N\lambda}{2L_0(t-t_0)}$$

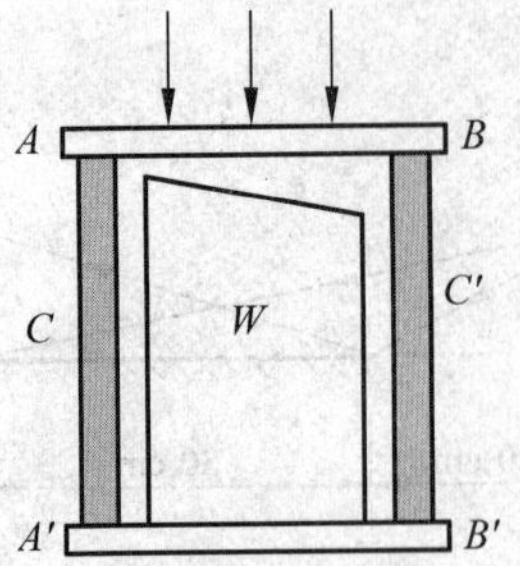

题 11-32 图

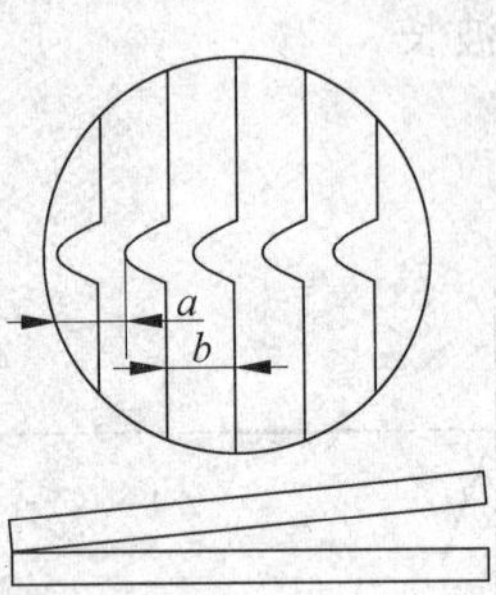

题 11-33 图

11-33　利用楔形空气薄膜的等厚干涉条纹，可以测量经精密加工后工件表面上极小纹路的深度. 如题 11-33 图，在工件表面上放一平板玻璃，使其间形成楔形空气薄膜，以单色光垂直照射玻璃表面，用显微镜观察干涉条纹. 由于工件表面不平，观察到的条纹如图所示，试根据条纹弯曲的方向，说明工件表面上纹路是凹的还是凸的？并证明纹路深度可用下式表示：

$$H=\frac{a}{b}\cdot\frac{\lambda}{2}$$

其中 a,b 如图所示.

11-34　(1)若用波长不同的光观察牛顿环，$\lambda_1=600\ \text{nm}$，$\lambda_2=450\ \text{nm}$，观察到用 λ_1 时的第 k 个暗环与用 λ_2 时的第 $k+1$ 个暗环重合，已知透镜的曲率半径是 190 cm. 求用 λ_1 时第 k 个暗环的半径. (2)若在牛顿环中波长为 500 nm 的光的第 5 个明环与波长为 λ 的光的第 6 个明环重合，求波长 λ.

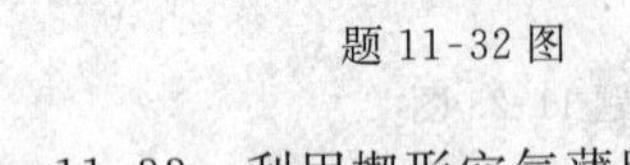

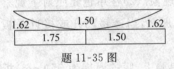

题 11-35 图

11-35　题 11-35 图示的装置中，平面玻璃板是由两部分组成的（冕牌玻璃 $n=1.50$ 和火石玻璃 $n=1.75$），透镜是用冕牌玻璃制成，而透镜与玻璃板之间的空间充满着二硫化碳（$n=1.62$）. 试问由此而成的牛顿环的花样如何？为什么？

11-36　用波长为 589 nm 的钠黄光观察牛顿环. 在透镜与平板接触良好的情况下，测得第 20 个暗环的直径为 0.687 cm. 当透镜向上移动 5.00×10^{-4} cm 时，同一级暗环的直径变为多少？

11-37　一块玻璃片上滴一油滴，当油滴展开成油膜时，在波长 $\lambda=600\ \text{nm}$ 的单色光垂直入射下，从反射光中观察油膜所形成的干涉条纹. 已知玻璃的折射率 $n_1=1.50$，油膜的折射率 $n_2=1.20$，问：(1)当油膜中心最高点与玻璃片上表面相距 1200 nm 时，可看到几条明条纹？明条纹所在处的油膜厚度为多少？中心点的明暗程度如何？(2)当油膜继续摊展时，所看到的条纹情况将如何变化？中心点的情况如何变化？

11-38　(1) 迈克耳孙干涉仪可用来测量单色光的波长. 当 M_2 移动距离 $\Delta d=0.3220\ \text{mm}$ 时，测得某单色光的干涉条纹移过 $\Delta N=1024$ 条. 试求该单色光的波长.

(2) 在迈克耳孙干涉仪的 M_2 镜前，当插入一薄玻璃片时，可观察到有 150 条干涉条纹向一方移过. 若玻璃片的折射率 $n=1.632$，所用的单色光的波长 $\lambda=500\ \text{nm}$，试求玻璃片的厚度.

11-39　利用迈克耳孙干涉仪进行长度的精密测量，光源是镉的红色谱线，波长为

643.8 nm，谱线宽度为 1.0×10^{-3} nm，试问一次测量长度的量程是多少？如果使用波长为 632.8 nm，谱线宽度为 1.0×10^{-6} nm 的氦氖激光，则一次测量长度的量程又是多少？

11-40　(1)在单缝衍射中，为什么衍射角 ϕ 越大(级数越大)的那些明条纹的亮度就越小？(2)在单缝的夫琅禾费衍射中，增大波长与增大缝宽对衍射图样分别产生什么影响？

11-41　波长为 500 nm 的平行光线垂直地入射于一宽为 1 mm 的狭缝，若在缝的后面有一焦距为 100 cm 的薄透镜，使光线聚焦于一屏幕上，试问从衍射图样的中心点到下列各点的距离如何？(1)第一级暗纹中心；(2)第一级明纹中心；(3)第三级暗纹中心.

11-42　有一单缝，宽 $a=0.10$ mm，在缝后放一焦距为 50 cm 的会聚透镜，用波长为 546 nm 的平行绿光垂直照射单缝，求位于透镜焦面处的屏幕上的中央明条纹的宽度.

11-43　一单色平行光垂直入射一单缝，其衍射第三级明纹中心恰与波长为 600 nm 的单色光垂直入射该缝时的第二级明纹中心重合，试求该单色光波长.

11-44　如题 11-44 图所示，设有一波长为 λ 的单色平行光沿着与缝平面的法线成 ψ 角的方向入射于宽度为 a 的单狭缝 AB 上，试求出决定各极小值(即各暗条纹中心)的衍射角 φ 的条件.

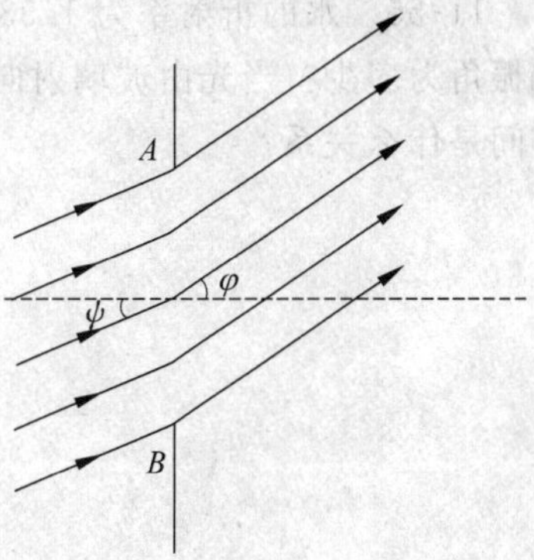

题 11-44 图

11-45　当入射光波长满足光栅方程 $d\sin\phi=\pm k\lambda$，$k=0,1,2,\cdots$时，两相邻的狭缝沿 ϕ 角所射出的光线能够互相加强. 试问：(1)当满足光栅方程时，任意两个狭缝沿 ϕ 角射出的光线能否互相加强？(2)在方程中，当 $k=2$ 时，第一条缝与第二条缝沿 ϕ 角射出的光线的光程差是多少？第一条缝与第 N 条缝的光程差又是多少？

11-46　波长为 600 nm 的单色光垂直入射在一光栅上. 第二级明条纹出现在 $\sin\phi=0.20$ 处. 第四级缺级. 试问：(1)光栅上相邻两缝的间距是多少？(2)光栅上狭缝的最小宽度有多大？(3)按上述选定的 a,b 值，在 $-90°<\phi<90°$ 范围内，实际呈现的全部级数.

11-47　为了测定一个给定光栅的光栅常数，用氦氖激光器的红光(632.8 nm)垂直地照射光栅，做夫琅禾费衍射实验. 已知第一级明条纹出现在 38°的方向，问这光栅的光栅常数是多少？1 cm 内有多少条缝？第二级明条纹出现在什么角度？

11-48　一双缝，缝间距 $d=0.10$ mm，缝宽 $a=0.02$ mm，用波长 $\lambda=480$ nm 的平行单色光垂直入射该双缝，双缝后放一焦距为 50 cm 的透镜，试求：(1)透镜焦平面处屏上干涉条纹的间距；(2)单缝衍射中央亮纹的宽度；(3)单缝衍射的中央包线内有多少条干涉的主极大.

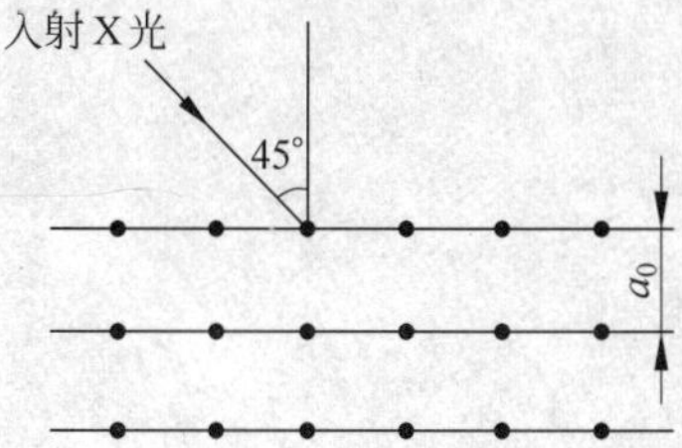

题 11-49 图

11-49　题 11-49 图中所示的入射 X 射线束不是单色的，而是含有从 0.095 nm 到 0.130 nm 这一范围内的各种波长. 晶体的晶格常数 $a_0=0.275$ nm，试问对图示的晶面能否产生强反射？

11-50　在圆孔的夫琅禾费衍射中，设圆孔半径为 0.10 mm，透镜焦距 50 cm，所用单色光波长为 500 nm，求在透镜焦平面处屏幕上呈现的爱里斑半径. 如果圆孔半径改为 1.0 mm，其他条件不变（包括入射光能流密度保持不变），爱里斑的半径变为多大？

11-51　在迎面驶来的汽车上，两盏前灯相距 120 cm，试问汽车离人多远的地方，眼睛恰可分辨这两盏灯？设夜间人眼瞳孔直径为 5.0 mm，入射光波长 $\lambda=550$ nm.（这里仅考虑人眼圆形瞳孔的衍射效应）

11-52　已知天空中两颗星相对于一望远镜的角距离为 4.84×10^{-6} rad，它们都发出波长 $\lambda=550$ nm 的光. 试问：望远镜的口径至少要多大，才能分辨出这两颗星？

11-53　将偏振化方向相互平行的两块偏振片 M 和 N 共轴平行放置，并在它们之间平行地插入另一块偏振片 B，B 与 M 的偏振化方向之间的夹角为 θ. 若用强度为 I_0 的单色自然光垂直入射到偏振片 M 上，并假定不计偏振片对光能量的吸收，试问透过检偏器 N 的出射光强将如何随 θ 角而变化？

11-54　根据布儒斯特定律可以测定不透明介质的折射率. 今测得釉质的起偏振角 $i_0=58°$，试求它的折射率.

11-55　水的折射率为 1.33，玻璃的折射率为 1.50，当光由水中射向玻璃而反射时，起偏振角为多少？当光由玻璃射向水中而反射时，起偏振角又为多少？这两个起偏振角的数值间是什么关系？

第12章 狭义相对论

核能是蕴藏在原子核内部的能量. 核能的发现是人们探索微观物质结构的一个重大成果. 人类通过许多方式利用核能,主要的途径是发电. 核能的利用可以缓解常规能源的短缺. 广东大亚湾核电站于1994年2月1日正式投入商业运行,如下图所示是我国大陆建成的第一个商用大型核电站,大亚湾核电站发电的原理是什么?

大亚湾核电站

20世纪初,物理学上出现了两个伟大的成就. 其一是爱因斯坦的相对论,它给出了高速运动(速度可与真空中的光速相比拟)物体的运动规律,并从根本上改变了许多世纪以来所形成的旧的时空概念,揭示了经典力学的局限性. 其二是普朗克的量子论,它给出了微观粒子(分子、原子、电子等)的运动规律.

相对论主要是关于时空的理论,相对论时空观的建立是从人们对物理现象认识的一个飞跃. 它包括两部分的内容: 局限于惯性参照系的理论称为狭义相对论,推广到一般参照系和包括引力场在内的理论称为广义相对论.

本章仅限于对狭义相对论作简要介绍,主要内容有伽利略相对性原理,经典时空观,狭义相对论的基本原理,狭义相对论时空观以及狭义相对论动力学的一些结论.

12.1 经典时空观及其局限性

12.1.1 伽利略坐标变换

在人们日常生活的宏观世界里,物理运动的速度总是远远小于光速,以伽利略和牛顿为代表倡导的时空观——经典时空观是准确而完美的,但对于高速运动,经典时空观不再适用. 为了对狭义相对论时空观有一个较为全面的了解,首先必须了解经典时空观,经典时空观集中体现在伽利略变换中.

要描述一个物体的运动首先要选择一个参照系,在该参照系中确定一个坐标系,然后用坐标和时钟来记录一个物体于何时运动到何地. 现在把描述物体运动这样一件事推广到要记录一个物理事件(如发出一闪光、眨眼和物体运动到某处等),就要用一组时空坐标(x,y,z,t)来反映. 假设在不同参照系中记录同一物理事件,其时空坐标就会不同. 同一物理事件在两个不同参照系的时空坐标间的关系就称为坐标变换.

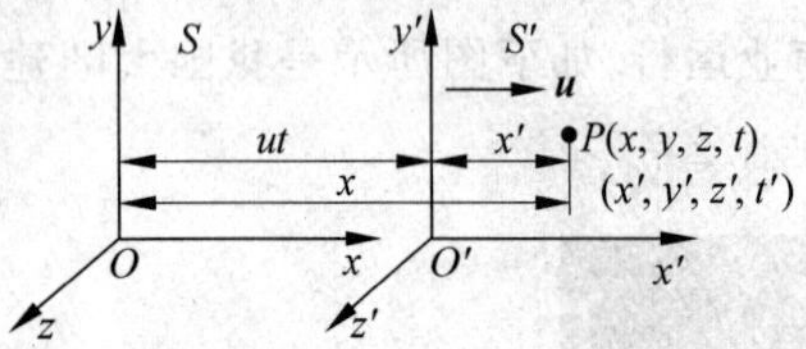

图 12-1 伽利略坐标变换

设有两个相对作匀速直线运动的惯性参考系 S 和 S',在它们上面分别建立直角坐标系 $Oxyz$ 和 $O'x'y'z'$,如图 12-1 所示. 为简便起见,令 x 轴和 x'轴重合,y 轴和 y'轴以及 z 轴和 z'轴分别平行. S'系相对 S 系以速度 $\boldsymbol{u}$ 沿 x 轴和 x'轴的正方向运动,并以两原点 O 和 O'重合时刻开始计时,此时 $t=0, t'=0$. 若空间 P 点发生一物理事件,该事件在 S 系中的时空坐标为(x,y,z,t),在 S'系中的时空坐标为(x',y',z',t'),S 系和 S'系记录同一事件的时空坐标(x,y,z,t)和(x',y',z',t')之间存在如下关系:

$$\begin{cases} x' = x - ut \\ y' = y \\ z' = z \\ t' = t \end{cases} \quad \text{或} \quad \begin{cases} x = x' + ut \\ y = y' \\ z = z' \\ t = t' \end{cases} \tag{12-1}$$

式(12-1)称为伽利略坐标变换式.

12.1.2 经典时空观

伽利略坐标变换从不同方面体现了经典时空观,由伽利略坐标变换出发可以得出如下结论.

1. 同时性是绝对的

设有两事件 P_1 和 P_2,S 系中的观察者测得两事件均于 t 时刻发生(二者可在同一地点或不同地点),S'系中的观察者测得两事件分别于 t'_1和 t'_2时刻发生,由式(12-1)得 $t'_1=t$, $t'_2=t$,所以有 $t'_1=t'_2$. 表明在 S 系中同时发生的两事件在 S'系中观测也一定是同时的. 可见同时性与观察者的运动状态无关,与参考系无关,即同时性是绝对的.

2. 时间间隔是绝对的

设有两事件 P_1 和 P_2，S 系中的观察者测得两事件分别于 t_1 和 t_2 时刻相继发生，S' 系中的观察者测得两事件发生的时刻分别为 t'_1 和 t'_2，由式(12-1)得 $t'_1=t_1$，$t'_2=t_2$，所以有 $t'_2-t'_1=t_2-t_1$. 可见 S 系和 S' 系测得两事件的时间间隔相等，即时间间隔在所有的惯性系中是绝对不变量，时间间隔是绝对的.

3. 空间长度是绝对的

设有一直棒，静止在 S' 系中，沿 x' 轴放置，S' 系中的观察者测得两端坐标为 x'_1 和 x'_2，于是得棒长 $l'=x'_2-x'_1$. 在 S 系的观察者看来，要测量这根棒长，应在同一时刻 t 测量棒的两端坐标 x_1 和 x_2，然后求其差，即棒长 $l=x_2-x_1$. 由式(12-1)得 $x'_1=x_1-ut$，$x'_2=x_2-ut$，所以有 $l'=x'_2-x'_1=x_2-x_1=l$. 可见相互作匀速直线运动的两参照系中，测量同一物体的长度相等，与观察者的运动速度无关，即空间长度是绝对的.

综上所述，经典时空观认为时间和空间彼此独立，且与物质运动无关.

检测点 1：下列结论中符合经典时空观的是：(a)在某一参考系中同时发生的事件，在其他参考系中也同时发生；(b)时间间隔不随参考系的改变而变化；(c)空间距离不随参考系的改变而变化.

12.1.3　力学相对性原理

对伽利略坐标变换式(12-1)关于时间 t 求一阶导数，可得伽利略速度变换式为 $v'_x=v_x-u$，$v'_y=v_y$，$v'_z=v_z$，即 $\boldsymbol{v}'=\boldsymbol{v}-\boldsymbol{u}$. 物体运动的速度与惯性系的选择有关，速度是相对的. 伽利略速度变换式再对时间 t 求一阶导数，可得伽利略加速度变换式为 $a'_x=a_x$，$a'_y=a_y$，$a'_z=a_z$，即 $\boldsymbol{a}'=\boldsymbol{a}$. 物体运动的加速度与惯性系的选择无关，加速度是绝对的.

经典力学认为物体的质量 m 与惯性系的选择无关，质量是绝对的，所以对于 S 系和 S' 系，牛顿第二定律具有相同的表达式，即

$$F=ma,\quad F'=ma'$$

同样可以验证一些重要的力学规律，如动量守恒定律、机械能守恒定律等在伽利略变换下其形式均保持不变，即在所有的惯性系中，力学定律是等价的，这称为力学相对性原理.

检测点 2：关于经典力学和相对论，下面说法是否正确：经典力学包含于相对论之中，经典力学是相对论的特例.

12.2　狭义相对论时空观

12.2.1　狭义相对论产生的历史背景

19 世纪末，以麦克斯韦方程组为核心的经典电磁理论的正确性已被大量实验所证实，该理论预言了电磁波的存在，认为光是一种电磁波. 由于当时科学家对电磁波本质的认识还处于初级阶段，所以认为它类似机械波，必须在媒质中传播，而传播它的媒质是“以太”. 认为“以太”充满整个空间，即使是真空也不例外，并且可以渗透到一切物质内部中. 像对牛顿定律所做的那样，用伽利略变换来考察麦克斯韦方程组，也就是将麦克斯韦方程组从一个惯性

坐标系变换到另一个惯性坐标系，不同于牛顿定律，麦克斯韦方程组对伽利略变换不具有不变性，也就是说，麦克斯韦方程组对各个惯性系并不等价. 这意味着，若伽利略变换是普遍适用的，那么麦克斯韦方程组只能对某个特殊的惯性系才是正确的，这个特殊的惯性系就是设想的“以太”媒质. 麦克斯韦电磁理论证明了光在真空中的速率 $c=1/\sqrt{\varepsilon_0\mu_0}$（$\varepsilon_0$ 和 μ_0 分别为真空中的介电常数和磁导率），既然麦克斯韦方程组只对“以太”是正确的，那么光速只能是对“以太”参照系而言的. 倘若另有一惯性系相对“以太”参照系以速度 $\boldsymbol{v}$ 运动，那么由伽利略速度变换式，光在该惯性系中的速度 $\boldsymbol{c}'$ 应为 $\boldsymbol{c}'=\boldsymbol{c}+\boldsymbol{v}$，光速在各个方向不一定相同. 为了发现不同惯性系中各个方向上光速的差异，人们不仅重新研究了早期的一些实验和天文观测，还设计了许多新的实验，其中最著名的是在利用迈克耳孙干涉仪所做的迈克耳孙-莫雷实验，该实验是为测量地球上各个方向光速的差异而设计的，构思巧妙，精度很高. 然而，在各种不同条件下多次反复进行的测量都表明：在所有惯性系中，在真空中光沿各个方向的传播速率都相同，都等于 c.

迈克耳孙-莫雷实验的结果和伽利略变换乃至整个经典力学都不相容，它曾使当时的物理学界大为震动. 为了在经典时空观的基础上统一地说明这个实验和其他实验的结果，一些物理学家，如洛伦兹等，曾提出各种各样的假设，但都未能成功.

检测点 3：狭义相对论的形容词“狭义”所指的参照系是惯性参照系还是非惯性参照系？

12.2.2 狭义相对论的基本原理

1905 年，年仅 26 岁的爱因斯坦对迈克耳孙-莫雷实验和其他一些新的实验事实进行了深刻的分析研究后，提出了两条新的科学假设，并在此基础上创立了狭义相对论. 爱因斯坦的两条假设以及从这两条假设出发所得到的推论已为实验所证实. 现在，这两条假设已公认为两条基本原理，称为狭义相对论的基本原理.

(1) 相对性原理. 所有惯性系对一切物理定律都是等价的. 或者说，在所有惯性系中，物理定律都有相同的形式.

(2) 光速不变原理. 在所有的惯性系中，光在真空中的传播速率具有相同值 c，与光源或观察者的运动无关.

相对性原理是力学相对性原理的推广和发展，光速不变原理与迈克耳孙-莫雷实验相符，但显然与伽利略变换不相容. 这两个原理虽然很简单，但却和人们已经习以为常的经典时空观及经典力学体系不相容. 爱因斯坦以这两个基本原理为基础，建立了能正确反映物理规律的坐标变换式. 在此之前，荷兰物理学家洛伦兹在研究高速运动电荷的电磁现象时曾作为一种假设而提出这一套变换式，故称为洛伦兹坐标变换式，但洛伦兹本人未能对变换式给出科学的解释.

检测点 4：宇航员在速度为 $0.5c$ 的飞船上，打开一个光源，在垂直飞船前进方向地面上的观察者和在地面上任何地方的观察者看到的光速是否都是光速 c.

12.2.3 洛伦兹坐标变换

对于图 12-1 所示的两个惯性系 S 和 S'，爱因斯坦得出同一事件在 S 系中的时空坐标 (x,y,z,t) 和在 S' 系中的时空坐标 (x',y',z',t') 之间的变换关系为

$$\begin{cases} x' = \gamma(x - ut) \\ y' = y \\ z' = z \\ t' = \gamma\left(t - \dfrac{u}{c^2}x\right) \end{cases} \quad \text{或} \quad \begin{cases} x = \gamma(x' + ut') \\ y = y' \\ z = z' \\ t = \gamma\left(t' + \dfrac{u}{c^2}x'\right) \end{cases} \tag{12-2}$$

式中 $\gamma=1/\sqrt{1-\beta^2}$，$\beta=u/c$，$c$ 为光速.

关于洛伦兹坐标变换，应注意以下几点：

(1) 同一事件在不同惯性系中的时间坐标不同，而且时间坐标和空间坐标有密切联系，时间和空间不是彼此独立的，这与伽利略坐标变换不同.

(2) 当 $u \ll c$ 时，$\beta \to 0$，$\gamma \to 1$，此时洛伦兹坐标变换与伽利略坐标变换趋于一致，这表明伽利略坐标变换是洛伦兹坐标变换在低速条件($u \ll c$)下的近似. 在低速条件下，伽利略坐标变换已足够精确，但在速度接近光速时，必须采用洛伦兹坐标变换，洛伦兹坐标变换是普遍适用的.

(3) 因为时间和空间坐标都是实数，所以洛伦兹坐标变换中的因子 $\gamma=1/\sqrt{1-(u/c)^2}$ 应该是实数，这就要求 $u<c$，u 为选作参照系的任意两个物体的相对速率，这说明真空中的光速 c 是一切物体运动速率的极限.

检测点 5：观察者 S 认定一个事件的时空坐标是 $x=100$ km 和 $t=200$ μs. 在沿 x 轴正向以速率 $0.6c$ 相对于 S 运动的参考系 S' 中此事件的时空坐标是多少？假定 $t=t'=0$ 时 $x=x'=0$.

12.2.4　狭义相对论时空观

下面由洛伦兹坐标变换来讨论狭义相对论时空观.

1. 同时的相对性

前面已经从伽利略坐标变换讨论了经典时空观中的"同时"概念，即在一个惯性系中同时发生的两个事件，在另一个惯性系中观察必定也是同时发生的，但是在洛伦兹坐标变换下就不同了.

设在 S 系中观察到同时发生的两个事件 A 和 B，时空坐标分别为 $A(x_1,y_1,z_1,t)$ 和 $B(x_2,y_2,z_2,t)$，这两个事件在 S' 系中的时空坐标分别是 $A(x_1',y_1',z_1',t_1')$ 和 $B(x_2',y_2',z_2',t_2')$. 根据洛伦兹坐标变换得

$$t_1' = \gamma\left(t_1 - \frac{u}{c^2}x_1\right), \quad t_2' = \gamma\left(t_2 - \frac{u}{c^2}x_2\right)$$

两式相减得

$$t_2' - t_1' = -\gamma\frac{u}{c^2}(x_2 - x_1) \tag{12-3}$$

上式说明，在 S 系中同一地点($x_1=x_2$)同时发生的两个事件，在 S' 系也是同时的($t_1'=t_2'$)；在 S 系中同时异地($x_1 \neq x_2$)发生的两个事件，在 S' 系中观测并不是同时的($t_1' \neq t_2'$). 这一结论称为**同时的相对性**.

2. 长度收缩效应

设有一直棒沿 x' 轴放置，它相对 S' 系静止，但却相对 S 系以速率 u 沿 x 轴方向运动，如图 12-2 所示. 在 S' 系测得此棒的静止长度（又称固有长度）为 $l_0=x'_2-x'_1$，其中 x'_1 和 x'_2 分别为棒的两端点坐标. 因为棒静止于 S' 系，对 x'_1 和 x'_2 的测量可以是同时的，也可以是不同时的. 在 S 系测得此棒的运动长度为 $l=x_2-x_1$，x_1 和 x_2 是在 S 系中同一时刻 t 测得的棒的两端点坐标. 根据洛伦兹坐标变换式，$x'_1=\gamma(x_1-ut)$，$x'_2=\gamma(x_2-ut)$，两式相减得

$$l = l_0/\gamma \tag{12-4}$$

上式表明，在相对棒沿棒长方向运动的参照系中测得的棒长 l 小于在相对棒静止的参照系中测得的棒长 l_0. 运动物体在运动方向上的长度缩短为静止长度的 $1/\gamma$，称为**长度收缩效应**. 当 $u\ll c$ 时，$\gamma\approx1$，$l\approx l_0$，长度收缩效应难以觉察，这就是伽利略变换所反映的低速情况.

注意：长度收缩也是一种相对效应. 静止在 S 系中沿 x 轴放置的棒，在 S' 系中测得其长度也要缩短，即每个观察者都测得相对自己运动物体的长度小于该物体的静止长度. 另外，长度收缩只发生在相对运动的方向上，垂直于运动方向上的长度不变.

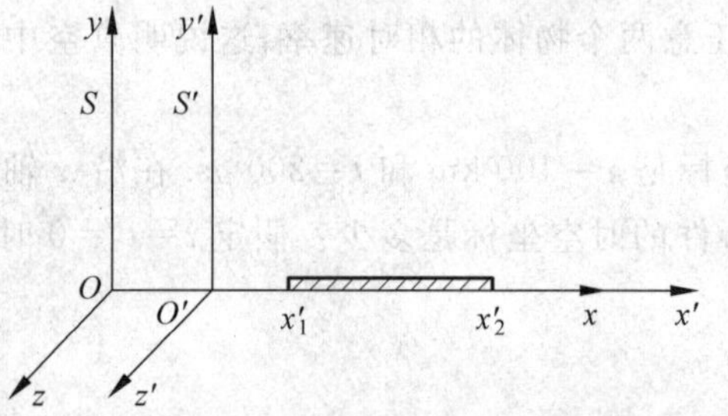

图 12-2 长度收缩效应

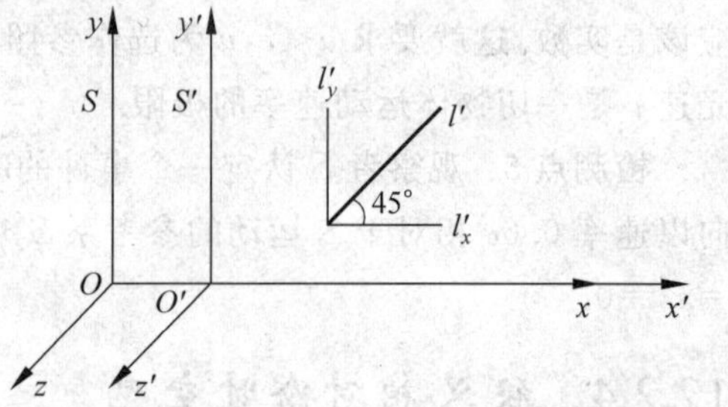

图 12-3 例 12-1 用图

例 12-1 设宇宙飞船上有一天线，长为 1 m，以 45°角伸出宇宙飞船体外. 宇宙飞船沿水平方向以 $u=\sqrt{3}c/2$ 的速率飞行时，地面上的观测者测得这根天线的长度和天线与宇宙飞船运动方向的夹角各是多少？

解 如图 12-3 所示，设宇宙飞船相对于 S' 系静止，在 S' 系（即宇宙飞船）中天线长度 $l'=1\text{ m}$，$\theta'=45°$，此天线在 $O'x'$ 和 $O'y'$ 轴上的分量分别为

$$l'_x = l'\cos\theta', \quad l'_y = l'\sin\theta'$$

设地面上（S 系）观测者测得天线长度为 l，夹角为 θ. 注意：长度收缩只沿运动方向（即 x 轴方向）发生，垂直运动方向保持不变. 根据式(12-4)有

$$l_x = l'_x/\gamma = l'\cos\theta'/\gamma, \quad l_y = l'_y = l'\sin\theta'$$

因此，在 S 系中的观测者看来，天线的长度为

$$l = \sqrt{l_x^2+l_y^2} = \sqrt{\left(l'\cos\theta'\sqrt{1-\frac{u^2}{c^2}}\right)^2+(l'\sin\theta')^2} = l'\sqrt{1-\frac{u^2}{c^2}\cos^2\theta'} = 0.79(\text{m})$$

天线与 Ox 轴的夹角 θ，由下式确定：

$$\tan\theta = \frac{l_y}{l_x} = \frac{\tan\theta'}{\sqrt{1-\frac{u^2}{c^2}}} = 2$$

所以

$$\theta = 63.43°$$

可见，在 S 系中的观测者来看，运动的天线不仅长度要收缩，而且还要转向.

3. 时间膨胀效应

通常把某惯性系中在同一地点先后发生的两个事件的时间间隔称为固有时间，用 τ_0 表示. 设 S' 系中同一地点先后发生了两个事件，两个事件在 S' 系中的时空坐标为 (x', t'_1) 和 (x', t'_2)，在 S 系中的时空坐标为 (x_1, t_1) 和 (x_2, t_2). 在 S' 系中观测，这两个事件发生在同一地点，其时间间隔为固有时间，$\tau_0 = t'_2 - t'_1$. 在 S 系中观测，这两个事件的时间间隔 $\tau = t_2 - t_1$. 根据洛伦兹坐标变换，$t_1 = \gamma\left(t'_1 + \frac{u}{c^2}x'\right)$，$t_2 = \gamma\left(t'_2 + \frac{u}{c^2}x'\right)$，两式相减得

$$\tau = \gamma\tau_0 \tag{12-5}$$

上式表明，对于在 S' 系中同一地点先后发生了两个事件的时间间隔 τ_0，在 S 系中观测时，它们的时间间隔 τ 等于 τ_0 的 γ 倍. 显然，$\tau > \tau_0$，这一现象称为**时间膨胀效应**. 因为在 S' 系中观测，这两个事件发生在同一地点，所以可用静止于该点的时钟来测量时间，在 S 系看来，S' 系的钟是运动的时钟，因此时间膨胀也称为运动的时钟变慢. 当 $u \ll c$ 时，$\gamma \approx 1$，$\tau \approx \tau_0$，时间膨胀效应难以觉察，这正是与日常生活一致的伽利略变换的情况.

注意：时间膨胀或时钟变慢完全来自相对论性时空效应，与钟表的具体运转无关，并且不仅对时钟（包括摆的振动周期和晶体振荡的频率等）如此，对一切生长变化的过程（如心跳等）也是如此.

例 12-2 带电 π 介子（π^+ 或 π^-）静止时的平均寿命是 2.6×10^{-8} s，某加速器射出的带电 π 介子的速度是 $2.4 \times 10^8\ \text{m} \cdot \text{s}^{-1}$，试求：

(1) 在实验室中测得这种粒子的平均寿命；

(2) 上述 π 介子衰变前在实验室中通过的平均距离.

解 (1) 取 S 系与实验室相连，S' 系与 π 介子相连. 由于 π 介子相对 S 系的速率 $u = 2.4 \times 10^8\ \text{m} \cdot \text{s}^{-1} = 0.8c$，根据式(12-5)，在实验室中测得 π 介子的平均寿命为

$$\tau = \gamma\tau_0 = \frac{2.6 \times 10^{-8}}{\sqrt{1 - 0.8^2}} = 4.33 \times 10^{-8}(\text{s})$$

(2) π 介子衰变前在实验室中通过的平均距离为

$$l = u\Delta t = 2.4 \times 10^8 \times 4.33 \times 10^{-8} \approx 10.4(\text{m})$$

检测点 6：在地面上有一长 100 m 的跑道，运动员从起点跑到终点，用时 10 s，现从以 $0.8c$ 速度沿跑道向前飞行的飞船中观察，跑道有多长？

12.3 相对论动力学

12.3.1 相对论的质速关系

在经典力学中，牛顿第二定律对伽利略变换是不变的，质点的质量是不依赖于速率的恒量. 如果将恒力作用于一物体，它将作匀加速直线运动，速率不断增加. 只须时间够长，它的速率显然可以超过光速. 这是不符合实际的，也违反狭义相对论的结论. 理论和实验都证明，

质量与速率的关系为

$$m = m_0 \bigg/ \sqrt{1-\frac{u^2}{c^2}} \quad 或 \quad m = \gamma m_0 \tag{12-6}$$

式中 m_0 是物体在相对静止的惯性系中测得的质量，称为静止质量，m 是物体以速率 u 相对观察者运动时的质量. 式(12-6)称为相对论质速关系式，质速关系式揭示了物质与运动的不可分割性. 当物体以一定速率相对观察者运动时，其质量 m 大于静止质量 m_0，随着物体运动速率 u 增大，它的相对论质量 m 也增大，当速率 u 接近光速时，物体相对论质量 m 趋向无穷大，这时无论施多大的力(总是有限的)，物体的速率都不可能再增加，这就是一切物体的速率都不可能达到和超过光速 c 的原因. 相对论质速关系式已被大量的实验事实所证实，它已成为设计各种加速器必须具备的理论. 当 $u \ll c$ 时，$\gamma \approx 1$，$m \approx m_0$，即在低速情况下，质量可以认为不变，等于静止质量 m_0.

在狭义相对论中，动量的定义为

$$\boldsymbol{p} = m\boldsymbol{u} = \gamma m_0 \boldsymbol{u} = m_0 \boldsymbol{u} \bigg/ \sqrt{1-\frac{u^2}{c^2}} \tag{12-7}$$

相对论的动力学方程为

$$\boldsymbol{F} = \frac{\mathrm{d}\boldsymbol{p}}{\mathrm{d}t} = \frac{\mathrm{d}(m\boldsymbol{u})}{\mathrm{d}t} = m\frac{\mathrm{d}\boldsymbol{u}}{\mathrm{d}t} + \boldsymbol{u}\frac{\mathrm{d}m}{\mathrm{d}t} \tag{12-8}$$

当 $u \ll c$ 时，$\gamma \approx 1$，$m \approx m_0$，即在低速情况下，式(12-7)和式(12-8)还原为经典力学中的形式.

检测点 7：在粒子对撞机中，有一个电子经过高压加速，速度达到光速的 0.6 倍，试求此时电子质量变为静止时的多少倍？

12.3.2 相对论的质能关系

为简单起见，讨论一个质点作直线运动，这样可以不必强调力和速度的矢量性. 设一质点在外力 F 的作用下由静止开始沿 x 轴作一维运动. 当质点的速率为 u 时，它所具有的动能等于外力所做的功，即

$$\mathrm{d}E_\mathrm{k} = F\mathrm{d}x = \frac{\mathrm{d}p}{\mathrm{d}t}\mathrm{d}x = u\mathrm{d}p = \frac{p}{m}\mathrm{d}p = \frac{\mathrm{d}p^2}{2m}$$

由式(12-6)和式(12-7)得

$$m^2c^2 - p^2 = m_0^2c^2 \tag{12-9}$$

上式两边微分得

$$\mathrm{d}p^2 = 2mc^2\mathrm{d}m$$

所以

$$\mathrm{d}E_\mathrm{k} = \frac{\mathrm{d}p^2}{2m} = \frac{2mc^2}{2m}\mathrm{d}m = c^2\mathrm{d}m$$

则

$$E_\mathrm{k} = \int_0^{E_\mathrm{k}} \mathrm{d}E_\mathrm{k} = \int_{m_0}^{m} c^2\mathrm{d}m = mc^2 - m_0c^2 \tag{12-10}$$

这就是相对论的动能表达式. 初看起来，它和经典力学中的动能表达式全然不同，但当 $u \ll c$ 时，$\left(1-\frac{u^2}{c^2}\right)^{-\frac{1}{2}} \approx 1+\frac{1}{2}\frac{u^2}{c^2}$，代入式(12-10)得 $E_\mathrm{k}=\frac{1}{2}m_0u^2$，可见相对论动能表达式在物体运动速率远小于光速的情况下可还原为经典动能表达式.

式(12-10)中，m_0c^2 为物体静止时具有的能量，称为物体的静止能量，mc^2 为物体运动

时的总能量. 若用 E 表示物体的总能量,则

$$E = mc^2$$

上式表明物体的总能量等于它的质量和光速平方的乘积,这就是相对论的质能关系式,它揭示质量和能量这两个物质基本属性之间的内在联系.

相对论的质能关系式在原子核反应等过程得到证实. 在某些原子核反应,如重核裂变和轻核聚变过程中会发生静止质量减小的现象,称为质量亏损. 由质能关系式可知,这时静止能量也相应地减小. 但在任何过程中,总质量和总能量又是守恒的,这意味着有一部分静止能量转化为反应后粒子所具有的动能,而后者又可以通过适当方式转变为其他形式的能量释放出来,这就是某些核裂变和核聚变反应能够释放出巨大能量的原因. 其释放出的能量 ΔE 和亏损质量 Δm 之间的关系式为

$$\Delta E = \Delta mc^2$$

检测点 8:动能为 1 GeV 的电子和动能为 1 GeV 的质子相比较,总能量是较大、较小、还是相等?

12.3.3　能量动量关系

用 c^2 乘等式(12-9)两边,以 $E=mc^2$ 代入,得

$$E^2 = m_0^2c^4 + p^2c^2 = E_0^2 + p^2c^2$$

这就是**相对论的能量动量关系式**. 对于光子,其静止质量为零,所以能量动量关系式为

$$E = pc$$

例 12-3　电子的静止质量 $m_0=9.11\times10^{-31}$ kg. 求(1)试用 J 和 eV 为单位,表示电子的静止能量;(2)静止电子经过 1×10^6 V 电压加速后,其质量和速率各为多少?

解　(1) 电子的静止能量

$$E_0 = m_0c^2 = 9.11\times10^{-31}\times(3\times10^8)^2 \approx 8.20\times10^{-14}\,\text{J}$$
$$\approx \frac{8.20\times10^{-14}}{1.60\times10^{-19}}\text{eV} = 0.51\times10^6(\text{eV})$$

(2) 静止电子经过 1×10^6 V 电压加速后,动能为

$$E_k = eU = 1.6\times10^{-19}\times1\times10^6 = 1.6\times10^{-13}(\text{J})$$

由于 E_k 和 E_0 的数量级基本一致,因此必须考虑相对论. 电子质量为

$$m = \frac{E}{c^2} = \frac{E_0+E_k}{c^2} = \frac{8.20\times10^{-14}+1.6\times10^{-13}}{9\times10^{16}} \approx 2.69\times10^{-30}(\text{kg})$$

由质速关系式得电子速率

$$u = \sqrt{1-\left(\frac{m_0}{m}\right)^2}\times c = \sqrt{1-\left(\frac{9.11\times10^{-31}}{2.69\times10^{-30}}\right)^2}\times3\times10^8$$
$$-2.82\times10^8(\text{m}\cdot\text{s}^{-1})$$

检测点 9:粒子的静止质量为 m_0,当其动能等于其静能时,其质量和动量各等于多少?

*12.4　知识拓展——核反应堆

核反应堆是核电站的心脏. 原子由原子核与核外电子组成,原子核由质子与中子组成. 1938 年底,德国物理学家哈恩和他的助手斯特拉斯曼在用中子轰击铀核的实验中发现,生

成物中有原子序数为56的元素钡．铀核裂变的产物是多样的，一种典型的铀核裂变是生产钡和氪，同时放出3个中子，核反应方程是

$$^{235}_{92}U + ^{1}_{0}n \rightarrow ^{144}_{56}Ba + ^{89}_{36}Kr + 3^{1}_{0}n$$

裂变中放出中子，数目有多有少，中子的速度也有快有慢．以铀235为例，裂变时产生2或3个中子，如果这些中子继续与其他铀235核发生反应，再引起新的裂变，就能使核裂变反应不断地进行下去．这种由重核裂变产生的中子使裂变反应一代接一代继续下去的过程，叫做核裂变的链式反应．这种反应可能是迅速的（如在原子弹中），也可能是可控制的（如在反应堆中）．核燃料裂变反应释放的中子为快中子，而在反应堆中要应用慢化中子维持链式反应．常用的慢化剂有石墨、重水和普通水（也叫轻水），相应的反应堆就有石墨堆、重水堆和轻水堆．1942年，费米就主持建立了世界上第一个称为“核反应堆”的装置，首次通过可控的链式反应实现了核能的释放．

核反应堆的种类很多，世界上核电站采用最多的是压水堆，占全世界总装机容量一半以上．大亚湾核电站的反应堆就采用压水堆．压水堆是用普通水作中子慢化剂和冷却剂．水在标准大气压下加热至100℃时就沸腾，产生大量气泡，这会影响热量的传递和反应控制．为此，设有稳压罐，加至150个大气压，以保证反应堆里和一回路的压力稳定，水不沸腾，故称压水堆．图12-4是一个基于压水堆的电站简图．在这样的反应堆中，水即用作减速剂，也用作热交换媒介．在初级回路中，水在反应堆中循环流动并在高温和高压下（一般在600 K和150 atm）从热的堆芯到蒸汽发生器传送能量．蒸汽发生器是次级回路的一部分．在蒸汽发生器中，水蒸发产生高压蒸汽推动汽轮机，汽轮机又带动发电机．为了完成次级回路，从汽轮机出来的低压蒸汽被冷却并凝结成水，随时被一台水泵打回到蒸汽发生器中．这一部分的工作原理跟火力发电站相同．核反应堆要依人的意愿决定工作状态，这就要有控制

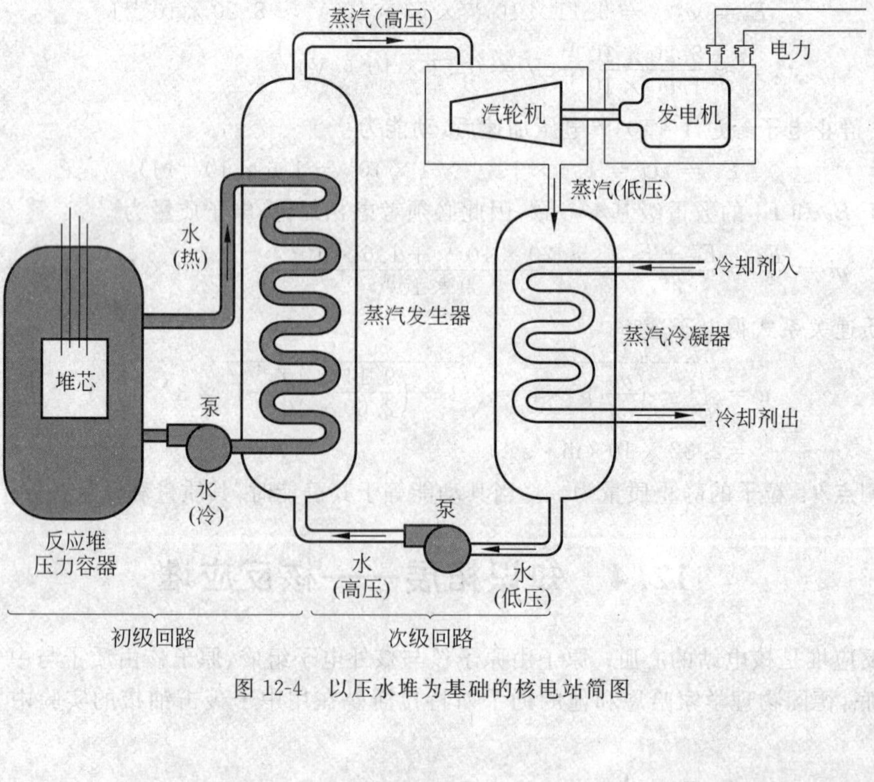

图12-4 以压水堆为基础的核电站简图

设施；铀及裂变产物都有强放射性，会对人造成伤害，因此必须有可靠的防护措施. 综上所述，核反应堆的合理结构应该是：核燃料＋慢化剂＋热载体＋控制设施＋防护装置.

在核电站中，只要"烧"掉一支铅笔那么多的核燃料，释放的能量就相当于10吨标准煤完全燃烧放出的热. 一座百万千瓦级的核电站，每年只消耗30吨左右的浓缩铀，而同样功率的火电站，每年要烧煤250万吨！

目前，核电技术已经成熟，在经济效益方面也跟火力发电不相上下. 作为核燃料的铀、钍等在地球上的可采储量所能提供的能量，比煤、石油等所能提供的能量大15倍. 核电对环境的污染比火电小. 目前核能发电已经超过世界总发电量的六分之一.

建造核电站时需要特别注意防止射线对人体的伤害，还要防止放射性物质对水源、空气和工作场所造成放射性污染. 为此，在反应堆的外面需要修建很厚的水泥层，用来屏蔽裂变产物放出的各种射线. 核反应堆用过的核废料具有很强的放射性，需要装入特制的容器，深埋地下.

阅读材料12 爱因斯坦

爱因斯坦(Albert Einstein，1879—1955)是举世闻名的德裔美国科学家，现代物理学的开创者和奠基人.

1879年3月14日出生于德国乌尔姆一个经营电器作坊的小业主家庭. 一年后，随全家迁居慕尼黑. 1894年，他的家迁到意大利米兰. 1895年他转学到瑞士阿劳市的州立中学. 1896年进苏黎世工业大学师范系学习物理学，1902年大学毕业后无法进入学术机构，只在瑞士伯尔尼专利局找到一份做审查员的临时工作. 1905年，爱因斯坦先后发表了5篇具有划时代意义的论文. 1905年3月，爱因斯坦写了《关于光的产生与转化的一个启发性观点》一文，把量子概念扩充到辐射的发射和吸收上，提出了光量子假设，第一次揭示了微观客体的波粒二象性，成为量子力学的基础之一；它是辐射量子论的开端，明确提出了光电效应定律，并因此而获得了1921年度的诺贝尔物理学奖. 1905年4月他完成了博士论文《测定分子大小的一个新方法》，描述了通过测量渗透压强和扩散系数可测定阿佛伽德罗常数与溶液中离子的大小. 1905年5月他写的《热的分子运动论所要求的静液体中悬浮粒子的运动》的论文，提出了统计学方面的分子理论，推导了这种粒子的平均自由程公式，完全解决了1827年发现的布朗运动问题，这篇论文对原子的存在提出了令人信服的证据. 1905年6月

30日，爱因斯坦写了《论动体的电动力学》一文，这是一篇开创物理学新纪元的最著名的长篇论文，提出了狭义相对论，他假设光速不变，揭示了时间膨胀现象，并使经典力学和麦克斯韦电磁场理论得到了统一. 爱因斯坦在1905年9月写的第5篇论文《物体的惯性同它所含的能量有关吗》中，导致了最著名的质能关系式 $E=mc^2$. 为纪念这一奇迹产生100周年，感怀爱因斯坦伟大的创见及他对21世纪生活的影响，联合国大会召开第58次会议，会议鼓掌通过了2005年为"国际物理年"的决议.

1915年爱因斯坦发表了广义相对论，他所作的光线经过太阳引力场要弯曲的预言，于1919年由英国天文学家爱丁顿的日全食观测结果所证实. 1916年他预言的引力波在1978年也得到了证实. 1917年爱因斯坦在《论辐射的量子性》一文中提出了受激辐射理论，成为激光的理论基础. 爱因斯坦的后半生一直从事寻找大统一理论的工作，不过这项工作没有获得成功，现在大统一理论是理论物理学研究的中心问题.

复习与小结

1. 狭义相对论的两个基本原理

（1）相对性原理：所有惯性系对一切物理定律都是等价的. 或者说，在所有惯性系中，物理定律都有相同的形式.

（2）光速不变原理：在所有的惯性系中，光在真空中的传播速率具有相同值 c，与光源或观察者的运动无关.

2. 洛伦兹坐标变换、狭义相对论时空观

（1）洛伦兹坐标变换

$$\begin{cases} x' = \gamma(x-ut) \\ y' = y \\ z' = z \\ t' = \gamma\left(t-\dfrac{u}{c^2}x\right) \end{cases} \quad \text{或} \quad \begin{cases} x = \gamma(x'+ut') \\ y = y' \\ z = z' \\ t = \gamma\left(t'+\dfrac{u}{c^2}x'\right) \end{cases}$$

式中 $\gamma=1/\sqrt{1-\beta^2}$，$\beta=u/c$，$c$ 为光速.

（2）同时的相对性

某惯性系同时异地发生的两个事件，在其他惯性系中不同时；同时同地发生的两个事件，在其他惯性系中也同时.

$$\Delta t' = t_2'-t_1' = -\gamma\frac{u}{c^2}(x_2-x_1)$$

（3）长度收缩效应

物体相对观察者静止时，其长度测量值最长，称为静止长度 l_0；物体相对观察者运动时，在其运动方向上长度测量值 l 是其静止长度的 $1/\gamma$，即

$$l = l_0/\gamma$$

（4）时间膨胀效应

某惯性系中同一地点先后发生的两事件的时间间隔最短，称为固有时间 τ_0；在其他相

对运动的惯性系中,上述两事件的时间间隔 τ 将变长.

$$\tau = \gamma\tau_0$$

3. 狭义相对论动力学

(1) 质速关系

$$m = m_0 \Big/ \sqrt{1-\frac{u^2}{c^2}} = \gamma m_0$$

(2) 相对论动量

$$\boldsymbol{p} = m\boldsymbol{u} = \gamma m_0 \boldsymbol{u} = m_0 \boldsymbol{u} \Big/ \sqrt{1-\frac{u^2}{c^2}}$$

(3) 质能关系

$$E = mc^2$$

(4) 能量动量关系

$$E^2 = m_0^2 c^4 + p^2 c^2$$

练　习　题

12-1　1905 年,爱因斯坦在________实验的事实上提出了狭义相对论的两个基本假设________原理和________原理.

12-2　地面上一旗杆高 2.6 m,在以 $0.6c$ 的速率竖直上升的火箭上的乘客观测,此旗杆的高度为________.

12-3　在地球上进行的一场足球赛持续了 90 分钟,在以 $0.80c$ 的速率飞行的火箭中的乘客看来,这场球赛进行了________分钟.

12-4　边长为 a 的正三角形,沿着一棱边的方向以 $0.6c$ 高速运动,则在地面看来该运动正三角形的面积为________.

12-5　设电子的静质量为 m_0,将一个电子由静止加速到速率为 $u=0.6c$,试计算需做功为________,这时电子的质量增加了________倍.

12-6　关于狭义相对论,下列几种说法中错误的是(　　).

A. 一切运动物体的速度都不能大于真空中的光速

B. 在任何惯性系中,光在真空中沿任何方向的传播速率都相同

C. 在真空中,光的速度与光源的运动状态无关

D. 在真空中,光的速度与光的频率有关

12-7　某种介子静止时的寿命是 10^{-8} s,若它以 $u=2\times10^8\ \mathrm{m\cdot s^{-1}}$ 的速度运动,它能飞行的距离 l 为(　　).

A. 10^{-3} m　　B. 2 m　　C. $6/\sqrt{5}$ m　　D. $\sqrt{5}$ m

12-8　关于相对论质量公式 $m=m_0\Big/\sqrt{1-\left(\frac{v}{c}\right)^2}$,下列说法正确的是(　　).

A. 式中的 m_0 是物体以速度 v 运动时的质量

B. 当物体运动的速度 $v>0$ 时,物体的质量 $m>m_0$,即物体的质量改变了,故经

典力学不适用，是不正确的

C. 当物体以较小的速度运动时，质量的变化十分微弱，经典力学理论仍然适用，只有当物体以接近光速运动时，质量变化才明显，故经典力学适用于低速运动，而不适用于高速运动

D. 通常由于物体运动的速度太小，故质量的变化引不起我们的感觉，在分析地球上物体的运动时，不必考虑质量的变化

12-9 如果宇航员驾驶一艘飞船以接近于光速朝一星体飞行，他是否可以根据下述变化发觉自己是在运动（ ）.（提示：宇航员相对于飞船惯性系的相对速度为零，他不可能发现自身的变化）

A. 他的质量在减少

B. 他的心脏跳动在慢下来

C. 他永远不能由自身的变化知道他是否在运动

D. 他在变大

12-10 物体相对于观察者静止时，其密度为 ρ_0，若物体以高速 u 相对于观察者运动，观察者测得物体的密度为 ρ，则 ρ 与 ρ_0 的关系为（ ）.

A. $\rho>\rho_0$　　B. $\rho=\rho_0$　　C. $\rho<\rho_0$　　D. 无法确定

12-11 设有两个惯性系 S 和 S'，在 $t=t'=0$ 时，$x=x'=0$. 若有一事件，在 S' 系中发生在 $t'=8.0\times10^{-8}$ s，$x'=60$ m，$y'=0$，$z'=0$ 处. 若 S' 系相对 S 系以速率 $0.6c$ 沿 xx' 轴运动，问该事件在 S 系中的时空坐标各为多少？

12-12 (1) 一静止长度为 4.0 m 的物体，若以速率 $0.6c$ 沿 x 轴相对某惯性系运动. 试问从该惯性系来测量此物体的长度为多少？

(2) 若从一惯性系中测得宇宙飞船的长度为其静止长度的一半，试问宇宙飞船相对此惯性系的速率为多少（以光速 c 表示）？

12-13 一根米尺静止在 S' 系中，与 x' 轴成 30°. 如果在 S 系中测得该米尺与 x 轴的夹角为 45°，试求 S' 系的速度与在 S 系中测得的米尺长度.

12-14 一静止体积为 V_0，静止质量为 m_0 的立方体沿其一棱边以速率 u 运动时，计算其体积、质量和密度.

12-15 静止长度为 130 m 的宇宙飞船以速率 $0.740c$ 飞过一计时站. (1)计时站测得的飞船长度是多少？(2)计时站记录的飞船的头和尾经过的时间间隔是多少？

12-16 半人马星座 α 星是离太阳系最近的恒星，它距地球为 4.3×10^{16} m. 设有一宇宙飞船自地球往返于半人马星座 α 星之间. (1)若宇宙飞船的速率为 $0.999c$，按地球上时钟计算，飞船往返一次需多少时间？(2)如以飞船上时钟计算，往返一次的时间又为多少？

12-17 静止的 μ 子的平均寿命测定为 2.2 μs. 在地球上测得的在宇宙射线的簇射中高速 μ 子的平均寿命为 16 μs. 求这些宇宙射线 μ 子相对地球的速率？

12-18 一个不稳定的高能粒子进入一探测器并在衰变前留下一条长为 1.05 m 的径迹，它对探测器的相对速率是 $0.992c$，它的固有寿命是多长？

12-19 在地球-月球系中测得地-月距离为 3.844×10^{8} m，一火箭以 $0.8c$ 的速率沿着从地球到月球的方向飞行，先经过地球，之后又经过月球. 问在地球-月球系和火箭系中观测，火箭由地球飞向月球各需多少时间？

12-20　太阳的辐射能来自其内部的核聚变反应. 太阳每秒钟向周围空间辐射出的能量约为 $5\times10^{26}\,\mathrm{J\cdot s^{-1}}$，由于这个原因，太阳每秒钟减少多少质量？计算这个质量同太阳目前的质量 $2\times10^{30}\,\mathrm{kg}$ 的比值.

12-21　两个静质量都为 m_0 的粒子，其中一个静止，另一个以速度 $u_0=0.8c$ 运动，它们对心碰撞以后粘在一起，求碰撞后合成粒子的静止质量.

12-22　粒子的静止质量为 m_0，当其动能等于其静能时，其质量和动量各等于多少？

12-23　一个粒子的动量是按非相对论动量算得的 2 倍，问该粒子的速率是多少？

12-24　把一个静止质量为 m_0 的粒子由静止加速到速率为 $0.1c$ 所需做的功是多少？由速率 $0.89c$ 加速到速率 $0.99c$ 所需做的功又是多少？

12-25　计算如下两个问题：

(1) 一弹簧的劲度系数为 $k=10^3\,\mathrm{N/m}$，现将其拉长了 $0.05\,\mathrm{m}$，求弹簧对应于弹性势能的增加而增加的质量.

(2) 1 千克 100℃的水，冷却至 0℃时放出的热量是多少？水的质量减少了多少？

第13章 量子物理基础

如果两个光子的能量相等，则他们在什么条件下可以转化为正负电子对，光子的波长最大是多少？试用本章所学知识讨论如何实现这种转化的问题.

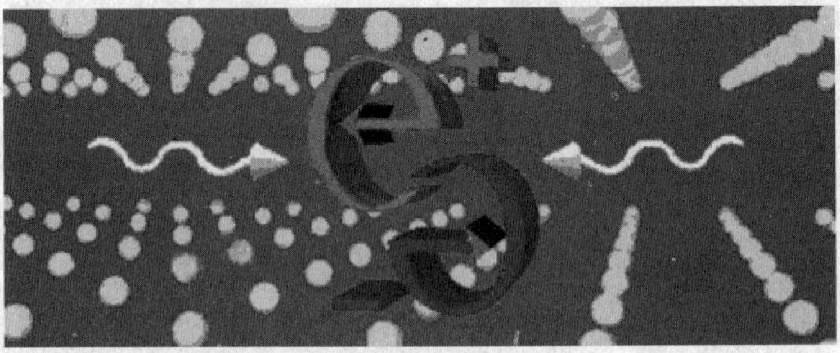

两个光子转化为正负电子对

19 世纪末到 20 世纪初，著名的英国物理学家开尔文说："在物理学晴朗天空的远处，还有两朵小小的令人不安的乌云."这里物理学晴朗的天空指的是当时在牛顿力学的基础上，通过拉格朗日等人的工作使经典力学臻于完善；通过克劳修斯、开尔文和玻耳兹曼等人的工作使热力学和统计力学基本成熟；通过牛顿、惠更斯、杨氏和菲涅耳等人的工作使经典光学得到了建立；通过库仑、安培、高斯、法拉第和麦克斯韦等人的工作使电磁学理论得以确立.这里两朵小小的乌云指的是"以太漂移"问题和黑体热辐射问题用已有的物理学还无法解决.通过第 12 章的学习我们知道"以太漂移"问题的解决诞生了相对论，而通过本章的学习我们也会知道黑体热辐射问题的解决诞生了量子论，相对论和量子论是近代物理的两大支柱.

13.1 量子论的形成

13.1.1 黑体辐射和普朗克能量子假设

量子概念最初是普朗克在研究黑体辐射问题时提出来的.炽热的物体发光是人们早已熟知的事实.事实上任何物体在任何温度下都在不断地向周围空间发射着电磁波，其波长是连续变化的.在室温下物体在单位时间内辐射的能量很少，辐射能绝大部分处于波长较长的区域;随着温度的升高单位时间内辐射的能量迅速增加,辐射能中的短波成分的比例逐渐增加. 例如,对金属和碳而言,温度升至 800 K 以上时,可见光的成分逐渐增多,随着温度的继续升高,物体由暗红色逐渐变为蓝白色. 物体这种由其温度所决定的电磁辐射称为**热辐射**.

任何事物都是一分为二的,物体的热辐射也不例外,即物体辐射电磁波的同时,也在吸收投射到自身表面的电磁波. 理论和实验表明,物体的辐射本领越大,其吸收本领也越大,反之亦然. 当吸收和辐射达到平衡时,物体的温度不再变化而处于**辐射热平衡状态**.

投射到物体表面的电磁波可能被吸收,也可能被反射和透射. 能够全部吸收各种波长的电磁辐射能而不发生反射和透射的物体称为**黑体**. 显然,在相同的温度下,黑体的吸收本领最大,辐射本领也最大,而且黑体的辐射与材料无关,仅由本身的温度所决定. 对黑体热辐射问题的研究是热辐射研究中最为重要的课题,但是理想的黑体在自然界是不存在的,通常人们所说的很黑的烟煤也只不过能吸收电磁辐射能的 95%. 这里引入黑体的概念,是为了研究电磁辐射问题的方便,它是一个理想模型. 人们在实验室中用不透明材料制成的带有小孔的空腔物体可以近似地看成黑体模型. 如图 13-1 所示,从小孔射入空腔的电磁波在空腔内壁上经过多次反射吸收,只有极小一部分能量有机会再从小孔射出,因此它可作为一个黑体.

热辐射规律的研究核心是研究电磁辐射的能量随波长分布的规律. 为了描述这一规律,物理学中引入了**单色辐射出射度** $e(\lambda,T)$这个重要概念,它表示单位时间内,从温度为 T 的物体表面单位面积上辐射的、波长在 λ 到$\lambda+\mathrm{d}\lambda$ 范围内的辐射能量 $\mathrm{d}E_\lambda$ 与波长间隔 $\mathrm{d}\lambda$ 的比值. 即

$$e(\lambda,T)=\frac{\mathrm{d}E_\lambda}{\mathrm{d}\lambda} \tag{13-1a}$$

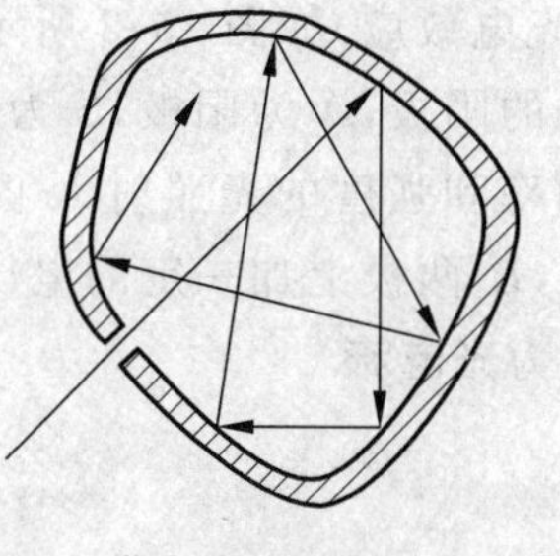

图 13-1　带小孔的空腔可作为黑体

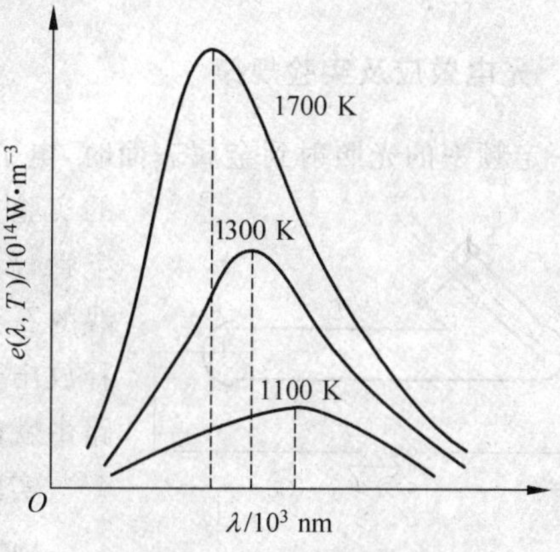

图 13-2　黑体辐射的实验曲线

通过实验测得各种温度下黑体的单色辐射出射度随波长的变化关系,如图 13-2 所示. 图中的曲线反映了黑体单色辐射出射度 $e(\lambda,T)$与波长 λ 和温度 T 的关系. 这些曲线都是实验的结果,为从理论上得出符合实验曲线的函数关系式,确定黑体辐射的本质机理,1896 年,维恩从热力学的普遍理论考虑以及实验数据的分析,由经典统计物理学导出了半经验公式. 此公式绘出的曲线在短波波段与实验符合得很好,而在长波波段有明显的差异,这就是历史上所说的"红外灾难". 1900 年,瑞利根据经典电动力学和统计物理学得出了一个黑体辐射的公式,后于 1905 年因金斯修正了该公式,所以称为瑞利-金斯公式,此公式绘出的曲线在长波波段与实验

符合得很好,而在短波波段有明显的差异,这就是历史上所说的“紫外灾难”. 可见,不管是红外灾难还是紫外灾难,其实质都说明了经典理论具有一定的缺陷.

在1900年,德国物理学家普朗克对上述情况非常重视,试图将代表短波方向的维恩公式和代表长波方向的实验结果综合在一起,结果他很快找出了一个经验公式,即

$$e(\lambda, T) = \frac{2\pi hc^2}{\lambda^5} \cdot \frac{1}{e^{hc/\lambda kT} - 1} \tag{13-1b}$$

此式称为**普朗克公式**,其中 c 为光速,k 为玻耳兹曼常数,h 为普朗克常数,可以由实验测出,现代测量的结果为 $h = 6.626\,075\,5(40) \times 10^{-34}\,\text{J} \cdot \text{s}$.

为了从理论上推导这一公式,普朗克建立了空腔辐射机理模型. 他假设:

(1) 组成腔壁的原子、分子可视为带电的一维线性谐振子,电谐振子能够和周围的电磁场交换能量.

(2) 每个电谐振子的能量不是任意的数值,频率为 ν 的电谐振子,其能量只能为 $h\nu$,$2h\nu$,$3h\nu$,…分立值.

(3) 当电谐振子从它的一个能量状态变化到另一个能量状态时,它所辐射或吸收的能量只能是 $h\nu$ 的整数倍. $h\nu$ 被称为**能量子**.

这就是普朗克的能量子假设. 该假设和经典物理中谐振子的能量可以取任何值,可以连续改变的结论绝对不相容,它是对经典物理的重大突破,从此宣告了量子物理的诞生. 普朗克因此而获得了1918年的诺贝尔物理学奖.

检测点1:炼钢工人为什么凭观察炼钢炉内的颜色就可以估计炉内的温度?

13.1.2 光电效应和爱因斯坦光子假设

1. 光电效应及实验规律

一定频率的光照射到金属表面时,电子从金属表面逸出的现象称为**光电效应**. 通过如下的实验方法可以研究光电效应. 如图13-3所示,T 为真空管,K 为发射光电子的阴极,A 为阳极,S 为能透射光线的石英窗,用一定频率和强度的光照射 K 时,金属将释放出光电子,若在 A,K 两极上加一定的电压 V,则回路中就出现了电流,称为**光电流**.

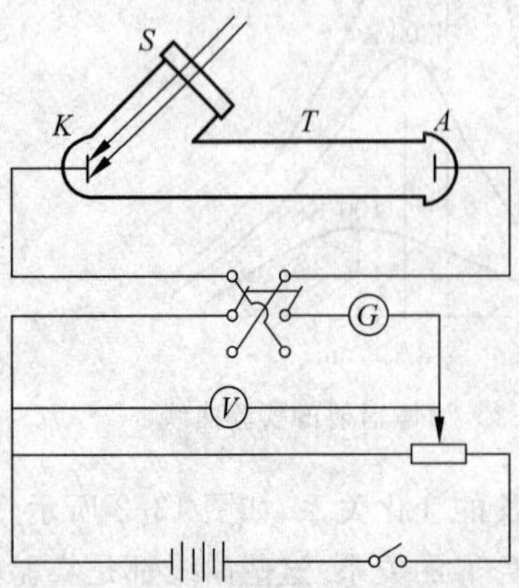

图13-3 光电效应实验示意图

实验结果如下:

(1) 遏止电压 V_0

如果将电源的正负极反向,则两极间形成使电子减速的电场. 实验表明,反向电压较小时,仍有光电流产生,这说明仍有从阴极发出的电子具有一定的初动能,它可以克服减速电场而到达阳极. 当反向电压达到 V_0 时,光电流为零. V_0 称为遏止电压,它表明在此电压下,逸出金属后具有最大初动能的光电子也不能到达阳极. 此时有

$$\frac{1}{2} m v_m^2 = eV_0$$

(2) 红限频率 ν_0

遏止电压与入射光的强度无关，仅与入射光的频率 ν 成正比，即

$$eV_0 = h\nu - W$$

式中 h 为普朗克常量，W 为随金属种类而变化的**逸出功**.

上述线性关系也可以用图 13-4 表示. 从图可见：当 ν 减小时，V_0 也减小；当 ν 低于某极限值 ν_0 时，V_0 减小到零，这时不论入射光强度多大，照射时间多久，光电效应都不再发生，频率 ν_0 称为**红限频率**，对于不同的金属有不同的值.

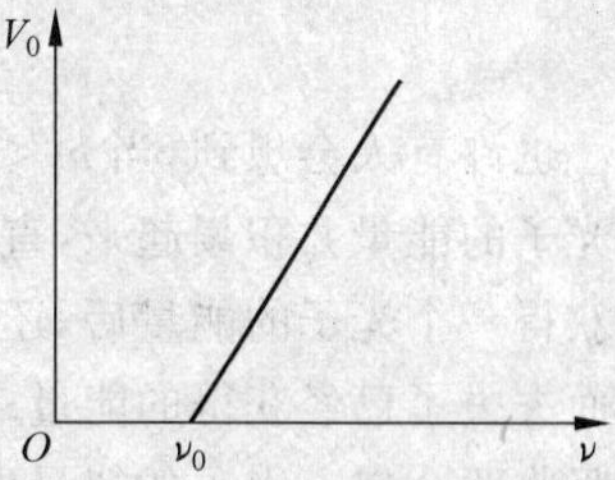

图 13-4　红限频率

(3) 延迟时间 τ_0

只要入射光的频率大于红限频率，当光照射到阴极时，即使光的强度非常微弱，也几乎立刻产生光电效应，即光电效应在瞬间完成. 从光开始照射到光电子逸出这一段延迟时间不超过 $\tau_0 = 10^{-9}$ s.

(4) 光电流 I

当入射光的频率大于红限频率时，光电流的强度与入射光的强度成正比.

2. 爱因斯坦光量子理论

以上得出的实验结果除第(4)项以外均无法用经典电磁波理论给出解释. 按经典电磁波理论，当光束照射到金属上时，金属中的电子将做受迫振动，从光波中连续地获得能量，且获得能量的大小与光强成正比、与光照射的时间成正比、与频率无关. 因此按经典电磁理论的结论是：对于任何频率的光，只要有足够的光强和照射时间，总会发生光电效应. 这与实验结果直接矛盾.

爱因斯坦发现在黑体辐射问题中，普朗克提出了电谐振子能量量子化，但对于腔内的电磁波利用的却仍是经典的电磁波动理论. 爱因斯坦从其中得到了启发，在对光电效应做进一步研究后指出：电磁波本身是普遍地以能量子的形式存在的. 一束频率为 ν 的电磁波可以看成是一群速度为 c，能量为 $h\nu$ 的粒子流，这种携带能量 $h\nu$ 的微粒称为**光子**，光子不可能再分割，而只能整个地被吸收或产生出来. 而且光子的能量 E、动量 p 与质量 m 分别为

$$\left.\begin{aligned} E &= h\nu \\ p &= \frac{h}{\lambda} \\ m &= \frac{h}{c\lambda} \end{aligned}\right\} \tag{13-2}$$

这就是爱因斯坦光量子理论. 式(13-2)也称为普朗克-爱因斯坦关系式. 从式(13-2)也可以看出，等式的左侧是描述光子粒子性的物理量(能量 E，动量 p，质量 m)，等式的右侧是描述光子波动性的物理量(频率 ν，波长 λ)，左右侧通过普朗克常量 h 紧密地联系了起来，从此光既是波又是粒子的光的波粒二象性得以确立.

利用爱因斯坦光量子理论来解释光电效应，使经典理论无法解决的矛盾迎刃而解. 金属中的一些电子虽然束缚在原子、分子或晶格之中，但可以作不同程度的自由运动. 由于库仑

力的束缚，电子从金属表面逸出需要外界做一定的功 W，称为逸出功. 当电磁波入射到金属表面时，可以认为是光子与处于金属表面的自由电子直接作用，在此作用瞬间一个光子把自身携带的能量 $h\nu$ 整个地交给了电子. 若 $h\nu<W$，即电子从光子获得的能量小于逸出功，则电子不能逸出金属；若 $h\nu>W$，即电子从光子获得的能量大于逸出功，则电子能逸出金属. 根据能量守恒定律，逸出电子的最大初动能为

$$\frac{1}{2}mv_{\mathrm{m}}^{2}=h\nu-W \tag{13-3}$$

也许有人会想到，当 $h\nu<W$ 时，电子获得一个光子的能量不能逸出金属，那就再获得一个光子的能量并积累起来，直到能逸出金属为止. 这在普通光源照射下是不可能的，因为电子获得一个光子的能量后，还来不及获得第二个光子的能量，就已经多次和原子核或电子碰撞而失去了已经获得的能量. 如果用大功率激光器发出的激光照射金属，则电子似乎可以同时吸收两个以上光子的能量而逸出金属，但因激光很强，可使金属表面温度升高而同时产生电子的热发射.

式(13-3)称为爱因斯坦光电效应方程，爱因斯坦因光电效应的诠释而获得了1921年的诺贝尔物理学奖.

3. 爱因斯坦光量子理论对康普顿效应的解释

1923年，美国物理学家康普顿发现单色X射线照射物质而被物质散射时，散射线中除了包含原有波长的X射线外，还包含了大于原有波长的X射线，且两种射线的波长之差与入射的X射线的波长及散射物质无关，并随散射角的增大而增大. 这种波长变大的效应称为**康普顿散射**或**康普顿效应**(波长不改变的散射通常称为瑞利散射). 图13-5是康普顿散射实验原理示意图. 其中 θ 为散射方向与入射方向之间的夹角，称为**散射角**.

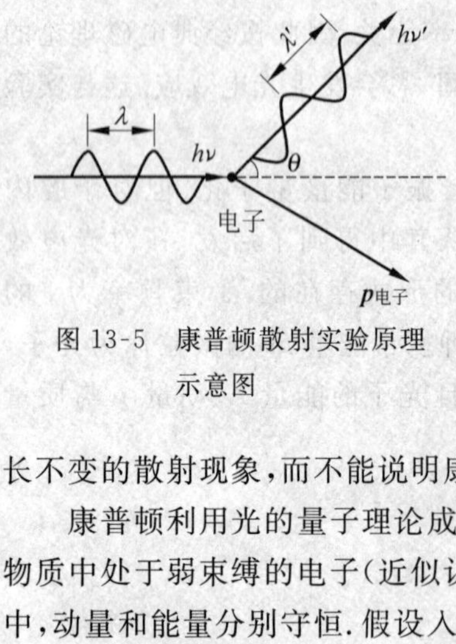

图13-5　康普顿散射实验原理示意图

按照经典电磁波理论，当一定频率的电磁波照射物质时，物质中的带电粒子从入射电磁波中吸收能量，作同频率的受迫振动. 振动的带电粒子又向各方向发射同一频率的电磁波，这就是散射. 显然，这个理论只能说明波长不变的散射现象，而不能说明康普顿散射.

康普顿利用光的量子理论成功地解释了康普顿散射. 他认为康普顿散射是单个光子与物质中处于弱束缚的电子(近似认为是自由电子)相互作用的结果，而且在相互作用的过程中，动量和能量分别守恒. 假设入射光子的能量为 $h\nu$，动量为 $\boldsymbol{p}_1$，波长为 λ，散射光子的能量为 $h\nu'$，动量为 $\boldsymbol{p}_2$，波长为 λ'，自由电子在相互作用前的质量为 m_0，能量为 m_0c^2，在相互作用后的质量为 m，能量为 mc^2，动量为 $\boldsymbol{p}_{电子}$. 则由能量守恒定律得

$$h\nu+m_0c^2=h\nu'+mc^2$$

即

$$mc^2=h(\nu-\nu')+m_0c^2 \tag{13-4}$$

由动量守恒定律得

$$\boldsymbol{p}_1=\boldsymbol{p}_2+\boldsymbol{p}_{电子}$$

如图 13-6 所示的矢量三角形法则，上式可变为

$$p_{电子}^2 = p_1^2 + p_2^2 - 2p_1p_2\cos\theta \qquad (13\text{-}5)$$

将式(13-4)两边平方，然后将 $p_{电子}^2c^2 = m^2c^4 - m_0^2c^4$ 代入可得

$$p_{电子}^2c^2 = h^2(\nu-\nu')^2 + 2h(\nu-\nu')m_0c^2 \qquad (13\text{-}6)$$

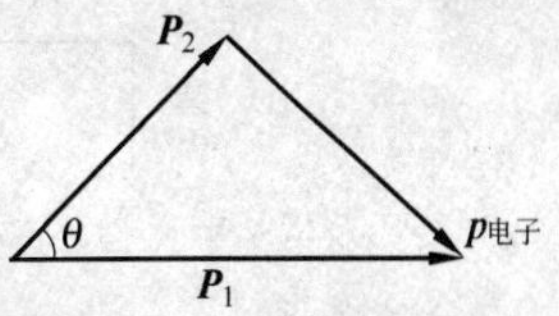

图 13-6　康普顿散射矢量图

将式(13-5)代入式(13-6)，然后利用 $p=\dfrac{h}{\lambda}$ 和 $\nu=\dfrac{c}{\lambda}$，得波长的改变为

$$\Delta\lambda = \lambda' - \lambda = 2\lambda_C\sin^2\frac{\theta}{2} \qquad (13\text{-}7)$$

其中

$$\lambda_C = \frac{h}{m_0c} = 0.002\,426\,310\,58(\text{nm})$$

称为**康普顿波长**. 由式(13-7)得出的理论值与实验值完全符合，既说明了爱因斯坦的光量子理论的正确性，又说明了动量守恒和能量守恒定律也是微观世界的基本规律. 康普顿因此而获得了 1927 年的诺贝尔物理学奖.

检测点 2：光在什么情况下是波，在什么情况下是粒子？

13.1.3　原子结构与原子光谱　玻尔的量子论

我们知道，原子本身的尺度只有 10^{-10} m 的量级，用常规的方法是探测不到原子本身的大小，更看不到其内部结构的. 在这种情况下，卢瑟福于 1909 年用放射性元素镭(Ra)发出的高能 α 粒子与原子相互碰撞并探测了 α 粒子的大角散射，从而确定了原子的**核式结构模型**，即认为原子中央是一个几乎占有全部原子质量的带正电荷的核，电子在核的周围绕核转动. 此方法的理论根据是：具有一定能量的微观粒子(如光子、电子等)与原子碰撞，通过观测碰撞后所发生的变化，来间接地确定原子的情况. 但 α 粒子的散射实验并不能揭示原子内部更详细的结构(如电子在核外如何分布，其运动规律如何等). 但实验知道，原子又在发光，不同的原子所发出的光谱特征各不相同. 这种方法的理论根据是：原子本身发光，通过观测其发光的规律性，来确定原子内部结构的规律性. 下面通过氢原子光谱的研究，来阐述原子结构的基本知识和量子力学的一些基本概念.

1. 氢原子光谱的实验规律

由实验得知，液体、固体等密集型物质所发出的光是各种波长的连续光谱；但气体发出的光并不是连续光谱，而是具有分立频率的线光谱，如各种原子气体放电发出的原子光谱. 我们通常使用的钠(Na)黄光是由分立的波长分别为 589.0 nm 和 589.6 nm 的两条谱线所构成.

氢原子是原子结构中最简单的一个原子，在很早以前人们就对它发出的光谱进行了实验研究. 氢原子光谱的实验装置如图 13-7 所示，一氢放电管，管内充以压强约为 1 mmHg 的氢气，所有的透光元件都用石英玻璃制作，以便于透过紫外光. 图 13-8 是由实验拍摄的基本上在可见光范围的原子光谱图，实验测得的前几条谱线的波长也在图中标出.

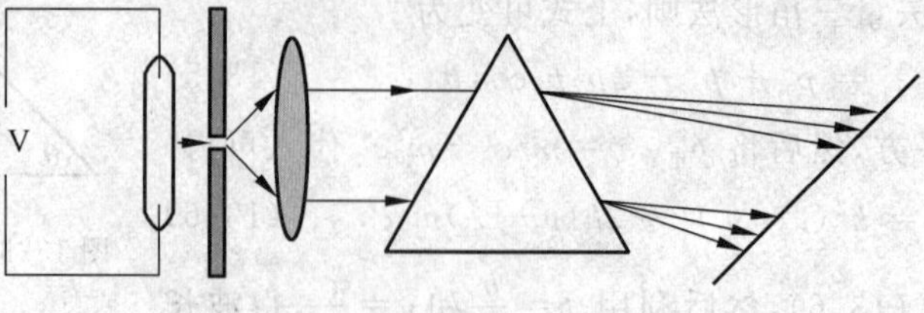

图 13-7 氢原子光谱试验装置示意图

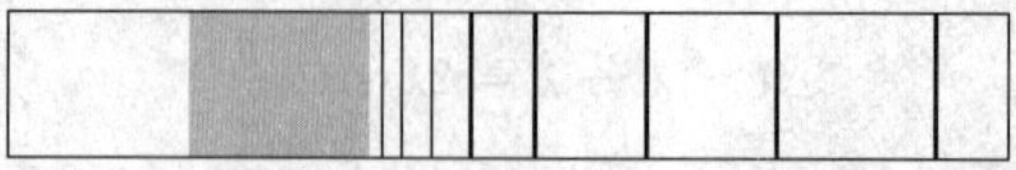

H_α: 656.3 nm; H_β: 486.2 nm; H_γ: 434.0 nm; H_δ: 410.2 nm

图 13-8 氢原子光谱巴耳末系谱线

实验表明：

① 从红光到紫光有一系列分立的谱线；

② 红端谱线稀，紫端谱线密，紫外更密；

③ 存在一个称为线系限的界限，波长小于线系限部分，有一段连续紫外光谱.

英国人巴耳末于1885年发现了这些谱线的波长并不是漫无规律的，这些实验测得的波长可用下列简单的经验公式计算：

$$\frac{1}{\lambda}=R\left(\frac{1}{2^2}-\frac{1}{n^2}\right) \tag{13-8}$$

后来瑞典物理学家里德伯将其改写为

$$\frac{1}{\lambda}=R\left(\frac{1}{m^2}-\frac{1}{n^2}\right) \tag{13-9}$$

其中 $n>m$，$R=1.097\,373\times10^7\ \text{m}^{-1}$，称为**里德伯常数**.

若 $n=1,2,\cdots$正整数时，则可算得 $H_\alpha,H_\beta,H_\gamma,H_\delta,\cdots$一系列谱线的波长，式(13-8)称为**巴耳末公式**.式(13-9)称为**里德伯公式**，也称为**广义巴耳末公式**.

$m=1$ 可得莱曼线系，$\frac{1}{\lambda}=R\left(\frac{1}{1^2}-\frac{1}{n^2}\right)$，$n=2,3,\cdots$，此线系在紫外光区；

$m=2$ 可得巴耳末线系，$\frac{1}{\lambda}=R\left(\frac{1}{2^2}-\frac{1}{n^2}\right)$，$n=3,4,\cdots$，此线系在可见光区；

$m=3$ 可得帕邢线系，$\frac{1}{\lambda}=R\left(\frac{1}{3^2}-\frac{1}{n^2}\right)$，$n=4,5,\cdots$，此线系在红外光区；

$m=4$ 可得布拉开线系，$\frac{1}{\lambda}=R\left(\frac{1}{4^2}-\frac{1}{n^2}\right)$，$n=5,6,\cdots$，此线系在红外光区；

$m=5$ 可得普丰德线系，$\frac{1}{\lambda}=R\left(\frac{1}{5^2}-\frac{1}{n^2}\right)$，$n=6,7,\cdots$，此线系在红外光区.

巴耳末公式是根据实验数据，凭经验凑出来的，但是如此简单的公式却能把大量的谱线按规律分成许多谱线系，而且算得的值与实验测得的值符合得很好，这在当时确实是一个无人知晓的“谜”.当然谜底很快被丹麦物理学家玻尔所揭晓.

2. 玻尔的量子论

上述氢原子光谱的实验规律与经典电磁理论发生了尖锐的矛盾. 原子的核式模型指出电子是绕核旋转的，存在着加速度，于是按照经典电磁理论应得到：加速运动的电子要向周围空间辐射电磁波，电磁波的频率等于电子绕核旋转的频率；由于电子转动时辐射电磁波，电子（或原子系统）的能量逐渐减小，运动轨道就越来越小，相应的频率也越来越大，因而得到的结论是电子辐射的电磁波为连续频谱，而且电子能量耗尽时将落在核上，如图 13-9 所示，所以原子系统是不稳定的. 这显然是与氢原子发出线状光谱的实验事实相违背. 针对这种矛盾的情况，玻尔提出了如下的三条基本假设.

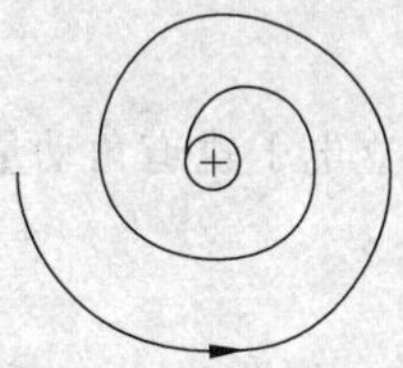

图 13-9　氢原子的经典模型

① 定态假设：原子系统存在着一些稳定态称为**定态**. 电子虽然做加速旋转，但不辐射电磁波能量，原子的定态能量只能取一些分立的值 $E_1, E_2, \cdots, E_n$，而不能取其他的值.

② 跃迁假设：只有当原子从一个具有较大能量 E_n 的定态跃迁到另一个较低能量 E_m 的定态时，原子才辐射单色光，其频率为

$$\nu_{nm} = \frac{E_n - E_m}{h} \tag{13-10}$$

其中 h 为普朗克常数.

反之，当原子处于较低能量 E_m 的定态时，若吸收一频率为 ν_{mn} 的光子，则可跃迁到较大能量 E_n 的定态.

③ 角动量量子化假设：在电子绕核旋转的所有轨道中，只有电子的角动量 L 等于 $(h/2\pi)$ 的整数倍的定态轨道才是可能存在的轨道，即

$$L = n \cdot \frac{h}{2\pi} \tag{13-11}$$

其中 $n=1,2,\cdots$ 称作**主量子数**（其他量子数这里不做介绍，可参看其他书籍）.

3. 玻尔的量子论对氢原子光谱的解释

根据玻尔的假设很容易求得氢原子或者类氢离子的定态并对氢原子光谱的规律性做出解释.

设氢原子或者类氢离子的原子核所带的正电荷为 Ze（Z 为原子序数），质量为 m 的电子以原子核为中心，作半径为 r 的圆周运动，且速率为 v，万有引力很小可忽略不计，由于做圆周运动的向心力由核对电子的库仑力来提供，则

$$\frac{1}{4\pi\varepsilon_0} \cdot \frac{Ze^2}{r^2} = m\left(\frac{v^2}{r}\right)$$

由玻尔的角动量量子化假设可知，电子的定态轨道运动应满足

$$mvr = n\frac{h}{2\pi}, \quad n = 1,2,\cdots$$

联立上述两式，可得

$$r_n = \frac{\varepsilon_0 h^2}{\pi\, mZe^2} n^2, \quad n = 1,2,\cdots \tag{13-12}$$

注意：由于轨道半径 r 是主量子数 n 的函数，所以这里用 r_n 代替了 r. 从式(13-12)可以看出，轨道半径 r_n 是分立的，称为**轨道量子化**. 对于氢原子而言，$Z=1$，当 $n=1$ 时，将已知值代入上式可得 $r_1=0.0529\ \text{nm}$，称为玻尔第一轨道半径.

又设电子处在第 n 轨道时，电子的速率为 v_n，原子系统的总能量为 E_n，则

$$E_n=\frac{1}{2}mv_n^2-\frac{1}{4\pi\varepsilon_0}\cdot\frac{Ze^2}{r_n}$$

联立电子轨道角动量量子化的条件及式(13-12)，可得

$$E_n=-\frac{mZ^2e^4}{8\varepsilon_0^2h^2}\cdot\frac{1}{n^2},\quad n=1,2,\cdots \tag{13-13}$$

从式(13-13)可以看出，能量 E_n 也是主量子数 n 的函数，即 E_n 是一系列分立的值，称为**能量量子化**，并将这些分立的能量值称为**能级**. 原子能级中能量最低的状态称为**基态**，原子处于这种状态时最为稳定；其他能量大于基态的能级依次称为**第一激发态**、**第二激发态**等. 对于氢原子而言，$Z=1$，当 $n=1$ 时，将已知值代入上式可得 $E_1=-13.6\ \text{eV}$，称为氢原子**基态能量**，$E_n=\frac{E_1}{n^2}$，称为氢原子**激发态能量**. 若氢原子系统中的电子从较高能级 E_n 跃迁到较低能级 E_m 时，则由玻尔的跃迁假设可得跃迁过程中所发射的单色光的频率为

$$\nu_{nm}=\frac{E_n-E_m}{h}=\frac{me^4}{8\varepsilon_0^2h^3}\left(\frac{1}{m^2}-\frac{1}{n^2}\right)$$

于是

$$\frac{1}{\lambda}=\frac{\nu_{nm}}{c}=\frac{me^4}{8\varepsilon_0^2h^3c}\left(\frac{1}{m^2}-\frac{1}{n^2}\right)$$

若令 $R=\frac{me^4}{8\varepsilon_0^2h^3c}=1.097\,37\times10^7\ \text{m}^{-1}$，则上式可写为

$$\frac{1}{\lambda}=R\left(\frac{1}{m^2}-\frac{1}{n^2}\right)$$

这正是广义巴耳末公式.

综上所述，玻尔的量子论成功地解释了氢原子或类氢离子的光谱，在一定程度上反映了原子内部结构的规律性，并得到了光谱实验和夫兰克-赫兹实验的证实，为后来的量子理论奠定了基础，玻尔的量子论获得了1922年的诺贝尔物理学奖. 但是玻尔量子论的缺陷在于量子化不彻底，他只对电子的径向运动采取了量子化，即对电子的轨道半径用量子化来处理，而对于电子绕原子核的运动则用经典力学来处理. 因此是半经典的量子论.

检测点 3：巴耳末公式之谜是如何破解的？

例 13-1 已知铝的逸出功为 4.2 eV，今用 200 nm 的光照射铝的表面，求：(1)光电子的最大动能；(2)遏止电压；(3)铝的红限波长.

解 (1) 由爱因斯坦光电效应方程可得光电子的最大动能为

$$E_{\text{k max}}=h\nu-W=h\frac{c}{\lambda}-W=2.02(\text{eV})$$

(2) 由遏止电压与最大动能的关系式 $eV_0=E_{\text{k max}}$ 可得遏止电压为

$$V_0=\frac{E_{\text{k max}}}{e}=2.02(\text{V})$$

(3) 由红限波长与红限频率的关系式及 $W=h\nu_0$ 可得铝的红限波长为

$$\lambda_0=\frac{c}{\nu_0}=\frac{hc}{W}=296(\text{nm})$$

例 13-2　康普顿散射中，入射光子的波长为 0.003 nm，今测得反冲电子的速度为 $0.6c$（c 为真空中的光速），求散射光子的方向及波长.

解　设电子的动质量与静质量分别为 m 和 m_0，在散射中电子增加的能量为

$$\Delta E=mc^2-m_0c^2=\frac{m_0c^2}{\sqrt{1-\left(\frac{0.6c}{c}\right)^2}}-m_0c^2=0.25m_0c^2$$

由于电子能量的增加等于光子能量的减少，因此有

$$0.25m_0c^2=\frac{hc}{\lambda}-\frac{hc}{\lambda'}$$

所以散射光的波长为

$$\lambda'=\frac{h\lambda}{h-0.25m_0c\lambda}=0.0043(\text{nm})$$

由 $\Delta\lambda=\lambda'-\lambda=\frac{2h}{m_0c}\sin^2\frac{\theta}{2}$，可得

$$\sin^2\frac{\theta}{2}=\frac{(\lambda'-\lambda)m_0c}{2h}$$

代入已知数据可得散射光与入射光方向的夹角为 $\theta=62°18'$.

例 13-3　在基态氢原子被外来单色光激发后发出的巴耳末线系中，观察到了波长较长的两条谱线. 试求这两条谱线的波长和外来光的频率.

解　由于在巴耳末线系中观察到的是波长较长的两条谱线，因此只能是第 3 能级跃迁到第 2 能级和第 4 能级跃迁到第 2 能级产生的谱线. 所以

$$\lambda_{32}=\frac{1}{R\left(\frac{1}{2^2}-\frac{1}{3^2}\right)}=656.3(\text{nm})$$

$$\lambda_{42}=\frac{1}{R\left(\frac{1}{2^2}-\frac{1}{4^2}\right)}=486.2(\text{nm})$$

外来单色光的频率必须满足 $h\nu=E_4-E_1$，$E_4=\frac{E_1}{4^2}$，$E_1=-13.6(\text{eV})$

$$\nu=\frac{E_4-E_1}{h}=\frac{E_1}{h}\left(\frac{1}{4^2}-1\right)=3.087\times10^{15}(\text{Hz})$$

13.2　物质波　不确定关系

13.2.1　物质波

面对经典理论在研究原子、分子等微观体系的运动规律时所遇到的困难，考虑到微观体系特有的量子化规律，在爱因斯坦光子假设的基础上，受到光的波粒二象性的启发，法国物理学家德布罗意于 1923 年提出了一个大胆的假设：不仅光具有波粒二象性，一切实物粒子

（如电子、质子、中子、原子等）也具有波粒二象性. 他还把表示粒子波动特性的物理量波长 λ、频率 ν 和表示粒子特性的物理量质量 m、动量 p 及能量 E 用下式联立起来：

$$\left.\begin{aligned} E &= mc^2 = h\nu \\ p &= mv = \frac{h}{\lambda} \end{aligned}\right\} \tag{13-14}$$

式(13-14)称为**德布罗意关系式**，这种和实物粒子相联系的波称为**德布罗意波**或**物质波**. 德布罗意这一假设通过实验证实后，获得了1929年的物理学诺贝尔奖. 这种波既不是机械波，也不是电磁波，而是一种新的波. 下面以电子为例加以说明.

设静质量为 m_0 的电子被电场加速，加速电压为 V，当电子的速度 $v \ll c$ 时，则有

$$\frac{1}{2}m_0v^2 = eV \quad 或 \quad v = \sqrt{\frac{2eV}{m_0}}$$

所以电子的物质波波长为

$$\lambda = \frac{h}{p} = \frac{h}{m_0 v} = \frac{h/\sqrt{2em_0}}{\sqrt{V}}$$

其中 $h=6.63\times10^{-34}\,\mathrm{J\cdot s}$，$e=1.60\times10^{-19}\,\mathrm{C}$，$m_0=9.11\times10^{-31}\,\mathrm{kg}$，于是计算可得

$$\lambda = \frac{1.23}{\sqrt{V}}(\mathrm{nm})$$

当 $V=100\,\mathrm{V}$ 时，$\lambda=0.123\,\mathrm{nm}$；当 $V=10\,000\,\mathrm{V}$ 时，$\lambda=0.0123\,\mathrm{nm}$. 结果表明：电子的物质波波长和原子的大小或固体中相邻原子间的距离具有相同的数量级. 这一事实启发人们用金属表面上排列规则的原子作为精细的衍射光栅来显示电子的波动性，很快物质波的预言得到了证实.

1927年戴维逊和革末合作，用低能电子在镍单晶上的衍射，观察到了与X射线类似的电子衍射现象. 同年，汤姆孙在高能电子束通过薄金属的透射实验中也发现了电子的衍射现象，如图13-10所示.

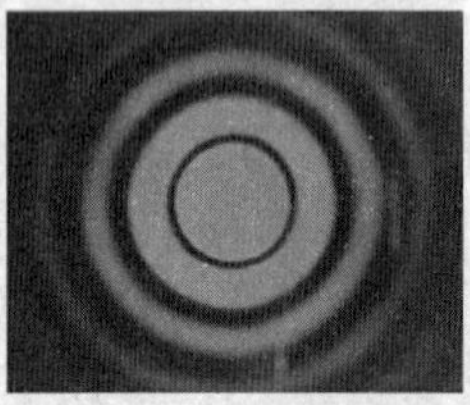

图13-10 电子的衍射图像

1961年，德国的约恩孙做了电子的单缝、双缝、四缝衍射实验，得出的明暗条纹更加直接地证明了电子的波动性. 除了电子以外，后来还陆续地用实验证实了中子、质子以及原子和分子等具有波动性，而且实验中测得的物质波的波长与德布罗意关系或计算的物质波的波长完全符合.

波动性是所有物质的客观属性，但是对于宏观物体而言，其物质波的波长比物体本身的尺度小得多，因此显示不出它的波动性，物体只表现出其粒子性. 如质量为 $0.01\,\mathrm{kg}$，速率为 $300\,\mathrm{m\cdot s^{-1}}$ 的子弹，其物质波的波长为 $2.21\times10^{-34}\,\mathrm{m}$，这在实验中是根本测不出来的. 原子的物质波波长与原子的尺度可以相比较，所以原子可以表现出其波动性.

检测点4：德布罗意是如何解释玻尔角动量量子化的？

13.2.2 物质波的统计解释

微观粒子的波动性意味着什么？物质波和粒子的运动又有什么联系？对此人们曾提出了各种看法和解释. 1926年由玻恩提出的物质波是一种**几率波**的解释现在已被人们广泛接受. 他认为，电子等微观粒子呈现出来的波动性反映了粒子运动的一种统计规律. 在如

图 13-11 所示的电子单缝衍射实验中，电子沿 x 轴方向射向一狭缝，在缝后放置一感光底片，以便记录电子落在底片上的位置. 实验发现，不论是让电子一个一个地通过单缝，还是让这些电子一次通过单缝，只要电子数是相当多的，就会在感光底片上得到相同的单缝衍射条纹. 条纹的明暗反映了电子到达感光底片的数目多少，即几率大小. 衍射极大处说明电子到达的最多，电子在此处出现的几率最大；衍射极小处说明电子到达的最少，电子在此处出现的几率最小. 这样**感光底片上某点附近的波的强度自然地与该点附近电子出现的几率成正比**，所以玻恩把物质波称为几率波. 因为微观粒子的波动性并不依赖于大量粒子是否同时存在才得以表现，所以单个微观粒子就具有波动性.

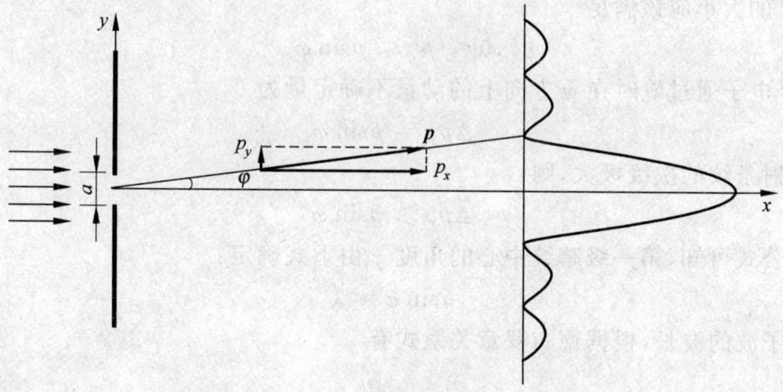

图 13-11　电子的单缝衍射

检测点 5：单个电子有波动性吗？若把质量 60 kg 的人看成一个粒子，试计算其以 10 m/s 的速率运动时的波长；并与普朗克数量级相比较，能说明什么问题？

13.2.3　不确定关系

在经典力学中，质点在任何时刻都有完全确定的位置、动量、能量等，与此不同的是微观粒子具有明显的波动性，以致描述它的某些成对的物理量不可能同时具有确定的量值. 例如坐标和动量、能量和时间等，其中对一个量确定得越准确，另一个量的不确定程度就越大.

德国物理学家海森堡根据量子力学推出，如果一个粒子的位置坐标具有不确定量 Δx，则同一时刻其动量也有一个不确定量 Δp_x，且 Δx 与 Δp_x 的乘积总是不小于 $h/4\pi$，即有

$$\Delta x \cdot \Delta p_x \geqslant \frac{h}{4\pi}$$

为了书写方便，通常引入 $\hbar$，记作

$$\hbar = \frac{h}{2\pi} = 1.054\,572\,66(63) \times 10^{-34}\,(\mathrm{J \cdot s})$$

若计及其他方向，则上式可写为

$$\left.\begin{aligned} \Delta x \cdot \Delta p_x &\geqslant \frac{\hbar}{2} \\ \Delta y \cdot \Delta p_y &\geqslant \frac{\hbar}{2} \\ \Delta z \cdot \Delta p_z &\geqslant \frac{\hbar}{2} \end{aligned}\right\} \qquad (13\text{-}15\text{a})$$

式(13-15a)称为海森堡坐标与动量的不确定关系式. 对此我们不做精确推导,下面仅借助于电子单缝衍射实验来粗略地加以推导.

如图 13-11 所示,设单缝的宽度为 a,电子可以从缝上任何一点通过单缝,因此在电子通过单缝时,其位置的不确定度就是缝的宽度,即 $\Delta y=a$. 电子沿 y 轴方向的动量 p_y 是多大呢? 如果说在缝前 p_y 等于零,在通过缝时 p_y 就肯定不是零了. 因为如果是零,电子就要沿原方向前进而不会发生衍射现象了. 屏上电子沿 y 方向展开,说明电子通过缝时已有了不为零的 p_y 值. 忽略次级极大,可以认为电子都落在了中央亮纹内,因而电子在通过缝时,运动方向可以有大到衍射角 φ 的偏转. 根据动量矢量的分解可知,一个电子在通过缝时在 y 轴方向动量 p_y 的大小应该满足

$$0 \leqslant p_y \leqslant p\sin\varphi$$

这表明,一个电子通过缝时在 y 方向上的动量不确定量为

$$\Delta p_y = p\sin\varphi$$

若考虑到衍射条纹的次级极大,则

$$\Delta p_y \geqslant p\sin\varphi$$

由单缝衍射公式可知,第一级暗纹中心的角度 φ 由下式确定:

$$a\sin\varphi = \lambda$$

式中 λ 为电子波的波长,根据德布罗意关系式有

$$\lambda = \frac{h}{p}$$

所以有

$$\sin\varphi = \frac{\lambda}{a} = \frac{h}{pa} = \frac{h}{p\Delta y}$$

将此式代入 $\Delta p_y \geqslant p\sin\varphi$ 中,可得

$$\Delta y \cdot \Delta p_y \geqslant h$$

由于不确定关系通常用于数量级的估计,所以认为上式与式(13-15a)没什么区别.

不确定关系式(13-15a)表明,微观粒子的位置坐标和同一方向上的动量不可能同时具有确定值. 位置确定得越准确,动量确定得就越不准确,这和实验结果是一致的. 如做单缝衍射实验时,缝越窄,电子在底片上分布的范围就越宽. 因此,对于具有波粒二象性的微观粒子,不可能用某一时刻的位置和动量来描述其运动状态,轨道的概念已失去意义,经典力学规律也不再适用.

注意: 如果在所讨论的具体问题中,粒子坐标和动量的不确定量很小,或者说普朗克常数是一个微不足道的量,则说明粒子的波动性不显著,实际上观测不到,仍可用经典力学. 微观粒子满足不确定关系是微观粒子具有波粒二象性的必然结果,是微观粒子的固有属性之一,是一个客观规律,并不是测量仪器不精确或主观能力有问题所造成的.

不确定关系不仅存在于坐标和动量之间,也存在于能量和时间之间. 如果微观体系处于某一状态的时间为 Δt,则其能量必有一个不确定量 ΔE,由量子力学可以推出二者之间有如下的关系式:

$$\Delta t \cdot \Delta E \geqslant \frac{\hbar}{2} \tag{13-15b}$$

式(13-15b)称为时间和能量的不确定关系式. 将其应用于原子系统,可以讨论原子激发态

能级宽度 ΔE 和原子在该能级的平均寿命 Δt 之间的关系，平均寿命 Δt 越长的能级越稳定，能级宽度 ΔE 越小. 由于能级有一定的宽度，两个能级间跃迁所产生的光谱线也有一定的频率宽度，称为频宽. 显然激发态的平均寿命越长，能级宽度越小，跃迁到基态所发射的光谱线的单色性越好.

检测点 6：微观粒子的运动轨道是否存在？为什么？

例 13-4 一颗质量为 0.1 kg 的子弹，在其运动过程中的某一瞬时，测得位置的不确定量为 10^{-6} m，试求子弹速率的不确定量，并对结果做出分析.

解 由不确定关系得

$$\Delta v=\frac{h}{m\cdot\Delta x}=\frac{6.63\times10^{-34}}{0.1\times10^{-6}}=6.63\times10^{-27}(\mathrm{m\cdot s^{-1}})$$

对于子弹而言，位置的不确定量仅为 10^{-6} m，而速率的不确定量已大大超过目前测量上的精确度，可以认为这一瞬间子弹同时有准确的位置和动量.

例 13-5 原子尺度的数量级为 10^{-10} m，电子在原子中运动位置的不确定量至少为原子的大小的 1/10，即 $\Delta x=10^{-11}$ m，试求电子速率的不确定量.

解 由不确定关系得

$$\Delta v=\frac{h}{m\cdot\Delta x}=\frac{6.63\times10^{-34}}{9.1\times10^{-31}\times10^{-11}}=7.29\times10^{7}(\mathrm{m\cdot s^{-1}})$$

由玻尔的量子论可估算出氢原子中电子的速率约为 $10^6\ \mathrm{m\cdot s^{-1}}$，可见电子的速率的不确定量与电子速率的数量级基本相同. 因此原子中的电子在任一时刻都没有确定的位置和速率，更谈不上有确定的轨道了.

例 13-6 波长为 $\lambda=600$ nm 的光沿 x 轴正向传播时，若光的波长的不确定量为 $\Delta\lambda=1.5\times10^{-4}$ nm，则 x 坐标的不确定量至少为多少？

解 由不确定关系得

$$\Delta x=\frac{h}{\Delta p_x}=\frac{h}{\Delta\left(\frac{h}{\lambda}\right)}=\frac{\lambda^2}{\Delta\lambda}=\frac{(600\times10^{-9})^2}{1.5\times10^{-4}\times10^{-9}}=2.4(\mathrm{m})$$

注意：求微分时这里取的是正值. 这种现象被光的衍射所说明.

*13.3 波函数 薛定谔方程

13.3.1 波函数

微观粒子具有波动性，与微观粒子相联系的波称为物质波，波函数就是物质波的数学表达式. 为了便于理解，下面先介绍一个最简单的一维波函数.

把不受任何外力作用的粒子称为自由粒子. 假设有一个动量为 p、能量为 E 的自由粒子，按德布罗意假设，自由粒子的物质波是一列沿它的运动方向传播的单色平面波，其波长和频率分别为 $\lambda=h/p$，$\nu=E/h$. 若取平面波传播的方向为 x 轴的正方向，则由波动理论可知，平面波的波动方程为

$$y=A\cos2\pi\left(\nu t-\frac{x}{\lambda}\right)$$

它正好是复数

$$y=A\mathrm{e}^{-\mathrm{i}\left[2\pi\left(\nu t-\frac{x}{\lambda}\right)\right]}$$

的实部.

类似地，在量子力学中，物质波的波函数可表示为

$$\Psi(x,t)=\Psi_0\mathrm{e}^{-\mathrm{i}\left[2\pi\left(\nu t-\frac{x}{\lambda}\right)\right]}$$

再分别用 p 和 E 代替式中的 λ 和 ν，用 $\hbar$ 代替 h，可得

$$\Psi(x,t)=\Psi_0\mathrm{e}^{-\frac{\mathrm{i}}{\hbar}(Et-px)}$$

上式是自由粒子沿 x 轴传播的物质波的表达式，若自由粒子的物质波沿空间任意方向传播，则其波函数的表达式为

$$\Psi(x,y,z,t)=\Psi_0\mathrm{e}^{-\frac{\mathrm{i}}{\hbar}[Et-(p_x x+p_y y+p_z z)]} \tag{13-16}$$

对于在各种外力场中运动的粒子，它们的波函数 $\Psi(x,y,z,t)$ 的具体表达式可由下面要讲的薛定谔方程去求解.

若考虑空间一个小微元 $\mathrm{d}V$，则在 $\mathrm{d}V$ 内波函数 Ψ 可视为不变. 因为粒子在 $\mathrm{d}V$ 内出现的几率正比于该处物质波的强度，即正比于 $|\Psi|^2$. 若用 $\mathrm{d}p$ 表示粒子出现在 $\mathrm{d}V$ 中的几率，则

$$\mathrm{d}p=|\Psi|^2\mathrm{d}V$$

波函数 Ψ 是复数，通常用 Ψ^* 表示它的共轭复数. 由复数的性质可得

$$\mathrm{d}p=(\Psi\cdot\Psi^*)\mathrm{d}V$$

于是有

$$\frac{\mathrm{d}p}{\mathrm{d}V}=|\Psi|^2=\Psi\cdot\Psi^* \tag{13-17}$$

$\mathrm{d}p/\mathrm{d}V$ 表示该点处单位体积内粒子出现的几率，称为粒子在该点处的几率密度. 根据式(13-17)，可以算出自由粒子在空间某处出现的几率密度为

$$\frac{\mathrm{d}p}{\mathrm{d}V}=\Psi\cdot\Psi^*=|\Psi_0|^2$$

几率密度为常数说明对于自由粒子而言，在空间任一点都可能出现，且在空间每一点出现的几率相等，也就是说，它的位置不完全确定. 但因为自由粒子具有完全确定的动量值，所以与不确定关系式是符合的.

由于一定时刻在空间粒子出现的几率应该是唯一的，不可能既是这个值，又是那个值，并且应该是有限的(应该小于1)，又因为在空间各点几率分布应该是连续变化的，所以波函数 $\Psi(x,y,z,t)$ 必须是**单值**、**有限**、**连续**的函数，通常把这一条件称为**波函数的标准化条件**.

又因为粒子必定要在空间某一点出现，不在这一点出现，就在另一点出现，它在整个空间各点出现的几率总和必然是1，所以有

$$\iiint|\Psi|^2\mathrm{d}V=1 \tag{13-18}$$

式(13-18)通常称为**波函数的归一化条件**.

必须注意：物质波的波函数 Ψ 不同于机械波的波函数 y，y 是表示振动位移的物理量，而 Ψ 本身没有什么直观的物理意义，只是通过 $|\Psi|^2$ 才间接地反映出粒子出现的几率.

检测点7：波函数为何必须满足标准化条件和归一化条件？

13.3.2 薛定谔方程

前面对描述微观粒子运动状态的波函数做了简单的讨论，下面的问题是如何确定各种

条件下的波函数. 1924 年奥地利物理学家薛定谔建立了一个方程,彻底解决了这个问题,后人为纪念他的贡献,将其称为薛定谔方程. 因为涉及的数学问题较为复杂,我们在此不讨论它的一般形式. 一类比较简单的问题是粒子在恒定力场中的运动,由于这种问题中势能函数 V 和粒子能量 E 与时间无关,这时粒子处于定态,粒子的定态波函数可以写成坐标函数 $\Psi(x,y,z)$ 与时间函数 $e^{-\frac{i}{\hbar}Et}$ 两部分的乘积,即

$$\Psi(x,y,z,t)=\Psi(x,y,z)e^{-\frac{i}{\hbar}Et}$$

不难看出,粒子处于定态时,它在空间各点出现的几率密度与时间无关,即几率密度在空间形成稳定分布. 此时定态波函数的空间部分 $\Psi(x,y,z)$ 称为**定态波函数**,$\Psi(x,y,z)$ 所满足的薛定谔方程称为**定态薛定谔方程**,它的非相对论形式为

$$\left(\frac{\partial^2}{\partial x^2}+\frac{\partial^2}{\partial y^2}+\frac{\partial^2}{\partial z^2}\right)\Psi(x,y,z)+\frac{2m}{\hbar^2}(E-V)\Psi(x,y,z)=0 \tag{13-19}$$

如果粒子在一维空间运动,则方程(13-19)简化为

$$\frac{d^2}{dx^2}\Psi(x)+\frac{2m}{\hbar^2}(E-V)\Psi(x)=0 \tag{13-20}$$

薛定谔方程是反映微观粒子运动规律的基本方程,它在量子力学中的地位与经典力学中的牛顿运动定律的地位相当.

检测点 8: 定态的含义是什么?

13.3.3　一维无限深方势阱中运动的粒子

假设粒子只能沿 x 轴作一维运动,且势能函数具有如下形式:

$$\begin{cases}V(x)=0, & 0<x<a\\ V(x)=\infty, & x\leqslant 0 \text{ 和 } x\geqslant a\end{cases}$$

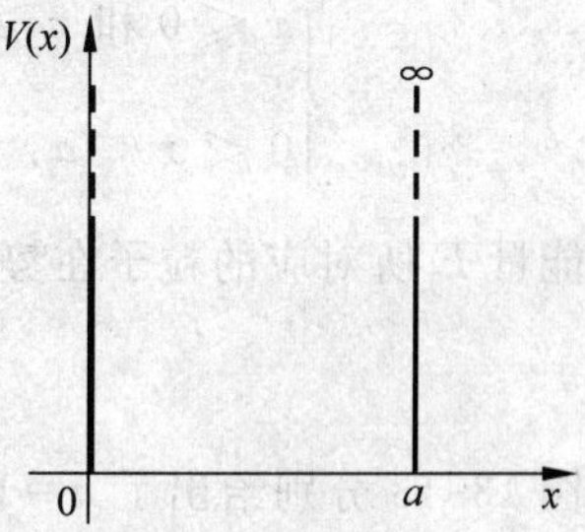

图 13-12　一维无限深方势阱

相应的势能曲线如图 13-12 所示. 这种形式的力场称为一维无限深方势阱. 束缚于金属内的自由电子只能在金属体内运动,而不能逃逸出金属表面,可以近似地认为金属内的自由电子在一维无限深方势阱内运动.

由于 $V(x)$ 与时间无关,因此在势阱中运动的粒子处于定态,可以用一维定态薛定谔方程求解.

在 $x\leqslant 0$ 和 $x\geqslant a$ 的区域内,$V(x)=\infty$,具有有限能量的粒子不可能出现,因此 $\Psi(x)=0$.

在 $0<x<a$ 的区域内,定态薛定谔方程为

$$\frac{d^2\Psi(x)}{dx^2}+\frac{2mE}{\hbar^2}\Psi(x)=0$$

若令 $k=\sqrt{\frac{2mE}{\hbar^2}}$,则上述方程可变为

$$\frac{d^2\Psi(x)}{dx^2}+k^2\Psi(x)=0$$

此方程的通解为

$$\Psi(x)=A\sin(kx+\delta)$$

其中 A 和 δ 为待定常数. 由于波函数连续，所以

$$\begin{cases}\Psi(0)=0\\ \Psi(a)=0\end{cases} \quad 即 \quad \begin{cases}\sin\delta=0\\ \sin(ka+\delta)=0\end{cases}$$

解之可得 $\delta=0, ka=n\pi, n=1,2,3,\cdots$

由于 $k=\sqrt{\dfrac{2mE}{\hbar^2}}$，于是有

$$E_n=\frac{\pi^2\hbar^2 n^2}{2ma^2},\quad n=1,2,3,\cdots$$

n 就是前面讲过的主量子数，它可以取 1,2,3,…诸正整数. 应该说明的是，n 不能取零，如果 $n=0$，则 $k=0$，这时在势阱内 $\Psi(x)$ 恒为零，表示势阱内到处都没有粒子，这显然不满足归一化条件. 用能量 E 描述粒子的状态时，能量只能取分立值 E_n，即粒子的能量是量子化的，并且与每个能量值所对应的波函数为

$$\Psi_n(x)=A\sin\left(\frac{n\pi}{a}x\right),\quad n=1,2,3,\cdots$$

至于待定常数 A，可用归一化条件来确定. 由于粒子被限制在势阱内运动，粒子必定在势阱内出现，所以有

$$\int_0^a |\Psi_n(x)|^2 dx=\int_0^a A^2\sin^2\left(\frac{n\pi}{a}x\right)dx=\frac{1}{2}A^2 a=1 \quad 即 \quad A=\sqrt{\frac{2}{a}}$$

$$\Psi_n(x)=\sqrt{\frac{2}{a}}\sin\left(\frac{n\pi}{a}x\right),\quad n=1,2,3,\cdots$$

综上所述，粒子在一维无限方势阱内运动时，其波函数为

$$\begin{cases}x\leqslant 0 和 x\geqslant a: & \Psi(x)=0\\ 0<x<a: & \Psi_n(x)=\sqrt{\dfrac{2}{a}}\sin\left(\dfrac{n\pi}{a}x\right),\quad n=1,2,3,\cdots\end{cases}$$

与能量 E 所对应的粒子在势阱中的几率密度为

$$|\Psi_n(x)|^2=\frac{2}{a}\sin^2\left(\frac{n\pi}{a}x\right)$$

如图 13-13 分别给出了 $n=1,2,3,4$ 时的波函数和几率密度随 x 的分布情况.

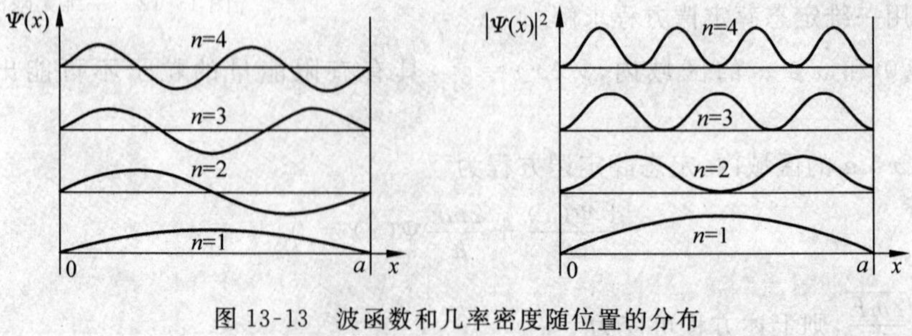

图 13-13 波函数和几率密度随位置的分布

函数的奇偶性，可说明函数的对称性，那么波函数的奇偶性可说明什么问题呢？对于波函数而言，经过一个反演变化（即将 x 换成 $-x$）后，存在 $\psi(x)=-\psi(-x)$ 奇对称，或存在 $\psi(x)=\psi(-x)$ 偶对称，我们就说有对称性可言. 在微观世界中微观粒子的状态用波函数 $\psi(x)$ 描写即表示波函数的数值随坐标而变. 为了描述这种与空间反演对称性相联系的物理

量，引入了“宇称”的概念. 于是在量子物理中，就用“宇称”这一词来表征波函数的反演对称性，波函数为奇函数的称为奇宇称，波函数为偶函数的称为偶宇称.

对称的现象普遍存在于自然界的事物中，事物运动变化的规律左右对称也是人们的普遍认识. 在物理学中，对称性具有更为深刻的含义，指的是物理规律在某种变换下的不变性. 不变性原理通常与守恒定律联系在一起. 如：动量守恒定律与空间平移不变性相联系；能量守恒定律与时间平移不变性相联系；角动量守恒定律与空间旋转对称性相联系；宇称守恒定律与空间反演对称性相联系等.

检测点 9：何谓宇称？

13.3.4　氢原子的薛定谔方程

氢原子中有一个核和一个电子绕它们的质量中心运动. 但核的质量比电子大得多，所以采取一级近似后，可以把核看作静止不动，电子在绕核运动，换言之，就是电子在核电荷的势场中运动. 由静电学知道，势能函数为 $V=-\frac{e^2}{4\pi\varepsilon_0 r}$，式中 e 为电子的电荷，r 为电子离核的距离，V 只是 r 的函数，不随时间变化，所以这是一个定态问题，代入式(13-19)可得

$$\left(\frac{\partial^2}{\partial x^2}+\frac{\partial^2}{\partial y^2}+\frac{\partial^2}{\partial z^2}\right)\Psi(x,y,z)+\frac{2m}{\hbar^2}\left(E+\frac{e^2}{4\pi\varepsilon_0 r}\right)\Psi(x,y,z)=0$$

具体解这个方程很复杂，通过求解这个方程可得到，电子的总能量只能是一系列不连续的值，其值为

$$E_n=-\frac{me^4}{8\varepsilon_0^2h^2n^2},\quad n=1,2,3,\cdots$$

这正是玻尔量子论的结果，这里不再赘述.

检测点 10：氢原子能否用定态问题来处理？

例 13-7　若一个电子被库仑力束缚在大约 5 个原子直径的距离 $1.0\times10^{-9}\,\mathrm{m}$ 的范围内，试估算此电子的三个最低定态的量子化能量值.

解　束缚于晶体晶格内的电子的势能曲线近似于一维无限深方势阱.

因此由 $E_n=\frac{\pi^2\hbar^2n^2}{2ma^2}$ 可知，对于 $n=1$ 的定态有

$$E_1=\frac{\pi^2\hbar^2n^2}{2ma^2}=\frac{3.14^2\times(1.05\times10^{-34})^2\times1^2}{2\times9.11\times10^{-31}\times(1.0\times10^{-9})^2}$$

$$\approx0.5966\times10^{-19}(\mathrm{J})=0.37(\mathrm{eV})$$

同理，对于 $n=2,3$ 的定态分别有

$$E_2=0.37\times2^2=1.49(\mathrm{eV}),\quad E_3=0.37\times3^2=3.33(\mathrm{eV})$$

例 13-8　已知一维运动的粒子的波函数为

$$\Psi(x)=\begin{cases}Axe^{-Bx}, & x\geqslant0\\0, & x<0\end{cases}$$

式中 B 为正的常数，试求：(1)归一化常数 A 和归一化波函数；(2)该粒子位置坐标的概率分布函数(即概率密度)；(3)在何处找到粒子的概率最大？

解 (1) 由归一化条件$\int_{-\infty}^{+\infty}|\Psi(x)|^2\mathrm{d}x=1$可得

$$\int_{-\infty}^{0}0^2\mathrm{d}x+\int_{0}^{+\infty}A^2x^2\mathrm{e}^{-2Bx}\mathrm{d}x=\int_{0}^{+\infty}A^2x^2\mathrm{e}^{-2Bx}\mathrm{d}x=\frac{A^2}{4B^3}=1$$

于是归一化常数为$\left(积分时利用积分公式\int_{0}^{\infty}y^2\mathrm{e}^{-by}\mathrm{d}y=\frac{2}{b^3}\right)$

$$A=2B\sqrt{B}$$

归一化波函数为

$$\Psi(x)=\begin{cases}2B\sqrt{B}x\mathrm{e}^{-Bx}, & x\geqslant 0\\ 0, & x<0\end{cases}$$

(2) 粒子的概率分布函数为

$$|\Psi(x)|^2=\begin{cases}4B^3x^2\mathrm{e}^{-2Bx}, & x\geqslant 0\\ 0, & x<0\end{cases}$$

(3) 令$\frac{\mathrm{d}}{\mathrm{d}x}[|\Psi(x)|^2]=0$,有$4B^3(2x\mathrm{e}^{-2Bx}-2Bx^2\mathrm{e}^{-2Bx})=0$,可得$x=0,x=\frac{1}{B},x=+\infty$时,概率密度$|\Psi(x)|^2$有最值.而只有二阶导数$\frac{\mathrm{d}^2}{\mathrm{d}x^2}[|\Psi(x)|^2]_{x=\frac{1}{B}}<0$,所以在$x=\frac{1}{B}$处,概率密度有最大值,即粒子在该位置处出现的概率最大.

*13.4 知识拓展——实现光子转化为电子的最大波长

13.4.1 电子对效应

我们知道,光电效应(Photoelectric effect)一般发生在紫外光波段,康普顿效应(Compton effect)发生在X光波段,随着波长的减小到了γ光波段将可能发生电子对效应(Electron pair effect).

电子对效应,是指当辐射光子能量足够高(即光波波长足够短),当它从原子核旁边经过时,在核库仑场作用下,辐射光子可能转化成一个正电子和一个负电子,这种过程称为电子对效应.

1929年,中国物理学家赵忠尧,第一个观测到正反物质湮灭的人,做出了一个历史性的发现.他在实验中发现:能量为2.65 MeV的硬γ光子在铅中的吸收比康普顿散射理论预期的更强,同时与这"反常吸收"相伴随的还有一种"额外散射",它们是各向同性的能量为0.5 MeV的光子.当然现在人们已经清楚,与一个电子静质量m_e相对应的"静能量"E_0正好相等,即

$$E_0=m_ec^2=0.511\ \mathrm{MeV}$$

因此,能量超过$2m_ec^2=1.02$ MeV的硬γ光子在一个铅原子核旁可能产生如下的过程:

$$\gamma\xrightarrow[核]{}e^-+e^+$$

必须注明:该过程是在一重原子核旁才能发生,否则此过程将不能同时遵守能量守恒

和动量守恒定律. 右端的 e^+ 是正电子,它是电子 e^- 的反粒子,与电子质量相等而电荷相反,虽然它孤立时也是稳定的,但因电子普遍存在,在物质中慢下来的 e^+ 很快与一个 e^- 相遇而"湮灭"成为两个 γ 光子,即

$$e^- + e^+ \longrightarrow 2\gamma$$

该过程正好是电子对效应产生的逆过程,但因变为两个光子,能量和动量守恒定律总能同时满足,不需要有重原子核去吸收一部分能量,于是硬 γ 光子经过原子核后被软化.

正电子 e^+ 是美国科学家安德森于 1932 年首先确认的,他因此与发现宇宙射线的奥地利物理学家赫斯分享了 1936 年的诺贝尔物理学奖. 但事实是赵忠尧首先发现了电子对产生的过程,并测出这种"湮灭"中辐射出的每个 γ 光子的能量为 0.5 MeV 正好对应于电子的静能量 $m_e c^2$,他才应该是 1936 年与发现宇宙射线的奥地利物理学家赫斯分享 1936 年的诺贝尔物理学奖的人.

13.4.2 实现电子对效应时光子的最大波长

关于两个光子转化为正负电子对的动力学过程,如两个光子以怎样的概率转化为正负电子对的问题,严格来说,需要用到相对论量子场论的知识去计算,但当涉及这个过程的动力学方面,如能量守恒、动量守恒等,我们不需要用那么高深的知识去计算. 具体到本问题,我们可以建立这样的理想模型,认为光子、正负电子均为微观质点,当两个光子碰撞(这里准确地说应该是"散射")时,若两个光子能量相等,则发生对心碰撞时,转化为正负电子对所需的能量最小,因此所对应的光子的波长也就最长,而且,有

$$E = pc = \frac{h}{\lambda}c$$

此外还有

$$E = h\nu = m_e c^2$$

于是有

$$\frac{h}{\lambda}c = m_e c^2$$

故有

$$\lambda = \frac{h}{m_e c} = \frac{6.63 \times 10^{-34}}{9.11 \times 10^{-31} \times 3.00 \times 10^{8}} = 2.43 \times 10^{-12}\,\mathrm{m} = 0.002\,43\,\mathrm{nm}$$

尽管这是光子转化为电子的最大波长,但从数值上看,也是相当小的. 我们知道,电子是自然界中质量比较轻的粒子. 如果光子转化为像正反质子对之类的更大质量的粒子,那么所对应的光子的最大波长将会更小. 这从某种意义上告诉我们,当涉及粒子的衰变、产生、转化等问题,一般需要的能量是很大的. 能量越大,粒子间的转化现象就越丰富,这样,也许能发现新粒子,这便是世界上制造越来越高的高能加速器的原因: 期待发现新现象、新粒子、新物理.

阅读材料13 普朗克

普朗克(Max Karl Ernst Ludwig Planck,1858—1947)是德国物理学家,量子物理学的开创者和奠基人,1918年诺贝尔物理学奖的获得者.

普朗克认为亥姆霍兹和基尔霍夫两位物理学家的人品和治学态度对他有深刻的影响,克劳修斯的主要著作《力学的热理论》使他立志去寻找像热力学定律那样具有普遍性的规律. 他早年致力于热力学研究,认为热力学第二定律不只是涉及热现象,而且同一切自然过程有关,对熵的深入研究可以掌握物理和化学的一切规律. 1900年他在黑体辐射问题的研究中引入了能量子,给出了普朗克常量 h 在一个物理过程中的作用是否可以忽略的判据,并成为物理过程使用经典理论和量子理论的标志,同年12月14日在德国物理学会上宣读的论文《关于正常光谱中能量分布定律的理论》,提出了能量量子化假设,并根据该假设推导出了黑体辐射的能量分布公式,物理学家劳厄称这一天为"量子论的诞生之日",他本人被称为量子论的奠基人. 他对近代物理学的发展起了巨大的推动作用,因此而获得了1918年的诺贝尔物理学奖.

普朗克一生经历了德意志帝国的鼎盛时期、两次世界大战、魏玛共和国和纳粹的兴起和覆灭,他亲身参与并经历了两个世纪交替时期物理学的巨大变革.

普朗克的科学观是坚定的科学信念从不动摇,尊重实验观察,对真理的执著追求矢志不渝,以独创的精神走独立研究的道路.

复习与小结

1. 量子论的形成

(1) 黑体辐射和普朗克能量子假设

热辐射: 物体这种由其温度所决定的电磁辐射称为热辐射.

单色辐射出射度: $e(\lambda,T)=\dfrac{dE_\lambda}{d\lambda}=\dfrac{2\pi hc^2}{\lambda^5}\cdot\dfrac{1}{e^{hc/\lambda kT}-1}$

普朗克能量子假设

① 组成腔壁的原子、分子可视为带电的一维线性谐振子，电谐振子能够和周围的电磁场交换能量.

② 每个电谐振子的能量不是任意的数值，频率为 ν 的电谐振子，其能量只能为 $h\nu, 2h\nu, 3h\nu, \cdots$ 分立值.

③ 当电谐振子从它的一个能量状态变化到另一个能量状态时，它所辐射或吸收的能量只能是 $h\nu$ 的整数倍. $h\nu$ 被称为能量子.

(2) 光电效应和爱因斯坦光子假设

光电效应：一定频率的光照射到金属表面时，电子从金属表面逸出的现象称为光电效应.

光电效应方程：$\frac{1}{2}mv_{\mathrm{m}}^2=h\nu-W$

爱因斯坦光子假设：物质不仅在吸收或发射电磁辐射时，能量是量子化的，而且电磁辐射在传播过程中，能量也是量子化的. 光是一束速度为光速 c 的粒子流，这一粒子就是光子.

光的波粒二象性：光的干涉、衍射、偏振证明了光的波动性；光电效应与康普顿效应证明了光的粒子性.

$$E=h\nu,\quad p=\frac{h}{\lambda},\quad m=\frac{h}{c\lambda}$$

(3) 康普顿效应

X 射线照射物质后散射光波长改变的现象.

$$\Delta\lambda=\lambda'-\lambda=2\lambda_{\mathrm{C}}\sin^2\frac{\theta}{2}$$

其中 $\lambda_{\mathrm{C}}=\frac{h}{m_0c}=0.002\,426\,310\,58\ \mathrm{nm}$，为电子的康普顿波长.

(4) 原子结构与原子光谱、玻尔的量子论

原子结构：卢瑟福通过大角散射实验确定了原子的核式结构模型.

原子光谱：$\frac{1}{\lambda}=R\left(\frac{1}{m^2}-\frac{1}{n^2}\right)$

其中 $n>m$，$R=1.097\,373\times10^7\ \mathrm{m}^{-1}$，称为里德伯常量.

玻尔的量子论：

① 定态假设：能级分立或能量量子化；

② 跃迁假设：$\nu_{nm}=\frac{E_n-E_m}{h}$；

③ 角动量量子化假设：轨道量子化，$L=n\cdot\frac{h}{2\pi}$，其中 $n=1,2,\cdots$ 称为主量子数.

2. 实物粒子的波粒二象性

(1) 德布罗意假设：任何实物粒子和光子一样，都具有波粒二象性.

(2) 德布罗意公式：$E=mc^2=h\nu$，$p=mv=\frac{h}{\lambda}$.

(3) 不确定关系：$\Delta x\cdot\Delta p_x\geqslant\frac{\hbar}{2}$.

3. 物质波的波函数及薛定谔方程

(1) 波函数：$\Psi(x,t)=\Psi_0 e^{-\frac{i}{\hbar}(Et-px)}$.

(2) 波函数的统计解释：物质波是一种几率波，且$|\Psi(x)|^2$称为几率密度.

(3) 波函数的标准条件：单值、有限、连续.

(4) 波函数所满足的归一化条件：$\iiint |\Psi(x)|^2 dV=1$.

(5) 一维定态薛定谔方程：$\frac{d^2\Psi(x)}{dx^2}+\frac{2m}{\hbar^2}(E-V)\Psi(x)=0$.

练　习　题

13-1　普朗克常数 h 等于________，它是区分微观世界与宏观世界的界碑.

13-2　设光子的频率为 ν、波长为 λ，根据爱因斯坦的光子理论可知，光子的能量为________，动量为________，质量为________.

13-3　在康普顿散射中波长的偏移 $\Delta\lambda=\frac{2h}{m_0 c}\sin^2\frac{\theta}{2}$，其中 θ 为散射角，h 为普朗克常数，m_0 为电子的静止质量，c 为真空中的光速，可以看出 $\Delta\lambda$ 仅与________有关，而与________无关.

13-4　若电子经加速电压为 U 的电场加速，在不考虑相对论效应的情况下，则电子的德布罗意波长为________.

13-5　海森堡不确定关系式为________，今有一电子的位置处于 $x\rightarrow x+\Delta x$ 之间，若其位置的不确定量为 $\Delta x=5\times10^{-11}$ m，则在国际单位制中速度不确定量 Δv_x 的数量级为________.

*13-6　波函数的统计意义为________.

13-7　设用频率 ν_1 和 ν_2 的两种单色光，先后照射同一种金属，均能产生光电效应. 已知该金属的红线频率为 ν_0，测得两次照射时的遏止电压为 $U_{02}=2U_{01}$，则这两种单色光的频率关系为(　　).

A. $\nu_2=\nu_1-\nu_0$　　B. $\nu_2=\nu_1+\nu_0$　　C. $\nu_2=\nu_1-2\nu_0$　　D. $\nu_2=2\nu_1-\nu_0$

13-8　氢原子被激发到第三激发态($n=4$)，则当它跃迁到最低能态时，可能发出的光谱线条数和其中可能发出的可见光谱线条数分别为(　　).

A. 3 和 3　　B. 3 和 2　　C. 6 和 3　　D. 6 和 2

13-9　在康普顿效应实验中，若散射光波长是入射光波长的 1.2 倍，则散射光光子的能量 E 与反冲电子动能 E_k 之比 $\frac{E}{E_k}$ 为(　　).

A. 5　　B. 4　　C. 3　　D. 2

13-10　光电效应和康普顿效应都含有电子和光子的相互作用过程，对此有如下几种说法，正确的是(　　).

A. 光电效应是电子吸收光子的过程，而康普顿效应则相当于光子和电子的弹性碰撞过程

B. 两效应中电子和光子组成的系统都服从动量守恒和能量守恒定律

C. 两效应都相当于电子和光子的弹性碰撞

D. 两效应都属于电子吸收光子的过程

13-11　关于不确定关系 $\Delta x \cdot \Delta p_x \geqslant \frac{h}{4\pi}$ 有如下几种理解，正确的是(　　).

A. 粒子的动量不能确定

B. 粒子的坐标不能确定

C. 粒子的动量和坐标不能同时确定

D. 不确定关系仅适用于光子和电子等微观粒子，不适用于宏观粒子

13-12　钾的遏止频率为 4.62×10^{14} Hz，今用波长为 435.8 nm 的光照射，求从钾的表面上放出的光电子的初速度.

13-13　波长为 0.0708 nm 的 X 射线在石蜡上受到康普顿散射，求在 $\frac{\pi}{2}$ 和 π 方向上所散射的 X 射线的波长各是多大?

13-14　试计算氢原子光谱中莱曼线系的最短和最长波长，并指出是否为可见光.

13-15　试求：(1)红光($\lambda=700$ nm)；(2)X 射线($\lambda=0.025$ nm)；(3)γ 射线($\lambda=0.001\,24$ nm)的光子的能量、动量和质量.

13-16　求速度 $v=\frac{c}{2}$ 的电子的物质波的波长.

13-17　一电子有沿 x 轴方向的速率，其值为 200 $\mathrm{m\cdot s^{-1}}$. 动量的不确定量的相对值 $\frac{\Delta p_x}{p_x}$ 为 0.01%，若这时确定该电子的位置将有多大的不确定量?

*13-18　一个粒子沿 x 轴的正方向运动，设它的运动可以用下列波函数来描述：

$$\Psi(x)=\frac{C}{1+\mathrm{i}x}$$

试求：(1)归一化常数 C；(2)求概率密度 $|\Psi(x)|^2$；(3)何处概率密度最大?

*13-19　当 $n=2$ 时，宽度为 a 的一维无限深方势阱中粒子在势阱壁附近的概率密度有多大? 哪里的概率密度最大?

*13-20　在宽为 a 的一维无限深方势阱中，当 $n=1,2,3$，求介于阱壁和 $\frac{a}{3}$ 之间粒子出现的概率.

附　录

附录A　国际单位制(SI)

1984年2月27日，国务院发布命令，明确规定在全国范围内统一实行以国际单位制为基础的法定计量单位．现将国际单位制的基本单位及辅助单位的名称、代号及其定义列表如下：

表1　国际单位制(SI)的基本单位

量的名称	单位名称	单位符号		定　义
		中文	国际	
长度	米(meter)	米	m	米是光在真空中1/299 792 458秒的时间间隔内所经过的路程
质量	千克(kilogram)	千克	kg	千克等于国际千克原器的质量
时间	秒(second)	秒	s	秒是铯-133原子的基态两超精细能级之间跃迁辐射周期的9 192 631 770倍的持续时间
电流	安培(ampere)	安	A	安培是一恒定电流，若保持在处于真空中相距1米的两无限长而圆截面可忽略的平行直导线内，则此两导线之间产生的力在每米长度上等于2×10^{-7}牛顿
热力学单位	开尔文(kelvin)	开	K	开尔文是水三相点热力学温度的1/273.16
物质的量	摩尔(mole)	摩	mol	摩尔是一系统的物质的量，该系统中所包含的基本单元与0.012千克碳-12的原子数目相等．在使用摩尔时，基本单元应予指明，可以是原子、分子、离子、电子和其他粒子，或是这些粒子的特定组合
发光强度	坎德拉(candela)	坎	cd	坎德拉是一光源在给定方向上的发光强度，该光源发出的频率为540×10^{12}赫兹的单色辐射，且在此方向上的辐射强度为1/683瓦特每球面度

表 2　国际单位制的辅助单位

量	单位名称	单位符号	定　义
平面角	弧度	rad	弧度是一圆内两条半径之间的平面角，这两条半径在圆周上截取的弧长与半径相等
立体角	球面度	sr	球面度是一立体角，其顶点位于球心，而它在球面上所截取的面积等于以球半径为边长的正方形面积

表 3　国际单位制倍数单位的词头

因　数	词头名称	词头符号	因　数	词头名称	词头符号
10^{24}	尧它	Y	10^{-21}	仄普托	z
10^{21}	泽它	Z	10^{-24}	幺科托	y
10^{18}	艾可萨	E	10^{-1}	分	d
10^{15}	拍它	P	10^{-2}	厘	c
10^{12}	太拉	T	10^{-3}	毫	m
10^{9}	吉咖	G	10^{-6}	微	μ
10^{6}	兆	M	10^{-9}	纳诺	n
10^{3}	千	k	10^{-12}	皮可	p
10^{2}	百	h	10^{-15}	飞母托	f
10^{1}	十	da	10^{-18}	阿托	a

附录 B　常用物理常量

物理量	符　号	数　值	单　位
真空中的光速	c	$2.997\,924\,58\times10^{8}$	$m\cdot s^{-1}$
真空磁导率	μ_0	$4\pi\times10^{-7}$	$N\cdot A^{-2}$
真空电容率	ε_0	$8.854\,187\,817\times10^{-12}$	$C^2\cdot N^{-1}\cdot m^{-2}$
引力常量	G	$6.672\,59(85)\times10^{-11}$	$N\cdot m^2\cdot kg^{-2}$
普朗克常数	h	$6.626\,075\,5(40)\times10^{-34}$	$J\cdot s$
基本电荷	e	$1.602\,177\,33(49)\times10^{-19}$	C
里德伯常量	R_∞	$10\,973\,731.534$	m^{-1}
电子质量	m_e	$9.109\,389\,7(54)\times10^{-31}$	kg
康普顿波长	λ_C	$2.426\,310\,58(22)\times10^{-12}$	m
质子质量	m_p	$1.672\,623\,1(10)\times10^{-27}$	kg
中子质量	m_n	$1.674\,928\,6(10)\times10^{-27}$	kg
阿伏伽德罗常数	N_A	$6.022\,136\,7(36)\times10^{23}$	mol^{-1}
摩尔气体常数	R	$8.314\,510(70)$	$J\cdot mol^{-1}\cdot K^{-1}$
玻耳兹曼常数	k	$1.380\,658(12)\times10^{-23}$	$J\cdot K^{-1}$
斯特藩-玻耳兹曼常量	σ	$5.670\,51(19)\times10^{-8}$	$W\cdot m^{-2}\cdot K^{-4}$

附录C 数学公式

1. 矢量运算

(1) 单位矢量的运算

$\boldsymbol{i},\boldsymbol{j}$ 和 $\boldsymbol{k}$ 为坐标轴 x,y 和 z 方向的单位矢量，有

$\boldsymbol{i}\cdot\boldsymbol{i}=\boldsymbol{j}\cdot\boldsymbol{j}=\boldsymbol{k}\cdot\boldsymbol{k}=1,\ \boldsymbol{i}\cdot\boldsymbol{j}=\boldsymbol{j}\cdot\boldsymbol{k}=\boldsymbol{k}\cdot\boldsymbol{i}=0$

$\boldsymbol{i}\times\boldsymbol{i}=\boldsymbol{j}\times\boldsymbol{j}=\boldsymbol{k}\times\boldsymbol{k}=0$

$\boldsymbol{i}\times\boldsymbol{j}=\boldsymbol{k},\ \boldsymbol{j}\times\boldsymbol{k}=\boldsymbol{i},\ \boldsymbol{k}\times\boldsymbol{i}=\boldsymbol{j}$

(2) 矢量的标量积和矢量积

设两矢量 $\boldsymbol{a}$ 与 $\boldsymbol{b}$ 之间小于 π 的夹角为 θ，有

$\boldsymbol{a}\cdot\boldsymbol{b}=\boldsymbol{b}\cdot\boldsymbol{a}=a_xb_x+a_yb_y+a_zb_z=ab\cos\theta$

$$\boldsymbol{a}\times\boldsymbol{b}=-\boldsymbol{b}\times\boldsymbol{a}=\begin{vmatrix}\boldsymbol{i} & \boldsymbol{j} & \boldsymbol{k}\\ a_x & a_y & a_z\\ b_x & b_y & b_z\end{vmatrix}$$

$|\boldsymbol{a}\times\boldsymbol{b}|=ab\sin\theta$

(3) 矢量的混合运算

$\boldsymbol{a}\times(\boldsymbol{b}+\boldsymbol{c})=(\boldsymbol{a}\times\boldsymbol{b})+(\boldsymbol{a}\times\boldsymbol{c})$

$(s\boldsymbol{a})\times\boldsymbol{b}=\boldsymbol{a}\times(s\boldsymbol{b})=s(\boldsymbol{a}\times\boldsymbol{b})$ （s 为标量）

$\boldsymbol{a}\cdot(\boldsymbol{b}+\boldsymbol{c})=\boldsymbol{b}\cdot(\boldsymbol{c}\times\boldsymbol{a})=\boldsymbol{c}\cdot(\boldsymbol{a}\times\boldsymbol{b})$

$\boldsymbol{a}\times(\boldsymbol{b}\times\boldsymbol{c})=(\boldsymbol{a}\cdot\boldsymbol{c})\boldsymbol{b}-(\boldsymbol{a}\cdot\boldsymbol{b})\boldsymbol{c}$

2. 三角函数公式

$\sin(90^\circ-\theta)=\cos\theta$

$\cos(90^\circ-\theta)=\sin\theta$

$\sin\theta/\cos\theta=\tan\theta$

$\sin^2\theta+\cos^2\theta=1$

$\sec^2\theta-\tan^2\theta=1$

$\csc^2\theta-\cot^2\theta=1$

$\sin 2\theta=2\sin\theta\cos\theta$

$\cos 2\theta=\cos^2\theta-\sin^2\theta=2\cos^2\theta-1=1-2\sin^2\theta$

$\sin(\alpha\pm\beta)=\sin\alpha\cos\beta\pm\cos\alpha\sin\beta$

$\cos(\alpha\pm\beta)=\cos\alpha\cos\beta\mp\sin\alpha\sin\beta$

$$\tan(\alpha\pm\beta)=\frac{\tan\alpha\pm\tan\beta}{1\mp\tan\alpha\tan\beta}$$

$$\sin\alpha\pm\sin\beta=2\sin\frac{1}{2}(\alpha\pm\beta)\cos\frac{1}{2}(\alpha\mp\beta)$$

$$\cos\alpha+\cos\beta=2\cos\frac{1}{2}(\alpha+\beta)\cos\frac{1}{2}(\alpha-\beta)$$

$$\cos\alpha-\cos\beta=-2\sin\frac{1}{2}(\alpha+\beta)\sin\frac{1}{2}(\alpha-\beta)$$

3. 常用导数公式

(1) $\frac{dx}{dx}=1$

(2) $\frac{d(au)}{dx}=a\frac{du}{dx}$

(3) $\frac{d}{dx}(u+v)=\frac{du}{dx}+\frac{dv}{dx}$

(4) $\frac{d}{dx}x^m=mx^{m-1}$

(5) $\frac{d}{dx}\ln x=\frac{1}{x}$

(6) $\frac{d}{dx}(uv)=u\frac{dv}{dx}+v\frac{du}{dx}$

(7) $\frac{d}{dx}e^x=e^x$

(8) $\frac{d}{dx}\sin x=\cos x$

(9) $\frac{d}{dx}\cos x=-\sin x$

(10) $\frac{d}{dx}\tan x=\sec^2 x$

(11) $\frac{d}{dx}\cot x=-\csc^2 x$

(12) $\frac{d}{dx}\sec x=\tan x\sec x$

(13) $\frac{d}{dx}\csc x=-\cot x\csc x$

(14) $\frac{d}{dx}e^u=e^u\frac{du}{dx}$

(15) $\frac{d}{dx}\sin u=\cos u\frac{du}{dx}$

(16) $\frac{d}{dx}\cos u=-\sin u\frac{du}{dx}$

4. 常用积分公式

(1) $\int dx=x+c$

(2) $\int au\,dx=a\int u\,dx+c$

(3) $\int (u+v)dx=\int u\,dx+\int v\,dx+c$

(4) $\int x^m \mathrm{d}x = \frac{1}{m+1}x^{m+1} + c \quad (m \neq -1)$

(5) $\int \frac{\mathrm{d}x}{x} = \ln|x| + c$

(6) $\int \mathrm{e}^x \mathrm{d}x = \mathrm{e}^x + c$

(7) $\int \sin x \mathrm{d}x = -\cos x + c$

(8) $\int \cos x \mathrm{d}x = \sin x + c$

(9) $\int \tan x \mathrm{d}x = \ln|\sec x| + c$

(10) $\int \mathrm{e}^{-ax} \mathrm{d}x = -\frac{1}{a}\mathrm{e}^{ax} + c$

(11) $\int x\mathrm{e}^{-ax} \mathrm{d}x = -\frac{1}{a^2}(ax+1)\mathrm{e}^{-ax} + c$

(12) $\int x^2\mathrm{e}^{-ax} \mathrm{d}x = -\frac{1}{a^3}(a^2x^2+2ax+2)\mathrm{e}^{-ax} + c$

(13) $\int \frac{\mathrm{d}x}{\sqrt{x^2+a^2}} = \ln(x+\sqrt{x^2+a^2}) + c$

(14) $\int \frac{x\mathrm{d}x}{(x^2+a^2)^{3/2}} = -\frac{1}{(x^2+a^2)^{1/2}} + c$

(15) $\int \frac{\mathrm{d}x}{(x^2+a^2)^{3/2}} = \frac{x}{a^2(x^2+a^2)^{1/2}} + c$

练习题参考答案

第1章　质点运动学

1-1　锐角,钝角.

1-2　求导数的方法,求积分的方法.

1-3　$\boldsymbol{v}_{甲}-\boldsymbol{v}_{乙}$.

1-4　水平,加速度,竖直.

1-5　切向,切向.

1-6　A.　　1-7　B.　　1-8　A.　　1-9　B.　　1-10　C.

1-11　$\boldsymbol{r}=(2t+3)\boldsymbol{i}-(4t^2+7)\boldsymbol{j}$.

1-12　(1) $\Delta\boldsymbol{r}=(4\boldsymbol{i}-2\boldsymbol{j})$ m;

(2) $|\Delta\boldsymbol{r}|=2\sqrt{5}$ m,该段时间内位移的方向与 x 轴的夹角为 $\alpha=-26.6°$;

(3) 坐标图上的表示略.

1-13　(1) $x(3)=4$ m;　(2) $x(3)-x(0)=3$ m;　(3) 5 m.

1-14　(1) $y=2-\dfrac{x^2}{4}$,$(x>0)$运动轨迹图略;

(2) $\boldsymbol{v}=2\boldsymbol{i}-3\boldsymbol{j}(\text{m}\cdot\text{s}^{-1})$;

(3) $\boldsymbol{v}(1)=2\boldsymbol{i}-2\boldsymbol{j}(\text{m}\cdot\text{s}^{-1})$和$\boldsymbol{v}(2)=2\boldsymbol{i}-4\boldsymbol{j}(\text{m}\cdot\text{s}^{-1})$;

(4) $\boldsymbol{a}(1)=\boldsymbol{a}(2)=-2\boldsymbol{j}\ (\text{m}\cdot\text{s}^{-2})$.

1-15　$x=\sqrt{(l_0-v_0t)^2-H^2}$;$v=-\dfrac{(l_0-v_0t)v_0}{\sqrt{(l_0-v_0t)^2-H^2}}=-\dfrac{v_0}{\cos\alpha}$;$a=-\dfrac{v_0^2H^2}{x^3}$.

1-16　4.03 m,差不多是人所跳高度的两倍.

1-17　证明略去.

1-18　不能打中给定目标;在这个给定距离上他能击中的最大高度为 12.3 m.

1-19　证明略去.

1-20　$g=\dfrac{8(h_B-h_A)}{\Delta t_A^2-\Delta t_B^2}=\dfrac{8h}{\Delta t_A^2-\Delta t_B^2}$.

1-21　$R=\dfrac{v^2}{g}=\dfrac{v_0^2\cos^2\theta}{g}$.

1-22　$\omega=4t^3-3t^2$,$a_\tau=R\beta=12t^2-6t$.

1-23 (1) $t=0.5$ s 时质点以顺时针方向转动； (2) $\theta(0.25)=0.25$ rad.

1-24 (1) $t=1$ s 时 $\boldsymbol{a}$ 与半径成 45°角； (2) $s=1.5$ m, $\Delta\theta=0.5$ rad.

1-25 $a_n=0.25\ \mathrm{m\cdot s^{-2}}$, $a=0.32\ \mathrm{m\cdot s^{-2}}$, $\alpha=128°40'$.

第 2 章 质点动力学

2-1 $\boldsymbol{r}=\frac{2}{3}t^3\boldsymbol{i}+2t\boldsymbol{j}$.

2-2 $72\ \mathrm{m\cdot s^{-1}}$.

2-3 $140\ \mathrm{N\cdot s}$, $24\ \mathrm{m\cdot s^{-1}}$.

2-4 $\frac{1}{2}\sqrt{3gl}$.

2-5 $-\int_{0.1}^{0.3}kx\,\mathrm{d}x$.

2-6 C. 2-7 D. 2-8 A. 2-9 B. 2-10 C.

2-11 (1) $\mu=0.11$； (2) $a=1.1\ \mathrm{m\cdot s^{-2}}$; $T=1.7$ N.

2-12 $a=\frac{\sqrt{2}-1}{5}g$, $T_A=\frac{3\sqrt{2}+2}{5}mg$, $T_B=\frac{2(\sqrt{2}-1)}{5}mg$.

2-13 $\omega=\frac{1}{l}\sqrt{v_0^2+2gl(\cos\theta-1)}$, $T=m\left(\frac{v_0^2}{l}-2g+3g\cos\theta\right)$.

2-14 $V_{前}=v+\frac{m}{M+m}u$, $V_{中}=v$, $V_{后}=v-\frac{m}{M+m}u$.

2-15 $\boldsymbol{F}=-141\boldsymbol{i}$ N.

2-16 $\boldsymbol{I}=m\sqrt{Rg}(-2\boldsymbol{i}+\sqrt{2}\boldsymbol{j})$.

2-17 (1) $v_{车、人}=1.43\ \mathrm{m\cdot s^{-1}}$； (2) $v_{车、人}=-0.286\ \mathrm{m\cdot s^{-1}}$.

2-18 $W=k\frac{r_1-r_2}{r_1r_2}$.

2-19 0.45 m.

2-20 5∶3.

2-21 4.14×10^{-3} m.

2-22 $v=2.97\ \mathrm{m\cdot s^{-1}}$.

2-23 $mgR\sin\theta+\frac{1}{2}ka^2\theta^2$.

2-24 $v_0=319\ \mathrm{m\cdot s^{-1}}$.

2-25 50%.

2-26 (1) $\frac{1}{2}mv^2\left(\frac{M}{m+M}\right)$, $\frac{1}{2}mv^2\left[\left(\frac{m}{m+M}\right)^2-1\right]$, $\frac{1}{2}Mv^2\left(\frac{m}{m+M}\right)^2$； (2) 略.

2-27 略.

第 3 章 刚体的定轴转动

3-1 a_n 的大小变化，a_τ 的大小保持恒定.

3-2 $12.5\ \mathrm{N\cdot m}$.

3-3 刚体的总质量,质量的分布,转轴的位置.

3-4 $\frac{3}{2}\sqrt{\frac{g\sin\theta}{l}}$,$\frac{3}{2}mgl\sin\theta$,$\frac{3}{2}mgl\sin\theta$.

3-5 $\frac{2M}{2M+m}\omega_0$.

3-6 D. 3-7 D. 3-8 A. 3-9 B. 3-10 C.

3-11 (1) $-3.14\ \mathrm{rad\cdot s^{-2}}$,625 圈; (2) $78.5\ \mathrm{rad\cdot s^{-1}}$;
(3) $78.5\ \mathrm{m\cdot s^{-1}}$,$6.16\times10^3\boldsymbol{n}-3.14\boldsymbol{\tau}\ \mathrm{m\cdot s^{-2}}$.

3-12 $J_{O'}=\frac{1}{12}ml^2+md^2$,$J_{O'}=J_O+md^2$.

3-13 用大小等于 mg、方向向下的力拉绳子时,滑轮产生的角加速度大.

3-14 略.

3-15 $a=\frac{(m_1-\mu m_2)}{m_1+m_2+\frac{J}{r^2}}g$,$T_1=\frac{\left(m_2+\mu m_2+\frac{J}{r^2}\right)}{m_1+m_2+\frac{J}{r^2}}m_1g$,$T_2=\frac{\left(m_1+\mu m_1+\frac{\mu J}{r^2}\right)}{m_1+m_2+\frac{J}{r^2}}m_2g$.

3-16 $a_1=\frac{(m_1r_1-m_2r_2)r_1g}{J_1+J_2+m_1r_1^2+m_2r_2^2}$, $a_2=\frac{(m_1r_1-m_2r_2)r_2g}{J_1+J_2+m_1r_1^2+m_2r_2^2}$

$T_1=\frac{(J_1+J_2+m_2r_2^2+m_2r_1r_2)m_1g}{J_1+J_2+m_1r_1^2+m_2r_2^2}$, $T_2=\frac{(J_1+J_2+m_1r_1^2+m_1r_1r_2)m_2g}{J_1+J_2+m_1r_1^2+m_2r_2^2}$.

3-17 转速和转动动能都增大,且角动量守恒.

3-18 (1) $\omega=4\omega_0$; (2) $W=\frac{3}{2}mr_0^2\omega_0^2$.

3-19 (1) $J_B=20.0\ \mathrm{kg\cdot m^2}$; (2) $\Delta E=1.31\times10^4\ \mathrm{J}$.

3-20 (1) $\beta=73.5\ \mathrm{rad\cdot s^{-2}}$; (2) $E=0.06\ \mathrm{J}$; (3) $L=9.7\times10^{-3}\ \mathrm{kg\cdot m^2\cdot s^{-1}}$.

3-21 $E_k=\frac{1}{6}m\left(\sqrt{3gl}-3\sqrt{2\mu gs}\right)^2$.

3-22 $v=\sqrt{\frac{2mgh-kh^2}{m+\frac{J}{R^2}}}$.

第 4 章 气体动理论

4-1 $pV=\frac{M}{\mu}RT$;$p=nkT$;$k=1.38\times10^{-23}\ \mathrm{J\cdot K^{-1}}$.

4-2 $\frac{2}{3}$.

4-3 8.31×10^3 J,3.32×10^3 J.

4-4 速率在 v 附近的单位速率区间的分子数占分子总数的百分比.

4-5 $v_p=\sqrt{\frac{2kT}{m}}=\sqrt{\frac{2RT}{\mu}}$,$\bar{v}=\sqrt{\frac{8kT}{\pi m}}=\sqrt{\frac{8RT}{\pi\mu}}$,$\sqrt{\overline{v^2}}=\sqrt{\frac{3kT}{m}}=\sqrt{\frac{3RT}{\mu}}$;$\sqrt{\overline{v^2}}>\bar{v}>v_p$.

4-6 A 和 B. 4-7 C. 4-8 C. 4-9 A. 4-10 C.

4-11 1.88×10^4 Pa.

4-12 1.99×10^{-22} J,120×10^{2} J.

4-13 71.27 K,9.43×10^{2} m·s^{-1}.

4-14 3.74×10^{3} J,2.49×10^{3} J,6.23×10^{3} J.

4-15 (1) 1.52×10^{3} J; (2) 7.8×10^{2} J.

4-16 7.7 K.

4-17 389.6 m·s^{-1}.

4-18 (1) 氮气(N_2)或一氧化碳(CO); (2) 4.93×10^{2} m·s^{-1}.

4-19 略.

4-20 (1) 6.15×10^{23} mol^{-1}; (2) 1.30×10^{-2} m·s^{-1}.

4-21 6.06 Pa.

4-22 3.21×10^{9} m^{-3},7.78×10^{8} m.

4-23 3.1×10^{6} s^{-1}.

第5章 热力学基础

5-1 温度,温标.

5-2 $Q=E_2-E_1+W$,系统对外做功,外界对系统做功,增加,减少.

5-3 等温过程,绝热过程.

5-4 不可能创造一种循环动作的热机,只从一个热源吸收热量,使之完全变为有用的功而不产生其他影响.

5-5 高温热源,低温热源.

5-6 D. 5-7 B. 5-8 A. 5-9 A. 5-10 A.

5-11 $\frac{5}{2}(p_2V_2-p_1V_1)$.

5-12 6.0×10^{2} J.

5-13 (1) 250 J; (2) −292 J,负号表示放热; (3) 209 J,41 J.

5-14 7 J.

5-15 0.93×10^{5} Pa.

5-16 (1) 623 J,623 J,0; (2) 623 J,1.04×10^{3} J,417 J; (3) 623 J,0,−623 J.

5-17 (1) 9.27×10^{3} J; (2) 12.07×10^{3} J.

5-18 (1) 2.076×10^{2} J; (2) 1.483×10^{2} J; (3) 59.3 J; 0.

5-19 (1) 1.25×10^{3} J,2.03×10^{3} J, 3.28×10^{3} J;
(2) 1.69×10^{3} J,1.25×10^{3} J,2.94×10^{3} J.

5-20 (1) 3.75×10^{3} J; (2) 5.74×10^{-3} J;在等温过程中,因温度不变,压强下降不如绝热过程快,所以从同一初态膨胀了相同的体积时,等温过程做较多的功.

5-21 1.13×10^{2} J,1.13×10^{2} J,12.5%.

5-22 93.3 K.

5-23 略.

5-24 略.

第 6 章　静电场

6-1　$q/2$.

6-2　0,高斯面上各点.

6-3　$E=\frac{\rho\cdot R^3}{3\varepsilon r^2}$,$E=\frac{\rho\cdot r}{3\varepsilon}$.

6-4　$\frac{1}{4\pi\varepsilon_0}\frac{-Q}{R}$.

6-5　极化,小于.

6-6　B.　6-7　C.　6-8　B.　6-9　B.　6-10　C.

6-11　$\sqrt{\sigma q l/(\varepsilon_0 m)}$.

6-12　$-(3.9\boldsymbol{i}+6.8\boldsymbol{j})\times10^3\ \text{N}\cdot\text{C}^{-1}$.

6-13　(1) $6.75\times10^2\ \text{V}\cdot\text{m}^{-1}$;　(2) $1.5\times10^3\ \text{V}\cdot\text{m}^{-1}$.

6-14　$\frac{\lambda}{2\pi\varepsilon_0 R}$,方向向下.

6-15　右表面:$36\ \text{N}\cdot\text{m}^2/\text{C}$;左表面:$-12\ \text{N}\cdot\text{m}^2/\text{C}$;上表面:$16\ \text{N}\cdot\text{m}^2/\text{C}$.

6-16　(1) $\frac{\rho r}{3\varepsilon_0}$,$\frac{\rho R^3}{3\varepsilon_0 r^2}$;　(2) $\frac{\rho_0 r}{3\varepsilon_0}\left(1-\frac{3r}{4R}\right)$,$\frac{\rho_0 R^3}{12\varepsilon_0 r^2}$.

6-17　1.08×10^{-19} C,3.46×10^{11} V/m.

6-18　略.

6-19　(1) $\frac{q}{4\pi\varepsilon_0 R}\mathrm{d}q$;　(2) $\frac{Q^2}{8\pi\varepsilon_0 R}$.

6-20　(1) 0,$\frac{q}{2\pi\varepsilon_0 l}$;　(2) $\frac{q}{2\pi\varepsilon_0 l^2}$,指向$-q$,0.

6-21　略.

6-22　当 $r<R_1$ 时,0,$\frac{Q_1}{4\pi\varepsilon_0}\left(\frac{1}{R_1}-\frac{1}{R_2}\right)+\frac{Q_1+Q_2}{4\pi\varepsilon_0}\frac{1}{R_2}$

当 $R_1<r<R_2$ 时,$\frac{1}{4\pi\varepsilon_0}\frac{Q_1}{r_2}$,$\frac{Q_1}{4\pi\varepsilon_0}\left(\frac{1}{r}-\frac{1}{R_2}\right)+\frac{Q_1+Q_2}{4\pi\varepsilon_0}\frac{1}{R_2}$

当 $r>R_2$ 时,$\frac{1}{4\pi\varepsilon_0}\frac{Q_1+Q_2}{r_2}$,$\frac{Q_1+Q_2}{4\pi\varepsilon_0}\frac{1}{r}$

6-23　$\frac{\lambda}{4\pi\varepsilon_0}\ln\frac{\sqrt{\frac{4}{9}l^2+a^2}+\frac{2}{3}l}{\sqrt{\frac{1}{9}l^2+a^2}-\frac{1}{3}l}$.

6-24　$\frac{\sigma}{2\varepsilon_0}\left(\sqrt{z^2+R^2}-z\right)$.

6-25　(1) $q_B=-1.0\times10^{-7}$ C,$q_C=-2.0\times10^{-7}$ C;　(2) $U_{AB(\text{或}AC)}=2.3\times10^4$ V.

6-26　(1) E:0,$1.5\times10^4\ \text{V}\cdot\text{m}^{-1}$,0,$-1.26\times10^4\ \text{V}\cdot\text{m}^{-1}$.

V:-1.04×10^3 V,-1.22×10^3 V,-1.40×10^3 V,-1.26×10^3 V.

(2) $r<0.09$ m,$E=0$,$E_{0.1}=1.26\times10^4\ \text{V}\cdot\text{m}^{-1}$.

V：$V_{0.03}=V_{0.06}=V_{0.08}=-1.40\times10^3$ V，$V_{0.1}=-1.26\times10^3$ V.

6-27 (1) $r_1=0.050$ m，导体球的内，

$$D_1=0,\quad E_1=0$$

$r_2=0.150$ m，第一种介质的内，

$$D_2=\frac{q}{4\pi r_2^2}=\frac{1.0\times10^{-8}}{4\times3.14\times(0.150)^2}=3.5\times10^{-8}\ \text{C}\cdot\text{m}^{-2},$$

$$E_2=\frac{q}{4\pi\varepsilon_0\varepsilon_{r1}r_2^2}=\frac{9\times10^9\times1.0\times10^{-8}}{5.00\times(0.150)^2}=800\ \text{V}\cdot\text{m}^{-1}$$

$r_3=0.250$ m，第二种介质的内，

$$D_3=\frac{q}{4\pi r_3^2}=\frac{1.0\times10^{-8}}{4\times3.14\times(0.250)^2}=1.3\times10^{-8}\ \text{C}\cdot\text{m}^{-2},$$

$$E_3=\frac{q}{4\pi\varepsilon_0\varepsilon_{r2}r_3^2}=\frac{9\times10^9\times1.0\times10^{-8}}{1.00\times(0.250)^2}=1.44\times10^3\ \text{V}\cdot\text{m}^{-1}$$

(2) $r=0.05$ m($r\leqslant R$)时，$U=5.4\times10^2$ V

$r=0.10$ m($r\leqslant R$)时，$U=5.4\times10^2$ V

$r=0.15$ m($R\leqslant r\leqslant R+d$)时，$U=4.8\times10^2$ V

$r=0.20$ m($r\geqslant R+d$)时，$U=4.5\times10^2$ V

$r=0.25$ m($r\geqslant R+d$)时，$U=3.6\times10^2$ V

6-28 (1) $r<a$ 时，$E_1=0$；$a<r<b$ 时，$E_2=\dfrac{\lambda}{2\pi r\varepsilon_0\varepsilon_r}$；$r>b$ 时，$E_3=0$.

(2) $\dfrac{\lambda}{2\pi\varepsilon_0\varepsilon_r}\ln\dfrac{b}{a}$.

6-29 (1) 1.0×10^6 V，0.5 J； (2) 增加 0.5 J.

6-30 $\dfrac{Q^2}{8\pi\varepsilon R}$.

6-31 (1) $-\dfrac{Q^2d}{2S}\left(\dfrac{1}{\varepsilon_0}-\dfrac{1}{\varepsilon}\right)$； (2) $\dfrac{Q^2d}{2S}\left(\dfrac{1}{\varepsilon_0}-\dfrac{1}{\varepsilon}\right)$.

6-32 $\dfrac{1}{2}\dfrac{\sigma^2V}{\varepsilon_0}\left(1-\dfrac{1}{\varepsilon_r}\right)$.

6-33 (1) 1.82×10^{-4} J； (2) 8.1×10^{-5} J.

第7章 稳恒磁场

7-1 $-e\boldsymbol{v}\times\boldsymbol{B}$，$evB$，向下，圆周.

7-2 $\oint_L\boldsymbol{B}\cdot d\boldsymbol{l}=\mu_0\sum_{i=1}^{N}I_i$，非保守，$\mu_0(I_1-I_2)$，$-\mu_0(I_1+I_2)$.

7-3 $\dfrac{\mu_0I}{2\pi R}+\dfrac{\mu_0I}{2R}$，垂直纸面向外.

7-4 $d/4$.

7-5 $2BIR$，垂直纸面向里；$I\dfrac{\pi R^2}{2}$，垂直纸面向里；$I\dfrac{\pi R^2}{2}B$，垂直向下.

7-6 A. 7-7 B. 7-8 C. 7-9 B. 7-10 C.

7-11 (1) 左表面的电势较低，右表面的电势较高； (2) 0.0030 V.

7-12 (1) $\frac{\mu_0 I}{4R}$; (2) $\frac{\mu_0 I}{8R}$.

7-13 4.0×10^{-5} T.

7-14 $\frac{2.63}{r}I\times10^{-7}$ T,方向垂直纸面向里.

7-15 0.

7-16 a 点 1.2×10^{-4} T,方向垂直纸面向里;b 点 1.33×10^{-5} T,方向垂直纸面向外.

7-17 $\frac{\mu_0 Il}{2\pi}\ln\frac{b}{a}$.

7-18 $r<a$ 时,0;$a<r<b$ 时,$\frac{\mu_0 I}{2\pi r}\frac{r^2-a^2}{b^2-a^2}$;$r>b$ 时,$\frac{\mu_0 I}{2\pi r}$.

7-19 2.0×10^{-5} T.

7-20 (1) $\frac{\mu_0 I}{2\pi a^2}r$; (2) $\frac{\mu_0 I}{2\pi r}$; (3) $\frac{\mu_0 I}{2\pi r}\left(1-\frac{r^2-b^2}{c^2-b^2}\right)$; (4) 0.

7-21 1.0 N,$\boldsymbol{F}$ 与 Ob 夹角为45°.

7-22 0.35 N.

7-23 大小 $2BIR$,方向竖直向上.

7-24 (1) $3.1\times10^{-4}\,\mathrm{A\cdot m^2}$; (2) $4.7\times10^{-4}\,\mathrm{N\cdot m^2}$.

7-25 0.11 m,3.6×10^{-7} s.

7-26 3.6×10^{-10} s, 1.3×10^{-3} m, 4.7×10^{-3} m.

7-27 (1) P 型; (2) $2.9\times10^{20}\,\mathrm{m^{-3}}$.

7-28 $200\,\mathrm{A\cdot m^{-1}}$,1.06 T.

7-29 $r<R_1$ 时,$H=\frac{Ir}{2\pi R_1^2}$,$B=\frac{\mu_0 Ir}{2\pi R_1^2}$;$R_1<r<R_2$ 时,$H=\frac{I}{2\pi r}$,$B=\frac{\mu I}{2\pi r}$;

$r>R_2$ 时,$H=\frac{I}{2\pi r}$,$B=\frac{\mu_0 I}{2\pi r}$.

第 8 章 电磁感应

8-1 $-S\frac{\mathrm{d}B(t)}{\mathrm{d}t}$.

8-2 相同,不同.

8-3 $\frac{\mu_0\pi r^2}{2R}I_0\omega\cos\omega t$.

8-4 减小.

8-5 $3.98\times10^{21}\,\mathrm{J/m^3}$.

8-6 B. 8-7 B,C,F. 8-8 A. 8-9 A. 8-10 B.

8-11 $\frac{\mu_0 I_0 l}{2\pi}\ln\frac{b}{a}\sin\omega t$,$-\frac{\mu_0 I_0 l\omega}{2\pi}\ln\frac{b}{a}\cos\omega t$.

8-12 $-\mu_0 Nn\pi r^2\,\mathrm{d}I/\mathrm{d}t$.

8-13 $\mu_0 nSi_0\omega\cos\omega t$.

8-14 0.30 V,方向 $A\rightarrow B$.

8-15 -1.9×10^{-3} V,C 端的电势高.

8-16 $-\frac{1}{2}\omega Bl^2\left(1-\frac{2}{k}\right)$；$k>2$ 时，a 端电势高.

8-17 (1) 0； (2) $\frac{\mu_0 Iv}{2\pi}\ln\frac{l+r}{l-r}$

8-18 $-\frac{1}{2}r\frac{dB}{dt}$；$r=0.10$ m, 5.0×10^{-4} V·m^{-1}；$r=0.25$ m, 1.3×10^{-3} V·m^{-1}；$r=0.50$ m, 2.5×10^{-3} V·m^{-1}；$r=1.0$ m, 1.25×10^{-3} V·m^{-1}.

8-19 略.

8-20 略.

8-21 $\frac{\mu_0 NS}{2\pi R}$.

8-22 $\frac{\mu_0\pi r^2R^2}{2(R^2+d^2)^{3/2}}$, $\frac{N\mu_0\pi r^2R^2}{2(R^2+d^2)^{3/2}}$.

8-23 $\frac{\mu_0 I^2 l}{4\pi}\ln\frac{R_2}{R_1}$.

8-24 (1) 34.2 J/m^3； (2) 49.4 mJ.

8-25 6.3×10^{-6} H, 3.1×10^{-4} V.

8-26 1.7×10^5 J/m^3.

8-27 $\frac{\mu_0 I^2 l}{16\pi}$.

8-28 9.0 m^2, 29 H.

8-29 (1) $r<R_1$ 时，$w_m=\frac{\mu_0 I^2 r^2}{8\pi^2R_1^4}$；$R_1<r<R_2$ 时，$w_m=\frac{\mu_0 I^2}{8\pi^2r^2}$；$R_2<r<R_3$ 时，

$$w_m=\frac{\mu_0 I^2}{8\pi^2r^2}\left(\frac{R_3^2-r^2}{R_3^2-R_2^2}\right)^2;\ r>R_3\ 时,\ w_m=0;$$

(2) 1.7×10^{-5} J.

8-30 略.

8-31 (1) $2.00\times10^{-3}\cos(10^5\pi t)$； (2) 1.26×10^{-11} T.

8-32 略.

第9章 振动学基础

9-1 $y=4\cos 4\pi t$(cm).

9-2 $x=8\cos\left(4\pi t-\frac{\pi}{3}\right)$cm.

9-3 $2n+1, 2n, 2n+\frac{1}{2}$.

9-4 $t_1=1$ s, $t_2=\frac{1}{3}$ s.

9-5 $x_1=2\cos\left(\pi t+\frac{\pi}{6}\right)$ cm.

9-6 D. 9-7 A. 9-8 B. 9-9 D. 9-10 A.

9-11 $T=2\pi\sqrt{\frac{m}{k_1+k_2}}$.

9-12 $T=2\pi\sqrt{\frac{ml}{2qE}}$.

9-13 $x=0.15$ m.

9-14 $T=2\pi\sqrt{\frac{2l}{3g}}$.

9-15 (1) $x=2\times10^{-2}\cos 4\pi t$ m; (2) $x=2\times10^{-2}\cos(4\pi t+\pi)$ m;

(3) $x=2\times10^{-2}\cos\left(4\pi t+\frac{\pi}{2}\right)$ m; (4) $x=2\times10^{-2}\cos\left(4\pi t+\frac{3\pi}{2}\right)$ m;

(5) $x=2\times10^{-2}\cos\left(4\pi t+\frac{\pi}{3}\right)$ m; (6) $x=2\times10^{-2}\cos\left(4\pi t+\frac{4\pi}{3}\right)$ m.

9-16 (1) $x=0.12\cos\left(\pi t-\frac{\pi}{3}\right)$ m; (2) $v_{t=0.5}=-0.19\ \text{m}\cdot\text{s}^{-1}$, $a_{t=0.5}=-1.0\ \text{m}\cdot\text{s}^{-2}$;

(3) $\Delta t\approx0.833$ s.

9-17 (1) $x=4\cos 7t$ cm; (2) $x=3\cos\left(7t+\frac{\pi}{2}\right)$ cm; (3) $x=5\cos(7t+0.64)$ cm.

9-18 (1) $T=0.314$ s; (2) $E_k=2\times10^{-3}$ J; (3) $E_{总}=E_k=2\times10^{-3}$ J.

9-19 (1) $\omega=\sqrt{\frac{k}{M+m}}$; (2) $\begin{cases}x_0=0\\ v_0=-\frac{Mv+mv'}{M+m}\end{cases}$;

(3) $x=\frac{mv'+MA_0\sqrt{\frac{k}{M}}}{\sqrt{(M+m)k}}\cos\left(\sqrt{\frac{k}{M+m}}\cdot t+\frac{\pi}{2}\right)$ m.

9-20 (1) $x=2\times10^{-2}\cos\left(2\pi t+\frac{3}{4}\pi\right)$ m; (2) 略.

9-21 (1) $\pm\frac{\pi}{3},\pm\frac{2\pi}{3}$; (2) 25%, 75%.

9-22 (1) $N_1=8.06$ N(最低位置), $N_1=1.74$ N(最高位置);

(2) $A=0.062$ m; (3) $A_1=1.55\times10^{-2}$ m.

9-23 (1) $x_B=5\cos\pi t$ cm, $x_A=5\cos\left(\pi t+\frac{\pi}{2}\right)$ cm; (2) $\Delta\varphi=\frac{\pi}{2}$.

9-24 $x=10\cos(2t-0.4)$ cm.

9-25 $A_2=0.1$ m, $\varphi=\frac{\pi}{2}$.

9-26 (1) $\frac{x^2}{(0.08)^2}+\frac{y^2}{(0.06)^2}=1$;

(2) $\boldsymbol{a}=-0.08\left(\frac{\pi}{3}\right)^2\cos\left(\frac{\pi}{3}t+\frac{\pi}{6}\right)\boldsymbol{i}-0.06\left(\frac{\pi}{3}\right)^2\cos\left(\frac{\pi}{3}t-\frac{\pi}{3}\right)\boldsymbol{j}$.

$$\boldsymbol{F}=\left[-32\left(\frac{\pi}{3}\right)^2\cos\left(\frac{\pi}{3}t+\frac{\pi}{6}\right)\boldsymbol{i}-24\left(\frac{\pi}{3}\right)^2\cos\left(\frac{\pi}{3}t-\frac{\pi}{3}\right)\boldsymbol{j}\right]\times10^{-3}\ \text{N}.$$

9-27 (1) 略; (2) $A=\sqrt{A_x^2+A_y^2}$, ω.

第10章 波动学基础

10-1 $A=0.2\ \text{m}, u=2.5\ \text{m}\cdot\text{s}^{-1}, f=1.25\ \text{Hz}, \lambda=2.0\ \text{m}$.

10-2 $y=0.04\cos(240\pi t-8\pi x)$ m.

10-3 $\Delta x=0.625$ m.

10-4 同时;同时;相同.

10-5 691 Hz.

10-6 C. 10-7 B. 10-8 A. 10-9 D. 10-10 C.

10-11 (1) $\Delta\varphi_1=\frac{\pi}{2}, \Delta\varphi_2=\pi, \Delta\varphi_3=\frac{3\pi}{2}, \Delta\varphi_4=2\pi$;

(2) $\varphi_1=0, \varphi_2=-\frac{\pi}{2}, \varphi_3=-\pi, \varphi_4=-\frac{3}{2}\pi$;

(3) $\Delta t_1=\frac{1}{4}T, \Delta t_2=\frac{1}{2}T, \Delta t_3=\frac{3}{4}T, \Delta t_4=T$.

10-12 $y=1.0\times10^{-2}\cos\left[200\pi\left(t-\frac{x}{400}\right)+\frac{3}{2}\pi\right]$ m.

10-13 (1) $f=5\ \text{s}^{-1}, T=0.2\ \text{s}, \lambda=0.5\ \text{m}, u=2.5\ \text{m}\cdot\text{s}^{-1}, A=0.05\ \text{m}$;

(2) $u_{\max}=1.57\ \text{m}\cdot\text{s}^{-1}, a_{\max}=49.3\ \text{m}\cdot\text{s}^{-2}$.

10-14 (1) O点的运动趋势向y轴正方向;1点的运动趋势向y轴正方向;2点的运动趋势向y轴负方向;3点的运动趋势向y轴负方向;4点的运动趋势向y轴正方向;

(2) $\varphi_0=\frac{3}{2}\pi, \varphi_1=\pi, \varphi_2=\frac{1}{2}\pi, \varphi_3=0, \varphi_4=\frac{3}{2}\pi$;

(3) $\varphi'_0=\frac{1}{2}\pi, \varphi'_1=\pi, \varphi'_2=\frac{3}{2}\pi, \varphi'_3=0, \varphi'_4=\frac{1}{2}\pi$.

10-15 (1) $A=0.02\ \text{m}, \omega=500\pi\ \text{s}^{-1}, f=250\ \text{Hz}, T=0.004\ \text{s}, u=2.5\ \text{m}\cdot\text{s}^{-1}, \lambda=0.1\ \text{m}$;

(2) 略; (3) 略.

10-16 (1) $\varphi=8\pi, y=8\times10^{-2}\ \text{m}, v=0$; (2) $t=2.2$ s.

10-17 (1) $y=0.1\cos\left[200\pi\left(t-\frac{x}{400}\right)+\frac{3}{2}\pi\right]$ m;

(2) $\varphi_{10}=-6.5\pi, \varphi_{20}=-8.5\pi$;振动方程为 $y_1=0.1\cos(200\pi t-6.5\pi)$ m, $y_2=0.1\cos(200\pi t-8.5\pi)$ m;

(3) $\Delta\varphi=\frac{\pi}{2}$.

10-18 (1) $I=1.58\times10^5\ \text{J}\cdot\text{s}^{-1}\cdot\text{m}^{-2}$; (2) $E=3.79\times10^3$ J.

10-19 (1) $\overline{w}=6\times10^{-5}\ \text{J}\cdot\text{m}^{-3}, w_{\max}=1.2\times10^{-4}\ \text{J}\cdot\text{m}^{-3}$; (2) $E=9.24\times10^{-7}$ J.

10-20 (1) $A=|A_1-A_2|$; (2) $A=A_1+A_2$.

10-21 (1) 波节位置为: $x=\frac{1}{2}\ \text{m}, \frac{3}{2}\ \text{m}, \frac{5}{2}\ \text{m}, \cdots$处,波腹位置为: $x=0\ \text{m}, 1\ \text{m}, 2\ \text{m}, 3\ \text{m}, \cdots$处;

(2) $A_{波腹}=0.12\ \text{m}, A=0.097\ \text{m}$.

10-22 $A=0.04$ m, $\lambda=1$ m, $u=25\ \mathrm{m\cdot s^{-1}}$.

10-23 $f=1604$ Hz.

第 11 章 波动光学

11-1 (2).

11-2 增大缝宽,减小缝与屏之间的距离.

11-3 波动,横.

11-4 相干.

11-5 6,第一级明纹.

11-6 光栅常数较大.

11-7 2, 1/4.

11-8 不变,变小,变短.

11-9 不能,不能.

11-10 A. 11-11 D. 11-12 B. 11-13 B. 11-14 A.

11-15 B. 11-16 C. 11-17 D. 11-18 A. 11-19 B.

11-20 A.

11-21 5×10^{6}.

11-22 略.

11-23 4.5×10^{-3} cm.

11-24 550 nm.

11-25 6.6×10^{-6} m.

11-26 (1) 0.44 mm; (2) 否; (3) 3 cm.

11-27 5.

11-28 略.

11-29 当 $k=3,\lambda=594$ nm 时,和当 $k=4,\lambda=424$ nm 时,干涉增强;当 $k=3,\lambda=495$ nm时,干涉相消.

11-30 105.8 nm.

11-31 (1) 700 nm; (2) 14.

11-32 略.

11-33 略.

11-34 (1) 1.85×10^{-3} m; (2) 409.1 nm.

11-35 略.

11-36 0.133 cm.

11-37 (1) 5 条,厚度分别为 0、250 nm、500 nm、750 nm、1000 nm; (2) 略.

11-38 (1) 628.9 nm; (2) 5.9×10^{-3} cm.

11-39 $L_{镉}=2.072\times10^{-1}$ m, $L_{激}=2.002\times10^{2}$ m.

11-40 略.

11-41 (1) 5×10^{-4} m; (2) 0.75 mm; (3) 1.5×10^{-3} m.

11-42 5.5×10^{-3} m.

11-43 429 nm.

11-44 $\varphi=\arcsin\left(\frac{\pm k\lambda}{a}+\sin\psi\right)$.

11-45 (1) 能； (2) $2\lambda, 2(N-1)\lambda$.

11-46 (1) 6.0×10^{-4} cm； (2) $1.5\times10^{-4}k'$； (3) $k=0,\pm1,\pm2,\pm3,\pm5,\pm6,\pm7,\pm9$.

11-47 $a+b=1.03\times10^{-4}$ cm；$N=9.71\times10^{3}$；不出现.

11-48 (1) 0.24 cm； (2) 2.4 cm； (3) $k=5k'$.

11-49 有波长 $\lambda_1=0.13$ nm 和波长 $\lambda_2=0.097$ nm 的光可以产生强反射.

11-50 0.15 cm，0.015 cm.

11-51 8.95×10^{3} m.

11-52 13.8 cm.

11-53 $I=\frac{1}{2}I_0\cos^4\theta$.

11-54 1.60.

11-55 48°26′，41°34′，两角互余.

第 12 章 狭义相对论

12-1 迈克耳孙-莫雷实验，相对性，光速不变.

12-2 2.08 m.

12-3 150.

12-4 $6/\sqrt{5}$ m.

12-5 $0.25m_0c^2$； 0.25.

12-6 D. 12-7 C. 12-8 C，D. 12-9 C. 12-10 A.

12-11 93 m，0，0，2.5×10^{-7} s.

12-12 (1) 3.2 m； (2) $\frac{\sqrt{3}}{2}c$.

12-13 $0.816c$，0.707 m.

12-14 $V_0\sqrt{1-\frac{u^2}{c^2}}, m_0\Big/\sqrt{1-\frac{u^2}{c^2}}, m_0/V_0\left(1-\frac{u^2}{c^2}\right)$.

12-15 (1) 87.4 m； (2) 394 ns.

12-16 (1) 2.87×10^{8} s； (2) 1.28×10^{7} s.

12-17 $0.99c$.

12-18 0.445 ps.

12-19 地球-月球系中 1.6 s，火箭系中 0.96 s.

12-20 5.6×10^{9} kg·s，2.8×10^{-21}.

12-21 $2.31m_0$.

12-22 $2m_0$，$\sqrt{3}m_0c$.

第 13 章 量子物理基础

13-1 $h=6.63\times10^{-34}$ J·s.

13-2　$E=h\nu, p=\dfrac{h}{\lambda}, m=\dfrac{h\nu}{c^2}$.

13-3　θ,入射光波长和散射物质.

13-4　$\lambda=\dfrac{h}{\sqrt{2em_0U}}$.

13-5　$\Delta x\cdot\Delta p_x\geqslant\dfrac{\hbar}{2}$, $\Delta y\cdot\Delta p_y\geqslant\dfrac{\hbar}{2}$, $\Delta z\cdot\Delta p_z\geqslant\dfrac{\hbar}{2}$;$10^{-7}$.

*13-6　波函数模的平方$|\Psi(x)|^2=\Psi\Psi^*$(几率密度),表示粒子在t时刻,在(x,y,z)处单位体积内出现的几率.

13-7　D.　13-8　D.　13-9　A.　13-10　B.　13-11　C.

13-12　$v=5.74\times10^5\ \mathrm{m\cdot s^{-1}}$.

13-13　$\lambda'\left(\dfrac{\pi}{2}\right)=0.0732\ \mathrm{nm}$,$\lambda'(\pi)=0.0756\ \mathrm{nm}$.

13-14　最短的波长 91.2 nm;最长的波长 121.5 nm,不是可见光.

13-15　(1) $E_1=2.84\times10^{-19}\ \mathrm{J}$, $p_1=9.47\times10^{-28}\ \mathrm{kg\cdot m\cdot s^{-1}}$, $m_1=3.16\times10^{-36}\ \mathrm{kg}$;
(2) $E_2=7.96\times10^{-15}\ \mathrm{J}$, $p_2=2.65\times10^{-23}\ \mathrm{kg\cdot m\cdot s^{-1}}$, $m_2=8.84\times10^{-32}\ \mathrm{kg}$;
(3) $E_3=1.60\times10^{-13}\ \mathrm{J}$, $p_3=5.35\times10^{-22}\ \mathrm{kg\cdot m\cdot s^{-1}}$, $m_3=1.78\times10^{-30}\ \mathrm{kg}$.

13-16　0.004 21 nm.

13-17　$\Delta x\geqslant0.0029\ \mathrm{m}$.

*13-18　(1) $C=\sqrt{\dfrac{1}{\pi}}$;　(2) $\dfrac{1}{\pi}\cdot\dfrac{1}{1+x^2}$;　(3) $|\Psi(x)|^2_{\max}=|\Psi(0)|^2=\dfrac{1}{\pi}$.

*13-19　$|\Psi_2(0)|^2=0$ 和 $|\Psi_2(a)|^2=0$, $x=\dfrac{1}{4}a$ 和 $x=\dfrac{3}{4}a$.

*13-20　$\int_0^{\frac{a}{3}}|\Psi_1(x)|^2\mathrm{d}x=\dfrac{1}{3}-\dfrac{\sqrt{3}}{4\pi}$, $\int_0^{\frac{a}{3}}|\Psi_2(x)|^2\mathrm{d}x=\dfrac{1}{3}+\dfrac{\sqrt{3}}{8\pi}$, $\int_0^{\frac{a}{3}}|\Psi_3(x)|^2\mathrm{d}x=\dfrac{1}{3}$.